VOB

Verdingungsordnung für Bauleistungen

VOB

Verdingungsordnung für Bauleistungen

Ausgabe 1992

Ergänzungsband 1996

Im Auftrage des Deutschen Verdingungsausschusses für Bauleistungen herausgegeben vom DIN Deutsches Institut für Normung e.V.

Beuth Verlag GmbH · Berlin · Wien · Zürich

Die Deutsche Bibliothek — CIP-Einheitsaufnahme

Verdingungsordnung für Bauleistungen: VOB ; Ausgabe 1992
im Auftr. des Deutschen Verdingungsausschusses für
Bauleistungen hrsg. vom DIN, Deutsches Institut
für Normung e.V.
Berlin ; Wien ; Zürich : Beuth
NE: Deutsches Institut für Normung; VOB

Erg.-Bd. Teil B DIN 1961 und Teil C. — 1996

ISBN 3-410-61096-0

Titelaufnahme nach RAK entspricht DIN 1505.
ISBN nach DIN 1462. Schriftspiegel nach DIN 1504.

Übernahme der CIP-Titelaufnahme auf Schrifttumskarten durch Kopieren oder Nachdrucken frei.

656 S., A5, brosch.

© DIN Deutsches Institut für Normung e.V.
    1996

Das Werk einschließlich aller seiner Teile ist urheberrechtlich geschützt.
Jede Verwertung außerhalb der engen Grenzen des Urheberrechtsgesetzes ist ohne Zustimmung des Verlages unzulässig und strafbar. Das gilt insbesondere für Vervielfältigungen, Übersetzungen, Mikroverfilmungen und die Einspeicherung und Verarbeitung in elektronischen Systemen.

Printed in Germany. Druck: Graphischer Großbetrieb Pößneck GmbH, Pößneck

Einführung zum Ergänzungsband 1996 der VOB-Ausgabe 1992

Mit dem Ergänzungsband 1996 werden die zu § 13 VOB/B beschlossenen Änderungen und die fachtechnisch überarbeiteten und neuen ATV'en der VOB/C veröffentlicht. Der Teil A bleibt unverändert in der Fassung – Ausgabe Dezember 1992. Deshalb ist auf eine komplette Neuausgabe der VOB zum jetzigen Zeitpunkt verzichtet worden.

Zu VOB Teil B:

1. Die Allgemeinen Vertragsbedingungen für die Ausführung von Bauleistungen sind Allgemeine Geschäftsbedingungen, die das Werkvertragsrecht des BGB um die bauspezifisch notwendigen Bedingungen ergänzen. Sie enthalten insgesamt einen ausgewogenen Interessenausgleich der Rechte und Pflichten der Auftraggeber und Auftragnehmer.

   Bei unveränderter Verwendung als „Ganzes" entsprechen sie den Anforderungen des AGB-Gesetzes. Das Hinzufügen, Abbedingen oder Abändern einzelner Bestimmungen kann die Ausgewogenheit stören und zur Überprüfung aller Vertragsbedingungen nach der Generalklausel des § 9 AGB-Gesetzes führen.

   Ungeachtet der Ausnahmebestimmung des § 23 Abs. 2 Nr. 5 AGB-Gesetz könnte die Verjährungsfrist für die Gewährleistung in § 13 Nr. 4 Abs. 1 ausnahmsweise als eine unwirksame Bestimmung nach § 9 AGB-Gesetz gewertet werden, wenn sie den Auftraggeber entgegen den Geboten von Treu und Glauben unangemessen benachteiligt. Das könnte der Fall sein, wenn der Auftragnehmer die VOB/B gegenüber einem fachunkundigen Auftraggeber verwendet, von dem nicht erwartet werden kann, daß er die gesetzliche Verjährungsfrist und deren Verkürzung in § 13 Nr. 4 Abs. 1 kennt.

2. Für maschinelle und elektrotechnische/elektronische Anlagen, bei denen die Wartung von besonderer Bedeutung ist, ist eine spezielle Gewährleistungsregelung eingeführt worden (§ 13 Nr. 4 Abs. 2).

Zu VOB Teil C:

Für den Ergänzungsband sind alle DIN-Normzitate in den ATV'en aktualisiert worden; damit wird den in § 9 Nr. 4 Abs. (2) umgesetzten, einschlägigen europäischen Vergabebestimmungen zur Bezugnahme auf technische Spezifikationen entsprochen.

In Ergänzung der ATV'en für die technische Gebäudeausrüstung sind die ATV DIN 18385 Förderanlagen, Aufzugsanlagen, Fahrtreppen und Fahrsteige und die ATV DIN 18386 Gebäudeautomaten neu aufgenommen worden. Der Bearbeitungsstatus der ATV'en ist in der Übersicht zu Teil C durch Kennbuchstaben dargestellt.

Allen Kolleginnen und Kollegen, die an der Erarbeitung des VOB-Ergänzungsbandes '96 beteiligt waren, danke ich hiermit für die geleistete Arbeit.

Ich hoffe, daß dieser Ergänzungsband den am Bau Beteiligten eine weitere Hilfe für die Vertragsgestaltung und -abwicklung sein wird, und wünsche allen Kolleginnen und Kollegen viel Erfolg bei ihrer praktischen Arbeit.

Der Vorstand des
Deutschen Verdingungsausschusses
für Bauleistungen (DVA)

(Schäffel)
Vorsitzender

INHALT

	Seite
Übersicht der Änderungen zu Teil B und C	XI

VOB Teil B:
Allgemeine Vertragsbedingungen für die Ausführung von Bauleistungen

		Seite
§ 1	Art und Umfang der Leistung	1
§ 2	Vergütung	1
§ 3	Ausführungsunterlagen	3
§ 4	Ausführung	4
§ 5	Ausführungsfristen	6
§ 6	Behinderung und Unterbrechung der Ausführung	6
§ 7	Verteilung der Gefahr	7
§ 8	Kündigung durch den Auftraggeber	8
§ 9	Kündigung durch den Auftragnehmer	9
§ 10	Haftung der Vertragsparteien	9
§ 11	Vertragsstrafe	10
§ 12	Abnahme	10
§ 13	Gewährleistung	11
§ 14	Abrechnung	13
§ 15	Stundenlohnarbeiten	13
§ 16	Zahlung	14
§ 17	Sicherheitsleistung	16
§ 18	Streitigkeiten	17

VOB Teil C:

Allgemeine Technische Vertragsbedingungen für Bauleistungen
(Zur Bedeutung der vorangestellten Kennbuchstaben siehe Seite XI)

			Seite
(F)	DIN 18 299	Allgemeine Regelungen für Bauarbeiten jeder Art	19
(F)	DIN 18 300	Erdarbeiten	27
(F)	DIN 18 301	Bohrarbeiten	41
(F)	DIN 18 302	Brunnenbauarbeiten	49
(U)	DIN 18 303	Verbauarbeiten	56
(U)	DIN 18 304	Rammarbeiten	60
(F)	DIN 18 305	Wasserhaltungsarbeiten	66
(U)	DIN 18 306	Entwässerungskanalarbeiten	72
(R)	DIN 18 307	Druckrohrleitungsarbeiten im Erdreich	77
(R)	DIN 18 308	Dränarbeiten	84
(U)	DIN 18 309	Einpreßarbeiten	90
(U)	DIN 18 310	Sicherungsarbeiten an Gewässern, Deichen und Küstendünen	98
(U)	DIN 18 311	Naßbaggerarbeiten	102
(U)	DIN 18 312	Untertagebauarbeiten	111
(F)	DIN 18 313	Schlitzwandarbeiten mit stützenden Flüssigkeiten	121
(R)	DIN 18 314	Spritzbetonarbeiten	130
(R)	DIN 18 315	Verkehrswegebauarbeiten, Oberbauschichten ohne Bindemittel	135
(R)	DIN 18 316	Verkehrswegebauarbeiten, Oberbauschichten mit hydraulischen Bindemitteln	144
(F)	DIN 18 317	Verkehrswegebauarbeiten, Oberbauschichten aus Asphalt	155
(R)	DIN 18 318	Verkehrswegebauarbeiten, Pflasterdecken, Plattenbeläge, Einfassungen	165
(F)	DIN 18 319	Rohrvortriebsarbeiten	177
(F)	DIN 18 320	Landschaftsbauarbeiten	187
(U)	DIN 18 325	Gleisbauarbeiten	197
(F)	DIN 18 330	Mauerarbeiten	204
(R)	DIN 18 331	Beton- und Stahlbetonarbeiten	215
(R)	DIN 18 332	Naturwerksteinarbeiten	226
(F)	DIN 18 333	Betonwerksteinarbeiten	241
(R)	DIN 18 334	Zimmer- und Holzbauarbeiten	250

			Seite
(R)	DIN 18 335	Stahlbauarbeiten	269
(F)	DIN 18 336	Abdichtungsarbeiten	277
(F)	DIN 18 338	Dachdeckungs- und Dachabdichtungsarbeiten	286
(R)	DIN 18 339	Klempnerarbeiten	301
(R)	DIN 18 349	Betonerhaltungsarbeiten	316
(R)	DIN 18 350	Putz- und Stuckarbeiten	329
(R)	DIN 18 352	Fliesen- und Plattenarbeiten	342
(R)	DIN 18 353	Estricharbeiten	355
(R)	DIN 18 354	Gußasphaltarbeiten	365
(R)	DIN 18 355	Tischlerarbeiten	375
(R)	DIN 18 356	Parkettarbeiten	392
(R)	DIN 18 357	Beschlagarbeiten	401
(U)	DIN 18 358	Rolladenarbeiten	413
(F)	DIN 18 360	Metallbauarbeiten	417
(R)	DIN 18 361	Verglasungsarbeiten	433
(R)	DIN 18 363	Maler- und Lackierarbeiten	442
(F)	DIN 18 364	Korrosionsschutzarbeiten an Stahl- und Aluminiumbauten	476
(U)	DIN 18 365	Bodenbelagarbeiten	485
(U)	DIN 18 366	Tapezierarbeiten	493
(U)	DIN 18 367	Holzpflasterarbeiten	505
(R)	DIN 18 379	Raumlufttechnische Anlagen	510
(R)	DIN 18 380	Heizanlagen und zentrale Wassererwärmungsanlagen	533
(R)	DIN 18 381	Gas-, Wasser- und Abwasser-Installationsanlagen innerhalb von Gebäuden	552
(R)	DIN 18 382	Elektrische Kabel- und Leitungsanlagen in Gebäuden	565
(U)	DIN 18 384	Blitzschutzanlagen	570
(N)	DIN 18 385	Förderanlagen, Aufzugsanlagen, Fahrtreppen und Fahrsteige	574
(N)	DIN 18 386	Gebäudeautomation	580
(R)	DIN 18 421	Dämmarbeiten an technischen Anlagen	588
(U)	DIN 18 451	Gerüstarbeiten	599

Alphabetisches Sachverzeichnis ... 605

Übersicht der Änderungen

gegenüber der VOB, Ausgabe 1992

1. VOB Teil B:

§ 2 Nr. 8. Abs. (1)
In Abs. (1) Satz 3 letzter Halbsatz
„wenn die Vorschriften..." gestrichen.
Abs. (3) neu angefügt.

§ 4 Nr. 1. Abs. (3)
Druckfehlerberichtigung: „Leistung" geändert in „Leitung".

§ 13 Nr. 4.
Durch neue Regelung ersetzt.

2. VOB Teil C:

Allgemeine Technische Vertragsbedingungen für Bauleistungen (ATV)

Der Status der Allgemeinen Technischen Vertragsbedingungen für Bauleistungen ist im Inhaltsverzeichnis für den Teil C durch Kennbuchstaben angegeben.

Dabei bedeuten:

(U) = Unverändert
  Diese ATV wurden ohne Änderungen aus der VOB, Ausgabe 1992, übernommen.

(R) = Redaktionell überarbeitet
  Diese ATV wurden unter Berücksichtigung der Änderungen im DIN-Normenwerk und den damit zusammenhängenden Festlegungen redaktionell geändert.

(F) = Fachtechnisch überarbeitet
  Diese ATV wurden zur Anpassung an die Entwicklung des Baugeschehens fachtechnisch überarbeitet.

(N) = Neu aufgestellt
  Diese ATV wurden neu aufgestellt und erstmalig in die VOB aufgenommen.

VOB Teil B:
Allgemeine Vertragsbedingungen für die Ausführung von Bauleistungen
DIN 1961 – Ausgabe Juni 1996

§ 1
Art und Umfang der Leistung

1. Die auszuführende Leistung wird nach Art und Umfang durch den Vertrag bestimmt. Als Bestandteil des Vertrages gelten auch die Allgemeinen Technischen Vertragsbedingungen für Bauleistungen.

2. Bei Widersprüchen im Vertrag gelten nacheinander:
   a) die Leistungsbeschreibung,
   b) die Besonderen Vertragsbedingungen,
   c) etwaige Zusätzliche Vertragsbedingungen,
   d) etwaige Zusätzliche Technische Vertragsbedingungen,
   e) die Allgemeinen Technischen Vertragsbedingungen für Bauleistungen,
   f) die Allgemeinen Vertragsbedingungen für die Ausführung von Bauleistungen.

3. Änderungen des Bauentwurfs anzuordnen, bleibt dem Auftraggeber vorbehalten.

4. Nicht vereinbarte Leistungen, die zur Ausführung der vertraglichen Leistung erforderlich werden, hat der Auftragnehmer auf Verlangen des Auftraggebers mit auszuführen, außer wenn sein Betrieb auf derartige Leistungen nicht eingerichtet ist. Andere Leistungen können dem Auftragnehmer nur mit seiner Zustimmung übertragen werden.

§ 2
Vergütung

1. Durch die vereinbarten Preise werden alle Leistungen abgegolten, die nach der Leistungsbeschreibung, den Besonderen Vertragsbedingungen, den Zusätzlichen Vertragsbedingungen, den Zusätzlichen Technischen Vertragsbedingungen, den Allgemeinen Technischen Vertragsbedingungen für Bauleistungen und der gewerblichen Verkehrssitte zur vertraglichen Leistung gehören.

2. Die Vergütung wird nach den vertraglichen Einheitspreisen und den tatsächlich ausgeführten Leistungen berechnet, wenn keine andere Berechnungsart (z. B. durch Pauschalsumme, nach Stundenlohnsätzen, nach Selbstkosten) vereinbart ist.

3. (1) Weicht die ausgeführte Menge der unter einem Einheitspreis erfaßten Leistung oder Teilleistung um nicht mehr als 10 v. H. von dem im Vertrag vorgesehenen Umfang ab, so gilt der vertragliche Einheitspreis.

   (2) Für die über 10 v. H. hinausgehende Überschreitung des Mengenansatzes ist auf Verlangen ein neuer Preis unter Berücksichtigung der Mehr- oder Minderkosten zu vereinbaren.

(3) Bei einer über 10 v. H. hinausgehenden Unterschreitung des Mengenansatzes ist auf Verlangen der Einheitspreis für die tatsächlich ausgeführte Menge der Leistung oder Teilleistung zu erhöhen, soweit der Auftragnehmer nicht durch Erhöhung der Mengen bei anderen Ordnungszahlen (Positionen) oder in anderer Weise einen Ausgleich erhält. Die Erhöhung des Einheitspreises soll im wesentlichen dem Mehrbetrag entsprechen, der sich durch Verteilung der Baustelleneinrichtungs- und Baustellengemeinkosten und der Allgemeinen Geschäftskosten auf die verringerte Menge ergibt. Die Umsatzsteuer wird entsprechend dem neuen Preis vergütet.

(4) Sind von der unter einem Einheitspreis erfaßten Leistung oder Teilleistung andere Leistungen abhängig, für die eine Pauschalsumme vereinbart ist, so kann mit der Änderung des Einheitspreises auch eine angemessene Änderung der Pauschalsumme gefordert werden.

4. Werden im Vertrag ausbedungene Leistungen des Auftragnehmers vom Auftraggeber selbst übernommen (z. B. Lieferung von Bau-, Bauhilfs- und Betriebsstoffen), so gilt, wenn nichts anderes vereinbart wird, § 8 Nr. 1 Abs. 2 entsprechend.

5. Werden durch Änderung des Bauentwurfs oder andere Anordnungen des Auftraggebers die Grundlagen des Preises für eine im Vertrag vorgesehene Leistung geändert, so ist ein neuer Preis unter Berücksichtigung der Mehr- oder Minderkosten zu vereinbaren. Die Vereinbarung soll vor der Ausführung getroffen werden.

6. (1) Wird eine im Vertrag nicht vorgesehene Leistung gefordert, so hat der Auftragnehmer Anspruch auf besondere Vergütung. Er muß jedoch den Anspruch dem Auftraggeber ankündigen, bevor er mit der Ausführung der Leistung beginnt.

(2) Die Vergütung bestimmt sich nach den Grundlagen der Preisermittlung für die vertragliche Leistung und den besonderen Kosten der geforderten Leistung. Sie ist möglichst vor Beginn der Ausführung zu vereinbaren.

7. (1) Ist als Vergütung der Leistung eine Pauschalsumme vereinbart, so bleibt die Vergütung unverändert. Weicht jedoch die ausgeführte Leistung von der vertraglich vorgesehenen Leistung so erheblich ab, daß ein Festhalten an der Pauschalsumme nicht zumutbar ist (§ 242 BGB), so ist auf Verlangen ein Ausgleich unter Berücksichtigung der Mehr- oder Minderkosten zu gewähren. Für die Bemessung des Ausgleichs ist von den Grundlagen der Preisermittlung auszugehen. Nummern 4, 5 und 6 bleiben unberührt.

(2) Wenn nichts anderes vereinbart ist, gilt Absatz 1 auch für Pauschalsummen, die für Teile der Leistung vereinbart sind; Nummer 3 Absatz 4 bleibt unberührt.

8. (1) Leistungen, die der Auftragnehmer ohne Auftrag oder unter eigenmächtiger Abweichung vom Vertrag ausführt, werden nicht vergütet. Der Auftragnehmer hat sie auf Verlangen innerhalb einer angemessenen Frist zu beseitigen; sonst kann es auf seine Kosten geschehen. Er haftet außerdem für andere Schäden, die dem Auftraggeber hieraus entstehen.

(2) Eine Vergütung steht dem Auftragnehmer jedoch zu, wenn der Auftraggeber solche Leistungen nachträglich anerkennt. Eine Vergütung steht ihm

auch zu, wenn die Leistungen für die Erfüllung des Vertrags notwendig waren, dem mutmaßlichen Willen des Auftraggebers entsprachen und ihm unverzüglich angezeigt wurden.

(3) Die Vorschriften des BGB über die Geschäftsführung ohne Auftrag (§ 677 ff.) bleiben unberührt.

9. (1) Verlangt der Auftraggeber Zeichnungen, Berechnungen oder andere Unterlagen, die der Auftragnehmer nach dem Vertrag, besonders den Technischen Vertragsbedingungen oder der gewerblichen Verkehrssitte, nicht zu beschaffen hat, so hat er sie zu vergüten.

(2) Läßt er vom Auftragnehmer nicht aufgestellte technische Berechnungen durch den Auftragnehmer nachprüfen, so hat er die Kosten zu tragen.

10. Stundenlohnarbeiten werden nur vergütet, wenn sie als solche vor ihrem Beginn ausdrücklich vereinbart worden sind (§ 15).

§ 3
Ausführungsunterlagen

1. Die für die Ausführung nötigen Unterlagen sind dem Auftragnehmer unentgeltlich und rechtzeitig zu übergeben.

2. Das Abstecken der Hauptachsen der baulichen Anlagen, ebenso der Grenzen des Geländes, das dem Auftragnehmer zur Verfügung gestellt wird, und das Schaffen der notwendigen Höhenfestpunkte in unmittelbarer Nähe der baulichen Anlagen sind Sache des Auftraggebers.

3. Die vom Auftraggeber zur Verfügung gestellten Geländeaufnahmen und Absteckungen und die übrigen für die Ausführung übergebenen Unterlagen sind für den Auftragnehmer maßgebend. Jedoch hat er sie, soweit es zur ordnungsgemäßen Vertragserfüllung gehört, auf etwaige Unstimmigkeiten zu überprüfen und den Auftraggeber auf entdeckte oder vermutete Mängel hinzuweisen.

4. Vor Beginn der Arbeiten ist, soweit notwendig, der Zustand der Straßen und Geländeoberfläche, der Vorfluter und Vorflutleitungen, ferner der baulichen Anlagen im Baubereich in einer Niederschrift festzuhalten, die vom Auftraggeber und Auftragnehmer anzuerkennen ist.

5. Zeichnungen, Berechnungen, Nachprüfungen von Berechnungen oder andere Unterlagen, die der Auftragnehmer nach dem Vertrag, besonders den Technischen Vertragsbedingungen, oder der gewerblichen Verkehrssitte oder auf besonderes Verlangen des Auftraggebers (§ 2 Nr. 9) zu beschaffen hat, sind dem Auftraggeber nach Aufforderung rechtzeitig vorzulegen.

6. (1) Die in Nummer 5 genannten Unterlagen dürfen ohne Genehmigung ihres Urhebers nicht veröffentlicht, vervielfältigt, geändert oder für einen anderen als den vereinbarten Zweck benutzt werden.

(2) An DV-Programmen hat der Auftraggeber das Recht zur Nutzung mit den vereinbarten Leistungsmerkmalen in unveränderter Form auf den festge-

legten Geräten. Der Auftraggeber darf zum Zwecke der Datensicherung zwei Kopien herstellen. Diese müssen alle Identifikationsmerkmale enthalten. Der Verbleib der Kopien ist auf Verlangen nachzuweisen.

(3) Der Auftragnehmer bleibt unbeschadet des Nutzungsrechts des Auftraggebers zur Nutzung der Unterlagen und der DV-Programme berechtigt.

§ 4
Ausführung

1. (1) Der Auftraggeber hat für die Aufrechterhaltung der allgemeinen Ordnung auf der Baustelle zu sorgen und das Zusammenwirken der verschiedenen Unternehmer zu regeln. Er hat die erforderlichen öffentlich-rechtlichen Genehmigungen und Erlaubnisse – z. B. nach dem Baurecht, dem Straßenverkehrsrecht, dem Wasserrecht, dem Gewerberecht – herbeizuführen.

    (2) Der Auftraggeber hat das Recht, die vertragsgemäße Ausführung der Leistung zu überwachen. Hierzu hat er Zutritt zu den Arbeitsplätzen, Werkstätten und Lagerräumen, wo die vertragliche Leistung oder Teile von ihr hergestellt oder die hierfür bestimmten Stoffe und Bauteile gelagert werden. Auf Verlangen sind ihm die Werkzeichnungen oder andere Ausführungsunterlagen sowie die Ergebnisse von Güteprüfungen zur Einsicht vorzulegen und die erforderlichen Auskünfte zu erteilen, wenn hierdurch keine Geschäftsgeheimnisse preisgegeben werden. Als Geschäftsgeheimnis bezeichnete Auskünfte und Unterlagen hat er vertraulich zu behandeln.

    (3) Der Auftraggeber ist befugt, unter Wahrung der dem Auftragnehmer zustehenden Leitung (Nummer 2) Anordnungen zu treffen, die zur vertragsgemäßen Ausführung der Leistung notwendig sind. Die Anordnungen sind grundsätzlich nur dem Auftragnehmer oder seinem für die Leitung der Ausführung bestellten Vertreter zu erteilen, außer wenn Gefahr im Verzug ist. Dem Auftraggeber ist mitzuteilen, wer jeweils als Vertreter des Auftragnehmers für die Leitung der Ausführung bestellt ist.

    (4) Hält der Auftragnehmer die Anordnungen des Auftraggebers für unberechtigt oder unzweckmäßig, so hat er seine Bedenken geltend zu machen, die Anordnungen jedoch auf Verlangen auszuführen, wenn nicht gesetzliche oder behördliche Bestimmungen entgegenstehen. Wenn dadurch eine ungerechtfertigte Erschwerung verursacht wird, hat der Auftraggeber die Mehrkosten zu tragen.

2. (1) Der Auftragnehmer hat die Leistung unter eigener Verantwortung nach dem Vertrag auszuführen. Dabei hat er die anerkannten Regeln der Technik und die gesetzlichen und behördlichen Bestimmungen zu beachten. Es ist seine Sache, die Ausführung seiner vertraglichen Leistung zu leiten und für Ordnung auf seiner Arbeitsstelle zu sorgen.

    (2) Er ist für die Erfüllung der gesetzlichen, behördlichen und berufsgenossenschaftlichen Verpflichtungen gegenüber seinen Arbeitnehmern allein verantwortlich. Es ist ausschließlich seine Aufgabe, die Vereinbarungen und Maßnahmen zu treffen, die sein Verhältnis zu den Arbeitnehmern regeln.

Allgemeine Vertragsbedingungen DIN 1961

3. Hat der Auftragnehmer Bedenken gegen die vorgesehene Art der Ausführung (auch wegen der Sicherung gegen Unfallgefahren), gegen die Güte der vom Auftraggeber gelieferten Stoffe oder Bauteile oder gegen die Leistungen anderer Unternehmer, so hat er sie dem Auftraggeber unverzüglich – möglichst schon vor Beginn der Arbeiten – schriftlich mitzuteilen; der Auftraggeber bleibt jedoch für seine Angaben, Anordnungen oder Lieferungen verantwortlich.

4. Der Auftraggeber hat, wenn nichts anderes vereinbart ist, dem Auftragnehmer unentgeltlich zur Benutzung oder Mitbenutzung zu überlassen:

   a) die notwendigen Lager- und Arbeitsplätze auf der Baustelle,

   b) vorhandene Zufahrtswege und Anschlußgleise,

   c) vorhandene Anschlüsse für Wasser und Energie. Die Kosten für den Verbrauch und den Messer oder Zähler trägt der Auftragnehmer, mehrere Auftragnehmer tragen sie anteilig.

5. Der Auftragnehmer hat die von ihm ausgeführten Leistungen und die ihm für die Ausführung übergebenen Gegenstände bis zur Abnahme vor Beschädigung und Diebstahl zu schützen. Auf Verlangen des Auftraggebers hat er sie vor Winterschäden und Grundwasser zu schützen, ferner Schnee und Eis zu beseitigen. Obliegt ihm die Verpflichtung nach Satz 2 nicht schon nach dem Vertrag, so regelt sich die Vergütung nach § 2 Nr. 6.

6. Stoffe oder Bauteile, die dem Vertrag oder den Proben nicht entsprechen, sind auf Anordnung des Auftraggebers innerhalb einer von ihm bestimmten Frist von der Baustelle zu entfernen. Geschieht es nicht, so können sie auf Kosten des Auftragnehmers entfernt oder für seine Rechnung veräußert werden.

7. Leistungen, die schon während der Ausführung als mangelhaft oder vertragswidrig erkannt werden, hat der Auftragnehmer auf eigene Kosten durch mangelfreie zu ersetzen. Hat der Auftragnehmer den Mangel oder die Vertragswidrigkeit zu vertreten, so hat er auch den daraus entstehenden Schaden zu ersetzen. Kommt der Auftragnehmer der Pflicht zur Beseitigung des Mangels nicht nach, so kann ihm der Auftraggeber eine angemessene Frist zur Beseitigung des Mangels setzen und erklären, daß er ihm nach fruchtlosem Ablauf der Frist den Auftrag entziehe (§ 8 Nr. 3).

8. (1) Der Auftragnehmer hat die Leistung im eigenen Betrieb auszuführen. Mit schriftlicher Zustimmung des Auftraggebers darf er sie an Nachunternehmer übertragen. Die Zustimmung ist nicht notwendig bei Leistungen, auf die der Betrieb des Auftragnehmers nicht eingerichtet ist.

   (2) Der Auftragnehmer hat bei der Weitervergabe von Bauleistungen an Nachunternehmer die Verdingungsordnung für Bauleistungen zugrunde zu legen.

   (3) Der Auftragnehmer hat die Nachunternehmer dem Auftraggeber auf Verlangen bekanntzugeben.

9. Werden bei Ausführung der Leistung auf einem Grundstück Gegenstände von Altertums-, Kunst- oder wissenschaftlichem Wert entdeckt, so hat der Auftragnehmer vor jedem weiteren Aufdecken oder Ändern dem Auftraggeber den Fund anzuzeigen und ihm die Gegenstände nach näherer Weisung abzu-

liefern. Die Vergütung etwaiger Mehrkosten regelt sich nach § 2 Nr. 6. Die Rechte des Entdeckers (§ 984 BGB) hat der Auftraggeber.

§ 5
Ausführungsfristen

1. Die Ausführung ist nach den verbindlichen Fristen (Vertragsfristen) zu beginnen, angemessen zu fördern und zu vollenden. In einem Bauzeitenplan enthaltene Einzelfristen gelten nur dann als Vertragsfristen, wenn dies im Vertrag ausdrücklich vereinbart ist.

2. Ist für den Beginn der Ausführung keine Frist vereinbart, so hat der Auftraggeber dem Auftragnehmer auf Verlangen Auskunft über den voraussichtlichen Beginn zu erteilen. Der Auftragnehmer hat innerhalb von 12 Werktagen nach Aufforderung zu beginnen. Der Beginn der Ausführung ist dem Auftraggeber anzuzeigen.

3. Wenn Arbeitskräfte, Geräte, Gerüste, Stoffe oder Bauteile so unzureichend sind, daß die Ausführungsfristen offenbar nicht eingehalten werden können, muß der Auftragnehmer auf Verlangen unverzüglich Abhilfe schaffen.

4. Verzögert der Auftragnehmer den Beginn der Ausführung, gerät er mit der Vollendung in Verzug oder kommt er der in Nummer 3 erwähnten Verpflichtung nicht nach, so kann der Auftraggeber bei Aufrechterhaltung des Vertrages Schadenersatz nach § 6 Nr. 6 verlangen oder dem Auftragnehmer eine angemessene Frist zur Vertragserfüllung setzen und erklären, daß er ihm nach fruchtlosem Ablauf der Frist den Auftrag entziehe (§ 8 Nr. 3).

§ 6
Behinderung und Unterbrechung der Ausführung

1. Glaubt sich der Auftragnehmer in der ordnungsgemäßen Ausführung der Leistung behindert, so hat er es dem Auftraggeber unverzüglich schriftlich anzuzeigen. Unterläßt er die Anzeige, so hat er nur dann Anspruch auf Berücksichtigung der hindernden Umstände, wenn dem Auftraggeber offenkundig die Tatsache und deren hindernde Wirkung bekannt waren.

2. (1) Ausführungsfristen werden verlängert, soweit die Behinderung verursacht ist:
   a) durch einen vom Auftraggeber zu vertretenden Umstand,
   b) durch Streik oder eine von der Berufsvertretung der Arbeitgeber angeordnete Aussperrung im Betrieb des Auftragnehmers oder in einem unmittelbar für ihn arbeitenden Betrieb,
   c) durch höhere Gewalt oder andere für den Auftragnehmer unabwendbare Umstände.

   (2) Witterungseinflüsse während der Ausführungszeit, mit denen bei Abgabe des Angebots normalerweise gerechnet werden mußte, gelten nicht als Behinderung.

3. Der Auftragnehmer hat alles zu tun, was ihm billigerweise zugemutet werden kann, um die Weiterführung der Arbeiten zu ermöglichen. Sobald die hindernden Umstände wegfallen, hat er ohne weiteres und unverzüglich die Arbeiten wiederaufzunehmen und den Auftraggeber davon zu benachrichtigen.

4. Die Fristverlängerung wird berechnet nach der Dauer der Behinderung mit einem Zuschlag für die Wiederaufnahme der Arbeiten und die etwaige Verschiebung in eine ungünstigere Jahreszeit.

5. Wird die Ausführung für voraussichtlich längere Dauer unterbrochen, ohne daß die Leistung dauernd unmöglich wird, so sind die ausgeführten Leistungen nach den Vertragspreisen abzurechnen und außerdem die Kosten zu vergüten, die dem Auftragnehmer bereits entstanden und in den Vertragspreisen des nicht ausgeführten Teils der Leistung enthalten sind.

6. Sind die hindernden Umstände von einem Vertragsteil zu vertreten, so hat der andere Teil Anspruch auf Ersatz des nachweislich entstandenen Schadens, des entgangenen Gewinns aber nur bei Vorsatz oder grober Fahrlässigkeit.

7. Dauert eine Unterbrechung länger als 3 Monate, so kann jeder Teil nach Ablauf dieser Zeit den Vertrag schriftlich kündigen. Die Abrechnung regelt sich nach Nummern 5 und 6; wenn der Auftragnehmer die Unterbrechung nicht zu vertreten hat, sind auch die Kosten der Baustellenräumung zu vergüten, soweit sie nicht in der Vergütung für die bereits ausgeführten Leistungen enthalten sind.

§ 7

Verteilung der Gefahr

1. Wird die ganz oder teilweise ausgeführte Leistung vor der Abnahme durch höhere Gewalt, Krieg, Aufruhr oder andere unabwendbare vom Auftragnehmer nicht zu vertretende Umstände beschädigt oder zerstört, so hat dieser für die ausgeführten Teile der Leistung die Ansprüche nach § 6 Nr. 5; für andere Schäden besteht keine gegenseitige Ersatzpflicht.

2. Zu der ganz oder teilweise ausgeführten Leistung gehören alle mit der baulichen Anlage unmittelbar verbundenen, in ihre Substanz eingegangenen Leistungen, unabhängig von deren Fertigstellungsgrad.

3. Zu der ganz oder teilweise ausgeführten Leistung gehören nicht die noch nicht eingebauten Stoffe und Bauteile sowie die Baustelleneinrichtung und Absteckungen. Zu der ganz oder teilweise ausgeführten Leistung gehören ebenfalls nicht Baubehelfe, z. B. Gerüste, auch wenn diese als Besondere Leistung oder selbständig vergeben sind.

§ 8
Kündigung durch den Auftraggeber

1. (1) Der Auftraggeber kann bis zur Vollendung der Leistung jederzeit den Vertrag kündigen.

   (2) Dem Auftragnehmer steht die vereinbarte Vergütung zu. Er muß sich jedoch anrechnen lassen, was er infolge der Aufhebung des Vertrags an Kosten erspart oder durch anderweitige Verwendung seiner Arbeitskraft und seines Betriebs erwirbt oder zu erwerben böswillig unterläßt (§ 649 BGB).

2. (1) Der Auftraggeber kann den Vertrag kündigen, wenn der Auftragnehmer seine Zahlungen einstellt, das Vergleichsverfahren beantragt oder in Konkurs gerät.

   (2) Die ausgeführten Leistungen sind nach § 6 Nr. 5 abzurechnen. Der Auftraggeber kann Schadenersatz wegen Nichterfüllung des Restes verlangen.

3. (1) Der Auftraggeber kann den Vertrag kündigen, wenn in den Fällen des § 4 Nr. 7 und des § 5 Nr. 4 die gesetzte Frist fruchtlos abgelaufen ist (Entziehung des Auftrags). Die Entziehung des Auftrags kann auf einen in sich abgeschlossenen Teil der vertraglichen Leistung beschränkt werden.

   (2) Nach der Entziehung des Auftrags ist der Auftraggeber berechtigt, den noch nicht vollendeten Teil der Leistung zu Lasten des Auftragnehmers durch einen Dritten ausführen zu lassen, doch bleiben seine Ansprüche auf Ersatz des etwa entstehenden weiteren Schadens bestehen. Er ist auch berechtigt, auf die weitere Ausführung zu verzichten und Schadenersatz wegen Nichterfüllung zu verlangen, wenn die Ausführung aus den Gründen, die zur Entziehung des Auftrags geführt haben, für ihn kein Interesse mehr hat.

   (3) Für die Weiterführung der Arbeiten kann der Auftraggeber Geräte, Gerüste, auf der Baustelle vorhandene andere Einrichtungen und angelieferte Stoffe und Bauteile gegen angemessene Vergütung in Anspruch nehmen.

   (4) Der Auftraggeber hat dem Auftragnehmer eine Aufstellung über die entstandenen Mehrkosten und über seine anderen Ansprüche spätestens binnen 12 Werktagen nach Abrechnung mit dem Dritten zuzusenden.

4. Der Auftraggeber kann den Auftrag entziehen, wenn der Auftragnehmer aus Anlaß der Vergabe eine Abrede getroffen hatte, die eine unzulässige Wettbewerbsbeschränkung darstellt. Die Kündigung ist innerhalb von 12 Werktagen nach Bekanntwerden des Kündigungsgrundes auszusprechen. Die Nummer 3 gilt entsprechend.

5. Die Kündigung ist schriftlich zu erklären.

6. Der Auftragnehmer kann Aufmaß und Abnahme der von ihm ausgeführten Leistungen alsbald nach der Kündigung verlangen; er hat unverzüglich eine prüfbare Rechnung über die ausgeführten Leistungen vorzulegen.

7. Eine wegen Verzugs verwirkte, nach Zeit bemessene Vertragsstrafe kann nur für die Zeit bis zum Tag der Kündigung des Vertrags gefordert werden.

Allgemeine Vertragsbedingungen DIN 1961

§ 9

Kündigung durch den Auftragnehmer

1. Der Auftragnehmer kann den Vertrag kündigen:

   a) wenn der Auftraggeber eine ihm obliegende Handlung unterläßt und dadurch den Auftragnehmer außerstande setzt, die Leistung auszuführen (Annahmeverzug nach §§ 293 ff. BGB),

   b) wenn der Auftraggeber eine fällige Zahlung nicht leistet oder sonst in Schuldnerverzug gerät.

2. Die Kündigung ist schriftlich zu erklären. Sie ist erst zulässig, wenn der Auftragnehmer dem Auftraggeber ohne Erfolg eine angemessene Frist zur Vertragserfüllung gesetzt und erklärt hat, daß er nach fruchtlosem Ablauf der Frist den Vertrag kündigen werde.

3. Die bisherigen Leistungen sind nach den Vertragspreisen abzurechnen. Außerdem hat der Auftragnehmer Anspruch auf angemessene Entschädigung nach § 642 BGB; etwaige weitergehende Ansprüche des Auftragnehmers bleiben unberührt.

§ 10

Haftung der Vertragsparteien

1. Die Vertragsparteien haften einander für eigenes Verschulden sowie für das Verschulden ihrer gesetzlichen Vertreter und der Personen, deren sie sich zur Erfüllung ihrer Verbindlichkeiten bedienen (§§ 276, 278 BGB).

2. (1) Entsteht einem Dritten im Zusammenhang mit der Leistung ein Schaden, für den auf Grund gesetzlicher Haftpflichtbestimmungen beide Vertragsparteien haften, so gelten für den Ausgleich zwischen den Vertragsparteien die allgemeinen gesetzlichen Bestimmungen, soweit im Einzelfall nicht anderes vereinbart ist. Soweit der Schaden des Dritten nur die Folge einer Maßnahme ist, die der Auftraggeber in dieser Form angeordnet hat, trägt er den Schaden allein, wenn ihn der Auftragnehmer auf die mit der angeordneten Ausführung verbundene Gefahr nach § 4 Nr. 3 hingewiesen hat.

   (2) Der Auftragnehmer trägt den Schaden allein, soweit er ihn durch Versicherung seiner gesetzlichen Haftpflicht gedeckt hat oder innerhalb der von der Versicherungsaufsichtsbehörde genehmigten Allgemeinen Versicherungsbedingungen zu tarifmäßigen, nicht auf außergewöhnliche Verhältnisse abgestellten Prämien und Prämienzuschlägen bei einem im Inland zum Geschäftsbetrieb zugelassenen Versicherer hätte decken können.

3. Ist der Auftragnehmer einem Dritten nach §§ 823 ff. BGB zu Schadensersatz verpflichtet wegen unbefugten Betretens oder Beschädigung angrenzender Grundstücke, wegen Entnahme oder Auflagerung von Boden oder anderen Gegenständen außerhalb der vom Auftraggeber dazu angewiesenen Flächen oder wegen der Folgen eigenmächtiger Versperrung von Wegen oder Wasserläufen, so trägt er im Verhältnis zum Auftraggeber den Schaden allein.

4. Für die Verletzung gewerblicher Schutzrechte haftet im Verhältnis der Vertragsparteien zueinander der Auftragnehmer allein, wenn er selbst das geschützte Verfahren oder die Verwendung geschützter Gegenstände angeboten oder wenn der Auftraggeber die Verwendung vorgeschrieben und auf das Schutzrecht hingewiesen hat.

5. Ist eine Vertragspartei gegenüber der anderen nach Nummern 2, 3 oder 4 von der Ausgleichspflicht befreit, so gilt diese Befreiung auch zugunsten ihrer gesetzlichen Vertreter und Erfüllungsgehilfen, wenn sie nicht vorsätzlich oder grob fahrlässig gehandelt haben.

6. Soweit eine Vertragspartei von dem Dritten für einen Schaden in Anspruch genommen wird, den nach Nummern 2, 3 oder 4 die andere Vertragspartei zu tragen hat, kann sie verlangen, daß ihre Vertragspartei sie von der Verbindlichkeit gegenüber dem Dritten befreit. Sie darf den Anspruch des Dritten nicht anerkennen oder befriedigen, ohne der anderen Vertragspartei vorher Gelegenheit zur Äußerung gegeben zu haben.

§ 11
Vertragsstrafe

1. Wenn Vertragsstrafen vereinbart sind, gelten die §§ 339 bis 345 BGB.

2. Ist die Vertragsstrafe für den Fall vereinbart, daß der Auftragnehmer nicht in der vorgesehen Frist erfüllt, so wird sie fällig, wenn der Auftragnehmer in Verzug gerät.

3. Ist die Vertragsstrafe nach Tagen bemessen, so zählen nur Werktage; ist sie nach Wochen bemessen, so wird jeder Werktag angefangener Wochen als $1/_6$ Woche gerechnet.

4. Hat der Auftraggeber die Leistung abgenommen, so kann er die Strafe nur verlangen, wenn er dies bei der Abnahme vorbehalten hat.

§ 12
Abnahme

1. Verlangt der Auftragnehmer nach der Fertigstellung – gegebenenfalls auch vor Ablauf der vereinbarten Ausführungsfrist – die Abnahme der Leistung, so hat sie der Auftraggeber binnen 12 Werktagen durchzuführen; eine andere Frist kann vereinbart werden.

2. Besonders abzunehmen sind auf Verlangen:
   a) in sich abgeschlossene Teile der Leistung,
   b) andere Teile der Leistung, wenn sie durch die weitere Ausführung der Prüfung und Feststellung entzogen werden.

3. Wegen wesentlicher Mängel kann die Abnahme bis zur Beseitigung verweigert werden.

Allgemeine Vertragsbedingungen DIN 1961

4. (1) Eine förmliche Abnahme hat stattzufinden, wenn eine Vertragspartei es verlangt. Jede Partei kann auf ihre Kosten einen Sachverständigen zuziehen. Der Befund ist in gemeinsamer Verhandlung schriftlich niederzulegen. In die Niederschrift sind etwaige Vorbehalte wegen bekannter Mängel und wegen Vertragsstrafen aufzunehmen, ebenso etwaige Einwendungen des Auftragnehmers. Jede Partei erhält eine Ausfertigung.

(2) Die förmliche Abnahme kann in Abwesenheit des Auftragnehmers stattfinden, wenn der Termin vereinbart war oder der Auftraggeber mit genügender Frist dazu eingeladen hatte. Das Ergebnis der Abnahme ist dem Auftragnehmer alsbald mitzuteilen.

5. (1) Wird keine Abnahme verlangt, so gilt die Leistung als abgenommen mit Ablauf von 12 Werktagen nach schriftlicher Mitteilung über die Fertigstellung der Leistung.

(2) Hat der Auftraggeber die Leistung oder einen Teil der Leistung in Benutzung genommen, so gilt die Abnahme nach Ablauf von 6 Werktagen nach Beginn der Benutzung als erfolgt, wenn nichts anderes vereinbart ist. Die Benutzung von Teilen einer baulichen Anlage zur Weiterführung der Arbeiten gilt nicht als Abnahme.

(3) Vorbehalte wegen bekannter Mängel oder wegen Vertragsstrafen hat der Auftraggeber spätestens zu den in den Absätzen 1 und 2 bezeichneten Zeitpunkten geltend zu machen.

6. Mit der Abnahme geht die Gefahr auf den Auftraggeber über, soweit er sie nicht schon nach § 7 trägt.

§ 13
Gewährleistung

1. Der Auftragnehmer übernimmt die Gewähr, daß seine Leistung zur Zeit der Abnahme die vertraglich zugesicherten Eigenschaften hat, den anerkannten Regeln der Technik entspricht und nicht mit Fehlern behaftet ist, die den Wert oder die Tauglichkeit zu dem gewöhnlichen oder dem nach dem Vertrag vorausgesetzten Gebrauch aufheben oder mindern.

2. Bei Leistungen nach Probe gelten die Eigenschaften der Probe als zugesichert, soweit nicht Abweichungen nach der Verkehrssitte als bedeutungslos anzusehen sind. Dies gilt auch für Proben, die erst nach Vertragsabschluß als solche anerkannt sind.

3. Ist ein Mangel zurückzuführen auf die Leistungsbeschreibung oder auf Anordnungen des Auftraggebers, auf die von diesem gelieferten oder vorgeschriebenen Stoffe oder Bauteile oder die Beschaffenheit der Vorleistung eines anderen Unternehmers, so ist der Auftragnehmer von der Gewährleistung für diese Mängel frei, außer wenn er die ihm nach § 4 Nr. 3 obliegende Mitteilung über die zu befürchtenden Mängel unterlassen hat.

4. (1) Ist für die Gewährleistung keine Verjährungsfrist im Vertrag vereinbart, so beträgt sie für Bauwerke und für Holzerkrankungen 2 Jahre, für Arbeiten

an einem Grundstück und für die vom Feuer berührten Teile von Feuerungsanlagen ein Jahr.

(2) Bei maschinellen und elektrotechnischen/elektronischen Anlagen oder Teilen davon, bei denen die Wartung Einfluß auf die Sicherheit und Funktionsfähigkeit hat, beträgt die Verjährungsfrist für die Gewährleistungsansprüche abweichend von Absatz 1 ein Jahr, wenn der Auftraggeber sich dafür entschieden hat, dem Auftragnehmer die Wartung für die Dauer der Verjährungsfrist nicht zu übertragen.

(3) Die Frist beginnt mit der Abnahme der gesamten Leistung; nur für in sich abgeschlossene Teile der Leistung beginnt sie mit der Teilabnahme (§ 12 Nr. 2a).

5. (1) Der Auftragnehmer ist verpflichtet, alle während der Verjährungsfrist hervortretenden Mängel, die auf vertragswidrige Leistung zurückzuführen sind, auf seine Kosten zu beseitigen, wenn es der Auftraggeber vor Ablauf der Frist schriftlich verlangt. Der Anspruch auf Beseitigung der gerügten Mängel verjährt mit Ablauf der Regelfristen der Nummer 4, gerechnet vom Zugang des schriftlichen Verlangens an, jedoch nicht vor Ablauf der vereinbarten Frist. Nach Abnahme der Mängelbeseitigungsleistung beginnen für diese Leistung die Regelfristen der Nummer 4, wenn nichts anderes vereinbart ist.

(2) Kommt der Auftragnehmer der Aufforderung zur Mängelbeseitigung in einer vom Auftraggeber gesetzten angemessenen Frist nicht nach, so kann der Auftraggeber die Mängel auf Kosten des Auftragnehmers beseitigen lassen.

6. Ist die Beseitigung des Mangels unmöglich oder würde sie einen unverhältnismäßig hohen Aufwand erfordern und wird sie deshalb vom Auftragnehmer verweigert, so kann der Auftraggeber Minderung der Vergütung verlangen (§ 634 Abs. 4, § 472 BGB). Der Auftraggeber kann ausnahmsweise auch dann Minderung der Vergütung verlangen, wenn die Beseitigung des Mangels für ihn unzumutbar ist.

7. (1) Ist ein wesentlicher Mangel, der die Gebrauchsfähigkeit erheblich beeinträchtigt, auf ein Verschulden des Auftragnehmers oder seiner Erfüllungsgehilfen zurückzuführen, so ist der Auftragnehmer außerdem verpflichtet, dem Auftraggeber den Schaden an der baulichen Anlage zu ersetzen, zu deren Herstellung, Instandhaltung oder Änderung die Leistung dient.

(2) Den darüber hinausgehenden Schaden hat er nur dann zu ersetzen:
a) wenn der Mangel auf Vorsatz oder grober Fahrlässigkeit beruht,
b) wenn der Mangel auf einem Verstoß gegen die anerkannten Regeln der Technik beruht,
c) wenn der Mangel in dem Fehlen einer vertraglich zugesicherten Eigenschaft besteht oder
d) soweit der Auftragnehmer den Schaden durch Versicherung seiner gesetzlichen Haftpflicht gedeckt hat oder innerhalb der von der Versicherungsaufsichtsbehörde genehmigten Allgemeinen Versicherungsbedingungen zu tarifmäßigen, nicht auf außergewöhnliche Verhältnisse abgestellten Prämien und Prämienzuschlägen bei einem im Inland zum Geschäftsbetrieb zugelassenen Versicherer hätte decken können.

(3) Abweichend von Nummer 4 gelten die gesetzlichen Verjährungsfristen, soweit sich der Auftragnehmer nach Absatz 2 durch Versicherung geschützt hat oder hätte schützen können oder soweit ein besonderer Versicherungsschutz vereinbart ist.

(4) Eine Einschränkung oder Erweiterung der Haftung kann in begründeten Sonderfällen vereinbart werden.

§ 14
Abrechnung

1. Der Auftragnehmer hat seine Leistungen prüfbar abzurechnen. Er hat die Rechnungen übersichtlich aufzustellen und dabei die Reihenfolge der Posten einzuhalten und die in den Vertragsbestandteilen enthaltenen Bezeichnungen zu verwenden. Die zum Nachweis von Art und Umfang der Leistung erforderlichen Mengenberechnungen, Zeichnungen und andere Belege sind beizufügen. Änderungen und Ergänzungen des Vertrags sind in der Rechnung besonders kenntlich zu machen; sie sind auf Verlangen getrennt abzurechnen.

2. Die für die Abrechnung notwendigen Feststellungen sind dem Fortgang der Leistung entsprechend möglichst gemeinsam vorzunehmen. Die Abrechnungsbestimmungen in den Technischen Vertragsbedingungen und den anderen Vertragsunterlagen sind zu beachten. Für Leistungen, die bei Weiterführung der Arbeiten nur schwer feststellbar sind, hat der Auftragnehmer rechtzeitig gemeinsame Feststellungen zu beantragen.

3. Die Schlußrechnung muß bei Leistungen mit einer vertraglichen Ausführungsfrist von höchstens 3 Monaten spätestens 12 Werktage nach Fertigstellung eingereicht werden, wenn nichts anderes vereinbart ist; diese Frist wird um je 6 Werktage für je weitere 3 Monate Ausführungsfrist verlängert.

4. Reicht der Auftragnehmer eine prüfbare Rechnung nicht ein, obwohl ihm der Auftraggeber dafür eine angemessene Frist gesetzt hat, so kann sie der Auftraggeber selbst auf Kosten des Auftragnehmers aufstellen.

§ 15
Stundenlohnarbeiten

1. (1) Stundenlohnarbeiten werden nach den vertraglichen Vereinbarungen abgerechnet.

(2) Soweit für die Vergütung keine Vereinbarungen getroffen worden sind, gilt die ortsübliche Vergütung. Ist diese nicht zu ermitteln, so werden die Aufwendungen des Auftragnehmers für

Lohn- und Gehaltskosten der Baustelle, Lohn- und Gehaltsnebenkosten der Baustelle, Stoffkosten der Baustelle, Kosten der Einrichtungen, Geräte, Maschinen und maschinellen Anlagen der Baustelle, Fracht-, Fuhr- und Ladekosten, Sozialkassenbeiträge und Sonderkosten,

die bei wirtschaftlicher Betriebsführung entstehen, mit angemessenen Zuschlägen für Gemeinkosten und Gewinn (einschließlich allgemeinem Unternehmerwagnis) zuzüglich Umsatzsteuer vergütet.

2. Verlangt der Auftraggeber, daß die Stundenlohnarbeiten durch einen Polier oder eine andere Aufsichtsperson beaufsichtigt werden, oder ist die Aufsicht nach den einschlägigen Unfallverhütungsvorschriften notwendig, so gilt Nummer 1 entsprechend.

3. Dem Auftraggeber ist die Ausführung von Stundenlohnarbeiten vor Beginn anzuzeigen. Über die geleisteten Arbeitsstunden und den dabei erforderlichen, besonders zu vergütenden Aufwand für den Verbrauch von Stoffen, für Vorhaltung von Einrichtungen, Geräten, Maschinen und maschinellen Anlagen, für Frachten, Fuhr- und Ladeleistungen sowie etwaige Sonderkosten sind, wenn nichts anderes vereinbart ist, je nach der Verkehrssitte werktäglich oder wöchentlich Listen (Stundenlohnzettel) einzureichen. Der Auftraggeber hat die von ihm bescheinigten Stundenlohnzettel unverzüglich, spätestens jedoch innerhalb von 6 Werktagen nach Zugang, zurückzugeben. Dabei kann er Einwendungen auf den Stundenlohnzetteln oder gesondert schriftlich erheben. Nicht fristgemäß zurückgegebene Stundenlohnzettel gelten als anerkannt.

4. Stundenlohnrechnungen sind alsbald nach Abschluß der Stundenlohnarbeiten, längstens jedoch in Abständen von 4 Wochen, einzureichen. Für die Zahlung gilt § 16.

5. Wenn Stundenlohnarbeiten zwar vereinbart waren, über den Umfang der Stundenlohnleistungen aber mangels rechtzeitiger Vorlage der Stundenlohnzettel Zweifel bestehen, so kann der Auftraggeber verlangen, daß für die nachweisbar ausgeführten Leistungen eine Vergütung vereinbart wird, die nach Maßgabe von Nummer 1 Abs. 2 für einen wirtschaftlich vertretbaren Aufwand an Arbeitszeit und Verbrauch von Stoffen, für Vorhaltung von Einrichtungen, Geräten, Maschinen und maschinellen Anlagen, für Frachten, Fuhr- und Ladeleistungen sowie etwaige Sonderkosten ermittelt wird.

§ 16

Zahlung

1. (1) Abschlagszahlungen sind auf Antrag in Höhe des Wertes der jeweils nachgewiesenen vertragsgemäßen Leistungen einschließlich des ausgewiesenen, darauf entfallenden Umsatzsteuerbetrags in möglichst kurzen Zeitabständen zu gewähren. Die Leistungen sind durch eine prüfbare Aufstellung nachzuweisen, die eine rasche und sichere Beurteilung der Leistungen ermöglichen muß. Als Leistungen gelten hierbei auch die für die geforderte Leistung eigens angefertigten und bereitgestellten Bauteile sowie die auf der Baustelle angelieferten Stoffe und Bauteile, wenn dem Auftraggeber nach

Allgemeine Vertragsbedingungen DIN 1961

seiner Wahl das Eigentum an ihnen übertragen ist oder entsprechende Sicherheit gegeben wird.

(2) Gegenforderungen können einbehalten werden. Andere Einbehalte sind nur in den im Vertrag und in den gesetzlichen Bestimmungen vorgesehenen Fällen zulässig.

(3) Abschlagszahlungen sind binnen 18 Werktagen nach Zugang der Aufstellung zu leisten.

(4) Die Abschlagszahlungen sind ohne Einfluß auf die Haftung und Gewährleistung des Auftragnehmers; sie gelten nicht als Abnahme von Teilen der Leistung.

2. (1) Vorauszahlungen können auch nach Vertragsabschluß vereinbart werden; hierfür ist auf Verlangen des Auftraggebers ausreichende Sicherheit zu leisten. Diese Vorauszahlungen sind, sofern nichts anderes vereinbart wird, mit 1 v. H. über dem Lombardsatz der Deutschen Bundesbank zu verzinsen.

(2) Vorauszahlungen sind auf die nächstfälligen Zahlungen anzurechnen, soweit damit Leistungen abzugelten sind, für welche die Vorauszahlungen gewährt worden sind.

3. (1) Die Schlußzahlung ist alsbald nach Prüfung und Feststellung der vom Auftragnehmer vorgelegten Schlußrechnung zu leisten, spätestens innerhalb von 2 Monaten nach Zugang. Die Prüfung der Schlußrechnung ist nach Möglichkeit zu beschleunigen. Verzögert sie sich, so ist das unbestrittene Guthaben als Abschlagszahlung sofort zu zahlen.

(2) Die vorbehaltlose Annahme der Schlußzahlung schließt Nachforderungen aus, wenn der Auftragnehmer über die Schlußzahlung schriftlich unterrichtet und auf die Ausschlußwirkung hingewiesen wurde.

(3) Einer Schlußzahlung steht es gleich, wenn der Auftraggeber unter Hinweis auf geleistete Zahlungen weitere Zahlungen endgültig und schriftlich ablehnt.

(4) Auch früher gestellte, aber unerledigte Forderungen werden ausgeschlossen, wenn sie nicht nochmals vorbehalten werden.

(5) Ein Vorbehalt ist innerhalb von 24 Werktagen nach Zugang der Mitteilung nach Absätzen 2 und 3 über die Schlußzahlung zu erklären. Er wird hinfällig, wenn nicht innerhalb von weiteren 24 Werktagen eine prüfbare Rechnung über die vorbehaltenen Forderungen eingereicht oder, wenn das nicht möglich ist, der Vorbehalt eingehend begründet wird.

(6) Die Ausschlußfristen gelten nicht für ein Verlangen nach Richtigstellung der Schlußrechnung und -zahlung wegen Aufmaß-, Rechen- und Übertragungsfehlern.

4. In sich abgeschlossene Teile der Leistung können nach Teilabnahme ohne Rücksicht auf die Vollendung der übrigen Leistungen endgültig festgestellt und bezahlt werden.

5. (1) Alle Zahlungen sind aufs äußerste zu beschleunigen.

(2) Nicht vereinbarte Skontoabzüge sind unzulässig.

(3) Zahlt der Auftraggeber bei Fälligkeit nicht, so kann ihm der Auftragnehmer eine angemessene Nachfrist setzen. Zahlt er auch innerhalb der Nachfrist nicht, so hat der Auftragnehmer vom Ende der Nachfrist an Anspruch auf Zinsen in Höhe von 1 v. H. über dem Lombardsatz der Deutschen Bundesbank, wenn er nicht einen höheren Verzugsschaden nachweist. Außerdem darf er die Arbeiten bis zur Zahlung einstellen.

6. Der Auftraggeber ist berechtigt, zur Erfüllung seiner Verpflichtungen aus Nummern 1 bis 5 Zahlungen an Gläubiger des Auftragnehmers zu leisten, soweit sie an der Ausführung der vertraglichen Leistung des Auftragnehmers aufgrund eines mit diesem abgeschlossenen Dienst- oder Werkvertrags beteiligt sind und der Auftragnehmer in Zahlungsverzug gekommen ist. Der Auftragnehmer ist verpflichtet, sich auf Verlangen des Auftraggebers innerhalb einer von diesem gesetzten Frist darüber zu erklären, ob und inwieweit er die Forderungen seiner Gläubiger anerkennt; wird diese Erklärung nicht rechtzeitig abgegeben, so gelten die Forderungen als anerkannt und der Zahlungsverzug als bestätigt.

§ 17
Sicherheitsleistung

1. (1) Wenn Sicherheitsleistung vereinbart ist, gelten die §§ 232 bis 240 BGB, soweit sich aus den nachstehenden Bestimmungen nichts anderes ergibt.

   (2) Die Sicherheit dient dazu, die vertragsgemäße Ausführung der Leistung und die Gewährleistung sicherzustellen.

2. Wenn im Vertrag nichts anderes vereinbart ist, kann Sicherheit durch Einbehalt oder Hinterlegung von Geld oder durch Bürgschaft eines in den Europäischen Gemeinschaften zugelassenen Kreditinstituts oder Kreditversicherers geleistet werden.

3. Der Auftragnehmer hat die Wahl unter den verschiedenen Arten der Sicherheit; er kann eine Sicherheit durch eine andere ersetzen.

4. Bei Sicherheitsleistung durch Bürgschaft ist Voraussetzung, daß der Auftraggeber den Bürgen als tauglich anerkannt hat. Die Bürgschaftserklärung ist schriftlich unter Verzicht auf die Einrede der Vorausklage abzugeben (§ 771 BGB); sie darf nicht auf bestimmte Zeit begrenzt sein und muß nach Vorschrift des Auftraggebers ausgestellt sein.

5. Wird Sicherheit durch Hinterlegung von Geld geleistet, so hat der Auftragnehmer den Betrag bei einem zu vereinbarenden Geldinstitut auf ein Sperrkonto einzuzahlen, über das beide Parteien nur gemeinsam verfügen können. Etwaige Zinsen stehen dem Auftragnehmer zu.

6. (1) Soll der Auftraggeber vereinbarungsgemäß die Sicherheit in Teilbeträgen von seinen Zahlungen einbehalten, so darf er jeweils die Zahlung um höchstens 10 v. H. kürzen, bis die vereinbarte Sicherheitssumme erreicht ist. Den jeweils einbehaltenen Betrag hat er dem Auftragnehmer mitzuteilen und

binnen 18 Werktagen nach dieser Mitteilung auf Sperrkonto bei dem vereinbarten Geldinstitut einzuzahlen. Gleichzeitig muß er veranlassen, daß dieses Geldinstitut den Auftragnehmer von der Einzahlung des Sicherheitsbetrags benachrichtigt. Nr. 5 gilt entsprechend.

(2) Bei kleineren oder kurzfristigen Aufträgen ist es zulässig, daß der Auftraggeber den einbehaltenen Sicherheitsbetrag erst bei der Schlußzahlung auf Sperrkonto einzahlt.

(3) Zahlt der Auftraggeber den einbehaltenen Betrag nicht rechtzeitig ein, so kann ihm der Auftragnehmer hierfür eine angemessene Nachfrist setzen. Läßt der Auftraggeber auch diese verstreichen, so kann der Auftragnehmer die sofortige Auszahlung des einbehaltenen Betrags verlangen und braucht dann keine Sicherheit mehr zu leisten.

(4) Öffentliche Auftraggeber sind berechtigt, den als Sicherheit einbehaltenen Betrag auf eigenes Verwahrgeldkonto zu nehmen; der Betrag wird nicht verzinst.

7. Der Auftragnehmer hat die Sicherheit binnen 18 Werktagen nach Vertragsabschluß zu leisten, wenn nichts anderes vereinbart ist. Soweit er diese Verpflichtung nicht erfüllt hat, ist der Auftraggeber berechtigt, vom Guthaben des Auftragnehmers einen Betrag in Höhe der vereinbarten Sicherheit einzubehalten. Im übrigen gelten Nummern 5 und 6 außer Absatz 1 Satz 1 entsprechend.

8. Der Auftraggeber hat eine nicht verwertete Sicherheit zum vereinbarten Zeitpunkt, spätestens nach Ablauf der Verjährungsfrist für die Gewährleistung, zurückzugeben. Soweit jedoch zu dieser Zeit seine Ansprüche noch nicht erfüllt sind, darf er einen entsprechenden Teil der Sicherheit zurückhalten.

§ 18
Streitigkeiten

1. Liegen die Voraussetzungen für eine Gerichtsstandvereinbarung nach § 38 Zivilprozeßordnung vor, richtet sich der Gerichtsstand für Streitigkeiten aus dem Vertrag nach dem Sitz der für die Prozeßvertretung des Auftraggebers zuständigen Stelle, wenn nichts anderes vereinbart ist. Sie ist dem Auftragnehmer auf Verlangen mitzuteilen.

2. Entstehen bei Verträgen mit Behörden Meinungsverschiedenheiten, so soll der Auftragnehmer zunächst die der auftraggebenden Stelle unmittelbar vorgesetzte Stelle anrufen. Diese soll dem Auftragnehmer Gelegenheit zur mündlichen Aussprache geben und ihn möglichst innerhalb von 2 Monaten nach der Anrufung schriftlich bescheiden und dabei auf die Rechtsfolgen des Satzes 3 hinweisen. Die Entscheidung gilt als anerkannt, wenn der Auftragnehmer nicht innerhalb von 2 Monaten nach Eingang des Bescheides schriftlich Einspruch beim Auftraggeber erhebt und dieser ihn auf die Ausschlußfrist hingewiesen hat.

3. Bei Meinungsverschiedenheiten über die Eigenschaft von Stoffen und Bauteilen, für die allgemeingültige Prüfverfahren bestehen, und über die

Zulässigkeit oder Zuverlässigkeit der bei der Prüfung verwendeten Maschinen oder angewendeten Prüfungsverfahren kann jede Vertragspartei nach vorheriger Benachrichtigung der anderen Vertragspartei die materialtechnische Untersuchung durch eine staatliche oder staatlich anerkannte Materialprüfungsstelle vornehmen lassen; deren Feststellungen sind verbindlich. Die Kosten trägt der unterliegende Teil.

4. Streitfälle berechtigen den Auftragnehmer nicht, die Arbeiten einzustellen.

VOB Teil C:
Allgemeine Technische Vertragsbedingungen für Bauleistungen (ATV) Allgemeine Regelungen für Bauarbeiten jeder Art – DIN 18299
Ausgabe Juni 1996

Inhalt

0 Hinweise für das Aufstellen der Leistungsbeschreibung

1 Geltungsbereich

2 Stoffe, Bauteile

3 Ausführung

4 Nebenleistungen, Besondere Leistungen

5 Abrechnung

0 Hinweise für das Aufstellen der Leistungsbeschreibung

Diese Hinweise für das Aufstellen der Leistungsbeschreibung gelten für Bauarbeiten jeder Art; sie werden ergänzt durch die auf die einzelnen Leistungsbereiche bezogenen Hinweise in den Abschnitten 0 der ATV DIN 18300 ff.

Die Beachtung dieser Hinweise ist Voraussetzung für eine ordnungsgemäße Leistungsbeschreibung gemäß A § 9.

Die Hinweise werden nicht Vertragsbestandteil.

In der Leistungsbeschreibung sind nach den Erfordernissen des Einzelfalls insbesondere anzugeben:

0.1 Angaben zur Baustelle

0.1.1 Lage der Baustelle, Umgebungsbedingungen, Zufahrtsmöglichkeiten und Beschaffenheit der Zufahrt sowie etwaige Einschränkungen bei ihrer Benutzung.

0.1.2 Art und Lage der baulichen Anlagen, z. B. auch Anzahl und Höhe der Geschosse.

0.1.3 Verkehrsverhältnisse auf der Baustelle, insbesondere Verkehrsbeschränkungen.

0.1.4 Für den Verkehr freizuhaltende Flächen.

0.1.5 *Lage, Art, Anschlußwert und Bedingungen für das Überlassen von Anschlüssen für Wasser, Energie und Abwasser.*

0.1.6 *Lage und Ausmaß der dem Auftragnehmer für die Ausführung seiner Leistungen zur Benutzung oder Mitbenutzung überlassenen Flächen, Räume.*

0.1.7 *Bodenverhältnisse, Baugrund und seine Tragfähigkeit. Ergebnisse von Bodenuntersuchungen.*

0.1.8 *Hydrologische Werte von Grundwasser und Gewässern. Art, Lage, Abfluß, Abflußvermögen und Hochwasserverhältnisse von Vorflutern. Ergebnisse von Wasseranalysen.*

0.1.9 *Besondere umweltrechtliche Vorschriften.*

0.1.10 *Besondere Vorgaben für die Entsorgung, z. B. besondere Beschränkungen für die Beseitigung von Abwasser und Abfall.*

0.1.11 *Schutzgebiete oder Schutzzeiten im Bereich der Baustelle, z. B. wegen Forderungen des Gewässer-, Boden-, Natur-, Landschafts- oder Immissionsschutzes; vorliegende Fachgutachten o. ä.*

0.1.12 *Art und Umfang des Schutzes von Bäumen, Pflanzenbeständen, Vegetationsflächen, Verkehrsflächen, Bauteilen, Bauwerken, Grenzsteinen u. ä. im Bereich der Baustelle.*

0.1.13 *Im Baugelände vorhandene Anlagen, insbesondere Abwasser- und Versorgungsleitungen.*

0.1.14 *Bekannte oder vermutete Hindernisse im Bereich der Baustelle, z. B. Leitungen, Kabel, Dräne, Kanäle, Bauwerksreste, und, soweit bekannt, deren Eigentümer.*

0.1.15 *Vermutete Kampfmittel im Bereich der Baustelle, Ergebnisse von Erkundungs- oder Beräumungsmaßnahmen.*

0.1.16 *Besondere Anordnungen, Vorschriften und Maßnahmen der Eigentümer (oder der anderen Weisungsberechtigten) von Leitungen, Kabeln, Dränen, Kanälen, Straßen, Wegen, Gewässern, Gleisen, Zäunen und dergleichen im Bereich der Baustelle.*

0.1.17 *Art und Umfang von Schadstoffbelastungen, z. B. des Bodens, der Gewässer, der Luft, der Stoffe und Bauteile; vorliegende Fachgutachten o. ä.*

0.1.18 *Art und Zeit der vom Auftraggeber veranlaßten Vorarbeiten.*

0.1.19 *Arbeiten anderer Unternehmer auf der Baustelle.*

0.2 Angaben zur Ausführung

0.2.1 *Vorgesehene Arbeitsabschnitte, Arbeitsunterbrechungen und -beschränkungen nach Art, Ort und Zeit sowie Abhängigkeit von Leistungen anderer.*

0.2.2 Besondere Erschwernisse während der Ausführung, z. B. Arbeiten in Räumen, in denen der Betrieb weiterläuft, Arbeiten im Bereich von Verkehrswegen, oder bei außergewöhnlichen äußeren Einflüssen.

0.2.3 Besondere Anforderungen für Arbeiten in kontaminierten Bereichen, gegebenenfalls besondere Anordnungen für Schutz- und Sicherheitsmaßnahmen.

0.2.4 Besondere Anforderungen an die Baustelleneinrichtung und Entsorgungseinrichtungen, z. B. Behälter für die getrennte Erfassung.

0.2.5 Besonderheiten der Regelung und Sicherung des Verkehrs, gegebenenfalls auch, wieweit der Auftraggeber die Durchführung der erforderlichen Maßnahmen übernimmt.

0.2.6 Auf- und Abbauen sowie Vorhalten der Gerüste, die nicht Nebenleistung sind.

0.2.7 Mitbenutzung fremder Gerüste, Hebezeuge, Aufzüge, Aufenthalts- und Lagerräume, Einrichtungen und dergleichen durch den Auftragnehmer.

0.2.8 Wie lange, für welche Arbeiten und gegebenenfalls für welche Beanspruchung der Auftragnehmer seine Gerüste, Hebezeuge, Aufzüge, Aufenthalts- und Lagerräume, Einrichtungen und dergleichen für andere Unternehmer vorzuhalten hat.

0.2.9 Verwendung oder Mitverwendung von wiederaufbereiteten (Recycling-)Stoffen.

0.2.10 Anforderungen an wiederaufbereitete (Recycling-)Stoffe und an nicht genormte Stoffe und Bauteile.

0.2.11 Besondere Anforderungen an Art, Güte und Umweltverträglichkeit der Stoffe und Bauteile, auch z. B. an die schnelle biologische Abbaubarkeit von Hilfsstoffen.

0.2.12 Art und Umfang der vom Auftraggeber verlangten Eignungs- und Gütenachweise.

0.2.13 Unter welchen Bedingungen auf der Baustelle gewonnene Stoffe verwendet werden dürfen bzw. müssen oder einer anderen Verwertung zuzuführen sind.

0.2.14 Art, Zusammensetzung und Menge der aus dem Bereich des Auftraggebers zu entsorgenden Böden, Stoffe und Bauteile; Art der Verwertung bzw. bei Abfall die Entsorgungsanlage; Anforderungen an die Nachweise über Transporte, Entsorgung und die vom Auftraggeber zu tragenden Entsorgungskosten.

0.2.15 Art, Menge, Gewicht der Stoffe und Bauteile, die vom Auftraggeber beigestellt werden, sowie Art, Ort (genaue Bezeichnung) und Zeit ihrer Übergabe.

0.2.16 In welchem Umfang der Auftraggeber Abladen, Lagern und Transport von Stoffen und Bauteilen übernimmt oder dafür dem Auftragnehmer Geräte oder Arbeitskräfte zur Verfügung stellt.

0.2.17 Leistungen für andere Unternehmer.

0.2.18 Mitwirken beim Einstellen von Anlageteilen und bei der Inbetriebnahme von Anlagen im Zusammenwirken mit anderen Beteiligten, z. B. mit dem Auftragnehmer für die Gebäudeautomation.

0.2.19 Benutzung von Teilen der Leistung vor der Abnahme.

0.2.20 Übertragung der Wartung während der Dauer der Verjährungsfrist für die Gewährleistungsansprüche für maschinelle und elektrotechnische/elektronische Anlagen oder Teile davon, bei denen die Wartung Einfluß auf die Sicherheit und die Funktionsfähigkeit hat (vergleiche B § 13 Nr 4, Abs. 2), durch einen besonderen Wartungsvertrag.

0.2.21 Abrechnung nach bestimmten Zeichnungen oder Tabellen.

0.3 Einzelangaben bei Abweichungen von den ATV

0.3.1 Wenn andere als die in den ATV DIN 18299 ff. vorgesehenen Regelungen getroffen werden sollen, sind diese in der Leistungsbeschreibung eindeutig und im einzelnen anzugeben.

0.3.2 Abweichende Regelungen von der ATV DIN 18299 können insbesondere in Betracht kommen bei

Abschnitt 2.1.1,	wenn die Lieferung von Stoffen und Bauteilen nicht zur Leistung gehören soll,
Abschnitt 2.2,	wenn nur ungebrauchte Stoffe und Bauteile vorgehalten werden dürfen,
Abschnitt 2.3.1,	wenn auch gebrauchte Stoffe und Bauteile geliefert werden dürfen.

0.4 Einzelangaben zu Nebenleistungen und Besonderen Leistungen

0.4.1 Nebenleistungen

Nebenleistungen (Abschnitt 4.1 aller ATV) sind in der Leistungsbeschreibung nur zu erwähnen, wenn sie ausnahmsweise selbständig vergütet werden sollen. Eine ausdrückliche Erwähnung ist geboten, wenn die Kosten der Nebenleistung von erheblicher Bedeutung für die Preisbildung sind; in diesen Fällen sind besondere Ordnungszahlen (Positionen) vorzusehen.

Dies kommt insbesondere in Betracht für

- *das Einrichten und Räumen der Baustelle,*
- *Gerüste,*
- *besondere Anforderungen an Zufahrten, Lager- und Stellflächen.*

0.4.2 Besondere Leistungen

Werden Besondere Leistungen (Abschnitt 4.2 aller ATV) verlangt, ist dies in der Leistungsbeschreibung anzugeben; gegebenenfalls sind hierfür besondere Ordnungszahlen (Positionen) vorzusehen.

Allgemeine Regelungen für Bauarbeiten jeder Art　　　　　　　　　DIN 18299

0.5 Abrechnungseinheiten

Im Leistungsverzeichnis sind die Abrechnungseinheiten für die Teilleistungen (Positionen) gemäß Abschnitt 0.5 der jeweiligen ATV anzugeben.

1 Geltungsbereich

Die ATV "Allgemeine Regelungen für Bauarbeiten jeder Art" – DIN 18299 – gilt für alle Bauarbeiten, auch für solche, für die keine ATV in C – DIN 18300 ff. – bestehen. Abweichende Regelungen in den ATV DIN 18300 ff. haben Vorrang.

2 Stoffe, Bauteile

2.1 Allgemeines

2.1.1 Die Leistungen umfassen auch die Lieferung der dazugehörigen Stoffe und Bauteile einschließlich Abladen und Lagern auf der Baustelle.

2.1.2 Stoffe Bauteile, die vom Auftraggeber beigestellt werden, hat der Auftragnehmer rechtzeitig beim Auftraggeber anzufordern.

2.1.3 Stoffe und Bauteile müssen für den jeweiligen Verwendungszweck geeignet und aufeinander abgestimmt sein.

2.2 Vorhalten

Stoffe und Bauteile, die der Auftragnehmer nur vorzuhalten hat, die also nicht in das Bauwerk eingehen, dürfen nach Wahl des Auftragnehmers gebraucht oder ungebraucht sein.

2.3 Liefern

2.3.1 Stoffe und Bauteile, die der Auftragnehmer zu liefern und einzubauen hat, die also in das Bauwerk eingehen, müssen ungebraucht sein. Wiederaufbereitete (Recycling-)Stoffe gelten als ungebraucht, wenn sie Abschnitt 2.1.3 entsprechen.

2.3.2 Stoffe und Bauteile, für die DIN-Normen bestehen, müssen den DIN-Güte- und -Maßbestimmungen entsprechen.

2.3.3 Stoffe und Bauteile, die nach den deutschen behördlichen Vorschriften einer Zulassung bedürfen, müssen amtlich zugelassen sein und den Zulassungsbedingungen entsprechen.

2.3.4 Stoffe und Bauteile, für die bestimmte technische Spezifikationen in der Leistungsbeschreibung nicht genannt sind, dürfen auch verwendet werden, wenn sie Normen, technische Vorschriften oder sonstigen Bestimmungen anderer Staaten entsprechen, sofern das geforderte Schutzniveau in bezug auf Sicherheit, Gesundheit und Gebrauchstauglichkeit gleichermaßen dauerhaft erreicht wird.
Sofern für Stoffe und Bauteile eine Überwachungs-, Prüfzeichenpflicht oder der Nachweis der Brauchbarkeit, z. B. durch allgemeine bauaufsichtliche Zulassung, allgemein vorgesehen ist, kann von einer Gleichwertigkeit nur ausgegangen werden, wenn die Stoffe und Bauteile ein Überwachungs- oder Prüfzeichen tragen oder für sie der genannte Brauchbarkeitsnachweis erbracht ist.

3 Ausführung

3.1 Wenn Verkehrs-, Versorgungs- und Entsorgungsanlagen im Bereich des Baugeländes liegen, sind die Vorschriften und Anordnungen der zuständigen Stellen zu beachten. Kann die Lage dieser Anlagen nicht angegeben werden, ist sie zu erkunden. Solche Maßnahmen sind Besondere Leistungen (siehe Abschnitt 4.2.1).

3.2 Die für die Aufrechterhaltung des Verkehrs bestimmten Flächen sind freizuhalten. Der Zugang zu Einrichtungen der Versorgungs- und Entsorgungsbetriebe, der Feuerwehr, der Post und Bahn, zu Vermessungspunkten und dergleichen darf nicht mehr als durch die Ausführung unvermeidlich behindert werden.

3.3 Werden Schadstoffe angetroffen, z. B. in Böden, Gewässern oder Bauteilen, ist der Auftraggeber unverzüglich zu unterrichten. Bei Gefahr im Verzug hat der Auftragnehmer unverzüglich die notwendigen Sicherungsmaßnahmen zu treffen. Die weiteren Maßnahmen sind gemeinsam festzulegen. Die getroffenen und die weiteren Maßnahmen sind Besondere Leistungen (siehe Abschnitt 4.2.1).

4 Nebenleistungen, Besondere Leistungen

4.1 Nebenleistungen

Nebenleistungen sind Leistungen, die auch ohne Erwähnung im Vertrag zur vertraglichen Leistung gehören (B § 2 Nr 1).

Nebenleistungen sind demnach insbesondere:

4.1.1 Einrichten und Räumen der Baustelle einschließlich der Geräte und dergleichen.

4.1.2 Vorhalten der Baustelleneinrichtung einschließlich der Geräte und dergleichen.

4.1.3 Messungen für das Ausführen und Abrechnen der Arbeiten einschließlich des Vorhaltens der Meßgeräte, Lehren, Absteckzeichen usw., des Erhaltens der Lehren und Absteckzeichen während der Bauausführung und des Stellens der Arbeitskräfte, jedoch nicht Leistungen nach B § 3 Nr 2.

4.1.4 Schutz- und Sicherheitsmaßnahmen nach den Unfallverhütungsvorschriften und den behördlichen Bestimmungen, ausgenommen Leistungen nach Abschnitt 4.2.4.

4.1.5 Beleuchten, Beheizen und Reinigen der Aufenthalts- und Sanitärräume für die Beschäftigten des Auftragnehmers.

4.1.6 Heranbringen von Wasser und Energie von den vom Auftraggeber auf der Baustelle zur Verfügung gestellten Anschlußstellen zu den Verwendungsstellen.

4.1.7 Liefern der Betriebsstoffe.

4.1.8 Vorhalten der Kleingeräte und Werkzeuge.

4.1.9 Befördern aller Stoffe und Bauteile, auch wenn sie vom Auftraggeber beigestellt sind, von den Lagerstellen auf der Baustelle bzw. von den in der Leistungsbeschreibung angegebenen Übergabestellen zu den Verwendungsstellen und etwaiges Rückbefördern.

4.1.10 Sichern der Arbeiten gegen Niederschlagswasser, mit dem normalerweise gerechnet werden muß, und seine etwa erforderliche Beseitigung.

4.1.11 Entsorgen von Abfall aus dem Bereich des Auftragnehmers sowie Beseitigen der Verunreinigungen, die von den Arbeiten des Auftragnehmers herrühren.

4.1.12 Entsorgen von Abfall aus dem Bereich des Auftraggebers bis zu einer Menge von 1 m^3, soweit der Abfall nicht schadstoffbelastet ist.

4.2 Besondere Leistungen

Besondere Leistungen sind Leistungen, die nicht Nebenleistungen gemäß Abschnitt 4.1 sind und nur dann zur vertraglichen Leistung gehören, wenn sie in der Leistungsbeschreibung besonders erwähnt sind. Besondere Leistungen sind z. B.:

4.2.1 Maßnahmen nach den Abschnitten 3.1 und 3.3.

4.2.2 Beaufsichtigen der Leistungen anderer Unternehmer.

4.2.3 Sicherungsmaßnahmen zur Unfallverhütung für Leistungen anderer Unternehmer.

4.2.4 Besondere Schutz- und Sicherheitsmaßnahmen bei Arbeiten in kontaminierten Bereichen, z. B. meßtechnische Überwachung, spezifische Zusatzgeräte für Baumaschinen und Anlagen, abgeschottete Arbeitsbereiche.

4.2.5 Besondere Schutzmaßnahmen gegen Witterungsschäden, Hochwasser und Grundwasser, ausgenommen Leistungen nach Abschnitt 4.1.10.

4.2.6 Versicherung der Leistung bis zur Abnahme zugunsten des Auftraggebers oder Versicherung eines außergewöhnlichen Haftpflichtwagnisses.

4.2.7 Besondere Prüfung von Stoffen und Bauteilen, die der Auftraggeber liefert.

4.2.8 Aufstellen, Vorhalten, Betreiben und Beseitigen von Einrichtungen zur Sicherung und Aufrechterhaltung des Verkehrs auf der Baustelle, z. B. Bauzäune, Schutzgerüste, Hilfsbauwerke, Beleuchtungen, Leiteinrichtungen.

4.2.9 Aufstellen, Vorhalten, Betreiben und Beseitigen von Einrichtungen außerhalb der Baustelle zur Umleitung und Regelung des öffentlichen und Anlieger-Verkehrs.

4.2.10 Bereitstellen von Teilen der Baustelleneinrichtung für andere Unternehmer oder den Auftraggeber.

4.2.11 Besondere Maßnahmen aus Gründen des Umweltschutzes, der Landes- und Denkmalpflege.

4.2.12 Entsorgen von Abfall über die Leistungen nach den Abschnitten 4.1.11 und 4.1.12 hinaus.

4.2.13 Besonderer Schutz der Leistung, der vom Auftraggeber für eine vorzeitige Benutzung verlangt wird, seine Unterhaltung und spätere Beseitigung.

4.2.14 Beseitigen von Hindernissen.

4.2.15 Zusätzliche Maßnahmen für die Weiterarbeit bei Frost und Schnee, soweit sie dem Auftragnehmer nicht ohnehin obliegen.

4.2.16 Besondere Maßnahmen zum Schutz und zur Sicherung gefährdeter baulicher Anlagen und benachbarter Grundstücke.

4.2.17 Sichern von Leitungen, Kabeln, Dränen, Kanälen, Grenzsteinen, Bäumen, Pflanzen und dergleichen.

5 Abrechnung

Die Leistung ist aus Zeichnungen zu ermitteln, soweit die ausgeführte Leistung diesen Zeichnungen entspricht. Sind solche Zeichnungen nicht vorhanden, ist die Leistung aufzumessen.

VOB Teil C:
Allgemeine Technische Vertragsbedingungen für Bauleistungen (ATV)
Erdarbeiten — DIN 18300
Ausgabe Juni 1996

Inhalt

0 Hinweise für das Aufstellen der Leistungsbeschreibung

1 Geltungsbereich

2 Stoffe, Bauteile; Beton und Fels

3 Ausführung

4 Nebenleistungen, Besondere Leistungen

5 Abrechnung

0 Hinweise für das Aufstellen der Leistungsbeschreibung

Diese Hinweise ergänzen die ATV DIN 18299 "Allgemeine Regelungen für Bauarbeiten jeder Art", Abschnitt 0. Die Beachtung dieser Hinweise ist Voraussetzung für eine ordnungsgemäße Leistungsbeschreibung nach A § 9.

Die Hinweise werden nicht Vertragsbestandteil.

In der Leistungsbeschreibung sind nach den Erfordernissen des Einzelfalls insbesondere anzugeben:

0.1 Angaben zur Baustelle

0.1.1 Art und Umfang des vorhandenen Aufwuchses auf den freizumachenden Flächen.

0.1.2 Art und Beschaffenheit der Unterlage.

0.1.3 Gründungstiefen, Gründungsarten und Lasten benachbarter Bauwerke.

0.1.4 Art und Beschaffenheit vorhandener Einfassungen.

0.2 Angaben zur Ausführung

0.2.1 Sachverständigengutachten und inwieweit sie bei der Ausführung zu beachten sind.

0.2.2 Beschreibung von Boden und Fels hinsichtlich ihrer Eigenschaften und Zustände nach Abschnitt 2.2 sowie Einstufung in Klassen nach Abschnitt 2.3. Geschätzte Mengenanteile, wenn Boden und Fels verschiedener Klassen nach Abschnitt 2.3 zusammengefaßt werden, weil eine Trennung nur schwer möglich ist.

0.2.3 Schadstoffbelastung nach Art und Umfang bei Boden und Fels zusätzlich zu Abschnitt 0.2.2.

0.2.4 Für Stoffe, z. B. Auffüllungen, Abfall, soweit nicht nach den Abschnitten 0.2.2 oder 0.2.3 beschreibbar, spezifische Beschreibungen.

0.2.5 Art und Zustand der Förderwege, gegebenenfalls Einschränkungen.

0.2.6 Länge der Förderwege, über 50 m gegebenenfalls gestaffelt nach Länge oder nach Bodenverteilungsplan.

0.2.7 Wesentliche Änderungen der Eigenschaften und Zustände von Boden und Fels nach dem Lösen.

0.2.8 Verwendung von Boden für vegetationstechnische Zwecke nach den Grundsätzen des Landschaftsbaus.

0.2.9 Wiederverwendung von Oberboden, jedoch nicht nach den Grundsätzen des Landschaftsbaus (siehe Abschnitt 3.4.3).

0.2.10 Art und Möglichkeiten der Zwischenlagerung.

0.2.11 Verwendung, Aufbereitung und Behandlung des Bodens sowie Art des Einbaus, sonstige Verwertung.

0.2.12 Bei Verdichten von Boden und Fels der Verdichtungsgrad und dessen Nachweis; für die Leitungszone von Entwässerungskanälen und -leitungen siehe DIN 4033.

0.2.13 Maße von Baugruben und Gräben, gegebenenfalls die Tiefen gestaffelt.

0.2.14 Vorgesehener Verbau.

0.2.15 Belassen einer Schutzschicht über der Gründungssohle und deren Dicke.

0.2.16 Anforderungen an Arbeitspläne über den Abbau an Steilhängen (siehe Abschnitt 3.5.4).

0.2.17 Zugelassene Abweichungen vom Sollmaß bei Abtrags- und Auftragsprofilen sowie bei Schichtdicken.

0.2.18 Einbau von Geokunststoffen.

0.2.19 Sicherung von Böschungen, Flächen oder Halden, z. B. mit Planen.

0.2.20 Maßnahmen zur bleibenden Sicherung von Felsböschungen und Steilhängen.

0.2.21 Art und Anzahl der geforderten Proben.

0.2.22 Anzahl, Maße und Lage der Arbeitsräume für Rohrverbindungen.

0.2.23 Besondere Maßnahmen zum Schutz von benachbarten Grundstücken und Bauwerken.

0.2.24 Ausbildung der Anschlüsse an Bauwerke.

0.2.25 Maßnahmen für das Beseitigen von Grund-, Quell- und Sickerwasser o. ä. (siehe Abschnitte 3.3.1 und 3.7.5).

Erdarbeiten DIN 18300

0.2.26 Bei Leitungsgräben Hinweise für den Bauablauf entsprechend der statischen Berechnung für die Rohrleitung.

0.3 Einzelangaben bei Abweichungen von den ATV

0.3.1 Wenn andere als die in dieser ATV vorgesehenen Regelungen getroffen werden sollen, sind diese in der Leistungsbeschreibung eindeutig und im einzelnen anzugeben.

0.3.2 Abweichende Regelungen können insbesondere in Betracht kommen bei

Abschnitt 3.1.1,	wenn das Bauverfahren, der Bauablauf oder die Art und der Einsatz der Baugeräte dem Auftragnehmer vorgegeben werden sollen, z. B. aus Gründen des Umweltschutzes, bei Handschachtung,
Abschnitt 3.4.1,	wenn Oberboden von Auftragsflächen nicht abzutragen ist,
Abschnitt 3.4.2,	wenn Abtrag und Einbau von Oberboden nicht getrennt von anderen Bodenbewegungen durchzuführen sind,
Abschnitt 3.5.2,	wenn die Wahl der Abtragsquerschnitte dem Auftragnehmer nicht überlassen bleiben soll,
Abschnitt 3.5.6,	wenn gelockertes Gestein in Böschungen belassen werden kann,
Abschnitt 3.6.2,	wenn die Wahl der Förderwege dem Auftragnehmer nicht überlassen bleiben soll,
Abschnitt 3.7.1,	wenn Boden und Fels auch eingeebnet und verdichtet werden sollen,
Abschnitt 3.7.6,	wenn Schüttgut nicht lagenweise einzubauen und zu verdichten ist,
Abschnitt 3.10.2,	wenn die Leistung den Aushub von Baugruben auch über Tiefen von 1,75 m, von Gräben für Fundamente oder Leitungen auch über Tiefen von 1,25 m umfassen soll,
Abschnitt 3.11.2,	wenn die Wahl des Materials zum Hinterfüllen und Überschütten dem Auftragnehmer nicht überlassen bleiben soll,
Abschnitt 3.11.4,	wenn die Leistung das Hinterfüllen und Überschütten auch über Tiefen von 1,75 m bzw. 1,25 m (siehe Abschnitt 3.10.2) umfassen soll,
Abschnitt 3.11.7,	wenn die Leitungszone eine andere Höhe als 0,3 m über dem Scheitel der Leitung umfassen soll,
Abschnitt 5.1.1,	wenn für die Mengenermittlung die üblichen Näherungsverfahren nicht zulässig sein sollen bzw. ein bestimmtes Verfahren zu wählen ist,
Abschnitt 5.4,	wenn Abtrag und Aushub auf andere Weise zu ermitteln sind, z. B. nach loser oder nach fertig eingebauter Menge,

Abschnitt 5.5,	wenn die Mengen für den Einbau auf andere Weise zu ermitteln sind, z. B. an der Entnahmestelle im Abtrag oder nach loser Menge,
Abschnitt 5.6,	wenn das Verdichten von eingebautem Boden nicht nach Abschnitt 5.5 zu ermitteln ist.

0.4 Einzelangaben zu Nebenleistungen und Besonderen Leistungen
Keine ergänzende Regelung zur ATV DIN 18299, Abschnitt 0.4.

0.5 Abrechnungseinheiten
Im Leistungsverzeichnis sind die Abrechnungseinheiten wie folgt vorzusehen:

- Abtrag, Aushub, Fördern, Einbau nach Raummaß (m^3) oder nach Flächenmaß (m^2), getrennt nach Boden- und Felsklassen oder sonstigen Stoffen sowie gestaffelt nach Längen der Förderwege, soweit 50 m Förderweg überschritten werden,
- Steinpackungen, Steinwürfe, Bodenlieferungen und dergleichen nach Raummaß (m^3), Flächenmaß (m^2) oder Gewicht (t),
- Verdichten nach Flächenmaß (m^2) oder Raummaß (m^3),
- Einbau und Verdichten des Bodens in der Leitungszone nach Raummaß (m^3) oder Längenmaß (m),
- Beseitigen von Hindernissen, z. B. Mauerresten, Baumstümpfen, nach Raummaß (m^3) oder nach Anzahl (Stück),
- Beseitigen einzelner Bäume, Steine und dergleichen nach Anzahl (Stück) oder Raummaß (m^3).

1 Geltungsbereich

1.1 Die ATV "Erdarbeiten" – DIN 18300 – gilt für das Lösen, Laden, Fördern, Einbauen und Verdichten von Boden und Fels.

Sie gilt auch für das Lösen von Boden und Fels im Grundwasser und im Uferbereich unter Wasser, wenn diese Arbeiten im Zusammenhang mit dem Lösen von Boden und Fels über Wasser an Land ausgeführt werden.

1.2 Die ATV DIN 18300 umfaßt auch

- das Aufbereiten und Behandeln von Boden und Fels zur erdbautechnischen Verwertung,
- erdbautechnische Arbeiten mit Recyclingbaustoffen, industriellen Nebenprodukten sowie sonstigen Stoffen.

1.3 Die ATV DIN 18300 gilt nicht für Erdarbeiten nach den

- ATV DIN 18301 "Bohrarbeiten",
- ATV DIN 18308 "Dränarbeiten",
- ATV DIN 18311 "Naßbaggerarbeiten",
- ATV DIN 18312 "Untertagebauarbeiten",
- ATV DIN 18319 "Rohrvortriebsarbeiten"

und nicht für Bodenarbeiten nach ATV DIN 18320 "Landschaftsbauarbeiten".

1.4 Ergänzend gelten die Abschnitte 1 bis 5 der ATV DIN 18299 "Allgemeine Regelungen für Bauarbeiten jeder Art". Bei Widersprüchen gehen die Regelungen der ATV DIN 18300 vor.

2 Stoffe, Bauteile; Boden und Fels
Ergänzend zur ATV DIN 18299, Abschnitt 2, gilt:

2.1 Allgemeines
2.1.1 Gelöster Boden und Fels gehen nicht in das Eigentum des Auftragnehmers über.

2.1.2 Zu den Leistungen gehört nicht die Lieferung von Boden und Fels.

2.1.3 Sind Boden und Fels vom Auftragnehmer zu liefern, so umfaßt die Lieferung auch das Abladen und Lagern auf der Baustelle.

2.2 Beschreibung von Boden und Fels
Für das Untersuchen, Benennen und Beschreiben von Boden und Fels gelten:

DIN 1054	Baugrund – Zulässige Belastung des Baugrunds
DIN 4020	Geotechnische Untersuchungen für bautechnische Zwecke
DIN 4022-1 und DIN 4022-2	Baugrund und Grundwasser – Benennen und Beschreiben von Boden und Fels
DIN 18196	Erd- und Grundbau – Bodenklassifikation für bautechnische Zwecke

2.3 Einstufung in Boden- und Felsklassen
Boden und Fels werden entsprechend ihrem Zustand beim Lösen in Klassen eingestuft. Oberboden wird unabhängig von seinem Zustand beim Lösen im Hinblick auf eine besondere Behandlung als eigene Klasse aufgeführt.

Klasse 1: Oberboden
Oberste Schicht des Bodens, die neben anorganischen Stoffen, z. B. Kies-, Sand-, Schluff- und Tongemischen, auch Humus und Bodenlebewesen enthält.

Klasse 2: Fließende Bodenarten
Bodenarten, die von flüssiger bis breiiger Beschaffenheit sind und die das Wasser schwer abgeben.

Klasse 3: Leicht lösbare Bodenarten
Nichtbindige bis schwachbindige Sande, Kiese und Sand-Kies-Gemische mit bis zu 15 % Beimengungen an Schluff und Ton (Korngröße kleiner als 0,06 mm) und mit höchstens 30 % Steinen von über 63 mm Korngröße bis zu 0,01 m^3 Rauminhalt *).
Organische Bodenarten mit geringem Wassergehalt, z. B. feste Torfe.

---

*) 0,01 m^3 Rauminhalt entspricht einer Kugel mit einem Durchmesser von $\approx$ 0,3 m.
0,1 m^3 Rauminhalt entspricht einer Kugel mit einem Durchmesser von $\approx$ 0,6 m.

Klasse 4: **Mittelschwer lösbare Bodenarten**

Gemische von Sand, Kies, Schluff und Ton mit mehr als 15 % der Korngröße kleiner als 0,06 mm.

Bindige Bodenarten von leichter bis mittlerer Plastizität, die je nach Wassergehalt weich bis halbfest sind und die höchstens 30 % Steine von über 63 mm Korngröße bis zu 0,01 m^3 Rauminhalt[*)] enthalten.

Klasse 5: **Schwer lösbare Bodenarten**

Bodenarten nach den Klassen 3 und 4, jedoch mit mehr als 30 % Steinen von über 63 mm Korngröße bis zu 0,01 m^3 Rauminhalt.

Nichtbindige und bindige Bodenarten mit höchstens 30 % Steinen von über 0,01 m^3 bis 0,1 m^3 Rauminhalt[*)].

Ausgeprägt plastische Tone, die je nach Wassergehalt weich bis halbfest sind.

Klasse 6: **Leicht lösbarer Fels und vergleichbare Bodenarten**

Felsarten, die einen inneren, mineralisch gebundenen Zusammenhalt haben, jedoch stark klüftig, brüchig, bröckelig, schiefrig, weich oder verwittert sind, sowie vergleichbare feste oder verfestigte bindige oder nichtbindige Bodenarten, z. B. durch Austrocknung, Gefrieren, chemische Bindungen.

Nichtbindige und bindige Bodenarten mit mehr als 30 % Steinen von über 0,01 m^3 bis 0,1 m^3 Rauminhalt[*)].

Klasse 7: **Schwer lösbarer Fels**

Felsarten, die einen inneren, mineralisch gebundenen Zusammenhalt und hohe Gefügefestigkeit haben und die nur wenig klüftig oder verwittert sind.

Festgelagerter, unverwitterter Tonschiefer, Nagelfluhschichten, Schlackenhalden der Hüttenwerke und dergleichen.

Steine von über 0,1 m^3 Rauminhalt[*)].

2.4 Beschreibung und Einstufung sonstiger Stoffe

Stoffe, z. B. Recyclingstoffe, industrielle Nebenprodukte, Abfall, werden, soweit möglich, nach Abschnitt 2.2 beschrieben und nach Abschnitt 2.3 eingestuft. Andernfalls werden Stoffe im Hinblick auf ihre Eigenschaften bei erdbautechnischen Arbeiten spezifisch beschrieben.

3 Ausführung

Ergänzend zur ATV DIN 18299, Abschnitt 3, gilt:

3.1 Allgemeines

3.1.1 Die Wahl des Bauverfahrens und -ablaufes sowie die Wahl und der Einsatz der Baugeräte sind Sache des Auftragnehmers.

[*)] 0,01 m^3 Rauminhalt entspricht einer Kugel mit einem Durchmesser von ≈ 0,3 m.
0,1 m^3 Rauminhalt entspricht einer Kugel mit einem Durchmesser von ≈ 0,6 m.

3.1.2 In der Nähe von Bauwerken, Leitungen, Kabeln, Dränen und Kanälen müssen die Arbeiten mit der erforderlichen Vorsicht ausgeführt werden.

3.1.3 Gefährdete bauliche Anlagen sind zu sichern; DIN 4123 "Gebäudesicherung im Bereich von Ausschachtungen, Gründungen und Unterfangungen" ist zu beachten. Bei Schutz- und Sicherungsmaßnahmen sind die Vorschriften der Eigentümer oder anderer Weisungsberechtigter zu beachten. Solche Maßnahmen sind Besondere Leistungen (siehe Abschnitt 4.2.1).

3.1.4 Wenn die Lage vorhandener Leitungen, Kabel, Dräne, Kanäle, Vermarkungen, Hindernisse und sonstiger baulicher Anlagen vor Ausführung der Arbeiten nicht angegeben werden kann, ist diese zu erkunden. Solche Maßnahmen sind Besondere Leistungen (siehe Abschnitt 4.2.1).

3.1.5 Werden unvermutete Hindernisse, z. B. nicht angegebene Leitungen, Kabel, Dräne, Kanäle, Vermarkungen, Bauwerksreste, angetroffen, ist der Auftraggeber unverzüglich darüber zu unterrichten. Die zu treffenden Maßnahmen sind Besondere Leistungen (siehe Abschnitt 4.2.1).

3.1.6 In der Nähe von zu erhaltenden Bäumen, Pflanzenbeständen und Vegetationsflächen müssen die Arbeiten mit der gebotenen Sorgfalt ausgeführt werden.

3.1.7 Gefährdete Bäume, Pflanzenbestände und Vegetationsflächen sind zu schützen; DIN 18920 "Vegetationstechnik im Landschaftsbau – Schutz von Bäumen, Pflanzenbeständen und Vegetationsflächen bei Baumaßnahmen" ist zu beachten. Solche Schutzmaßnahmen sind Besondere Leistungen (siehe Abschnitt 4.2.1).

3.2 Vorbereiten des Baugeländes

3.2.1 Grenzsteine und amtliche Festpunkte dürfen nur mit Zustimmung des Auftraggebers beseitigt werden. Festpunkte des Auftraggebers für die Baumaßnahme hat der Auftragnehmer vor Beseitigung zu sichern.

3.2.2 Aufwuchs darf über den vereinbarten Umfang hinaus nur mit Zustimmung des Auftraggebers beseitigt werden.

3.3 Wasserabfluß

3.3.1 Der Auftragnehmer hat die erforderlichen Entwässerungsmaßnahmen rechtzeitig auszuführen.

Reichen die vereinbarten Maßnahmen für das Beseitigen von Grundwasser, Quellwasser, Sickerwasser u.ä. nicht aus, so sind die erforderlichen zusätzlichen Maßnahmen gemeinsam festzulegen; diese sind Besondere Leistungen (siehe Abschnitt 4.2.1).

3.3.2 Richtung, Höhenlage und Wassermenge von Gewässern, Sickerungen und Dränen dürfen während der Bauausführung nur mit Zustimmung des Auftraggebers verändert werden.

3.3.3 Der Auftragnehmer hat bei Maßnahmen nach den Abschnitten 3.3.1 und 3.3.2 dafür zu sorgen, daß das Wasser stets ungehindert abfließen kann und keine Schäden verursacht.

3.4 Oberbodenarbeiten

3.4.1 Oberboden muß von allen Auftragsflächen abgetragen werden. Von Lagerplätzen, Verkehrsflächen u.ä. ist Oberboden nur in dem in der Leistungsbeschreibung vorgesehenen Umfang abzutragen.

3.4.2 Abtrag und Einbau von Oberboden sind gesondert von anderen Bodenbewegungen durchzuführen.

3.4.3 Für Oberboden, der nicht nach den Grundsätzen des Landschaftsbaus, jedoch wieder als Oberboden verwendet wird, gelten nachstehende Festlegungen:

3.4.3.1 Oberboden darf nicht durch Beimengungen verschlechtert werden, z. B. durch Baurückstände, Metalle, Glas, Schlacken, Asche, Kunststoffe, Mineralöle, Chemikalien, schwer zersetzbare Pflanzenreste.

3.4.3.2 Bindige Oberböden dürfen nur bei weicher bis fester Konsistenz abgetragen und aufgetragen werden.

3.4.3.3 Wird Oberboden nicht sofort weiterverwendet, ist er getrennt von anderen Bodenarten und abseits vom Baubetrieb und möglichst zusammenhängend zu lagern. Dabei darf er nicht durch Befahren oder auf andere Weise verdichtet werden.

3.4.3.4 Leicht verrottbare Pflanzendecken, z. B. Grasnarbe, werden wie Oberboden behandelt.

3.5 Lösen und Laden

3.5.1 Von den in der Leistungsbeschreibung festgelegten Maßen der Abtragsquerschnitte darf nur mit Zustimmung des Auftraggebers abgewichen werden. Dies gilt auch, wenn nur auf Sachverständigengutachten Bezug genommen wird.

3.5.2 Sind Abtragsquerschnitte in der Leistungsbeschreibung nicht festgelegt, so bleibt deren Wahl, insbesondere die Böschungsneigung, dem Auftragnehmer überlassen; dabei ist DIN 4124 "Baugruben und Gräben – Böschungen, Arbeitsraumbreiten, Verbau" zu beachten.

3.5.3 Werden beim Abtrag von der Leistungsbeschreibung abweichende Bodenverhältnisse angetroffen oder treten Umstände ein, durch die die vereinbarten Abtragsquerschnitte nicht eingehalten werden können, so sind die erforderlichen Maßnahmen gemeinsam festzulegen; diese sind Besondere Leistungen (siehe Abschnitt 4.2.1).

3.5.4 Über den Abbau an Steilhängen hat der Auftragnehmer auf Verlangen einen Arbeitsplan vorzulegen.

3.5.5 Unvorhergesehene Ereignisse, z. B. Wasserandrang, Bodenauftrieb, Ausfließen von Schichten, Schäden an baulichen Anlagen, hat der Auftragnehmer dem Auftraggeber unverzüglich anzuzeigen. Die zu treffenden Maßnahmen sind Besondere Leistungen (siehe Abschnitt 4.2.1).

3.5.6 Das Lösen von Fels, z. B. durch Sprengen, ist so durchzuführen, daß das verbleibende Gestein möglichst nicht gelockert wird. Dennoch gelockertes Gestein in Böschungen ist zu entfernen.

Erdarbeiten　　　　　　　　　　　　　　　　　　DIN 18300

3.6 Fördern

3.6.1 Das Fördern von Boden und Fels bis zu 50 m gehört zur Leistung.

3.6.2 Die Wahl der Förderwege bleibt dem Auftragnehmer überlassen.

3.7 Einbau und Verdichten

3.7.1 Boden und Fels sind ohne zusätzliche Maßnahmen abzukippen oder aufzutragen, ausgenommen bei Erdbauwerken.

3.7.2 Vor dem Einbau von Boden und Fels für Erdbauwerke ist die Gründungssohle auf Eignung für das Erdbauwerk zu prüfen (siehe B § 4 Nr 3). Ungeeignete Bodenarten, z. B. Schlamm, Torf, sowie Hindernisse, z. B. Baumstümpfe, Baumwurzeln, Bauwerksreste, sind dem Auftraggeber mitzuteilen. Die zu treffenden Maßnahmen sind Besondere Leistungen (siehe Abschnitt 4.2.1).

3.7.3 Vertiefungen in der Gründungssohle für Bauwerke sind aufzufüllen. Geeigneter Füllboden ist so zu verdichten, daß er möglichst so dicht liegt wie der anstehende Boden. Die hierfür erforderlichen Maßnahmen sind, soweit die Ursache nicht der Auftragnehmer zu vertreten hat, Besondere Leistungen (siehe Abschnitt 4.2.1).

3.7.4 Werden bei geneigten Grundflächen aus Gründen der Gleitsicherheit Abtreppungen oder andere sichernde Maßnahmen erforderlich, so sind sie gemeinsam festzulegen; diese sind Besondere Leistungen (siehe Abschnitt 4.2.1).

3.7.5 Sickerwasser, Quellwasser und Rinnsale müssen vor dem Überschütten gefaßt und abgeleitet werden (siehe Abschnitt 3.3.1).

3.7.6 Schüttgut ist von ungeeigneten Stoffen freizuhalten. Es ist lagenweise einzubauen und zu verdichten.

Schütthöhe und Anzahl der Arbeitsgänge beim Verdichten sind nach Art und Größe der Verdichtungsgeräte und der Bodenart so festzulegen, daß der geforderte Verdichtungsgrad des Bodens erreicht wird. Auf Verlangen ist der Nachweis hierfür zu erbringen.

Dämme sind von außen nach der Mitte hin zu verdichten.

Befinden sich im Schüttgut größere Steine oder Bodenschollen, sind diese so zu verteilen, daß sie sich ohne Bildung von schädlichen Hohlräumen in die Schüttung einbetten.

Bindige Böden sind unmittelbar nach dem Schütten zu verdichten. Sie dürfen im aufgeweichten Zustand nicht überschüttet werden, wenn schädliche Auswirkungen für das Erdbauwerk zu erwarten sind.

3.7.7 Ist der vorgeschriebene Verdichtungsgrad durch Verdichten nicht zu erreichen, so sind geeignete Maßnahmen, z. B. Bodenverbesserung, Bodenaustausch, gemeinsam festzulegen; diese sind Besondere Leistungen (siehe Abschnitt 4.2.1).

3.7.8 Meßeinrichtungen, die zum Beobachten von Setzungen, Verschiebungen u. ä. in Erdbauwerke eingebaut werden, dürfen nicht beschädigt oder in ihrer Lage verändert werden.

3.8 Herstellen der Böschungen von Erdbauwerken

3.8.1 Hat der Auftragnehmer die Böschung endgültig zu befestigen, ist die Befestigung unmittelbar nach dem Herstellen der Böschung, gegebenenfalls in Teilabschnitten, auszuführen.

Ist dies nicht möglich, sind die Böschungen in der Zwischenzeit gegen Witterungseinflüsse behelfsmäßig zu schützen und zu unterhalten.

3.8.2 Ist dem Auftragnehmer die endgültige Befestigung nicht übertragen und bleiben die Böschungen aus Gründen, die der Auftragnehmer nicht zu vertreten hat, offen liegen, sind die gegebenenfalls erforderlichen Maßnahmen gemeinsam festzulegen; diese sind Besondere Leistungen (siehe Abschnitt 4.2.1).

3.8.3 Böschungen sind für das Aufbringen von Oberboden rauh herzustellen. Darüber hinausgehende Maßnahmen, z. B. Herstellen von Stufen oder Rillen, und das Aufrauhen vorhandener Böschungen sind Besondere Leistungen (siehe Abschnitt 4.2.1).

3.8.4 Ergibt sich während der Ausführung von Böschungen die Gefahr von Rutschungen, hat der Auftragnehmer unverzüglich die notwendigen Maßnahmen zur Verhütung von Schäden zu treffen und den Auftraggeber zu verständigen. Die weiteren Maßnahmen zur Verhütung oder Beseitigung von Rutschungen sind gemeinsam festzulegen. Soweit die Ursache nicht der Auftragnehmer zu vertreten hat, sind die zur Verhütung von Schäden vom Auftragnehmer getroffenen sowie die weiteren Maßnahmen Besondere Leistungen (siehe Abschnitt 4.2.1).

3.8.5 Felsböschungen sind entsprechend den Eigenschaften des Gesteins und dem Gefüge des Gebirges herzustellen; witterungsbeständige Gesteinsbänke, Vorsprünge und dergleichen sind möglichst zu erhalten.

3.9 Herstellen von Dichtungskörpern

3.9.1 Dichtungskörper sind entsprechend ihrem Zweck mit besonderer Sorgfalt auszuführen.

Sie sind gegen Witterungseinflüsse, insbesondere gegen Austrocknen und sonstige Beschädigungen, zu schützen.

3.9.2 Der Auftragnehmer hat die Eignung des Bodens für Dichtungskörper durch Untersuchungen festzustellen, falls er den Dichtungsboden zu liefern hat.

Der Eignungsnachweis ist dem Auftraggeber mitzuteilen.

3.10 Herstellen von Baugruben und Gräben

3.10.1 Für die Ausbildung und Sicherung von Baugruben und Gräben sowie für die Arbeitsraumbreiten und lichten Grabenbreiten gilt DIN 4124.

3.10.2 Wenn in der Leistungsbeschreibung keine Tiefen für Baugruben und Gräben angegeben sind, umfaßt die Leistung den Aushub von Baugruben nur bis Tiefen von 1,75 m, von Gräben für Fundamente oder Leitungen nur bis Tiefen von 1,25 m.

3.10.3 Ist in der Leistungsbeschreibung festgelegt, daß zum Schutz der Gründungssohle eine Schutzschicht zu belassen ist, darf diese erst unmittelbar vor dem Herstellen des Grundwerks, z. B. Unterbeton, Fundament, oder der Leitung entfernt werden. Das Entfernen der Schutzschicht ist eine Besondere Leistung (siehe Abschnitt 4.2.1).

3.10.4 Im Bereich der Gründungsfläche für das Bauwerk darf die Sohle nicht aufgelockert werden.

Bei trotzdem aufgelockertem Boden muß entweder die ursprüngliche Lagerungsdichte durch Verdichten oder die ursprüngliche Tragfähigkeit in anderer geeigneter Weise wiederhergestellt werden.

3.11 Hinterfüllen und Überschütten von baulichen Anlagen

3.11.1 Vor dem Hinterfüllen oder Überschütten sind im Bereich der baulichen Anlagen Fremdkörper, die Schäden verursachen können, zu entfernen.

3.11.2 Die Wahl des Materials zum Hinterfüllen und Überschütten bleibt dem Auftragnehmer überlassen; für die Leitungszone von Entwässerungskanälen und -leitungen gilt insbesondere DIN 4033 "Entwässerungskanäle und -leitungen".

3.11.3 Hinterfüllen, Überschütten und Verdichten sind so auszuführen, daß an den baulichen Anlagen keine Schäden entstehen.

Bei Leitungen ist darauf zu achten, daß sie in ihrer Lage verbleiben.

3.11.4 Wenn in der Leistungsbeschreibung keine Tiefen angegeben sind, gilt Abschnitt 3.10.2 entsprechend.

3.11.5 Verdichtungsgeräte, Arbeitsverfahren und Schichtdicke sind auf die Eigenschaften und die erforderliche, gleichmäßige Verdichtung des Hinterfüll- bzw. Überschüttmaterials abzustimmen. Das Einschlämmen ist nur mit Zustimmung des Auftraggebers zulässig, jedoch in der Leitungszone von Entwässerungskanälen und -leitungen unzulässig.

3.11.6 Bei Leitungsgräben darf mit dem Verfüllen erst begonnen werden, wenn Leitungsverbindungen und -auflager durch Erddruck und andere beim Verfüllen auftretende Kräfte belastet werden können.

3.11.7 Material, das die Leitungen schädigen kann, z. B. Schlacke, steinige Böden, darf innerhalb der Leitungszone nicht verwendet werden.

Die Leitungszone umfaßt den Raum zwischen Grabensohle und Grabenwänden bis zu einer Höhe von 0,3 m über dem Scheitel der Leitung. In Dämmen beträgt die Breite der Leitungszone mindestens den dreifachen Außendurchmesser des Rohrschaftes gemäß DIN 4033.

3.11.8 In der Leitungszone ist der Boden beiderseits der Leitung gleichzeitig lagenweise einzubauen und sorgfältig zu verdichten.

3.12 Arbeiten bei und nach Frostwetter

Gefrorene Böden dürfen in Erdbauwerke, in Hinterfüllungen und Überschüttungen von baulichen Anlagen nicht eingebaut oder verdichtet werden.

Gefrorene Schichten von Erdbauwerken, Hinterfüllungen und Überschüttungen dürfen nur überschüttet werden, wenn keine Schäden eintreten können.

4 Nebenleistungen, Besondere Leistungen

4.1 Nebenleistungen sind ergänzend zur ATV DIN 18299, Abschnitt 4.1, insbesondere:

4.1.1 Feststellen des Zustands der Straßen, der Geländeoberfläche, der Vorfluter usw. nach B § 3 Nr 4.

4.1.2 Beseitigen einzelner Sträucher und einzelner Bäume bis zu 0,1 m Durchmesser, gemessen 1 m über dem Erdboden, der dazugehörigen Wurzeln und Baumstümpfe.

4.1.3 Beseitigen von einzelnen Steinen und Mauerresten bis zu 0,1 m³ Rauminhalt*), ausgenommen Hindernisse in Gräben bis zu 0,8 m Sohlenbreite (siehe Abschnitt 4.2.4).

4.1.4 Herstellen, Vorhalten und Beseitigen der zur Durchführung der Leistung erforderlichen Treppen oder Wege in den Böschungen.

4.2 Besondere Leistungen sind ergänzend zur ATV DIN 18299, Abschnitt 4.2, z. B.:

4.2.1 Maßnahmen nach den Abschnitten 3.1.3, 3.1.4, 3.1.5, 3.1.7, 3.3.1, 3.5.3, 3.5.5, 3.7.2, 3.7.3, 3.7.4, 3.7.7, 3.8.2, 3.8.3, 3.8.4 und 3.10.3.

4.2.2 Besondere Maßnahmen zum Feststellen des Zustands der baulichen Anlagen einschließlich Straßen, Versorgungs- und Entsorgungsanlagen vor Beginn der Erdarbeiten

4.2.3 Beseitigen von Aufwuchs einschließlich Roden, ausgenommen Leistungen nach Abschnitt 4.1.2.

4.2.4 Beseitigen von einzelnen Steinen und Mauerresten über 0,01 m³ Rauminhalt*) in Gräben bis zu 0,8 m Sohlenbreite.

4.2.5 Maßnahmen zum Erhalten der vorhandenen Wasserläufe und Vorflut.

4.2.6 Aufbrechen und Wiederherstellen von befestigten Flächen.

4.2.7 Ausheben und Verfüllen von Arbeitsräumen für Rohrverbindungen.

4.2.8 Besondere Maßnahmen zur Behandlung von Böden der Klasse 2 – Fließende Bodenarten –, z. B. Sprengen, Spülen, Anlegen von Gräben, Einbauen von Spundwänden.

4.2.9 Boden-, Wasser- und bodenmechanische Untersuchungen, Wasserstandsmessungen, ausgenommen Untersuchungen nach Abschnitt 3.9.2.

4.2.10 Einbau von Geokunststoffen.

4.2.11 Sicherung von Böschungen, Flächen oder Halden z. B. mit Planen.

4.2.12 Verbau bei Baugruben und Gräben.

---

*) 0,01 m³ Rauminhalt entspricht einer Kugel mit einem Durchmesser von ≈ 0,3 m.
0,1 m³ Rauminhalt entspricht einer Kugel mit einem Durchmesser von ≈ 0,6 m.

4.2.13 Liefern des Standsicherheitsnachweises der Böschungen von Baugruben und Gräben.

5 Abrechnung

Ergänzend zur ATV DIN 18299, Abschnitt 5, gilt:

5.1 Allgemeines

5.1.1 Bei der Mengenermittlung sind die üblichen Näherungsverfahren zulässig.

5.1.2 Ist nach Gewicht abzurechnen, so ist es durch Wiegen, bei Schiffsladungen durch Schiffseiche festzustellen.

5.1.3 Als Länge des Förderweges gilt die kürzeste zumutbare Entfernung zwischen den Schwerpunkten der Auftrags- und Abtragskörper.

Ist das Fördern innerhalb der Baustelle längs der Bauachse möglich, wird die Entfernung zwischen diesen Schwerpunkten unter Berücksichtigung der Neigungsverhältnisse in der Bauachse gemessen.

5.2 Baugruben und Gräben

5.2.1 Die Aushubtiefe wird von der Oberfläche der auszuhebenden Baugrube oder des auszuhebenden Grabens bis zur Sohle der Baugrube oder des Grabens gerechnet, bei einer zu belassenden Schutzschicht (siehe Abschnitt 3.10.3) bis zu deren Oberfläche.

5.2.2 Die Maße der Baugrubensohle ergeben sich aus den Außenmaßen des Baukörpers zuzüglich

- den Mindestbreiten betretbarer Arbeitsräume nach DIN 4124 und zuzüglich
- der erforderlichen Maße für Schalungs- und Verbaukonstruktionen.

Für die Breite der Grabensohle gilt die Mindestbreite nach DIN 4124 zuzüglich der erforderlichen Maße für Schalungs- und Verbaukonstruktionen.

5.2.3 Für abgeböschte Baugruben und Gräben gelten für die Ermittlung des Böschungsraumes die Böschungswinkel

- 40° für Bodenklasse 3 und 4,
- 60° für Bodenklasse 5,
- 80° für Bodenklasse 6 und 7,

wenn kein Standsicherheitsnachweis erforderlich ist.

Ist ein Standsicherheitsnachweis zu führen, wird der Böschungsraum nach den danach ausgeführten Böschungswinkeln ermittelt.

In Böschungen ausgeführte erforderliche Bermen werden bei der Ermittlung des Böschungsraumes berücksichtigt.

5.3 Hinterfüllen und Überschütten

Bei der Ermittlung des Raummaßes für Hinterfüllungen und Überschüttungen werden abgezogen
- das Raummaß der Baukörper,
- das Raummaß jeder Leitung mit einem äußeren Querschnitt von mehr als 0,1 m^2.

5.4 Abtrag und Aushub

Die Mengen sind an der Entnahmestelle im Abtrag zu ermitteln.

5.5 Einbau

Die Mengen sind im fertigen Zustand im Auftrag zu ermitteln. Dabei werden abgezogen
- das Raummaß von Baukörpern,
- das Raummaß jeder Leitung, von Sickerkörpern, Steinpackungen und dergleichen mit einem äußeren Querschnitt von mehr als 0,1 m^2.

Bei Abrechnung der Leitungszone nach Längenmaß wird die Leitungsachse zugrunde gelegt.

5.6 Verdichten

Verdichten von Boden in Gründungssohlen ist nach der Fläche der Gründungssohle zu ermitteln.

Verdichten von eingebautem Boden ist nach Abschnitt 5.5 zu ermitteln.

VOB Teil C:
Allgemeine Technische Vertragsbedingungen für Bauleistungen (ATV) Bohrarbeiten — DIN 18301
Ausgabe Juni 1996

Inhalt

0 Hinweise für das Aufstellen der Leistungsbeschreibung

1 Geltungsbereich

2 Stoffe, Bauteile; Boden und Fels

3 Ausführung

4 Nebenleistungen, Besondere Leistungen

5 Abrechnung

0 Hinweise für das Aufstellen der Leistungsbeschreibung

Diese Hinweise ergänzen die ATV DIN 18299 "Allgemeine Regelungen für Bauarbeiten jeder Art", Abschnitt 0. Die Beachtung dieser Hinweise ist Voraussetzung für eine ordnungsgemäße Leistungsbeschreibung gemäß A § 9.

Die Hinweise werden nicht Vertragsbestandteil.

In der Leistungsbeschreibung sind nach den Erfordernissen des Einzelfalls insbesondere anzugeben:

0.1 Angaben zur Baustelle

0.1.1 Statistische Angaben über ober- und unterirdische Gewässer, z. B. Strömungsgeschwindigkeiten, Wasserstände, artesisches Grundwasser, Abflüsse, Wellen, Tidebewegungen, Sturmfluten, sowie über Windverhältnisse.

0.1.2 Belastbarkeit der Vorfluter für Spülwässer, Auflagen und Gebühren für das Einleiten von Spülwässern in Vorfluter.

0.1.3 Art und Umfang des vorhandenen Aufwuchses auf den freizumachenden Flächen.

0.1.4 Lage künstlicher Hohlräume, früherer Bauhilfsmaßnahmen, Anker, Injektionen und, soweit bekannt, deren Eigentümer.

0.1.5 Gründungstiefen, Gründungsarten und Lasten benachbarter Bauwerke.

0.1.6 Beschränkung der Arbeitshöhe.

0.2 Angaben zur Ausführung

0.2.1 Beschreibung von Boden und Fels hinsichtlich ihrer Eigenschaften und Zustände nach Abschnitt 2.2 sowie Einstufung in Klassen nach Abschnitt 2.3.

0.2.2 Schadstoffbelastung nach Art und Umfang bei Boden und Fels zusätzlich zu Abschnitt 0.2.1.

0.2.3 Bei Aufschlußbohrungen alle verfügbaren Informationen zur geologischen und hydrogeologischen Situation, zu vorhandenen Bohrungen und dergleichen, soweit möglich Beschreibung und Einstufung nach Abschnitt 0.2.1.

0.2.4 Bei Bohrungen für Bohrpfähle, Verpreßanker und Einpreßarbeiten zusätzlich zu Abschnitt 0.2.1: Korngrößenverteilung, Lagerungsdichte, Konsistenz, Festigkeit, Scherparameter, Verwitterungsgrad, mineralische Zusammensetzung und Trennflächengefüge.

0.2.5 Bei Bohrungen in Auffüllungen spezifische Beschreibungen.

0.2.6 Wesentliche Änderungen der Eigenschaften und Zustände von Boden und Fels nach dem Lösen.

0.2.7 Bei Bohrungen für Bohrpfähle, Verpreßanker und Einpreßarbeiten besondere Anforderungen nach den einschlägigen Normen.

0.2.8 Sachverständigengutachten und inwieweit sie bei der Ausführung zu beachten sind.

0.2.9 Art, Güteklasse, Anzahl, Aufbewahrungsart und Empfänger der geforderten Proben und ihre Entnahmetiefen.

0.2.10 Art und Anzahl von Sonderuntersuchungen im Bohrloch.

0.2.11 Für jede Bohrung der Soll-(End-)durchmesser und die Bohrlänge.

0.2.12 Richtung der Bohrachse und zulässige Abweichungen.

0.2.13 Richtungsorientiertes Kernbohren.

0.2.14 Sichern des Bohrlochs gegen Eindringen von Oberflächenwasser.

0.2.15 Maßnahmen beim Bohren in mineralwasser- oder gasführendem Untergrund.

0.2.16 Einsatz, Art und Entsorgung von Bohrspülungen.

0.2.17 Art und Beschaffenheit von Bohrebenen.

0.2.18 Anforderungen an Bohrschablonen bei Bohrpfahlwänden.

0.2.19 Anforderung an die Bohrlochverfüllung.

0.3 Einzelangaben bei Abweichungen von den ATV

0.3.1 Wenn andere als die in dieser ATV vorgesehenen Regelungen getroffen werden sollen, sind diese in der Leistungsbeschreibung eindeutig und im einzelnen anzugeben.

0.3.2 Abweichende Regelungen können insbesondere in Betracht kommen bei

Abschnitt 3.2.1,	wenn für das Bohrverfahren und die Entnahmegeräte etwas anderes festgelegt werden soll,
Abschnitt 3.2.2,	wenn das Bohrverfahren dem Auftragnehmer vorgegeben werden soll,
Abschnitt 3.3.1,	wenn DIN 4021 nicht gelten soll,
Abschnitt 3.5,	wenn Bohrrohre nicht gezogen werden sollen,
Abschnitt 3.6,	wenn Bohrlöcher nicht oder nicht mit dem Bohrgut verfüllt werden sollen.

0.4 Einzelangaben zu Nebenleistungen und Besonderen Leistungen

Als Nebenleistungen, für die unter den Voraussetzungen der ATV DIN 18299, Abschnitt 0.4.1, besondere Ordnungszahlen (Positionen) vorzusehen sind, kommen insbesondere in Betracht:

Umstellen der Bohreinrichtung von Bohrloch zu Bohrloch (siehe Abschnitt 4.1.4).

0.5 Abrechnungseinheiten

Im Leistungsverzeichnis sind die Abrechnungseinheiten wie folgt vorzusehen:
- Bohrungen nach Längenmaß (m),
  - gestaffelt nach Soll-(End-)durchmesser des Bohrlochs,
  - gestaffelt nach Tiefen,
  - getrennt nach Boden- und Felsarten bzw. nach anderen Stoffen, z. B. Beton, Mauerwerk,
  - bei Aufschlußbohrungen außerdem getrennt nach Bohrverfahren,
- Herstellen und Beseitigen von Bohrschablonen nach Längenmaß (m),
- Bohrpfahlwände nach Flächenmaß (m^2),
- Spülungszusätze nach Gewicht (kg),
- Umstellen der Bohreinrichtung nach Anzahl (Stück), getrennt nach Abständen der Bohrstellen,
- Entnahme von Bohrproben, Sonderproben, Gas- und Wasserproben nach Anzahl (Stück), getrennt nach Arten,
- im Boden verbleibende Rohre einschließlich Rohrverbindungen nach Längenmaß (m), getrennt nach Außendurchmesser und Baulängen,
- Schürfe nach Raummaß (m^3) oder nach Arbeitszeit (h),
- Aufbrechen und Wiederherstellen von befestigten Flächen nach Flächenmaß (m^2) oder nach Arbeitszeit (h), getrennt nach Arten und Dicken,
- Beseitigung von Hindernissen, z. B. Stahlbeton, Stahl, Holz, nach Arbeitszeit (h),
- Stoffe für das Verfüllen und Abdichten von Bohrungen nach Längenmaß (m), Raummaß (m^3) oder Gewicht (t),
- Hilfsleistungen und Wartezeiten bei Messungen und Untersuchungen am offenen Bohrloch nach Arbeitszeit (h).

1 Geltungsbereich

1.1 Die ATV "Bohrarbeiten" – DIN 18301 – gilt für Bohrungen jeder Art und Neigung in Boden, Fels und Auffüllungen insbesondere
- zur Erkundung und Untersuchung des Untergrundes, zur Wassergewinnung und -einleitung, zur Grundwasserabsenkung, zur Entwässerung, zur Entgasung,
- für Einpreßarbeiten, Bohr- und Verpreßpfähle, Bohrpfahlwände,
- zum Einbau von Tragelementen und Ankern.

1.2 Die ATV DIN 18301 gilt auch für Bohrungen nach Abschnitt 1.1 in kontaminierten Bereichen.

1.3 Die ATV DIN 18301 gilt auch für das Überbohren beim Rückbau von Brunnen.

1.4 Die ATV DIN 18301 gilt nicht für
- den Ausbau von Bohrungen (siehe ATV DIN 18302 "Brunnenbauarbeiten"),
- Rohrvortriebsarbeiten (siehe ATV DIN 18319 "Rohrvortriebsarbeiten").

1.5 Ergänzend gelten die Abschnitte 1 bis 5 der ATV DIN 18299 "Allgemeine Regelungen für Bauarbeiten jeder Art". Bei Widersprüchen gehen die Regelungen der ATV DIN 18301 vor.

2 Stoffe, Bauteile; Boden und Fels

Ergänzend zur ATV DIN 18299, Abschnitt 2, gilt:

2.1 Allgemeines
Das Bohrgut geht nicht in das Eigentum des Auftragnehmers über.

2.2 Beschreibung von Boden und Fels
Für das Benennen und Beschreiben von Boden und Fels gelten:

DIN 1054	Baugrund – Zulässige Belastung des Baugrunds
DIN 4020	Geotechnische Untersuchungen für bautechnische Zwecke
DIN 4022-1 und DIN 4022-2	Baugrund und Grundwasser – Benennen und Beschreiben von Boden und Fels
DIN 18196	Erd- und Grundbau – Bodenklassifikation für bautechnische Zwecke

2.3 Einstufung in Boden- und Felsklassen
Boden und Fels werden aufgrund ihrer Eigenschaften für Bohrarbeiten in folgende Klassen eingestuft:

2.3.1 Lockergesteine
2.3.1.1 Klasse LN: Nichtbindige Lockergesteine (Hauptbestandteile Sand, Kies), Korngröße $\leq$ 63 mm.

2.3.1.2 Klasse LB: Bindige Lockergesteine (Hauptbestandteil Schluff, Ton bzw. Sand, Kies mit hohen Massenanteilen von Schluff, Ton), Korngröße $\leq$ 63 mm.

2.3.1.3 Klasse LO: Organische Böden

2.3.1.4 Zusatzklassen S

Kommen in Lockergesteinen Steine (Korngröße über 63 mm) vor, so wird in Abhängigkeit von Größe und Anteil der Steine bis 600 mm zusätzlich zu den Klassen nach

Bohrarbeiten   DIN 18301

Abschnitt 2.3.1.1 bis 2.3.1.3 klassifiziert; Steine größer als 600 mm werden hinsichtlich Größe und Anteil gesondert angegeben.

Massenanteil der Steine	Zusatzklassen für Steingröße	
	bis 300 mm	bis 600 mm
bis 30 %	S 1	S 3
über 30 %	S 2	S 4

2.3.2 Festgesteine und vergleichbare Bodenarten
Klasse F: Festgesteine

Einaxiale Druckfestigkeit MN/m^2	Klassen der Festgesteine	
	Trennflächenabstand im	
	Dezimeterbereich	Zentimeterbereich
bis 5	FD 1	FZ 1
über 5 bis 50	FD 2	FZ 2
über 50 bis 100	FD 3	FZ 3
über 100	FD 4	FZ 4

2.4 Beschreibung und Einstufung von Auffüllungen
Stoffe werden, soweit möglich, nach Abschnitt 2.2 beschrieben und nach Abschnitt 2.3 eingestuft. Andernfalls werden die Stoffe im Hinblick auf ihre Eigenschaften für Bohrarbeiten spezifisch beschrieben.

3 Ausführung
Ergänzend zur ATV DIN 18299, Abschnitt 3, gilt:

3.1 Lage der Bohrungen
Vor Beginn der Bohrarbeiten hat der Auftragnehmer Lage und Höhe der vom Auftraggeber angegebenen Ansatzpunkte zu übernehmen. Soweit es für das Einmessen der Bodenschichten, der Wasserspiegel und der Bohrtiefen erforderlich ist, hat der Auftragnehmer an den Bohrstellen Höhenpunkte herzustellen. Die Lage der Bohrlöcher und die Höhe ihrer Ansatzpunkte sind im Lageplan einzutragen.

3.2 Bohrverfahren, Bohrgeräte
3.2.1 Bei Bohrungen zur Untersuchung des Untergrundes müssen das Bohrverfahren und die Entnahmegeräte den Anforderungen der DIN 4021 "Baugrund – Aufschluß durch Schürfe und Bohrungen sowie Entnahme von Proben" entsprechen.

3.2.2 Bei allen anderen Bohrungen sind die Wahl des Bohrverfahrens und -ablaufs sowie die Wahl und der Einsatz der Bohrgeräte Sache des Auftragnehmers.

3.2.3 Die ordnungsgemäße Entsorgung von Bohrspülungen mit Spülungszusätzen ist dem Auftraggeber auf Verlangen nachzuweisen.

3.2.4 Wenn die Möglichkeit besteht, daß der Boden im Bohrloch auftreibt oder seitlich eintreibt (instabil wird), ist unter Wasserauflast zu bohren. Darüber hinaus erforderliche Maßnahmen, z. B. Spülungseinsätze, Verrohrungen, sind gemeinsam festzulegen. Diese sind Besondere Leistungen (siehe Abschnitt 4.2.1).

3.2.5 Bei Absenkung des Wasserspiegels im Bohrrohr für das Herstellen von Ortbetonpfählen ist DIN 4014 "Bohrpfähle – Herstellung, Bemessung und Tragverhalten" zu beachten.

3.3 Feststellen der Bohrergebnisse

3.3.1 Bei Bohrungen zur Untersuchung des Untergrundes sind Bohrproben und, soweit vereinbart, Sonderproben nach DIN 4021 zu entnehmen, zu kennzeichnen, zu behandeln und zu verwahren sowie ein Schichtenverzeichnis nach DIN 4022-1 bis DIN 4022-3 "Baugrund und Grundwasser – Benennen und Beschreiben von Boden und Fels" zu führen.

Bei anderen Bohrungen sind Bohrproben und Schichtenverzeichnisse Besondere Leistungen (siehe Abschnitt 4.2.1).

3.3.2 Zeichnerische Darstellungen müssen DIN 4023 "Baugrund- und Wasserbohrungen – Zeichnerische Darstellung der Ergebnisse" entsprechen; die Lieferung ist eine Besondere Leistung (siehe Abschnitt 4.2.1).

3.3.3 Außergewöhnliche Erscheinungen, z. B. in der Beschaffenheit und Farbe des Bodens, im Geruch oder in der Färbung des Wassers, Wasser- oder Bodenauftrieb, Austreten des Wassers über Gelände, starkes Absinken des Wasserspiegels, Gasvorkommen, Hohlräume im Boden, sind genau zu beobachten, dem Auftraggeber unverzüglich anzuzeigen und, sofern ein Schichtenverzeichnis zu liefern ist, dort zu vermerken. Die sofort notwendigen Sicherungen hat der Auftragnehmer unverzüglich zu treffen. Die weiteren Maßnahmen sind gemeinsam festzulegen. Die getroffenen und die weiteren Maßnahmen sind Besondere Leistungen (siehe Abschnitt 4.2.1).

3.3.4 Die endgültige Tiefe von Bohrungen bestimmt der Auftraggeber im Benehmen mit dem Auftragnehmer.

3.4 Hindernisse

3.4.1 Wenn nach den örtlichen Verhältnissen im Boden mit Hindernissen, z. B. Leitungen, Kabeln, Dränen, Kanälen, Vermarkungen, Bauwerksresten, zu rechnen ist, muß durch Erkunden festgestellt werden, daß die späteren Bohrungen von ihnen freikommen. Die erforderlichen Maßnahmen, z. B. Schürflöcher, Schürfgruben, sind Besondere Leistungen (siehe Abschnitt 4.2.1).

3.4.2 Wenn im Boden unvermutete Hindernisse, z.B. Leitungen, Kabel, Dräne, Kanäle, Vermarkungen, Bauwerksreste, Schutt, größere Steine, angetroffen oder Bohrrohre oder Bohrwerkzeuge fest werden oder die Bohrachse von der vereinbarten Richtung abweicht, ist dies dem Auftraggeber unverzüglich mitzuteilen. Er bestimmt, ob und wie das Hindernis beseitigt oder gesichert oder ob die Bohrung aufgegeben oder versetzt werden soll. Sprengungen bedürfen der Zustimmung des Auftraggebers. Die zu treffenden Maßnahmen sind Besondere Leistungen (siehe Abschnitt 4.2.1).

3.4.3 In der Nähe von Bauwerken, Leitungen, Kabeln, Dränen und Kanälen müssen die Arbeiten mit der erforderlichen Vorsicht ausgeführt werden.

3.4.4 Gefährdete bauliche Anlagen sind zu sichern; DIN 4123 "Gebäudesicherung im Bereich von Ausschachtungen, Gründungen und Unterfangungen" ist zu beachten. Bei Schutz- und Sicherungsmaßnahmen sind die Vorschriften der Eigentümer oder anderer Weisungsberechtigter zu beachten. Solche Maßnahmen sind Besondere Leistungen (siehe Abschnitt 4.2.1).

3.5 Ausbau der Rohre
Bohrrohre sind nach Erreichen des Bohrzwecks zu ziehen. Lassen sich Bohrrohre nicht ziehen, so hat der Auftragnehmer dies dem Auftraggeber unverzüglich anzuzeigen. Die zu treffenden Maßnahmen sind Besondere Leistungen (siehe Abschnitt 4.2.1).

3.6 Verfüllen der Bohrlöcher
Bohrlöcher sind mit geeignetem Material, möglichst unter Verwendung des gewonnenen Bohrguts, zu verfüllen, bei verrohrten Bohrungen mit dem Ziehen der Rohre. Besondere Anforderungen an das Verfüllen oder an das Füllmaterial sind Besondere Leistungen (siehe Abschnitt 4.2.1).

4 Nebenleistungen, Besondere Leistungen

4.1 Nebenleistungen sind ergänzend zur ATV DIN 18299, Abschnitt 4.1, insbesondere:

4.1.1 Beseitigen einzelner Sträucher und einzelner Bäume bis zu 0,1 m Durchmesser, gemessen 1 m über dem Erdboden, der dazugehörigen Wurzeln und Baumstümpfe sowie von einzelnen Steinen und Bauwerksresten bis zu 0,03 m^3 Rauminhalt[*]) zum Herstellen des Bohrplanums, soweit hierfür keine weiteren Erdarbeiten auszuführen sind.

4.1.2 Vorhalten, Füllen und Beschriften der Behälter für Boden-, Wasser- und Gasproben, sofern sie nicht schadstoffbelastet sind.

4.1.3 Feststellen des Zustands der Straßen, der Geländeoberfläche, der Vorfluter usw. nach B § 3 Nr 4.

4.1.4 Umstellen der Bohreinrichtung von Bohrloch zu Bohrloch, ausgenommen Leistungen nach Abschnitt 4.2.2.

4.1.5 Entsorgen der mit Spülungszusätzen versehenen Bohrspülung, soweit die Zusätze nicht vom Auftraggeber verlangt sind.

4.2 Besondere Leistungen sind ergänzend zur ATV DIN 18299, Abschnitt 4.2, z.B.:

4.2.1 Maßnahmen nach den Abschnitten 3.2.4, 3.3.1, 3.3.2, 3.3.3, 3.4.1, 3.4.2, 3.4.4, 3.5 und 3.6.

---

*) 0,03 m^3 Rauminhalt entspricht einer Kugel mit einem Durchmesser von ≈ 0,4 m.

4.2.2 Umstellen der Bohreinrichtung von Bohrloch zu Bohrloch und Umrüstung der Bohreinrichtung aus Gründen, die nicht vom Auftragnehmer zu vertreten sind.

4.2.3 Aufstellen, Vorhalten und Beseitigen von Spritzschutz- oder Lärmschutzeinrichtungen.

4.2.4 Entnahme von Gasproben, Feststellen der Gasart, der Gasmenge und des Gasdrucks.

4.2.5 Vorhalten, Füllen und Beschriften der Behälter für schadstoffbelastete Boden-, Wasser- und Gasproben.

4.2.6 Liefern von Behältern für Boden-, Wasser- und Gasproben.

4.2.7 Verpacken und Transportieren von Proben.

4.2.8 Wasserstandsmessungen in benachbarten Brunnen und Gewässern sowie fortlaufende Messungen im Bohrloch.

4.2.9 Ausschachten von Schutt.

4.2.10 Aufbrechen und Wiederherstellen von befestigten Flächen.

4.2.11 Zeitweiliges oder dauerndes Belassen der Bohrrohre im Boden und Vorhalten besonderer Rohre und Filter für Beobachtungen.

4.2.12 Abfuhr des übriggebliebenen Bohrgutes, ausgenommen Leistungen nach Abschnitt 4.1.5.

4.2.13 Entsorgen der mit Spülungszusätzen versehenen Bohrspülung, soweit die Zusätze vom Auftraggeber verlangt sind.

4.2.14 Anpassen der Stützflüssigkeit bei von der Leistungsbeschreibung abweichenden Baugrundverhältnissen.

4.2.15 Entsorgen des mit Stützflüssigkeit vermengten Bodens, wenn der Auftraggeber eine flüssigkeitsgestützte Bohrung gefordert hat.

4.2.16 Maßnahmen am offenen Bohrloch zur Durchführung von Messungen und Untersuchungen.

5 Abrechnung

Ergänzend zur ATV DIN 18299, Abschnitt 5, gilt:

5.1 Bohrungen, die aufgegeben werden müssen, und im Boden verbleibende Rohre einschließlich Rohrverbindungen, die nicht gezogen werden können, werden abgerechnet wie ausgeführte Leistungen, es sei denn, daß die Ursache der Auftragnehmer zu vertreten hat.

5.2 Die Bohrlänge wird ermittelt vom plangemäßen Bohransatzpunkt bis zur vereinbarten Endteufe.

5.3 Die Länge von Bohrschablonen bei Bohrpfahlwänden wird in der Achse der Wand gemessen.

VOB Teil C:
Allgemeine Technische Vertragsbedingungen für Bauleistungen (ATV) Brunnenbauarbeiten — DIN 18302
Ausgabe Juni 1996

Inhalt

0   Hinweise für das Aufstellen der Leistungsbeschreibung

1   Geltungsbereich

2   Stoffe, Bauteile

3   Ausführung

4   Nebenleistungen, Besondere Leistungen

5   Abrechnung

0   Hinweise für das Aufstellen der Leistungsbeschreibung

Diese Hinweise ergänzen die ATV DIN 18299 "Allgemeine Regelungen für Bauarbeiten jeder Art", Abschnitt 0. Die Beachtung dieser Hinweise ist Voraussetzung für eine ordnungsgemäße Leistungsbeschreibung gemäß A § 9.
Die Hinweise werden nicht Vertragsbestandteil.
In der Leistungsbeschreibung sind nach den Erfordernissen des Einzelfalls insbesondere anzugeben:

0.1   Angaben zur Baustelle
Keine ergänzende Regelung zur ATV DIN 18299, Abschnitt 0.1.

0.2   Angaben zur Ausführung
0.2.1   Art und Anzahl der geforderten Proben.

0.2.2   Besondere Maßnahmen zum Schutz von benachbarten Grundstücken und Bauwerken.

0.2.3   Verwendungszweck des zu fördernden Wassers.

0.2.4   Bauweise und Bauart von Brunnen.

0.2.5   Herstellen der Bohrbrunnen mit oder ohne Einsteigschacht, Bemessen und Ausbilden der Einsteigschächte.

0.2.6   Die Brunnenleistung (größte Brunnenergiebigkeit) in l/s und die vorgesehene Fördergruppe oder Fördereinrichtung nach Art, Förderleistung (Förderstrom) und Einbaustelle.

0.2.7 Art der Brunnenfilter (Filterrohre, Filtergewebe oder Filterkies).

0.2.8 Desinfizieren (Chloren) von Filterkies vor dem Einbau.

0.2.9 Einbringen des Filterkieses mit Schüttrohren oder mit Schüttkörben.

0.2.10 Länge, Art und Stoffe der Ringraumverfüllung außerhalb der Filterstrecke einschließlich der Dichtungsstrecke.

0.2.11 Art der Sumpf- und Vollwandrohre.

0.2.12 Abdichten der Brunnen gegen bestimmte wasserführende Schichten.

0.2.13 Bauart der Brunnenköpfe.

0.2.14 Bauart der Abdeckungen von Einsteigschächten.

0.2.15 Höhe der Wände von Einsteigschächten über Erdoberfläche.

0.2.16 Vorsehen von Meßvorrichtungen.

0.2.17 Art und Umfang der Abdichtung der Oberfläche in der Umgebung der Brunnen gegen Wasser.

0.2.18 Dauer und Staffelung der Förderleistung (Förderstrom) in m^3/h und der Förderhöhe in m beim Leistungspumpen.

0.2.19 Art und Umfang der Entwicklung und Entsandung.

0.3 Einzelangaben bei Abweichungen von den ATV

0.3.1 Wenn andere als die in dieser ATV vorgesehenen Regelungen getroffen werden sollen, sind diese in der Leistungsbeschreibung eindeutig und im einzelnen anzugeben.

0.3.2 Abweichende Regelungen können insbesondere in Betracht kommen bei

Abschnitt 2.5,	wenn Schachtabdeckungen nicht E DIN 1239 entsprechen sollen,
Abschnitt 3.1.5,	wenn Brunnenteile anders als mechanisch gereinigt werden sollen, z. B. durch zusätzliches Chloren,
Abschnitt 3.2.1,	wenn für das von Brunnen zu liefernde Wasser andere Festlegungen gelten sollen,
Abschnitt 3.2.5,	wenn Einsteigschächte besonders, z. B. gegen drückendes Wasser, abgedichtet werden sollen.

0.4 Einzelangaben zu Nebenleistungen und Besonderen Leistungen

Als Nebenleistungen, für die unter den Voraussetzungen der ATV DIN 18299, Abschnitt 0.4.1, besondere Ordnungszahlen (Positionen) vorzusehen sind, kommen insbesondere in Betracht:

Vorhalten der Gerüste (siehe Abschnitt 4.1.6).

0.5 Abrechnungseinheiten

Im Leistungsverzeichnis sind die Abrechnungseinheiten wie folgt vorzusehen:

Brunnenbauarbeiten DIN 18302

- Rohre mit Verbindungen und Dichtungen nach Baulänge (m), getrennt nach Werkstoffen, Durchmessern und Wanddicken,
- Filterrohre nach Baulänge (m), getrennt nach Arten und Werkstoffen, Durchmessern und Wanddicken,
- Filtersand, Filterkies und sonstige Schüttstoffe nach Schüttungshöhe (m), nach Raummaß (m^3) oder Gewicht (t), getrennt nach Güten und Korngrößen,
- Stoffe, die zum Dichten eingebracht werden, z. B. Ton oder Beton, nach Höhe der Dichtungsschichten (m), nach Raummaß (m^3) oder Gewicht (t),
- Kiesschüttungskörbe nach Baulänge (m), getrennt nach Durchmessern,
- Wandungen der Einsteigschächte nach Tiefe (m), getrennt nach lichten Durchmessern und Wanddicken,
- Senkkränze, Anker, Ankerringe, stählerne Träger, eingebrachte Brunnensohlen, Abdeckungen, Zwischenpodeste, Steig- und Belüftungsvorrichtungen und dergleichen nach Anzahl (Stück), getrennt nach Arten und Maßen,
- Brunnenköpfe, Ventile, Schieber, Wassermeßvorrichtungen einschließlich Dichtungen und Schrauben nach Anzahl (Stück), getrennt nach Arten und Maßen,
- Ein- und Ausbau von Pumpen zum Entsandungs-, Klar- und Leistungspumpen nach Anzahl (Stück), getrennt nach Arten,
- Entsandungs-, Klar- und Leistungspumpen nach Stunden (h), gestaffelt nach Förderleistungen (Förderstrom),
- Entnahme von Gas- und Wasserproben nach Anzahl (Stück), getrennt nach Arten,
- Zentrierungen nach Anzahl (Stück), getrennt nach Arten und Maßen,
- Hilfsleistungen und Wartezeiten bei Messungen und Untersuchungen am ausgebauten Bohrloch nach Arbeitszeit (h).

1 Geltungsbereich

1.1 Die ATV "Brunnenbauarbeiten" – DIN 18302 – gilt für den Ausbau von Bohrungen zu Brunnen zur Wassergewinnung und -einleitung, zur Grundwasserabsenkung, zur Entwässerung, zur Entgasung.

Sie gilt auch für den Ausbau von Bohrungen zu Grundwasser-Beschaffenheitsmeßstellen sowie für das Herstellen von Einsteigschächten.

Sie umfaßt auch den Rückbau und die Sanierung von Brunnen und Grundwasser-Beschaffenheitsmeßstellen.

1.2 Die ATV DIN 18302 gilt nicht für die bei Brunnenbauarbeiten auszuführenden Erdarbeiten (siehe ATV DIN 18300 "Erdarbeiten") und Bohrarbeiten (siehe ATV DIN 18301 "Bohrarbeiten").

1.3 Ergänzend gelten die Abschnitte 1 bis 5 der ATV DIN 18299 "Allgemeine Regelungen für Bauarbeiten jeder Art". Bei Widersprüchen gehen die Regelungen der ATV DIN 18302 vor.

2 Stoffe, Bauteile

Ergänzend zur ATV DIN 18299, Abschnitt 2, gilt:

Für die gebräuchlichsten genormten Stoffe und Bauteile sind die DIN-Normen nachstehend aufgeführt.

2.1 Rohre

DIN 2440	Stahlrohre – Mittelschwere Gewinderohre
DIN 2448	Nahtlose Stahlrohre – Maße, längenbezogene Massen
DIN 2458	Geschweißte Stahlrohre – Maße, längenbezogene Massen
DIN 4035	Stahlbetonrohre und zugehörige Formstücke – Maße – Technische Lieferbedingungen
DIN 4922-1 bis DIN 4922-3	Stahlfilterrohre für Bohrbrunnen
DIN 4925-1 bis DIN 4925-3	Filter- und Vollwandrohre aus weichmacherfreiem Polyvinylchlorid (PVC-U) für Bohrbrunnen, mit Querschlitzung und Gewinde
DIN 8061	Rohre aus weichmacherfreiem Polyvinylchlorid – Allgemeine Qualitätsanforderungen
DIN 8062	Rohre aus weichmacherfreiem Polyvinylchlorid (PVC-U, PVC-HI) – Maße
DIN 8073	Rohre aus PE weich (Polyäthylen weich) – Allgemeine Güteanforderungen, Prüfung
DIN 8075	Rohre aus Polyethylen hoher Dichte (PE-HD) – Allgemeine Güteanforderungen, Prüfung
DIN 19532	Rohrleitungen aus weichmacherfreiem Polyvinylchlorid (PVC hart, PVC-U) für die Trinkwasserversorgung – Rohre, Rohrverbindungen, Rohrleitungsteile; Technische Regel des DVGW
DIN 19533	Rohrleitungen aus PE hart (Polyäthylen hart) und PE weich (Polyäthylen weich) für die Trinkwasserversorgung – Rohre, Rohrverbindungen, Rohrleitungsteile

2.2 Filtergewebe, Filtersande und Filterkiese

DIN 4923	Drahtgewebe im Brunnenbau
DIN 4924	Filtersande und Filterkiese für Brunnenfilter

2.3 Dichtstoffe

Dichtstoffe müssen dauerhaft und schadstofffrei sein. Bei Trinkwasserbrunnen dürfen sie außerdem Geschmack, Geruch und Zusammensetzung des Wassers nicht beeinflussen.

2.4 Schachtbrunnenringe aus Beton

DIN 4034-1	Schächte aus Beton- und Stahlbetonfertigteilen – Schächte für erdverlegte Abwasserkanäle und -leitungen – Maße, Technische Lieferbedingungen
DIN 4034-2	Schächte aus Beton- und Stahlbetonfertigteilen – Schächte für Brunnen- und Sickeranlagen – Maße, Technische Lieferbedingungen

2.5 Sonstige Bauteile

E DIN 1239	Schachtabdeckungen für Brunnenschächte, Quellfassungen und andere Bauwerke der Wasserversorgung – Allgemeine Baugrundsätze
DIN 3620	Steigleitern für Kleinbauwerke der Wasserversorgung
DIN 4926	Brunnenköpfe aus Stahl – DN 400 bis DN 1200
DIN 4927	Flanschensteigrohre aus Stahl zur Wasserförderung – DN 50 bis DN 200
E DIN 4942	Gewindesteigrohre aus Stahl zur Wasserförderung – DN 50 bis DN 200

3 Ausführung

Ergänzend zur ATV DIN 18299, Abschnitt 3, gilt:

3.1 Allgemeines

3.1.1 Der Auftragnehmer hat nicht einzustehen für eine bestimmte Ergiebigkeit der Brunnen, für eine bestimmte Absenkung des Wasserspiegels und für eine bestimmte chemische und bakteriologische Beschaffenheit des Wassers; unberührt bleiben seine Verpflichtungen nach B § 4 Nr 3 und seine Gewähr für die vertragsgemäße Ausführung der Brunnen.

3.1.2 Bei Bohrbrunnen sind die Bestimmungen der Bauaufsichts-, der Wasser- und Gesundheitsbehörde, außerdem bei Trinkwasserversorgungsanlagen DIN 2000 "Zentrale Trinkwasserversorgung – Leitsätze für Anforderungen an Trinkwasser – Planung, Bau und Betrieb der Anlagen" und DIN 2001 "Eigen- und Einzeltrinkwasserversorgung – Leitsätze für Anforderungen an Trinkwasser, Planung, Bau und Betrieb der Anlagen – Technische Regel des DVGW" zu beachten.

3.1.3 Die endgültige Ausbautiefe von Brunnen aufgrund der erschlossenen wasserführenden Schichten (Grundwasserleiter) bestimmt der Auftraggeber im Benehmen mit dem Auftragnehmer.

3.1.4 Brunnen müssen so hergestellt werden, daß das Innere des Brunnens von außen her nicht verunreinigt werden kann.

3.1.5 Brunnenteile, wie Sumpfrohre, Filterrohre, Aufsatzrohre, Saugrohre, Peilrohre, sind unmittelbar vor dem Einbau gründlich mechanisch zu reinigen.

3.1.6 Sumpfrohre müssen mindestens 1 m lang sein.

3.1.7 Peilrohre müssen eine lichte Weite von mindestens 25 mm haben.

3.1.8 Sind Einsteigschächte mit Lüftungsrohren auszustatten, so sind für Belüftung und Entlüftung getrennte Rohre vorzusehen. Lüftungsrohre müssen so beschaffen sein und so eingebaut werden, daß durch sie weder Fremdkörper noch Verunreinigungen in den Schacht gelangen können.

3.1.9 Werden Rohre durch Wände oder Decken von Einsteigschächten geführt, so müssen die Anschlüsse der Rohre zu den Wänden oder Decken wasserdicht hergestellt werden; das gleiche gilt für Pumpenteile, die die Decken durchdringen.

3.1.10 Wände von Einsteigschächten aus Mauerwerk sind nach ATV DIN 18330 "Mauerarbeiten", aus Beton oder Stahlbeton und Schachtbrunnenringe nach ATV DIN 18331 "Beton- und Stahlbetonarbeiten" auszuführen.

3.2 Bohrbrunnen

3.2.1 Die Länge der Schlitzstrecke und die Schlitzweite der Filterrohre werden nach der Beschaffenheit und Mächtigkeit der wasserführenden Schichten (Grundwasserleiter) vom Auftragnehmer im Einvernehmen mit dem Auftraggeber festgelegt. Der Auftragnehmer hat – wenn erforderlich aufgrund einer Siebanalyse – die Maschenweite des Filtergewebes und bei gewebelosen Filtern die Kieskörnungen und die Dicke der Kiesummantelung so zu wählen, daß die Brunnen bei der vorgesehenen Leistung – auch beim Leistungspumpen – sandfreies Wasser frei von Körnungen größer als 0,06 mm liefert.

3.2.2 Der Durchmesser der Vollwandrohre darf nicht kleiner sein als der Filterrohrdurchmesser. Die Verbindungen der Vollwandrohre müssen sanddicht und wasserdicht sein. Wenn Vollwandrohre als Saugrohre benutzt werden, müssen die Verbindungen auch luftdicht sein.

3.2.3 Wenn Vollwandrohre nicht bis zur Brunnenoberkante geführt werden, sondern innerhalb der Mantelrohre enden, sind Maßnahmen zu treffen, durch die ein Eintreiben von Sand oder nicht gewünschtem Wasser zwischen Mantelrohr und Vollwandrohr in den Brunnen verhindert wird.

3.2.4 Brunnenköpfe müssen Brunnen so verschließen, daß eine Verunreinigung des Wassers ausgeschlossen ist und, wenn Brunnen im Hochwassergebiet liegen, auch Hochwasser nicht eindringen kann.

3.2.5 Bei Einsteigschächten aus Betonringen sind die Ringe gegeneinander abzudichten. Die Abdeckung von Einsteigschächten muß so beschaffen sein, daß weder Wasser noch Verunreinigungen in die Einsteigschächte gelangen können.

4 Nebenleistungen, Besondere Leistungen

4.1 Nebenleistungen sind ergänzend zur ATV DIN 18299, Abschnitt 4.1, insbesondere:

4.1.1 Liefern der für Brunnenbauarbeiten notwendigen Zeichnungen.

4.1.2 Vorhalten, Füllen und Beschriften der Behälter für Boden- und Wasserproben.

4.1.3 Säubern der Bohrlochsohle beim Ausbau von Bohrungen zu Brunnen und Entsorgen des Bohrschlamms.

4.1.4 Entsorgen der restlichen, mit Spülungszusätzen versehenen Bohrspülung, soweit die Zusätze nicht vom Auftraggeber verlangt sind.

4.1.5 Messen der Wasserstände während der Bauarbeiten.

4.1.6 Vorhalten der Gerüste.

4.2 Besondere Leistungen sind ergänzend zur ATV DIN 18299, Abschnitt 4.2, z. B.:

4.2.1 Entnahme von Wasserproben.

4.2.2 Entnahme von Gasproben, Feststellen der Gasart, der Gasmenge und des Gasdrucks.

4.2.3 Liefern von Behältern für Boden-, Wasser- und Gasproben.

4.2.4 Wasserstandsmessungen in benachbarten Brunnen oder Gewässern.

4.2.5 Maßnahmen zur Abdichtung der Oberfläche in der Umgebung der Brunnen.

4.2.6 Maßnahmen zur Einbindung von Brunnen in Bauwerke.

4.2.7 Liefern und Einbau von Kiesschüttungskörben.

4.2.8 Verlegen, Vorhalten und Abbauen von Abflußleitungen.

4.2.9 Entsandungs-, Klar- und Leistungspumpen.

4.2.10 Säubern der Brunnensohle von Ablagerungen nach dem Entsandungs-, Klar- und Leistungspumpen.

4.2.11 Ausstattung mit Lüftungsrohren.

4.2.12 Desinfektion von Brunnen.

4.2.13 Liefern von Bestandsplänen.

4.2.14 Maßnahmen am Brunnen zur Durchführung von Messungen und Untersuchungen.

5 Abrechnung

Ergänzend zur ATV DIN 18299, Abschnitt 5, gilt:

5.1 Baulängen von Rohren mit Verbindungen und Dichtungen werden in der Achse gemessen.

5.2 Bei Filtersand, Filterkies und sonstigen Schüttstoffen werden
- die Schüttungshöhe im eingebauten Zustand,
- das Raummaß oder Gewicht nach der nachgewiesenen eingebauten Menge abgerechnet.

5.3 Bei Stoffen, die zum Dichten eingebracht werden, z. B. Ton oder Beton, werden
- die Höhe der Dichtungsschicht im eingebauten Zustand,
- das Raummaß oder Gewicht nach der nachgewiesenen eingebauten Menge abgerechnet.

5.4 Bei anderen Stoffen für die Ringraumverfüllung werden
- die Höhe der Verfüllung im eingebauten Zustand,
- das Raummaß oder Gewicht nach der nachgewiesenen Menge abgerechnet.

5.5 Bei Einsteigschächten wird die Tiefe von Oberkante bis Unterkante Schachtwand gemessen.

VOB Teil C:
Allgemeine Technische Vertragsbedingungen für Bauleistungen (ATV)
Verbauarbeiten — DIN 18303
Ausgabe September 1988

Inhalt

0 Hinweise für das Aufstellen der Leistungsbeschreibung
1 Geltungsbereich
2 Stoffe, Bauteile
3 Ausführung
4 Nebenleistungen, Besondere Leistungen
5 Abrechnung

0 Hinweise für das Aufstellen der Leistungsbeschreibung

Diese Hinweise ergänzen die ATV DIN 18 299 „Allgemeine Regelungen für Bauarbeiten jeder Art", Abschnitt 0. Die Beachtung dieser Hinweise ist Voraussetzung für eine ordnungsgemäße Leistungsbeschreibung gemäß A § 9.

Die Hinweise werden nicht Vertragsbestandteil.

In der Leistungsbeschreibung sind nach den Erfordernissen des Einzelfalls insbesondere anzugeben:

0.1 Angaben zur Baustelle

0.1.1 Gründungstiefen, Gründungsarten und Lasten benachbarter Bauwerke.

0.1.2 Zusätzliche Belastungen des Verbaus.

0.2 Angaben zur Ausführung

0.2.1 Abmessungen der zu verbauenden Baugrube, des zu verbauenden Grabens oder Fangedammes, Höhenlage der Oberkante des Verbaus.

0.2.2 Besondere Anforderungen an die Dichtheit des Verbaus.

0.2.3 Verbot von Absteifungen des Verbaus gegen ein Bauwerk, z. B. wegen Abdichtungsarbeiten.

0.2.4 Ausbildung der Anschlüsse an Bauwerke.

0.2.5 Vorhalten oder Liefern von Stoffen und Bauteilen des Verbaus.

0.2.6 Lage und Art der für den Verkehr vorzusehenden Überfahrten und Übergänge.

0.3 Einzelangaben bei Abweichungen von den ATV

0.3.1 Wenn andere als die in dieser ATV vorgesehenen Regelungen getroffen werden sollen, sind diese in der Leistungsbeschreibung eindeutig und im einzelnen anzugeben.

Verbauarbeiten DIN 18303

0.3.2 Abweichende Regelungen können insbesondere in Betracht kommen bei

Abschnitt 2.2, wenn bei wieder zu entfernendem Verbau eine andere Regelung über Stoffe und Bauteile getroffen werden soll,

Abschnitt 3.2.1, wenn für die Ausführung nicht DIN 4124 gelten oder die Verbauart dem Auftragnehmer nicht überlassen bleiben soll,

Abschnitt 3.2.2, wenn bei zu entfernendem Verbau auch Anker und zugehörige Betonteile entfernt werden sollen.

0.4 Einzelangaben zu Nebenleistungen und Besonderen Leistungen

Als Nebenleistungen, für die unter den Voraussetzungen der ATV DIN 18 299, Abschnitt 0.4.1, besondere Ordnungszahlen (Positionen) vorzusehen sind, kommen insbesondere in Betracht: Liefern von statischen Berechnungen und Ausführungszeichnungen (siehe Abschnitt 4.1.8).

0.5 Abrechnungseinheiten

Im Leistungsverzeichnis sind die Abrechnungseinheiten wie folgt vorzusehen:

0.5.1 Bei einfachem Verbau, z. B. bei Baugruben und Gräben bis 4 m Breite oder außerhalb von Bebauung, sowie bei Fangedämmen:

Einbauen, Vorhalten und Beseitigen des gesamten Verbaus (Verkleidung, Absteifung, Verbände, Verbindungen und dergleichen) nach Flächenmaß (m^2).

0.5.2 Bei schwierigem Verbau, z. B. bei Baugruben und Gräben mit mehr als 4 m Breite:

— Einbauen, Vorhalten und Beseitigen der Verkleidung (Bohlen, Spundwände, Pfahlwände und dergleichen) nach Flächenmaß (m^2),

— Einbauen, Vorhalten und Beseitigen der übrigen Teile des Verbaus (Träger, Steifen, Anker, Brusthölzer, Gurtungen, Holme, Zangen, Rahmen, Verbände und dergleichen) einschließlich Zubehör nach Längenmaß (m) oder Anzahl (Stück).

1 Geltungsbereich

1.1 Die ATV „Verbauarbeiten" — DIN 18 303 — gilt für die Verkleidung der Wände und Sicherung der Standfestigkeit von Baugruben, Gräben, Fangedämmen, Geländesprüngen u. ä. durch Verbau.

1.2 Die ATV DIN 18 303 gilt nicht für Verbauarbeiten an unterirdischen Hohlräumen und nicht für den Lebendverbau.

1.3 Die ATV DIN 18 303 gilt nicht für die bei Verbauarbeiten auszuführenden Erdarbeiten (siehe ATV DIN 18 300 „Erdarbeiten") und Bohrarbeiten (siehe ATV DIN 18 301 „Bohrarbeiten").

Sie gilt auch nicht für die Ausführung von Rammarbeiten zum Herstellen und Beseitigen des Verbaus (siehe Abschnitt 3 „Ausführung" der ATV DIN 18 304 „Rammarbeiten").

1.4 Ergänzend gelten die Abschnitte 1 bis 5 der ATV DIN 18 299 „Allgemeine Regelungen für Bauarbeiten jeder Art". Bei Widersprüchen gehen die Regelungen der ATV DIN 18 303 vor.

2 Stoffe, Bauteile

Ergänzend zur ATV DIN 18 299, Abschnitt 2, gilt:

2.1 Stoffe und Bauteile müssen den Anforderungen der DIN 4124 „Baugruben und Gräben; Böschungen, Arbeitsraumbreiten, Verbau" entsprechen.

2.2 Soll der Verbau später wieder entfernt werden, so umfassen die Leistungen nicht die Lieferung, sondern nur das Vorhalten der dazugehörigen Stoffe und Bauteile einschließlich Abladen, Lagern auf der Baustelle und Wiederaufladen.

3 Ausführung
Ergänzend zur ATV DIN 18 299, Abschnitt 3, gilt:

3.1 Allgemeines
3.1.1 Wenn vorhandene Anlagen unvorhergesehen den Bestand des Verbaus gefährden können, sind besondere Sicherungsmaßnahmen vorzusehen, sofern diese Anlagen nicht außer Betrieb gesetzt oder aus dem Bereich der Baustelle entfernt werden. Solche Maßnahmen sind Besondere Leistungen (siehe Abschnitt 4.2.1).

3.1.2 In der Nähe von Bauwerken, Leitungen, Kabeln, Dränen oder Kanälen müssen die Arbeiten mit der erforderlichen Vorsicht ausgeführt werden. Aufgehängte oder abgestützte Leitungen, Kabel, Dräne oder Kanäle dürfen nicht betreten oder belastet werden.

3.2 Herstellen und Beseitigen des Verbaues
3.2.1 Für die Ausführung des Verbaus gilt DIN 4124. Die Wahl der Verbauart bleibt dem Auftragnehmer überlassen.

3.2.2 Wenn der Verbau wieder zu entfernen ist, müssen alle Teile, ausgenommen Anker und zugehörige Betonteile, beseitigt werden.

4 Nebenleistungen, Besondere Leistungen
4.1 Nebenleistungen sind ergänzend zur ATV DIN 18 299, Abschnitt 4.1, insbesondere:

4.1.1 Feststellen des Zustands der Straßen, der Geländeoberfläche, der Vorfluter usw. nach B § 3 Nr 4.

4.1.2 Herstellen, Vorhalten, Umstellen und Beseitigen von Leitern oder Treppen für den Zugang zu den Arbeitsstellen des Auftragnehmers.

4.1.3 Überwachen und Instandhalten des Verbaus bis zur Abnahme.

4.1.4 Umsteifen für die eigenen Arbeiten des Auftragnehmers.

4.1.5 Erhalten der Dichtheit des Verbaus, wenn sie vorgesehen ist.

4.1.6 Verfüllen und Verdichten von Hohlräumen beim Entfernen des Verbaus einschließlich der an der Oberfläche entstandenen Vertiefungen.

4.1.7 Vorhalten der Gerüste.

4.1.8 Liefern der statischen Berechnungen und Ausführungszeichnungen für den Verbau, soweit nach DIN 4124 erforderlich.

4.2 Besondere Leistungen sind ergänzend zur ATV DIN 18 299, Abschnitt 4.2, z. B.:

4.2.1 Maßnahmen nach Abschnitt 3.1.1.

4.2.2 Besondere Maßnahmen zum Feststellen des Zustands der baulichen Anlagen einschließlich Versorgungs- und Entsorgungsanlagen.

4.2.3 Maßnahmen zur Feststellung der Lage von Hindernissen, Leitungen, Kanälen, Dränen, Kabeln, Grenzsteinen und dergleichen.

4.2.4 Boden-, Wasser- und bodenmechanische Untersuchungen.

4.2.5 Umsteifen, ausgenommen Umsteifen für die eigenen Arbeiten des Auftragnehmers (siehe Abschnitt 4.1.4).

4.2.6 Überwachen und Instandhalten des Verbaus über den Zeitpunkt der Abnahme hinaus.

4.2.7 Liefern von Teilen des Verbaus, die auf Verlangen des Auftraggebers oder aus Gründen, die vom Auftraggeber zu vertreten sind, im Boden oder Bauwerk verbleiben.

5 Abrechnung

Ergänzend zur ATV DIN 18 299, Abschnitt 5, gilt:

5.1 Bei Abrechnung nach Flächenmaß wird die Fläche aus der Länge und den Tiefen des Verbaus ermittelt.

Die Länge wird in der Achse des Verbaus gemessen, wobei Träger u. ä. übermessen werden.

Die Tiefen werden gemessen von 5 cm über Gelände oder Schutzstreifen oder von der vorgeschriebenen Oberkante des Verbaus
— bei Bohlwänden aus Holz, Stahl, Beton und dergleichen bis zur Baugrubensohle,
— bei Spund-, Pfahl- oder Schlitzwänden bis zur Unterkante der Wand.

5.2 Bei Abrechnung nach Längenmaß gilt
— für Gurtungen die in der Achse des Verbaus gemessene Länge,
— für Anker das Maß zwischen erdseitigem Ankerende und Unterfläche der Ankerplatte.

VOB Teil C:
Allgemeine Technische Vertragsbedingungen für Bauleistungen (ATV) Rammarbeiten – DIN 18304
Ausgabe Dezember 1992

Inhalt

0 Hinweise für das Aufstellen der Leistungsbeschreibung
1 Geltungsbereich
2 Stoffe, Bauteile
3 Ausführung
4 Nebenleistungen, Besondere Leistungen
5 Abrechnung

0 Hinweise für das Aufstellen der Leistungsbeschreibung

Diese Hinweise ergänzen die ATV DIN 18 299 „Allgemeine Regelungen für Bauarbeiten jeder Art", Abschnitt 0. Die Beachtung dieser Hinweise ist Voraussetzung für eine ordnungsgemäße Leistungsbeschreibung gemäß A § 9.

Die Hinweise werden nicht Vertragsbestandteil.

In der Leistungsbeschreibung sind nach den Erfordernissen des Einzelfalls insbesondere anzugeben:

0.1 Angaben zur Baustelle

Gründungstiefen, Gründungsarten und Lasten benachbarter Bauwerke.

0.2 Angaben zur Ausführung

0.2.1 Herstellen eines Rammplanums.

0.2.2 Liefern statischer Berechnungen und Ausführungszeichnungen für Arbeitsgerüste.

0.2.3 Ausbildung der Anschlüsse an Bauwerke.

0.2.4 Art und Anzahl der geforderten Proberammungen und Probebelastungen.

0.2.5 Besondere Maßnahmen zum Schutz von benachbarten Grundstücken und Bauwerken.

0.2.6 Besondere Umstände, die auf die Durchführung der Bauarbeiten und den Bestand der Pfähle, Träger und Bohlen von Einfluß sein können, z. B. schädliche Wässer und Böden, Fäulnisgrenzen, Sandschliff, erhöhte Korrosion, Holzschädlinge.

0.2.7 Längen, Querschnittsmaße bzw. Profile und Materialgüten der Pfähle, Träger und Bohlen.

0.2.8 Neigung der Rammachse bei schrägen Rammungen.

0.2.9 Geforderte Rammgenauigkeit.

Rammarbeiten   DIN 18304

0.2.10 Anforderungen an die Dichtheit von Spundwänden.

0.2.11 Führen von Aufzeichnungen beim Rammen (siehe Abschnitt 3.3).

0.2.12 Umfang und Zeitpunkt des Ziehens bzw. Entfernens von Pfählen, Trägern und Bohlen (siehe Abschnitt 3.6).

0.2.13 Verfüllen von Hohlräumen.

0.3 Einzelangaben bei Abweichungen von den ATV

0.3.1 Wenn andere als die in dieser ATV vorgesehenen Regelungen getroffen werden sollen, sind diese in der Leistungsbeschreibung eindeutig und im einzelnen anzugeben.

0.3.2 Abweichende Regelungen können insbesondere in Betracht kommen bei

Abschnitt 1.1, wenn die ATV DIN 18 304 auch für andere Verfahren, z. B. Spülen oder Pressen, gelten soll,

Abschnitt 2.2, wenn eine andere Holzart als Nadelholz verwendet werden soll,

Abschnitt 3.1.2, wenn das Rammverfahren dem Auftragnehmer vorgegeben werden soll,

Abschnitt 3.3, wenn in anderen Fällen Berichte beim Rammen geführt werden sollen,

Abschnitt 5.1, wenn maßgebend nicht das errechnete Gewicht, sondern Wiegekarten sein sollen.

0.4 Einzelangaben zu Nebenleistungen und Besonderen Leistungen

Als Nebenleistungen, für die unter den Voraussetzungen der ATV DIN 18 299, Abschnitt 0.4.1, besondere Ordnungszahlen (Positionen) vorzusehen sind, kommen insbesondere in Betracht: Vorhalten der Gerüste (siehe Abschnitt 4.1.4).

0.5 Abrechnungseinheiten

Im Leistungsverzeichnis sind die Abrechnungseinheiten wie folgt vorzusehen:

0.5.1 Liefern der Pfähle oder Träger
- aus Holz oder Stahlbeton nach Anzahl (Stück), getrennt nach Querschnittsmaßen und Längen,
- aus Stahl nach Gewicht (t) oder nach Anzahl (Stück), getrennt nach Profilen, Längen und Stahlgüten.

0.5.2 Liefern der Bohlen
- aus Holz oder Stahlbeton nach Flächenmaß ohne Feder (m^2), getrennt nach Dicken,
- aus Stahl nach Gewicht (t) oder nach Anzahl (Stück), getrennt nach Profilen, Längen und Stahlgüten.

0.5.3 Rammen
- der Pfähle oder Träger nach Anzahl (Stück), getrennt nach Querschnittsmaßen oder Profilen,
- der Bohlen nach Flächenmaß (m^2) der Wand, getrennt nach Querschnittsmaßen oder Profilen.

0.5.4 Liefern und Rammen
- der Pfähle oder Träger nach Anzahl (Stück),
- der Bohlen nach Flächenmaß (m^2) entsprechend Abschnitt 0.5.3.

0.5.5 Vorhalten der Pfähle, Träger und Bohlen aus Stahl nach Gewicht (t).

0.5.6 Ziehen (Herausziehen) der Pfähle, Träger und Bohlen entsprechend Abschnitt 0.5.3.

0.5.7 Stoßverbindungen für Pfähle, Träger und Bohlen nach Anzahl (Stück).

DIN 18304 VOB Teil C

1 Geltungsbereich

1.1 Die ATV „Rammarbeiten" – DIN 18 304 – gilt für das Rammen und Ziehen von Pfählen, Trägern und Bohlen. Für das Rütteln gilt sie entsprechend.

1.2 Die ATV DIN 18 304 gilt nicht für Ortbetonpfähle.

1.3 Ergänzend gelten die Abschnitte 1 bis 5 der ATV DIN 18 299 „Allgemeine Regelungen für Bauarbeiten jeder Art". Bei Widersprüchen gehen die Regelungen der ATV DIN 18 304 vor.

2 Stoffe, Bauteile

Ergänzend zur ATV DIN 18 299, Abschnitt 2, gilt:

2.1 Die DIN-Normen für die gebräuchlichsten genormten Stoffe und Bauteile sind die in

— DIN 4026 „Rammpfähle; Herstellung, Bemessung und zulässige Belastung" genannten sowie

— DIN 4074 Teil 1 Sortierung von Nadelholz nach der Tragfähigkeit; Nadelschnittholz

— DIN 4074 Teil 2 Bauholz für Holzbauteile; Gütebedingungen für Baurundholz (Nadelholz).

2.2 Rammpfähle aus Holz dürfen nicht mehr als 3%, höchstens jedoch 30 cm von der Soll-Länge abweichen; im Durchschnitt muß die Soll-Länge erreicht werden.

Bohlen aus Holz müssen geradlinig und mit gleichlaufenden Seiten geschnitten sein. Sie sollen, bei Spundbohlen ohne Feder gemessen, mindestens 16 cm breit sein. Tiefe und Breite der Nuten bei Spundbohlen sollen je ungefähr ein Drittel, jedoch nicht weniger als ein Viertel der Bohlendicke betragen.

Es ist Nadelholz zu verwenden.

3 Ausführung

Ergänzend zur ATV DIN 18 299, Abschnitt 3, gilt:

3.1 Rammen

3.1.1 Bei der Ausführung der Rammarbeiten ist DIN 4026 zu beachten.

3.1.2 Die Wahl des Rammverfahrens ist Sache des Auftragnehmers.

3.1.3 Stellt sich während der Ausführung heraus, daß die vorgesehenen Längen der Pfähle, Träger oder Bohlen zu kurz oder zu lang sind, hat der Auftragnehmer dies dem Auftraggeber unverzüglich anzuzeigen. Die zu treffenden Maßnahmen sind Besondere Leistungen (siehe Abschnitt 4.2.1).

3.1.4 Wenn durch übermäßiges Abweichen von der Soll-Lage oder von der angegebenen Rammtiefe oder wenn bei Undichtheiten der Spundwände oder bei Beschädigung der Pfähle oder gerammten Wände die vertragliche Leistung beeinträchtigt wird, sind die zu treffenden Maßnahmen gemeinsam festzulegen.

3.1.5 Wenn im Bereich der Rammwirkung vor Beginn des Rammens besondere Maßnahmen zum Feststellen des Zustands der baulichen Anlagen, Versorgungs- und Entsorgungsanlagen erforderlich sind, sind sie gemeinsam festzulegen. Diese Maßnahmen sind Besondere Leistungen (siehe Abschnitt 4.2.1).

3.1.6 Die Wirkung des Rammens ist zu beobachten. Schäden, die Folgen des Rammens sein können, sind dem Auftraggeber sofort mitzuteilen. Erforderliche Maßnahmen sind Besondere Leistungen (siehe Abschnitt 4.2.1).

3.1.7 Ist das Rammen der Pfähle, Träger oder Bohlen auf die vorgesehene Rammtiefe wider Erwarten nur mit außergewöhnlichem Rammaufwand oder beträchtlicher Beschädigung der Rammelemente möglich, ist der Auftraggeber unverzüglich zu unterrichten. Die zu treffenden Maßnahmen, z. B. Festlegen einer neuen Rammtiefe, Kürzen der Pfähle, Träger oder Bohlen, Spülhilfe, sind Besondere Leistungen (siehe Abschnitt 4.2.1).

3.2 Rammen mit Spülhilfe

3.2.1 Wenn die erforderliche Tiefe durch Rammen nur unter Gefährdung der Pfähle, Träger oder Bohlen erreicht werden kann, dürfen sie mit Zustimmung des Auftraggebers mit Spülhilfe eingebracht werden. Wenn Spülhilfe vereinbart ist, dürfen benachbarte Bauteile und bereits eingebrachte Pfähle, Träger oder Bohlen nicht gefährdet werden.

3.2.2 Das letzte Meter ist ohne Spülung zu rammen. Wenn Pfähle, Träger oder Bohlen auch dann noch durch das Rammen beschädigt werden, ist dieses Maß zu verringern. Jedoch sind mindestens die letzten drei Hitzen von je zehn Schlägen ohne Spülhilfe zu rammen.

3.2.3 Die Spüllanze ist so zu führen, daß sie dicht an dem Pfahl, dem Träger oder der Bohle bleibt.

3.3 Aufzeichnungen während des Rammens

Beim Rammen von Pfählen, Trägern oder Bohlen, die vorwiegend in ihrer Längsachse belastet werden, sind Berichte nach DIN 4026 zu führen.

3.4 Neuherrichten der Köpfe von Pfählen, Trägern und Bohlen

3.4.1 Pfähle, Träger oder Bohlen, deren Köpfe beim Rammen zerschlagen werden, dürfen mit Zustimmung des Auftraggebers nach Neuherrichten der Köpfe weitergerammt werden.

3.4.2 Beim Neuherrichten der Köpfe von Pfählen oder Bohlen aus Stahlbeton ist der beschädigte Beton vor dem notwendigen Richten der Stahleinlagen mindestens so weit zu entfernen, wie er vom Rammen herrührende Risse zeigt, die nach DIN 4026 unzulässig sind. Dabei sind die Stahleinlagen vor Erschütterungen möglichst so zu schützen, daß der Beton nicht weiterreißt.

3.5 Hindernisse

3.5.1 Wenn nach den örtlichen Verhältnissen im Boden mit Hindernissen, z. B. Leitungen, Kabeln, Dränen, Kanälen, Vermarkungen, Bauwerksresten, zu rechnen ist, muß durch Erkunden festgestellt werden, daß die späteren Rammungen von ihnen freikommen. Die erforderlichen Maßnahmen, z. B. Schürflöcher, Schürfgruben, sind Besondere Leistungen (siehe Abschnitt 4.2.1).

3.5.2 Wenn im Boden unvermutete Hindernisse, z. B. Leitungen, Kabel, Dräne, Kanäle, Vermarkungen, Bauwerksreste, größere Steine, angetroffen werden oder wenn der Pfahl, der Träger oder die Bohle auszuweichen beginnt, ist dies dem Auftraggeber unverzüglich mitzuteilen. Er bestimmt, ob und wie das Hindernis beseitigt oder gesichert, ob weitergerammt oder der Rammplan geändert werden soll oder welche anderen Maßnahmen zu treffen sind. Die zu treffenden Maßnahmen sind Besondere Leistungen (siehe Abschnitt 4.2.1).

3.5.3 Bei allen Maßnahmen zum Schutz der Bauwerke, Leitungen, Kabel, Kanäle sind die Vorschriften der Eigentümer oder der anderen Weisungsberechtigten zu beachten. Aufgehängte oder abgestützte Leitungen, Kabel, Dräne oder Kanäle dürfen nicht betreten oder belastet werden.

3.6 Ziehen von Pfählen, Trägern oder Bohlen

3.6.1 Pfähle, Träger oder Bohlen, die zu entfernen sind, sind so herauszuziehen, daß dadurch das Bauwerk, benachbarte Gebäude, Leitungen oder andere Anlagen nicht gefährdet werden.

3.6.2 Können Pfähle, Träger oder Bohlen wegen Gefährdung des Bauwerks, benachbarter Gebäude, von Leitungen oder anderen Anlagen oder wegen zu großen Widerstands nicht gezogen werden, ist der Auftraggeber unverzüglich zu unterrichten. Die zu treffenden Maßnahmen sind Besondere Leistungen (siehe Abschnitt 4.2.1).

3.6.3 Die Lage der Pfähle, Träger oder Bohlen, die nicht oder nur teilweise beseitigt werden konnten, hat der Auftragnehmer dem Auftraggeber zeichnerisch und auf Verlangen auch durch örtliche Kennzeichnung anzugeben.

4 Nebenleistungen, Besondere Leistungen

4.1 Nebenleistungen sind ergänzend zur ATV DIN 18 299, Abschnitt 4.1, insbesondere:

4.1.1 Feststellen des Zustands der Straßen, der Geländeoberfläche, der Vorfluter usw. nach B § 3 Nr 4.

4.1.2 Beseitigen einzelner Sträucher und einzelner Bäume bis zu 0,10 m Durchmesser, gemessen 1 m über dem Erdboden, der dazugehörigen Wurzeln und Baumstümpfe sowie von einzelnen Steinen und Mauerresten bis zu 0,03 m^3 Rauminhalt*) zum Herstellen des Rammplanums, soweit hierfür keine weiteren Erdarbeiten auszuführen sind.

4.1.3 Vorhalten von Rammhauben für Pfähle, Träger und Bohlen.

4.1.4 Vorhalten der Gerüste.

---

*) 0,03 m^3 Rauminhalt entspricht einer Kugel mit einem Durchmesser von $\approx$ 0,40 m.

4.2 Besondere Leistungen sind ergänzend zur ATV DIN 18 299, Abschnitt 4.2, z. B.:

4.2.1 Maßnahmen nach den Abschnitten 3.1.3, 3.1.5, 3.1.6, 3.1.7, 3.5.1, 3.5.2 und 3.6.2.

4.2.2 Aufbrechen und Wiederherstellen von befestigten Flächen.

4.2.3 Boden-, Wasser- und bodenmechanische Untersuchungen.

4.2.4 Liefern und Rammen von Paß- und Keilbohlen, soweit sie nicht infolge unsachgemäßen Rammens beschafft werden müssen.

4.2.5 Abschneiden, Kappen und Bearbeiten der Köpfe von Pfählen, Trägern und Bohlen nach dem Rammen.

4.2.6 Liefern und Anbringen von Pfahlschuhen für Pfähle, Träger und Bohlen.

4.2.7 Proberammungen.

4.2.8 Probebelastungen.

4.2.9 Neuherrichten der beim Rammen zerschlagenen Köpfe von Pfählen, Trägern und Bohlen für das Weiterrammen, wenn der Auftraggeber die Beschädigung zu vertreten hat.

4.2.10 Beseitigen von Schäden, die durch das Rammen an den Pfählen, Trägern oder Bohlen entstanden sind, wenn sie der Auftraggeber zu vertreten hat.

4.2.11 Maßnahmen zur Erzielung einer wasserundurchlässigen Spundwand.

4.2.12 Verschweißen von Schlössern.

5 Abrechnung

Ergänzend zur ATV DIN 18 299, Abschnitt 5, gilt:

5.1 Wird das Liefern oder Vorhalten der Pfähle, Träger oder Bohlen aus Stahl nach Gewicht abgerechnet, dann ist maßgebend das errechnete Gewicht, bei deutschen genormten Stählen nach den Gewichten der DIN-Norm (Nenngewichten), bei anderen Stählen nach den Gewichten des Profilbuchs des Erzeugerwerkes.

5.2 Das Rammen der Pfähle, Träger oder Bohlen wird nach den unter die Ramme genommenen Längen und durchrammten Tiefen abgerechnet.
Bei Bohlwänden gelten die Maße in der Wandachse.

VOB Teil C:
Allgemeine Technische Vertragsbedingungen für Bauleistungen (ATV) Wasserhaltungsarbeiten – DIN 18305
Ausgabe Juni 1996

Inhalt

0 Hinweise für das Aufstellen der Leistungsbeschreibung

1 Geltungsbereich

2 Stoffe, Bauteile

3 Ausführung

4 Nebenleistungen, Besondere Leistungen

5 Abrechnung

0 Hinweise für das Aufstellen der Leistungsbeschreibung

Diese Hinweise ergänzen die ATV DIN 18299 "Allgemeine Regelungen für Bauarbeiten jeder Art", Abschnitt 0. Die Beachtung dieser Hinweise ist Voraussetzung für eine ordnungsgemäße Leistungsbeschreibung gemäß A § 9.

Die Hinweise werden nicht Vertragsbestandteil.

In der Leistungsbeschreibung sind nach den Erfordernissen des Einzelfalls insbesondere anzugeben:

0.1 Angaben zur Baustelle

0.1.1 Gründungstiefen, Gründungsarten und Lasten benachbarter Bauwerke.

0.1.2 Die geologischen und hydrologischen Verhältnisse und die besondere Beschaffenheit des Wassers.

0.2 Angaben zur Ausführung

0.2.1 Besondere Maßnahmen zum Schutz von benachbarten Grundstücken und Bauwerken.

0.2.2 Zweck, Umfang und Absenkungsziele der Wasserhaltung und ihre ungefähre Dauer.

0.2.3 Der unbeeinflußte Grundwasserstand, der Grundwasserstand, von dem abgesenkt werden soll, und die Absenkungstiefe.

0.2.4 Einbeziehen von Schichtenwasser, das über dem Grundwasserstand auftritt, von dem aus abgesenkt werden soll, in die Wasserhaltung oder andere Maßnahmen.

Wasserhaltungsarbeiten DIN 18305

0.2.5 *Einbeziehen von Oberflächen- oder Sickerwasser in die Wasserhaltung oder andere Maßnahmen.*

0.2.6 *Vorkehrungen für Erweiterungsmöglichkeiten der Wasserhaltungsanlage.*

0.2.7 *Art und Umfang vorzusehender Reserveanlagen.*

0.2.8 *Einbau der Anlagen innerhalb oder außerhalb des Bauwerks.*

0.2.9 *Umstellungen der Wasserhaltungsanlage beim Fortschreiten der Bauarbeiten.*

0.2.10 *Vorfluter für das geförderte Wasser, Ableitung in Gerinnen oder geschlossenen Leitungen, gegebenenfalls über besondere Bauwerke, z. B. Rohrbrücken.*

0.2.11 *Art und Umfang der Prüfungen des geförderten Wassers aufgrund behördlicher Auflagen.*

0.2.12 *Einbau von Wassermeßvorrichtungen.*

0.2.13 *Maßnahmen zum Schutz des Bauwerks gegen Aufschwimmen bei unbeabsichtigtem vorzeitigem Ansteigen des Wassers.*

0.2.14 *Feststellen des Zustands der von der Wasserhaltung betroffenen Baulichkeiten und anderer Anlagen vor Beginn der Wasserhaltung (siehe B § 3 Nr 4).*

0.2.15 *Verschließen von Brunnen, z. B. aufgrund behördlicher Auflagen.*

0.2.16 *Art und Umfang der Wasserbehandlung gemäß behördlicher Auflagen.*

0.3 Einzelangaben bei Abweichungen von den ATV

0.3.1 *Wenn andere als die in dieser ATV vorgesehenen Regelungen getroffen werden sollen, sind diese in der Leistungsbeschreibung eindeutig und im einzelnen anzugeben.*

0.3.2 *Abweichende Regelungen können insbesondere in Betracht kommen bei*

Abschnitt 3.1.4, *wenn der Beginn der Betriebsbereitschaft oder ihres Betriebes nicht der Vereinbarung bedürfen sollen,*

Abschnitt 3.2.1, *wenn die Wasserhaltungsanlage nicht vom Auftragnehmer bemessen wird.*

0.4 Einzelangaben zu Nebenleistungen und Besonderen Leistungen

Als Nebenleistungen, für die unter den Voraussetzungen der ATV DIN 18299, Abschnitt 0.4.1, besondere Ordnungszahlen (Positionen) vorzusehen sind, kommen insbesondere in Betracht:

Vorhalten der Gerüste (siehe Abschnitt 4.1.5).

0.5 Abrechnungseinheiten

Im Leistungsverzeichnis sind die Abrechnungseinheiten wie folgt vorzusehen:

- Einbau, Ausbau, Umbau von Absenkungsbrunnen, Pumpensümpfen, Quellfassungen, Beobachtungsrohren und -brunnen, Pumpen, Antriebsmaschinen, Stromerzeugern und -verteilern, Meßvorrichtungen nach Anzahl (Stück),

- Einbau, Ausbau, Umbau von Rohrleitungen mit Zubehör, getrennt nach Nennweiten, und von Gerinnen mit Zubehör nach Längenmaß (m),

- Vorhalten von Absenkungsbrunnen, Pumpensümpfen, Quellfassungen, Beobachtungsrohren oder -brunnen, Pumpen, Antriebsmaschinen, Stromerzeugern und -verteilern, Meßvorrichtungen getrennt nach Anzahl (Stück) und nach Kalendertagen,
- Vorhalten von Rohrleitungen mit Zubehör, getrennt nach Nennweiten, und von Gerinnen mit Zubehör nach Längenmaß (m) und nach Kalendertagen,
- Betrieb der Wasserhaltungsanlage oder von Teilen der Wasserhaltungsanlagen nach Betriebstagen oder Betriebsstunden,
- Stellen der Bedienungsmannschaft bei Betriebsbereitschaft nach Tagen oder Stunden,
- Liefern von verbleibenden Rohren einschließlich Rohrverbindungen nach Längenmaß (m),
- Liefern von verbleibenden Einzelteilen nach Anzahl (Stück),
- Liefern und Einbauen von Sickerleitungen und Dränen nach Längenmaß (m),
- Liefern, Einbauen und Schließen von Brunnentöpfen nach Anzahl (Stück).

1 Geltungsbereich

1.1 Die ATV "Wasserhaltungsarbeiten" – DIN 18305 – gilt für offene und für geschlossene Wasserhaltungen.

1.2 Die DIN ATV 18305 gilt nicht

- für im Zusammenhang mit der Herstellung von Wasserhaltungsanlagen auszuführende Erdarbeiten (siehe ATV DIN 18300 "Erdarbeiten") und Bohrarbeiten (siehe ATV DIN 18301 "Bohrarbeiten"),
- für den Ausbau von Bohrungen zu Brunnen (siehe ATV DIN 18302 "Brunnenbauarbeiten").

1.3 Ergänzend gelten die Abschnitte 1 bis 5 der ATV DIN 18299 "Allgemeine Regelungen für Bauarbeiten jeder Art". Bei Widersprüchen gehen die Regelungen der ATV DIN 18305 vor.

2 Stoffe, Bauteile

Keine ergänzende Regelung zur ATV DIN 18299, Abschnitt 2.

3 Ausführung

Ergänzend zur ATV DIN 18299, Abschnitt 3, gilt:

3.1 Allgemeines

3.1.1 Der Auftragnehmer hat die technischen Unterlagen zu liefern, die zum Einholen der Genehmigungen für den Betrieb der Anlage und das Abführen des geförderten Wassers erforderlich sind.

3.1.2 Boden- oder Wasserverhältnisse, die von den Angaben in der Leistungsbeschreibung abweichen, sind dem Auftraggeber unverzüglich mitzuteilen. Die zu treffenden Maßnahmen sind Besondere Leistungen (siehe Abschnitt 4.2.1).

3.1.3 Ergibt sich die Gefahr des Grundbruchs oder Sohlenaufbruchs, hat der Auftragnehmer unverzüglich die notwendigen Maßnahmen zur Verhütung von

Wasserhaltungsarbeiten　　　　　　　　　　　　　　　　　　　　DIN 18305

Schäden zu treffen und den Auftraggeber zu verständigen. Die weiteren Maßnahmen zur Verhütung oder Beseitigung von Schäden sind gemeinsam festzulegen. Soweit die Ursache nicht der Auftragnehmer zu vertreten hat, sind die zur Verhütung von Schäden vom Auftragnehmer getroffenen sowie die weiteren Maßnahmen Besondere Leistungen (siehe Abschnitt 4.2.1).

3.1.4 Der Beginn der Betriebsbereitschaft der Wasserhaltungsanlage und der Beginn ihres Betriebes bedürfen der Vereinbarung.

3.1.5 Das Wasser muß so lange und so weit abgesenkt werden, wie es die Ausführung der Bauarbeiten und bei Bauwerken außerdem die Sicherheit – auch gegen Auftrieb – erfordern.

3.1.6 Schäden, die durch die Wasserhaltung entstanden sein können und die bekannt werden, sind dem Auftraggeber unverzüglich mitzuteilen.

3.2 Bemessung der Wasserhaltungsanlage

3.2.1 Der Auftragnehmer hat Umfang, Leistung, Wirkungsgrad und Sicherheit der Wasserhaltungsanlage dem vorgesehenen Zweck entsprechend zu bemessen nach den Angaben oder Unterlagen des Auftraggebers zu hydrologischen und geologischen Verhältnissen.

Er hat dabei den Nachweis zu führen, daß die vorgesehene Anlage geeignet und ausreichend ist. In diesem Fall sind die allgemeine Anordnung der Anlage, die Lage der Pumpensümpfe oder Brunnen nach Ort, Höhe und Tiefe, die Brunnenart, der Standort und die Leistung der Pumpen, die Antriebsmaschinen, die Kraftquelle und der Kraftbedarf, die Lage, Länge und Durchmeser der Rohrleitungen und andere Einzelheiten anzugeben. Grundlegende Abweichungen hiervon sind nur mit Zustimmung des Auftraggebers zulässig.

3.2.2 Wenn Reserveanlagen vereinbart sind, müssen sie so mit der Hauptanlage verbunden werden, daß die Wasserförderung ohne schädliche Unterbrechung von einer Anlage auf die andere übernommen werden kann.

3.3 Fördern und Ableiten des Wassers

3.3.1 Die Wasserhaltung ist so zu betreiben, daß die Förderung von Bodenteilchen über das zulässige Maß hinaus entsprechend der Art der Wasserhaltung vermieden wird.

Das geförderte Wasser ist ständig daraufhin zu prüfen.

3.3.2 Werden Quellen angetroffen, so ist gemeinsam festzulegen, wie sie zu fassen sind und wie das Wasser abzuleiten ist. Solche Maßnahmen sind Besondere Leistungen (siehe Abschnitt 4.2.1).

3.3.3 Das geförderte Wasser ist gemäß den Auflagen der behördlichen Genehmigung auf seine Beschaffenheit zu prüfen.

3.3.4 Wenn keine Wassermeßvorrichtungen vereinbart sind, hat der Auftragnehmer zur Bestimmung der täglich geförderten Wassermengen die Dauer des Pumpens sowie die Anzahl und die Förderleistungen der betriebenen Pumpen und Brunnen aufzuschreiben.

3.4 Ansteigen des Wassers

3.4.1 Der Auftragnehmer darf den abgesenkten Wasserspiegel nur mit Zustimmung des Auftaggebers ansteigen lassen.

3.4.2 Vereinbarte Maßnahmen zum Schutz des Bauwerks, z. B. gegen unbeabsichtigtes vorzeitiges Ansteigen des Wassers, gegen Aufschwimmen, sind rechtzeitig auszuführen. Sie sind so vorzubereiten, daß sie im Bedarfsfall sofort ausgeführt werden können.

Wenn Umstände auftreten, die ein schädigendes Ansteigen des Wassers möglich erscheinen lassen, sind diese dem Auftraggeber unverzüglich mitzuteilen. Erforderliche Maßnahmen sind gemeinsam festzulegen. Soweit die Ursache nicht der Auftragnehmer zu vertreten hat, sind die Maßnahmen Besondere Leistungen (siehe Abschnitt 4.2.1).

3.5 Einzelteile der Wasserhaltungsanlage

3.5.1 Filter- und Vollwandrohre, die gezogen werden, müssen einen herausschlagbaren Boden haben.

3.5.2 Brunnen, die das Bauwerk durchdringen, sind mit besonderen Vorrichtungen, wenn nötig mit Brunnentöpfen, auszurüsten, die ein sicheres Abschließen der Brunnenlöcher und einen einwandfreien Anschluß an die Abdichtung des Bauwerks gewährleisten. Der Anschluß an die Bauwerksabdichtung sowie das Einbauen und Schließen von Brunnentöpfen sind Besondere Leistungen (siehe Abschnitt 4.2.1).

4 Nebenleistungen, Besondere Leistungen

4.1 Nebenleistungen sind ergänzend zur ATV DIN 18299, Abschnitt 4.1, insbesondere:

4.1.1 Feststellen des Zustands der Straßen, der Geländeoberfläche, der Vorfluter usw. nach B § 3 Nr 4.

4.1.2 Umbau von Teilen der Wasserhaltungsanlage für eigene Arbeiten des Auftragnehmers.

4.1.3 Beobachten und Aufschreiben des Grundwasserstands innerhalb der Baustelle.

4.1.4 Prüfen der Funktionsfähigkeit der Wasserhaltungsanlage, ausgenommen Leistungen nach Abschnitt 4.2.10.

4.1.5 Vorhalten der Gerüste.

4.2 Besondere Leistungen sind ergänzend zur ATV DIN 18299, Abschnitt 4.2, z. B.:

4.2.1 Maßnahmen nach den Abschnitten 3.1.2, 3.1.3, 3.3.2, 3.4.2, 3.5.2.

4.2.2 Boden- und Wasseruntersuchungen, hydrologische Untersuchungen.

4.2.3 Einbau, Ausbau und Vorhalten von Wassermeßvorrichtungen.

4.2.4 Einbau, Ausbau und Vorhalten von Beobachtungsrohren oder -brunnen.

4.2.5 Beobachten und Aufschreiben des Grundwasserstands außerhalb der Baustelle.

4.2.6 Vorbereiten der Vorfluter und Wiederherstellen des früheren Zustands der Vorfluter.

4.2.7 Umbau von Teilen der Wasserhaltungsanlage, ausgenommen Umbau für eigene Arbeiten des Auftragnehmers (siehe Abschnitt 4.1.2).

4.2.8 Belassen von Brunnen und anderen Anlageteilen im Boden auf Verlangen des Auftraggebers.

4.2.9 Entgelt an Dritte für die Benutzung des Vorfluters und Inanspruchnahme fremden Geländes bei der Ableitung des Wassers.

4.2.10 Probebetrieb der gesamten Wasserhaltungsanlage.

4.2.11 Verfüllen von Pumpensümpfen.

4.2.12 Einholen der behördlichen Genehmigungen vor Beginn der Arbeiten.

4.2.13 Herstellen, Unterhalten und Rückbauen von Rohrbrücken und Gräben zur Verlegung von Leitungen, soweit dies nicht vom Auftragnehmer zu vertreten ist.

4.2.14 Wasserbehandlung gemäß behördlicher Auflagen.

4.2.15 Verschließen von Brunnen.

5 Abrechnung

Ergänzend zur ATV DIN 18299, Abschnitt 5, gilt:

5.1 Das Längenmaß von Rohrleitungen mit Zubehör wird in der Achse gemessen.

5.2 Für das Vorhalten der Wasserhaltungsanlage oder von Teilen werden die Kalendertage vom vereinbarten Betriebsbeginn bis zum letzten Betriebstag oder vom vereinbarten Beginn bis zum Ende der Betriebsbereitschaft, angefangene Tage als volle Tage, gerechnet.

5.3 Für den Betrieb der Wasserhaltungsanlage oder von Teilen bzw. für das Gestellen der Bedienungsmannschaft bei Betriebsbereitschaft werden angefangene Tage als volle Tage, angefangene Stunden als volle Stunden gerechnet.

VOB Teil C:
Allgemeine Technische Vertragsbedingungen für Bauleistungen (ATV) Entwässerungskanalarbeiten – DIN 18306
Ausgabe Dezember 1992

Inhalt

0 Hinweise für das Aufstellen der Leistungsbeschreibung
1 Geltungsbereich
2 Stoffe, Bauteile
3 Ausführung
4 Nebenleistungen, Besondere Leistungen
5 Abrechnung

0 Hinweise für das Aufstellen der Leistungsbeschreibung

Diese Hinweise ergänzen die ATV DIN 18 299 „Allgemeine Regelungen für Bauarbeiten jeder Art", Abschnitt 0. Die Beachtung dieser Hinweise ist Voraussetzung für eine ordnungsgemäße Leistungsbeschreibung gemäß A § 9.

Die Hinweise werden nicht Vertragsbestandteil.

In der Leistungsbeschreibung sind nach den Erfordernissen des Einzelfalls insbesondere anzugeben:

0.1 Angaben zur Baustelle

0.1.1 Gründungstiefen, Gründungsarten und Lasten benachbarter Bauwerke.

0.1.2 Art und Beschaffenheit des Bodens, der zur Auflagerausbildung und Einbettung zur Verfügung steht.

0.1.3 Beschaffenheit und Entwässerung der Baugrubensohle.

0.1.4 Art der Baugrubenverkleidung.

0.2 Angaben zur Ausführung

0.2.1 Belastungs- und Einbaubedingungen auch unter Berücksichtigung der Einbettung der Leitungen und des Rückbaus des Grabenverbaus.

0.2.2 Art und Ausführung von Rohrverbindungen, Dehnungsfugen, Schutz- und Dichtungsanstrichen oder -beschichtungen.

0.2.3 Art und Ausführung der Auflager.

0.2.4 Abstützen und Verankern von Kanälen, Leitungen, Krümmern usw.

0.2.5 Einmessen von Kanal- und Leitungsteilen, Anfertigen von Bestandsplänen, Liefern und Anbringen von Hinweisschildern, Kennzeichnen der Kanal- bzw. Leitungsstrasse.

Entwässerungskanalarbeiten　　　　　　　　　　　　　　　　　　　　DIN 18306

0.2.6 *Anzuwendende Arbeitsblätter des Regelwerkes „Abwasser"*).*

0.2.7 *Zusatzmittel für Stoffe und Bauteile.*

0.2.8 *Ausbildung der Anschlüsse an Bauwerke.*

0.2.9 *Bauverfahren zum Kreuzen von Verkehrsflächen, Gewässern, Gleisanlagen, Dämmen, Kanälen, Leitungen usw.*

0.3 Einzelangaben bei Abweichungen von den ATV

0.3.1 *Wenn andere als die in dieser ATV vorgesehenen Regelungen getroffen werden sollen, sind diese in der Leistungsbeschreibung eindeutig und im einzelnen anzugeben.*

0.3.2 *Abweichende Regelungen können insbesondere in Betracht kommen bei*

Abschnitt 3.2.3, *wenn für das Herstellen und Verfugen andere Regelungen festgelegt werden sollen,*

Abschnitt 3.3, *wenn für Prüfungen andere Regelungen festgelegt werden sollen.*

0.4 Einzelangaben zu Nebenleistungen und Besonderen Leistungen

Als Nebenleistungen, für die unter den Voraussetzungen der ATV DIN 18 299, Abschnitt 0.4.1, besondere Ordnungszahlen (Positionen) vorzusehen sind, kommen insbesondere in Betracht: Herstellen von Rohrverbindungen (siehe Abschnitt 4.1.6).

0.5 Abrechnungseinheiten

Im Leistungsverzeichnis sind die Abrechnungseinheiten wie folgt vorzusehen:
- *Entwässerungskanäle und -leitungen nach Längenmaß (m),*
- *Schutz- und Dichtungsanstriche, Beschichtungen nach Flächenmaß (m^2),*
- *Formstücke, z. B. Abzweige, angeformte Schachtaufsätze, Krümmer, nach Anzahl (Stück),*
- *Fertigteile wie Schachtunterteile, Schachtringe, Übergangsringe und Platten, Schachthälse usw., Einzelteile wie Schachtabdeckungen, Schmutzfänger, Steighilfen, nach Anzahl (Stück),*
- *Schächte nach Raummaß der Wandungen (m^3), Längenmaß (m) oder Anzahl (Stück),*
- *Sohlschalen, Platten nach Längenmaß (m) oder Flächenmaß (m^2).*

1 Geltungsbereich

1.1 Die ATV „Entwässerungskanalarbeiten" — DIN 18 306 — gilt für das Herstellen von geschlossenen Entwässerungskanälen, von Grundleitungen der Grundstücksentwässerung im Erdreich, auch unter Gebäuden, einschließlich der dazugehörigen Schächte.

Sie gilt auch für das Herstellen von dichten Vorflutleitungen von Dränungen mit Rohren über Nennweite 200.

1.2 Die ATV DIN 18 306 gilt nicht für
- die bei der Herstellung der Kanäle, Leitungen und Schächte auszuführenden Erdarbeiten (siehe ATV DIN 18 300 „Erdarbeiten"),
- Verbauarbeiten (siehe ATV DIN 18 303 „Verbauarbeiten"),
- Rohrvortriebsarbeiten (siehe ATV DIN 18 319 „Rohrvortriebsarbeiten"),

*) Zu beziehen durch die Gesellschaft zur Förderung der Abwassertechnik e.V., Markt 71, 5205 St. Augustin 1

- das Herstellen von Entwässerungsleitungen innerhalb von Gebäuden (siehe ATV DIN 18 381 „Gas-, Wasser- und Abwasser-Installationsarbeiten innerhalb von Gebäuden"),
- Rohrleitungen in Schutzrohren und Rohrkanälen.

1.3 Ergänzend gelten die Abschnitte 1 bis 5 der ATV DIN 18 299 „Allgemeine Regelungen für Bauarbeiten jeder Art". Bei Widersprüchen gehen die Regelungen der ATV DIN 18 306 vor.

2 Stoffe, Bauteile

Ergänzend zur ATV DIN 18 299, Abschnitt 2, gilt:

Für die gebräuchlichsten genormten Stoffe und Bauteile sind die Anforderungen und die DIN-Normen in DIN 4033 „Entwässerungskanäle und -leitungen; Richtlinien für die Ausführung" aufgeführt.

3 Ausführung

Ergänzend zur ATV DIN 18 299, Abschnitt 3, gilt:

3.1 Allgemeines

3.1.1 Der Auftragnehmer hat bei seiner Prüfung des Rohrgrabens Bedenken (siehe B § 4 Nr 3) insbesondere geltend zu machen bei mangelnder Eignung zum Verlegen der Rohre, z. B. falscher Tiefe und Breite des Rohrgrabens, ungeeigneter Beschaffenheit der Grabensohle bzw. des Auflagers.

3.1.2 Aufgehängte oder abgestützte Leitungen, Kabel, Dräne oder Kanäle dürfen nicht betreten oder belastet werden. Schäden sind dem Auftraggeber und dem Eigentümer oder, wenn ein anderer weisungsberechtigt ist, diesem unverzüglich zu melden.

3.1.3 Bestehende Kanäle dürfen ohne Zustimmung des Auftraggebers nicht begangen werden.

3.2 Herstellen von Entwässerungskanälen, -leitungen und Schächten

3.2.1 Entwässerungskanäle, -leitungen und Schächte sind nach DIN 4033 auszuführen.

3.2.2 Stutzen für spätere Anschlüsse sind durch Verschlußdeckel wasserdicht zu verschließen. Verrottbares Material darf hierfür nicht verwendet werden. Die Verschlüsse müssen einer Prüfung auf Wasserdichtheit standhalten.

3.2.3 Entwässerungskanäle, -leitungen und Schächte aus Mauerwerk sind mit Kanalklinkern nach DIN 4051 „Kanalklinker; Anforderungen, Prüfung, Überwachung" an der Innenseite mit höchstens 8 mm dicken Fugen herzustellen und voll zu verfugen.

3.2.4 Entwässerungskanäle, -leitungen und Schächte aus Ortbeton sind mit glatter Innenfläche auszuführen.

3.3 Prüfungen

Für das Prüfen auf Wasserdichtheit gilt DIN 4033 in Verbindung mit Arbeitsblatt ATV A 139 des Regelwerkes „Abwasser"*).

4 Nebenleistungen, Besondere Leistungen

4.1 Nebenleistungen sind ergänzend zur ATV DIN 18 299, Abschnitt 4.1, insbesondere:

4.1.1 Feststellen des Zustands der Straßen, der Geländeoberfläche, der Vorfluter usw. nach B § 3 Nr 4.

4.1.2 Reinigen von Stoffen und Bauteilen vor dem Einbau, soweit sie vom Auftragnehmer geliefert werden.

4.1.3 Liefern von Steighilfen, sofern sie Bestandteil von Fertigteilen sind.

4.1.4 Herstellen von Muffenlöchern im Rohrauflager.

4.1.5 Reinigen der Anschlußstellen an vorhandenen Entwässerungskanälen, -leitungen und Schächten.

4.1.6 Herstellen von Rohrverbindungen.

4.2 Besondere Leistungen sind ergänzend zur ATV DIN 18 299, Abschnitt 4.2, z. B.:

4.2.1 Liefern von statischen Berechnungen für Entwässerungskanäle, -leitungen und -schächte einschließlich der Schal- und Bewehrungspläne für Sonderbauwerke, z. B. Regenüberläufe, Düker, Becken.

4.2.2 Besondere Maßnahmen zum Herstellen des Rohrauflagers, z. B. Verdichten der Grabensohle, Bodenaustausch, Einbau von Sand-, Kiessand- oder Betonauflager.

4.2.3 Reinigen von verschmutzten Stoffen und Bauteilen, die der Auftraggeber beistellt, soweit die Verschmutzung nicht durch den Auftragnehmer verursacht wurde.

4.2.4 Einbau von Formstücken, z. B. Abzweige, angeformte Schachtaufsätze, Krümmer für Entwässerungskanäle und -leitungen.

4.2.5 Einbauen von Schachtabdeckungen sowie Steighilfen, ausgenommen Leistungen nach Abschnitt 4.1.3.

4.2.6 Boden- und Wasseruntersuchungen.

4.2.7 Prüfen auf Wasserdichtheit.

4.2.8 Herstellen und Beseitigen der für die Prüfung auf Wasserdichtheit erforderlichen Verankerungen und Rohrverschlüsse.

4.2.9 Liefern und Ableiten des für die Prüfung auf Wasserdichtheit notwendigen Füllstoffs.

4.2.10 Herstellen von Kopflöchern für Schweißverbindungen.

---

*) Zu beziehen durch die Gesellschaft zur Förderung der Abwassertechnik e.V., Markt 71, 5205 St. Augustin 1

5 Abrechnung

Ergänzend zur ATV DIN 18 299, Abschnitt 5, gilt:

5.1 Bei Abrechnung nach Längenmaß werden die Achslängen zugrunde gelegt. Bei Entwässerungskanälen und -leitungen aus vorgefertigten Rohren wird die lichte Weite von Schächten abgezogen, Formstücke werden übermessen.

Bei Entwässerungskanälen aus vorgefertigten Rohren mit Schachtaufsätzen und bei gemauerten sowie betonierten Entwässerungskanälen wird die lichte Weite der Schächte übermessen.

5.2 Die Schachttiefe wird von der Auflagerfläche der Schachtabdeckung bis zum tiefsten Punkt der Rinnensohle gerechnet.

VOB Teil C:
Allgemeine Technische Vertragsbedingungen für Bauleistungen (ATV) Druckrohrleitungsarbeiten im Erdreich – DIN 18307
Ausgabe Juni 1996

Inhalt

0   Hinweise für das Aufstellen der Leistungsbeschreibung

1   Geltungsbereich

2   Stoffe, Bauteile

3   Ausführung

4   Nebenleistungen, Besondere Leistungen

5   Abrechnung

0 Hinweise für das Aufstellen der Leistungsbeschreibung

Diese Hinweise ergänzen die ATV DIN 18299 "Allgemeine Regelungen für Bauarbeiten jeder Art", Abschnitt 0. Die Beachtung dieser Hinweise ist Voraussetzung für eine ordnungsgemäße Leistungsbeschreibung gemäß A § 9.
Die Hinweise werden nicht Vertragsbestandteil.
In der Leistungsbeschreibung sind nach den Erfordernissen des Einzelfalls insbesondere anzugeben:

0.1 Angaben zur Baustelle

0.1.1   Gründungstiefen, Gründungsarten und Lasten benachbarter Bauwerke.

0.1.2   Art und Beschaffenheit des Bodens, der zur Auflagerausbildung und Einbettung zur Verfügung steht.

0.1.3   Beschaffenheit und Entwässerung der Baugrubensohle.

0.1.4   Art der Baugrubenverkleidung.

0.2 Angaben zur Ausführung

0.2.1   Bauverfahren zum Kreuzen von Verkehrsflächen, Gewässern, Gleisanlagen, Dämmen, Kanälen, Leitungen usw.

0.2.2   Art des Innen- und Außenschutzes der Rohre und Rohrverbindungen.

0.2.3   Art und Umfang von besonderen Maßnahmen bei aggressiven Böden zum Schutz der Rohrleitung.

0.2.4 Art und Umfang der Prüfung von Rohrverbindungen.

0.2.5 Art, Verfahren und Dauer von Innendruckprüfungen, Höhe des Prüfdrucks, Einteilung und Länge der Prüfabschnitte.

0.2.6 Art und Maße der Rohrgrabenvertiefungen (Kopflöcher und Muffenlöcher) an den Rohrverbindungsstellen.

0.2.7 Abstützen und Verankern von Kanälen, Leitungen, Krümmern usw.

0.2.8 Besondere Maßnahmen auf Steilstrecken, bei felsigem oder steinigem Untergrund, bei wenig tragfähiger oder stark wasserhaltiger Grabensohle.

0.2.9 Einmessen von Rohrleitungsteilen, Anfertigen von Bestandsplänen, Dokumentation, Anbringen von Hinweisschildern und Kennzeichnen der Rohrleitung.

0.2.10 Besondere Maßnahmen für das Entladen und Lagern von Rohren und Rohrleitungsteilen.

0.2.11 Ausbildung der Anschlüsse an Bauwerke.

0.2.12 Für beigestellte Stoffe und Bauteile: Art, Werkstoff, Nennweite (DN), Nenndruck (PN), Art der Rohrverbindungen und Zubehörteile, bei Rohren getrennt nach Rohrlängen.

0.2.13 Güteanforderungen an sondergefertigte Formstücke, Dichtmittel.

0.2.14 Besondere Genehmigungen und Abnahmen.

0.2.15 Art und Umfang der Provisorien.

0.2.16 Art, Verfahren und Umfang der Desinfektion und Spülung.

0.2.17 Zustandsprüfungen bei bestehenden Rohrleitungen.

0.3 Einzelangaben bei Abweichungen von den ATV

0.3.1 Wenn andere als die in dieser ATV vorgesehenen Regelungen getroffen werden sollen, sind diese in der Leistungsbeschreibung eindeutig und im einzelnen anzugeben.

0.3.2 Abweichende Regelungen können insbesondere in Betracht kommen bei

Abschnitt 2.2,	wenn Wasserrohrleitungen für einen anderen Nenndruck als mindestens 10 bar (PN 10) bemessen sein sollen,
Abschnitt 3.2,	wenn für die Prüfung andere als die angegebenen Verfahren vereinbart werden sollen.

0.4 Einzelangaben zu Nebenleistungen und Besonderen Leistungen

Als Nebenleistungen, für die unter den Voraussetzungen der ATV DIN 18299, Abschnitt 0.4.1, besondere Ordnungszahlen (Positionen) vorzusehen sind, kommen insbesondere in Betracht:

Herstellen von Rohrverbindungen, ausgenommen Schweißverbindungen (siehe Abschnitt 4.1.5).

0.5 Abrechnungseinheiten

Im Leistungsverzeichnis sind die Abrechnungseinheiten wie folgt vorzusehen:

Druckrohrleitungsarbeiten im Erdreich   DIN 18307

- *Rohrleitungen nach Längenmaß (m), getrennt nach Nennweiten, Nenndrücken und Rohrarten,*
- *Schweißverbindungen und Rohrschnitte nach Anzahl (Stück), getrennt nach Nennweiten und Wanddicken,*
- *Formstücke nach Anzahl (Stück), getrennt nach Nennweiten, Nebendrücken und Arten,*
- *Armaturen und Zubehörteile nach Anzahl (Stück), getrennt nach Nennweiten, Nenndrücken und Arten,*
- *Anbohrungen nach Anzahl (Stück), getrennt nach Arten und Nennweiten der anzubohrenden und der anzuschließenden Rohre,*
- *Einbindungen und Anschlüsse an Rohrleitungen nach Anzahl (Stück), getrennt nach Arten und Nennweiten der einzubauenden und der anzuschließenden Rohre,*
- *Prüfungen der Schweißnähte nach Anzahl (Stück), nach Arten, Nennweiten und Wanddicken der Rohre,*
- *Herstellen des Innenschutzes und Außenschutzes an Schweißverbindungen und anderen Rohrverbindungen nach Anzahl (Stück), getrennt nach Nennweiten und Arten,*
- *Kopflöcher für Schweißverbindungen nach Raummaß (m^3).*

1 Geltungsbereich

1.1 Die ATV "Druckrohrleitungsarbeiten im Erdreich" – DIN 18307 – gilt für das Herstellen von Druckrohrleitungen zum Transport von Gas, Wasser und anderen Stoffen im Erdreich, auch unter Gebäuden sowie in Schutzrohren und Rohrkanälen.

1.2 Die ATV DIN 18307 gilt nicht für
- die bei der Herstellung von Druckrohrleitungen auszuführenden Erdarbeiten (siehe ATV DIN 18300 "Erdarbeiten"),
- Verbauarbeiten (siehe AW DIN 18303 "Verbauarbeiten"),
- das Herstellen von Rohrleitungen innerhalb von Gebäuden (siehe ATV DIN 18381 "Gas-, Wasser- und Abwasser-Installationsarbeiten innerhalb von Gebäuden").

1.3 Ergänzend gelten die Abschnitte 1 bis 5 der ATV DIN 18299 "Allgemeine Regelungen für Bauarbeiten jeder Art". Bei Widersprüchen gehen die Regelungen der ATV DIN 18307 vor.

2 Stoffe, Bauteile

Ergänzend zur ATV DIN 18299, Abschnitt 2, gilt:

2.1 Allgemeines

Für die gebräuchlichsten Stoffe und Bauteile sind die Anforderungen in den nachstehend genannten Regelwerken aufgeführt.

Wasserrohrleitungen:

DIN 19630   Richtlinien für den Bau von Wasserrohrleitungen – Technische Regeln des DVGW

W 404	Wasserhausanschlüsse; Planung und Errichtung [1]

Gasrohrleitungen der öffentlichen Versorgung:

G 459	Gashausanschlüsse für Betriebsdruck bis 4 bar; Errichtung [1]
G 461 Teil 1	Errichtung von Gasleitungen bis 4 bar Betriebsüberdruck aus Druckrohren und Formstücken aus duktilem Gußeisen [1]
G 461 Teil 2	Errichtung von Gasleitungen mit Betriebsüberdrücken von mehr als 4 bar bis 16 bar aus Druckrohren und Formstücken aus duktilem Gußeisen [1]
G 462 Teil 1	Errichtung von Gasleitungen bis 4 bar Betriebsüberdruck aus Stahlrohren [1]
G 462 Teil 2	Gasleitungen aus Stahlrohren von mehr als 4 bar bis 16 bar Betriebsdruck; Errichtung [1]
G 463	Gasleitungen aus Stahlrohren von mehr als 16 bar Betriebsüberdruck; Errichtung [1]
G 472	Gasleitungen bis 4 bar Betriebsdruck aus PE-HD und bis 1 bar Betriebsdruck aus PVC-U; Errichtung [1]

Gasrohrleitungen der nicht öffentlichen Versorgung:

– Technische Regeln für Gashochdruckleitungen (TRGL) [2]

Rohrleitungen für brennbare Flüssigkeiten:

– Technische Regeln für brennbare Flüssigkeiten (TRbF) [3]

Fernwärmeleitungen:

– AGFW-Merkblätter [4]

Acetylenleitungen:

– Technische Regeln für Acetylenanlagen und Calciumcarbidlager (TRAC) [5]

---

[1] DVGW Deutscher Verein des Gas- und Wasserfaches e. V.
Zu beziehen durch die Wirtschafts- und Verlagsgesellschaft Gas und Wasser mbH, Josef-Wirmer-Straße 1, 53123 Bonn

[2] Ausschuß für Gashochdruckleitungen (AGL)
Zu beziehen durch die Carl Heymanns Verlag KG, Luxemburger Straße 449, 50939 Köln

[3] Deutscher Ausschuß für brennbare Flüssigkeiten (DAbF)
Zu beziehen durch die Carl Heymanns Verlag KG, Luxemburger Straße 449, 50939 Köln

[4] Arbeitsgemeinschaft Fernwärme e. V. bei der VDEW (AGFW)
Zu beziehen durch die Verlags- und Wirtschaftsgesellschaft der Elektrizitätswerke mbH, Vertriebsabteilung, Rebstöcker Straße 57-59, 60326 Frankfurt am Main

[5] Deutscher Acetylenausschuß (DAcA)
Zu beziehen durch die Carl Heymanns KG, Luxemburger Straße 449, 50939 Köln

2.2 Nenndruck

Rohre und Rohrleitungsteile müssen für den vorgesehenen Betriebsdruck bemessen sein, bei Wasserleitungen mindestens für einen Nenndruck von 10 bar (PN 10).

3 Ausführung

Ergänzend zur ATV DIN 18299, Abschnitt 3, gilt:

3.1 Allgemeines

3.1.1 Für die Ausführung gelten die in Abschnitt 2.1 aufgeführten Regelwerke.

3.1.2 Der Auftragnehmer hat bei seiner Prüfung des Rohrgrabens Bedenken (siehe B § 4 Nr 3) insbesondere geltend zu machen bei mangelnder Eignung zum Verlegen der Rohre, z. b. falscher Tiefe und Breite des Rohrgrabens, ungeeignetem Verbau, ungeeigneter Beschaffenheit der Grabensohle bzw. des Auflagers.

3.1.3 Aufgehängte oder abgestützte Rohrleitungen, Kabel, Dräne oder Kanäle dürfen nicht betreten oder belastet werden. Schäden sind dem Auftraggeber und dem Eigentümer oder, wenn ein anderer weisungsberechtigt ist, diesem unverzüglich mitzuteilen.

3.2 Prüfungen

3.2.1 Innendruckprüfungen

Die durchzuführenden Innendruckprüfungen bei

- Wasserrohrleitungen nach Normen der Reihe DIN 4279 "Innendruckprüfung von Druckrohrleitungen für Wasser",

- Gasrohrleitungen der öffentlichen Versorgung nach DVGW-Arbeitsblatt G 469 "Druckprüfverfahren für Leitungen und Anlagen der Gasversorgung",

- Gasrohrleitungen der nicht öffentlichen Versorgung nach TRGL 171 "Druckprüfung",

- Druckrohrleitungen für andere Stoffe entsprechend den einschlägigen Vorschriften und Technischen Regeln

sind Besondere Leistungen (siehe Abschnitt 4.2.1).

3.2.2 Weitere Prüfungen

Wenn zerstörungsfreie Prüfungen der Schweißverbindungen durchzuführen sind, gilt DIN 54111-1 "Zerstörungsfreie Prüfung – Prüfung metallischer Werkstoffe mit Röntgen- und Gammastrahlen – Aufnahme von "Durchstrahlungsbildern von Schmelzschweißverbindungen". Die Durchstrahlungsbilder sind nach DIN EN 25817 "Lichtbogenschweißverbindungen an Stahl – Richtlinie für die Bewertungsgruppen von Unregelmäßigkeiten" zu beurteilen. Solche Maßnahmen sind Besondere Leistungen (siehe Abschnitt 4.2.1).

3.3 Spülen

Spülen und Desinfizieren von Wasserleitungen ist nach DIN 19630 auszuführen. Solche Maßnahmen sind Besondere Leistungen (siehe Abschnitt 4.2.1).

4 Nebenleistungen, Besondere Leistungen

4.1 Nebenleistungen sind ergänzend zur ATV DIN 18299, Abschnitt 4.1, insbesondere:

4.1.1 Feststellen des Zustands der Straßen, der Geländeoberfläche, der Vorfluter usw. nach B § 3 Nr 4.

4.1.2 Reinigen von Stoffen und Bauteilen vor dem Einbau, soweit sie vom Auftragnehmer geliefert werden.

4.1.3 Ausbessern des Innen- und Außenschutzes von Rohrleitungsteilen, ausgenommen Leistungen nach Abschnitt 4.2.3.

4.1.4 Herstellen von Muffenlöchern für nicht geschweißte Rohrverbindungen.

4.1.5 Herstellen von Rohrverbindungen, ausgenommen Schweißverbindungen (siehe Abschnitt 4.2.3).

4.2 Besondere Leistungen sind ergänzend zur ATV DIN 18299, Abschnitt 4.2, z. B.:

4.2.1 Maßnahmen nach den Abschnitten 3.2.1, 3.2.2 und 3.3.

4.2.2 Einbau von Formstücken, Armaturen und Zubehörteilen.

4.2.3 Herstellen von Schweißverbindungen, Rohrschnitten, Anbohrungen, Einbindungen und Anschlüssen.

4.2.4 Herstellen des Innen- und Außenschutzes an Rohrverbindungen.

4.2.5 Boden- und Wasseruntersuchungen.

4.2.6 Reinigen von verschmutzten Stoffen und Bauteilen, die der Auftraggeber beistellt, soweit die Verschmutzung nicht durch den Auftragnehmer verursacht wurde.

4.2.7 Entrosten, Aufarbeiten und Ausbessern des Innen- und Außenschutzes von Stoffen und Bauteilen, soweit sie der Auftraggeber beigestellt hat und die Mängel nicht der Auftragnehmer zu vertreten hat.

4.2.8 Besondere Maßnahmen zum Herstellen des Rohrauflagers, z. B. Verdichten der Grabensohle, Bodenaustausch, Einbau von Sand-, Kiessand- oder Betonauflager.

4.2.9 Bauarbeiten zum Aufrechterhalten des Wasserabflusses und der Vorflut.

4.2.10 Besondere Maßnahmen gegen leitungsschädigende Einwirkungen.

4.2.11 Besondere Maßnahmen auf Steilstrecken, bei felsigem oder steinigem Untergrund, bei wenig tragfähiger oder stark wasserhaltiger Grabensohle, bei aggressiven Böden, bei wechselnder Tragfähigkeit der Grabensohle.

4.2.12 Herstellen und Beseitigen der nur für die Innendruckprüfung erforderlichen Verankerungen und Rohrverschlüsse.

4.2.13 Liefern und Ableiten des für die Innendruckprüfung notwendigen Füllstoffs einschließlich aller Maßnahmen zur Vermeidung von Schäden und Beeinträchtigungen.

4.2.14 Einbindungen und Anschlüsse an bestehende Rohrleitungen.

4.2.15 Herstellen von Kopflöchern für Schweißverbindungen.

4.2.16 Einmessen der Rohrleitungsteile, Anfertigen von Bestandszeichnungen, Anbringen von Hinweisschildern und Kennzeichnen der Rohrleitungen.

4.2.17 Nachträgliches Anpassen von Straßenkappen und Einbaugarnituren.

4.2.18 Gebühren für behördliche Genehmigungen und vorgeschriebene Abnahmeprüfungen.

5 Abrechnung

Ergänzend zur ATV DIN 18299, Abschnitt 5, gilt:

Bei Abrechnung nach Längenmaß (m) werden Rohrleitungen einschließlich Bögen und Rohrleitungsteile in der Mittelachse gemessen.

Rohrverbindungen, Formstücke und Armaturen werden übermessen.

VOB Teil C:
Allgemeine Technische Vertragsbedingungen für Bauleistungen (ATV) Dränarbeiten – DIN 18308
Ausgabe Juni 1996

Inhalt

0   Hinweise für das Aufstellen der Leistungsbeschreibung

1   Geltungsbereich

2   Stoffe, Bauteile; Boden und Fels

3   Ausführung

4   Nebenleistungen, Besondere Leistungen

5   Abrechnung

0   Hinweise für das Aufstellen der Leistungsbeschreibung

Diese Hinweise ergänzen die ATV DIN 18299 "Allgemeine Regelungen für Bauarbeiten jeder Art", Abschnitt 0. Die Beachtung dieser Hinweise ist Voraussetzung für eine ordnungsgemäße Leistungsbeschreibung gemäß A § 9.

Die Hinweise werden nicht Vertragsbestandteil.

In der Leistungsbeschreibung sind nach den Erfordernissen des Einzelfalls insbesondere anzugeben:

0.1   Angaben zur Baustelle
Art und Beschaffenheit des Untergrundes.

0.2   Angaben zur Ausführung
0.2.1 Bei Dränarbeiten für landwirtschaftlich genutzte Flächen die über DIN 1185-3 hinausgehenden Anforderungen an Maschinen und Geräte.

0.2.2 Dränverfahren, Rohrmaterial, Filter und Sicherungen der Rohrlage.

0.2.3 Art und Beschaffenheit der Dränrohre, Sickerrohre, insbesondere unter Berücksichtigung der Belastungen und hydraulischen Leistungen.

0.2.4 Maßnahmen bei Verockerungsgefahr.

0.2.5 Ausbildung der Anschlüsse an Bauwerke.

0.2.6 Zulässige Verlegetoleranzen, soweit sie nicht in Normen festgelegt sind.

0.2.7 Sachverständigengutachten und inwieweit sie bei der Ausführung zu beachten sind.

Dränarbeiten   DIN 18308

0.3   Einzelangaben bei Abweichungen von den ATV

0.3.1   Wenn andere als die in dieser ATV vorgesehenen Regelungen getroffen werden sollen, sind diese in der Leistungsbeschreibung eindeutig und im einzelnen anzugeben.

0.3.2   Abweichende Regelungen können insbesondere in Betracht kommen bei

Abschnitt 2.1.3,   wenn gelöster Boden oder Fels in das Eigentum des Auftragnehmers übergehen soll,

Abschnitt 3.1.1,   wenn das Bauverfahren, der Bauablauf oder die Art und der Einsatz der Baugeräte dem Auftragnehmer vorgegeben werden sollen.

0.4   Einzelangaben zu Nebenleistungen und Besonderen Leistungen

Keine ergänzende Regelung zur ATV DIN 18299, Abschnitt 0.4.

0.5   Abrechnungseinheiten

Im Leistungsverzeichnis sind die Abrechnungseinheiten wie folgt vorzusehen:

– Rohrdräne nach Längenmaß (m), getrennt nach Tiefenlagen, Arten und Nennweiten der Rohre,

– Ummanteln der Dränrohre mit Filterstoffen nach Längenmaß (m), Raummaß (m^3) oder Gewicht (t),

– Dränschächte, Absturzschächte, Kontrollschächte, Spülschächte, Schlucker, Formstücke, Dränausmündungen nach Anzahl (Stück), getrennt nach Bauart und Maßen,

– Rohrlose Dräne nach Längenmaß (m),

– Unterbodenmelioration nach Flächenmaß (m^2).

1   Geltungsbereich

1.1   Die ATV "Dränarbeiten" – DIN 18308 – gilt für

– Dränung mit Rohren bis einschließlich Nennweite 200,

– rohrlose Dränung und

– Unterbodenmeliorationen

bei landwirtschaftlich genutzten Flächen, im Landschaftsbau, bei Sportplätzen und zum Schutz von baulichen Anlagen. Sie gilt bei landwirtschaftlich genutzten Flächen und im Landschaftsbau auch für die dazugehörigen Erdarbeiten.

1.2   Die ATV DIN 18308 gilt nicht für das Herstellen von geschlossenen Entwässerungskanälen (siehe ATV DIN 18306 "Entwässerungskanalarbeiten") und nicht für die Entwässerung von Verkehrsflächen.

1.3   Ergänzend gelten die Abschnitte 1 bis 5 der ATV DIN 18299 "Allgemeine Regelungen für Bauarbeiten jeder Art". Bei Widersprüchen gehen die Regelungen der ATV DIN 18308 vor.

2   Stoffe, Bauteile; Boden und Fels

Ergänzend zur ATV DIN 18299, Abschnitt 2, gilt:

2.1 Boden und Fels

2.1.1 Bei Dränarbeiten für landwirtschaftlich genutzte Flächen werden die Bodenarten nach DIN 4220-1 "Bodenkundliche Standortbeurteilung – Aufnahme und Kennzeichnung sowie Übersicht spezieller Untersuchungsverfahren" benannt.

2.1.2 Bei Dränarbeiten im Landschaftsbau werden die Bodengruppen der Vegetationstragschicht nach DIN 18915 "Vegetationstechnik im Landschaftsbau – Bodenarbeiten" benannt und für den darunter liegenden Bereich Boden und Fels nach ATV DIN 18300 eingestuft.

2.1.3 Gelöster Boden und Fels gehen nicht in das Eigentum des Auftragnehmers über.

2.2 Stoffe, Bauteile

Für die gebräuchlichsten genormten Stoffe und Bauteile sind die DIN-Normen nachstehend aufgeführt:

DIN 1180	Dränrohre aus Ton – Maße, Anforderungen, Prüfung
DIN 1187	Dränrohre aus weichmacherfreiem Polyvinylchlorid (PVC-hart) – Maße, Anforderungen, Prüfungen
DIN 1230-1	Steinzeug für die Kanalisation – Sonderformstücke und Übergangsbauteile mit Steckmuffe und Zubehörteile – Maße
DIN 4032	Betonrohre und Formstücke – Maße, Technische Lieferbedingungen
DIN 4034-1 und DIN 4034-2	Schächte aus Beton- und Stahlbetonfertigteilen
DIN V 19534-1 und DIN V 19534-2	Rohre und Formstücke aus weichmacherfreiem Polyvinylchlorid (PVC-U) mit Steckmuffe für Abwasserkanäle und -leitungen
DIN 19537-1 und DIN 19537-2	Rohre und Formstücke aus Polyethylen hoher Dichte (HDPE) für Abwasserkanäle und -leitungen
DIN 19850-1 und DIN 19850-2	Faserzement-Rohre und -Formstücke für Abwasserkanäle
DIN EN 295-1	Steinzeugrohre und Formstücke sowie Rohrverbindungen für Abwasserleitungen und -kanäle – Teil 1: Anforderungen; Deutsche Fassung EN 295-1 : 1991

3 Ausführung

Ergänzend zur ATV DIN 18299, Abschnitt 3, gilt:

3.1 Allgemeines

3.1.1 Die Wahl des Bauverfahrens und -ablaufs sowie die Wahl und der Einsatz der Baugeräte sind Sache des Auftragnehmers.

3.1.2 In der Nähe von Bauwerken, Leitungen, Kabeln, Dränen und Kanälen müssen die Arbeiten mit der erforderlichen Vorsicht ausgeführt werden.

3.1.3 Gefährdete bauliche Anlagen sind zu sichern; DIN 4123 "Gebäudesicherung im Bereich von Ausschachtungen, Gründungen und Unterfangungen" ist zu beachten. Bei Schutz- und Sicherungsmaßnahmen sind die Vorschriften der Eigentümer oder anderer Weisungsberechtigter zu beachten. Solche Maßnahmen sind Besondere Leistungen (siehe Abschnitt 4.2.1).

3.1.4 Wenn die Lage vorhandener Leitungen, Kabel, Dräne, Kanäle, Vermarkungen, Hindernisse und sonstiger baulicher Anlagen vor Ausführung der Arbeiten nicht angegeben werden kann, ist diese zu erkunden. Solche Maßnahmen sind Besondere Leistungen (siehe Abschnitt 4.2.1).

3.1.5 Werden unvermutete Hindernisse, z. B. nicht angegebene Leitungen, Kabel, Dräne, Kanäle, Vermarkungen, Bauwerksreste, angetroffen, ist der Auftraggeber unverzüglich darüber zu unterrichten. Die zu treffenden Maßnahmen sind Besondere Leistungen (siehe Abschnitt 4.2.1).

3.1.6 In der Nähe von zu erhaltenden Bäumen, Pflanzenbeständen und Vegetationsflächen müssen die Arbeiten mit der gebotenen Sorgfalt ausgeführt werden.

3.1.7 Gefährdete Bäume, Pflanzenbestände und Vegetationsflächen sind zu schützen. DIN 18920 "Vegetationstechnik im Landschaftsbau – Schutz von Bäumen, Pflanzenbeständen und Vegetationsflächen bei Baumaßnahmen" ist zu beachten. Solche Schutzmaßnahmen sind Besondere Leistungen (siehe Abschnitt 4.2.1).

3.1.8 Grenzsteine und amtliche Festpunkte dürfen nur mit Zustimmung des Auftraggebers beseitigt werden. Festpunkte des Auftraggebers für die Baumaßnahme hat der Auftragnehmer vor Beseitigung zu sichern.

3.1.9 Der Auftragnehmer hat bei seiner Prüfung Bedenken (siehe B § 4 Nr 3) insbesondere geltend zu machen bei

– abweichenden Bodenverhältnissen, z. B. Auftreten von Treibsand, ungünstiger Feuchtezustand des Bodens, Auftreten von Quellen, Antreffen von Wurzelbereichen von Bäumen und Sträuchern, Anschneiden vorhandener Dränstränge,

– abweichenden Verhältnissen bei Kreuzungen, z. B. mit offenen oder zugeschütteten Gräben, mit Kabeln und Leitungen, mit Gleisen und Wegen.

3.2 Ausführung der Dränarbeiten

Dränarbeiten sind auszuführen

– für landwirtschaftlich genutzte Flächen nach DIN 1185-3 "Dränung – Regelung des Bodenwasser-Haushaltes durch Rohrdränung, Rohrlose Dränung und Unterbodenmelioration, Ausführung",

– für Vegetationsflächen nach den Grundsätzen des Landschaftsbaues nach DIN 18915 "Vegetationstechnik im Landschaftsbau – Bodenarbeiten",

– für Sportplätze nach DIN 18035-3 "Sportplätze – Entwässerung",

– für den Schutz von baulichen Anlagen nach DIN 4095 "Baugrund – Dränung zum Schutz baulicher Anlagen – Planung, Bemessung und Ausführung".

4 Nebenleistungen, Besondere Leistungen

4.1 Nebenleistungen sind ergänzend zur ATV DIN 18299, Abschnitt 4.1, insbesondere:

4.1.1 Feststellen des Zustands der Straßen, der Geländeoberfläche, der Vorfluter usw. nach B § 3 Nr 4.

4.1.2 Beseitigen einzelner Sträucher und einzelner Bäume bis zu 0,1 m Durchmesser, gemessen 1 m über dem Erdboden, der dazugehörigen Wurzeln und Baumstümpfe.

4.1.3 Beseitigen von einzelnen Steinen und Mauerresten bis zu je 0,03 m³ Rauminhalt *).

4.1.4 Feststellen des Feuchtezustands des Bodens während der Bauzeit nach DIN 1185-3.

4.2 Besondere Leistungen sind ergänzend zur ATV DIN 18299, Abschnitt 4.2, z. B.:

4.2.1 Maßnahmen nach den Abschnitten 3.1.3, 3.1.4, 3.1.5 und 3.1.7.

4.2.2 Boden-, Wasser- und Wasserstandsuntersuchungen sowie besondere Prüfverfahren, ausgenommen die Feststellungen nach Abschnitt 4.1.4.

4.2.3 Bauarbeiten zur Aufrechterhaltung des Wasserabflusses und der Vorflut.

4.2.4 Aufbrechen und Wiederherstellen von befestigten Flächen.

4.2.5 Maßnahmen beim Anschneiden vorhandener Dräne.

4.2.6 Maßnahmen beim Antreffen von Quellen in Rohrgräben.

4.2.7 Maßnahmen bei Dränarbeiten im Wurzelbereich von Bäumen und Sträuchern.

4.2.8 Maßnahmen zum Schutz der Dräne gegen Einwachsen von Pflanzenwurzeln.

4.2.9 Abbauen und Wiederherstellen von Zäunen.

4.2.10 Anschlagen vorhandener Schächte zum Einführen von Dränen.

4.2.11 Einrichtungen zur Unterhaltung von Dränanlagen, z. B. Spülschächte, Spülanschlüsse.

4.2.12 Maßnahmen zur Verbesserung der Durchlässigkeit in Drängräben, z. B. durch Auffüllen mit Sickermaterial.

4.2.13 Liefern von Bestandsplänen.

---

*) 0,03 m³ Rauminhalt entspricht einer Kugel mit einem Durchmesser von 0,4 m.

5 Abrechnung

Ergänzend zur ATV DIN 18299, Abschnitt 5, gilt:

Bei Dränungen für landwirtschaftlich genutzte Flächen und im Landschaftsbau umfassen die Dränarbeiten auch die dazugehörigen Erdarbeiten.

VOB Teil C:
Allgemeine Technische Vertragsbedingungen für Bauleistungen (ATV)
Einpreßarbeiten – DIN 18309
Ausgabe Dezember 1992

Inhalt

0 Hinweise für das Aufstellen der Leistungsbeschreibung
1 Geltungsbereich
2 Stoffe, Bauteile
3 Ausführung
4 Nebenleistungen, Besondere Leistungen
5 Abrechnung

0 Hinweise für das Aufstellen der Leistungsbeschreibung

Diese Hinweise ergänzen die ATV DIN 18 299 „Allgemeine Regelungen für Bauarbeiten jeder Art", Abschnitt 0. Die Beachtung dieser Hinweise ist Voraussetzung für eine ordnungsgemäße Leistungsbeschreibung gemäß A § 9.

Die Hinweise werden nicht Vertragsbestandteil.

In der Leistungsbeschreibung sind nach den Erfordernissen des Einzelfalls insbesondere anzugeben:

0.1 Angaben zur Baustelle

0.1.1 Geologische Verhältnisse.

0.1.2 Gründungstiefen, Gründungsarten und Lasten benachbarter Bauwerke.

0.1.3 Zweck der Baumaßnahme, Ergebnisse der Vorarbeiten (siehe DIN 4093).

0.1.4 Bei den Einpreßarbeiten zur Verfügung stehender Arbeitsraum.

0.2 Angaben zur Ausführung

0.2.1 Art und Lage der Einpreßlöcher, Reihenfolge der Ausführung.

0.2.2 Art, Zuammensetzung, Eigenschaften und Mengenbegrenzung des Einpreßgutes; Änderung der Zusammensetzung des Einpreßgutes.

0.2.3 Beschränkungen für Zusätze bei Einpreßgut, z. B. Verflüssiger, Verzögerer, Beschleuniger, Tone.

0.2.4 Einpreßabschnitte und Einpreßdrücke; Widerstand gegen Einpreßdruck.

0.2.5 Art und Umfang von Wasserdurchlässigkeitsprüfungen (siehe Abschnitte 3.1.5.4 und 3.3).

0.2.6 Einpreßverfahren; Änderungen des Einpreßverfahrens.

Einpreßarbeiten DIN 18309

0.2.7 Besondere Anforderungen an den Nachweis nach Abschnitten 2.1.2 und 3.1.1.

0.2.8 Art und Anzahl der geforderten Proben.

0.2.9 Die zu erreichende Güte der Dichtheit oder Verfestigung.

0.2.10 Besondere Anforderungen an die Klärung und Ableitung des Betriebswassers.

0.2.11 Besondere Erschwernisse bei Arbeiten unter Tage, Wasserandrang.

0.2.12 Besondere Maßnahmen zum Schutz von benachbarten Grundstücken und Bauwerken.

0.3 Einzelangaben bei Abweichungen von den ATV

0.3.1 Wenn andere als die in dieser ATV vorgesehenen Regelungen getroffen werden sollen, sind diese in der Leistungsbeschreibung eindeutig und im einzelnen anzugeben.

0.3.2 Abweichende Regelungen können insbesondere in Betracht kommen bei

Abschnitt 2.2.3.1, wenn für den Zement eine andere Mahlfeinheit, bzw. für Zementsuspensionen ein anderer Wasserfeststoffaktor vereinbart werden soll,

Abschnitt 2.2.3.2, wenn für den Tonsuspensionen zugesetzten Zement eine andere Mahlfeinheit vereinbart werden soll,

Abschnitt 3.1.6, wenn kein Plan über die Einpreßarbeiten geliefert werden soll,

Abschnitt 3.2.1.1, wenn Art und Einsatz der Geräte dem Auftragnehmer vorgegeben werden sollen,

Abschnitt 3.2.3, wenn das Reinigen der Einpreßlöcher nicht durch Druckwasser, sondern z. B. durch ein Gemisch von Druckwasser und Druckluft, durch Ausblasen oder durch Absaugen vorgenommen werden soll,

Abschnitt 3.2.4.1, wenn für das Füllen der Einpreßlöcher eine andere Folge vereinbart werden soll,

Abschnitt 3.2.4.2, wenn die Abschnitte des Einpreßloches nicht durch Packer abgeschlossen werden sollen,

Abschnitt 3.2.5, wenn der Einpreßverlauf anders aufgezeichnet werden soll,

Abschnitt 3.5, wenn das Prüfen der Verfestigung durch andere Verfahren als Bohrkerne, z. B. Sondierungen, Druckversuche, Schürfen, vorgenommen werden soll.

0.4 Einzelangaben zu Nebenleistungen und Besonderen Leistungen

Als Nebenleistungen, für die unter den Voraussetzungen der ATV DIN 18 299, Abschnitt 0.4.1, besondere Ordnungszahlen (Positionen) vorzusehen sind, kommen insbesondere in Betracht:
- Vorhalten der Gerüste (siehe Abschnitt 4.1.6),
- Umsetzen aller Einrichtungen zum Aufbereiten des Einpreßgutes und zum Einpressen (siehe Abschnitt 4.1.7).

0.5 Abrechnungseinheiten

Im Leistungsverzeichnis sind die Abrechnungseinheiten wie folgt vorzusehen:
- Einpressen nach Betriebsstunden (h) der Einpreßbetriebszeit, getrennt nach Arten des Einpreßgutes
- Prüfen der Wasserdurchlässigkeit nach Anzahl (Stück) der Prüfungen,
- Setzen von Abschlüssen, die nur für das Prüfen nötig sind, nach Anzahl (Stück), getrennt nach Tiefenlage der Abschlüsse,
- Prüfen des Verlaufs der Einpreßlöcher der durchgeführten und ausgewerteten Messungen nach Anzahl (Stück),

- Prüfen der Verfestigung nach Anzahl (Stück) der Teilprüfungen, getrennt nach Prüfverfahren,
- Liefern von Feststoffen zur Herstellung von Einpreßgut nach Gewicht (kg) der im eingebrachten Einpreßgut enthaltenen Mengen, getrennt nach Arten,
- Liefern von Emulsionen, Lösungen und flüssigen Zusätzen nach Raummaß (l) der im eingebrachten Einpreßgut enthaltenen Mengen, getrennt nach Arten.

1 Geltungsbereich

1.1 Die ATV „Einpreßarbeiten" — DIN 18 309 — gilt für Einpreßarbeiten zum Dichten oder Verfestigen von Boden und Bauwerken (auch Erdbauwerken) und für das Füllen (Auspressen) von Hohlräumen für Verankerungen und dergleichen.

1.2 Die ATV DIN 18 309 gilt nicht für das Auspressen von Spannkanälen im konstruktiven Ingenieurbau (siehe ATV DIN 18 331 „Beton- und Stahlbetonarbeiten").

1.3 Ergänzend gelten die Abschnitte 1 bis 5 der ATV DIN 18 299 „Allgemeine Regelungen für Bauarbeiten jeder Art". Bei Widersprüchen gehen die Regelungen der ATV DIN 18 309 vor.

2 Stoffe, Bauteile

Ergänzend zur ATV DIN 18 299, Abschnitt 2, gilt:

2.1 Allgemeines

2.1.1 Stoffe, die Boden oder Wasser gefährden oder sich auf Bauwerke oder deren Aussehen nachteilig auswirken können, dürfen bei Einpreßarbeiten nicht verwendet werden.

2.1.2 Der Auftragnehmer hat sich zu vergewissern und dem Auftraggeber auf Verlangen nachzuweisen, daß das Einpreßgut den Anforderungen genügt.

2.2 Einpreßgut

2.2.1 Lösungen

Lösungen als Einpreßgut müssen so beschaffen sein, daß sie an den vorgesehenen Stellen des Einpreßbereiches Feststoffe oder Dichtstoffe bilden, die dort volumenbeständig, erosionsbeständig und widerstandsfähig gegen schädliche chemische Einwirkungen sind.

2.2.2 Emulsionen

Emulsionen als Einpreßgut müssen — wenn nötig nach Beigabe von Koagulationsmitteln — so beschaffen sein, daß sie an den vorgesehenen Stellen des Einpreßbereiches Dichtstoffe ausscheiden, die dort volumenbeständig, erosionsbeständig und widerstandsfähig gegen schädliche chemische Einwirkungen sind.

2.2.3 Suspensionen

Suspensionen als Einpreßgut müssen so beschaffen sein, daß sie an den vorgesehenen Stellen des Einpreßbereiches Feststoffe oder Dichtstoffe absetzen, die dort volumenbeständig, erosionsbeständig und widerstandsfähig gegen schädliche chemische Einwirkungen sind.

2.2.3.1 Zemente für Zementsuspensionen dürfen auf dem Analysensieb mit 0,08 mm Maschenweite nach DIN ISO 3310 Teil 1 „Analysensiebe; Anforderungen und Prüfung; Analysensiebe mit Metalldrahtgewebe" einen Rückstand von höchstens 2 Massenanteilen in % ergeben. Bei Zementsuspensionen darf der Wasserfeststofffaktor (Massenverhältnis Wasser zu Feststoff) 7 nicht überschreiten und 0,7 nicht unterschreiten.

2.2.3.2 Tone für Tonsuspensionen müssen ausreichend quellfähig sein. Die Tonsuspensionen sind durch Zusätze von Zement oder Chemikalien erosionsbeständig zu machen. Bei Zusatz von Zement sind Zemente zu verwenden, die auf dem Analysensieb mit 0,08 mm Maschenweite nach DIN ISO 3310 Teil 1 einen Rückstand von höchstens 2 Massenanteilen in % ergeben.

2.2.4 Pasten und Mörtel

2.2.4.1 Pasten und Mörtel als Einpreßgut müssen so beschaffen sein, daß sie in den Hohlräumen des Einpreßbereiches zu einer festen Masse werden. Die feste Masse muß volumenbeständig, erosionsbeständig und widerstandsfähig gegen schädliche chemische Einwirkungen sein.

2.2.4.2 Zuschläge dürfen keine organischen Bestandteile enthalten und müssen sich mit den Bindemitteln vertragen.

2.3 Wasser

Das zum Herstellen des Einpreßgutes verwendete Wasser muß frei von schädlichen Bestandteilen und Beimengungen sein.

3 Ausführung

Ergänzend zur ATV DIN 18 299, Abschnitt 3, gilt:

3.1 Allgemeines

3.1.1 Der Auftragnehmer hat sich zu vergewissern und dem Auftraggeber auf Verlangen nachzuweisen, daß das Einpreßverfahren und die Einpreßgeräte den Anforderungen genügen.

3.1.2 Der Auftragnehmer hat bei seiner Prüfung, ob die vorgesehene Art der Ausführung eine wirksame Einpressung ermöglicht, Bedenken (siehe B § 4 Nr 3) insbesondere geltend zu machen bei
- Beobachtungen, die mit dem Ergebnis der Vorarbeiten für das Einpressen (siehe DIN 4093 „Baugrund; Einpressen in den Untergrund; Planung, Ausführung, Prüfung") nicht in Einklang stehen,
- ungeeigneter Anordnung der Einpreßlöcher,
- ungeeigneter Einpreßfolge,
- ungeeignetem Einpreßgut,
- Fehlen eines ausreichenden Widerstands gegen den Einpreßdruck,
- ungenügendem Arbeitsraum,
- Behinderung durch Grund- oder Sickerwasser.

3.1.3 Der Auftragnehmer hat während der Ausführung seiner Arbeiten darauf zu achten, ob Verhältnisse vorliegen oder zu erwarten sind, die den Erfolg beeinträchtigen, der durch die Einpreßarbeiten erreicht werden soll. Solche Verhältnisse hat er dem Auftraggeber unverzüglich schriftlich mitzuteilen. Die zu treffenden Maßnahmen sind Besondere Leistungen (siehe Abschnitt 4.2.1).

3.1.4 Wenn Bauwerke, Verkehrs-, Versorgungs- oder Entsorgungsanlagen im Bereich der Einpreßwirkung liegen, ist ihr Zustand vor Beginn des Einpressens festzustellen (siehe B § 3 Nr 4). Sind durch die Einpreßarbeiten Schäden an diesen baulichen Anlagen zu erwarten, hat es der Auftragnehmer dem Auftraggeber unverzüglich schriftlich mitzuteilen.

Werden beim Einpressen Gefahren für bauliche Anlagen erkennbar, hat der Auftragnehmer die Arbeiten sofort einzustellen und die Anordnung des Auftraggebers einzuholen. Ordnet dieser das Fortsetzen des Einpressens an, so hat der Auftragnehmer die Wirkung des Einpressens zu beobachten. Schäden, die Folgen des Einpressens sein können, sind dem Auftraggeber unverzüglich mitzuteilen.

3.1.5 Der Auftragnehmer hat über die Einpreßarbeiten eine „Liste der Einpreßlöcher" zu führen und die Liste bei der Abnahme dem Auftraggeber zu übergeben. In die Liste sind — je nach Lage des Falls — folgende Angaben aufzunehmen:

3.1.5.1 Bezeichnung, vorgesehene und erreichte Neigung, Richtung und Endtiefe jedes Einpreßloches aufgrund der Aufzeichnungen bei den Bohrungen.

3.1.5.2 Bei jeder Prüfung von Einpreßlöchern
— Datum der Prüfung,
— Tiefe der Meßpunkte,
— Ergebnis der Prüfung.

3.1.5.3 Bei jedem Einpreßvorgang
— Datum und Uhrzeit des Beginns und des Endes,
— bei abschnittsweisem Einpressen Lage und Länge des verpreßten Lochabschnitts,
— vorgesehener und erreichter Einpreßdruck,
— Art und Zusammensetzung des Einpreßgutes,
  — im Einpreßloch — gegebenenfalls in Einpreßabschnitten — eingebrachte Menge an Einpreßgut, bei Suspensionen zusätzlich die eingebrachte Feststoffmenge,
— besondere Vorkommnisse, z.B. Austritte von Einpreßgut, abgebrochene Einpressungen.

3.1.5.4 Bei jeder Wasserdurchlässigkeitsprüfung durch Wassereinpreß- oder Pumpversuch
— Datum und Uhrzeit des Beginns und des Endes,
— bei abschnittsweisem Prüfen Lage und Länge des Prüfabschnitts,
— Prüfdruck,
— Wasseraufnahme oder Wasserergiebigkeit in l/min je 1 m Prüfabschnitt,
— besondere Vorkommnisse.

3.1.5.5 Bei jeder Verfestigungsprüfung, z. B. durch Kernbohrungen oder Schürfungen,
- Datum,
- Lage der Bohrung oder Schürfung,
- Befund und Prüfergebnis,
- besondere Vorkommnisse.

3.1.6 Soweit sich die Angaben nach Abschnitt 3.1.5 für die Darstellung in einem Plan eignen, hat der Auftragnehmer einen Plan mit diesen Angaben jeweils auf dem neuesten Stand zu halten und ihn bei der Abnahme dem Auftraggeber zu übergeben.

3.1.7 Der Auftragnehmer hat dafür zu sorgen, daß aus dem anfallenden Wasser Spülschlamm und Rückstände von Einpreßgut zurückgehalten werden und daß das Wasser stets ungehindert abfließen kann und keine Schäden verursacht.

3.2 Einpressen
3.2.1 Geräte
3.2.1.1 Die Wahl der Geräte ist Sache des Auftragnehmers.

3.2.1.2 Die Mischanlage muß ein gründliches Durchmischen des Einpreßgutes gewährleisten. Die stetige Abgabe des Einpreßgutes an die Einpreßpumpe muß gesichert sein. Vorratsbehälter müssen mit Rührwerk ausgestattet sein.

3.2.1.3 Die Einpreßpumpe muß möglichst gleichmäßig ohne nachteilige Druckstöße pressen.

3.2.2 Messen von Einpreßdruck und Einpreßmenge
Einpreßdruck und Einpreßmenge sind hinreichend genau zu messen.

3.2.3 Reinigen der Einpreßlöcher
Das Einpreßloch oder der zu füllende Abschnitt ist unmittelbar vor dem Einpressen durch Druckwasser gründlich zu reinigen.

3.2.4 Durchführen des Einpressens
3.2.4.1 Das Einpreßloch ist von der Tiefe aufsteigend zu füllen. Sind Einpreßdrücke oder Einpreßabschnitte nicht vereinbart, so hat sie der Auftragnehmer im Einvernehmen mit dem Auftraggeber festzulegen.

3.2.4.2 Jeder Abschnitt des Einpreßloches ist durch Packer dicht abzuschließen.

3.2.4.3 Einpreßgut, das sich entmischen kann, muß bis zum Einpressen ununterbrochen umgerührt werden. Es darf nur Einpreßgut eingefüllt werden, das noch nicht begonnen hat, in den Endzustand überzugehen. Es ist so lange einzupressen, bis der Einpreßabschnitt kein Einpreßgut mehr aufnimmt und der vorgeschriebene Einpreßdruck erreicht ist.

Kann der Einpreßabschnitt nicht gesättigt und der Einpreßdruck nicht erreicht werden, so ist die Zusammensetzung des Einpreßgutes oder das Einpreßverfahren zu ändern; die Maßnahmen zur Änderung sind Besondere Leistungen (siehe Abschnitt 4.2.1).

Nach Erreichen des Einpreßdruckes ist die Einpressung noch so lange unter gleichbleibendem Druck zu halten, bis bei Wegnahme des Druckes kein Einpreßgut austritt.

3.2.5 Aufzeichnen des Einpreßverlaufs

Der Einpreßdruck ist für jeden Einpreßabschnitt am Mund des Einpreßloches mit Druckschreiber aufzuzeichnen, und die Aufnahme des Einpreßgutes ist in zeitlicher Zuordnung zum Druckverlauf zu messen und aufzuzeichnen. Die aufgezeichneten Angaben sind in die „Liste der Einpreßlöcher" nach Abschnitt 3.1.5 einzutragen. Alle wesentlichen Beobachtungen sind unter Angabe des Datums und der Uhrzeit zu vermerken und so zu erläutern, daß der Ablauf des Einpressens lückenlos dargestellt ist. Die Aufzeichnungen sind mit der Liste dem Auftraggeber zu übergeben.

3.3 Prüfen der Wasserdurchlässigkeit durch Wassereinpreßversuch

Wenn Prüfen der Wasserdurchlässigkeit durch Wassereinpreßversuch vereinbart ist, ist wie folgt zu verfahren:

Jeder Prüfabschnitt ist so abzuschließen, daß der Prüfdruck aufgenommen werden kann; dazu kann der für das Einpressen nach Abschnitt 3.2.4.2 hergestellte Abschluß verwendet werden. Der Prüfabschnitt ist mit Wasser zu füllen. Das Wasser ist mit dem vereinbarten Prüfdruck so lange einzupressen, bis er mindestens 3 Minuten lang erhalten bleibt. Die während des gleichbleibenden Druckes vom Prüfabschnitt aufgenommene Wassermenge ist zu messen; das Schluckvermögen ist in l/min für 1 m Prüfabschnitt (WD-Wert) zu berechnen.

3.4 Prüfen des Verlaufs der Einpreßlöcher

Wenn Prüfen des Verlaufs der Einpreßlöcher vereinbart ist, sind Neigung und Richtung des Einpreßloches in den vereinbarten Tiefen festzustellen.

3.5 Prüfen der Verfestigung

Wenn Prüfen der Verfestigung vereinbart ist, ist der Bereich der Verfestigung durch Kernbohrungen und die Güte durch Prüfung der Bohrkerne festzustellen.

4 Nebenleistungen, Besondere Leistungen

4.1 Nebenleistungen sind ergänzend zur ATV DIN 18 299, Abschnitt 4.1, insbesondere:

4.1.1 Feststellen des Zustands der Straßen, der Geländeoberfläche, der Vorfluter usw. nach B § 3 Nr 4.

4.1.2 Beseitigen einzelner Sträucher und einzelner Bäume bis zu 0,10 m Durchmesser, gemessen 1 m über dem Erdboden, der dazugehörigen Wurzeln und Baumstümpfe.

4.1.3 Beseitigen von einzelnen Steinen und Mauerresten bis zu je 0,03 m^3 Rauminhalt *).

4.1.4 Aufbereiten des Einpreßgutes, auch wenn der Auftraggeber die Stoffe beistellt.

4.1.5 Nachweise nach den Abschnitten 2.1.2 und 3.1.1.

4.1.6 Vorhalten der Gerüste.

4.1.7 Umsetzen aller Einrichtungen zum Aufbereiten des Einpreßgutes und zum Einpressen.

---

*) 0,03 m^3 Rauminhalt enspricht einer Kugel mit einem Durchmesser von ≈ 0,40 m.

4.2 Besondere Leistungen sind ergänzend zur ATV DIN 18 299, Abschnitt 4.2, z. B.:

4.2.1 Maßnahmen nach den Abschnitten 3.1.3 und 3.2.4.3.

4.2.2 Boden- und Wasseruntersuchungen.

5 Abrechnung

Ergänzend zur ATV DIN 18 299, Abschnitt 5, gilt:

Die Einpreßbetriebszeit beginnt, wenn der Druckschreiber einen Druckanstieg anzeigt; sie endet, nachdem der Druckschreiber den vereinbarten oder festgelegten Enddruck ausreichend lang (siehe Abschnitt 3.2.4.3) angezeigt hat. Unterbrechungen des Einpressens, die zum Beseitigen von Störungen oder Verstopfungen nötig waren, werden bis zur Dauer von jeweils 15 Minuten bei der Berechnung der Betriebsstunde nicht abgezogen.

VOB Teil C:
Allgemeine Technische Vertragsbedingungen für Bauleistungen (ATV)
Sicherungsarbeiten an Gewässern, Deichen und Küstendünen
DIN 18310
Ausgabe September 1988

Inhalt

0 Hinweise für das Aufstellen der Leistungsbeschreibung
1 Geltungsbereich
2 Stoffe, Bauteile
3 Ausführung
4 Nebenleistungen, Besondere Leistungen
5 Abrechnung

0 Hinweise für das Aufstellen der Leistungsbeschreibung

Diese Hinweise ergänzen die ATV DIN 18 299 „Allgemeine Regelungen für Bauarbeiten jeder Art", Abschnitt 0. Die Beachtung dieser Hinweise ist Voraussetzung für eine ordnungsgemäße Leistungsbeschreibung gemäß A § 9.
Die Hinweise werden nicht Vertragsbestandteil.
In der Leistungsbeschreibung sind nach den Erfordernissen des Einzelfalls insbesondere anzugeben:

0.1 Angaben zur Baustelle

0.1.1 Die klimatischen, geographischen, geologischen, morphologischen und biologischen Verhältnisse, z. B. Temperaturen, Niederschläge, Wind (besonders an der Küste und bei stehenden Gewässern), vorhandene Vorländer oder Vorstrände, Gestalt des Gewässerbetts, Wasserbeschaffenheit, tierische und pflanzliche Schädlinge.

0.1.2 Die bekannten und die später zu erwartenden hydrologischen und hydraulischen Verhältnisse, z. B. Abflüsse, Wasserstände und deren Häufigkeit, Strömung nach Größe und Richtung, Tide, Wellenbewegung, Einflüsse aus Schiffsverkehr, Feststofführung und Eis, Grundwasserverhältnisse.

0.1.3 Wasserstände und Abflüsse, die der Auftragnehmer zu berücksichtigen hat.

0.1.4 Ergebnisse von Pflanzenbestandsuntersuchungen.

0.1.5 Art und Umfang des Schutzes zu erhaltender Pflanzen und Pflanzenbestände auf Entnahmeflächen außerhalb der Baustelle.

0.1.6 Vorhandene Abdichtungen.

0.1.7 Art und Beschaffenheit von Untergrund und Unterbau.

0.1.8 Gründungstiefen, Gründungsarten und Lasten benachbarter Bauwerke.

Sicherungsarbeiten an Gewässern, Deichen und Küstendünen   DIN 18310

0.2 Angaben zur Ausführung

0.2.1 Zulässige Eingriffe in die Wasserstands- und Abflußverhältnisse während der Bauzeit.

0.2.2 Art, Maße, Herkunft und Güteanforderungen für Pflanzen und lebende Pflanzenteile aus Naturbeständen.

0.2.3 Art, Maße, Herkunft, Anzuchtweise und – bei fehlenden Normen – Güteanforderungen für Gehölzpflanzen aus Baumschulbeständen.

0.2.4 Keimfähigkeit und Reinheit des Saatgutes, erforderliche Saatgutmenge je Flächeneinheit, bei Saatgutmischungen auch Artenzusammensetzung als Massenanteil in %.

0.2.5 Bei kombinierten Bauweisen Anteile von Pflanzen, bewurzelungsfähigen Pflanzenteilen (außer Samen) und sonstigen Baustoffen.

0.2.6 Bei Pflanzenmischungen Artenzusammensetzung.

0.2.7 Art und Umfang der Standortvorbereitung (einschließlich Düngung) der Flächen für Lebendbau.

0.2.8 Besondere Maßnahmen bei der Ansaat von Gräsern und Kräutern.

0.2.9 Art, Umfang und Dauer der Pflege- und Schutzmaßnahmen (einschließlich Düngung) für Lebendbauten.

0.3 Einzelangaben bei Abweichungen von den ATV

0.3.1 Wenn andere als die in dieser ATV vorgesehenen Regelungen getroffen werden sollen, sind diese in der Leistungsbeschreibung eindeutig und im einzelnen anzugeben.

0.3.2 Abweichende Regelungen können insbesondere in Betracht kommen bei

Abschnitt 2.1,   wenn Pflanzen und Pflanzenteile nicht aus Anzuchtbeständen, sondern z. B. aus Wildbeständen stammen sollen,

Abschnitt 5,   wenn das Gewicht nicht durch Wiegen oder Schiffseiche, sondern durch Berechnen nach bestimmten Verfahren ermittelt werden soll.

0.4 Einzelangaben zu Nebenleistungen und Besonderen Leistungen

Keine ergänzende Regelung zur ATV DIN 18 299, Abschnitt 0.4.

0.5 Abrechnungseinheiten

Im Leistungsverzeichnis sind die Abrechnungseinheiten wie folgt vorzusehen:
- Steinschüttung und Steinsatz nach Gewicht (t) oder Raummaß (m^3),
- Setzpack, Pflaster, Plattenbelag (Naturstein oder Beton) mit oder ohne Filterschicht, mit oder ohne Beton- oder Asphaltunterlage nach Flächenmaß (m^2), getrennt nach Dicken,
- Filterschichten oder Unterlagen nach Flächenmaß (m^2) oder nach Raummaß (m^3),
- Sohlschalen nach Längenmaß (m), getrennt nach Maßen und Ausführung mit oder ohne Filterschicht, mit oder ohne Beton- oder Asphaltunterlage,
- Beton- und Holzschwellen nach Längenmaß (m) oder Anzahl (Stück), getrennt nach Maßen,
- Betonformsteine nach Flächenmaß (m^2), Anzahl (Stück) oder Gewicht (t), getrennt nach Maßen,
- Verguß nach Gewicht (t) der Vergußmasse oder Flächenmaß (m^2) der gesicherten Flächen oder Längenmaß (m) der vergossenen Fugen,
- Drahtsenkwalzen nach Längenmaß (m) oder Anzahl (Stück), getrennt nach Maßen,
- Steinmatten nach Flächenmaß (m^2) oder Raummaß (m^3), getrennt nach Maßen,
- Drahtschotterkästen nach Raummaß (m^3), nach Längenmaß (m) oder Anzahl (Stück), getrennt nach Maßen,

- Kunststoffbauteile nach Flächenmaß (m^2) oder Gewicht (kg), getrennt nach Maßen,
- Seile nach Längenmaß (m), getrennt nach Maßen,
- Säcke nach Anzahl (Stück), getrennt nach Maßen,
- Pfähle nach Längenmaß (m) oder Anzahl (Stück), getrennt nach Maßen,
- Pfahlwände nach Längenmaß (m) oder Flächenmaß (m^2), getrennt nach Maßen,
- Stangen- und Bohlenbeschlag nach Längenmaß (m), getrennt nach Maßen,
- Stangen- und Bohlenbeschlag mit Bettung aus Fichten- oder Tannenreisig nach Flächenmaß (m^2) oder Längenmaß (m), getrennt nach Maßen,
- Flechtwerk nach Flächenmaß (m^2) oder Längenmaß (m), getrennt nach Maßen,
- Wippen und Faschinenwalzen nach Längenmaß (m) oder Anzahl (Stück), getrennt nach Maßen,
- Faschinensenkwalzen nach Längenmaß (m) oder Anzahl (Stück), getrennt nach Maßen,
- Buschmatten, Faschinenmatten, Rauhwehr nach Flächenmaß (m^2), getrennt nach Maßen,
- Packfaschinat nach Raummaß (m^3),
- Buschlahnungen und Buschzäune nach Längenmaß (m), getrennt nach Maßen,
- Rauhbäume nach Anzahl (Stück),
- Rasensoden und Fertigrasen nach Flächenmaß (m^2),
- Ansaat nach Flächenmaß (m^2),
- Röhrichtwalzen nach Längenmaß (m) oder Anzahl (Stück), getrennt nach Maßen,
- Ballen-, Rhizom- und Halmpflanzungen nach Flächenmaß (m^2), Längenmaß (m) oder Anzahl (Stück),
- Setzstangen-, Setzholz- und Gehölzpflanzungen nach Anzahl (Stück), getrennt nach Maßen,
- Lebende Kämme und Spreitlagen nach Flächenmaß (m^2) oder Längenmaß (m),
- Busch-, Hecken- und Heckenbuschlagen nach Längenmaß (m),
- Stoffe zur Bodenverbesserung und Dünger nach Raummaß (m^3) oder Gewicht (t).

1 Geltungsbereich

1.1 Die ATV „Sicherungsarbeiten an Gewässern, Deichen und Küstendünen" — DIN 18 310 — gilt für bautechnische und ingenieurbiologische Sicherungen, die die Sohlen und Böschungen von Gewässern, die Deiche und die Küstendünen gegen Beschädigungen und Zerstörungen schützen. Hierzu gehört auch der Verbau von Wundhängen zum Schutz von Gewässern.

1.2 Die ATV DIN 18 310 gilt nicht für die beim Herstellen der Sicherungen auszuführenden Erdarbeiten (siehe ATV DIN 18 300 „Erdarbeiten").

1.3 Ergänzend gelten die Abschnitte 1 bis 5 der ATV DIN 18 299 „Allgemeine Regelungen für Bauarbeiten jeder Art". Bei Widersprüchen gehen die Regelungen der ATV DIN 18 310 vor.

2 Stoffe, Bauteile

Ergänzend zur ATV DIN 18 299, Abschnitt 2, gilt:

2.1 Pflanzen und Pflanzenteile müssen aus Anzuchtbeständen stammen.

2.2 Die DIN-Normen für die gebräuchlichsten Stoffe und Bauteile sind in DIN 19 657 „Sicherungen von Gewässern, Deichen und Küstendünen; Richtlinien" genannt.

3 Ausführung

Ergänzend zur ATV DIN 18 299, Abschnitt 3, gilt:

3.1 Allgemeines

Sicherungsarbeiten an Gewässern, Deichen und Küstendünen sind nach DIN 19 657 auszuführen.

3.2 Entwässerungsmaßnahmen

Der Auftragnehmer hat Entwässerungsmaßnahmen, die vereinbart sind, sowie etwa erforderliche Maßnahmen zur Sicherung gegen Niederschlagswasser und zum Beseitigen von Niederschlagswasser rechtzeitig auszuführen. Muß anderes Wasser, z. B. Quellwasser, Sickerwasser, abgeleitet werden und reichen hierzu die Maßnahmen, die dem Auftragnehmer obliegen (siehe Satz 1), nicht aus, so sind die darüber hinaus erforderlichen Maßnahmen Besondere Leistungen (siehe Abschnitt 4.2.1).

4 Nebenleistungen, Besondere Leistungen

4.1 Nebenleistungen sind ergänzend zur ATV DIN 18 299, Abschnitt 4.1, insbesondere:

4.1.1 Feststellen des Zustands der Straßen, der Geländeoberfläche, der Vorfluter usw. nach B § 3 Nr 4.

4.1.2 Beschaffen etwa notwendiger weiterer Arbeitsplätze, Lagerplätze, Pflanzeneinschlagplätze und Zufahrtwege über die vom Auftraggeber zur Verfügung gestellten hinaus.

4.1.3 Eignungs- und Gütenachweise nach DIN 19 657 für Stoffe nur, soweit sie vom Auftragnehmer geliefert werden.

4.1.4 Beseitigen einzelner Sträucher und einzelner Bäume bis zu 0,10 m Durchmesser, gemessen 1 m über dem Erdboden, der dazugehörigen Wurzeln und Baumstümpfe.

4.1.5 Beseitigen von einzelnen Steinen und Mauerresten bis zu 0,1 m³ Rauminhalt *).

4.2 Besondere Leistungen sind ergänzend zur ATV DIN 18 299, Abschnitt 4.2, z. B.:

4.2.1 Maßnahmen nach Abschnitt 3.2.

4.2.2 Boden- und Wasseruntersuchungen.

5 Abrechnung

Ergänzend zur ATV DIN 18 299, Abschnitt 5, gilt:
Ist nach Gewicht abzurechnen, so ist es durch Wiegen, bei Schiffsladungen nach Schiffseiche festzustellen.

---

*) 0,1 m³ Rauminhalt entspricht einer Kugel mit einem Durchmesser von ≈ 0,60 m.

VOB Teil C:
Allgemeine Technische Vertragsbedingungen für Bauleistungen (ATV)
Naßbaggerarbeiten – DIN 18311
Ausgabe Dezember 1992

Inhalt

0 *Hinweise für das Aufstellen der Leistungsbeschreibung*
1 Geltungsbereich
2 Stoffe, Bauteile; Boden und Fels
3 Ausführung
4 Nebenleistungen, Besondere Leistungen
5 Abrechnung

0 Hinweise für das Aufstellen der Leistungsbeschreibung

Diese Hinweise ergänzen die ATV DIN 18 299 „Allgemeine Regelungen für Bauarbeiten jeder Art", Abschnitt 0. Die Beachtung dieser Hinweise ist Voraussetzung für eine ordnungsgemäße Leistungsbeschreibung gemäß A § 9.

Die Hinweise werden nicht Vertragsbestandteil.

In der Leistungsbeschreibung sind nach den Erfordernissen des Einzelfalls insbesondere anzugeben:

0.1 Angaben zur Baustelle

0.1.1 Lage und Ausmaß der dem Auftragnehmer für die Ausführung seiner Leistung zur Benutzung oder Mitbenutzung überlassenen Kaianlagen, Umschlageinrichtungen, Liege- und Ankerplätze.

0.1.2 Statistische Angaben über ober- und unterirdische Gewässer, z. B. Strömungsgeschwindigkeiten, Wasserstände, Abflüsse, Wellen, Tidebewegungen, Sturmfluten, sowie über Windverhältnisse, Nebel- und Eisverhältnisse.

0.1.3 Maße von Durchfahrtsöffnungen, Nutzmaße von Schleusen, Fahrwasserverhältnisse, militärische und zivile Sperrgebiete.

0.1.4 Art und Beschaffenheit des Untergrundes von Ablagerungsflächen und gegebenenfalls deren Grundwasserverhältnisse.

0.1.5 Art, Abflußvermögen und Belastbarkeit der Vorflut für Spülfelder.

0.1.6 Art und Umfang des vorhandenen Aufwuchses auf den freizumachenden Flächen.

0.1.7 Besondere deichrechtliche Bestimmungen.

0.1.8 Gründungstiefen, Gründungsarten und Lasten benachbarter Bauwerke.

Naßbaggerarbeiten DIN 18311

0.1.9 Art und Beschaffenheit vorhandener Einfassungen, z. B. Ufermauern, Deckwerke.

0.1.10 Bekannte oder vermutete Düker, Ein- und Auslaufbauwerke, Spundwände, Buhnen, Wrackteile im Bereich der Baustelle und, soweit bekannt, deren Eigentümer.

0.1.11 Bekannte oder vermutete Sprengkörper und behördliche Vorschriften für das Bergen und Sichern.

0.1.12 Vorgeschriebene Höchst- oder Mindestgeschwindigkeiten für Schiffe oder Schiffsverbände bestimmter Zusammensetzung. Vorschriften über das Verhalten der Fahrzeuge und Geräte bei bestimmten Sicht- oder Wetterverhältnissen, Tiefgangsbeschränkungen.

0.2 Angaben zur Ausführung

0.2.1 Boden- und Felsklassen mit Angaben über Schichtenaufbau, Korngrößenverteilung, Konsistenz und natürlichen Wassergehalt, Lagerungsdichte aus Sondierergebnissen, Gesteinsfestigkeit und mineralische Zusammensetzung sowie Anteil und Größe von Steinen (siehe Abschnitt 2.3).

0.2.2 Geschätzte Mengenanteile, wenn Boden und Fels verschiedener Klassen nach Abschnitt 2.3 zusammengefaßt werden, weil eine Trennung nur schwer möglich ist.

0.2.3 Ist- und Sollmaße, gegebenenfalls Tiefen- und Höhenpläne, Baggerschnitte, Baggertoleranzen, Auflockerungsfaktoren.

0.2.4 Entfernen von gelockertem Gestein, das beim Lösen von Fels über den Abtragsquerschnitt hinaus entsteht (siehe Abschnitt 3.2.4).

0.2.5 Verwendung des Bodens und Art der Ablagerung. Anlage und Maße von Ablagerungsflächen, gegebenenfalls in Abhängigkeit von den Bodenarten (siehe Abschnitte 3.4.1, 3.4.2 und 3.4.4).

0.2.6 Sachverständigengutachten und inwieweit sie bei der Ausführung zu beachten sind.

0.2.7 Bei Verdichten von Boden und Fels der Verdichtungsgrad und dessen Nachweis (siehe Abschnitte 3.4.1 und 4.2.6).

0.2.8 Art und Anzahl der geforderten Proben.

0.2.9 Maßnahmen zur bleibenden Sicherung von Böschungen und Spülfeldflächen.

0.2.10 Hochwasserfreie oder sturmflutsichere Anordnung der Baustelleneinrichtung.

0.2.11 Besondere Anforderungen an die Leistungsfähigkeit von Geräten und Fahrzeugen.

0.2.12 Abschluß von Versicherungen für eingesetzte Geräte u. ä.

0.2.13 Besonderheiten zur Regelung und Sicherung des Schiffsverkehrs, z. B. Wegerechtschiffe, Auslegen, Aufstellen oder Setzen von Schiffahrtszeichen und Schildern, Wahrschaudienste, soweit sie sich nicht aus den schiffahrtspolizeilichen Vorschriften ergeben, gegebenenfalls auch wieweit der Auftraggeber die Durchführung der erforderlichen Maßnahmen übernimmt.

0.2.14 Besondere Anforderungen an die nautische und funktechnische Ausrüstung der schwimmenden Fahrzeuge und Geräte sowie ihre Beleuchtung und Bewachung. Angabe über vorgeschriebene Schifferpatente.

0.2.15 Besondere Maßnahmen zum Schutz der Fischerei, der Jagd, der Land- und Forstwirtschaft und anderer Interessengebiete.

0.2.16 Freigabe einer Baggerstrecke für die Schiffahrt vor der Abnahme. Angaben über den zu erwartenden Unterhaltungsumfang bis zur Abnahme.

0.2.17 Ausbildung der Anschlüsse an Bauwerke.

0.2.18 Übernahme von Geräten, Fahrzeugen, Gerüsten oder Teilen der Baustelleneinrichtung durch den Auftraggeber nach Beendigung der Baumaßnahme.

0.2.19 Stellen von Arbeitskräften und Geräten durch den Auftraggeber für die Arbeiten des Auftragnehmers.

0.3 Einzelangaben bei Abweichungen von den ATV

0.3.1 Wenn andere als die in dieser ATV vorgesehenen Regelungen getroffen werden sollen, sind diese in der Leistungsbeschreibung eindeutig und im einzelnen anzugeben.

0.3.2 Abweichende Regelungen können insbesondere in Betracht kommen bei

Abschnitt 2.1, wenn gelöster Boden oder Fels in das Eigentum des Auftragnehmers übergehen soll,

Abschnitt 3.1.1, wenn das Bauverfahren, der Bauablauf oder die Art und der Einsatz der Baugeräte dem Auftragnehmer vorgegeben werden sollen,

Abschnitt 3.2.2, wenn die Wahl der Abtragslängs- und -querschnitte dem Auftragnehmer nicht überlassen bleiben soll,

Abschnitt 3.3, wenn die Wahl der Förderwege und -verfahren dem Auftragnehmer nicht überlassen bleiben soll,

Abschnitt 3.4.1, wenn der Boden mit zusätzlichen Maßnahmen, z. B. Einebnen, Wiederaufnehmen vertriebenen Bodens, Einebnen und Verdichten an Land, abgelagert werden soll,

Abschnitt 3.4.5, wenn beim Verklappen und Verspülen von Boden bestimmte Böschungen eingehalten werden sollen,

Abschnitt 5.1, wenn das Aufmaß nicht im Abtrag, sondern im Laderaum oder auf der Ablagerungsfläche genommen werden soll,

Abschnitt 5.2, wenn die üblichen Näherungsverfahren bei der Mengenermittlung nicht zugelassen sind.

0.4 Einzelangaben zu Nebenleistungen und Besonderen Leistungen

Keine ergänzende Regelung zur ATV DIN 18 299, Abschnitt 0.4.

0.5 Abrechnungseinheiten

Im Leistungsverzeichnis sind die Abrechnungseinheiten wie folgt vorzusehen:
- Abtrag, Ablagerung nach Raummaß (m^3), nach Flächenmaß (m^2) oder nach Gewicht (t),
- Fördern nach Raummaß (m^3) oder Gewicht (t),
- Beseitigen von Hindernissen nach Gewicht (t), nach Anzahl (Stück) oder Raummaß (m^3),
- Beseitigen einzelner Bäume, Steine und dergleichen nach Anzahl (Stück) oder Raummaß (m^3).

1 Geltungsbereich

1.1 Die ATV „Naßbaggerarbeiten" — DIN 18 311 — gilt für das Lösen von Boden und Fels unter Wasser einschließlich Laden, Fördern und Ablagern des gelösten Bodens und Fels unter oder über Wasser.

Sie gilt auch für das Lösen von Boden und Fels über Wasser im Uferbereich, wenn diese Arbeiten im Zusammenhang mit dem Lösen von Boden und Fels unter Wasser ausgeführt werden.

1.2 Die ATV DIN 18 311 gilt nicht für
- Erdarbeiten (siehe ATV DIN 18 300 „Erdarbeiten"),
- Erdarbeiten zur Herstellung von Dränungen im Landeskulturbau (siehe ATV DIN 18 308 „Dränarbeiten"),

- Oberbodenarbeiten nach den Grundsätzen des Landschaftsbaus (siehe ATV DIN 18 320 „Landschaftsbauarbeiten").

1.3 Ergänzend gelten die Abschnitte 1 bis 5 der ATV DIN 18 299 „Allgemeine Regelungen für Bauarbeiten jeder Art". Bei Widersprüchen gehen die Regelungen der ATV DIN 18 311 vor.

2 Stoffe, Bauteile; Boden und Fels

Ergänzend zur ATV DIN 18 299, Abschnitt 2, gilt:

2.1 Allgemeines
Gelöster Boden und Fels gehen nicht in das Eigentum des Auftragnehmers über.

2.2 Einstufung von Boden und Fels
Boden und Fels werden entsprechend ihrem Zustand beim Bearbeiten in Klassen eingestuft (siehe Abschnitt 2.3).
Im übrigen gilt für das Benennen und Beschreiben von Boden (Lockergesteinen) DIN 18 196 „Erd- und Grundbau; Bodenklassifikation für bautechnische Zwecke".

2.3 Boden- und Felsklassen

Klasse A: Fließende Bodenarten
Bindige Bodenarten von flüssigbreiiger Beschaffenheit, die das Wasser schwer abgeben, sowie fließende, rollige Bodenarten,
mit Angabe von Schichtenaufbau, Korngrößenverteilung, Lagerungsdichte aus Sondierergebnissen bei rolligen Bodenarten, Anteil und Größe von Steinen.

Klasse B: Weiche bis steife bindige Bodenarten
Bindige Bodenarten von weichplastischer bis steifplastischer Konsistenz (Konsistenzzahl bis einschließlich 0,85),
mit Angabe von Schichtenaufbau, Korngrößenverteilung, Konsistenz und natürlichem Wassergehalt, Anteil und Größe von Steinen.

Klasse C: Steife bis feste bindige Bodenarten
Bindige Bodenarten von steifplastischer, halbfester und fester Konsistenz (Konsistenzzahl über 0,85),
mit Angabe von Schichtenaufbau, Korngrößenverteilung, Konsistenz und natürlichem Wassergehalt, Anteil und Größe von Steinen.

Klasse D: Rollig-bindige Bodenarten
Fein- und Mittelsande mit Schluff- und Tonbeimengungen mit folgenden Kornbereichen: Feinsand 15 bis 90%, Mittelsand bis 45%, Schluff und Ton 10 bis 40%,
mit Angabe von Schichtenaufbau, Korngrößenverteilung, Konsistenz und natürlichem Wassergehalt, Lagerungsdichte aus Sondierergebnissen, Anteil und Größe von Steinen.

Klasse E: Gleichförmige, feinkörnige, rollige Bodenarten
Feinsande mit Beimengungen von Schluff und Ton sowie Mittelsand mit folgenden Kornbereichen: Feinsande über 60%, Mittelsand bis 30%, Schluff und Ton bis 10%,
mit Angabe von Schichtenaufbau, Korngrößenverteilung, Lagerungsdichte aus Sondierergebnissen, Anteil und Größe von Steinen.

Klasse F: Feinkörnige rollige Bodenarten

Fein- und Mittelsande mit Beimengungen von Schluff, Ton und Grobsand mit folgenden Kornbereichen: Fein- und Mittelsand über 80 %, Grobsand bis 10 %, Schluff und Ton bis 10 %,

mit Angabe von Schichtenaufbau, Korngrößenverteilung, Lagerungsdichte aus Sondierergebnissen, Anteil und Größe von Steinen.

Klasse G: Mittelkörnige rollige Bodenarten

Fein- und Mittelsande mit Beimengungen von Schluff, Ton und Grobsand mit folgenden Kornbereichen: Fein- und Mittelsand 50 bis 90 %, Grobsand 10 bis 40 %, Schluff und Ton bis 10 %,

mit Angabe von Schichtenaufbau, Korngrößenverteilung, Lagerungsdichte aus Sondierergebnissen, Anteil und Größe von Steinen.

Klasse H: Gemischtkörnige rollige Bodenarten

Fein-, Mittel- und Grobsande mit Beimengungen aus Schluff, Ton und Kies mit folgenden Kornbereichen: Fein-, Mittel- und Grobsand über 80 %, Kies bis 10 %, Schluff und Ton bis 10 %,

mit Angabe von Schichtenaufbau, Korngrößenverteilung, Lagerungsdichte aus Sondierergebnissen, Anteil und Größe von Steinen.

Klasse I: Grob- und gemischtkörnige rollige Bodenarten

Sand und Kies und deren Gemische mit folgenden Kornbereichen: Sand 50 bis 90 %, Kies 10 bis 50 %,

mit Angabe von Schichtenaufbau, Korngrößenverteilung, Lagerungsdichte aus Sondierergebnissen, Anteil und Größe von Steinen.

Klasse K: Grobkörnige rollige Bodenarten

Kies, Sand und deren Gemische mit folgenden Kornbereichen: Kies über 50 %, Sand bis 50 %,

mit Angabe von Schichtenaufbau, Korngrößenverteilung, Lagerungsdichte aus Sondierergebnissen, Anteil und Größe von Steinen.

Klasse L: Lockerer Fels und vergleichbare Bodenarten

Felsarten mit einem inneren mineralisch gebundenen Zusammenhalt, die jedoch stark klüftig, brüchig, bröckelig, schiefrig, weich oder verwittert sind, sowie vergleichbare verfestigte nichtbindige und bindige Bodenarten,

mit Angabe von Schichtenaufbau, Gesteinsfestigkeit und mineralischer Zusammensetzung, bei verfestigten nichtbindigen und bindigen Bodenarten Korngrößenverteilung, Konsistenz und natürlichem Wassergehalt, Anteil und Größe von Steinen.

Klasse M: Fester Fels und vergleichbare Bodenarten

Felsarten mit einem inneren mineralisch gebundenen Zusammenhalt und mit hoher Gefügefestigkeit, die nicht oder nur wenig klüftig verwittert sind, sowie vergleichbare verfestigte nichtbindige und bindige Bodenarten,

mit Angabe von Schichtenaufbau, Gesteinsfestigkeit und mineralischer Zuammensetzung, bei verfestigten nichtbindigen und bindigen Bodenarten Korngrößenverteilung, Konsistenz und natürlichem Wassergehalt.

3 Ausführung

Ergänzend zur ATV DIN 18 299, Abschnitt 3, gilt:

3.1 Allgemeines

3.1.1 Die Wahl des Bauverfahrens und -ablaufs sowie die Wahl und der Einsatz der Baugeräte sind Sache des Auftragnehmers.

3.1.2 In der Nähe von Bauwerken, Leitungen, Kabeln, Dükern und Wracks müssen die Arbeiten mit der erforderlichen Vorsicht ausgeführt werden; z. B. dürfen Großgeräte nur soweit eingesetzt und Baggerschnitte sowie Sprengungen nur so durchgeführt werden, daß vorhandene Anlagen nicht gefährdet werden.

3.1.3 Bei Schutz- und Sicherungsmaßnahmen sind die Vorschriften der Eigentümer oder anderer Weisungsberechtigter zu beachten. Solche Maßnahmen sind Besondere Leistungen (siehe Abschnitt 4.2.1).

3.1.4 Wenn die Lage vorhandener Leitungen, Kabel, Düker und sonstiger baulicher Anlagen oder nicht aufbaggerbarer Hindernisse wie Wrackteile, Bauwerksreste und dergleichen vor Ausführung der Arbeiten nicht angegeben werden kann, ist diese zu erkunden. Solche Maßnahmen sind Besondere Leistungen (siehe Abschnitt 4.2.1).

3.1.5 Werden unvermutete Hindernisse, z. B. nicht angegebene Leitungen, Kabel, Düker, Bauwerksreste, Sprengkörper, Wrackteile, Holzstämme, Stubben, angetroffen, ist der Auftraggeber unverzüglich darüber zu unterrichten. Die zu treffenden Maßnahmen sind Besondere Leistungen (siehe Abschnitt 4.2.1).

3.1.6 Ergibt sich während der Ausführung die Gefahr von Rutschungen, Ausfließen von Boden, Gelände- oder Grundbrüchen, hat der Auftragnehmer unverzüglich die notwendigen Maßnahmen zur Verhütung von Schäden zu treffen und den Auftraggeber zu verständigen. Bereits eingetretene Schäden sind dem Auftraggeber unverzüglich anzuzeigen. Die weiteren Maßnahmen sind gemeinsam festzulegen. Soweit die Ursache nicht der Auftragnehmer zu vertreten hat, sind die zur Verhütung von Schäden vom Auftragnehmer getroffenen sowie die weiteren Maßnahmen Besondere Leistungen (siehe Abschnitt 4.2.1).

3.1.7 Pegel und amtliche Festpunkte, z. B. Grenzsteine, Höhenmarken, dürfen nur mit Zustimmung des Auftraggebers beseitigt werden. Festpunkte des Auftraggebers für die Baumaßnahme hat der Auftragnehmer zu sichern.

3.1.8 Aufwuchs darf über den vereinbarten Umfang hinaus nur mit Zustimmung des Auftraggebers beseitigt werden.

3.1.9 Bei Spülarbeiten ist dafür zu sorgen, daß das Spülwasser stets ungehindert abfließen kann und keine Schäden verursacht. Das Eintreiben von Spülgut in Vorfluter und vor Ausläufen soll vermieden werden.

3.1.10 Reichen die vereinbarten Maßnahmen für das Beseitigen von Sickerwasser, Grundwasser, Stauwasser u. ä. nicht aus, so sind die erforderlichen zusätzlichen Maßnahmen gemeinsam festzulegen; diese sind Besondere Leistungen (siehe Abschnitt 4.2.1).

3.1.11 Alle erforderlichen Entwässerungsmaßnahmen hat der Auftragnehmer rechtzeitig auszuführen.

3.2 Lösen und Laden

3.2.1 Von den vereinbarten Abtragsquerschnitten, Baggerschnitten und Baggertoleranzen darf nur mit Zustimmung des Auftraggebers abgewichen werden.

3.2.2 Sind Abtragsquer- und -längsschnitte nicht vereinbart, so bleibt die Wahl der Maße in der Abtragsstrecke dem Auftragnehmer überlassen.

3.2.3 Werden von der Leistungsbeschreibung abweichende Bodenverhältnisse angetroffen oder treten Umstände ein, durch die die vereinbarten Maße nicht eingehalten werden können, so sind die erforderlichen Maßnahmen gemeinsam festzulegen; diese sind Besondere Leistungen (siehe Abschnitt 4.2.1).

3.2.4 Das Lösen von Fels, z. B. durch Sprengen, ist so durchzuführen, daß das verbleibende Gestein möglichst nicht gelockert wird.

3.3 Fördern

Die Wahl der Förderwege und -verfahren bleibt dem Auftragnehmer überlassen.

3.4 Ablagern

3.4.1 Boden ist ohne zusätzliche Maßnahmen abzulagern, z. B. unter Wasser zu verklappen oder zu verspülen oder über Wasser aufzuspülen oder aufzutragen.

3.4.2 Beim Aufspülen an Land ist eine möglichst dichte Lagerung des Bodens durch geeignete Anordnung und Steuerung des Spülfeldauslaufs, z. B. Spülfeldüberlauf (Mönch), Spülfeldmaße, Nachklärbecken, sicherzustellen.

3.4.3 Vor dem Ablagern von Boden und Fels ist die Ablagerungsfläche auf Eignung zu prüfen (siehe B § 4 Nr 3).

3.4.4 Sind an das abzulagernde Baggergut bestimmte Anforderungen gestellt, z. B. zur Weiterverwendung für Kolkverbau, Deiche, Dämme, Bauflächen, so ist nur geeigneter Boden oder Fels abzulagern.

3.4.5 Beim Verklappen und Verspülen wird der Boden mit den sich einstellenden Böschungen eingebaut.

3.4.6 Meßeinrichtungen, die zum Beobachten von Setzungen u. ä. in Ablagerungsflächen eingebaut werden, dürfen nicht beschädigt oder in ihrer Lage verändert werden.

3.5 Herstellen von Böschungen und Spülfeldflächen

Hat der Auftragnehmer Böschungen und Spülfeldflächen zu sichern, so ist die Befestigung unmittelbar nach der Herstellung in Teilabschnitten oder in Verbindung mit dem Arbeitsfortschritt auszuführen.

3.6 Arbeiten bei und nach Frostwetter

Gefrorene Schichten von Erdbauwerken, Hinterfüllungen und Überschüttungen dürfen nur überspült oder in anderer Weise mit Boden überdeckt werden, wenn keine Schäden eintreten können.

4 Nebenleistungen, Besondere Leistungen

4.1 **Nebenleistungen** sind ergänzend zur ATV DIN 18 299, Abschnitt 4.1, insbesondere:

4.1.1 Feststellen des Zustands der Straßen, der Geländeoberfläche, der Vorfluter usw. nach B § 3 Nr 4.

4.1.2 Beseitigen einzelner Sträucher und einzelner Bäume bis zu 0,10 m Durchmesser, gemessen 1 m über dem Erdboden, der dazugehörigen Wurzeln und Baumstümpfe.

4.1.3 Beseitigen von Hindernissen auf Spülfeldern, soweit mit dem eingesetzten Gerät durchführbar.

4.1.4 Beseitigen von durch das eingesetzte Naßbaggergerät aufbaggerbaren Hindernissen.

4.1.5 Herstellen, Vorhalten und Beseitigen der zur Durchführung der Leistung erforderlichen Treppen oder Wege in den Böschungen.

4.1.6 Beseitigen von Schäden an schwimmenden und sonstigen Geräten, die durch Hindernisse entstanden sind, und daraus folgende Ausfall- und Liegezeiten der betroffenen Geräte des Auftragnehmers.

4.1.7 Sichern der Spülrohrleitungen, auch der vom Auftraggeber gestellten.

4.1.8 Wasserstandsmessungen für das Ausführen und Abrechnen der Arbeiten, Einmessen und laufende Kontrolle der Positionen der schwimmenden Geräte einschließlich Vorhalten der navigatorischen Ausrüstung und Stellen der Arbeitskräfte.

4.2 Besondere Leistungen sind ergänzend zur ATV DIN 18 299, Abschnitt 4.2, z. B.:

4.2.1 Maßnahmen nach den Abschnitten 3.1.3, 3.1.4, 3.1.5, 3.1.6, 3.1.10 und 3.2.3.

4.2.2 Aufstellen, Vorhalten und Beseitigen von Pegeln, Beobachtungsbrunnen und dergleichen.

4.2.3 Beseitigen von Aufwuchs einschließlich Roden, ausgenommen Leistungen nach Abschnitt 4.1.2.

4.2.4 Verlegen von Baggergeräten bei Antreffen nicht aufbaggerbarer Hindernisse wie Wracks oder Wrackteile, Bauwerksreste und dergleichen, die eine Fortführung der Baggerarbeiten an der Fundstelle verhindern.

4.2.5 Beseitigen von Hindernissen auf Spülfeldern, ausgenommen Leistungen nach Abschnitt 4.1.3.

4.2.6 Zusätzliche Maßnahmen zum Verdichten eingebauten Baggergutes.

4.2.7 Aufbrechen und Wiederherstellen von befestigten Flächen.

4.2.8 Zusätzliche Maßnahmen für Bodenverbesserung und Bodenaustausch.

4.2.9 Maßnahmen für das Fördern und Ablagern ungeeigneten Baggergutes (siehe Abschnitt 3.4.4).

4.2.10 Boden-, Wasser- und bodenmechanische Untersuchungen.

4.2.11 Besondere Maßnahmen zum Feststellen des Zustands der Gewässer und der baulichen Anlagen einschließlich Versorgungs- und Entsorgungsanlagen vor Beginn der Arbeiten.

5 Abrechnung

Ergänzend zur ATV DIN 18 299, Abschnitt 5, gilt:

5.1 Das Aufmaß ist im Abtrag zu nehmen.

5.2 Bei der Mengenermittlung sind die üblichen Näherungsverfahren zulässig.

5.3 Die Leistung ist getrennt nach Baggerabschnitten, Förderwegen und Ablagerungsstellen abzurechnen. Als Förderweg gilt die kürzeste zumutbare Strecke vom Mittelpunkt der Fläche eines Baggerabschnittes zum Mittelpunkt der Ablagerungsfläche.

5.4 Bei der Mengenermittlung auf der Ablagerungsfläche sind Setzungen des Untergrundes zu berücksichtigen; etwaige Spülverluste bleiben unberücksichtigt.

5.5 Ist nach Gewicht abzurechnen, so ist es durch Wiegen, bei Schiffsladungen durch Schiffseiche festzustellen.

5.6 Laderaumbagger und Schuten sowie deren Laderäume müssen amtlich vermessen sein.

5.7 Bei der Mengenermittlung nach Laderaummaß wird die gemittelte Füllhöhe des Laderaumes nach üblichen Verfahren bestimmt und die Laderaumfüllung aus der amtlich bescheinigten Füllskala errechnet. Sind auf Laderaumbaggern geeignete Beladungsanzeiger vorhanden, so können auch diese zur Leistungsermittlung verwendet werden.

Nach dem Entleeren von Schuten oder Laderaumbaggern im Schiffsgefäß verbleibende Reste von Baggergut werden aufgemessen und in Abzug gebracht.

5.8 Bei Abrechnung nach Gewicht wird die Abladung nach Schiffseiche vor und nach der Beladung ermittelt. Bei unten nicht geschlossenem Laderaum, z.B. Klappschuten, ist der Auftrieb, bei unten geschlossenen Laderäumen, z.B. Spülschuten, ist der Wasseranteil zu berücksichtigen.

VOB Teil C:
Allgemeine Technische Vertragsbedingungen für Bauleistungen (ATV)
Untertagebauarbeiten – DIN 18312
Ausgabe Dezember 1992

Inhalt

0   Hinweise für das Aufstellen der Leistungsbeschreibung
1   Geltungsbereich
2   Stoffe, Bauteile; Boden und Fels
3   Ausführung
4   Nebenleistungen, Besondere Leistungen
5   Abrechnung

0 Hinweise für das Aufstellen der Leistungsbeschreibung

Diese Hinweise ergänzen die ATV DIN 18 299 „Allgemeine Regelungen für Bauarbeiten jeder Art", Abschnitt 0. Die Beachtung dieser Hinweise ist Voraussetzung für eine ordnungsgemäße Leistungsbeschreibung gemäß A § 9.
Die Hinweise werden nicht Vertragsbestandteil.
In der Leistungsbeschreibung sind nach den Erfordernissen des Einzelfalls insbesondere anzugeben:

0.1 Angaben zur Baustelle

0.1.1 Art und Umfang des vorhandenen Aufwuchses auf den freizumachenden Flächen.

0.1.2 Gründungstiefen, Gründungsarten und Lasten benachbarter und darüberliegender Bauwerke.

0.2 Angaben zur Ausführung

0.2.1 Einschränkungen des Schichtbetriebs.

0.2.2 Vorhalten und Betreiben der Einrichtungen zum Belüften und Entstauben auch für andere Leistungen des Auftragnehmers.

0.2.3 Ausbildung der Anschlüsse an Bauwerke.

0.2.4 Besondere Maßnahmen zum Schutz von darüberliegenden Grundstücken und Bauwerken.

0.2.5 Besondere Anforderungen oder Maßnahmen zum Schutz von Grundwasser und anderen Gewässern, Wassergewinnungs- und Abwasserbeseitigungsanlagen.

0.2.6 Art und Anzahl der geforderten Proben.

0.2.7 Sachverständigengutachten und inwieweit sie bei der Ausführung zu beachten sind.

0.2.8 Besondere Maßnahmen bei Durchführung der Untertagebauarbeiten, wie Hangsicherung, Sicherung gegen Steinschlag, Lawinensicherung u. ä.

0.2.9 Besondere Maßnahmen zum Schutz der Fischerei, der Jagd, der Land- und Forstwirtschaft und anderer Interessengebiete.

0.2.10 Form und Fläche des Hohlraumquerschnitts, soweit sie nicht dem Auftragnehmer überlassen bleiben.

0.2.11 Das Ausbruchsollprofil, soweit dies nicht dem Auftragnehmer überlassen bleibt, und die zulässigen Toleranzen nach innen (t_i) und nach außen (t_a) (siehe Abschnitte 3.3.2 und 3.3.3).

Die Toleranz t_a ist unter Berücksichtigung der geologischen Gegebenheiten für die jeweilige Ausbruchklasse gesondert anzugeben. Mit der Toleranz t_a ist der über das Ausbruchsollprofil hinausgehende, geologisch bedingte, nicht vermeidbare, jedoch vorhersehbare Ausbruch zu erfassen. Ist dies im Einzelfall nicht möglich, so ist dieser zusätzliche Ausbruch quantitativ in anderer Weise anzugeben.

0.2.12 Sonderverfahren zur Durchführung des Vortriebs, z. B. Druckluftbetrieb, Grundwasserabsenkung, Injektionen, Gefrierarbeiten mit eingehender Erläuterung.

0.2.13 Anzahl, Maße und Lage der Angriffstellen, der Anfahr- und Zielschächte und der Fensterstollen.

0.2.14 Die Eigenschaften und Zustände von Boden und Fels und deren wesentliche Änderung nach dem Lösen.

0.2.15 Der Ausbruch nach Ausbruchklassen gemäß Abschnitt 2.3. Dabei dürfen Ausbruchklassen zusammengefaßt oder untergliedert werden, z. B. nach Art und Umfang der Sicherungsmaßnahmen. Unterschiedliche Ausbruchklassen in einem Querschnitt sollen nur dann vorgesehen werden, wenn eine Unterteilung des Ausbruchquerschnitts aus baubetrieblichen Gründen notwendig ist.

0.2.16 Für die jeweilige Ausbruchklasse: Bauverfahren, Art des Ausbruchs (z. B. Voll- bzw. Teilausbruch bzw. Abschlagtiefe), Art und Umfang der Sicherung.

0.2.17 Beseitigen von Teilen der Sicherung.

0.2.18 Art und Umfang der Maßnahmen zum Fassen und Beseitigen des Bergwassers während der Bauausführung.

0.2.19 Die Grenzwassermenge für Bergwasser (siehe Abschnitt 4.1.4).

0.2.20 Erfordernis und Art der Verfüllung von Hohlräumen (siehe Abschnitt 3.6.2).

0.2.21 Die Verwendung des Ausbruchmaterials und Förderung über Tage.

0.2.22 Besondere Maßnahmen hinsichtlich der Belüftung, Staubabsaugung, Beleuchtung usw.

0.2.23 Benutzung von Grundstücken und Gebäuden Dritter zum Herstellen von Verankerungen, Injektionen, Grundwasserabsenkungen usw.

0.2.24 Art, Umfang und Zeit von Spannungs- und Verformungsmessungen.

0.2.25 Beschränkungen der Setzungen und Erschütterungen aus besonderen Gründen, z. B. Unterfahrung von Gleisen und Gebäuden.

0.2.26 Art und Umfang der Standsicherheitsnachweise für Bauzustände und Endzustand des Untertagebauwerks.

0.2.27 Art, Umfang und Zeit von Beweissicherungsmaßnahmen.

0.3 Einzelangaben bei Abweichungen von den ATV

0.3.1 Wenn andere als die in dieser ATV vorgesehenen Regelungen getroffen werden sollen, sind diese in der Leistungsbeschreibung eindeutig und im einzelnen anzugeben.

0.3.2 Abweichende Regelungen können insbesondere in Betracht kommen bei

Abschnitt 2.1, wenn gelöster Boden oder Fels in das Eigentum des Auftragnehmers übergehen soll,

Abschnitt 3.1.1, wenn der Bauablauf oder die Art und der Einsatz der Baugeräte dem Auftragnehmer vorgegeben werden sollen,

Abschnitt 3.3.6, wenn loses Gestein belassen werden soll,

Abschnitt 3.5.1, wenn die Wahl der Förderwege und -verfahren dem Auftragnehmer nicht überlassen bleiben sollen,

Abschnitt 5.1.1, wenn die üblichen Näherungsverfahren bei der Mengenermittlung nicht zulässig sein sollen,

Abschnitt 5.1.2, wenn bei Abrechnung nach Gewicht die Ermittlung durch Wiegen festgelegt werden soll,

Abschnitt 5.3.1, wenn die Ermittlung der Ausbruchmengen nicht getrennt nach Ausbruchklassen, sondern unter Aufgliederung oder Zusammenfassung von Ausbruchklassen erfolgen soll,

Abschnitt 5.3.3, wenn bei Abzweigungen und Durchdringungen nicht bis zum theoretischen Schnittpunkt der Längsachsen durchgerechnet werden soll,

Abschnitt 5.3.4, wenn Hohlräume, z. B. vorhandener Probestollen, nicht übermessen werden sollen,

Abschnitt 5.5, wenn die Verfüllung von Hohlräumen nicht durch Aufmaß ermittelt werden soll, sondern z. B. nach Materialverbrauch.

0.4 Einzelangaben zu Nebenleistungen und Besonderen Leistungen

Als Nebenleistungen, für die unter den Voraussetzungen der ATV DIN 18 299, Abschnitt 0.4.1, besondere Ordnungszahlen (Positionen) vorzusehen sind, kommen insbesondere in Betracht:

- Vorhalten der Gerüste (siehe Abschnitt 4.1.14),
- Aufstellen, Vorhalten, Betreiben und Beseitigen von Einrichtungen zum Belüften und Entstauben (siehe Abschnitt 4.1.15),
- Aufstellen, Vorhalten, Betreiben und Beseitigen von Notstromanlagen (siehe Abschnitt 4.1.16),
- Liefern statischer Berechnungen und Zeichnungen für Baubehelfe (siehe Abschnitt 4.1.17).

0.5 Abrechnungseinheiten

Im Leistungsverzeichnis sind die Abrechnungseinheiten wie folgt vorzusehen:

- Ausbruch nach Raummaß (m^3),
- Aufwendungen bei Ausbruch- und Sicherungsarbeiten durch Zutritt von Bergwasser über die Grenzwassermenge hinaus als Zulage zum Ausbruch nach Raummaß (m^3), gestaffelt nach Wassermengen,
- Beseitigen von Hindernissen nach Raummaß (m^3) oder Anzahl (Stück),
- Beseitigen von Wasser nach Raummaß (l, m^3),
- Sichern mit Beton nach Flächenmaß (m^2),
- Verfüllen von Hohlräumen nach Raummaß (l, m^3),
- Maschendraht, Betonstahlmatten, Verzugs- oder Getriebedielen nach Flächenmaß (m^2), nach Gewicht (kg, t) oder Anzahl (Stück),
- Gitterträger und Streckenbögen nach Gewicht (kg, t) oder Anzahl (Stück),
- Felsnägel und Anker nach Anzahl (Stück), getrennt nach Arten und Größen,
- Sicherung mit Tübbings nach Längenmaß (m) oder Anzahl (Stück).

1 Geltungsbereich

1.1 Die ATV „Untertagebauarbeiten" – DIN 18 312 – gilt für das Herstellen unterirdischer Hohlräume in Boden und Fels in geschlossener Bauweise (Stollen, Tunnel, Kavernen, Schächte u. ä.), die nicht unmittelbar zur Gewinnung von Bodenschätzen dienen.

1.2 Das Herstellen unterirdischer Hohlräume umfaßt den Ausbruch (Lösen, Laden und Fördern von Boden und Fels unter Tage) und die Sicherung des Hohlraumes.

1.3 Die ATV DIN 18 312 gilt auch dann für Sicherungsarbeiten, wenn diese gleichzeitig der Auskleidung dienen.

1.4 Die ATV DIN 18 312 gilt nicht für

– Erd- und Verbauarbeiten außerhalb der unterirdischen Hohlräume (siehe ATV DIN 18 300 „Erdarbeiten" und ATV DIN 18 303 „Verbauarbeiten"),
– Brunnenbauarbeiten (siehe ATV DIN 18 302 „Brunnenbauarbeiten"),
– Rohrvortriebsarbeiten (siehe ATV DIN 18 319 „Rohrvortriebsarbeiten").

1.5 Die ATV DIN 18 312 gilt auch nicht für

– Wasserhaltungsarbeiten (siehe ATV DIN 18 305 „Wasserhaltungsarbeiten"),
– Einpreßarbeiten (siehe ATV DIN 18 309 „Einpreßarbeiten"),
– Spritzbetonarbeiten (siehe ATV DIN 18 314 „Spritzbetonarbeiten"),
– Beton- und Stahlbetonarbeiten (siehe ATV DIN 18 331 „Beton- und Stahlbetonarbeiten"),

soweit nicht in der ATV DIN 18 312 dafür Regelungen enthalten sind.

1.6 Ergänzend gelten die Abschnitte 1 bis 5 der ATV DIN 18 299 „Allgemeine Regelungen für Bauarbeiten jeder Art". Bei Widersprüchen gehen die Regelungen der ATV DIN 18 312 vor.

2 Stoffe, Bauteile; Boden und Fels

Ergänzend zur ATV DIN 18 299, Abschnitt 2, gilt:

2.1 Allgemeines

Gelöster Boden und Fels gehen nicht in das Eigentum des Auftragnehmers über.

2.2 Boden- und Felsklassifizierung

Boden und Fels werden aufgrund ihrer Eigenschaften nach den davon abhängigen Maßnahmen für den Ausbruch und die Sicherung des Hohlraums im Hinblick auf Form und Größe des Hohlraumquerschnitts sowie auf das vereinbarte Bauverfahren in Ausbruchklassen eingeteilt.

Im übrigen gelten für das einheitliche Benennen und Beschreiben von Boden und Fels

– DIN 4022 Teil 1, Teil 2 und Teil 3 „Baugrund und Grundwasser; Benennen und Beschreiben von Boden und Fels",
– DIN 18 196 „Erd- und Grundbau; Bodenklassifikation für bautechnische Zwecke".

2.3 Ausbruchklassen

2.3.1 Allgemeine Ausbruchklassen

Ausbruchklasse 1
Ausbruch, der keine Sicherung erfordert.

Ausbruchklasse 2
Ausbruch, der eine Sicherung erfordert, die in Abstimmung mit dem Bauverfahren so eingebaut werden kann, daß Lösen und Laden nicht behindert werden.

Ausbruchklasse 3
Ausbruch, der eine in geringem Abstand zur Ortsbrust (bei Vertikalschächten: Schachtsohle bzw. -firste) folgende Sicherung erfordert, für deren Einbau Lösen und Laden unterbrochen werden müssen.

Ausbruchklasse 4
Ausbruch, der eine unmittelbar folgende Sicherung erfordert.

Ausbruchklasse 4 A
Ausbruch nach Ausbruchklasse 4, der jedoch eine Unterteilung des Ausbruchquerschnitts ausschließlich aus Gründen der Standsicherheit erfordert.

Ausbruchklasse 5
Ausbruch, der eine unmittelbar folgende Sicherung und zusätzlich eine Sicherung der Ortsbrust erfordert.

Ausbruchklasse 5 A
Ausbruch nach Ausbruchklasse 5, der jedoch eine Unterteilung des Ausbruchquerschnitts ausschließlich aus Gründen der Standsicherheit erfordert.

Ausbruchklasse 6
Ausbruch, der eine voreilende Sicherung erfordert.

Ausbruchklasse 6 A
Ausbruch nach Ausbruchklasse 6, der jedoch eine Unterteilung des Ausbruchquerschnitts ausschließlich aus Gründen der Standsicherheit erfordert.

Ausbruchklasse 7
Ausbruch, der eine voreilende Sicherung und zusätzlich eine Sicherung der Ortsbrust erfordert.

Ausbruchklasse 7 A
Ausbruch nach Ausbruchklasse 7, der jedoch eine Unterteilung des Ausbruchquerschnitts ausschließlich aus Gründen der Standsicherheit erfordert.

2.3.2 Ausbruchklassen für den Vortrieb mit Vollschnittbohrmaschinen (V)

Ausbruchklasse V 1
Ausbruch, der keine Sicherung erfordert.

Ausbruchklasse V 2
Ausbruch, der eine Sicherung erfordert, deren Einbau das vollmechanische Lösen nicht behindert.

Ausbruchklasse V 3

Ausbruch, der eine Sicherung bereits im Maschinenbereich erfordert, deren Einbau das vollmechanische Lösen behindert.

Ausbruchklasse V 4

Ausbruch, der eine Sicherung bereits unmittelbar hinter dem Bohrkopf erfordert, für deren Einbau das vollmechanische Lösen unterbrochen werden muß.

Ausbruchklasse V 5

Ausbruch, der Maßnahmen besonderer Art zur Verspannung der Maschine, zur Beseitigung von Nachfall im Maschinenbereich oder zur Verfestigung von Boden oder Fels erfordert, für deren Durchführung das vollmechanische Lösen unterbrochen werden muß.

Ausbruchklasse V 6

Ausbruch vor dem Bohrkopf durch nichtvollmechanisches Lösen, für das die Maschine zum Durchfahren örtlich begrenzter Zonen stillgelegt werden muß.

3 Ausführung

Ergänzend zur ATV DIN 18 299, Abschnitt 3, gilt:

3.1 Allgemeines

3.1.1 Die Wahl des Bauablaufs sowie die Wahl und der Einsatz der Baugeräte sind Sache des Auftragnehmers.

3.1.2 In der Nähe von Bauwerken, Leitungen, Kabeln, Dränen und Kanälen müssen die Arbeiten mit der erforderlichen Vorsicht ausgeführt werden.

3.1.3 Gefährdete bauliche Anlagen sind zu sichern; DIN 4123 „Gebäudesicherung im Bereich von Ausschachtungen, Gründungen und Unterfangungen" ist zu beachten. Bei Schutz- und Sicherungsmaßnahmen sind die Vorschriften der Eigentümer oder anderer Weisungsberechtigter zu beachten. Solche Maßnahmen sind Besondere Leistungen (siehe Abschnitt 4.2.1).

3.1.4 Wenn die Lage vorhandener Leitungen, Kabel, Dräne, Kanäle und sonstiger baulicher Anlagen vor Ausführung der Arbeiten nicht angegeben werden kann, ist diese zu erkunden. Solche Maßnahmen sind Besondere Leistungen (siehe Abschnitt 4.2.1).

3.1.5 Werden unvermutete Hindernisse, z. B. nicht angegebene Leitungen, Kabel, Dräne, Kanäle, Vermarkungen, Bauwerksreste, sonstige bauliche Anlagen, Findlinge, angetroffen, ist der Auftraggeber unverzüglich darüber zu unterrichten. Die zu treffenden Maßnahmen sind Besondere Leistungen (siehe Abschnitt 4.2.1).

3.1.6 Ergibt sich während der Ausführung die Gefahr von Verbrüchen, Ausfließen von Boden, Sohlhebungen, Wassereinbrüchen, Schäden an baulichen Anlagen u. ä., hat der Auftragnehmer unverzüglich die notwendigen Maßnahmen zur Verhütung von Schäden zu treffen und den Auftraggeber zu verständigen. Bereits eingetretene Schäden sind dem Auftraggeber unverzüglich anzuzeigen. Die weiteren Maßnahmen sind gemeinsam festzulegen. Soweit die Ursache nicht der Auftragnehmer zu vertre-

Untertagebauarbeiten DIN 18312

ten hat, sind die vom Auftragnehmer getroffenen sowie die weiteren Maßnahmen Besondere Leistungen (siehe Abschnitt 4.2.1).

3.2 Wasserbeseitigung

3.2.1 Alle Maßnahmen zum Beseitigen von Wasser sind rechtzeitig auszuführen, und zwar so, daß Schäden vermieden werden, z. B. schädliche Aufweichungen des Gebirges.

3.2.2 Reichen die vereinbarten Maßnahmen für das Beseitigen von Bergwasser nicht aus, ist der Auftraggeber unverzüglich darüber zu unterrichten. Die zu treffenden Maßnahmen sind Besondere Leistungen (siehe Abschnitt 4.2.1).

3.3 Ausbruch

3.3.1 Das festgelegte Ausbruchsollprofil darf nur mit Zustimmung des Auftraggebers abgeändert werden.

3.3.2 Das Überschreiten der vereinbarten Toleranz nach innen (t_i) ist nicht zulässig.

3.3.3 Das Überschreiten der vereinbarten Toleranz nach außen (t_a) durch die Arbeitsweise des Auftragnehmers (vermeidbarer Mehrausbruch) ist zu vermeiden.

3.3.4 Tritt durch die geologischen Verhältnisse ein nicht vermeidbarer Mehrausbruch auf, der die angegebene Toleranz t_a überschreitet, ist der Auftraggeber unverzüglich darüber zu unterrichten. Die zu treffenden Maßnahmen sind Besondere Leistungen (siehe Abschnitt 4.2.1).

3.3.5 Werden bei der Herstellung der Hohlräume von der Leistungsbeschreibung abweichende Gebirgsverhältnisse angetroffen und ist die Ausführung der Leistung in der vorgesehenen Weise nicht mehr möglich oder treten Umstände ein, durch die das vereinbarte Ausbruchsollprofil nicht eingehalten werden kann, ist der Auftraggeber unverzüglich darüber zu unterrichten. Die zu treffenden Maßnahmen sind Besondere Leistungen (siehe Abschnitt 4.2.1).

3.3.6 Das Lösen von Fels, z. B. durch Sprengen, ist so durchzuführen, daß das verbleibende Gestein möglichst wenig aufgelockert wird. Loses Gestein ist zu entfernen.

3.4 Sicherung

3.4.1 Art und Umfang der Sicherung sind entsprechend den Festlegungen nach den vereinbarten Ausbruchklassen auszuführen. Ansonsten ist deren Wahl dem Auftragnehmer überlassen.
Sicherungsmaßnahmen sind so auszuführen, daß ein Überschreiten der festgelegten Toleranz t_a (vermeidbarer Mehrausbruch) vermieden wird.

3.4.2 Wenn Umstände auftreten, die eine Änderung der vereinbarten Sicherung erfordern, hat der Auftragnehmer bei Gefahr im Verzug unverzüglich die notwendigen Maßnahmen zur Verhütung von Schäden zu treffen und den Auftraggeber zu unterrichten. Die weiteren Maßnahmen sind gemeinsam festzulegen. Soweit die Ursache nicht der Auftragnehmer zu vertreten hat, sind die zur Verhütung von Schäden vom Auftragnehmer getroffenen sowie die weiteren Maßnahmen Besondere Leistungen (siehe Abschnitt 4.2.1).

3.5 Fördern

3.5.1 Die Wahl der Förderwege und -verfahren bleibt dem Auftragnehmer überlassen.

3.5.2 Die Fördermittel sind so zu wählen, daß eine schädliche Veränderung des Gebirges nicht eintritt.

3.6 Verfüllen von Hohlräumen

3.6.1 Hohlräume zwischen dem Ausbruchsollprofil und der Toleranz t_a sowie durch vermeidbaren Mehrausbruch entstandene Hohlräume sind mit geeignetem Material zu verfüllen.

3.6.2 Beim Ausbruch angetroffene Hohlräume, z. B. Klüfte, Karsthöhlen, sowie die durch nicht vermeidbaren, die angegebene Toleranz t_a überschreitenden Mehrausbruch entstandenen Hohlräume, sind, soweit notwendig, zu verfüllen. Solche Maßnahmen sind Besondere Leistungen (siehe Abschnitt 4.2.1).

3.6.3 Hohlräume zwischen Gebirge und Sicherung bzw. Auskleidung sind kraftschlüssig und so rechtzeitig zu verfüllen, daß schädliche Auswirkungen vermieden werden.

4 Nebenleistungen, Besondere Leistungen

4.1 Nebenleistungen sind ergänzend zur ATV DIN 18 299, Abschnitt 4.1, insbesondere:

4.1.1 Feststellen des Zustands der Straßen, der Geländeoberfläche, der Vorfluter usw. nach B § 3 Nr 4.

4.1.2 Leistungen zum Nachweis der Eignung und Güte von Stoffen und Bauteilen, soweit sie vom Auftragnehmer geliefert werden.

4.1.3 Beseitigen des Brauchwassers.

4.1.4 Aufwendungen bei den Ausbruch- und Sicherungsarbeiten, die durch Zutritt von Bergwasser bis zur Grenzwassermenge entstehen. Für die Bestimmung der Grenzwassermenge wird nur das bis zu einer Entfernung von 50 m von der Ortsbrust zutretende Bergwasser berücksichtigt.

4.1.5 Beseitigen von Ortsbrustsicherungen.

4.1.6 Laden und Fördern über Tage des Mehrausbruchs zwischen der Toleranz t_a und dem Ausbruchsollprofil sowie des vermeidbaren Mehrausbruchs.

4.1.7 Anfertigen der Einpreß- und Spannprotokolle bei Ankerung.

4.1.8 Anfertigen von Meßprotokollen bei Verformungs- und Spannungsmessungen.

4.1.9 Entfernen des Transportkorrosionsschutzes bei Tübbings.

4.1.10 Liefern und Einbauen der Stirnschalung bei Ortbetonsicherung.

4.1.11 Liefern und Einbauen aller Verbindungs- und Dichtungsmittel für Tübbings.

4.1.12 Liefern und Einbauen aller Verbindungsmittel und Fußplatten für Streckenbögen.

Untertagebauarbeiten DIN 18312

4.1.13 Beseitigen von einzelnen Steinen und Mauerresten bis zu 0,1 m³ Rauminhalt *), bzw. bei den Ausbruchklassen 6, 6 A, 7 und 7 A bis 0,01 m³ Rauminhalt *).

4.1.14 Vorhalten der Gerüste (auch Traggerüste).

4.1.15 Aufstellen, Vorhalten, Betreiben und Beseitigen von Einrichtungen zum Belüften und Entstauben.

4.1.16 Aufstellen, Vorhalten, Betreiben und Beseitigen von Notstromanlagen.

4.1.17 Liefern statischer Berechnungen und Zeichnungen, soweit sie für Baubehelfe nötig sind.

4.2 Besondere Leistungen sind ergänzend zur ATV DIN 18 299, Abschnitt 4.2, z. B.:

4.2.1 Maßnahmen nach den Abschnitten 3.1.3, 3.1.4, 3.1.5, 3.1.6, 3.2.2, 3.3.4, 3.3.5, 3.4.2 und 3.6.2.

4.2.2 Besondere Maßnahmen zum Feststellen des Zustands der baulichen Anlagen einschließlich Straßen, Versorgungs- und Entsorgungsanlagen, z. B. Beweissicherung.

4.2.3 Liefern der Ausführungsunterlagen, z. B. statische Berechnung, Zeichnungen, über die Leistungen nach Abschnitt 4.1.17 hinaus.

4.2.4 Messungen und Untersuchungen zur Kontrolle der Standsicherheit und des Verformungsverhaltens des Hohlraums sowie benachbarter Bauwerke, zur Dimensionierung und Überprüfung der Wirksamkeit der gewählten Sicherungs- und Auskleidungsmaßnahmen, während und nach der Bauausführung.

4.2.5 Aufwendungen bei den Ausbruch- und Sicherungsarbeiten, die durch Zutritt von Bergwasser über die Grenzwassermenge hinaus entstehen (siehe Abschnitt 4.1.4).

5 Abrechnung

Ergänzend zur ATV DIN 18 299, Abschnitt 5, gilt:

5.1 Allgemeines

5.1.1 Bei der Mengenermittlung sind die üblichen Näherungsverfahren zulässig.

5.1.2 Bei Abrechnung nach Gewicht wird das Gewicht durch Berechnen ermittelt. Bei der Berechnung des Gewichtes ist bei deutschen genormten Stählen das Gewicht nach DIN-Normen (Nenngewicht), bei anderen Stählen das Gewicht nach dem Profilbuch des Herstellerwerkes zugrunde zu legen.

5.2 Wasserbeseitigung

Die abzurechnende Wassermenge wird ermittelt aus der aus dem Hohlraum abgeführten Wassermenge abzüglich der zugeführten Brauchwassermenge.

5.3 Ausbruch

5.3.1 Die Ausbruchmengen sind nach theoretischem Ausbruchquerschnitt (Ausbruchsollprofil) und Achslänge, getrennt nach Ausbruchklassen, zu ermitteln.

---

*) 0,01 m³ entspricht einer Kugel mit einem Durchmesser von ≈ 0,30 m.
   0,1 m³ entspricht einer Kugel mit einem Durchmesser von ≈ 0,60 m.

Der Mehrausbruch zwischen dem Ausbruchsollprofil und der Toleranz t_a sowie vermeidbarer Mehrausbruch bleiben unberücksichtigt.

5.3.2 Mehrausbruch nach Abschnitt 3.3.4 wird durch Aufmaß des entstandenen Hohlraums ermittelt.

5.3.3 Bei Abzweigungen und Durchdringungen wird der abzweigende oder durchdringende Hohlraum mit vollem Profilquerschnitt bis zum theoretischen Schnittpunkt der Längsachsen durchgerechnet.

5.3.4 Hohlräume im Gebirge, die innerhalb des Ausbruchsollprofils liegen, werden bei der Ermittlung der Ausbruchmengen übermessen, z. B. bei vorhandenem Probestollen.

5.4 Sicherung

5.4.1 Die Fläche der Sicherung aus Beton ist über die Abwicklung der Innenfläche (Innenleibung), diese aus dem Ausbruchsollprofil unter Berücksichtigung der festgelegten, theoretischen Dicke der Sicherung zu ermitteln. Öffnungen, Nischen und Aussparungen bis zu 1 m² Einzelgröße werden übermessen.

5.4.2 Die Flächen von Maschendraht, Betonstahlmatten, Verzugs- und Getriebedielen werden nach den Sollmaßen der bedeckten Flächen ohne Berücksichtigung von Überlappungen, Sicken, Rippen, Aufbiegungen u. ä. ermittelt.

5.4.3 Bei der Ermittlung des Gewichts von Gitterträgern und Stahlbögen werden Verbindungselemente, Fußplatten, Längsaussteifungen und Überlappungen nicht berücksichtigt.

5.4.4 Die Länge der Sicherung mit Tübbings wird in Bauwerkslängsachse ermittelt.

5.5 Verfüllung

Die Verfüllung von beim Ausbruch angetroffenen Hohlräumen wird durch Aufmaß der Hohlräume ermittelt. Dabei anzulegende Öffnungen, Nischen und Aussparungen bis zu 0,25 m³ Einzelgröße werden übermessen.

VOB Teil C:
Allgemeine Technische Vertragsbedingungen für Bauleistungen (ATV) Schlitzwandarbeiten mit stützenden Flüssigkeiten – DIN 18313
Ausgabe Juni 1996

Inhalt

0 Hinweise für das Aufstellen der Leistungsbeschreibung

1 Geltungsbereich

2 Stoffe, Bauteile; Boden und Fels

3 Ausführung

4 Nebenleistungen, Besondere Leistungen

5 Abrechnung

0 Hinweise für das Aufstellen der Leistungsbeschreibung

Diese Hinweise ergänzen die ATV DIN 18299 "Allgemeine Regelungen für Bauarbeiten jeder Art", Abschnitt 0. Die Beachtung dieser Hinweise ist Voraussetzung für eine ordnungsgemäße Leistungsbeschreibung nach A § 9.
Die Hinweise werden nicht Vertragsbestandteil.
In der Leistungsbeschreibung sind nach den Erfordernissen des Einzelfalls insbesondere anzugeben:

0.1 Angaben zur Baustelle

0.1.1 Art des Bodens und Fels, insbesondere Korngrößenverteilung, Dichte, Scherparameter.

0.1.2 Natürliche und künstliche Hohlräume, frühere Bauhilfsmaßnahmen, Anker, Injektionen im Boden.

0.1.3 Nachteilige Einwirkungen von Boden und Wasser auf Schlitzwandstoffe und stützende Flüssigkeit.

0.1.4 Gründungstiefen, Gründungsarten und Lasten benachbarter Bauwerke.

0.2 Angaben zur Ausführung

0.2.1 Beschreibung und Einstufung von Boden, Fels und sonstigen Stoffen nach ATV DIN 18300.

0.2.2 Geschätzte Mengenanteile, wenn Boden und Fels verschiedener Klassen zusammengefaßt werden, weil eine Trennung nur schwer möglich ist.

0.2.3 Ausführung der Leitwände doppel- oder einseitig.

0.2.4 Grundrißform der Schlitzwand, z. B. Rechteck-, T-Querschnitt.

0.2.5 Ausbildung der Anschlüsse an Bauwerke.

0.2.6 Ausbildung der Schlitzwand für Anschlüsse, Aussparungen, Einbauteile (Ankerschienen, Leitungen, Dübel, Ankerhülsen, Verbauträger u. a.) und Abzweigungen.

0.2.7 Sachverständigengutachten und inwieweit sie bei der Ausführung zu beachten sind.

0.2.8 Maßnahmen für den im Eigentum des Auftraggebers verbleibenden Aushub.

0.2.9 Arten und Eigenschaften der Schlitzwandstoffe, bei Beton und Stahlbeton die geforderte Festigkeitsklasse, Betongruppe und Anforderungen an Beton mit besonderen Eigenschaften nach DIN 1045.

0.2.10 Arten und Eigenschaften bei Dichtwandbaustoffen, z. B. die Verarbeitungszeit, Durchlässigkeit, Druckfestigkeit mit Angabe des Prüfalters und das Spannungsverformungsverhalten.

0.2.11 Verwendung von Beton-Zusatzmitteln.

0.2.12 Sorten, Mengen, Durchmesser und Längen-Gruppen des Betonstahls.

0.2.13 Vergrößerung der Betondeckung der Stahleinlagen.

0.2.14 Bestimmte Maße (horizontale Stöße) und Gewichte der Bewehrungskörbe, Einschränkungen für den Transport der Körbe.

0.2.15 Beschränkungen der Länge der Schlitze und der Schlitzwandelemente.

0.2.16 Besondere Toleranzen.

0.2.17 Besondere Anforderungen zur Verhinderung von Wasserdurchtritt, getrennt nach Wand und Fugen.

0.2.18 Möglichkeiten ober- und unterirdischer Anordnung von Vor- und Rücklaufleitungen für die stützende Flüssigkeit, insbesondere im Bereich von Verkehrsflächen.

0.2.19 Versuchsschlitze mit dem Zweck der Bodenerkundung, des Standsicherheitsnachweises für den mit Flüssigkeit gefüllten Schlitz oder der Überprüfung der Ausführbarkeit des Verfahrens.

0.2.20 Verarbeitungs- und Einbauanweisungen für Dichtungs- oder Stützelemente.

0.3 Einzelangaben bei Abweichungen von den ATV

0.3.1 Wenn andere als die in dieser ATV vorgesehenen Regelungen getroffen werden sollen, sind diese in der Leistungsbeschreibung eindeutig und im einzelnen anzugeben.

0.3.2 Abweichende Regelungen können insbesondere in Betracht kommen bei

Abschnitt 2.1.2,	wenn mit stützender Flüssigkeit vermengter Boden nicht in das Eigentum des Auftragnehmers übergehen soll,
Abschnitt 2.1.3,	wenn nicht mit stützender Flüssigkeit vermengter Boden in das Eigentum des Auftragnehmers übergehen soll,
Abschnitt 3.1.2,	wenn das Bauverfahren, der Bauablauf oder die Art und der Einsatz der Baugeräte dem Auftragnehmer vorgegeben werden sollen,
Abschnitt 3.3.1,	wenn die Art und die Stoffe von Leitwänden festgelegt werden sollen,
Abschnitt 3.3.2,	wenn das Beseitigen oder Belassen von Leitwänden der Wahl des Auftragnehmers nicht überlassen bleiben soll,
Abschnitt 3.4.1,	wenn die Zusammensetzung, Verarbeitung und Wiederaufbereitung der stützenden Flüssigkeit festgelegt werden soll,
Abschnitt 3.5.1,	wenn es dem Auftragnehmer nicht überlassen bleiben soll, wie er die geforderte Güte der Wand erreicht und wenn an die Wasserdichtigkeit der Schlitzwandfugen besondere Anforderungen gestellt werden sollen,
Abschnitt 3.5.2,	wenn über die Gestaltung des Schlitzwandkopfes Festlegungen getroffen werden sollen.

0.4 Einzelangaben zu Nebenleistungen und Besonderen Leistungen

Als Nebenleistungen, für die unter den Voraussetzungen der ATV DIN 18299, Abschnitt 0.4.1, besondere Ordnungszahlen (Positionen) vorzusehen sind, kommen insbesondere in Betracht:

Liefern der Standsicherheitsnachweise nach DIN 4126 und Ausführungszeichnungen für die mit stützender Flüssigkeit gefüllten Schlitze (siehe Abschnitt 4.1.5).

0.5 Abrechnungseinheiten

Im Leistungsverzeichnis sind die Abrechnungseinheiten wie folgt vorzusehen:

0.5.1 Herstellen und Beseitigen der Leitwände einschließlich dazugehöriger Erdarbeiten nach Länge (m), getrennt nach doppelseitigen oder einseitigen Leitwänden, gegebenenfalls getrennt nach Herstellen und Beseitigen der Leitwände.

0.5.2 Schlitzwände, getrennt nach Grundrißformen, z. B. Rechteckquerschnitten, T-Querschnitten,

- einschließlich Aushub, Beton (bzw. anderem Schlitzwandstoff) und Bewehrung nach Flächenmaß (m^2),
- getrennt nach Aushub und Beton (bzw. anderem Schlitzwandstoff) einschließlich Bewehrung
  - Schlitzwandaushub nach Raummaß (m^3) oder Flächenmaß (m^2),
  - Schlitzwand nach Flächenmaß (m^2),

- getrennt nach Aushub, Beton (bzw. anderem Schlitzwandstoff) und Bewehrung
  - Schlitzwandaushub nach Raummaß (m^3) oder Flächenmaß (m^2),
  - Schlitzwand nach Flächenmaß (m^2),
  - Bewehrung nach Gewicht (kg, t) für Liefern, Schneiden, Biegen, Flechten und Einbauen.

0.5.3 Verfüllen des Leerschlitzes nach Raummaß (m^3) oder Flächenmaß (m^2).

0.5.4 Ersatz des Verlustes an stützender Flüssigkeit nach Raummaß (m^3) oder nach Gewicht (kg) der für die Herstellung der Ersatzflüssigkeit verwendeten Stoffe.

0.5.5 Anschlüsse, Aussparungen, Einbauteile wie Ankerschienen, Leitungen, Dübel, Ankerhülsen u. ä. sowie Verbauträger nach Anzahl (Stück), getrennt nach Bauart und Maßen.

0.5.6 Dichtungs- und Stützelemente, z. B. Dichtungsbahnen und Stahlspundwände, nach Flächenmaß (m^2), getrennt nach Bauart und Maßen.

0.5.7 Beseitigen von Hindernissen beim Aushub nach Flächenmaß (m^2) oder Raummaß (m^3) oder, wenn dies nicht möglich ist, nach Arbeitszeit (h).

1 Geltungsbereich

1.1 Die ATV "Schlitzwandarbeiten mit stützenden Flüssigkeiten" – DIN 18313 – gilt für das Herstellen von Wänden und anderen Bauwerksteilen in flüssigkeitsgestützten Erdschlitzen und für das Ausheben dieser Schlitze unter stützender Flüssigkeit, z. B. Ortbetonschlitzwände, Fertigteilschlitzwände, Einphasenschlitzwände – gegebenenfalls mit Einbauteilen – und Tonbetonschlitzwände.

Sie gilt auch für das Herstellen und Beseitigen von Leitwänden und für die dazugehörenden Erdarbeiten.

1.2 Die ATV DIN 18313 gilt nicht für das Herstellen von Dichtungswänden in Schlitzen, die mit Hilfe von eingerammten, eingepreßten oder eingerüttelten Trägern oder Bohlen hergestellt werden (sogenannte Schmalwände).

1.3 Ergänzend gelten die Abschnitte 1 bis 5 der ATV DIN 18299 "Allgemeine Regelungen für Bauarbeiten jeder Art". Bei Widersprüchen gehen die Regelungen der ATV DIN 18313 vor.

2 Stoffe, Bauteile; Boden und Fels

Ergänzend zur ATV DIN 18299, Abschnitt 2, gilt:

2.1 Allgemeines

2.1.1 Die Leistung umfaßt auch das Herstellen der stützenden Flüssigkeit, deren Einleiten in die Schlitze, Homogenisieren und Ausleiten aus den Schlitzen sowie das Entsorgen der stützenden Flüssigkeit. Ist sie baugrundbedingt schadstoffbelastet, ist ihre Entsorgung Besondere Leistung (siehe Abschnitt 4.2.1).

2.1.2 Mit stützender Flüssigkeit vermengter Aushub (gelöster Boden und Fels) geht in das Eigentum des Auftragnehmers über, soweit der Aushub nicht baugrundbedingt schadstoffbelastet ist.

2.1.3 Nicht mit stützender Flüssigkeit vermengter Aushub geht nicht in das Eigentum des Auftragnehmers über.

2.2 Boden, Fels und sonstige Stoffe

Für die Beschreibung und Einstufung von Boden, Fels und sonstigen Stoffen gilt die ATV DIN 18300 "Erdarbeiten", Abschnitte 2.2 bis 2.4.

2.3 Stoffe, Bauteile

Für die gebräuchlichsten genormten Stoffe und Bauteile sind die DIN-Normen nachstehend aufgeführt:

DIN 488-1 bis DIN 488-4	Betonstahl
DIN 1045	Beton und Stahlbeton – Bemessung und Ausführung
DIN 1164-1	Zement – Teil 1: Zusammensetzung, Anforderungen
DIN 4127	Erd- und Grundbau – Schlitzwandtone für stützende Flüssigkeiten – Anforderungen, Prüfverfahren, Lieferung, Güteüberwachung
DIN 4226-1 bis DIN 4226-4	Zuschlag für Beton
DIN EN 10025	Warmgewalzte Erzeugnisse aus unlegierten Baustählen – Technische Lieferbedingungen (enthält Änderung A1 : 1993); Deutsche Fassung EN 10025 : 1990

2.4 Zusatzmittel

Zusatzmittel, die der stützenden Flüssigkeit beigegeben werden, dürfen keine unzulässigen Auswirkungen auf Boden, Grundwasser und andere Gewässer haben.

3 Ausführung

Ergänzend zur ATV DIN 18299, Abschnitt 3, gilt:

3.1 Allgemeines

3.1.1 Schlitzwandarbeiten mit stützenden Flüssigkeiten sind nach DIN 4126 "Ortbeton-Schlitzwände – Konstruktion und Ausführung" auszuführen.

3.1.2 Die Wahl des Bauverfahrens und -ablaufs sowie die Wahl und der Einsatz der Baugeräte sind Sache des Auftragnehmers.

3.1.3 Die rechnerischen Standsicherheitsnachweise für die mit stützender Flüssigkeit gefüllten Schlitze hat der Auftragnehmer vor Beginn der Einrichtungsarbeiten zu liefern.

3.1.4 In der Nähe von Bauwerken, Leitungen, Kabeln, Dränen und Kanälen müssen die Arbeiten mit der erforderlichen Vorsicht ausgeführt werden.

3.1.5 Gefährdete bauliche Anlagen sind zu sichern; DIN 4123 "Gebäudesicherung im Bereich von Ausschachtungen, Gründungen und Unterfangungen" ist zu beachten. Bei Schutz- und Sicherungsmaßnahmen sind die Vorschriften der Eigentümer oder anderer Weisungsberechtigter zu beachten. Solche Maßnahmen sind Besondere Leistungen (siehe Abschnitt 4.2.1).

3.1.6 Wenn die Lage vorhandener Leitungen, Kabel, Dräne, Kanäle, Vermarkungen, Hindernisse und sonstiger baulicher Anlagen vor Ausführung der Arbeiten nicht angegeben werden kann, ist diese zu erkunden. Solche Maßnahmen sind Besondere Leistungen (siehe Abschnitt 4.2.1).

3.1.7 Werden unvermutete Hindernisse, z. B. nicht angegebene Leitungen, Kabel, Dräne, Kanäle, Vermarkungen, Bauwerksreste, größere Steine, angetroffen, ist der Auftraggeber unverzüglich darüber zu unterrichten. Die zu treffenden Maßnahmen und etwa daraus sich ergebende Folgemaßnahmen sind Besondere Leistungen (siehe Abschnitt 4.2.1).

3.1.8 Ergeben sich während der Ausführung Gefahren, z.B. durch Wasserandrang, Bodenauftrieb, Ausfließen von Boden, Rutschungen, plötzliches Absinken des Spiegels der stützenden Flüssigkeit, hat der Auftragnehmer unverzüglich die notwendigen Maßnahmen zur Verhütung von Schäden zu treffen und den Auftraggeber zu verständigen. Die weiteren Maßnahmen sind gemeinsam festzulegen. Soweit die Ursache nicht der Auftragnehmer zu vertreten hat, sind die zur Verhütung von Schäden vom Auftragnehmer getroffenen sowie die weiteren Maßnahmen Besondere Leistungen (siehe Abschnitt 4.2.1).

3.1.9 Werden von der Leistungsbeschreibung abweichende Bodenverhältnisse angetroffen, ist der Auftraggeber unverzüglich zu unterrichten. Die zu treffenden Maßnahmen, wie z. B. Ändern der Standsicherheitsnachweise, Ersetzen und Verändern der stützenden Flüssigkeit nach Qualität und Menge, Ändern der Aushub- und Betonmenge, sind gemeinsam festzulegen; diese sind Besondere Leistungen (siehe Abschnitt 4.2.1).

3.2 Vorbereiten des Baugeländes

3.2.1 Grenzsteine und amtliche Festpunkte dürfen nur mit Zustimmung des Auftraggebers beseitigt werden. Festpunkte des Auftraggebers für die Baumaßnahme hat der Auftragnehmer vor Beseitigung zu sichern.

3.2.2 Aufwuchs darf über den vereinbarten Umfang hinaus nur mit Zustimmung des Auftraggebers beseitigt werden.

3.3 Leitwände

3.3.1 Wenn das Herstellen von Leitwänden vereinbart ist, die Art und die Stoffe jedoch nicht bestimmt sind, bleibt deren Wahl dem Auftragnehmer überlassen.

3.3.2 Das Beseitigen oder Belassen von Leitwänden bleibt der Wahl des Auftragnehmers überlassen.

3.4 Herstellen der Schlitze

3.4.1 Es bleibt dem Auftragnehmer überlassen, wie er die stützende Flüssigkeit zum Erreichen der notwendigen Eigenschaften zusammensetzt, verarbeitet und wieder aufbereitet.

3.4.2 Stellt sich beim Abteufen der Schlitze heraus, daß die planmäßigen Tiefen zu gering oder zu groß sind, hat der Auftragnehmer dies dem Auftraggeber unverzüglich anzuzeigen. Die zu treffenden Maßnahmen sind Besondere Leistungen (siehe Abschnitt 4.2.1).

3.4.3 Treten unvermutete Verluste an stützender Flüssigkeit auf, z. B. infolge Ausfließens aus dem Schlitz in unterirdische Hohlräume, sind die erforderlichen Sicherungsmaßnahmen unverzüglich zu treffen. Die weiteren Maßnahmen sind gemeinsam festzulegen. Die getroffenen und die weiteren Maßnahmen einschl. des Ersetzens der stützenden Flüssigkeit, soweit sie nicht vom Auftragnehmer zu vertreten sind, sind Besondere Leistungen (siehe Abschnitt 4.2.1).

3.5 Herstellen der Wand

3.5.1 Es bleibt dem Auftragnehmer überlassen, wie er die geforderte Güte der Wand erreicht, z. B. Wahl der Baustoffe und Bauteile sowie deren Verarbeitung. Dies gilt auch für eine geforderte Wasserundurchlässigkeit.

Fugen müssen jedoch nur so widerstandsfähig gegen Wassereindringung und Wasserdurchfluß sein, wie es beim Herstellen der Wände ohne besondere Maßnahmen erreichbar ist; weitergehende Maßnahmen sind Besondere Leistungen (siehe Abschnitt 4.2.1).

3.5.2 Wenn der oberhalb der planmäßigen Schlitzwandoberkante entstandene, zum Teil mit Boden und stützender Flüssigkeit vermischte Betonkörper bearbeitet und beseitigt werden soll, sind dies Besondere Leistungen (siehe Abschnitt 4.2.1).

4 Nebenleistungen, Besondere Leistungen

4.1 Nebenleistungen sind ergänzend zur ATV DIN 18299, Abschnitt 4.1, insbesondere:

4.1.1 Feststellen des Zustands der Straßen, der Geländeoberfläche, der Vorfluter usw. nach B § 3 Nr 4.

4.1.2 Leistungen zum Nachweis der Güte der Stoffe, Bauteile und Schlitzwände nach den geltenden Normen.

4.1.3 Einrichten und Führen des Baustellenlabors.

4.1.4 Maßnahmen für das Beobachten der mit stützender Flüssigkeit gefüllten Schlitze.

4.1.5 Liefern der rechnerischen Standsicherheitsnachweise nach DIN 4126 und Ausführungszeichnungen für die mit stützender Flüssigkeit gefüllten Schlitze.

4.2 Besondere Leistungen sind ergänzend zur ATV DIN 18299, Abschnitt 4.2, z. B.:

4.2.1 Maßnahmen nach den Abschnitten 2.1.1, 3.1.5, 3.1.6, 3.1.7, 3.1.8, 3.1.9, 3.4.2, 3.4.3, 3.5.1 und 3.5.2.

4.2.2 Besondere Maßnahmen zum Feststellen des Zustands der baulichen Anlagen einschließlich Versorgungs- und Entsorgungsanlagen.

4.2.3 Beseitigen von Aufwuchs einschließlich Roden.

4.2.4 Maßnahmen zum Erhalten der vorhandenen Wasserläufe und der Vorflut.

4.2.5 Aufbrechen und Wiederherstellen von befestigten Flächen.

4.2.6 Boden-, Wasser- und bodenmechanische Untersuchungen, Wasserstandsmessungen.

4.2.7 Liefern des Standsicherheitsnachweises und der Ausführungszeichnungen für die Schlitzwand.

4.2.8 Herstellen von Aussparungen.

4.2.9 Liefern und Einsetzen von Einbauteilen (Ankerschienen, Leitungen, Dübeln, Ankerhülsen, Verbauträgern u. ä.).

4.2.10 Herstellen von Dehnungsfugen und von Fugendichtungen.

4.2.11 Leistungen zum Nachweis der Güte der Stoffe, Bauteile und des Betons, soweit sie der Auftraggeber über Abschnitt 4.1.2 hinaus verlangt.

4.2.12 Zusätzliche Schutzmaßnahmen gegen betonschädigende Einwirkungen.

4.2.13 Behandeln von freigelegten Schlitzwandflächen.

4.2.14 Verfüllen von leeren Schlitzbereichen oberhalb der planmäßigen Wand.

4.2.15 Vom Auftraggeber angeordnete Versuchsschlitze mit dem Zweck der Bodenerkundung, des Standsicherheitsnachweises für die mit stützender Flüssigkeit gefüllten Schlitze oder der Überprüfung der Ausführbarkeit des Verfahrens.

5 Abrechnung

Ergänzend zur ATV DIN 18299, Abschnitt 5, gilt:

5.1 Der Ermittlung der Leistung – gleichgültig ob sie nach Zeichnungen oder Aufmaß erfolgt – sind zugrunde zu legen:
- für die Länge der Leitwände, des Schlitzwandaushubes und der Schlitzwände die Länge der Schlitzwandachse im Grundriß,
- für die Dicke des Schlitzwandaushubes und der Schlitzwände die vorgeschriebene Nenndicke nach DIN 4126,
- für die Tiefe des Schlitzwandaushubes das Maß von der vorgegebenen Bodenoberfläche bis zur vorgeschriebenen Schlitzwand-Unterkante,
- für die Tiefe der Schlitzwand das Maß von der vorgeschriebenen Schlitzwand-Oberkante bis zur vorgeschriebenen Schlitzwand-Unterkante,
- für die Tiefe des leeren Schlitzbereiches (Leerschlitz) das Maß von der vorgegebenen Bodenoberfläche bis zur vorgeschriebenen Schlitzwand-Oberkante.

5.2 Das Flächenmaß wird unabhängig von der Grundrißform der Schlitzwand aus der Länge und der Tiefe nach Abschnitt 5.1 ermittelt.

5.3 Das Raummaß wird ermittelt aus dem Flächenmaß nach Abschnitt 5.2 multipliziert mit der Nenndicke nach Abschnitt 5.1.

5.4 Aussparungen, Leitungen und Einbauteile werden übermessen.

5.5 Durch Bewehrung verdrängte Betonmengen, bzw. andere Schlitzwandstoffmengen, werden nicht abgezogen.

5.6 Der Ersatz des Verlustes an stützender Flüssigkeit wird ermittelt nach Raummaß, gemessen an der Mischanlage oder nach Gewicht der für die Herstellung der Ersatzflüssigkeit verwendeten Stoffe.

5.7 Bewehrung

Das Gewicht der Bewehrung wird nach den Stahllisten abgerechnet.

Das Stahlgewicht wird unter Ansatz der statisch erforderlichen und konstruktiven Bewehrungs-Elemente, wie z. B. Fußbügel, Abstandshalter, Diagonalen, Flachbügel, Stahlbügel, Aufhängebügel, ermittelt.

Maßgebend ist das errechnete Gewicht, bei genormten Stählen die Gewichte der DIN-Normen (Nenngewichte), bei anderen Stählen die Gewichte des Profilbuchs des Herstellers.

Bindedraht, Walztoleranzen und Verschnitt werden bei der Ermittlung des Abrechnungsgewichtes nicht berücksichtigt.

VOB Teil C:
Allgemeine Technische Vertragsbedingungen für Bauleistungen (ATV) Spritzbetonarbeiten – DIN 18314
Ausgabe Juni 1996

Inhalt

0   Hinweise für das Aufstellen der Leistungsbeschreibung
1   Geltungsbereich
2   Stoffe, Bauteile
3   Ausführung
4   Nebenleistungen, Besondere Leistungen
5   Abrechnung

0   Hinweise für das Aufstellen der Leistungsbeschreibung

Diese Hinweise ergänzen die ATV DIN 18299 "Allgemeine Regelungen für Bauarbeiten jeder Art", Abschnitt 0. Die Beachtung dieser Hinweise ist Voraussetzung für eine ordnungsgemäße Leistungsbeschreibung gemäß A § 9.

Die Hinweise werden nicht Vertragsbestandteil.

In der Leistungsbeschreibung sind nach den Erfordernissen des Einzelfalls insbesondere anzugeben:

0.1   Angaben zur Baustelle

0.1.1   Art und Beschaffenheit des Untergrundes bzw. der Auftragsflächen, insbesondere Wasserzutritte, Festigkeit, Witterungsbeständigkeit, Verschmutzung und Verölung.

0.1.2   Gründungstiefen, Gründungsarten und Lasten benachbarter Bauwerke.

0.1.3   Anlagen für Bewetterung und Staubabführung.

0.1.4   Angaben über die Wasserhaltung, Hoch- und Niedrigwasserstände

0.2   Angaben zur Ausführung

0.2.1   Die geforderte Spritzbetongüte nach DIN 18551 sowie die besonderen Eigenschaften, z. B. Wasserundurchlässigkeit, hoher Widerstand gegen chemische und mechanische Angriffe.

Spritzbetonarbeiten DIN 18314

0.2.2 Ausführen des Spritzbetons mit oder ohne Schalung und mit oder ohne Bewehrung.

0.2.3 Vergrößerung der Betondeckung der Stahleinlagen, z. B. bei wechselnder Durchfeuchtung, bei chemischen Angriffen.

0.2.4 Einhalten von Maßtoleranzen.

0.2.5 Besondere Anforderungen an Maß, Lage und Anzahl der Befestigungen für die Bewehrung.

0.2.6 Reinigung des Untergrundes bzw. der Auftragsfläche.

0.2.7 Verwendung des Rückprallgutes.

0.2.8 Art, Größe, Lage und Anzahl von Aussparungen und Einbauteilen.

0.2.9 Besondere Anforderungen an Fugen.

0.2.10 Ausbildung der Anschlüsse an Bauwerke.

0.3 Einzelangaben bei Abweichungen von den ATV

0.3.1 Wenn andere als die in dieser ATV vorgesehenen Regelungen getroffen werden sollen, sind diese in der Leistungsbeschreibung eindeutig und im einzelnen anzugeben.

0.3.2 Abweichende Regelungen können insbesondere in Betracht kommen bei

Abschnitt 3.1.3,	wenn die vereinbarten Auftragsdicken nicht Mindestdicken sein sollen,
Abschnitt 3.2,	wenn Einzelheiten zur Zusammensetzung, Mischweise, Verarbeitung und Nachbehandlung des Spritzbetons vorgeschrieben werden sollen,
Abschnitt 3.3,	wenn die Betonoberfläche nicht spritzrauh belassen werden soll,
Abschnitt 3.4,	wenn der Auftragnehmer den Rückprall nicht zu beseitigen hat,
Abschnitt 5.2,	wenn die Verfüllung von Hohlräumen nicht durch Aufmaß, sondern z. B. nach Materialverbrauch ermittelt werden soll,
Abschnitt 5.6,	wenn Bindedraht, Walztoleranz und Verschnitt bei der Ermittlung des Abrechnungsgewichts berücksichtigt werden sollen.

0.4 Einzelangaben zu Nebenleistungen und Besonderen Leistungen

Als Nebenleistungen, für die unter den Voraussetzungen der ATV DIN 18299, Abschnitt 0.4.1, besondere Ordnungszahlen (Positionen) vorzusehen sind, kommen insbesondere in Betracht:

- Auf- und Abbauen sowie Vorhalten der Gerüste (siehe Abschnitt 4.1.3),
- Aufstellen, Vorhalten, Betreiben und Beseitigen von Einrichtungen zum Belüften und Entstauben (siehe Abschnitt 4.1.4).

0.5 Abrechnungseinheiten

Im Leistungsverzeichnis sind die Abrechnungseinheiten wie folgt vorzusehen:

0.5.1 Spritzbeton, getrennt nach Beton, Schalung und Bewehrung:
- Beton nach Flächenmaß (m^2) oder Raummaß (m^3),
- Schalung nach Flächenmaß (m^2),
- Kantenschalung an Unterzügen, Stützen usw. nach Längenmaß (m),

— Bewehrung (Liefern, Schneiden, Biegen, Verlegen) nach Gewicht (kg, t).

0.5.2 Spritzbeton, getrennt nach Beton (einschließlich Schalung) und Bewehrung:
— Beton (einschließlich Schalung) nach Flächenmaß (m^2) oder Raummaß (m^3),
— Bewehrung (Liefern, Schneiden, Biegen, Verlegen) nach Gewicht (kg, t).

0.5.3 Spritzbeton, Beton einschließlich Schalung und Bewehrung:
Beton nach Flächenmaß (m^2) oder Raummaß (m^3).

1 Geltungsbereich

1.1 Die ATV "Spritzbetonarbeiten" – DIN 18314 – gilt für das Herstellen von Bauteilen aus bewehrtem oder unbewehrtem Beton mit geschlossenem Gefüge, der im Spritzverfahren aufgetragen und dabei verdichtet wird.

Sie gilt auch für das Ausbessern und Verstärken von Bauteilen.

1.2 Die ATV DIN 18314 gilt nicht für Putzmörtel, der im Spritzverfahren aufgetragen wird.

1.3 Abschnitt 5 der ATV DIN 18314 gilt nicht für Spritzbeton als Sicherung bei Untertagebauarbeiten, soweit dafür in der ATV DIN 18312 "Untertagebauarbeiten" Regelungen enthalten sind.

1.4 Ergänzend gelten die Abschnitte 1 bis 5 der ATV DIN 18299 "Allgemeine Regelungen für Bauarbeiten jeder Art". Bei Widersprüchen gehen die Regelungen der ATV DIN 18314 vor.

2 Stoffe, Bauteile

Ergänzend zur ATV DIN 18299, Abschnitt 2, gilt:

Für die gebräuchlichsten genormten Stoffe und Bauteile sind die DIN-Normen nachstehend aufgeführt:

DIN 1045	Beton und Stahlbeton – Bemessung und Ausführung
DIN 1164-1	Zement – Teil 1: Zusammensetzung, Anforderungen
DIN 1164-2	Portland-, Eisenportland-, Hochofen- und Traßzement – Überwachung (Güteüberwachung)
DIN 4226-1	Zuschlag für Beton – Zuschlag mit dichtem Gefüge – Begriffe, Bezeichnung und Anforderungen
DIN 4226-4	Zuschlag für Beton – Überwachung (Güteüberwachung)
DIN 4227-1	Spannbeton – Bauteile aus Normalbeton mit beschränkter oder voller Vorspannung

3 Ausführung

Ergänzend zur ATV DIN 18299, Abschnitt 3, gilt:

3.1 Allgemeines

3.1.1 Für die Ausführung gilt DIN 18551 "Spritzbeton – Herstellung und Güteüberwachung".

3.1.2 Der Auftragnehmer hat bei seiner Prüfung Bedenken (siehe B § 4 Nr 3) insbesondere geltend zu machen bei Umständen, die die Haftung, die Erhärtung oder die Güte des Betons beeinträchtigen.

3.1.3 Vereinbarte Auftragsdicken sind Mindestdicken.

3.2 Herstellen des Betons

Es bleibt dem Auftragnehmer überlassen, wie er den Beton zur Erreichung der geforderten Güte zusammensetzt, mischt, verarbeitet und nachbehandelt.

3.3 Oberfläche

Die Oberfläche des Spritzbetons ist spritzrauh zu belassen.

3.4 Rückprall

Der Auftragnehmer hat den Rückprall zu beseitigen.

4 Nebenleistungen, Besondere Leistungen

4.1 Nebenleistungen sind ergänzend zur ATV DIN 18299, Abschnitt 4.1, insbesondere:

4.1.1 Feststellen des Zustands der Straßen, der Geländeoberfläche, der Vorfluter usw. nach B § 3 Nr 4.

4.1.2 Leistungen zum Nachweis der Güte der Stoffe, Bauteile und des Betons nach DIN 18551.

4.1.3 Auf- und Abbauen sowie Vorhalten der Gerüste, deren Arbeitsbühnen bis zu 2 m über Gelände oder Fußboden liegen, für Spritzbetonarbeiten bei Untertagebauarbeiten (siehe ATV DIN 18312) alle Gerüste einschließlich Traggerüste.

4.1.4 Aufstellen, Vorhalten, Betreiben und Beseitigen von Einrichtungen zum Belüften und Entstauben.

4.2 Besondere Leistungen sind ergänzend zur ATV DIN 18299, Abschnitt 4.2, z. B.:

4.2.1 Besondere Maßnahmen zum Schutz von Bauteilen, Sachen und Personen, z. B. durch Schutzwände, Absauganlagen.

4.2.2 Boden- und Wasseruntersuchungen.

4.2.3 Auf- und Abbauen sowie Vorhalten der Gerüste, Hebebühnen und dergleichen, deren Arbeitsbühnen mehr als 2 m über Gelände oder Fußboden liegen, ausgenommen bei Untertagebauarbeiten (siehe Abschnitt 4.1.3).

4.2.4 Vorsorge- und Schutzmaßnahmen für das Spritzbetonieren unter + 5 °C Lufttemperatur (siehe DIN 1045).

4.2.5 Liefern des Standsicherheitsnachweises für das Bauwerk und der für diesen Nachweis erforderlichen Zeichnungen.

4.2.6 Reinigen des Untergrundes von grober Verschmutzung durch Bauschutt, Gips, Mörtelreste, Farbreste u. ä., soweit sie nicht vom Auftragnehmer herrührt.

4.2.7 Maßnahmen zur Behandlung ungeeigneter Auftragsflächen, z. B. Sandstrahlen.

4.2.8 Zusätzliche Schutzmaßnahmen gegen betonschädigende Einwirkungen und gegen Fremderschütterungen.

4.2.9 Herstellen von Aussparungen und Schlitzen, die nach Art, Maßen und Anzahl in der Leistungsbeschreibung nicht angegeben sind.

4.2.10 Schließen von Löchern, Schlitzen, Durchbrüchen u. ä., die nach Art, Maßen und Anzahl in der Leistungsbeschreibung nicht angegeben sind.

4.2.11 Herstellen von Dehnungsfugen und Fugendichtungen.

4.2.12 Leistungen zum Nachweis der Güte der Stoffe, Bauteile und des Betons, soweit sie der Auftraggeber über Abschnitt 4.1.2 hinaus verlangt.

4.2.13 Besondere Maßnahmen zur Wasserableitung von den Auftragsflächen, z. B. Schlauchdränage.

5 Abrechnung

Ergänzend zur ATV DIN 18299, Abschnitt 5, gilt:

5.1 Bei Abrechnung nach Flächenmaß oder Raummaß werden Öffnungen sowie durchbindende und einbindende Bauteile bis zu je 1 m² Spritzbetonoberfläche übermessen; dies gilt auch für Nischen, Schlitze, Kanäle u. ä., die nicht spritzbetoniert sind.

5.2 Die Verfüllung von Hohlräumen wird durch Aufmaß der Hohlräume ermittelt. Dabei anzulegende Öffnungen, Nischen und Aussparungen bis zu 0,25 m³ Einzelgröße werden übermessen.

5.3 Durch die Bewehrung, z. B. Stabstähle, Profilstähle, Spannstähle mit Zubehör sowie Anker, verdrängte Spritzbetonmengen werden auch dann nicht abgezogen, wenn getrennt nach Beton und Bewehrung abgerechnet wird.

5.4 Bei Abrechnung nach Raummaß für unregelmäßige Auftragsflächen wird die Querschnittsfläche durch Profilvergleich vor und nach dem Spritzen ermittelt.

5.5 Bei getrennter Abrechnung der Schalung wird die Schalung zum Herstellen von Öffnungen nach Abschnitt 5.2 nicht mitgerechnet.

5.6 Bei getrennter Abrechnung der Bewehrung gilt:
Zur Bewehrung gehören auch die Unterstützungen, z. B. Stahlböcke, Spiralbewehrungen, Verspannungen, Auswechslungen, Montageeisen u. ä.

Maßgebend ist das errechnete Gewicht, bei deutschen genormten Stählen nach den Gewichten der DIN-Normen (Nenngewichten), bei anderen Stählen nach den Gewichten des Profilbuches des Erzeugerwerkes.

Bindedraht, Walztoleranz und Verschnitt bleiben bei der Ermittlung des Abrechnungsgewichtes unberücksichtigt.

VOB Teil C:
Allgemeine Technische Vertragsbedingungen für Bauleistungen (ATV) Verkehrswegebauarbeiten, Oberbauschichten ohne Bindemittel
DIN 18315
Ausgabe Juni 1996

Inhalt

0 Hinweise für das Aufstellen der Leistungsbeschreibung

1 Geltungsbereich

2 Stoffe, Bauteile

3 Ausführung

4 Nebenleistungen, Besondere Leistungen

5 Abrechnung

0 Hinweise für das Aufstellen der Leistungsbeschreibung

Diese Hinweise ergänzen die ATV DIN 18299 "Allgemeine Regelungen für Bauarbeiten jeder Art", Abschnitt 0. Die Beachtung dieser Hinweise ist Voraussetzung für eine ordnungsgemäße Leistungsbeschreibung gemäß A § 9.

Die Hinweise werden nicht Vertragsbestandteil.

In der Leistungsbeschreibung sind nach den Erfordernissen des Einzelfalls insbesondere anzugeben:

0.1 Angaben zur Baustelle

0.1.1 Art und Beschaffenheit der Unterlage.

0.1.2 Gründungstiefen und Gründungsarten benachbarter Bauwerke.

0.1.3 Art und Beschaffenheit vorhandener Einfassungen.

0.1.4 Gleisbelegung und Höchstgeschwindigkeiten im Nachbargleis.

0.2 Angaben zur Ausführung

0.2.1 Aufbau des Oberbaus entsprechend der Beanspruchung.

0.2.2 Ausbildung der Anschlüsse an Bauwerke, Bauteile und Oberbauschichten.

0.2.3 Art und Anzahl von Aussparungen und Einbauten.

0.2.4 Art und Umfang der Sicherungsmaßnahmen bei Arbeiten neben befahrenen Gleisanlagen.

0.2.5 Art und Umfang des Schutzes der Gleisbettung, von Schaltmitteln, Drahtzugleitungen, Kabelkanälen, Kabelverteilern usw.

0.3 Einzelangaben bei Abweichungen von den ATV

0.3.1 Wenn andere als die in dieser ATV vorgesehenen Regelungen getroffen werden sollen, sind diese in der Leistungsbeschreibung eindeutig und im einzelnen anzugeben.

0.3.2 Abweichende Regelungen können insbesondere in Betracht kommen bei

Abschnitt 2.1.2,	wenn die Zusammensetzung der Mineralstoffe dem Auftragnehmer nicht überlassen bleiben soll,
Abschnitt 2.1.2.4,	wenn das Mineralstoffgemisch nicht wasserundurchlässig sein soll,
Abschnitt 3.3.1,	wenn bei Tragschichten für zulässige Abweichungen von der Sollhöhe, für die Ebenheit oder für die Dicke andere Werte festgelegt werden sollen,
Abschnitt 3.3.2,	wenn bei Deckschichten für zulässige Abweichungen von der Sollhöhe, für die Ebenheit oder für die Dicke andere Werte festgelegt werden sollen,
Abschnitt 3.3.3,	wenn Oberbauschichten aus unsortierten Mineralstoffen nicht einschichtig hergestellt werden sollen.

0.4 Einzelangaben zu Nebenleistungen und Besonderen Leistungen

Keine ergänzende Regelung zur ATV DIN 18299, Abschnitt 0.4.

0.5 Abrechnungseinheiten

Im Leistungsverzeichnis sind die Abrechnungseinheiten wie folgt vorzusehen:

- Nachverdichten der Unterlage nach Flächenmaß (m^2),
- Herstellen der planmäßigen Höhenlage, Neigung und der festgelegten Ebenheit der Unterlagen nach Flächenmaß (m^2),
- Planumsschutzschichten für Gleisanlagen nach Flächenmaß (m^2), Raummaß (m^3) oder Gewicht (t),
- Tragschichten nach Flächenmaß (m^2), Raummaß (m^3) oder Gewicht (t),
- Deckschichten nach Flächenmaß (m^2),
- Oberbauschichten aus unsortierten Mineralstoffen nach Flächenmaß (m^2), Raummaß (m^3) oder Gewicht (t),
- Probenahmen für Kontrollprüfungen nach Anzahl (Stück).

1 Geltungsbereich

1.1 Die ATV "Verkehrswegebauarbeiten – Oberbauschichten ohne Bindemittel" – DIN 18315 – gilt für das Befestigen von Straßen und Wegen aller Art, Plätzen, Höfen, Flugbetriebsflächen, Bahnsteigen und Gleisanlagen mit

- Trag- und Deckschichten im Straßenbau,
- Frostschutz- und Planumsschutzschichten für Gleisanlagen.

1.2 Die ATV DIN 18315 gilt nicht
- für das Verbessern und Verfestigen des Unterbaus und des Untergrundes,
- für das Herstellen von Gleisbettungen (siehe ATV DIN 18325 "Gleisbauarbeiten").

1.3 Ergänzend gelten die Abschnitte 1 bis 5 der ATV DIN 18299 "Allgemeine Regelungen für Bauarbeiten jeder Art". Bei Widersprüchen gehen die Regelungen der ATV DIN 18315 vor.

2 Stoffe, Bauteile

Ergänzend zur ATV DIN 18299, Abschnitt 2, gilt:
Für die gebräuchlichsten genormten Stoffe sind die DIN-Normen nachstehend aufgeführt.

2.1 Anforderungen

2.1.1 Mineralstoffe

DIN 4301   Eisenhüttenschlacke und Metallhüttenschlacke im Bauwesen
Weiterhin gelten im Straßenbau:
- Technische Lieferbedingungen für Mineralstoffe im Straßenbau (TL Min-StB) [*],
- Merkblatt über die Verwendung industrieller Nebenprodukte im Straßenbau [*],
- Merkblatt über Hochofenschlacken im Straßenbau [*],
- Richtlinien für die Güteüberwachung von Mineralstoffen im Straßenbau (RG MinStB) [*].

Einschlämmsand muß ausreichend bindige Bestandteile enthalten.
Ungebrochene Mineralstoffe sind Kies und Natursand.
Gebrochene Mineralstoffe können hergestellt werden aus
- Naturstein,
- Eisenhüttenschlacken,
- Metallhüttenschlacken,
- Recycling-Baustoffen (RCL-Baustoffe),
- Müllverbrennungsasche (MV-Asche),
- Schmelzkammergranulat.

Es dürfen nur güteüberwachte Mineralstoffe verwendet werden.

2.1.2 Mineralstoffgemische

Die Zusammensetzung der Mineralstoffgemische bleibt dem Auftragnehmer überlassen. Er hat dabei die Angaben zu Verwendungszweck, Verkehrsmengen und -arten,

---

[*] Herausgegeben von der Forschungsgesellschaft für Straßen- und Verkehrswesen e. V., Konrad-Adenauer-Straße 13, 50996 Köln

klimatischen Einflüssen und örtlichen Verhältnissen zu berücksichtigen. Die Gemische müssen gleichmäßig sein.

2.1.2.1 Mineralstoffgemische für Frostschutzschichten bestehen aus
- Kies-Sand-Gemischen, Sand-Kies-Gemischen, Kiesen oder Sanden, gegebenenfalls unter Zusatz von gebrochenen Mineralstoffen nach Abschnitt 2.1.1,
- Schotter-Splitt-Sand-Gemischen oder Splitt-Sand-Gemischen nach Abschnitt 2.1.1.

Das Gemisch muß soviel Feinkorn enthalten, daß frostempfindlicher Boden nicht eindringen kann.

2.1.2.2 Mineralstoffgemische für Kiestragschichten oder Schottertragschichten bestehen aus
- Kies-Sand-Gemischen, gegebenenfalls unter Zusatz von gebrochenen Mineralstoffen nach Abschnitt 2.1.1,
- Schotter-Splitt-Sand-Gemischen oder Splitt-Sand-Gemischen nach Abschnitt 2.1.1.

2.1.2.3 Mineralstoffgemische für Deckschichten bestehen aus
- Kies-Sand-Gemischen, gegebenenfalls unter Zusatz von gebrochenen Mineralstoffen nach Abschnitt 2.1.1,
- Schotter-Splitt-Sand-Gemischen oder Splitt-Sand-Gemischen nach Abschnitt 2.1.1.

2.1.2.4 Mineralstoffgemische für Planumsschutzschichten bestehen aus
- Kies-Sand-Gemischen oder Sand-Kies-Gemischen, gegebenenfalls unter Zusatz von gebrochenen Mineralstoffen nach Abschnitt 2.1.1,
- Schotter-Splitt-Sand-Gemischen oder Splitt-Sand-Gemischen nach Abschnitt 2.1.1.

Das Gemisch muß soviel Feinkorn enthalten, daß es frostsicher, filterstabil gegen die oben und unten angrenzenden Schichten und ausreichend dicht ist.

2.1.3 Unsortierte Mineralstoffe

Es können verwendet werden: Sand, Kies, Felsgestein, Schlacken sowie Mineralstoffe aus Vorsiebmaterial, Gesteinsabraum, Felsschutt, Betonbrocken, RCL-Baustoffe, MV-Aschen, Schmelzkammergranulat.

Das Material muß eine geeignete Kornabstufung aufweisen.

2.2 Prüfungen

2.2.1 Eignungsprüfung

Der Auftragnehmer hat sich vor Beginn der Ausführung zu vergewissern und dem Auftraggeber auf Verlangen nachzuweisen, daß die Stoffe für den vorgesehenen Verwendungszweck geeignet sind.

2.2.2 Eigenüberwachungsprüfung

Der Auftragnehmer hat sich während der Ausführung zu vergewissern und dem Auftraggeber auf Verlangen nachzuweisen, daß die verwendeten Stoffe den vertraglichen Anforderungen entsprechen.

2.2.3 Kontrollprüfung
Die Verpflichtung des Auftragnehmers nach den Abschnitten 2.2.1 und 2.2.2 wird durch die Kontrollprüfungen des Auftraggebers nicht eingeschränkt.

2.2.4 Durchführen der Prüfungen

DIN 4301	Eisenhüttenschlacke und Metallhüttenschlacke im Bauwesen
DIN 18123	Baugrund – Untersuchung von Bodenproben – Bestimmung der Korngrößenverteilung
DIN 18127	Baugrund – Versuche und Versuchsgeräte, Proctorversuch
DIN 18130-1	Baugrund – Versuche und Versuchsgeräte, Bestimmung des Wasserdurchlässigkeitsbeiwerts – Laborversuche
DIN 18196	Erd- und Grundbau – Bodenklassifikation für bautechnische Zwecke
DIN 52098	Prüfung von Gesteinskörnungen – Bestimmung der Korngrößenverteilung durch Siebanalyse
DIN 52099	Prüfung von Gesteinskörnungen – Prüfung auf Reinheit
DIN 52100-2	Naturstein und Gesteinskörnungen – Gesteinskundliche Untersuchungen – Allgemeines und Übersicht
DIN 52101	Prüfung von Naturstein und Gesteinskörnungen – Probenahme
DIN 52102	Prüfung von Naturstein und Gesteinskörnungen – Bestimmung von Dichte, Trockenrohdichte, Dichtigkeitsgrad und Gesamtporosität
DIN 52103	Prüfung von Naturstein und Gesteinskörnungen – Bestimmung von Wasseraufnahme und Sättigungswert
DIN 52104-1 und DIN 52104-2	Prüfung von Naturstein – Frost-Tau-Wechsel-Versuch
DIN 52105	Prüfung von Naturstein – Druckversuch
DIN V 52106	Prüfung von Naturstein und Gesteinskörnungen – Untersuchungsverfahren zur Beurteilung der Verwitterungsbeständigkeit
DIN 52110	Prüfung von Naturstein – Bestimmung der Schüttdichte von Gesteinskörnungen
DIN 52111	Prüfung von Naturstein und Gesteinskörnungen – Kristallisationsversuch mit Natriumsulfat

DIN 52114	Prüfung von Gesteinskörnungen – Bestimmung der Kornform mit dem Kornform-Meßschieber
DIN 52115-1 bis DIN 52115-3	Prüfung von Gesteinskörnungen – Schlagversuch
DIN 52116	Prüfung von Gesteinskörnungen – Bestimmung der Bruchflächigkeit

Weiterhin gelten:

Technische Prüfvorschriften für Mineralstoffe im Straßenbau (TP Min-StB) *)

3 Ausführung

Ergänzend zur ATV DIN 18299, Abschnitt 3, gilt:

3.1 Allgemeines

3.1.1 Oberbauschichten ohne Bindemittel dürfen bei Frost nur ausgeführt werden, wenn durch besondere Maßnahmen sichergestellt ist, daß die vereinbarte Güte der Leistung nicht beeinträchtigt wird.

3.1.2 Wenn die Lage vorhandener Leitungen, Kabel, Dräne, Kanäle, Vermarkungen, Hindernisse und sonstiger baulicher Anlagen vor Ausführung der Arbeiten nicht angegeben werden kann, ist diese zu erkunden. Solche Maßnahmen sind Besondere Leistungen (siehe Abschnitt 4.2.1).

3.2 Unterlage

Der Auftragnehmer hat bei seiner Prüfung der Unterlage Bedenken (siehe B § 4 Nr 3) insbesondere geltend zu machen bei

– offensichtlich unzureichender Tragfähigkeit,
– Abweichungen von der planmäßigen Höhenlage, Neigung oder Ebenheit,
– schädlichen Verschmutzungen,
– Fehlen notwendiger Entwässerungseinrichtungen.

3.3 Herstellen, Anforderungen

3.3.1 Tragschichten, Frostschutzschichten, Planumsschutzschichten

3.3.1.1 Einbauen

Das Mineralstoffgemisch ist gleichmäßig und so zu verteilen, daß es sich nicht entmischt.

3.3.1.2 Verdichten

Jede Schicht oder Lage muß auf der ganzen Fläche bei günstigem Wassergehalt gleichmäßig und dem Verwendungszweck entsprechend verdichtet werden.

---

*) Siehe Seite 137

3.3.1.3 Oberfläche
Die Oberfläche der einzelnen Schichten muß eine gleichmäßige Beschaffenheit aufweisen und ein für die Entwässerung ausreichendes Quergefälle haben. Wenn eine Schicht unmittelbar befahren wird oder über Winter liegen bleibt, so sind erforderlichenfalls zusätzliche Maßnahmen auszuführen. Solche Maßnahmen sind Besondere Leistungen (siehe Abschnitt 4.2.1).

3.3.1.4 Profilgerechte Lage
Die Schichten sind höhengerecht und im vereinbarten Längs- und Querprofil herzustellen. Abweichungen der Oberfläche von der Sollhöhe dürfen an keiner Stelle mehr als 4 cm betragen.

3.3.1.5 Ebenheit
Unebenheiten der Oberfläche einer Schicht innerhalb einer 4 m langen Meßstrecke dürfen nicht größer als 3 cm sein.

3.3.1.6 Dicke
Die Mindest-Einbaudicke jeder Schicht oder Lage muß im verdichteten Zustand in Abhängigkeit vom Größtkorn der Lieferkörnung bei Mineralstoffgemischen
- bis 32 mm 12 cm
- bis 45 mm 15 cm
- bis 56 mm 18 cm
- bis 63 mm 20 cm

betragen.

3.3.2 Deckschichten

3.3.2.1 Einbauen
Das Mineralstoffgemisch ist gleichmäßig und so zu verteilen, daß es sich nicht entmischt.

3.3.2.2 Verdichten
Die Deckschicht muß auf der ganzen Fläche bei günstigem Wassergehalt gleichmäßig und dem Verwendungszweck entsprechend verdichtet werden.

3.3.2.3 Oberfläche
Die Oberfläche der Deckschicht muß eine gleichmäßige Beschaffenheit aufweisen und ein für die Entwässerung ausreichendes Quergefälle haben. Sie ist mit bindigem Sand so einzuschlämmen und zu walzen, daß eine geschlossene Oberfläche entsteht.

3.3.2.4 Profilgerechte Lage
Deckschichten sind höhengerecht und im vereinbarten Längs- und Querprofil herzustellen. Abweichungen der Oberfläche von der Sollhöhe dürfen an keiner Stelle mehr als 3 cm betragen.

3.3.2.5 Ebenheit
Unebenheiten der Oberfläche der Deckschicht innerhalb einer 4 m langen Meßstrecke dürfen nicht größer als 2 cm sein.

3.3.2.6 Dicke
Die Mindest-Einbaudicke jeder Schicht oder Lage muß im verdichteten Zustand in Abhängigkeit vom Größtkorn der Lieferkörnung bei Mineralstoffgemischen.

- bis 11 mm 3 cm
- bis 16 mm 5 cm
- bis 22 mm 7 cm

betragen.

3.3.3 Oberbauschichten aus unsortierten Mineralstoffen

Oberbauschichten aus unsortierten Mineralstoffen (Einfachbauweisen) nach Abschnitt 2.1.3 sind in der vereinbarten Dicke einschichtig herzustellen. Das Einbaumaterial ist bei günstigem Wassergehalt gleichmäßig einzubringen und dem Verwendungszweck entsprechend zu verdichten und gegebenenfalls einzuschlämmen.

4 Nebenleistungen, Besondere Leistungen

4.1 Nebenleistungen sind ergänzend zur ATV DIN 18299, Abschnitt 4.1, insbesondere:

4.1.1 Feststellen des Zustands der Straßen, der Geländeoberfläche, der Vorfluter usw. nach B § 3 Nr 4.

4.1.2 Herstellen von behelfsmäßigen Zugängen, Zufahrten u. ä., ausgenommen Leistungen nach Abschnitt 4.2.4.

4.1.3 Prüfungen einschließlich Probenahme zum Nachweis der Eignung von Stoffen nach Abschnitt 2.2.1, soweit die Stoffe vom Auftragnehmer geliefert werden.

4.1.4 Prüfungen einschließlich Probenahme zum Nachweis der Güte von Stoffen nach Abschnitt 2.2.2, soweit die Stoffe vom Auftragnehmer geliefert oder hergestellt werden.

4.2 Besondere Leistungen sind ergänzend zur ATV DIN 18299, Abschnitt 4.2, z. B.:

4.2.1 Maßnahmen nach den Abschnitten 3.1.2 und 3.3.1.3.

4.2.2 Boden- und Wasseruntersuchungen, ausgenommen die Leistungen nach den Abschnitten 4.1.3 und 4.1.4.

4.2.3 Vorbereiten der Unterlage, z. B. Nachverdichten, Herstellen der planmäßigen Höhenlage, Beseitigen von schädlichen Verschmutzungen, soweit die Notwendigkeit solcher Leistungen nicht vom Auftragnehmer verursacht ist.

4.2.4 Herstellen, Vorhalten und Beseitigen von Befestigungen zur Aufrechterhaltung des öffentlichen und Anlieger-Verkehrs.

4.2.5 Herstellen von Aussparungen, die nach Art, Größe und Anzahl nicht in der Leistungsbeschreibung angegeben sind.

4.2.6 Schließen von Aussparungen sowie Einsetzen von Fertigteilen.

4.2.7 Kontrollprüfungen einschließlich der Probenahmen.

4.2.8 Räumen von Schnee und Abstumpfen bei Glätte zur Aufrechterhaltung des Verkehrs.

5 Abrechnung

Ergänzend zur ATV DIN 18299, Abschnitt 5, gilt:

5.1 Bei Abrechnung nach Flächenmaß werden Aussparungen oder Einbauten bis zu 1 m² Einzelgröße sowie Schienen übermessen.

5.2 Bei Abrechnung nach Raummaß werden nicht abgezogen der eingenommene Raum von
- Aussparungen oder Einbauten mit einer mittleren Durchdringungsfläche bis zu 1 m²,
- Leitungen.

VOB Teil C:
**Allgemeine Technische Vertragsbedingungen für Bauleistungen (ATV)
Verkehrswegebauarbeiten, Oberbauschichten mit hydraulischen
Bindemitteln – DIN 18316
Ausgabe Juni 1996**

Inhalt

0   Hinweise für das Aufstellen der Leistungsbeschreibung

1   Geltungsbereich

2   Stoffe, Bauteile

3   Ausführung

4   Nebenleistungen, Besondere Leistungen

5   Abrechnung

0   Hinweise für das Aufstellen der Leistungsbeschreibung

Diese Hinweise ergänzen die ATV DIN 18299 "Allgemeine Regelungen für Bauarbeiten jeder Art", Abschnitt 0. Die Beachtung dieser Hinweise ist Voraussetzung für eine ordnungsgemäße Leistungsbeschreibung gemäß A § 9.

Die Hinweise werden nicht Vertragsbestandteil.

In der Leistungsbeschreibung sind nach den Erfordernissen des Einzelfalls insbesondere anzugeben:

0.1   Angaben zur Baustelle

0.1.1   Art und Beschaffenheit der Unterlage.

0.1.2   Gründungstiefen und Gründungsarten benachbarter Bauwerke.

0.1.3   Art und Beschaffenheit vorhandener Einfassungen.

0.2   Angaben zur Ausführung

0.2.1   Aufbau des Oberbaus entsprechend der Beanspruchung.

0.2.2   Ausbildung der Anschlüsse an Bauwerke, Bauteile und Oberbauschichten.

0.2.3   Art und Anzahl von Aussparungen und Einbauten.

0.2.4   Besondere Anforderungen an den Frostwiderstand der Zuschläge.

0.2.5   Luftgehalt im Beton.

0.2.6   Einbau einer Bewehrung in Betondecken.

Verkehrswegebauarbeiten, Oberbauschichten mit hydraulischen Bindemitteln **DIN 18316**

0.2.7 Lage, Art und Ausführung der Fugen.

0.2.8 Anzahl der Dübel und Anker.

0.3 Einzelangaben bei Abweichungen von den ATV

0.3.1 Wenn andere als die in dieser ATV vorgesehenen Regelungen getroffen werden sollen, sind diese in der Leistungsbeschreibung eindeutig und im einzelnen anzugeben.

0.3.2 Abweichende Regelungen können insbesondere in Betracht kommen bei

Abschnitt 2.1.2,	wenn anstelle von Zementen nach DIN 1164 andere bauaufsichtlich zugelassene und gleichwertige Zemente zugelassen werden sollen,
Abschnitt 2.1.3,	wenn bei Verfestigungen als Tragschichten und bei hydraulisch gebundenen Tragschichten die Wahl der Bindemittel dem Auftragnehmer nicht überlassen bleiben soll,
Abschnitt 3.3.1 und 3.3.2,	wenn bei Verfestigungen als Tragschichten und bei hydraulisch gebundenen Tragschichten für die Druckfestigkeit, für die Dicke, für die profilgerechte Lage und für die Ebenheit andere Werte festgelegt werden sollen,
Abschnitt 3.3.1.2,	wenn die Bindemittelmenge nicht aus der 7-Tage-Festigkeit gewählt werden soll,
Abschnitt 3.3.2.2,	wenn die Bindemittelmenge auch aus der 7-Tage-Festigkeit gewählt werden darf,
Abschnitt 3.3.3,	wenn bei Betontragschichten für die Betongüte, für die Dicke, für die profilgerechte Lage oder für die Ebenheit andere Werte bzw. für die Kerben ein bestimmtes Raster festgelegt werden sollen,
Abschnitt 3.3.4.1 und 3.3.4.3,	wenn bei Betondecken für die Betongüte, für die Betonstahlmenge oder -güte andere Werte festgelegt werden sollen,
Abschnitt 3.3.4.2 und 3.3.4.7,	wenn Betondecken nicht aus Schichten unterschiedlicher Zusammensetzung hergestellt werden dürfen oder wenn bei Betondecken die Art der Nachbehandlung dem Auftragnehmer nicht überlassen bleiben soll,
Abschnitt 3.3.4.5 und 3.3.4.6,	wenn bei Betondecken für Dübel und Anker andere Abmessungen festgelegt werden sollen,
Abschnitt 3.3.4.8, 3.3.4.9 und 3.3.4.10,	wenn bei Betondecken für die Dicke, für die profilgerechte Lage oder für die Ebenheit andere Werte festgelegt werden sollen.

0.4 Einzelangaben zu Nebenleistungen und Besonderen Leistungen
Keine ergänzende Regelung zur ATV DIN 18299, Abschnitt 0.4.

0.5 Abrechnungseinheiten
Im Leistungsverzeichnis sind die Abrechnungseinheiten wie folgt vorzusehen:

- Nachverdichten der Unterlage nach Flächenmaß (m^2),
- Herstellen der planmäßigen Höhenlage, Neigung und der festgelegten Ebenheit der Unterlage nach Flächenmaß (m^2),
- Reinigen nach Flächenmaß (m^2),
- Schichten zum Angleichen oder Ausgleichen der Höhenlage nach Gewicht (t) oder Raummaß (m^3),
- Tragschichten und Betondecken nach Flächenmaß (m^2),
- Bewehrung nach Flächenmaß (m^2) oder nach Gewicht (t) entsprechend den Bewehrungsplänen,
- Fugenherstellung und -verguß nach Längenmaß (m), getrennt nach den verschiedenen Arten der Fugenausbildung, einschließlich Verdübelung und Verankerung,
- Verdübelungen und Verankerungen, sofern sie gesondert abgerechnet werden sollen, nach Längenmaß (m) der verdübelten oder verankerten Fugen oder nach Anzahl (Stück),
- Nachbehandlung der Oberfläche von Betondecken nach Flächenmaß (m^2),
- Probenahmen für Kontrollprüfungen nach Anzahl (Stück).

1 Geltungsbereich

1.1 Die ATV "Verkehrswegebauarbeiten – Oberbauschichten mit hydraulischen Bindemitteln" – DIN 18316 – gilt für das Befestigen von Straßen und Wegen aller Art, Plätzen, Höfen, Flugbetriebsflächen, Bahnsteigen und Gleisanlagen mit Tragschichten und Decken.

1.2 Die ATV DIN 18316 gilt nicht für das Verbessern und Verfestigen des Unterbaus und des Untergrundes.

1.3 Ergänzend gelten die Abschnitte 1 bis 5 der ATV DIN 18299 "Allgemeine Regelungen für Bauarbeiten jeder Art". Bei Widersprüchen gehen die Regelungen der ATV DIN 18316 vor.

2 Stoffe, Bauteile

Ergänzend zur ATV DIN 18299, Abschnitt 2, gilt:

Für die gebräuchlichsten genormten Stoffe sind die DIN-Normen nachstehend aufgeführt.

2.1 Anforderungen

2.1.1 Mineralstoffe, Betonzuschlag

DIN 1045	Beton und Stahlbeton – Bemessung und Ausführung
DIN 4226-1	Zuschlag für Beton – Zuschlag mit dichtem Gefüge – Begriffe, Bezeichnung und Anforderungen
DIN 4226-2	Zuschlag für Beton – Zuschlag mit porigem Gefüge (Leichtzuschlag) – Begriffe, Bezeichnung und Anforderungen
DIN 4301	Eisenhüttenschlacke und Metallhüttenschlacke im Bauwesen

Weiterhin gelten:

Technische Lieferbedingungen für Mineralstoffe im Straßenbau (TL Min-StB) [*]

Recycling-Baustoffe (RCL-Baustoffe) dürfen für Tragschichten verwendet werden, wenn sie den TL Min-StB [*] entsprechen.

2.1.2 Bindemittel

DIN 1060-1	Baukalk – Teil 1 : Definitionen, Anforderungen, Überwachung
DIN 1164-1	Zement – Teil 1 : Zusammensetzung, Anforderungen
DIN 18506	Hydraulische Bindemittel für Tragschichten, Bodenverfestigungen und Bodenverbesserungen – Hydraulische Tragschichtbinder

2.1.3 Baustoffgemische, Beton

Die Zusammensetzung der Baustoffgemische und des Betons bleibt dem Auftragnehmer überlassen. Er hat dabei die Angaben zu Verwendungszweck, Verkehrsmengen und -arten, klimatischen Einflüssen und örtlichen Verhältnissen zu berücksichtigen.

2.1.3.1 Verfestigungen als Tragschichten

Verfestigungen sind aus geeigneten Baustoffen durch Einmischen von hydraulischen Bindemitteln herzustellen.

2.1.3.2 Hydraulisch gebundene Tragschichten

Hydraulisch gebundene Tragschichten sind aus korngestuften Mineralstoffgemischen und hydraulischen Bindemitteln herzustellen.

2.1.3.3 Betontragschichten

Betontragschichten sind Tragschichten aus Beton nach DIN 1045. Betontragschichten sind aus korngestuften Mineralstoffgemischen und Zement herzustellen.

2.1.3.4 Betondecken

Beton ist nach DIN 1045 herzustellen.

2.1.4 Stahl

DIN 488-1	Betonstahl – Sorten, Eigenschaften, Kennzeichen
DIN 1013-1	Stabstahl – Warmgewalzter Rundstahl für allgemeine Verwendung – Maße, zulässige Maß- und Formabweichungen

---

[*] Herausgegeben von der Forschungsgesellschaft für Straßen- und Verkehrswesen e. V., Konrad-Adenauer-Straße 13, 50996 Köln

2.1.5 Fugenfüllstoffe und Fugeneinlagen

2.1.5.1 Fugenfüllstoffe

Stoffe zum Abdichten des Fugenspalts müssen eine ausreichende Verformungs- und Haftfähigkeit aufweisen. Werden Abdichtungsprofile verwendet, muß der Anpreßdruck auch bei niedrigen Temperaturen das Eindringen von Feuchtigkeit verhindern.

2.1.5.2 Fugeneinlagen

Bleibende Fugeneinlagen in Raumfugen müssen die Ausdehnung der Betonplatten zulassen und so steif sein, daß sie bei der Betonverdichtung nicht verformt werden. Sie müssen wasser- und alkalibeständig sein und dürfen das Wasser aus dem frischen Beton nicht absaugen.

Bleibende Einlagen bei Scheinfugen dürfen im unteren Teil der Decke nicht zusammendrückbar sein.

2.2 Prüfungen

2.2.1 Eignungsprüfung

Der Auftragnehmer hat sich vor Beginn der Ausführung zu vergewissern und dem Auftraggeber auf Verlangen nachzuweisen, daß die Stoffe und Baustoffgemische für den vorgesehenen Verwendungszweck geeignet sind.

2.2.2 Eigenüberwachungsprüfung

Der Auftragnehmer hat sich während der Ausführung zu vergewissern und dem Auftraggeber auf Verlangen nachzuweisen, daß die verwendeten Stoffe und Baustoffgemische den vertraglichen Anforderungen entsprechen.

Wenn ein bestimmter Luftgehalt (LP-Gehalt) vorgeschrieben ist, muß während des Betonierens am Einbauort der LP-Gehalt des Frischbetons nachgeprüft werden.

2.2.3 Kontrollprüfung

Die Verpflichtung des Auftragnehmers nach den Abschnitten 2.2.1 und 2.2.2 wird durch die Kontrollprüfungen des Auftraggebers nicht eingeschränkt.

2.2.4 Durchführen der Prüfungen

2.2.4.1 Mineralstoffe, Betonzuschlag

DIN 4226-3	Zuschlag für Beton - Prüfung von Zuschlag mit dichtem oder porigem Gefüge
DIN 4301	Eisenhüttenschlacke und Metallhüttenschlacke im Bauwesen
DIN 52101 bis DIN 52106 DIN 52110 und DIN 52111 DIN 52114	Prüfung von Naturstein und Gesteinskörnungen

Weiterhin gelten:
Technische Prüfvorschriften für Mineralstoffe im Straßenbau (TP Min-StB) *),
Technische Prüfvorschriften für Boden und Fels im Straßenbau (TP BF-StB) *).

2.2.4.2 Bindemittel

DIN 1164-2	Portland-, Eisenportland-, Hochofen- und Traßzement – Überwachung (Güteüberwachung)
DIN 18506	Hydraulische Bindemittel für Tragschichten, Bodenverfestigungen und Bodenverbesserungen – Hydraulische Tragschichtbinder

2.2.4.3 Baustoffgemische, Beton

DIN 1048-1	Prüfverfahren für Beton – Frischbeton
DIN 1048-2	Prüfverfahren für Beton – Festbeton in Bauwerken und Bauteilen
DIN 1048-5	Prüfverfahren für Beton – Festbeton, gesondert hergestellte Probekörper

Weiterhin gelten:
Technische Prüfvorschriften für hydraulisch gebundene Tragschichten (TP HGT-StB) *)

2.2.4.4 Stahl

DIN 488-3	Betonstahl – Betonstabstahl, Prüfungen
DIN 488-5	Betonstahl – Betonstahlmatten und Bewehrungsdraht – Prüfungen
DIN 1013-1	Stabstahl – Warmgewalzter Rundstahl für allgemeine Verwendung – Maße, zulässige Maß- und Formabweichungen

3 Ausführung

Ergänzend zur ATV DIN 18299, Abschnitt 3, gilt:

3.1 Allgemeines

Oberbauschichten mit hydraulischen Bindemitteln dürfen bei ungünstigen Witterungsverhältnissen nur hergestellt werden, wenn durch besondere Maßnahmen sichergestellt ist, daß die Güte der Leistung nicht beeinträchtigt wird.

3.2 Unterlage

Der Auftragnehmer hat bei seiner Prüfung der Unterlage Bedenken (siehe B § 4 Nr 3) insbesondere geltend zu machen bei

– offensichtlich unzureichender Tragfähigkeit,

– offensichtlich schädlichen Rißbildungen,

---

*) Siehe Seite 147

- Abweichungen von der planmäßigen Höhenlage, Neigung oder Ebenheit,
- schädlichen Verschmutzungen,
- Fehlen notwendiger Entwässerungseinrichtungen.

3.3 Herstellen, Anforderungen

3.3.1 Verfestigungen als Tragschichten

3.3.1.1 Verarbeiten und Nachbehandeln

Die Baustoffe sind mit dem Bindemittel so zu mischen, daß das Bindemittel gleichmäßig verteilt ist. Das Baustoffgemisch ist profilgerecht zu verteilen und gleichmäßig zu verdichten.

Die Trockendichte der verdichteten Verfestigung darf 98 % Proctordichte nicht unterschreiten.

Verfestigungen sind nach dem Herstellen mindestens 3 Tage feucht zu halten oder durch andere geeignete Maßnahmen gegen Austrocknen zu schützen.

3.3.1.2 Bindemittelmenge

Die Bindemittelmenge ist so zu wählen, daß die Druckfestigkeit nach 28 Tagen im Rahmen der Eignungsprüfung 5 N/mm^2 nicht unterschreitet.

Bei Verfestigungen mit Zement darf die 28-Tage-Festigkeit aus der 7-Tage-Festigkeit im Verhältnis der Normdruckfestigkeiten des Zementes nach 28 und 7 Tagen berechnet werden.

3.3.1.3 Dicke

Verfestigungen dürfen an keiner Stelle eine Dicke von 10 cm unterschreiten.

3.3.1.4 Profilgerechte Lage

Die Tragschichten sind höhengerecht und im vereinbarten Längs- und Querprofil herzustellen. Abweichungen der Oberfläche von der Sollhöhe dürfen an keiner Stelle mehr als 3 cm betragen.

3.3.1.5 Ebenheit

Unebenheiten der Oberfläche von Verfestigungen innerhalb einer 4 m langen Meßstrecke dürfen nicht größer als 3 cm sein.

3.3.2 Hydraulisch gebundene Tragschichten

3.3.2.1 Verarbeiten und Nachbehandeln

Das Mineralstoffgemisch ist mit dem Bindemittel und Wasser gründlich zu mischen. Die Baustoffgemische sind auf sauberer Unterlage gleichmäßig und so zu verteilen, daß sie sich nicht entmischen. Das Baustoffgemisch ist profilgerecht einzubauen und gleichmäßig zu verdichten.

Hydraulisch gebundene Tragschichten sind nach dem Herstellen mindestens 3 Tage feucht zu halten oder durch andere geeignete Maßnahmen gegen Austrocknen zu schützen.

3.3.2.2 Bindemittelmenge

Die Bindemittelmenge ist so zu wählen, daß die Druckfestigkeit nach 28 Tagen im Rahmen der Eignungsprüfung 7 N/mm^2 nicht unterschreitet.

3.3.2.3 Kerben

Hydraulisch gebundene Tragschichten sind mit Kerben herzustellen, wenn die Druckfestigkeit im Rahmen der Eignungsprüfung 12 N/mm^2 überschreitet oder die Einbaudicken über 20 cm liegen.
Unter Betondecken muß die Lage der Kerben der Lage der Fugen in der Betondecke entsprechen.

3.3.2.4 Dicke

Hydraulisch gebundene Tragschichten dürfen an keiner Stelle eine Dicke von 9 cm unterschreiten.

3.3.2.5 Profilgerechte Lage

Für die profilgerechte Lage gilt Abschnitt 3.3.1.4.

3.3.2.6 Ebenheit

Unebenheiten der Oberfläche dürfen innerhalb einer 4 m langen Meßstrecke nicht größer als 2 cm sein.

3.3.3 Betontragschichten

3.3.3.1 Verarbeiten und Nachbehandeln

Der Beton ist nach dem Einbau mindestens 3 Tage feucht zu halten oder durch andere geeignete Maßnahmen gegen Austrocknen zu schützen.

3.3.3.2 Betongüte

Die Betongüte muß mindestens B 10 nach DIN 1045 entsprechen.

3.3.3.3 Kerben

Betontragschichten sind mit Kerben herzustellen.
Unter Betondecken muß die Lage der Kerben der Lage der Fugen in der Betondecke entsprechen.

3.3.3.4 Dicke

Betontragschichten dürfen an keiner Stelle eine Dicke von 6 cm unterschreiten.

3.3.3.5 Profilgerechte Lage

Für die profilgerechte Lage gilt Abschnitt 3.3.1.4.

3.3.3.6 Ebenheit

Für die Ebenheit gilt Abschnitt 3.3.2.6.

3.3.4 Betondecken

3.3.4.1 Betongüte

Die Betongüte muß mindestens B 25 nach DIN 1045 entsprechen. Wenn im Beton ein Gehalt an Luftporen vereinbart ist, darf durch diesen die geforderte Betongüte nicht unterschritten werden.

3.3.4.2 Einbau des Betons

Der Beton ist in der vollen Breite der Decke oder in Streifen, die sich durch die Lage der Längsfugen ergeben, einzubauen. Arbeitsunterbrechungen sind nur an Querfugen zulässig. Die Betondecke muß senkrechte Seitenflächen aufweisen.

Die Betondecke darf unter Wahrung der vereinbarten Betongüte aus Schichten unterschiedlicher Zusammensetzung bestehen. Beton gleicher Zusammensetzung darf in einer Lage oder in mehreren Lagen eingebracht werden. Bei mehrschichtiger Betondecke muß die obere Schicht mindestens 5 cm dick ausgeführt werden.

3.3.4.3 Bewehrung

Ist eine Flächenbewehrung vereinbart, so muß sie mit mindestens 2 kg/m^2 Betonstahl IV eingebaut werden. Die Bewehrung darf die Wirksamkeit der Fugen nicht beeinträchtigen. Die Betondeckung muß mindestens 3 cm betragen.

3.3.4.4 Fugen

Betondecken sind mit Fugen herzustellen.

Fugen müssen im oberen Teil einen Fugenspalt erhalten, der in Breite und Tiefe auf den vorgesehenen Fugenfüllstoff abgestimmt ist. Durch das Herstellen der Fugen dürfen die Festigkeit des Betons und die Oberflächenbeschaffenheit der Betondecke nicht beeinträchtigt werden. Die Fugen sind so rechtzeitig herzustellen, daß keine Risse entstehen.

3.3.4.4.1 Scheinfugen

Scheinfugen sind durch Einschneiden eines Fugenspaltes mit einer Tiefe von mindestens 25 % der Deckendicke in den erhärteten Beton herzustellen.

Sind im unteren Teil der Betondecke Einlagen zur Schwächung des Betonquerschnitts vereinbart, sind sie gegen Verschieben zu sichern.

3.3.4.4.2 Raumfugen

Raumfugen sind so herzustellen, daß sie die Betonplatten in der ganzen Dicke voneinander trennen. Die Fugeneinlagen müssen die Ausdehnung der Platten ermöglichen und unverschieblich eingebaut sein. Die Raumfugen sind mindestens 12 mm breit herzustellen.

3.3.4.4.3 Preßfugen

Preßfugen sind ohne Trennmittel herzustellen.

3.3.4.4.4 Abdichten der Fugen

Der Fugenspalt ist mit geeigneten Fugenfüllstoffen abzudichten.

Vor dem Einbringen bitumenhaltiger Fugenvergußmassen muß der Fugenspalt trocken und sauber sein.

3.3.4.5 Dübel

Sind zur Querkraftübertragung und Sicherung der Höhenlage der Platten Dübel vereinbart, sind beschichtete Dübel aus glattem Rundstahl mit einem Durchmesser von 25 mm und einer Länge von 50 cm zu verwenden. Sie müssen in der Mitte der Plattendicke so verlegt werden, daß sie die Ausdehnung der Platten nicht behindern.

3.3.4.6 Anker

Sind Anker zur Verhinderung des Auseinanderwanderns von Betonplatten vereinbart, sind sie aus Betonstahl mit einem Durchmesser von mindestens 16 mm und einer Länge von mindestens 60 cm zu verwenden. Sie müssen im Fugenbereich beschichtet sein. Die Anker sind in der Mitte der Plattendicke zu verlegen.

3.3.4.7 Nachbehandlung

Die Betondecke ist mindestens 3 Tage ständig feucht zu halten oder durch andere geeignete Maßnahmen gegen Austrocknen zu schützen.

3.3.4.8 Dicke

Betondecken dürfen an keiner Stelle eine Dicke von 10 cm unterschreiten.

3.3.4.9 Profilgerechte Lage

Für die profilgerechte Lage von Betondecken gilt Abschnitt 3.3.1.4 entsprechend.

3.3.4.10 Ebenheit

Unebenheiten der Oberfläche von Betondecken dürfen innerhalb einer 4 m langen Meßstrecke nicht größer als 1 cm sein.

4 Nebenleistungen, Besondere Leistungen

4.1 Nebenleistungen sind ergänzend zur ATV DIN 18299, Abschnitt 4.1, insbesondere:

4.1.1 Feststellen des Zustands der Straßen, der Geländeoberfläche, der Vorfluter usw. nach B § 3 Nr 4.

4.1.2 Herstellen von behelfsmäßigen Zugängen, Zufahrten u. ä. (ausgenommen Leistungen nach Abschnitt 4.2.4).

4.1.3 Prüfungen einschließlich Probenahme zum Nachweis der Eignung von Stoffen, Baustoffgemischen und Beton nach Abschnitt 2.2.1, soweit diese vom Auftragnehmer geliefert werden.

4.1.4 Prüfungen einschließlich Probenahme zum Nachweis der Güte von Stoffen, Baustoffgemischen und Beton nach Abschnitt 2.2.2, soweit diese vom Auftragnehmer geliefert oder hergestellt werden.

4.2 Besondere Leistungen sind ergänzend zur ATV DIN 18299, Abschnitt 4.2, z. B.:

4.2.1 Boden- und Wasseruntersuchungen, ausgenommen die Leistungen nach den Abschnitten 4.1.3 und 4.1.4.

4.2.2 Schutzmaßnahmen für den Einbau von Baustoffgemischen und Beton, wenn bei ungünstigen Witterungsverhältnissen auf Anordnung des Auftraggebers gearbeitet werden soll.

4.2.3 Vorbereiten der Unterlage, z. B. Nachverdichten, Entspannen von Tragschichten, Herstellen der planmäßigen Höhenlage, Beseitigen von schädlichen Verschmutzungen, soweit die Notwendigkeit solcher Leistungen nicht vom Auftragnehmer verursacht ist.

4.2.4 Herstellen, Vorhalten und Beseitigen von Befestigungen zur Aufrechterhaltung des öffentlichen und des Anlieger-Verkehrs.

4.2.5 Herstellen von Fugen und Aussparungen, die nach Art, Größe und Anzahl nicht in der Leistungsbeschreibung angegeben sind.

4.2.6 Schließen von Aussparungen sowie Einsetzen von Fertigteilen.

4.2.7 Kontrollprüfungen einschließlich der Probenahmen.

4.2.8 Räumen von Schnee und Abstumpfen bei Glätte zur Aufrechterhaltung des Verkehrs.

5 Abrechnung

Ergänzend zur ATV DIN 18299, Abschnitt 5, gilt:

5.1 Bei Abrechnung nach Flächenmaß werden Aussparungen oder Einbauten bis zu 1 m^2 Einzelgröße sowie Fugen und Schienen übermessen.

5.2 Bei Abrechnung von Bewehrung nach Flächenmaß werden Überdeckungen nicht berücksichtigt.

5.3 Bei Abrechnung von Fugen nach Längenmaß werden Durchdringungen der Fugen übermessen.

VOB Teil C:
Allgemeine Technische Vertragsbedingungen für Bauleistungen (ATV) Verkehrswegebauarbeiten, Oberbauschichten aus Asphalt DIN 18317
Ausgabe Juni 1996

Inhalt

0 Hinweise für das Aufstellen der Leistungsbeschreibung

1 Geltungsbereich

2 Stoffe, Bauteile

3 Ausführung

4 Nebenleistungen, Besondere Leistungen

5 Abrechnung

0 Hinweise für das Aufstellen der Leistungsbeschreibung

Diese Hinweise ergänzen die ATV DIN 18299 "Allgemeine Regelungen für Bauarbeiten jeder Art", Abschnitt 0. Die Beachtung dieser Hinweise ist Voraussetzung für eine ordnungsgemäße Leistungsbeschreibung gemäß A § 9.

Die Hinweise werden nicht Vertragsbestandteil.

In der Leistungsbeschreibung sind nach den Erfordernissen des Einzelfalls insbesondere anzugeben:

0.1 Angaben zur Baustelle

0.1.1 Art und Beschaffenheit der Unterlage.

0.1.2 Gründungstiefen und Gründungsarten benachbarter Bauwerke.

0.1.3 Art und Beschaffenheit vorhandener Einfassungen.

0.2 Angaben zur Ausführung

0.2.1 Aufbau des Oberbaus entsprechend der Beanspruchung.

0.2.2 Ausbildung der Anschlüsse an Bauwerke, Bauteile und Oberbauschichten.

0.2.3 Art und Anzahl von Aussparungen und Einbauten.

0.3 Einzelangaben bei Abweichungen von den ATV

0.3.1 Wenn andere als die in dieser ATV vorgesehenen Regelungen getroffen werden sollen, sind diese in der Leistungsbeschreibung eindeutig und im einzelnen anzugeben.

0.3.2 Abweichende Regelungen können insbesondere in Betracht kommen bei

Abschnitt 2.1.3,	wenn die Mitverwendung von Asphaltgranulat oder anderen Recycling-Stoffen eingeschränkt werden soll.
Abschnitt 2.1.4,	wenn die Zusammensetzung des Asphaltes dem Auftragnehmer nicht überlassen bleiben soll,
Abschnitt 3.3.1,	wenn bei Tragschichten, Tragdeckschichten, Binderschichten oder Deckschichten für die profilgerechte Lage, für die Ebenheit oder für die Dicke andere Werte festgelegt oder wenn bei fester Fahrbahn im Gleisbau andere Anforderungen berücksichtigt werden sollen,
Abschnitt 3.3.2,	wenn bei Deckschichten aus Gußasphalt für die Ebenheit oder für die Dicke andere Werte festgelegt werden sollen,
Abschnitt 3.3.3.1,	wenn bei Oberflächenbehandlungen für das Ausfüllen der Pflasterfugen eine andere Ausführung festgelegt werden soll,
Abschnitt 3.3.3.2,	wenn bei bitumenhaltigen Schlämmen die Unterlage mit einem Bindemittel angespritzt werden soll oder für das Ausfüllen der Pflasterfugen eine andere Ausführung festgelegt werden soll,
Abschnitt 3.3.4,	wenn bei dünnen Schichten ein anderes Einbaugewicht festgelegt werden soll,
Abschnitt 3.3.6,	wenn bei mit bitumenhaltigen Bindemitteln verfestigten Tragschichten für die profilgerechte Lage, für die Ebenheit oder für die Dicke andere Werte festgelegt werden sollen.

0.4 Einzelangaben zu Nebenleistungen und Besonderen Leistungen
Keine ergänzende Regelung zur ATV DIN 18299, Abschnitt 0.4

0.5 Abrechnungseinheiten
Im Leistungsverzeichnis sind die Abrechnungseinheiten wie folgt vorzusehen:
- Nachverdichten der Unterlage nach Flächenmaß (m^2),
- Herstellen der planmäßigen Höhenlage, Neigung und der festgelegten Ebenheit der Unterlage aus Asphalt nach Gewicht (t),
- Reinigen nach Flächenmaß (m^2),
- Einsprühen mit bitumenhaltigem Bindemittel nach Flächenmaß (m^2) oder Gewicht (t),
- Schichten zum Angleichen oder Ausgleichen der Höhenlage nach Gewicht (t),
- Tragschichten, Tragdeckschichten, Binderschichten, Deckschichten, Oberflächenschutzschichten nach Flächenmaß (m^2) oder nach Gewicht (t),
- Behandlung der Oberflächen von Deckschichten nach Flächenmaß (m^2),

Verkehrswegebauarbeiten, Oberbauschichten aus Asphalt   DIN 18317

- Fugenherstellung und -verguß nach Längenmaß (m),
- Probenahmen für Kontrollprüfungen nach Anzahl (Stück).

1 Geltungsbereich

1.1 Die ATV "Verkehrswegebauarbeiten – Oberbauschichten aus Asphalt" – DIN 18317 – gilt für das Befestigen von Straßen und Wegen aller Art, Plätzen, Höfen, Flugbetriebsflächen, Bahnsteigen und Gleisanlagen mit
- Tragschichten,
- Tragdeckschichten,
- Binderschichten,
- Deckschichten oder Oberflächenschutzschichten

sowie für Deckschichten auf Brücken.

1.2 Die ATV DIN 18317 gilt nicht
- für das Verbessern und Verfestigen des Unterbaus und des Untergrundes,
- für das Herstellen von Schichten mit pechhaltigen Ausbaustoffen,
- für das Herstellen von Schutzschichten aus Gußasphalt auf Bauwerksabdichtungen und wasserdichten Belägen aus Gußasphalt bzw. für Gußasphalt und Dichtungsschicht nach ATV DIN 18354 "Gußasphaltarbeiten",
- für das Herstellen von Estrichen nach ATV DIN 18354 "Gußasphaltarbeiten".

1.3 Ergänzend gelten die Abschnitte 1 bis 5 der ATV DIN 18299 "Allgemeine Regelungen für Bauarbeiten jeder Art". Bei Widersprüchen gehen die Regelungen der ATV DIN 18317 vor.

2 Stoffe, Bauteile

Ergänzend zur ATV DIN 18299, Abschnitt 2, gilt:

Für die gebräuchlichsten genormten Stoffe sind die DIN-Normen nachstehend aufgeführt.

2.1 Anforderungen

2.1.1 Mineralstoffe

DIN 4301   Eisenhüttenschlacke und Metallhüttenschlacke im Bauwesen

Weiterhin gelten:
- Technische Lieferbedingungen für Mineralstoffe im Straßenbau (TL Min-StB) [*).
- Technische Lieferbedingungen für Stahlwerksschlacken im Straßenbau (TL SWS-StB) [*)
- Technische Lieferbedingungen für Schmelzkammergranulat im Straßenbau (TL SKG-StB)[*)

[*) Herausgeben von der Forschungsgesellschaft für Straßen- und Verkehrswesen e. V., Konrad-Adenauer-Straße 13, 50996 Köln.

- Technische Lieferbedingungen für Steinkohlenflugasche im Straßenbau (TL SFA-StB) *)

2.1.2 Bindemittel

DIN 1995-1	Bitumen und Steinkohlenteerpech – Anforderungen an die Bindemittel – Straßenbaubitumen
DIN 1995-2	Bitumen und Steinkohlenteerpech – Anforderungen an die Bindemittel – Fluxbitumen
DIN 1995-3	Bitumen und Steinkohlenteerpech – Anforderungen an die Bindemittel – Bitumenemulsionen
DIN 1995-4	Bitumen und Steinkohlenteerpech – Anforderungen an die Bindemittel – Kaltbitumen
DIN 55946-1	Bitumen und Steinkohlenteerpech – Begriffe für Bitumen und Zubereitungen aus Bitumen

Weiterhin gelten:
- Technische Lieferbedingungen für Sonderbindemittel auf Bitumenbasis (TL-SBit) *)
- Technische Lieferbedingungen für polymermodifizierte Bitumen in Asphaltschichten im Straßenbau (TLPmb, Teil 1) *)
- Technische Lieferbedingungen für gebrauchsfertige polymermodifizierte Bindemittel für Oberflächenbehandlungen (TL PmOB) *)
- Technische Lieferbedingungen für Trinidad-Asphalt *)

Bindemitteln nach DIN 1995-1 bis DIN 1995-4 dürfen geeignete Zusätze und Naturasphalt zugegeben werden.

2.1.3 Ausbauasphalt

Asphaltgranulat und wiederaufbereitete (Recycling-)Stoffe (RCL-Stoffe) dürfen mitverwendet werden, wenn die Mineralstoffe den Anforderungen des Abschnitts 2.1.1 entsprechen. Das Bindemittelgemisch des mit Asphaltgranulat hergestellten Asphaltes muß geeignet sein.

2.1.4 Asphalt

2.1.4.1 Allgemeines

Die Zusammensetzung des Asphaltes bleibt dem Auftragnehmer überlassen. Er hat dabei die Angaben zu Verwendungszweck, Verkehrsmengen und -arten, klimatischen Einflüssen und örtlichen Verhältnissen zu berücksichtigen.

Im Asphalt muß das Bindemittel die Mineralstoffkörner vollständig umhüllen und dauerhaft haften.

Die Temperaturen der Mineralstoffe und der Bindemittel sind so zu wählen, daß die Qualität nicht schädlich beeinflußt wird und der Asphalt einwandfrei verarbeitet werden kann.

Zur Verwendung kommen in Betracht für

---

*) Siehe Seite 157

2.1.4.2 Tragschichten aus Asphalt:
– Mineralstoffe: Füller, Natursand, Brechsand, Kies, Splitt.
– Bindemittel
  – im Heißeinbau: Straßenbaubitumen.
  – im Kalteinbau: Bitumenemulsion, Zusätze.

2.1.4.3 Tragdeckschichten aus Asphalt:
– Mineralstoffe: Füller, Natursand, Brechsand, Kies, Splitt.
– Bindemittel: Straßenbaubitumen.

2.1.4.4 Binderschichten aus Asphalt:
– Mineralstoffe: Füller, Natursand, Brechsand, Edelbrechsand, Splitt, Edelsplitt.
– Bindemittel: Straßenbaubitumen.

2.1.4.5 Asphaltbetonschichten:
– Mineralstoffe: Füller, Natursand, Brechsand, Edelbrechsand, Splitt, Edelsplitt.
– Bindemittel
  – im Heißeinbau: Straßenbaubitumen.
  – im Warmeinbau: Fluxbitumen.
  – im Kalteinbau: Bitumenemulsion, Zusätze.

2.1.4.6 Splittmastixasphaltschichten:
– Mineralstoffe: Füller, Natursand, Edelbrechsand, Edelsplitt.
– Bindemittel: Straßenbaubitumen.
– Stabilisierende Zusätze.

2.1.4.7 Gußasphalt- und Asphaltmastixschichten:
– Mineralstoffe: Füller, Natursand, Edelbrechsand, Edelsplitt.
– Bindemittel: Straßenbaubitumen, Gemisch aus Straßenbaubitumen und Naturasphalt.

2.1.4.8 Bitumenhaltige Schlämmen:
– Mineralstoffe: Füller, Natursand, Edelbrechsand.
– Bindemittel: Bitumenemulsion, Zusätze.

2.2 Prüfungen
2.2.1 Eignungsprüfung
Der Auftragnehmer hat sich vor Beginn der Ausführung zu vergewissern und dem Auftraggeber auf Verlangen nachzuweisen, daß die Stoffe und Stoffgemische für den vorgesehenen Verwendungszweck geeignet sind.

2.2.2 Eigenüberwachungsprüfung

Der Auftragnehmer hat sich während der Ausführung zu vergewissern und dem Auftraggeber auf Verlangen nachzuweisen, daß die verwendeten Stoffe und Stoffgemische den vertraglichen Anforderungen entsprechen.

2.2.3 Kontrollprüfung

Die Verpflichtung des Auftragnehmers nach den Abschnitten 2.2.1 und 2.2.2 wird durch die Kontrollprüfungen des Auftraggebers nicht eingeschränkt.

2.2.4 Durchführen der Prüfungen

2.2.4.1 Mineralstoffe

DIN 1996-1	Prüfung bituminöser Massen für den Straßenbau und verwandte Gebiete – Allgemeines, Übersicht und Angaben zur Auswertung der Untersuchungen
DIN 1996-2	Prüfung bituminöser Massen für den Straßenbau und verwandte Gebiete – Probenahme
DIN 1996-14	Prüfung von Asphalt – Bestimmung der Korngrößenverteilung von aus Asphalt extrahierten Mineralstoffen
DIN 4301	Eisenhüttenschlacke und Metallhüttenschlacke im Bauwesen

Weiterhin gelten:

Technische Prüfvorschriften für Mineralstoffe im Straßenbau (TP Min-StB) [*]

2.2.4.2 Bindemittel

DIN 52000
DIN 52002 bis DIN 52007
DIN 52010 bis DIN 52016 ⎫ Prüfung von Bitumen
DIN 52023 und DIN 52024
DIN 52040 bis DIN 52048
DIN EN 58 Probenahme bituminöser Bindemittel

Weiterhin gelten:

- Technische Lieferbedingungen für polymermodifizierte Bitumen in Asphaltschichten im Heißeinbau, Teil 1: Gebrauchsfertige polymermodifizierte Bitumen (TL-Pmb, Teil 1) [*]
- Technische Lieferbedingungen für gebrauchsfertige polymermodifizierte Bindemittel für Oberflächenbehandlungen (TL PmOB) [*]

2.2.4.3 Asphalt

DIN 1996   Prüfung von Asphalt

Weiterhin gelten:

Technische Lieferbedingungen für Asphalt im Straßenbau, Teil: Güteüberwachung (TLG Asphalt-StB) [*]

---

[*] Siehe Seite 157

3 Ausführung
Ergänzend zur ATV DIN 18299, Abschnitt 3, gilt:

3.1 Allgemeines
Oberbauschichten aus Asphalt und Oberflächenschutzschichten dürfen bei Nässe oder niedriger Lufttemperatur nur ausgeführt werden, wenn durch besondere Maßnahmen sichergestellt ist, daß die Güte der Leistung nicht beeinträchtigt wird.

3.2 Unterlage
Der Auftragnehmer hat bei seiner Prüfung der Unterlage Bedenken (siehe B § 4 Nr 3) insbesondere geltend zu machen bei
- offensichtlich unzureichender Tragfähigkeit,
- Abweichungen von der planmäßigen Höhenlage, Neigung oder Ebenheit,
- schädlichen Verschmutzungen,
- Fehlen notwendiger Entwässerungseinrichtungen.

3.3 Herstellen, Anforderungen

3.3.1 Tragschichten, Tragdeckschichten, Binderschichten, Deckschichten aus Asphaltbeton und Splittmastixasphalt

3.3.1.1 Einbauen

Der Asphalt ist auf der sauberen Unterlage gleichmäßig und so zu verteilen, daß er sich nicht entmischt.

Die Nähte der Schichten und Lagen sind gegeneinander um mindestens 15 cm zu versetzen. Die Nähte der Deckschicht sind geradlinig, Längsnähte der Linienführung der Straßen angepaßt, auszuführen. Durch geeignete Maßnahmen sind gleichmäßige und dichte Anschlüsse sicherzustellen.

Zwischen den Schichten oder Lagen muß ausreichender Verbund erreicht werden.

Die einzelnen Schichten oder Lagen dürfen erst eingebaut werden, wenn die Unterlage ausreichend standfest und tragfähig ist.

3.3.1.2 Verdichten

Die Schichten oder Lagen müssen auf der ganzen Fläche gleichmäßig und ausreichend verdichtet werden.

3.3.1.3 Oberfläche

Die Oberfläche der einzelnen Schichten muß eine gleichmäßige Beschaffenheit aufweisen. Die Oberfläche der Tragdeckschicht und der Deckschichten muß gleichmäßig geschlossen sein und eine dem Verwendungszweck angemessene Rauheit aufweisen.

3.3.1.4 Profilgerechte Lage

Die Schichten sind höhengerecht und im vereinbarten Längs- und Querprofil herzustellen. Abweichungen der Oberfläche von der Sollhöhe dürfen an keiner Stelle mehr als 3 cm betragen.

3.3.1.5 Ebenheit

Unebenheiten der Oberfläche der Schichten innerhalb einer 4 m langen Meßstrecke dürfen bei Tragschichten nicht größer als 2 cm, bei Tragdeckschichten nicht größer als 1,5 cm und bei Binder- und Deckschichten nicht größer als 1 cm sein.

3.3.1.6 Dicke

Folgende Schichtdicken sind auszuführen:
- Tragschichten: im Mittel 6 cm, an keiner Stelle unter 4 cm,
- Tragdeckschichten: im Mittel 7 cm, an keiner Stelle unter 5 cm,
- Binderschichten: im Mittel 4 cm, an keiner Stelle unter 3 cm,
- Deckschichten: im Mittel 2,5 cm, an keiner Stelle unter 1,5 cm, mindestens jedoch das 2,5fache des Größtkorns.

3.3.2 Deckschichten aus Gußasphalt

3.3.2.1 Einbauen

Abschnitt 3.3.1.1 gilt sinngemäß. Die Anschlüsse an kaltem Gußasphalt sind als Fuge auszubilden.

3.3.2.2 Oberfläche

Die Oberfläche der Deckschicht muß eine gleichmäßige Beschaffenheit aufweisen. Sie ist beim Einbau aufzurauhen oder abzustumpfen.

3.3.2.3 Ebenheit

Unebenheiten der Oberfläche der Deckschicht innerhalb einer 4 m langen Meßstrecke dürfen nicht größer als 1 cm sein.

3.3.2.4 Dicke

Deckschichten aus Gußasphalt sind im Mittel 2,5 cm dick, an keiner Stelle unter 1,5 cm dick auszuführen.

3.3.3 Oberflächenschutzschichten

3.3.3.1 Allgemeines

Oberflächenschutzschichten sind so auszuführen, daß sie die saubere Unterlage vollflächig bedecken und eine gleichmäßige Beschaffenheit aufweisen.
Pflasterfugen sind vor dem Herstellen der Oberflächenschutzschicht bis zur Höhe der oberen Pflastersteinkanten mit Splitt oder Kies auszufüllen.

3.3.3.2 Oberflächenbehandlung

Unmittelbar nach dem Aufspritzen des Bindemittels ist der Edelsplitt gleichmäßig verteilt aufzustreuen und durch Walzen anzudrücken.

3.3.3.3 Bitumenhaltige Schlämme

Die Schlämme ist unmittelbar auf die Unterlage aufzubringen.

Verkehrswegebauarbeiten, Oberbauschichten aus Asphalt DIN 18317

3.3.4 Dünne Schichten aus Asphaltbeton, Splittmastixasphalt, Gußasphalt und Asphaltmastix

Für Asphaltbeton und Splittmastixasphalt gelten sinngemäß die Abschnitte 3.3.1.1, 3.3.1.2 und 3.3.1.3 sowie für Gußasphalt und Asphaltmastix die Abschnitte 3.3.2.1 und 3.3.2.2.

Dünne Schichten sind im Mittel mit 30 kg/m^2 herzustellen, Schichten aus Asphaltmastix mit 15 kg/m^2 Mastix und 15 kg/m^2 Splitt auszuführen.

3.3.5 Rückformen von Asphaltschichten

Die vorhandenen Schichten und gegebenenfalls zusätzlich erforderliche Mineralstoffe, Bindemittel oder Asphalt müssen für den vorgesehenen Verwendungszweck geeignet sein. Für das Rückformen gelten sinngemäß die Abschnitte 3.3.1.1 bis 3.3.1.5.

3.3.6 Mit bitumenhaltigen Bindemitteln verfestigte Tragschichten

3.3.6.1 Herstellen

3.3.6.1.1 Verfestigte Tragschichten sind aus frostsicherem Mineralstoffgemisch durch Einmischen von bitumenhaltigen Bindemitteln und Zusätzen herzustellen.

3.3.6.1.2 Der Auftragnehmer hat sich vor dem Herstellen von verfestigten Tragschichten zu vergewissern und dem Auftraggeber auf Verlangen nachzuweisen, daß Bindemittelart und -menge für den vorgesehenen Verwendungszweck geeignet sind.

3.3.6.1.3 Das Mineralstoffgemisch ist mit dem Bindemittel und den Zusätzen so zu mischen, daß eine gleichmäßige Verteilung sichergestellt ist. Das Gemisch ist gleichmäßig zu verdichten.

3.3.6.2 Profilgerechte Lage

Die verfestigten Tragschichten sind höhengerecht und im vereinbarten Längs- und Querprofil herzustellen. Abweichungen der Oberfläche von der Sollhöhe dürfen an keiner Stelle mehr als 3 cm betragen.

3.3.6.3 Ebenheit

Unebenheiten der Oberfläche der verfestigten Tragschicht innerhalb einer 4 m langen Meßstrecke dürfen nicht größer als 3 cm sein.

3.3.6.4 Dicke

Die verfestigten Tragschichten sind im Mittel 15 cm dick, an keiner Stelle unter 12 cm dick auszuführen.

4 Nebenleistungen, Besondere Leistungen

4.1 Nebenleistungen sind ergänzend zur ATV DIN 18299, Abschnitt 4.1, insbesondere:

4.1.1 Feststellen des Zustands der Straßen, der Geländeoberfläche, der Vorfluter usw. nach B § 3 Nr 4.

4.1.2 Herstellen von behelfsmäßigen Zugängen, Zufahrten u. ä., ausgenommen Leistungen nach Abschnitt 4.2.2.

4.1.3 Prüfungen einschließlich Probenahme zum Nachweis der Eignung und der Güte von Stoffen und Stoffgemischen nach den Abschnitten 2.2.1, 2.2.2 und 3.3.6.1.2, soweit die Stoffe vom Auftragnehmer geliefert oder hergestellt werden.

4.2 Besondere Leistungen sind ergänzend zur ATV DIN 18299, Abschnitt 4.2, z. B.:

4.2.1 Vorbereiten der Unterlage, z. B. Nachverdichten, Herstellen der planmäßigen Höhenlage, Beseitigen von schädlichen Verschmutzungen, Vorspritzen mit Bindemitteln, soweit die Notwendigkeit solcher Leistungen nicht vom Auftragnehmer verursacht ist.

4.2.2 Herstellen, Vorhalten und Beseitigen von Befestigungen zur Aufrechterhaltung des öffentlichen und Anlieger-Verkehrs.

4.2.3 Maßnahmen zum Verbund der Schichten und besondere Ausführung und Vorbehandlung der Längsnähte, soweit die Notwendigkeit solcher Leistungen nicht vom Auftragnehmer verursacht ist.

4.2.4 Maßnahmen zum Abstumpfen oder Aufrauhen von Deckschichten, soweit die Notwendigkeit solcher Leistungen nicht vom Auftragnehmer verursacht ist.

4.2.5 Herstellen von Aussparungen, die nach Art, Größe und Anzahl nicht in der Leistungsbeschreibung angegeben sind.

4.2.6 Schließen von Aussparungen sowie Einsetzen von Einbauteilen.

4.2.7 Herstellen von Anschlüssen an bestehende Bauteile und Oberbauschichten durch Schneiden, Fräsen, durch Ausbilden von Fugen oder sonstige besondere Konstruktionen und Ausführungen.

4.2.8 Umweltrelevante Untersuchungen bei Eignungsprüfungen und Eigenüberwachungsprüfungen, soweit sie über Abschnitt 4.1.3 hinaus verlangt bzw. die Stoffe vom Auftraggeber gestellt oder vorgeschrieben werden.

4.2.9 Kontrollprüfungen einschließlich der Probenahmen und zugehörige Leistungen.

4.2.10 Räumen von Schnee und Abstumpfen bei Glätte zur Aufrechterhaltung des Verkehrs.

5 Abrechnung

Ergänzend zur ATV DIN 18299, Abschnitt 5, gilt:
Bei Abrechnung nach Flächenmaß werden Aussparungen oder Einbauten bis zu 1 m^2 Einzelgröße sowie Fugen und Schienen übermessen.

VOB Teil C:
Allgemeine Technische Vertragsbedingungen für Bauleistungen (ATV) Verkehrswegebauarbeiten, Pflasterdecken, Plattenbeläge, Einfassungen – DIN 18318
Ausgabe Juni 1996

Inhalt

0 Hinweise für das Aufstellen der Leistungsbeschreibung

1 Geltungsbereich

2 Stoffe, Bauteile

3 Ausführung

4 Nebenleistungen, Besondere Leistungen

5 Abrechnung

0 Hinweise für das Aufstellen der Leistungsbeschreibung

Diese Hinweise ergänzen die ATV DIN 18299 "Allgemeine Regelungen für Bauarbeiten jeder Art", Abschnitt 0. Die Beachtung dieser Hinweise ist Voraussetzung für eine ordnungsgemäße Leistungsbeschreibung gemäß A § 9.

Die Hinweise werden nicht Vertragsbestandteil.

In der Leistungsbeschreibung sind nach den Erfordernissen des Einzelfalls insbesondere anzugeben:

0.1 Angaben zur Baustelle

Art und Beschaffenheit der Unterlage

0.2 Angaben zur Ausführung

0.2.1 Besondere Anforderungen an Stoffe und Bauteile zur Hitzebeständigkeit, Abriebfestigkeit, Beschaffenheit der Oberfläche und Farbe.

0.2.2 Besondere Beanspruchungen und Belastungen, z. B. im Industriebau.

0.2.3 Ausbildung der Anschlüsse von Pflaster und Platten an vorhandene Befestigungen, Bögen, Einbauten, Einfassungen, Bauwerke und Aussparungen.

0.2.4 Güteklasse der Pflastersteine aus Naturstein.

0.3 Einzelangaben bei Abweichungen von den ATV

0.3.1 Wenn andere als die in dieser ATV vorgesehenen Regelungen getroffen werden sollen, sind diese in der Leistungsbeschreibung eindeutig und im einzelnen anzugeben.

0.3.2 Abweichende Regelungen können insbesondere in Betracht kommen bei

Abschnitt 2.1,	wenn Pflastersteine oder Platten in unterschiedlicher Dicke verwendet werden sollen,
Abschnitt 2.6,	wenn Bordrinnen- und Muldensteine aus Beton eine andere Biegezug- oder Druckfestigkeit aufweisen sollen,
Abschnitt 2.9,	wenn der Gewichtsanteil an abschlämmbaren Bestandteilen 5 % überschreiten darf,
Abschnitt 3.1.1,	wenn das Bauverfahren, der Bauablauf oder die Art und der Einsatz der Geräte dem Auftragnehmer vorgegeben werden sollen,
Abschnitt 3.3.1,	wenn das Pflasterbett von Betonsteinpflaster anders ausgeführt werden soll, z. B. als starre Tragschicht bei vermörtelten Fugen,
Abschnitt 3.3.2,	wenn in einem anderen Verband verlegt werden soll,
Abschnitt 3.4.1,	wenn das Pflasterbett von Pflasterklinkern anders ausgeführt werden soll, z. B. als starre Tragschicht bei vermörtelten Fugen,
Abschnitt 3.4.2,	wenn die Pflasterklinker hochkant als Rollschicht versetzt werden sollen,
Abschnitt 3.5.2,	wenn Großpflaster nicht in Reihen bzw. Klein- und Mosaikpflaster nicht in Segmentbögen versetzt werden sollen, z. B. Diagonalpflaster, Fischgrätverband, Schuppenbogenpflaster, Netzpflaster, Passe, Wildpflaster,
Abschnitt 3.6.2,	wenn ein anderes Verlegeschema festgelegt werden soll,
Abschnitt 3.7.1,	wenn Bord- und Einfassungssteine nicht auf Fundament mit Rückenstütze bzw. nicht engfugig versetzt werden sollen,
Abschnitt 3.7.2,	wenn Pflasterrinnen oder Randeinfassungen nicht auf einem 20 cm dicken Fundament aus Beton versetzt werden sollen.

0.4 Einzelangaben zu Nebenleistungen und Besonderen Leistungen

Keine ergänzende Regelung zur ATV DIN 18299, Abschnitt 0.4.

0.5 Abrechnungseinheiten

Im Leistungsverzeichnis sind die Abrechnungseinheiten wie folgt vorzusehen:

0.5.1 Nachverdichten der Unterlage nach Flächenmaß (m^2).

0.5.2 Herstellen der planmäßigen Höhenlage, Neigung und der festgelegten Ebenheit der Unterlage nach Flächenmaß (m^2).

0.5.3 Pflasterdecken und Plattenbeläge
– *Pflasterdecken und Plattenbeläge nach Flächenmaß (m²), getrennt nach Ausführungsarten (z. B. im Bogen, nach Muster), nach Arten und Maßen der Pflastersteine oder der Platten,*
– *Abputzen aufgenommener Pflasterdecken und Plattenbeläge nach Flächenmaß (m²), getrennt nach Arten der Fugenfüllung und der Unterlage, nach Arten und Maßen der Pflasterdecken und Plattenbeläge,*
– *Zuarbeiten oder Schneiden von Platten und Pflaster*
  – *für Verlegen und Versetzen an Kanten und Einfassungen nach Längenmaß (m),*
  – *für Verlegen und Versetzen an Einbauten und Aussparungen nach Anzahl (Stück),*
– *Zuarbeiten oder Schneiden von Platten aus Naturstein nach Anzahl (Stück).*

0.5.4 Fugenverguß oder Fugenfüllung
– *Fugenverguß und Fugenfüllung von Pflasterdecken und Plattenbelägen nach Flächenmaß (m²), getrennt nach Befestigungsarten und Arten des Fugenvergusses oder der Fugenfüllung,*
– *Fugenverguß von Dehnungs- und Randfugen nach Längenmaß (m), getrennt nach Fugenmaßen und Arten des Fugenvergusses.*

0.5.5 Einfassungen
– *Bord- oder Einfassungssteine nach Längenmaß (m), getrennt nach Arten und Maßen,*
– *Fundamente mit oder ohne Rückenstütze von Einfassungen nach Raummaß (m³) oder, getrennt nach Maßen, nach Längenmaß (m),*
– *Bearbeiten von Köpfen der Bord- und Einfassungssteine nach Anzahl (Stück), getrennt nach Arten und Maßen,*
– *Nacharbeiten der Schnurkante, Nacharbeiten oder Aufarbeiten eines vorhandenen Anlaufs (Fase) oder der Trittflächen an Bordsteinen nach Längenmaß (m), getrennt nach Arten und Maßen.*

1 Geltungsbereich

1.1 Die ATV "Verkehrswegebauarbeiten – Pflasterdecken, Plattenbeläge, Einfassungen" – DIN 18318 – gilt für das Befestigen von Straßen und Wegen aller Art, Plätzen, Höfen, Flugbetriebsflächen, Bahnsteigen und Gleisanlagen mit Pflaster und Platten sowie für das Herstellen von Einfassungen und Rinnen. Sie gilt auch für das Befestigen solcher Flächen mit Naturwerkstein, Betonwerkstein und Klinkerplatten.

1.2 Ergänzend gelten die Abschnitte 1 bis 5 der ATV DIN 18299 "Allgemeine Regelungen für Bauarbeiten jeder Art". Bei Widersprüchen gehen die Regelungen der ATV DIN 18318 vor.

2 Stoffe, Bauteile

Ergänzend zur ATV DIN 18299, Abschnitt 2, gilt:
Für die gebräuchlichsten genormten Stoffe und Bauteile sind die DIN-Normen nachstehend aufgeführt.

2.1 Pflastersteine und Platten aus Beton

DIN 18501 Pflastersteine aus Beton
DIN 485 Gehwegplatten aus Beton

Für Pflasterplatten, die wegen ihrer Maße nicht als Pflastersteine im Sinne von DIN 18501 angesehen werden können, gilt DIN 485.

Pflastersteine und Platten, die in einer Fläche verlegt werden, sollen die gleiche Dicke haben.

2.2 Pflasterklinker und Klinkerplatten

DIN 18503 Pflasterklinker – Anforderungen, Prüfung, Überwachung
DIN 18158 Bodenklinkerplatten

2.3 Pflastersteine und Platten aus Naturstein

DIN 18502 Pflastersteine – Naturstein

Druckfestigkeit und Widerstand gegen Verwitterung müssen den "Technischen Lieferbedingungen für Mineralstoffe im Straßenbau (TL Min-StB)" [*] entsprechen.

Als Grenzabmaße für Platten gelten bei
- einer Länge bzw. Breite bis 60 cm: ± 0,2 cm
- einer Länge bzw. Breite über 60 cm: ± 0,3 cm
- der Dicke: ± 0,3 cm.

Abweichungen von der Ebenheit der Oberfläche dürfen nicht mehr als 0,3 % der größten Plattenlänge betragen.

2.4 Bordsteine und Einfassungssteine aus Beton

DIN 483 Bordsteine aus Beton

Einfassungssteine mit einer Breite unter 8 cm müssen im Mittel mindestens eine Biegezugfestigkeit von 5 N/mm^2 aufweisen und im übrigen DIN 483 entsprechen.

2.5 Bordsteine aus Naturstein

DIN 482 Straßenbordsteine aus Naturstein

2.6 Bordrinnen- und Muldensteine aus Beton

DIN 483 Bordsteine aus Beton

Die Biegezugfestigkeit muß jedoch im Mittel mindestens 6 N/mm^2, die Druckfestigkeit am herausgesägten Würfel im Mittel mindestens 50 N/mm^2 betragen.

2.7 Sonstige Betonerzeugnisse für Flächenbefestigungen

Für Stahlbetonwinkelelemente:

DIN 1045 Beton und Stahlbeton – Bemessung und Ausführung

Für Stufen und Stufenbeläge:

---

[*] Herausgegeben von der Forschungsgesellschaft für Straßen- und Verkehrswesen e. V., Konrad-Adenauer-Straße 13, 50996 Köln

| DIN 18500 | Betonwerkstein – Begriffe, Anforderungen, Prüfung, Überwachung |

Betonerzeugnisse, die unmittelbar dem Fahrzeugverkehr ausgesetzt sind, müssen eine Mindestdruckfestigkeit von im Mittel 50 N/mm² aufweisen (bei der Prüfung von 3 Proben kleinster Einzelwert 45 N/mm²) oder:

Biegezugfestigkeit im Mittel 6 N/mm², kleinster Einzelwert 5 N/mm².

Prüfung nach DIN 1048-5 "Prüfverfahren für Beton – Festbeton, gesondert hergestellte Probekörper", soweit an gesondert hergestellten Probekörpern geprüft werden muß.

2.8 Entwässerungsrinnen

| DIN 19580 | Entwässerungsrinnen für Niederschlagswasser zum Einbau in Verkehrsflächen – Klassifizierung, Baugrundsätze, Kennzeichnung, Prüfung und Überwachung |

2.9 Bettungsmaterial

Sand, Kiessand, Brechsand und Splitt sollen den TL Min-StB bzw. DIN 4226-1 "Zuschlag für Beton – Zuschlag mit dichtem Gefüge – Begriffe, Bezeichnung und Anforderungen" entsprechen. Andere geeignete Sande, Kiessande, Brechsande und Splitte dürfen verwendet werden, wenn der Gewichtsanteil an abschlämmbaren Bestandteilen 5 % nicht überschreitet. Geeignete Körnungen sind Sand 0/2 mm oder 0/4 mm, Splitt 1/3 mm oder 2/5 mm oder ein kornabgestuftes Brechsand-Splitt-Gemisch 0/5 mm.

Bei einem wasserdurchlässigen Belag ist Splitt (z. B. 1/3 mm oder 2/5 mm) zu verwenden, der auf das Fugenmaterial nach Abschnitt 2.10 abgestimmt ist.

Zementmörtel müssen Mörtelgruppe III (Mischungsverhältnis 1:4) der DIN 1053-1 "Mauerwerk – Rezeptmauerwerk – Berechnung und Ausführung" entsprechen. Bei Verwendung auf ungebundener Tragschicht beträgt das Mischungsverhältnis 1: 8. Kalkmörtel sind im Mischungsverhältnis 1: 8 zu verwenden. Das Mischungsverhältnis wird in Raumteilen gemessen.

2.10 Fugenmaterial

Als ungebundenes Fugenmaterial sind Sand, Kiessand, Brechsand oder Splitt zu verwenden. Geeignete Körnungen sind Sand 0/2 mm oder 0/4 mm, Splitt 1/3 mm oder 2/5 mm oder ein kornabgestuftes Brechsand-Splitt-Gemisch 0/5 mm. Bei einem wasserdurchlässigen Belag ist Splitt (z. B. 1/3 mm oder 2/5 mm) zu verwenden, der auf die Fugenbreite und das Bettungsmaterial abgestimmt ist.

Schlämmbare und gießfähige Zementmörtel müssen mindestens 600 kg/m³ Zement enthalten, andere Zementmörtel sind im Mischungsverhältnis 1: 4 herzustellen.

Kalkmörtel sind im Mischungsverhältnis 1 : 3 bis 1 : 4,5 herzustellen. Das Mischungsverhältnis wird in Raumteilen gemessen.

Fugenverguß aus Bitumen muß den Technischen Lieferbedingungen für bituminöse Fugenvergußmassen (TLbit Fug)[*] entsprechen. Sonstiges elastisches,

---

[*] Siehe Seite 168

plastisches oder elasto-plastisches Fugenmaterial muß DIN 18540 "Abdichten von Außenwandfugen im Hochbau mit Fugendichtstoffen" entsprechen.

2.11 Bindemittel

DIN 1060-1	Baukalk – Teil 1 : Definitionen, Anforderungen, Überwachung
DIN 1164-1	Zement – Teil 1 : Zusammensetzung, Anforderungen
DIN 1995-1 bis DIN 1995-5	Bitumen und Steinkohlenteerpech – Anforderungen an die Bindemittel

2.12 Beton

DIN 1045	Beton und Stahlbeton – Bemessung und Ausführung

3 Ausführung

Ergänzend zur ATV DIN 18299, Abschnitt 3, gilt:

3.1 Allgemeines

3.1.1 Die Wahl des Bauverfahrens und -ablaufs sowie die Wahl und der Einsatz der Baugeräte sind Sache des Auftragnehmers.

3.1.2 In der Nähe von Bauwerken, Leitungen, Kabeln, Dränen und Kanälen müssen die Arbeiten mit der erforderlichen Vorsicht ausgeführt werden.

3.1.3 Gefährdete bauliche Anlagen sind zu sichern. Bei Schutz- und Sicherungsmaßnahmen sind die Vorschriften der Eigentümer oder anderer Weisungsberechtigter zu beachten. Solche Maßnahmen sind Besondere Leistungen (siehe Abschnitt 4.2.1).

3.1.4 Wenn die Lage vorhandener Leitungen, Kabel, Dräne, Kanäle, Vermarkungen, Hindernisse und sonstiger baulicher Anlagen vor Ausführung der Arbeiten nicht angegeben werden kann, ist diese zu erkunden. Solche Maßnahmen sind Besondere Leistungen (siehe Abschnitt 4.2.1).

3.1.5 Werden unvermutete Hindernisse, z. B. nicht angegebene Leitungen, Kabel, Dräne, Kanäle, Vermarkungen, Bauwerksreste, angetroffen, ist der Auftraggeber unverzüglich darüber zu unterrichten. Die zu treffenden Maßnahmen sind Besondere Leistungen (siehe Abschnitt 4.2.1).

3.1.6 In der Nähe von Bäumen, Pflanzenbeständen und Vegetationsflächen müssen die Arbeiten mit der gebotenen Sorgfalt ausgeführt werden.

3.1.7 Gefährdete Bäume, Pflanzenbestände und Vegetationsflächen sind zu schützen; DIN 18920 "Vegetationstechnik im Landschaftsbau – Schutz von Bäumen, Pflanzenbeständen und Vegetationsflächen bei Baumaßnahmen" ist zu beachten. Solche Schutzmaßnahmen sind Besondere Leistungen (siehe Abschnitt 4.2.1).

3.1.8 Der Auftragnehmer hat bei seiner Prüfung der Unterlage Bedenken (siehe B § 4 Nr 3) insbesondere geltend zu machen bei
- offensichtlich unzureichender Tragfähigkeit,
- Abweichungen von der planmäßigen Höhenlage, Neigung oder Ebenheit,
- schädlichen Verschmutzungen,
- Fehlen notwendiger Entwässerungseinrichtungen.

3.2 Lage, Toleranzen, Dehnungsfugen

3.2.1 Pflasterdecken und Plattenbeläge sind höhengerecht und im vereinbarten Längs- und Querprofil herzustellen. Abweichungen der Oberfläche von der Sollhöhe dürfen an keiner Stelle mehr als 2 cm betragen.

Randeinfassungen mit Bordsteinen oder anderen Steinen sind höhen- und fluchtgerecht herzustellen. Abweichungen der Oberfläche von der Sollhöhe bzw. dem Sollabstand von der Bezugsachse sollen an keiner Stelle mehr als 2 cm betragen; größere Abweichungen sind nur zulässig, wenn sie zur Vermeidung erheblichen Verschnitts zweckmäßig sind und vor Beginn der Bauausführung mit dem Auftraggeber vereinbart wurden. Die zulässige Abweichung von der Flucht in den Auftritt- und Vorderflächen beträgt an den Stoßfugen bei Bordsteinen und anderen Steinen mit ebener Oberfläche 2 mm, bei Bordsteinen und anderen Steinen mit grobrauher Oberfläche 5 mm.

3.2.2 Unebenheiten der Oberfläche innerhalb einer 4 m langen Meßstrecke dürfen bei Pflaster aus künstlichen Steinen, Platten und Mosaikpflaster nicht größer als 1 cm, bei sonstigem Pflaster aus Naturstein nicht größer als 2 cm sein.

3.2.3 Pflasterdecken und Plattenbeläge sind an den Fugen höhengleich herzustellen. Die zulässige Abweichung bei höhengleichen Anschlüssen für Baustoffe mit ebener Oberfläche darf 2 mm, für Baustoffe mit grobrauher Oberfläche 5 mm nicht überschreiten.

Neben Randeinfassungen und Einbauten müssen die Anschlüsse 3 bis 5 mm über deren Oberfläche liegen, neben wasserführenden Rinnen 3 bis 10 mm über der Rinne.

3.2.4 Querneigungen sind wie folgt auszuführen:
- Bei Pflasterdecken aus Naturstein: 3,0 %
- Bei Pflasterdecken aus Betonstein, Schlackenstein und Straßenklinker: 2,5 %
- Bei Plattenbelägen: 2,0 %

Abweichungen dürfen nicht mehr als 0,4 % betragen.

Rinnenbahnen sind im Längsgefälle von mindestens 0,5 % auszuführen.

3.2.5 In Pflasterdecken und Plattenbelägen auf Mörtelbett mit vermörtelten Fugen sind Dehnungsfugen im Abstand von höchstens 8 m auszuführen. Weiterhin sind Dehnungsfugen über Fugen in Betontragschichten oder Bauwerken und beim Anschluß an Bauwerke herzustellen.

Bei Entwässerungsrinnen nach Abschnitt 3.7.2 oder 3.8 sind im Abstand von höchstens 15 m Dehnungsfugen anzuordnen.

3.3 Betonsteinpflaster

3.3.1 Bettung

Vor dem Verlegen der Pflastersteine ist ein Pflasterbett aus Bettungsmaterial nach Abschnitt 2.9 aufzubringen und profilgerecht abzuziehen. Die Dicke des Pflasterbettes muß im verdichteten Zustand 3 bis 5 cm betragen.

3.3.2 Verlegen und Versetzen

Die Pflastersteine sind von der verlegten Pflasterfläche aus in einem gleichmäßigen Verband in Reihen mit ausreichender Fugenbreite, je nach Rastermaß 3 bis 5 mm, auf das vorbereitete Pflasterbett zu verlegen. Werden die Pflasterfugen mit Vergußmassen vergossen, sind Fugenbreiten von mindestens 8 mm einzuhalten. Fugenachsen müssen einen gleichmäßigen Verlauf aufweisen.

Die Pflasterfläche ist nach dem Verfugen zu reinigen und anschließend gleichmäßig bis zur Standfestigkeit zu rütteln.

3.3.3 Verfugen

Die Pflasterfugen sind mit Fugenmaterial nach Abschnitt 2.10 zu schließen. Wird ungebundenes Fugenmaterial verwendet, ist dieses vollkommen einzufegen bzw. unter Wasserzugabe einzuschlämmen. Das Schließen der Fugen muß kontinuierlich mit dem Fortschreiten des Verlegens beigehalten werden. Nach dem Rütteln sind die Fugen erneut zu schließen.

Werden die Fugen vergossen, sind sie nach dem Rütteln bis zur Standfestigkeit mindestens 3 cm tief auszukratzen, auszublasen, gegebenenfalls zu trocknen und mit Vergußmassen bündig mit den Steinkanten zu vergießen und, soweit erforderlich, nachzuvergießen. Die Pflasterfläche ist bei Verguß mit Mörtel ausreichend lange feucht zu halten.

3.4 Klinkerpflaster

3.4.1 Bettung

Vor dem Verlegen der Pflasterklinker ist ein Pflasterbett aus Bettungsmaterial nach Abschnitt 2.9 aufzubringen und profilgerecht abzuziehen. Die Dicke des Pflasterbettes muß im verdichteten Zustand 3 bis 5 cm betragen.

3.4.2 Verlegen und Versetzen

Die Pflasterklinker sind von der verlegten Pflasterfläche aus auf das vorbereitete Pflasterbett flach zu verlegen. Fugenachsen müssen einen gleichmäßigen Verlauf aufweisen. Die Fugen müssen mindestens 3 mm breit sein, wenn sie vergossen werden, mindestens 8 mm.

Die Pflasterfläche ist nach dem Verfugen gleichmäßig bis zur Standfestigkeit zu rütteln.

3.4.3 Verfugen

Die Pflasterfugen sind mit Fugenmaterial nach Abschnitt 2.10 zu schließen. Wird ungebundenes Fugenmaterial verwendet, ist dieses vollkommen einzufegen bzw. unter Wasserzugabe einzuschlämmen. Das Schließen der Fugen muß kontinuierlich mit dem Fortschreiten des Verlegens beigehalten werden. Nach dem Rütteln sind die Fugen erneut zu schließen.

Werden die Fugen vergossen, sind sie nach dem Rütteln bis zur Standfestigkeit mindestens 3 cm tief auszukratzen, auszublasen, gegebenenfalls zu trocknen und mit Vergußmassen bündig mit den Steinkanten zu vergießen und, soweit erforderlich, nachzuvergießen. Die Pflasterfläche ist bei Verguß mit Mörtel ausreichend lange feucht zu halten.

3.5 Natursteinpflaster

3.5.1 Bettung

Vor dem Pflastern ist ein Pflasterbett aus Bettungsmaterial nach Abschnitt 2.9 aufzubringen. Die Dicke des Pflasterbettes muß nach dem Abrammen oder Abrütteln bei Großpflaster 4 bis 6 cm und bei Klein- und Mosaikpflaster 3 bis 4 cm betragen.

3.5.2 Versetzen

Die Pflastersteine sind in der Bettung hammerfest im Verband zu versetzen. Großpflaster ist in Reihen zu versetzen. Die Fugenbreite darf in Kopfhöhe der Steine höchstens 15 mm betragen, Preßfugen sind nicht erlaubt. In den einzelnen Reihen sind möglichst gleich breite Steine zu verwenden. Klein- und Mosaikpflaster sind in Segmentbögen engfugig zu versetzen. Die Fugenbreite darf in Kopfhöhe der Steine bei Kleinpflaster höchstens 10 mm, bei Mosaikpflaster höchstens 6 mm betragen; Preßfugen sind nicht erlaubt.

Wenn die Pflasterfugen vergossen werden, sind Fugenbreiten von mindestens 8 mm einzuhalten. Fugenachsen müssen einen gleichmäßigen Verlauf aufweisen. Die Pflasterfläche ist nach dem Verfugen gleichmäßig bis zu Standfestigkeit zu rammen oder zu rütteln.

3.5.3 Verfugen

Die Pflasterfugen sind mit Fugenmaterial nach Abschnitt 2.10 zu schließen. Wird ungebundenes Fugenmaterial verwendet, ist dieses vollkommen einzufegen bzw. unter Wasserzugabe einzuschlämmen. Das Schließen der Fugen muß kontinuierlich mit dem Fortschreiten des Versetzens beigehalten werden. Nach dem Rammen oder Rütteln sind die Fugen erneut zu schließen.

Werden die Fugen vergossen, sind sie nach dem Rütteln bis zur Standfestigkeit mindestens 3 cm tief auszukratzen, auszublasen, gegebenenfalls zu trocknen und mit Vergußmassen bündig mit den Steinkanten zu vergießen und, soweit erforderlich, nachzuvergießen. Die Pflasterfläche ist bei Verguß mit Mörtel ausreichend lange feucht zu halten.

3.6 Plattenbeläge

3.6.1 Bettung

Vor dem Verlegen der Platten ist ein Plattenbett aus Bettungsmaterial nach Abschnitt 2.9 aufzubringen. Die Dicke des Plattenbettes muß 3 bis 5 cm betragen.

3.6.2 Verlegen

Die Platten sind im Verband parallel zur Randeinfassung oder einer anderen festgelegten Achse mit versetzten Fugen fluchtgerecht und an den Fugen höhengleich mit 3 bis 5 mm Fugenbreite gemäß Rastermaß auf das vorbereitete Plattenbett zu verlegen. Sie müssen nach dem Verlegen vollflächig auf der gleichmäßig verdichteten Bettung aufliegen. Werden die Fugen vergossen oder von Hand verfugt, müssen sie mindestens 8 mm breit sein.

Fugenachsen müssen einen gleichmäßigen Verlauf aufweisen. Plattenzuschnitte dürfen nur dann erfolgen, wenn die auszufüllende Fläche geringfügig kleiner ist als die Platte.

3.6.3 Verfugen

Die Plattenfugen sind mit Fugenmaterial nach Abschnitt 2.10 zu schließen. Wird ungebundenes Fugenmaterial verwendet, ist dieses vollkommen einzufegen bzw. unter Wasserzugabe einzuschlämmen. Das Schließen der Fugen muß kontinuierlich mit dem Fortschreiten des Verlegens beigehalten werden. Die Plattenfläche ist beim Verguß oder Verfugen mit Mörtel ausreichend lange feucht zu halten.

3.7 Einfassungen

3.7.1 Bord- und Einfassungssteine

Bord- und Einfassungssteine nach den Abschnitten 2.4 und 2.5 sind auf ein 20 cm dickes Fundament mit Rückenstütze aus Beton B 15 nach Abschnitt 2.12 zu versetzen. Bordsteine und Rückenstütze sind auf dem noch nicht abgebundenen Fundamentbeton zu versetzen.

Die Rückenstütze ist in ganzer Höhe 10 cm dick auszuführen. Die Oberkante der Rückenstütze richtet sich nach der Dicke der angrenzenden Flächenbefestigung. Die Oberfläche der Rückenstütze soll nach außen leicht abgeschrägt werden.

Die Fundamentbreite ist abhängig von dem verwendeten Bord- oder Einfassungsstein zuzüglich der Rückenstütze und zuzüglich der Breite des gegebenenfalls verwendeten Rinnensteins.

Bord- und Einfassungssteine aus Beton sind mit etwa 5 mm breiten Stoßfugen zu versetzen, die nicht verfugt zu werden brauchen.

Bei Absenkung von Bordsteinen ist der Höhenunterschied im Bordsteinauftritt durch geeignete Formsteine auszugleichen. Bordsteinfluchten in Bögen mit einem Radius bis einschließlich 12 m sind mit Bogensteinen herzustellen. Bei Bögen mit einem Radius ab 12 m dürfen auch gerade Steine mit einer Länge von mindestens 50 cm verwendet werden.

3.7.2 Einfassungen mit anderen Steinen

Pflasterrinnen oder Randeinfassungen aus Pflastersteinen nach DIN 18501 und DIN 18502 sowie Muldensteine und Leitstreifen aus Beton nach Abschnitt 2.6 sind auf einem 20 cm dicken Fundament aus Beton B 15 nach Abschnitt 2.12 zu versetzen. Werden Pflasterrinnen, Randeinfassungen oder Leitstreifen mit Rückenstützen aus Beton B 15 nach Abschnitt 2.12 versetzt, sind diese in ganzer Höhe 10 cm dick auszuführen.

Die Oberkante der Rückenstütze richtet sich nach der Dicke der angrenzenden Flächenbefestigung und soll nach außen leicht abgeschrägt werden.

3.8 Entwässerungsrinnen

Formteile zur Entwässerung nach DIN 19580 müssen als Bestandteil der Flächenbefestigung höhen- und fluchtgerecht vor der Pflasterung auf einem Fundament aus Beton B 15 nach Abschnitt 2.12 verlegt werden.

Verkehrswegebauarbeiten, Pflasterdecken, Plattenbeläge, Einfassungen   DIN 18318

4 Nebenleistungen, Besondere Leistungen

4.1 Nebenleistungen sind ergänzend zur ATV DIN 18299, Abschnitt 4.1, insbesondere:

4.1.1 Feststellen des Zustands der Straßen, der Geländeoberfläche, der Vorfluter usw. nach B § 3 Nr 4.

4.1.2 Herstellen von behelfsmäßigen Zugängen, Zufahrten u. ä. ausgenommen Hilfsbauwerke und die über die behelfsmäßige Herstellung hinausgehenden Leistungen, die vom Auftraggeber angeordnet werden.

4.2 Besondere Leistungen sind ergänzend zur ATV DIN 18299, Abschnitt 4.2, z. B.:

4.2.1 Maßnahmen nach den Abschnitten 3.1.3, 3.1.4, 3.1.5 und 3.1.7.

4.2.2 Aufstellen, Vorhalten, Betreiben und Beseitigen von Verkehrssignalanlagen.

4.2.3 Vorbereiten der Unterlage, z. B. Nachverdichten, Herstellen der planmäßigen Höhenlage, Beseitigen von schädlichen Verschmutzungen, soweit die Notwendigkeit solcher Leistungen nicht vom Auftragnehmer verursacht ist.

4.2.4 Zuarbeiten oder Schneiden von Platten und Pflaster einschließlich Paßstücken, z. B. an Kanten und Anschlüssen, für die Verlegung an Einbauten und Aussparungen.

4.2.5 Aufladen, Abtransport und Abladen von ausgebauten Stoffen und Bauteilen sowie von den vom Auftragnehmer nicht zu vertretenden Resten und aussortierten unbrauchbaren Steinen und Platten, die vom Auftraggeber beigestellt wurden.

4.2.6 Erschwernisse bei der Herstellung von Plattenbelägen im Bogen oder Muster.

4.2.7 Erschwernisse bei der Herstellung von Pflasterdecken im Muster.

4.2.8 Räumen von Schnee und Abstumpfen bei Glätte zur Aufrechterhaltung des Verkehrs.

4.2.9 Herstellen von Musterflächen.

5 Abrechnung

Ergänzend zur ATV DIN 18299, Abschnitt 5, gilt:

5.1 Einzelflächen unter 0,5 m² werden als 0,5 m² abgerechnet.

5.2 Für das Abputzen aufgenommener Pflasterdecken und Plattenbeläge wird das Maß der aufgenommenen Fläche abgerechnet.

5.3 Das Zuarbeiten oder Schneiden von Platten und Pflaster an Kanten und Einfassungen wird nach der Länge der Fuge zwischen Belag und Kante oder Einfassung abgerechnet.

5.4 Fugenverguß und Fugenfüllung von Pflasterdecken und Plattenbelägen werden nach der Fläche des Belags abgerechnet.

5.5 Die Länge der Einfassung wird an der Vorderseite der Bord- oder Einfassungssteine gemessen. Dies gilt auch bei der Abrechnung von Fundamenten mit und ohne Rückenstütze nach Längenmaß.

5.6 Nacharbeiten der Schnurkante, Nacharbeiten oder Aufarbeiten eines vorhandenen Anlaufs (Fase) oder der Trittflächen von Bordsteinen werden nach der Länge der bearbeiteten Bordsteine abgerechnet.

5.7 Bei der Abrechnung werden übermessen:
- Randfugen zwischen Pflasterdecke oder Plattenbelag und Einfassung, z. B. Bordstein, Schiene,
- Fugen innerhalb der Pflasterdecke oder des Plattenbelags und Stoßfugen zwischen den einzelnen Bordsteinen oder Einfassungssteinen,
- Schienen, wenn beidseitig die gleiche Befestigungsart an die Schienen herangeführt ist,
- in der befestigten Fläche liegende oder in sie hineinragende Aussparungen oder Einbauten bis einschließlich 1 m^2 Einzelgröße, z. B. Schächte, Schieber, Maste, Stufen.

5.8 Aussparungen oder Einbauten über 1 m^2 Einzelgröße werden abgezogen; wenn sie in verschiedenen Befestigungsarten liegen, werden sie anteilig abgezogen.

VOB Teil C:
Allgemeine Technische Vertragsbedingungen für Bauleistungen (ATV) Rohrvortriebsarbeiten – DIN 18319
Ausgabe Juni 1996

Inhalt

0 Hinweise für das Aufstellen der Leistungsbeschreibung

1 Geltungsbereich

2 Stoffe, Bauteile; Boden und Fels

3 Ausführung

4 Nebenleistungen, Besondere Leistungen

5 Abrechnung

0 Hinweise für das Aufstellen der Leistungsbeschreibung

Diese Hinweise ergänzen die ATV DIN 18299 "Allgemeine Regelungen für Bauarbeiten jeder Art", Abschnitt 0. Die Beachtung dieser Hinweise ist Voraussetzung für eine ordnungsgemäße Leistungsbeschreibung gemäß A § 9.

Die Hinweise werden nicht Vertragsbestandteil.

In der Leistungsbeschreibung sind nach den Erfordernissen des Einzelfalls insbesondere anzugeben:

0.1 Angaben zur Baustelle

0.1.1 Belastbarkeit der Vorfluter für Wasser; Auflagen und Gebühren für das Einleiten von Wasser in Vorfluter.

0.1.2 Beim Überfahren oder Verdrängen bestehender Leitungen deren Art und Maße, Werkstoffe, Verbindungen, Hausanschlüsse, Einbauten usw.

0.1.3 Beim Überfahren oder Verdrängen bestehender Rohrleitungen Art und Menge des Abflusses in der Rohrleitung und in den Anschlußleitungen.

0.1.4 Lage künstlicher Hohlräume, früherer Bauhilfsmaßnahmen, Anker, Injektionen und, soweit bekannt, deren Eigentümer.

0.1.5 Gründungstiefen, Gründungsarten und Lasten benachbarter Bauwerke.

0.2 Angaben zur Ausführung

0.2.1 Beschreibung von Boden und Fels hinsichtlich ihrer Eigenschaften und Zustände nach Abschnitt 2.2 sowie Einstufung in Klassen nach Abschnitt 2.3. Mengenanteile der einzelnen Klassen, wenn im Querschnitt verschiedene Klassen auftreten.

0.2.2 Boden- und Felsformationen im Bereich der Leitungen; Schichtenverzeichnis, Darstellung in Längsschnitt und Querschnitten.

Bei den Lockergesteinen zusätzlich zu jeder Klasse (siehe Abschnitt 2.3.1):
- Ergebnisse von Sondierungen,
- Korngrößenverteilung,
- Kornform,
- Wichte,
- Lagerungsdichte,
- Konsistenz,
- Wassergehalt,
- Scherfestigkeit,
- Durchlässigkeitsbeiwert.

Bei den Festgesteinen zusätzlich zu jeder Klasse (siehe Abschnitt 2.3.2):
- Trennflächengefüge und räumliche Orientierung,
- Mineralbestand,
- mineralische Bindung,
- Verwitterungsgrad,
- Homogenität,
- Wichte,
- Druck- und Scherfestigkeit,
- Wasseranfall.

0.2.3 Schadstoffbelastung nach Art und Umfang bei Boden und Fels zusätzlich zu den Abschnitten 0.2.1 und 0.2.2.

0.2.4 Für Stoffe, z. B. Auffüllungen, Abfall, soweit nicht gemäß den Abschnitten 0.2.1 und 0.2.3 beschreibbar, spezifische Beschreibungen.

0.2.5 Wesentliche Änderungen der Eigenschaften und Zustände von Boden und Fels nach dem Lösen und in Verbindung mit Wasser oder Stützflüssigkeiten.

0.2.6 Für die jeweilige Boden- und Felsklasse Art und Umfang der Sicherung im Bereich der Ortsbrust und der Sicherung für die Aufrechterhaltung des Vortriebs.

0.2.7 Maßnahmen für das Beseitigen von Steinen (siehe Abschnitt 3.2.2).

0.2.8 Nutzung der Leitungen und zu beachtendes Regelwerk.

0.2.9 Sachverständigengutachten und inwieweit sie bei der Ausführung zu beachten sind.

Rohrvortriebsarbeiten DIN 18319

0.2.10 Anforderungen an Rohre, Rohrwerkstoffe und Rohrverbindungen (siehe Abschnitt 2.1.1).

0.2.11 Art und Umfang der Standardsicherheitsnachweise für Bauzustände und Endzustand.

0.2.12 Anzahl, Maße und Lage der Start-, Zwischen- und Zielgruben bzw. -punkte.

0.2.13 Maßnahmen für das Beseitigen von Quell- und Sickerwasser o. ä. (siehe Abschnitt 3.3).

0.2.14 Art und Umfang von besonderen Maßnahmen bei aggressiven Böden und Grundwasser zum Schutz der Rohrleitung.

0.2.15 Tiefenlage, Richtung und Neigung der Rohrachse und zulässige Abweichungen.

0.2.16 Art und Umfang der Verschmutzung der zu reinigenden Leitung.

0.2.17 Besondere Maßnahmen zum Schutz von unterfahrenen und benachbarten Grundstücken und baulichen Anlagen, zulässige Setzungen.

0.2.18 Sonderverfahren zur Durchführung des Vortriebs, z. B. Druckluftbetrieb, Grundwasserabsenkung, Injektionen, Gefrierarbeiten.

0.2.19 Besondere Maßnahmen hinsichtlich der Belüftung, Entstaubung, Beleuchtung usw.

0.2.20 Art, Umfang und Zeit von Beweissicherungsmaßnahmen.

0.2.21 Art, Verfahren und Umfang vorzunehmender Prüfungen.

0.2.22 Art und Umfang von Meßeinrichtungen, von Messungen und deren Protokollierung im Rahmen der Bauausführung, z. B. der Pressenkräfte.

0.2.23 Ausbildung von Anschlüssen.

0.3 Einzelangaben bei Abweichungen von den ATV

0.3.1 Wenn andere als die in dieser ATV vorgesehenen Regelungen getroffen werden sollen, sind diese in der Leistungsbeschreibung eindeutig und im einzelnen anzugeben.

0.3.2 Abweichende Regelungen können insbesondere in Betracht kommen bei
Abschnitt 3.1.1,   wenn das Bauverfahren, der Bauablauf oder die Art und der Einsatz der Baugeräte dem Auftragnehmer vorgegeben werden sollen.

0.4 Einzelangaben zu Nebenleistungen und Besonderen Leistungen

Als Nebenleistungen, für die unter den Voraussetzungen der ATV DIN 18299, Abschnitt 0.4.1, besondere Ordnungszahlen (Positionen) vorzusehen sind, kommen insbesondere in Betracht:

– Liefern von Standsicherheitsnachweisen für Baubehelfe (siehe Abschnitt 4.1.4),

- Aufstellen, Vorhalten, Betreiben und Beseitigen von Einrichtungen zum Belüften und Entstauben.

0.5 Abrechnungseinheiten

Im Leistungsverzeichnis sind die Abrechnungseinheiten wie folgt vorzusehen:
- Vortriebsarbeiten nach Längenmaß (m), getrennt nach Arten und Nennweiten der Rohre sowie nach Boden- und Felsklassen,
- Überfahren bzw. Verdrängen bestehender Leitungen nach Längenmaß (m), getrennt nach Arten und Nennweiten der Rohre sowie nach Länge, Art und Nennweite jeder Leitung,
- Beseitigen von Hindernissen, z. B. Mauerresten, Schutt, Steinen, Baumstümpfen o. ä. unterirdisch nach Zeit (h), oberirdisch nach Raummaß (m^3) oder nach Anzahl (Stück) oder nach Zeit (h),
- Umsetzen der Vortriebseinrichtungen nach Anzahl (Stück), getrennt nach Umsetzen von Grube zu Grube und innerhalb einer Grube,
- Führen der Protokolle nach Anzahl (Stück) oder nach Leitungslänge (m),
- Umleitungsmaßnahmen für die Vorflut nach Stunden (h), gestaffelt nach Förderleistung (Förderstrom) der einzusetzenden Pumpen und nach Anzahl (Stück) der Einsatzorte der Pumpen,
- Reinigen bestehender Leitungen nach Längenmaß (m), getrennt nach Durchmesser sowie nach Grad und Art der Verschmutzung,
- Liefern von Feststoffen zur Herstellung von Einpreßgut nach Gewicht (kg) oder im eingebrachten Einpreßgut enthaltenen Mengen, getrennt nach Arten,
- Liefern von Emulsionen, Lösungen und flüssigen Zusätzen nach Raummaß (l) der im eingebrachten Einpreßgut enthaltenen Mengen, getrennt nach Arten.

1 Geltungsbereich

1.1 Die ATV "Rohrvortriebsarbeiten" – DIN 18319 – gilt für den unterirdischen Einbau von vorgefertigten Rohren beliebigen Profils durch Pressen, Bohren, Rammen oder Ziehen.

1.2 Die ATV DIN 18319 umfaßt auch das Lösen von Boden und Fels beim Vortrieb sowie das Fördern aus dem Rohr und dem unmittelbaren Arbeitsbereich.

1.3 Die ATV DIN 18319 gilt auch für
- Rohrvortriebsarbeiten im Verdrängungsverfahren,
- das Überfahren bestehender Leitungen,
- das Verdrängen bestehender Rohrleitungen.

1.4 Die ATV DIN 18319 gilt nicht für
- die bei der Herstellung der Baugruben auszuführenden Erdarbeiten sowie das Fördern von Boden und Fels außerhalb des unmittelbaren Arbeitsbereiches (siehe ATV DIN 18300 "Erdarbeiten"),
- Bohrarbeiten (siehe ATV DIN 18301 "Bohrarbeiten"),
- Verbauarbeiten (siehe ATV DIN 18303 "Verbauarbeiten"),

- Rammarbeiten (siehe ATV DIN 18304 "Rammarbeiten"),
- Wasserhaltungsarbeiten (siehe ATV DIN 18305 "Wasserhaltungsarbeiten"),
- Entwässerungskanalarbeiten (siehe ATV DIN 18306 "Entwässerungskanalarbeiten"),
- Druckrohrleitungsarbeiten im Erdreich (siehe ATV DIN 18307 "Druckrohrleitungsarbeiten im Erdreich"),
- Einpreßarbeiten (siehe ATV DIN 18309 "Einpreßarbeiten"),
- vorauseilende Ausbruch- und Sicherungsarbeiten (siehe ATV DIN 18312 "Untertagebauarbeiten"),
- das Einbringen von Rohren in Vortriebsrohre oder bestehende Rohre.

1.5 Ergänzend gelten die Abschnitte 1 bis 5 der ATV DIN 18299 "Allgemeine Regelungen für Bauarbeiten jeder Art". Bei Widersprüchen gehen die Regelungen der ATV DIN 18319 vor.

2 Stoffe, Bauteile; Boden und Fels

Ergänzend zur ATV DIN 18299, Abschnitt 2, gilt:

2.1 Allgemeines

2.1.1 Bei den Vortriebsrohren sind sowohl die Lastfälle der Bauzustände, z. B. des Vortriebs, als auch die der späteren Nutzung zu berücksichtigen.

2.1.2 Gelöster Boden und Fels gehen nicht in das Eigentum des Auftragnehmers über.

2.2 Beschreibung von Boden und Fels

Für das Untersuchen, Benennen und Beschreiben von Boden und Fels gelten:

DIN 1054	Baugrund – Zulässige Belastung des Baugrundes
DIN 4020	Geotechnische Untersuchungen für bautechnische Zwecke
DIN 4022-1	Baugrund und Grundwasser – Benennen und Beschreiben von Boden und Fels – Schichtenverzeichnis für Bohrungen ohne durchgehende Gewinnung von gekernten Proben im Boden und im Fels
DIN 4022-2	Baugrund und Grundwasser – Benennen und Beschreiben von Boden und Fels – Schichtenverzeichnis für Bohrungen im Fels (Festgestein)
DIN 18196	Erd- und Grundbau – Bodenklassifikation für bautechnische Zwecke

2.3 Einstufung in Boden- und Felsklassen

Boden und Fels werden aufgrund ihrer Eigenschaften für Rohrvortriebsarbeiten wie folgt eingestuft:

- Nichtbindige Lockergesteine (Hauptbestandteile Sand, Kies) entsprechend ihrer Korngrößenverteilung und Lagerungsdichte (siehe Abschnitt 2.3.1.1),

- bindige Lockergesteine (Hauptbestandteile Schluff, Ton bzw. Sand, Kies, mit hohen Massenanteilen von Schluff, Ton) entsprechend ihrer Konsistenz (siehe Abschnitt 2.3.1.2),
- organische Böden (Torfe und Schlamme) (siehe Abschnitt 2.3.1.3),
- Lockergesteine mit Korngrößen größer 63 mm (siehe Abschnitt 2.3.1.4),
- Festgesteine entsprechend ihrer einaxialen Druckfestigkeit (siehe Abschnitt 2.3.2).

2.3.1 Klassen L: Lockergesteine

2.3.1.1 Klassen LN: Nichtbindige Lockergesteine, Korngröße ≤ 63 mm

Lagerung	Klassen der Lockergesteine, nichtbindig	
	eng gestuft	weit oder intermittierend gestuft
Locker	LNE 1	LNW 1
Mitteldicht	LNE 3	LNW 2
Dicht	LNE 3	LNW 3

2.3.1.2 Klassen LB: Bindige Lockergesteine, Korngröße ≤ 63 mm

Konsistenz	Klassen der Lockergesteine, bindig	
	mineralisch	organogen
Breiig – weich	LBM 1	LBO 1
Steif – halbfest	LBM 2	LBO 2
Fest	LBM 3	LBO 3

2.3.1.3 Klasse LO: Organische Böden
Keine weitere Einteilung.

2.3.1.4 Zusatzklassen S
Kommen in Lockergesteinen Steine (Korngrößen über 63 mm) vor, so wird in Abhängigkeit von Größe und Anteil der Steine bis 600 mm zusätzlich zu den Klassen gemäß Abschnitt 2.3.1.1 bis 2.3.1.3 klassifiziert; Steine größer 600 mm werden hinsichtlich Größe und Anteil gesondert angegeben

Massenanteil der Steine	Zusatzklassen für Steingröße	
	bis 300 mm	bis 600 mm
bis 30 %	S 1	S 3
über 30 %	S 2	S 4

2.3.2 Klassen F: Festgesteine

Einaxiale Druckfestigkeit NM/m²	Klassen der Festgesteine	
	Trennflächenabstand im	
	Dezimeterbereich	Zentimeterbereich
bis 5	FD 1	FZ 1
über 5 bis 50	FD 2	FZ 2
über 50 bis 100	FD 3	FZ 3
über 100	FD 4	FZ 4

2.4 Beschreibung und Einstufung sonstiger Stoffe

Stoffe, z. B. Recyclingstoffe, industrielle Nebenprodukte, Abfall, werden, soweit möglich, nach Abschnitt 2.2 beschrieben und nach Abschnitt 2.3 eingestuft. Andernfalls werden Stoffe im Hinblick auf ihre Eigenschaften beim Rohrvortrieb spezifisch beschrieben.

3 Ausführung

Ergänzend zur ATV DIN 18299, Abschnitt 3, gilt:

3.1 Allgemeines

3.1.1 Die Wahl des Bauverfahrens und -ablaufs sowie die Wahl und der Einsatz der Baugeräte sind Sache des Auftragnehmers.

3.1.2 Werden von der Leistungsbeschreibung abweichende Boden-, Fels- und Wasserverhältnisse angetroffen, so sind die erforderlichen Maßnahmen gemeinsam festzulegen; diese sind Besondere Leistungen (siehe Abschnitt 4.2.1).

3.1.3 Abweichungen von der vereinbarten Vortriebsachse oder von den vereinbarten Maßen sind dem Auftraggeber unverzüglich mitzuteilen. Die notwendigen Maßnahmen sind gemeinsam festzulegen.

3.1.4 Ergibt sich während der Ausführung die Gefahr von Verbrüchen, Ausfließen von Boden, Vortriebshebungen, Wassereinbrüchen, Schäden an Vortriebsrohren oder baulichen Anlagen und ähnliches, hat der Auftragnehmer unverzüglich die notwendigen Maßnahmen zur Verhütung von Schäden zu treffen und den Auftraggeber zu verständigen. Bereits eingetretene Schäden sind dem Auftraggeber unverzüglich anzuzeigen. Die weiteren Maßnahmen sind gemeinsam festzulegen.

Soweit die Ursache nicht der Auftragnehmer zu vertreten hat, sind die getroffenen sowie die weiteren Maßnahmen Besondere Leistungen (siehe Abschnitt 4.2.1).

3.2 Hindernisse

3.2.1 Wenn die genaue Lage vorhandener Leitungen, Kabel, Dräne, Kanäle, Vermarkungen und sonstiger baulicher Anlagen nicht angegeben werden kann, ist diese zu erkunden. Solche Maßnahmen sind Besondere Leistungen (siehe Abschnitt 4.2.1).

3.2.2 Die Art der Beseitigung von Steinen, die im Hinblick auf den Vortriebsdurchmesser ein Hindernis darstellen, ist gemeinsam festzulegen. Die zu treffenden Maßnahmen sind Besondere Leistungen (siehe Abschnitt 4.2.1).

3.2.3 Werden unvermutete Hindernisse, z. B. nicht angegebene Leitungen, Kabel, Dräne, Vermarkungen, Bauwerksreste, Bauwerksteile, angetroffen, ist der Auftraggeber unverzüglich darüber zu unterrichten. Er bestimmt, wie das Hindernis beseitigt oder gesichert werden soll oder welche sonstigen Maßnahmen zu treffen sind. Die zu treffenden Maßnahmen sind Besondere Leistungen (siehe Abschnitt 4.2.1).

3.2.4 Gefährdete bauliche Anlagen sind zu sichern. Bei Schutz- und Sicherungsmaßnahmen sind die Vorschriften der Eigentümer oder anderer Weisungsberechtigter zu beachten. Solche Maßnahmen sind Besondere Leistungen (siehe Abschnitt 4.2.1).

3.3 Wasserabfluß

Reichen die vereinbarten Maßnahmen für das Beseitigen von Grundwasser, Quellwasser, Sickerwasser u. ä. nicht aus, so sind die erforderlichen zusätzlichen Maßnahmen gemeinsam festzulegen; diese sind Besondere Leistungen (siehe Abschnitt 4.2.1).

4 Nebenleistungen, Besondere Leistungen

4.1 Nebenleistungen sind ergänzend zur ATV DIN 18299, Abschnitt 4.1, insbesondere:

4.1.1 Feststellen des Zustands der Straßen, der Geländeoberfläche, der Vorfluter usw. nach B § 3 Nr 4.

4.1.2 Beseitigen des Brauchwassers.

4.1.3 Umstellen der Vortriebseinrichtung und Geräte von Baugrube zu Baugrube und innerhalb der Baugrube oder Umrüsten der Vortriebs- und Bodenabbaueinrichtungen, ausgenommen Leistungen nach Abschnitt 4.2.2.

4.1.4 Liefern von Standsicherheitsnachweisen und Zeichnungen, soweit sie für Baubehelfe notwendig sind.

4.1.5 Das verfahrenstechnisch bedingte Verpressen des Ringraums, ausgenommen Leistungen nach Abschnitt 4.2.13.

4.2 Besondere Leistungen sind ergänzend zur ATV DIN 18299, Abschnitt 4.2, z. B.:

4.2.1 Maßnahmen nach den Abschnitten 3.1.2, 3.1.4, 3.2.1, 3.2.2, 3.2.3, 3.2.4 und 3.3.

4.2.2 Umstellen der Vortriebseinrichtung und Geräte von Baugrube zu Baugrube und innerhalb der Baugrube oder Umrüsten der Vortriebs- und Bodenabbaueinrichtungen aus Gründen, die nicht vom Auftragnehmer zu vertreten sind.

4.2.3 Herstellen, Vorhalten, Sichern und Verfüllen der Start- und Zielgruben.

4.2.4 Führen von Vortriebsprotokollen, die der Auftraggeber verlangt.

4.2.5 Aufstellen, Vorhalten und Beseitigen von Spritzschutzeinrichtungen.

4.2.6 Vom Auftraggeber verlangte Messungen und Prüfungen z. B. Wasserstandsmessungen in benachbarten Brunnen und Gewässern, Lärm- und Erschütterungsmessungen, Prüfungen auf Wasserdichtheit und Maßhaltigkeit.

4.2.7 Liefern von Standsicherheitsnachweisen, ausgenommen Leistungen nach Abschnitt 4.1.4.

4.2.8 Beim Überfahren oder Verdrängen bestehender Rohrleitungen Maßnahmen zur Erhaltung der Vorflut in der Leitung und den bestehenden Anschlußleitungen.

4.2.9 Beim Überfahren oder Verdrängen bestehender Rohrleitungen Vorbereitung der Leitungen, z. B. Reinigen oder Verfüllen.

4.2.10 Herstellen von Anschlüssen an das Vortriebsrohr.

4.2.11 Aufstellen, Vorhalten, Betreiben und Beseitigen von Notstromanlagen.

4.2.12 Einmessen der Leitungsteile, Anfertigen von Bestandszeichnungen, Anbringen von Hinweisschildern und Kennzeichnen der Leitungen.

4.2.13 Das über die Leistungen nach Abschnitt 4.1.5 hinausgehende Verpressen von Hohlräumen, soweit die Notwendigkeit solcher Leistungen nicht vom Auftragnehmer verursacht ist.

5 Abrechnung

Ergänzend zur ATV DIN 18299, Abschnitt 5, gilt:

5.1 Bei Abrechnung nach Längenmaß wird die Achslänge der Leitung zwischen den Innenseiten Start- und Zielgrube zugrunde gelegt. Liegt keine Baugrube vor, gilt die vorgetriebene Leitungslänge zwischen planmäßigem Start- und Zielpunkt. Zwischenschächte werden übermessen.

5.2 Abgerechnet werden auch Leistungen für aufgegebene Vortriebsstrecken, es sei denn, daß die Ursache der Auftragnehmer zu vertreten hat.

VOB Teil C:
Allgemeine Technische Vertragsbedingungen für Bauleistungen (ATV) Landschaftsbauarbeiten – DIN 18320
Ausgabe Juni 1996

Inhalt

0 Hinweise für das Aufstellen der Leistungsbeschreibung

1 Geltungsbereich

2 Stoffe, Bauteile, Pflanzen und Pflanzenteile

3 Ausführung

4 Nebenleistungen, Besondere Leistungen

5 Abrechnung

0 Hinweise für das Aufstellen der Leistungsbeschreibung

Diese Hinweise ergänzen die ATV DIN 18299 "Allgemeine Regelungen für Bauarbeiten jeder Art", Abschnitt 0. Die Beachtung dieser Hinweise ist Voraussetzung für eine ordnungsgemäße Leistungsbeschreibung gemäß A § 9.
Die Hinweise werden nicht Vertragsbestandteil.
In der Leistungsbeschreibung sind nach den Erfordernissen des Einzelfalls insbesondere anzugeben:

0.1 Angaben zur Baustelle

0.1.1 Ergebnisse der Voruntersuchungen, z. B. nach den Normen des Abschnittes 2.

0.1.2 Art und Umfang des vorhandenen Aufwuchses auf den zu bearbeitenden Flächen.

0.1.3 Art, Beschaffenheit und Zustand der Vegetation und der Vegetationsfläche für Pflege- und Instandhaltungsarbeiten.

0.2 Angaben zur Ausführung

0.2.1 Art, Beschaffenheit, Menge, Maße, Schichtdicken u. ä. der zu verwendenden Böden, Stoffe, Bauteile, Pflanzen und Pflanzenteile, gegebenenfalls ihre Kennzeichnung, Gruppierung und/oder Sortierung.

0.2.2 Art und Anzahl der geforderten Proben.

0.2.3 Unter welchen Voraussetzungen Ergebnisse von Eigenüberwachungsprüfungen Kontrollprüfungen ersetzen können.

0.2.4 Zulässige Maßabweichungen, Umrechnungsfaktoren von Menge zu Rauminhalt.

0.2.5 Art, Umfang und Zeitraum der Einzelleistungen zur Fertigstellungs-, Entwicklungs- bzw. Unterhaltungspflege, gegebenenfalls unter Angabe von Zeitpunkt bzw. Abstand der Leistungen.

0.2.6 Flächenneigungen gestaffelt, soweit die Neigung der zu bearbeitenden Flächen steiler als 1 : 4 ist.

0.2.7 Anzahl und Größe von Einzelflächen.

0.2.8 Art, Zustand und Lage der Förderwege, gegebenenfalls Einschränkungen.

0.2.9 Länge der Förderwege über 50 m, gegebenenfalls gestaffelt nach Länge, Massenverteilungs- oder Pflanzplan.

0.2.10 Art und Möglichkeiten der Zwischenlagerung von Boden, Pflanzen und anderen Stoffen.

0.2.11 Art und Umfang von Schutzmaßnahmen für Vegetationsflächen gegen Wild und Weidevieh oder wenn angrenzende Flächen vor der Abnahme der Vegetationsfläche genutzt werden.

0.2.12 Art der Verankerung von Bäumen und anderen Gehölzen.

0.2.13 Abrechnungsverfahren bei Schüttgütern, pflanzlichen Reststoffen, Baureststoffen und dergleichen, deren Menge weder am Entnahme- noch am Auftragsort festgestellt werden kann.

0.3 Einzelangaben bei Abweichungen von den ATV

0.3.1 Wenn andere als die in dieser ATV vorgesehenen Regelungen getroffen werden sollen, sind diese in der Leistungsbeschreibung eindeutig und im einzelnen anzugeben.

0.3.2 Abweichende Regelungen können insbesondere in Betracht kommen bei

Abschnitt 2.2,	wenn Pflanzen und Pflanzenteile nicht aus Anzuchtbeständen stammen müssen, sondern z. B. aus Wildbeständen,
Abschnitt 2.4,	wenn bei Bodenarbeiten die Lieferung des Bodens zur Leistung gehören soll,
Abschnitt 5.1.3,	wenn Abtrag nicht an der Entnahmestelle ermittelt werden soll, sondern z. B. nach loser Menge in Transportgefäßen oder nach Gewicht,

Landschaftsbauarbeiten — DIN 18320

Abschnitt 5.1.5,   *wenn Anschüttungen, Andeckungen, Einbau von Schichten nicht im fertigen Zustand an den Auftragstellen ermittelt werden sollen, sondern z. B. an der Entnahmestelle oder Abrechnung nach Transporteinheiten bei Schüttgütern,*

Abschnitt 5.1.9,   *wenn Hecken nicht nach Flächenmaß (m^2) abzurechnen sind.*

0.4 Einzelangaben zu Nebenleistungen und Besonderen Leistungen
Keine ergänzende Regelung zur ATV DIN 18299, Abschnitt 0.4.

0.5 Abrechnungseinheiten
Im Leistungsverzeichnis sind die Abrechnungseinheiten wie folgt vorzusehen:

0.5.1   Flächenmaß (m^2) für
- *Säubern der Baustelle von störenden Stoffen,*
- *Aufnehmen von pflanzlichen Bodendecken,*
- *Sichern von Bodenflächen und Oberflächen von Bodenlagern,*
- *Auf- und Abtrag von Boden,*
- *Aufnehmen von Flächenbefestigungen,*
- *Bodenbearbeitung, z. B. Lockern, Ebnen, Verdichten,*
- *Einarbeiten von Dünger und Bodenverbesserungsstoffen,*
- *Rasen und wiesenähnliche Flächen,*
- *Naß- und Trockenansaaten,*
- *Deckbauweisen des Lebendverbaues,*
- *Herstellen von Filter-, Drän-, Trag- und Deckschichten,*
- *Schutzvorrichtungen für Pflanzflächen,*
- *Pflegeleistungen, z. B. Rasenschnitt, Gehölzschnitt, Heckenschnitt, Beregnen, Bodenlockerung, Pflanzenschutz, Winterschutzmaßnahmen.*

0.5.2   Raummaß (m^3) für
- *Auf- und Abtrag von Boden,*
- *Entfernen von ungeeigneten Bodenarten,*
- *Lagern von Boden, Kompost, sonstigen Schüttgütern und Bauholz,*
- *Ausbringen von Bodenverbesserungsstoffen,*
- *Bewässerung,*
- *Säubern der Baustelle von störenden Stoffen.*

0.5.3   Längenmaß (m) für
- *Faschinenverbau, Flechtwerke, Buschlagen, Heckenlagen, Pflanzgräben, Pflanzriefen,*
- *Einfriedungen, Einfassungen, Abgrenzungen, lineare Markierungen,*
- *Dränstränge, Rinnen, getrennt nach Art und Größe,*
- *Schnitt von Hecken.*

0.5.4 Anzahl (Stück), getrennt nach Art und Größe, für
- Roden oder Herausnehmen von Pflanzen, Vegetationsstücken,
- Einschlagen von Pflanzen, Pflanzarbeiten, Setzen von Steckhölzern und Setzstangen, Verankerungen von Gehölzen,
- Pflanzgruben,
- Pflegen von Einzelpflanzen, Pflanzgefäßen,
- Schutzvorrichtungen für Pflanzen,
- Ausstattungsgegenstände, z. B. Bänke, Tische, Abfallbehälter, Spiel- und Sportgeräte,
- Markierungszeichen, Punktmarkierungen,
- Einläufe, Regner,
- Schneiden von Gehölzen.

0.5.5 Gewicht (kg, t) für
- Ausbringen von Saatgut für Naß- und Trockenansaaten,
- Ausbringen von Dünger,
- Säubern der Baustelle von störenden Stoffen.

1 Geltungsbereich

1.1 Die ATV "Landschaftsbauarbeiten" – DIN 18320 – gilt für
- vegetationstechnische Bau-, Pflege- und Instandhaltungsarbeiten,
- ingenieurbiologische Sicherungsbauweisen,
- Bau-, Pflege- und Instandhaltungsarbeiten für Spiel- und Sportanlagen,
- Schutzmaßnahmen für Bäume, Pflanzenbestände und Vegetationsflächen.

1.2 Die ATV DIN 18320 gilt nicht für
- Bodenarbeiten, die anderen als vegetationstechnischen Zwecken dienen (siehe ATV DIN 18300 "Erdarbeiten"), und
- Pflanz- und Saatarbeiten zur Sicherung an Gewässern, Deichen und Küstendünen (siehe ATV DIN 18310 "Sicherungsarbeiten an Gewässern, Deichen und Küstendünen").

1.3 Ergänzend gelten die Abschnitte 1 bis 5 der ATV DIN 18299 "Allgemeine Regelungen für Bauarbeiten jeder Art". Bei Widersprüchen gehen die Regelungen der ATV DIN 18320 vor.

2 Stoffe, Bauteile, Pflanzen und Pflanzenteile

Ergänzend zur ATV DIN 18299, Abschnitt 2, gilt:

2.1 Für die gebräuchlichsten genormten Stoffe, Bauteile, Pflanzen und Pflanzenteile sind die DIN-Normen nachstehend aufgeführt.

DIN 7926-1 bis DIN 7926-5	Kinderspielgeräte
DIN 18035-4	Sportplätze – Rasenflächen

Landschaftsbauarbeiten DIN 18320

DIN 18035-5	Sportplätze – Tennenflächen
DIN 18035-6	Sportplätze – Kunststoffflächen
DIN 18035-7	Sportplätze – Kunststoffrasenflächen
DIN 18915	Vegetationstechnik im Landschaftsbau – Bodenarbeiten
DIN 18916	Vegetationstechnik im Landschaftsbau – Pflanzen und Pflanzarbeiten
DIN 18917	Vegetationstechnik im Landschaftsbau – Rasen und Saatarbeiten
DIN 18918	Vegetationstechnik im Landschaftsbau – Ingenieurbiologische Sicherungsbauweisen – Sicherungen durch Ansaaten, Bepflanzungen, Bauweisen mit lebenden und nichtlebenden Stoffen und Bauteilen, kombinierte Bauweisen
DIN 18919	Vegetationstechnik im Landschaftsbau – Entwicklungs- und Unterhaltungspflege von Grünflächen
DIN 18920	Vegetationstechnik im Landschaftsbau – Schutz von Bäumen, Pflanzenbeständen und Vegetationsflächen bei Baumaßnahmen

2.2 Pflanzen und Pflanzenteile müssen aus Anzuchtbeständen stammen.

2.3 Gelöster Boden geht nicht in das Eigentum des Auftragnehmers über.

2.4 Zu den Leistungen gehört nicht die Lieferung von Boden.

3 Ausführung
Ergänzend zur ATV DIN 18299, Abschnitt 3, gilt:

3.1 Allgemeines
3.1.1 Bei Maßnahmen zum Schutz der Bauwerke, Leitungen, Kabel, Kanäle, Dräne, Wege, Gleisanlagen und dergleichen im Bereich des Baugeländes sind die Vorschriften der Eigentümer oder anderer Weisungsberechtigter zu beachten.

3.1.2 In unmittelbarer Nähe von Bauwerken, Leitungen, Kabeln, Dränen und Kanälen sowie von Bäumen, Pflanzenbeständen und Vegetationsflächen müssen die Arbeiten mit besonderer Vorsicht ausgeführt werden. Gefährdete Bäume, Pflanzenbestände und Vegetationsflächen sind zu schützen. Solche Schutzmaßnahmen sind Besondere Leistungen (siehe Abschnitt 4.2.1).

3.1.3 Wenn die Lage vorhandener Leitungen, Kabel, Dräne, Kanäle, Vermarkungen, Hindernisse und sonstiger baulicher Anlagen vor Ausführung der Arbeiten nicht angegeben werden kann, ist diese zu erkunden. Die zu treffenden Maßnahmen sind Besondere Leistungen (siehe Abschnitt 4.2.1).

3.1.4 Werden unvermutete Hindernisse, z. B. nicht angegebene Leitungen, Kabel, Dräne, Kanäle, Bauwerksreste, Vermarkungen, angetroffen, ist der Auftraggeber unverzüglich darüber zu unterrichten. Die zu treffenden Maßnahmen sind Besondere Leistungen (siehe Abschnitt 4.2.1).

3.1.5 Während der Ausführung von Pflegearbeitsgängen sind die Vegetation und die ausgeführten Leistungen auf Gefährdung durch Trockenheit oder Nässe, Hitze oder Frost, Krankheiten, Schädlinge, unerwünschten Aufwuchs, Wild- oder Weidevieh zu überwachen; über Gefährdung ist der Auftraggeber unverzüglich zu unterrichten. Die zu treffenden Maßnahmen sind Besondere Leistungen (siehe Abschnitt 4.2.1).

3.1.6 Während der Ausführung von Boden-, Pflanz- und Saatarbeiten ist die Bearbeitbarkeit des Bodens zu überwachen und der Auftraggeber unverzüglich zu unterrichten, wenn zur Abwendung von irreversiblen Schäden des Bodens Terminverschiebungen notwendig sind.

3.1.7 Die Wahl des Bauverfahrens und -ablaufes, der Förderwege sowie die Wahl und der Einsatz der Baugeräte sind Sache des Auftragnehmers.

3.1.8 Beim Lösen und Laden von Boden sowie beim Herausnehmen von Pflanzen, Vegetationsstücken und Rasensoden gehört das Fördern bis zu 50 m zur Leistung.

3.1.9 Ergänzend zu B § 3 Nr 4 ist vor Beginn der Arbeiten, soweit notwendig, der Zustand der Vegetation und der Vegetationsfläche in einer Niederschrift festzuhalten, die vom Auftraggeber und Auftragnehmer anzuerkennen ist.

3.1.10 Der Auftragnehmer hat bei seiner Prüfung Bedenken (siehe B § 4 Nr 3) insbesondere geltend zu machen bei:
- Abweichungen der Planunterlagen gegenüber tatsächlichem Bestand,
- störenden, gefährdenden oder gefährdeten Verkehrs- und Versorgungsanlagen,
- ungeeigneten Bauzeitplanungen, z. B. für Bodenarbeiten, für Saat und Pflanzarbeiten,
- ungeeigneten Standortverhältnissen, z. B. Boden, Klima, Wasser und Immissionen,
- verunreinigtem Gelände, z. B. durch Chemikalien, Mineralöle, Bauschutt, Bauwerksreste,
- durch Baubetrieb gefährdeten Pflanzen und Flächen,
- zum Wiederverwenden nicht geeignetem Aufwuchs und Rasen,
- vorhandenen Wurzeln oder Aufwuchs, die die vorgesehene Vegetation oder sonstige Nutzung der Fläche gefährden,
- unzureichend oder unzweckmäßig vorgeschriebener Düngung oder Bodenverbesserung,
- Mängeln an vom Auftraggeber beigestellten oder vorgeschriebenen Böden, Pflanzen oder Pflanzenteilen,
- unzureichend vorgeschriebenen Maßnahmen zur Bodenpflege und zum Schutz der Vegetationsflächen bis zur Ansaat oder Pflanzung,
- unzureichendem Umfang oder unzweckmäßiger Art der vorgeschriebenen Leistungen zur Herstellung, zu Pflege- und Instandhaltungsarbeiten.

3.2 Bodenarbeiten

Bodenarbeiten für vegetationstechnische Zwecke und Oberflächenschutz durch Schichtenaufbau für Dachbegrünungen sind nach DIN 18915 auszuführen.

3.3 Pflanzarbeiten

Pflanzarbeiten sind nach DIN 18916 auszuführen.

3.4 Rasen- und Saatarbeiten im Landschaftsbau

Rasen- und Saatarbeiten im Landschaftsbau sind nach DIN 18917 auszuführen.

3.5 Ingenieurbiologische Sicherungsbauweisen

Ingenieurbiologische Sicherungsbauweisen sind nach DIN 18918 auszuführen.

3.6 Sportplatzbauarbeiten

Sportplatzbauarbeiten sind auszuführen nach:

DIN 18035-4	Sportplätze – Rasenflächen
DIN 18035-5	Sportplätze – Tennenflächen
DIN 18035-6	Sportplätze – Kunststoffflächen
DIN 18035-7	Sportplätze – Kunststoffrasenflächen
DIN 18035-8	Sportplätze – Leichtathletikanlagen

3.7 Fertigstellungspflegearbeiten

Fertigstellungspflegearbeiten für die Leistungen nach den Abschnitten 3.3 bis 3.6 sind nach den dort genannten DIN-Normen auszuführen.

3.8 Entwicklungs- und Unterhaltungspflegearbeiten

Entwicklungs- und Unterhaltungspflegearbeiten sind nach DIN 18919 und DIN 18035-4 bis DIN 18035-7 auszuführen.

3.9 Spielplatzbauarbeiten

Arbeiten für Spielplätze und Freiflächen zum Spielen sind nach DIN 18034 "Spielplätze und Freiflächen zum Spielen – Grundlagen und Hinweise für die Objektplanung" auszuführen.

3.10 Schutz von Bäumen, Pflanzenbeständen und Vegetationsflächen bei Baumaßnahmen

Maßnahmen zum Schutz von Bäumen, Pflanzenbeständen und Vegetationsflächen bei Baumaßnahmen sind nach DIN 18920 "Vegetationstechnik im Landschaftsbau – Schutz von Bäumen, Pflanzenbeständen und Vegetationsflächen bei Baumaßnahmen" auszuführen.

4 Nebenleistungen, Besondere Leistungen

4.1 Nebenleistungen sind ergänzend zur ATV DIN 18299, Abschnitt 4.1, insbesondere:

4.1.1 Feststellen des Zustandes der Straßen, der Geländeoberfläche, der Vorfluter u. ä. nach B § 3 Nr 4.

4.1.2 Herstellen der werkgerechten Anschlüsse an angrenzende Bauteile.

4.1.3 Anwässern nach dem Pflanzen bzw. nach Verlegen von Fertigrasen.

4.1.4 Beseitigen einzelner Sträucher bis 2 m Höhe und einzelner Bäume bis 10 cm Stammdurchmesser, gemessen 1 m über dem Erdboden, der dazu gehörigen Baumstümpfe und Wurzeln. Bei mehrstämmigen Bäumen gilt als Durchmesser die Summe der Durchmesser der einzelnen Stämme.

4.1.5 Beseitigen von einzelnen Steinen und Mauerresten bis zu 0,01 m^3 Rauminhalt*).

4.1.6 Herstellen des nötigen Gefälles bei der Oberflächenausbildung von Vegetationsflächen, Belägen und Sicherungsbauwerken zur Wasserableitung.

4.2 Besondere Leistungen sind ergänzend zur ATV DIN 18299, Abschnitt 4.2, z. B.:

4.2.1 Maßnahmen nach den Abschnitten 3.1.2 bis 3.1.5.

4.2.2 Boden-, Wasser- und Wasserstandsuntersuchungen sowie besondere Prüfverfahren.

4.2.3 Eignungsprüfungen einschließlich Probenahme von Stoffen, Bauteilen, Pflanzen und Pflanzenteilen, die vom Auftraggeber beigestellt werden oder deren Herkunft von ihm vorgeschrieben ist.

4.2.4 Vorhalten von Aufenthalts- und Lagerräumen, wenn der Auftraggeber Räume, die leicht verschließbar gemacht werden können, nicht zur Verfügung stellt.

4.2.5 Maßnahmen zum Ableiten von Wasser aus angrenzenden Flächen.

4.2.6 Abladen und Lagern bauseitig gelieferter Stoffe, Bauteile, Pflanzen und Pflanzenteile.

4.2.7 Schutzmaßnahmen für Pflanzen nach Ablauf der Lagerungszeit auf der Baustelle sowie Leistungen zum Einschlagen oder Aufschulen von Pflanzen und Pflanzenteilen, die vom Auftraggeber verlangt werden, oder wenn diese aus Gründen erforderlich werden, die der Auftragnehmer nicht zu vertreten hat.

4.2.8 Liefern von Wasser bei Pflegeleistungen.

---

*) 0,01 m^3 Rauminhalt entspricht einer Kugel mit einem Durchmesser von ~ 0,3 m.

Landschaftsbauarbeiten   DIN 18320

4.2.9 Maßnahmen zur Beseitigung von vorzeitigem Aufwuchs, wenn diese aus Gründen erforderlich werden, die der Auftragnehmer nicht zu vertreten hat.

4.2.10 Lockern des Baugrundes vor dem Aufbringen von Oberboden.

4.2.11 Schutzmaßnahmen für Vegetationsflächen gegen Wild und Weidevieh oder wenn angrenzende Flächen vor der Abnahme der Vegetationsflächen genutzt werden.

4.2.12 Kontrollprüfungen einschließlich Probenahme.

4.2.13 Besondere Messungen über Abschnitt 4.1.3 der ATV DIN 18299 hinaus, z. B. Messungen für Zeugnisse nach den Wettkampfbestimmungen der Sportfachverbände.

4.2.14 Herstellen von Bestandszeichnungen.

5 Abrechnung

Ergänzend zur ATV DIN 18299, Abschnitt 5, gilt:

5.1 Allgemeines

5.1.1 Der Ermittlung der Leistung – gleichgültig, ob sie nach Zeichnungen oder nach Aufmaß erfolgt – sind zugrunde zu legen:
- die tatsächlichen Maße; dabei werden Flächen bei der Ermittlung der Leistung in der Abwicklung gemessen;
- bei der Pflege von Dachbegrünungen die tatsächliche Vegetationsfläche einschließlich eventueller Randstreifen.

5.1.2 Flächen werden getrennt nach Flächenneigungen abgerechnet, wenn ihre Neigung steiler als 1 : 4 ist.

5.1.3 Abtrag wird an der Entnahmestelle ermittelt.

5.1.4 Bodenlager werden jeweils im einzelnen nach ihrer Fertigstellung ermittelt.

5.1.5 Anschüttungen, Andeckungen, Einbau von Schichten werden im fertigen, Vegetationstragschichten im gesetzten Zustand zur Zeit der Abnahme an den Auftragstellen ermittelt.

5.1.6 Boden wird getrennt nach Bodengruppen nach DIN 18915 und, soweit 50 m Förderweg überschritten werden, auch gestaffelt nach Länge der Förderwege abgerechnet.

5.1.7 Ist nach Gewicht abzurechnen, so ist die Menge durch Wiegen, bei Schiffsladungen durch Schiffseiche, festzustellen.

5.1.8 Zu rodende Pflanzen werden vor dem Roden ermittelt, dabei Sträucher getrennt nach Höhe, Bäume getrennt nach Stammdurchmesser, der in 1 m Höhe über dem Gelände ermittelt wird. Bei mehrstämmigen Bäumen gilt als Durchmesser die Summe der Durchmesser der einzelnen Stämme.

5.1.9 Schnitt von Hecken wird nach der bearbeiteten Fläche ermittelt.

5.1.10 Bei der Auszählung von Flächenpflanzungen, z. B. aus bodendeckenden Stauden und Gehölzen, leichten Sträuchern und Heistern, werden Ausfälle bis zu 5 % der Gesamtstückzahl nicht berücksichtigt, wenn trotz Ausfall einzelner Pflanzen ein geschlossener Eindruck entsteht.

5.2 Es werden abgezogen:

5.2.1 Bei der Abrechnung nach Flächenmaß (m^2)
- bei Naß- und Trockenansaaten nach DIN 18918 Aussparungen über 100 m^2 Einzelfläche, z. B. Felsflächen, Bauwerke;
- bei sonstigen Flächen Aussparungen über 2,5 m^2 Einzelfläche, z. B. Bäume, Baumscheiben, Stützen, Einläufe, Felsnasen, Schrittplatten.

5.2.2 Bei der Abrechnung nach Längenmaß (m)
Unterbrechungen über 1 m Länge.

VOB Teil C:
Allgemeine Technische Vertragsbedingungen für Bauleistungen (ATV)
Gleisbauarbeiten — DIN 18325
Ausgabe Dezember 1992

Inhalt

0 Hinweise für das Aufstellen der Leistungsbeschreibung
1 Geltungsbereich
2 Stoffe, Bauteile
3 Ausführung
4 Nebenleistungen, Besondere Leistungen
5 Abrechnung

0 Hinweise für das Aufstellen der Leistungsbeschreibung

Diese Hinweise ergänzen die ATV DIN 18 299 „Allgemeine Regelungen für Bauarbeiten jeder Art", Abschnitt 0. Die Beachtung dieser Hinweise ist Voraussetzung für eine ordnungsgemäße Leistungsbeschreibung gemäß A § 9.

Die Hinweise werden nicht Vertragsbestandteil.

In der Leistungsbeschreibung sind nach den Erfordernissen des Einzelfalls insbesondere anzugeben:

0.1 Angaben zur Baustelle

0.1.1 Lage des Bahnkörpers zum benachbarten Gelände (Einschnitt, Anschnitt, Damm), bestehende Anlagen sowie Bebauung.

0.1.2 Zugangsmöglichkeiten zu den Arbeitsstellen und vom Auftragnehmer zu schaffende Einrichtungen für den Zu- und Abgang.

0.1.3 Lage der dem Auftragnehmer für die Ausführung seiner Leistungen zur Benutzung oder Mitbenutzung überlassenen Gleisanlagen.

0.1.4 Gleisbelegung und Höchstgeschwindigkeiten für Arbeitsgleise und Nachbargleise.

0.1.5 Befahren von Gleisanlagen im Bauzustand, Art des Verkehrs und Geschwindigkeit.

0.1.6 Beigabe oder Auslage von Planunterlagen, z. B. Weichenverlegeplan.

0.1.7 Art und Beschaffenheit der Unterlage (Untergrund, Unterbau, Tragschicht, Tragwerk).

0.2 Angaben zur Ausführung

0.2.1 Umfang der vom Auftraggeber übernommenen Arbeitsstellenbeleuchtung.

0.2.2 Bestimmungen über die Zulassung und das Bewegen von gleisfahrbaren Baumaschinen des Auftragnehmers auf Gleisanlagen.

0.2.3 Art der Arbeiten, die in gesperrten Gleisanlagen auszuführen sind, Einschränkung des Bahnbetriebes durch dauernde oder zeitweilige Sperrung oder Stillegung von Gleisanlagen (mit Zeitangabe).

0.2.4 Art der Arbeiten, die in Zugpausen auszuführen sind, mit Angaben der Zugfolge.

0.2.5 Bei Gleisanlagen mit elektrischem Betrieb die Stromzuführung, z. B. Fahrleitung (Oberleitung, Stromschiene), die Fahrleitungsspannung, die Abschaltmöglichkeiten und Abschaltzeiten.

0.2.6 Art der Sicherungsmaßnahmen bei Arbeiten an oder neben befahrenen Gleisanlagen.

0.2.7 Art und Umfang des Schutzes der Bettung, von Schaltmitteln, Drahtzugleitungen, Kabelkanälen, Kabelverteilern usw.

0.2.8 Zeitspanne zwischen Anforderung und Übergabe für Stoffe, Bauteile und Transportmittel, die vom Auftraggeber beizustellen sind, sowie die Abrufstelle.

0.2.9 Vorschriften und Richtlinien des Auftraggebers für die Ausführung der Leistung.

0.2.10 Behandlung und Verbleib der Bettungsrückstände.

0.2.11 Beschaffenheit und Anforderung an die Höhengenauigkeit des Schotterplanums und der Planumsschutzschicht.

0.2.12 Art und Dicke der Bettung.

0.2.13 Art und Form des Oberbaus.

0.2.14 Technischer und zeitlicher Ablauf der Arbeiten und Abhängigkeiten von Leistungen anderer.

0.2.15 Ort und Anzahl der dem Auftragnehmer zur Verfügung gestellten Arbeitskräfte, Baumaschinen, Fahrzeuge, Geräte, Werkzeuge und Meßeinrichtungen.

0.2.16 Erstellen von Bauablaufplänen durch den Auftragnehmer und Zeitpunkt der Vorlage.

0.2.17 Beginn und Dauer der Arbeitszeit (siehe Abschnitt 5.4.3).

0.2.18 Zeitraum der dem Auftragnehmer obliegenden betriebssicheren Instandhaltung der Gleisanlagen nach der Inbetriebnahme.

0.3 Einzelangaben bei Abweichungen von den ATV

0.3.1 Wenn andere als die in dieser ATV vorgesehenen Regelungen getroffen werden sollen, sind diese in der Leistungsbeschreibung eindeutig und im einzelnen anzugeben.

0.3.2 Abweichende Regelungen können insbesondere in Betracht kommen bei

Abschnitt 2.1, wenn zu den Leistungen auch die Lieferung der dazugehörigen Stoffe und Bauteile gehören soll,

Abschnitt 2.2, wenn die vom Auftraggeber beigestellten Stoffe und Bauteile nicht frei Verwendungsstelle bereitgestellt werden,

Abschnitt 2.4, wenn die Lieferung der Stoffe und Bauteile durch den Auftragnehmer nicht das Abladen und Lagern auf der Baustelle einschließen soll,

Abschnitt 3.3, wenn die Sicherungsmaßnahmen der Auftragnehmer durchführen soll,

Abschnitt 3.4, wenn die Schutz- und Sicherungsmaßnahmen an der Arbeitsstelle gegen Gefahren aus dem Straßenverkehr dem Auftragnehmer nicht obliegen sollen.

0.4 Einzelangaben zu Nebenleistungen und Besonderen Leistungen

Keine ergänzende Regelung zur ATV DIN 18 299, Abschnitt 0.4.

0.5 Abrechnungseinheiten

Im Leistungsverzeichnis sind die Abrechnungseinheiten wie folgt vorzusehen:

0.5.1 Beim Auf- und Abladen:

— Bettungsstoffe und Bettungsrückstände nach Gewicht (t) oder Raummaß (m^3),

Gleisbauarbeiten DIN 18325

- Gleise nach Längenmaß (m),
- Schienen nach Längenmaß (m) oder nach Gewicht (t),
- Gleisschwellen nach Anzahl (Stück),
- Weichen, Kreuzungen und Kreuzungsweichen nach Anzahl (Stück) oder nach Gewicht (t),
- Gestänge von Weichen, Kreuzungen und Kreuzungsweichen nach Gewicht (t) oder Anzahl (Stück),
- Weichenschwellen nach Längenmaß (m), Weichenschwellensätze nach Anzahl (Stück),
- Loses Schienen-, Schwellen- und Weichenkleineisen sowie Kleinteile nach Gewicht (t) oder Anzahl (Stück),
- Weichenstellvorrichtungen und Schienenentwässerungskästen nach Anzahl (Stück),
- Kabelkanäle und Abdeckungen nach Anzahl (Stück) oder Längenmaß (m).

0.5.2 Beim Ausführen von Gleisarbeiten:
- Bettung nach Längenmaß (m), Flächenmaß (m^2) oder Raummaß (m^3),
- Gleise nach Längenmaß (m),
- Schienen nach Längenmaß (m),
- Gleisschwellen nach Anzahl (Stück),
- Weichen, Kreuzungen und Kreuzungsweichen nach Anzahl (Stück) oder Leistungslänge (m),
- Weichenschwellen nach Längenmaß (m),
- Schienen- und Schwellenkleineisen sowie Kleinteile und dergleichen nach Anzahl (Stück), Längenmaß des Gleises (m) oder Leistungslänge der Weichen (m),
- Weichenstellvorrichtungen und Schienenentwässerungskästen nach Anzahl (Stück),
- Kabelkanäle und Abdeckungen nach Längenmaß (m).

1 Geltungsbereich

1.1 Die ATV „Gleisbauarbeiten" — DIN 18 325 — gilt für das Herstellen von Gleisanlagen und für Arbeiten an Gleisanlagen (Gleise, Weichen und Bettung).

1.2 Die ATV DIN 18 325 gilt nicht
- für die bei Gleisbauarbeiten auszuführenden Erdarbeiten (siehe ATV DIN 18 300 „Erdarbeiten") sowie Frostschutz- und Planumsschutzschichten (siehe ATV DIN 18 315 „Verkehrswegebauarbeiten; Oberbauschichten ohne Bindemittel"),
- für die Befestigung von Verkehrswegen (siehe ATV DIN 18 315 „Verkehrswegebauarbeiten; Oberbauschichten ohne Bindemittel", ATV DIN 18 316 „Verkehrswegebauarbeiten; Oberbauschichten mit hydraulischen Bindemitteln", ATV DIN 18 317 „Verkehrswegebauarbeiten; Oberbauschichten aus Asphalt", ATV DIN 18 318 „Verkehrswegebauarbeiten; Pflasterdecken, Plattenbeläge, Einfassungen").

1.3 Ergänzend gelten die Abschnitte 1 bis 5 der ATV DIN 18 299 „Allgemeine Regelungen für Bauarbeiten jeder Art". Bei Widersprüchen gehen die Regelungen der ATV DIN 18 325 vor.

2 Stoffe, Bauteile

Ergänzend zur ATV DIN 18 299, Abschnitt 2, gilt:

2.1 Zu den Leistungen gehört nicht die Lieferung der dazugehörigen Stoffe und Bauteile.

2.2 Die vom Auftraggeber beigestellten Stoffe und Bauteile werden frei Verwendungsstelle bereitgestellt.

2.3 Transportmittel, die der Auftraggeber zur Verfügung stellt, sind rechtzeitig beim Auftraggeber anzufordern.

2.4 Sind Stoffe und Bauteile vom Auftragnehmer zu liefern, so umfaßt die Lieferung auch das Abladen und Lagern auf der Baustelle.

3 Ausführung

Ergänzend zur ATV DIN 18 299, Abschnitt 3, gilt:

3.1 Wenn die Lage vorhandener Leitungen, Kabel, Dräne, Kanäle, Vermarkungen, Hindernisse und sonstiger baulicher Anlagen vor Ausführung der Arbeiten nicht angegeben werden kann, ist diese zu erkunden. Solche Maßnahmen sind Besondere Leistungen (siehe Abschnitt 4.2.1).

3.2 Schäden an baulichen Anlagen sind unverzüglich dem Auftraggeber und dem Eigentümer oder, wenn ein anderer weisungsberechtigt ist, diesem zu melden.

3.3 Arbeiten an oder neben befahrenen Gleisanlagen dürfen nur im Schutze der vom Auftraggeber festgelegten Sicherungsmaßnahmen gegen Gefahren aus dem Bahnbetrieb begonnen und ausgeführt werden. Die Sicherungsmaßnahmen führt der Auftraggeber durch.

3.4 Schutz- und Sicherungsmaßnahmen an der Arbeitsstelle gegen Gefahren aus dem Straßenverkehr, wie Stellen von Sicherungsposten, Warneinrichtungen und dergleichen, obliegen dem Auftragnehmer.

3.5 Soweit Sicherungsmaßnahmen vom Auftragnehmer durchzuführen sind, müssen die dafür gestellten Sicherungsposten vom Auftraggeber zugelassen sein.

3.6 Der Auftragnehmer hat bei seiner Prüfung der Unterlage Bedenken (siehe B § 4 Nr 3) insbesondere geltend zu machen bei
— offensichtlich unzureichender Tragfähigkeit,
— Abweichungen von der planmäßigen Höhenlage, Neigung oder Ebenheit,
— schädlichen Verschmutzungen,
— Fehlen notwendiger Entwässerungseinrichtungen.

3.7 Der Auftragnehmer hat Gleisanlagen, die im Bauzustand befahren werden sollen, für die vom Auftraggeber im Einzelfall angegebene Geschwindigkeit so sicher befahrbar herzustellen, daß der Bahnbetrieb nicht gefährdet ist und Stoffe und Bauteile nicht beschädigt werden.

3.8 Werden in Gleisanlagen elektrisch betriebener Bahnen Elektrogeräte eingesetzt, so sind die einschlägigen VDE-Bestimmungen zu beachten.

3.9 Gleisfahrbare Baufahrzeuge — insbesondere Kleinwagen und Transportachsen — sind in angemessener Weise gegen unbefugten Zugriff zu sichern.

3.10 Grenzsteine und Festpunkte dürfen nur mit Zustimmung des Auftraggebers beseitigt werden. Festpunkte des Auftraggebers hat der Auftragnehmer vor Beseitigung zu sichern.

Gleisbauarbeiten   DIN 18325

3.11 Die Leistung ist so auszuführen, daß die Unterlage, z. B. Planum, Schotterplanum, nicht beschädigt wird.

3.12 Die Auf- und Anlageflächen der Gleisbauteile sind vor dem Zusammenbau grob zu reinigen.

4 Nebenleistungen, Besondere Leistungen

4.1 Nebenleistungen sind ergänzend zur ATV DIN 18 299, Abschnitt 4.1, insbesondere:

4.1.1 Feststellen des Zustands der Straßen, der Geländeoberfläche, der Vorfluter usw. nach B § 3 Nr 4.

4.1.2 Reinigen der vom Auftragnehmer ausgebauten Bauteile von losen Stoffen für das versandfertige Verladen.

4.1.3 Einweisen der Arbeitnehmer in Lage und Art der vom Auftraggeber gekennzeichneten Kontakte, Kabeleinführungen, Festpunkte und dergleichen.

4.1.4 Angemessenes Sichern von Baustoffen und Geräten vor unbefugtem Zugriff zum Freihalten des Lichtraumprofils.

4.1.5 Arbeitsstellenbeleuchtung durch Fahrzeugscheinwerfer bei Arbeiten mit Maschinen des Auftragnehmers.

4.1.6 Herrichten der Auslauframpen bei Arbeitsunterbrechungen zwischen Gleissperrungen.

4.1.7 Herstellen, Vorhalten und Beseitigen der zur Durchführung der Leistung erforderlichen Treppen oder Wege in den Böschungen.

4.1.8 Sammeln und Aufladen der vom Auftraggeber beigestellten Gebinde, Paletten, Ladebehelfe u. ä. auf Fahrzeuge des Auftraggebers.

4.1.9 Wiederherstellen des Schotterprofiles, ausgenommen Leistungen nach Abschnitt 4.2.8.

4.1.10 Umsetzen von Gleisbaumaschinen, soweit es für das Ausführen der Leistung erforderlich ist, nicht jedoch Leistungen nach Abschnitt 4.2.2.

4.2 Besondere Leistungen sind ergänzend zur ATV DIN 18 299, Abschnitt 4.2, z. B.:

4.2.1 Maßnahmen nach Abschnitt 3.1.

4.2.2 Umsetzen von Gleisbaumaschinen auf besondere Anordnung des Auftraggebers.

4.2.3 Aufbrechen und Wiederherstellen von befestigten Flächen.

4.2.4 Aufstellen, Vorhalten und Beseitigen von Hilfsbauwerken zur Aufrechterhaltung des öffentlichen und des Anlieger-Verkehrs, z. B. Brücken, Befestigungen von Umleitungen und Zufahrten.

4.2.5 Besondere Maßnahmen zum Feststellen des Zustands der baulichen Anlagen einschließlich Versorgungs- und Entsorgungsanlagen.

4.2.6 Besondere Maßnahmen zum Schutz von Fahrleitungs- und Gleisanlagen.

4.2.7 Abdecken der Bettung, von seitlichen Kanälen, Kabelbahnen, Kabelverteilern und dergleichen.

4.2.8 Beseitigen oder Einebnen von Bettungsrückständen.

4.2.9 Wiederherstellen des durch Stopf- und Richtarbeiten zerstörten Schotterprofils.

4.2.10 Vorbereiten der Unterlagen, z. B. Nachverdichten, Herstellen der planmäßigen Höhenlage, Reinigen, soweit solche Leistungen nicht vom Auftragnehmer zu vertreten sind.

4.2.11 Maßnahmen für die Unterhaltung und Kontrolle der Gleisanlagen im Bauzustand während der Unterbrechung der Arbeiten, soweit diese nicht vom Auftragnehmer zu vertreten ist.

4.2.12 Feststellen der Lage der Gleisanlagen vor Beginn der Arbeiten, Festlegen der herzustellenden Lage durch Berechnen und Übertragen der Korrekturmaße.

4.2.13 Arbeitsstellenbeleuchtung, ausgenommen Leistungen nach Abschnitt 4.1.5.

4.2.14 Wiegen von Baustoffen und Bauteilen, die der Auftraggeber beistellt.

4.2.15 Abladen von Baustoffen und Bauteilen, die der Auftraggeber beistellt.

4.2.16 Aufladen, Fördern und Abladen ausgebauter Stoffe und Bauteile.

4.2.17 Reinigen von verschmutzten Stoffen und Bauteilen, die der Auftraggeber beistellt, soweit die Verschmutzung nicht durch den Auftragnehmer verursacht wurde, und ausgenommen Leistungen nach den Abschnitten 3.12 und 4.1.2.

4.2.18 Aufbauen, Vorhalten, Betreiben und Abbauen von Lüftungsanlagen, z. B. im Tunnel.

5 Abrechnung

Ergänzend zur ATV DIN 18 299, Abschnitt 5, gilt:

5.1 Abrechnung nach Gewicht

5.1.1 Bei der Berechnung des Gewichtes ist bei deutschen genormten Stählen das Gewicht nach DIN-Normen (Nenngewicht), bei anderen Stählen das Gewicht nach dem Profilbuch des Herstellerwerkes zugrundezulegen.

5.1.2 Das Gewicht wird ermittelt bei
- Bettungsstoffen und Bettungsrückständen durch Wiegen,
- Schienen durch Berechnen,
- Weichen, Kreuzungen und Kreuzungsweichen, jeweils ohne Schwellen, durch Wiegen,
- Gestänge von Weichen, Kreuzungen und Kreuzungsweichen durch Berechnen,
- Kleineisen und Kleinteile durch Wiegen oder Berechnen.

Gleisbauarbeiten DIN 18325

5.2 Abrechnung nach Raummaß
Das Raummaß
- von Bettungsstoffen und Bettungsrückständen wird beim Auf- und Abladen in loser Menge,
- der eingebauten Bettung wird im verdichteten Zustand

ermittelt.

5.3 Abrechnung nach Längenmaß
Die Gleislänge wird in Gleisbögen im Außenstrang gemessen. Die Leistungslänge bei Weichen, Kreuzungen oder Kreuzungsweichen wird begrenzt durch Zungenstöße bzw., soweit vorhanden, durch äußere Herzstückstöße.
Bei Weichenschwellen wird deren Länge gemessen.

5.4 Abrechnung nach Einsatzzeit- und Mengenstaffel

5.4.1 Die Einsatzzeiten oder Mengen sind je Schicht zu ermitteln.

5.4.2 Die Einsatzzeit beginnt jeweils mit dem Abschluß des Rüstens an der Maschine an der Arbeitsstelle und endet mit der Aufforderung, die Gleisanlage zu räumen, oder mit der Erfüllung der Leistung in der Schicht.

5.4.3 Überschreitet die Arbeitszeit je Tag die Schichtzeit, so werden die Einsatzzeiten oder geleisteten Mengen je Tag mit dem Verhältnis der Schichtzeit zur Arbeitszeit multipliziert.
Als Schichtzeit gilt die tägliche Tarifarbeitszeit zuzüglich der Ruhepausen nach dem für die gewerblichen Arbeitnehmer des Auftragnehmers gültigen Tarifvertrag.
Die Arbeitszeit je Tag beginnt 30 Minuten vor der ersten vereinbarten Gleissperrung und endet 30 Minuten nach der letzten Gleissperrung.

5.4.4 Sind Leistungen in nicht gesperrten Gleisanlagen zwischen den Zugfahrten zu erbringen, so ist für die Zuordnungen der Leistungen im Leistungsverzeichnis die Zahl der arbeitsunterbrechenden Züge und Rangierfahrten (im Arbeits- und Nachbargleis) je Schicht zu ermitteln.

5.4.5 Werden Sperrungen der Gleisanlagen aus Gründen, die der Auftragnehmer zu vertreten hat, nicht genutzt, z. B. wegen Maschinenschäden, so werden die angefallenen Einsatzstunden und erbrachten Mengen mit dem Verhältnis der Schichtzeit zur geleisteten Arbeitszeit multipliziert. Die geleistete Arbeitszeit ergibt sich aus der Arbeitszeit, gekürzt um die Ausfallzeit. Die Ausfallzeit beginnt mit dem Stillstand der Maschine und endet mit der Betriebsbereitschaft der Maschine. Wird die Maschine erst nach Ende der Sperrung der Gleisanlage wieder betriebsbereit, so ist die Zeit bis zu 30 Minuten vor der nächsten vorgesehenen Sperrung der Gleisanlage der Ausfallzeit zuzurechnen.

5.4.6 Werden Sperrungen der Gleisanlage aus Gründen, die der Auftragnehmer nicht zu vertreten hat, z. B. fehlende Sicherungsposten, Nebel, Frost, hohe Schienenwärme, nicht gewährt, so werden bei der Berechnung der Einsatzzeit oder Mengen je Schicht nur die tatsächlich erreichten Einsatzzeiten oder Mengen angesetzt.

5.4.7 Werden verschiedenartige Arbeiten, z. B. Verdichtebegänge und Stabilisierungen nach Mengenstaffeln, von einer Maschine ausgeführt, so werden die jeweils erbrachten Leistungen in jeder Schicht zusammengezählt und damit die Vergütung bestimmt.

VOB Teil C:
Allgemeine Technische Vertragsbedingungen für Bauleistungen (ATV) Mauerarbeiten – DIN 18330
Ausgabe Juni 1996

Inhalt

0 Hinweise für das Aufstellen der Leistungsbeschreibung

1 Geltungsbereich

2 Stoffe, Bauteile

3 Ausführung

4 Nebenleistungen, Besondere Leistungen

5 Abrechnung

0 Hinweise für das Aufstellen der Leistungsbeschreibung

Diese Hinweise ergänzen die ATV DIN 18299 "Allgemeine Regelungen für Bauarbeiten jeder Art", Abschnitt 0.

Die Beachtung dieser Hinweise ist Voraussetzung für eine ordnungsgemäße Leistungsbeschreibung gemäß A § 9.

Die Hinweise werden nicht Vertragsbestandteil.

In der Leistungsbeschreibung sind nach den Erfordernissen des Einzelfalls insbesondere anzugeben:

0.1 Angaben zur Baustelle

0.0.1 Hauptwindrichtung, Einflugschneisen.

0.1.2 Gründungstiefe, Gründungsarten und Lasten benachbarter Bauwerke, Ausbildung von Baugruben.

0.1.3 Art, Lage und konstruktive Ausbildung benachbarter Bauteile gegen die gemauert werden soll.

0.2 Angaben zur Ausführung

0.2.1 Art und Dicke des Mauerwerks.

0.2.2 Art und Umfang von Mauerwerk nach Eignungsprüfung und von bewehrtem Mauerwerk.

0.2.3 Art, Druckfestigkeits- und Rohdichteklasse und Wärmeleitfähigkeit sowie Formate der Mauersteine.

0.2.4 Mörtelgruppe.

0.2.5 Verwendung von Zusatzmitteln.

0.2.6 Höhe der Arbeitsebene, Geschoßhöhe bzw. Höhe von freistehendem Mauerwerk.

0.2.7 Ausbildung von Bewegungsfugen und Anschlüssen an Bauwerke bzw. Bauteile.

0.2.8 Maßnahmen gegen Bodenfeuchtigkeit (siehe auch ATV DIN 18336 "Abdichtungsarbeiten") wie Lage und Ausbildung von Gleitlagern.

0.2.9 Art und Dicke von nichttragenden inneren Trennwänden sowie deren Anschluß an andere Bauteile.

0.2.10 Neigung, Krümmung und Höhensprünge von Flächen.

0.2.11 Ausbildung und Verlauf von im Grund- bzw. Aufriß gekrümmtem und nicht rechtwinkligem Mauerwerk.

0.2.12 Anforderungen an Sicht- und Verblendmauerwerk, z. B. Mauerwerksverband, Art, Farbe und Struktur der Steine und des Mörtels, Fugenausbildung, Sonderformate bzw. erforderliches Schneiden von Steinen. Bündige Seite bei einschaligem Sichtmauerwerk.

0.2.13 Art und Umfang der Abfangungen der Außenschalen bei zweischaligen Außenwänden.

0.2.14 Art, Lage, Größe und Anzahl der Lüftungsöffnungen bei zweischaligem Mauerwerk.

0.2.15 Art, Lage, Maße und Anzahl von Aussparungen, z. B. Öffnungen, Nischen, Schlitze, Kanäle.

0.2.16 Art, Lage, Stoff, Anzahl, Maße und Gewichte von Einbauteilen und Fertigteilen.

0.2.17 Besondere Ausbildung der Bauteile und Beschaffenheit der Oberfläche des Mauerwerks, z. B. für Abdichtungen, Beschichtungen, Schutzanstriche.

0.2.18 Art und Ausbildung von Ringankern.

0.2.19 Anforderungen an Glasbausteinwände.

0.2.20 Besonderheiten des Bauablaufs im Zusammenhang mit anderen Arbeiten.

0.2.21 Abrechnungsverfahren bei Schüttgütern, deren Mengen weder am Entnahme- noch am Auftragsort festgestellt werden können, z. B. bei losen Schüttungen nach Aufmaß der Menge in den Transportmitteln.

0.3 Einzelangaben bei Abweichungen von den ATV

0.3.1 Wenn andere als die in dieser ATV vorgesehenen Regelungen getroffen werden sollen, sind diese in der Leistungsbeschreibung eindeutig und im einzelnen anzugeben.

0.3.2 Abweichende Regelungen können insbesondere in Betracht kommen bei

Abschnitt 2.2,	wenn an Steine andere Toleranzanforderungen gestellt werden, als in den Stoffnormen genannt werden,
Abschnitt 3.1.3,	wenn andere als die in DIN 18202 aufgeführten Maßtoleranzen gelten sollen,
Abschnitt 3.2.1,	wenn das Verblendmauerwerk mit dem Hintermauerwerk im Verband, bzw. Mauerwerk nach DIN 1053-2 oder DIN 1053-3 ausgeführt werden soll,
Abschnitt 3.2.4,	wenn Verblendmauerwerk durch Fugenglattstrich (frisch in frisch) unter Verwendung von Vormauermörtel verfugt werden soll,
Abschnitt 3.6,	wenn für einzubauende Stahlbauteile nicht die Mörtelgruppe III verwendet werden soll,
Abschnitt 3.7,	wenn für einzubauende Fertigteile und Fertigteilelemente nicht die Mörtelgruppe III verwendet werden soll.

0.4 Einzelangaben zu Nebenleistungen und Besonderen Leistungen

Als Nebenleistungen, für die unter den Voraussetzungen der ATV DIN 18299, Abschnitt 0.4.1, besondere Ordnungszahlen (Positionen) vorzusehen sind, kommen insbesondere in Betracht:

- Anfertigen und Liefern von statischen Verformungsberechnungen und Zeichnungen für Baubehelfe (siehe Abschnitt 4.1.1),
- Auf-, Um- und Abbauen sowie Vorhalten der Arbeits- und Schutzgerüste nach DIN 4420-1, DIN 4420-2 und DIN 4420-3 (siehe Abschnitt 4.1.2) sowie der Traggerüste nach DIN 4421, Gruppe I,
- Herstellen und Belassen von Abdeckungen und Umwehrungen (siehe Abschnitt 4.1.3).

0.5 Abrechnungseinheiten

Im Leistungsverzeichnis sind die Abrechnungseinheiten wie folgt vorzusehen:

0.5.1 Flächenmaß (m^2), getrennt nach Bauart und Maßen, für
- Mauerwerk,
- Ausmauern von Fachwerkwänden und Stahl- und Betonskeletten,
- Leichte Trennwände,
- Sicht- und Verblendmauerwerk,
- Verblendschalen, Bekleidungen,
- Gewölbe,
- Ausfugen,
- Bodenbeläge aus Flach- oder Rollschichten,

Mauerarbeiten DIN 18330

- Auffüllungen von Decken,
- Dämmstoffe bei zweischaligem Mauerwerk und Wärmedämmverbundsystemen,
- Abdichtungen, Sperr- und Schutzschichten,
- Leichtbauplatten,
- Fertigteile und Fertigteildecken.

0.5.2 Raummaß (m^3), getrennt nach Bauart und Maßen, für
- Mauerwerk über 24 cm Dicke,
- Ausmauern von Stahlbetonskeletten,
- Pfeiler,
- Pfeilervorlagen gleicher Bauart wie das dahinterliegende Mauerwerk,
- Gemauerte Schornsteine, getrennt nach Anzahl und Querschnitt der Züge und Dicken der Wangen,
- Dämmstoffe für die Auffüllung von Hohlräumen,
- Schüttungen.

0.5.3 Längenmaß (m), getrennt nach Bauart und Maßen, für
- Leibungen bei Sicht- und Verblendmauerwerk, Sohlbänke und Gesimse einschließlich etwaiger Auskragungen,
- Gemauerte oder vorgefertigte Stürze, Überwölbungen und Entlastungsbögen über Öffnungen und Nischen,
- Pfeiler,
- Pfeilervorlagen,
- Gemauerte Schornsteine, getrennt nach Anzahl und Querschnitt der Züge und Dicke der Wangen,
- Schornsteine aus Formstücken, getrennt nach Anzahl und Querschnitt der Züge,
- Gemauerte Stufen,
- Ausmauern, Ummanteln oder Verblenden von Stahlträgern, Unterzügen, Stützen und dergleichen,
- Herstellen von Schlitzen,
- Ringanker,
- Schließen von Schlitzen,
- Herstellen von Bewegungs- und Trennfugen,
- Schneiden von Vormauersteinen,
- Abfangen der Außenschalen bei zweischaligen Außenwänden,
- Rollschichten, Mauerabdeckungen,
- Herstellen von Mauerwerksschrägen, z. B. Dachschrägen.

0.5.4 Anzahl (Stück), getrennt nach Bauart und Maßen, für
- Herstellen von Aussparungen, z. B. Öffnungen, Nischen, Schlitze, Durchbrüche,
- Vorgefertigte Stürze, Überwölbungen und Entlastungsbögen über Öffnungen und Nischen,
- Vorgefertigte Sohlbänke und Gesimse einschließlich etwaiger Auskragungen,
- Pfeiler,

- *Schornsteinköpfe, getrennt nach Anzahl und Querschnitt der Züge,*
- *Schornsteinreinigungsverschlüsse, Rohrmuffen, Übergangsstücke und dergleichen,*
- *Kellerlichtschächte, Sinkkästen, Fundamente für Geräte und dergleichen,*
- *Liefern und Einbauen von Stahlteilen und Fertigteilen, z. B. Fertigteildecken,*
- *Liefern und Einsetzen von Ankerschienen, Anschluß- und Randprofilen,*
- *Liefern und Einbauen von Ankern, Bolzen usw.,*
- *Liefern und Einbauen von Tür und Fensterzargen, Überlagshölzern, Dübeln, Dübelsteinen und dergleichen,*
- *Schließen von Aussparungen, Durchbrüchen usw.,*
- *Stahlteile und Walzstahlprofile, Fertigbauteile und Fertigteildecken,*
- *Schneiden von Vormauersteinen,*
- *Abfangungen der Außenschalen bei zweischaligem Mauerwerk.*

0.5.5 *Gewicht (kg) für*
- *Betonstahl, Stahlprofile, Anker, Bolzen,*
- *Schüttungen.*

1 Geltungsbereich

1.1 Die ATV "Mauerarbeiten" – DIN 18330 – gilt für Mauerwerk jeder Art aus natürlichen und künstlichen Steinen.

1.2 Die ATV DIN 18330 gilt nicht für
- Quadermauerwerk (siehe ATV DIN 18332 "Naturwerksteinarbeiten"),
- Versetzen von Betonwerksteinen (siehe ATV DIN 18333 "Betonwerksteinarbeiten").

1.3 Ergänzend gelten die Abschnitte 1 bis 5 der ATV DIN 18299 "Allgemeine Regelungen für Bauarbeiten jeder Art". Bei Widersprüchen gehen die Regelungen der ATV DIN 18330 vor.

2 Stoffe, Bauteile

Ergänzend zur ATV DIN 18299, Abschnitt 2, gilt:

Für die gebräuchlichsten, genormten Stoffe und Bauteile sind die DIN-Normen nachstehend aufgeführt.

2.1 Natürliche Steine

Natürliche Steine müssen wetterbeständig, genügend druckfest und lagerhaft sein und dürfen keine Spalten, Risse, Brüche, Blätterungen, schieferige Absonderungen und dergleichen aufweisen. Die Abmessungen und die Köpfe müssen derart sein, daß sich das vorgeschriebene Mauerwerk werkgerecht herstellen läßt.

2.2 Künstliche Steine

DIN 105-1 bis DIN 105-5	Mauerziegel
DIN 106-1 und DIN 106-2	Kalksandsteine

DIN 398	Hüttensteine – Vollsteine, Lochsteine, Hohlblocksteine
DIN 4159	Ziegel für Decken und Wandtafeln, statisch mitwirkend
DIN 4160	Ziegel für Decken, statisch nicht mitwirkend
DIN 4165	Gasbeton-Blocksteine und Gasbeton-Plansteine
DIN 18147-1 bis DIN 18147-5	Baustoffe und Bauteile für dreischalige Hausschornsteine
DIN 18150-1 und DIN 18150-2	Baustoffe und Bauteile für Hausschornsteine
DIN 18151	Hohlblöcke aus Leichtbeton
DIN 18152	Vollsteine und Vollblöcke aus Leichtbeton
DIN 18153	Mauersteine aus Beton (Normalbeton)

2.3 Bauplatten

DIN 278	Tonhohlplatten (Hourdis) und Hohlziegel, statisch beansprucht
DIN 1101	Holzwolle-Leichtbauplatten und Mehrschicht-Leichtbauplatten als Dämmstoffe für das Bauwesen – Anforderungen, Prüfung
DIN 4166	Gasbeton-Bauplatten und Gasbeton-Planbauplatten
DIN 18162	Wandbauplatten aus Leichtbeton, unbewehrt
DIN 18163	Wandbauplatten aus Gips – Eigenschaften, Anforderungen, Prüfung
DIN 18180	Gipskartonplatten – Arten, Anforderungen, Prüfung
DIN 18184	Gipskarton-Verbundplatten mit Polystyrol- oder Polyurethan-Hartschaum als Dämmstoff

2.4 Dämm- und Füllstoffe

DIN 1101	Holzwolle-Leichtbauplatten und Mehrschicht-Leichtbauplatten als Dämmstoffe für das Bauwesen – Prüfung
DIN 18159-1 und DIN 18159-2	Schaumkunststoffe als Ortschäume im Bauwesen
DIN 18161-1	Korkerzeugnisse als Dämmstoffe für das Bauwesen – Dämmstoffe für die Wärmedämmung
DIN 18164-1 und DIN 18164-2	Schaumkunststoffe als Dämmstoffe für das Bauwesen
DIN 18165-1 und DIN 18165-2	Faserdämmstoffe für das Bauwesen
DIN 18174	Schaumglas als Dämmstoff für das Bauwesen, Dämmstoffe für die Wärmedämmung

2.5 Mörtel

DIN 1053-1	Mauerwerk – Rezeptmauerwerk – Berechnung und Ausführung

2.6 Stahl

DIN 488-1	Betonstahl – Sorten, Eigenschaften, Kennzeichen
DIN 488-2	Betonstahl – Betonstabstahl – Maße und Gewichte
DIN 488-4	Betonstahl – Betonstahlmatten und Bewehrungsdraht – Aufbau, Maße und Gewichte

3 Ausführung

Ergänzend zur ATV DIN 18299, Abschnitt 3, gilt:

3.1 Allgemeines

3.1.1 Der Auftragnehmer hat bei seiner Prüfung Bedenken (siehe B § 4 Nr 3) insbesondere geltend zu machen bei
- ungeeigneter Beschaffenheit oder ungenügender Tragfähigkeit des Untergrundes,
- fehlenden Höhenfestpunkten.

3.1.2 Ausführung bei Frost bedarf der Zustimmung des Auftraggebers.

3.1.3 Abweichungen von vorgeschriebenen Maßen sind in den durch

DIN 18201   Toleranzen im Bauwesen – Begriffe, Grundsätze, Anwendung, Prüfung

DIN 18202   Toleranzen im Hochbau – Bauwerke

bestimmten Grenzen zulässig.

Werden an die Ebenheit von Flächen erhöhte Anforderungen gemäß DIN 18202 gestellt, so sind die zu treffenden Maßnahmen Besondere Leistungen (siehe Abschnitt 4.2.14).

3.2 Mauerwerk

3.2.1 Mauerwerk jeder Art aus natürlichen und künstlichen Steinen, z. B. Verblendmauerwerk, Sohlbänke, Gesimse, Mauerabdeckungen sowie Wärmedämmschichten in zweischaligem Mauerwerk sind nach DIN 1053-1 auszuführen.

3.2.2 Für die Ausführung von Unterfangungsmauerwerk gilt DIN 4123 "Gebäudesicherung im Bereich von Ausschachtungen, Gründungen und Unterfangungen".

3.2.3 Bauteile aus Holz, z. B. Balkenköpfe, die ins Mauerwerk einbinden, sind zum Schutz gegen Feuchtigkeit trocken – ohne Mörtel – zu ummauern.

3.2.4 Äußeres Verblend- und Sichtmauerwerk müssen nachträglich verfugt werden. Dabei ist der Mauermörtel, solange er noch frisch ist, mindestens 15 mm tief auszukratzen. Unmittelbar vor dem Verfugen sind die Ansichtsflächen gründlich zu nässen und mit Wasser zu reinigen.

Dem Reinigungswasser darf – außer bei Natursteinen, Kalksandsteinen u. ä. – bis 2 % Volumenanteile Salzsäure zugesetzt werden. Abgesäuerte Flächen sind gründlich nachzuspülen.

3.3 Für die Herstellung von Hausschornsteinen gelten:

DIN 4705-1   Feuerungstechnische Berechnungen von Schornsteinabmessungen – Begriffe, ausführliches Berechnungsverfahren

DIN 4705-2   Berechnung von Schornsteinabmessungen – Näherungsverfahren für einfach belegte Schornsteine

DIN 4705-3   Berechnung von Schornsteinabmessungen – Näherungsverfahren für mehrfach belegte Schornsteine

DIN 4705-10 Berechnung von Schornsteinabmessungen – Näherungsverfahren für einfach belegte Schornsteine; Ausführungsart IIIa für Abgastemperaturen T_e = 140 °C, 190 °C und 240 °C, Ausführungsart I, II, III und IIIa für Abgastemperatur T_e = 80 °C,

DIN 18160-1	Hausschornsteine – Anforderungen, Planung und Ausführung
DIN 18160-2	Hausschornsteine – Verbindungsstücke, Planung und Ausführung

Freistehende Schornsteine sind nach DIN 1056 „Freistehende Schornsteine in Massivbauart – Berechnung und Ausführung" herzustellen.

3.4 Leichte Trennwände sind nach DIN 4103-1 und DIN 4103-2 "Nichttragende innere Trennwände" auszuführen.

3.5 Für die Verarbeitung von Bauplatten gelten:

DIN 1102	Holzwolle-Leichtbauplatten und Mehrschicht-Leichtbauplatten nach DIN 1101 als Dämmstoffe für das Bauwesen; Verwendung, Verarbeitung
DIN 18181	Gipskartonplatten im Hochbau; Grundlagen für die Verarbeitung

3.6 Einzumauernde Bauteile aus Stahl sind unter Verwendung von Mörtel der Mörtelgruppe III einzubauen und fest mit dem Mauerwerk zu verbinden.

3.7 Einzubauende Fertigteile sind unter Verwendung von Mörtel der Mörtelgruppe III zu verlegen und einzumauern. Die statischen und konstruktiven Anforderungen sind zu beachten.

4 Nebenleistungen, Besondere Leistungen

4.1 Nebenleistungen sind ergänzend zur ATV DIN 18299, Abschnitt 4.1, insbesondere:

4.1.1 Anfertigen und Liefern von statischen Verformungsberechnungen und Zeichnungen, soweit sie für Baubehelfe nötig sind.

4.1.2 Auf-, Um- und Abbauen sowie Vorhalten der Arbeits- und Schutzgerüste, soweit diese für die eigene Leistung notwendig sind.

4.1.3 Herstellen der Abdeckungen und Umwehrungen von Öffnungen und Belassen zum Mitbenutzen durch andere Unternehmer über die eigene Benutzungsdauer hinaus. Der Abschluß der eigenen Benutzung ist dem Auftraggeber unverzüglich schriftlich mitzuteilen.

4.1.4 Aussparen und Vermauern aller für die Ausführung der eigenen Leistungen erforderlichen Rüstlöcher.

4.1.5 Aussparen von Reinigungsöffnungen und Rohröffnungen in gemauerten Schornsteinen.

4.1.6 Ummauern und Vergießen von Träger- und Balkenköpfen und anderen Konstruktionsgliedern, ausgenommen das Vergießen bei Stahlbauarbeiten.

4.1.7 Zubereiten des Mörtels und Vorhalten der hierzu erforderlichen Einrichtungen.

4.2 Besondere Leistungen sind ergänzend zur ATV DIN 18299, Abschnitt 4.2, z. B. :

4.2.1 Vorhalten der Gerüste über die eigene Benutzungsdauer hinaus für andere Unternehmer.

4.2.2 Umbau von Gerüsten und Vorhalten von Hebezeugen, Aufzügen, Aufenthalts- und Lagerräumen, Einrichtungen und dergleichen für Zwecke anderer Unternehmer.

4.2.3 Liefern bauphysikalischer Nachweise sowie statischer Berechnungen für den Nachweis der Standfestigkeit des Bauwerks und der für diese Nachweise erforderlichen Zeichnungen.

4.2.4 Herstellen von Aussparungen, z. B. Öffnungen, Nischen, Schlitze, Kanäle.

4.2.5 Schießen von Aussparungen und dergleichen.

4.2.6 Liefern und Einsetzen von Dübeln, Dübelsteinen, Schornsteinreinigungstüren, Tür- und Fensterzargen und dergleichen.

4.2.7 Herstellen von Bewegungsfugen.

4.2.8 Überdecken von Öffnungen und Nischen durch gemauerte Stürze, Überwölbungen und Entlastungsbögen.

4.2.9 Schließen des Zwischenraumes im zweischaligem Mauerwerk an Öffnungen.

4.2.10 Abfangen der Außenschalen bei zweischaligen Außenwänden.

4.2.11 Herstellen von Tür- und Fensterpfeilern im Wandmauerwerk, wenn sie schmaler als 50 cm sind und die beiderseits dieser Pfeiler liegenden Öffnungen nach Abschnitt 5.2.1 oder Abschnitt 5.2.2 abgezogen werden.

4.2.12 Herstellen von Leibungen bei Sicht- und Verblendmauerwerk sowie von Sohlbänken, Gesimsen und Bändern einschließlich etwaiger Auskragungen.

4.2.13 Schneiden von Vormauersteinen mit in der Ansichtsfläche sichtbaren Schnittkanten oder Schnittflächen.

4.2.14 Maßnahmen nach Abschnitt 3.1.3.

4.2.15 Herstellen von Mauerwerksschrägen.

4.2.16 Herstellen von Mauerwerksabdeckungen durch Rollschichten oder aus anderen Materialien.

4.2.17 Vorsorge- und Schutzmaßnahmen für das Mauern unter + 5 °C Lufttemperatur.

5 Abrechnung

Ergänzend zur ATV DIN 18299, Abschnitt 5, gilt:

5.1 Allgemeines

5.1.1 Der Ermittlung der Leistung – gleichgültig, ob sie nach Zeichnungen oder nach Aufmaß erfolgt – sind zugrunde zu legen:
- für Bauteile aus Mauerwerk, Sicht- und Verblendmauerwerk deren Maße,
- für Bodenbeläge die zu belegende Fläche bis zu den begrenzenden, ungeputzten bzw. unbekleideten Bauteilen,

- für Bodenbeläge ohne begrenzende Bauteile deren Maße,
- bei Fassaden mit mehrschaligem Aufbau für das Sicht- und Verblendmauerwerk und für die Dämmschicht die Maße der Außenseite der Außenschale,
- für die Verfugung die Maße der zu verfugenden Fläche.

5.1.2   Fugen werden übermessen.

5.1.3   Bei Öffnungen und Nischen gelten deren Maße. Die Höhe bogenförmiger Öffnungen und Nischen ist um $1/3$ der Stichhöhe zu verringern.

5.1.4   Bei Mauerwerk, das bis Oberfläche Rohdecke durchgeht, wird von Oberfläche Rohdecke (bei Kellergeschossen von Oberfläche Fundament) bis Oberfläche Rohdecke gerechnet, bei anderem Mauerwerk die tatsächliche Höhe.

5.1.5   Bei Abrechnung nach Flächenmaß wird die Höhe von Mauerwerk mit oben abgeschrägtem Querschnitt bis zur höchsten Kante gerechnet.

5.1.6   Bei Wanddurchdringungen wird nur eine Wand durchgehend berücksichtigt, bei Wänden ungleicher Dicke die dickere Wand.

5.1.7   Bei der Ermittlung der Länge von Wänden werden durchbindende, einbindende und einliegende, gemauerte Schornsteine nicht gemessen, dabei gilt als Wangendicke des Schornsteins die erforderliche Mindestdicke. Das dabei nicht gemessene Wandmauerwerk rechnet zum Schornstein.

5.1.8   Als ein Bauteil gilt bei den Abzügen nach Flächenmaß und Raummaß auch jedes aus Einzelteilen zusammengesetzte Bauteil, z. B. Fenster- und Türumrahmungen, Fenster- und Türstürze, Rolladenkästen.

5.1.9   Rahmen, Riegel, Ständer, Deckenbalken, Vorlagen und Fachwerkteile aus Holz, Beton oder Metall bis 30 cm Einzelbreite werden übermessen.

5.1.10   Bei Abrechnung von Gewölben nach Flächenmaß (m^2) wird bei einer Stichhöhe unter einem Sechstel der Spannweite die überwölbte Grundfläche abgerechnet, bei größeren Stichhöhen die abgewickelte Untersicht.

5.1.11   Stürze, Überwölbungen und Entlastungsbögen werden gesondert gemessen, auch wenn die Öffnung oder Nische abgezogen wird.

5.1.12   Leibungen von Öffnungen über 2,5 m^2 Einzelgröße und von Nischen. soweit für das dahinterliegende Mauerwerk besondere Ansätze in der Leistungsbeschreibung vorgesehen sind, werden bei Sicht- und Verblendmauerwerk gesondert gerechnet.

5.1.13   Bei Abrechnung nach Längenmaß (m) werden Bauteile, wie
- Leibungen bei Sicht- und Verblendmauerwerk, Sohlbänke, Gesimse, Bänder, Stürze, Überwölbungen, Entlastungsbögen, Auskragungen, Rollschichten, Mauerwerksschrägen sowie gemauerte Stufen in ihrer größten Länge,
- geschnittene Vormauersteine in der Ansichtsfläche sichtbaren Schnittlänge

und
- Abfangungen für Mauerwerksschalen in der größten Länge des abgefangen Bauteils

gemessen.

5.1.14 Tür- und Fensterpfeiler im Wandmauerwerk werden, wenn sie schmaler als 50 cm sind und die beiderseits dieser Pfeiler liegenden Öffnungen abgezogen werden, gesondert gerechnet; andernfalls gelten sie als Wandmauerwerk.

5.1.15 Gemauerte Schornsteine werden in der Achse von Oberfläche Fundament bis Oberfläche Dachhaut gemessen.
Breite und Dicke von durchbindenden, einbindenden und einliegenden Schornsteinen werden nach Abschnitt 5.1.7 berücksichtigt. Züge, Reinigungsöffnungen, Rohröffnungen und dergleichen werden übermessen, Verwahrungen (Auskragungen) werden nicht mitgerechnet.

5.1.16 Bei Schornsteinen aus Formstücken wird das Längenmaß in der Achse bis Oberkante Formstücke gemessen.

5.1.17 Bei der Abrechnung von Auffüllungen von Decken wird die Fläche des jeweils darüberliegenden Raumes zugrunde gelegt, Balken oder Träger werden übermessen.

5.1.18 Liefern, Schneiden, Biegen und Einbauen von Bewehrungsstahl werden gesondert gerechnet. Maßgebend ist das errechnete Gewicht bei genormten Stählen nach den DIN-Normen (Nenngewichte), bei anderen Stählen nach dem Profilbuch des Herstellers.

5.2 Es werden abgezogen:
5.2.1 Bei Abrechnung nach Flächenmaß (m^2):
- Öffnungen über 2,5 m^2 Einzelgröße,
- durchbindende Bauteile (Deckenplatten und dergleichen) über je 0,5 m^2 Einzelgröße,
- Nischen sowie Aussparungen für einbindende Bauteile, soweit für das dahinterliegende Mauerwerk besondere Ansätze in der Leistungsbeschreibung vorgesehen sind,
- bei Bodenbelägen aus Flach- oder Rollschichten Aussparungen über 0,5 m^2 Einzelgröße,
- bei Auffüllungen von Decken Aussparungen über 0,5 m^2 Einzelgröße.

5.2.2 Bei Abrechnung nach Raummaß (m^3):
- Öffnungen und Nischen über 0,5 m^3 Einzelgröße,
- einbindende, durchbindende und eingebaute Bauteile über 0,5 m^3 Einzelgröße,
- Schlitze für Rohrleitungen und dergleichen über je 0,1 m^2 Querschnittsgröße.

VOB Teil C:
Allgemeine Technische Vertragsbedingungen für Bauleistungen (ATV) Beton- und Stahlbetonarbeiten – DIN 18331
Ausgabe Juni 1996

Inhalt

0 Hinweise für das Aufstellen der Leistungsbeschreibung

1 Geltungsbereich

2 Stoffe, Bauteile

3 Ausführung

4 Nebenleistungen, Besondere Leistungen

5 Abrechnung

0 Hinweise für das Aufstellen der Leistungsbeschreibung

Diese Hinweise ergänzen die ATV DIN 18299 "Allgemeine Regelungen für Bauarbeiten jeder Art", Abschnitt 0. Die Beachtung dieser Hinweise ist Voraussetzung für eine ordnungsgemäße Leistungsbeschreibung gemäß A § 9.
Die Hinweise werden nicht Vertragsbestandteil.
In der Leistungsbeschreibung sind nach den Erfordernissen des Einzelfalles insbesondere anzugeben:

0.1 Angaben zur Baustelle

0.1.1 Gründungstiefe, Gründungsarten, Ausbildung von Baugruben und Lasten benachbarter Bauwerke.

0.1.2 Art, Lage und konstruktive Ausbildung benachbarter Bauteile gegen die betoniert werden soll.

0.2 Angaben zur Ausführung

0.2.1 Für Beton und Fertigteile die Arten der Bauteile, des Betons und Stahlbetons, die geforderte Festigkeitsklasse, die Betongruppe und die Anforderungen an Beton mit besonderen Eigenschaften nach DIN 1045 "Beton- und Stahlbeton – Bemessung und Ausführung" sowie bei sichtbar bleibenden Betonflächen die Art der Oberfläche, z. B. glatt, Brettstruktur, getrennt nach:

– Beton oder Stahlbeton ohne Schalung,

– Beton oder Stahlbeton mit einseitiger oder mehrseitiger Schalung,

- *Beton besonderer Fertigung, z. B. Vakuumbeton,*
- *Beton besonderer Zusammensetzung, z. B. Leichtbeton, Faserbeton, Beton mit Farbzusatz, Beton unter Verwendung von weißem Zement.*

0.2.2 Verwendung von Beton-Zusatzmitteln.

0.2.3 Besonderes Schalverfahren.

0.2.4 Neigung, Krümmung und Höhensprünge von Flächen.

0.2.5 Sorten, Mengen und Maße des Betonstahls.

0.2.6 Besonderheiten der Bewehrungsführung und von Bewehrungsstößen, z. B. Schweiß- und Schraubverbindungen.

0.2.7 Art, Lage, Größe und Anzahl von Aussparungen u. a.

0.2.8 Art, Stoff, Anzahl, Maße und Gewichte von Einbauteilen.

0.2.9 Ausbildung von Bewegungsfugen und Anschlüssen an Bauwerke bzw. Bauteile.

0.2.10 Besondere Anforderungen an die Ausführung von Schalungsstößen sowie Arbeits- und Scheinfugen und deren Anordnung bei sichtbar bleibenden Betonflächen.

0.2.11 An-, Ausführung und Abmessungen von Schrägen (Vouten) an Decken, Wänden, Balken und Unterzügen sowie von Konsolen und aus der Fläche hervortretenden Profilierungen.

0.2.12 Erhöhte Betondeckung der Stahleinlagen, z. B. für werksteinmäßige Bearbeitung; besondere Anforderungen an Abstandshalter.

0.2.13 An- und Beschaffenheit des Untergrundes, z. B. Art, Dicke und Zusammendrückbarkeit von Dämm-, Trenn- und Schutzschichten, Feuchtigkeitsabdichtungen.

0.2.14 Besondere Ausbildung der Bauteile und Beschaffenheit der Oberfläche des Betons, z. B. für Abdichtungen, Beschichtungen, Tapezierungen.

0.2.15 Besondere Anforderungen hinsichtlich der Nachbehandlung des Betons sowie Besonderheiten u. a. bei der Verwendung von Trenn- sowie Nachbehandlungsmitteln.

0.2.16 Besondere Oberflächenbehandlung nicht geschalter Flächen, z. B. Maschinenglättung, Einstreuungen.

0.2.17 Anforderungen an den Schall-, Wärme- und Feuchteschutz.

0.2.18 Besondere Anforderungen an die Ausbildung von Pfahlfußverbreiterungen und Pfahlköpfen sowie deren Bewehrungen.

Beton- und Stahlbetonarbeiten   DIN 18331

0.3 Einzelangaben bei Abweichungen von der ATV

0.3.1 Wenn andere als die in dieser ATV vorgesehenen Regelungen getroffen werden sollen, sind diese in der Leistungsbeschreibung eindeutig und im einzelnen anzugeben.

0.3.2 Abweichende Regelungen können insbesondere in Betracht kommen bei

Abschnitt 3.1.2,	wenn von den dort aufgeführten Maßtoleranzen abgewichen werden soll,
Abschnitt 3.2,	wenn zum Erreichen der geforderten Betongüte ein besonderes Zusammensetzen, Mischen, Verarbeiten und Nachbehandeln vereinbart werden soll,
Abschnitt 3.3,	wenn für die Schalung eine bestimmte Art oder ein bestimmter Stoff vereinbart werden soll oder wenn an die Betonflächen besondere Anforderungen gestellt werden sollen, z. B. glatte Oberfläche, Waschbeton, werksteinmäßige Bearbeitung, gebrochene Kanten, Entgraten, besondere Maßnahmen für Putzhaftung und Werksteinverkleidungen (Aufrauhen, Einsetzen von Drahtschlaufen),
Abschnitt 4.1.4,	wenn als Arbeitsgerüste vollständige Fassadengerüste vereinbart werden sollen,
Abschnitt 5.3.1.3,	wenn Verschnitt bei der Ermittlung des Abrechnungsgewichts berücksichtigt werden soll.

0.4 Einzelangaben zu Nebenleistungen und Besonderen Leistungen

Als Nebenleistungen, für die unter den Voraussetzungen der ATV DIN 18299, Abschnitt 0.4.1, besondere Ordnungszahlen (Positionen) vorzusehen sind, kommen insbesondere in Betracht:

- Auf-, Um- und Abbauen sowie Vorhalten der Arbeits- und Schutzgerüste sowie der Traggerüste der Gruppe I nach DIN 4421 "Traggerüste – Berechnung, Konstruktion und Ausführung" (siehe Abschnitt 4.1.4),
- Auf-, Um- und Abbauen sowie Vorhalten von Traggerüsten der Gruppe II und III nach DIN 4421,
- Herstellen und Belassen von Abdeckungen und Umwehrungen,
- Anfertigen und Liefern von statischen Verformungsberechnungen und Zeichnungen für Baubehelfe (siehe Abschnitt 4.1.5),
- Schutz des jungen Betons gegen Witterungseinflüsse bis zum genügenden Erhärten (siehe Abschnitt 4.1.2).

0.5 Abrechnungseinheiten

Im Leistungsverzeichnis sind die Abrechnungseinheiten wie folgt vorzusehen:

0.5.1 Raummaß (m^3), getrennt nach Bauart und Maßen, für
- Massige Bauteile, z. B. Fundamente, Stützmauern, Widerlager Füll- und Mehrbeton,
- Brückenüberbauten, Pfeiler.

0.5.2 Flächenmaß (m²), getrennt nach Bauart und Maßen, für
- Beton-Sauberkeitsschichten (Unterbeton),
- Wände, Silo- und Behälterwände, Fundament- und Bodenplatten, Decken,
- Fertigteile,
- Treppenlaufplatten mit oder ohne Stufen, Treppenpodestplatten,
- Herstellen von Aussparungen, z. B. Öffnungen, Nischen, Hohlräume, Schlitze, Kanäle, sowie von Profilierungen,
- Schließen von Aussparungen,
- Dämm-, Trenn- und Schutzschichten sowie gleichzustellende Maßnahmen,
- Abdeckungen,
- besondere Ausführungen von Betonflächen, z. B. Anforderungen an die Schalung, nachträgliche Bearbeitung oder sonstige Maßnahmen,
- Schalung.

0.5.3 Längenmaß (m), getrennt nach Bauart und Maßen, für
- Stützen, Pfeilervorlagen, Balken, Fenster- und Türstürze, Unterzüge,
- Fertigteile,
- Stufen,
- Herstellen von Schlitzen, Kanälen, Profilierungen,
- Schließen von Schlitzen und Kanälen,
- Herstellen von Fugen einschl. Liefern und Einbauen von Fugenbändern, Fugenblechen, Verpreßschläuchen, Fugenfüllungen,
- Betonpfähle,
- Umwehrungen,
- Schalung für Plattenränder, Schlitze, Kanäle, Profilierungen.

0.5.4 Anzahl (Stück), getrennt nach Bauart und Maßen, für
- Stützen, Pfeilervorlagen, Balken, Fenster- und Türstürze, Unterzüge,
- Fertigteile, Fertigteile mit Konsolen, Winkelungen u. ä.,
- Stufen,
- Herstellen von Aussparungen, z. B. Öffnungen, Nischen, Hohlräume, Schlitze, Kanäle, sowie von Profilierungen,
- Schließen von Aussparungen,
- Herstellen von Vouten, Auflagerschrägen, Konsolen,
- Einbauen bzw. Liefern und Einsetzen von Einbauteilen, Bewehrungsanschlüssen, Dübelleisten, Ankerschienen, Verbindungselementen, ISO-Körben u. ä.,
- Betonpfähle, Herrichten der Pfahlköpfe, Fußverbreiterungen,
- Abdeckungen, Umwehrungen,
- Schalung für Aussparungen, Profilierungen, Vouten, Konsolen u. a.,
- Vorkonfektionierte Formteile, z. B. Ecken und Knoten bei Fugenbändern u. ä.,
- Fertigteile mit besonders bearbeiteter oder strukturierter Oberfläche.

Beton- und Stahlbetonarbeiten DIN 18331

0.5.5 Gewicht (kg, t), getrennt nach Bauart und Maßen, für
- *Liefern, Schneiden, Biegen und Verlegen von Bewehrungen und Unterstützungen,*
- *Einbauteile, Verbindungselemente u. ä.*

1 Geltungsbereich

1.1 Die ATV "Beton- und Stahlbetonarbeiten" – DIN 18331 – gilt für das Herstellen von Bauteilen aus bewehrtem oder unbewehrtem Beton jeder Art.

1.2 Die ATV DIN 18331 gilt nicht für
- Einpreßarbeiten (siehe ATV DIN 18309 "Einpreßarbeiten"),
- Schlitzwandarbeiten (siehe ATV DIN 18313 "Schlitzwandarbeiten"),
- Spritzbetonarbeiten (siehe ATV DIN 18314 "Spritzbetonarbeiten"),
- Oberbauschichten mit hydraulischen Bindemitteln (siehe ATV DIN 18316 "Verkehrswegebauarbeiten – Oberbauschichten mit hydraulischen Bindemitteln"),
- Betonwerksteinarbeiten (siehe ATV DIN 18333 "Betonwerksteinarbeiten"),
- Betonerhaltungsarbeiten (siehe ATV DIN 18349 "Betonerhaltungsarbeiten"),
- Estricharbeiten (siehe ATV DIN 18353 "Estricharbeiten").

1.3 Ergänzend gelten die Abschnitte 1 bis 5 der ATV DIN 18299 "Allgemeine Regelungen für Bauarbeiten jeder Art". Bei Widersprüchen gehen die Regelungen der ATV DIN 18331 vor.

2 Stoffe, Bauteile

Ergänzend zur ATV DIN 18299, Abschnitt 2, gilt:
Für die gebräuchlichsten genormten Stoffe und Bauteile sind die DIN-Normen nachstehend aufgeführt:

2.1 Beton

DIN 1045	Beton- und Stahlbeton – Bemessung und Ausführung
DIN 4219-1 und DIN 4219-2	Leichtbeton und Stahlleichtbeton mit geschlossenem Gefüge
DIN V ENV 206	Beton – Eigenschaften, Herstellung, Verarbeitung und Gütenachweis

2.2 Bindemittel

DIN 1164-1	Zement – Teil 1: Zusammensetzung, Anforderungen
DIN 1164-2	Portland-, Eisenportland-, Hochofen- und Traßzement – Überwachung (Güteüberwachung)
DIN 1164-8	Portland-, Eisenportland-, Hochofen- und Traßzement – Bestimmung der Hydratationswärme mit dem Lösungskalorimeter
DIN 1164-31	Portland-, Eisenportland-, Hochofen- und Traßzement – Bestimmung des Hüttensandanteils von Eisenportland- und Hochofenzement und des Traßanteils von Traßzement
DIN 51043	Traß – Anforderungen, Prüfung

Normen der Reihe
DIN EN 196   Prüfverfahren für Zement

2.3 Betonzuschlag
DIN 4226-1 bis
DIN 4226-4   Zuschlag für Beton

2.4 Betonstahl
DIN 488-1 bis
DIN 488-7   Betonstahl
DIN 4099   Schweißen von Betonstahl – Ausführung und Prüfung
Normen der Reihe
DIN EN 10138   (z. Z. Entwürfe) Spannstähle

2.5 Wand-, Dach- und Deckenplatten
DIN 4028   Stahlbetondielen aus Leichtbeton mit haufwerksporigem Gefüge – Anforderungen, Prüfung, Bemessung, Ausführung, Einbau
DIN 4166   Gasbeton-Bauplatten und Gasbeton-Planbauplatten
DIN 4223   Bewehrte Dach- und Deckenplatten aus dampfgehärtetem Gas- und Schaumbeton – Richtlinien für Bemessung, Herstellung, Verwendung und Prüfung

2.6 Zwischenbauteile für Decken, Deckenziegel, Betongläser und -fenster
DIN 4158   Zwischenbauteile aus Beton für Stahlbeton- und Spannbetondecken
DIN 4159   Ziegel für Decken und Wandtafeln, statisch mitwirkend
DIN 4160   Ziegel für Decken, statisch nicht mitwirkend
DIN 4243   Betongläser – Anforderungen, Prüfung
DIN 18057   Betonfenster – Betonrahmenfenster, Betonfensterflächen; Bemessung, Anforderungen, Prüfung

3 Ausführung
Ergänzend zur ATV DIN 18299, Abschnitt 3, gilt:

3.1 Allgemeines
3.1.1 Für die Ausführung gelten insbesondere:
DIN 1045   Beton und Stahlbeton – Bemessung und Ausführung
Normen der Reihe
DIN 1048   Prüfverfahren für Beton
DIN 1075   Betonbrücken – Bemessung und Ausführung
DIN 1084-1 bis
DIN 1084-3   Überwachung (Güteüberwachung) im Beton- und Stahlbetonbau
DIN 4014   Bohrpfähle – Herstellung, Bemessung und Tragverhalten
DIN 4026   Rammpfähle – Herstellung, Bemessung und zulässige Belastung

DIN 4030-1 und
DIN 4030-2   Beurteilung betonangreifender Wässer, Böden und Gase

DIN 4099   Schweißen von Betonstahl – Ausführung und Prüfung

DIN 4128   Verpreßpfähle (Ortbeton- und Verbundpfähle) mit kleinem Durchmesser – Herstellung – Bemessung und zulässige Belastung

DIN 4164   Gas- und Schaumbeton – Herstellung, Verwendung und Prüfung – Richtlinien

DIN 4219-1 und
DIN 4219-2   Leichtbeton und Stahlleichtbeton mit geschlossenem Gefüge

DIN 4227-1 bis
DIN 4227-6   Spannbeton

DIN 4232   Wände aus Leichtbeton mit haufwerksporigem Gefüge – Bemessung und Ausführung

DIN V ENV 206   Beton – Eigenschaften, Herstellung, Verarbeitung und Gütenachweis

3.1.2 Abweichungen von vorgeschriebenen Maßen sind in den durch

DIN 18201   Toleranzen im Bauwesen – Begriffe, Grundsätze, Anwendung, Prüfung

DIN 18202   Toleranzen im Hochbau – Bauwerke

DIN 18203-1   Toleranzen im Hochbau – Vorgefertigte Teile aus Beton, Stahlbeton und Spannbeton

bestimmten Grenzen zulässig.

Werden an die Ebenheit von Flächen erhöhte Anforderungen nach DIN 18202 gestellt, so sind die zu treffenden Maßnahmen Besondere Leistungen (siehe Abschnitt 4.2.1).

3.1.3 Der Auftragnehmer hat bei seiner Prüfung Bedenken (siehe B § 4 Nr 3) insbesondere geltend zu machen bei:

– unzureichenden Gründungsflächen, z. B. aufgelockerter Sohle, ungenügendem Arbeitsraum,
– abweichender Beschaffenheit des Baugrundes von den vom Auftraggeber zur Verfügung gestellten Unterlagen.

3.2 Herstellen des Betons

Es bleibt dem Auftragnehmer überlassen, wie er den Beton zur Erreichung der geforderten Güte zusammensetzt, mischt, verarbeitet und nachbehandelt.

3.3 Betonflächen

Die Wahl der Schalung nach Art und Stoffen bleibt dem Auftragnehmer überlassen. Geschalte Flächen des Betons sind schalungsrauh, d. h. unbearbeitet nach dem Ausschalen, nicht geschalte Flächen roh abgezogen herzustellen.

4 Nebenleistungen, Besondere Leistungen

4.1 Nebenleistungen sind ergänzend zur ATV DIN 18299, Abschnitt 4.1, insbesondere:

4.1.1 Herstellen von Verbindungen beim Einbau von Betonfertigteilen mit Ausnahme der Fugendichtung, soweit der Einbau der Betonfertigteile zu den Leistungen des Auftragnehmers gehört.

4.1.2 Schutz des jungen Betons gegen Witterungseinflüsse bis zum genügenden Erhärten.

4.1.3 Leistungen zum Nachweis der Güte der Stoffe, Bauteile und des Betons nach den Bestimmungen des Deutschen Ausschusses für Stahlbeton.

4.1.4 Auf-, Um- und Abbauen sowie Vorhalten der Arbeits- und Schutzgerüste, soweit diese für die eigene Leistung notwendig sind.

4.1.5 Anfertigen und Liefern von statischen Verformungsberechnungen und Zeichnungen, soweit sie für Baubehelfe nötig sind.

4.1.6 Herstellen der Abdeckungen und Umwehrungen von Öffnungen und Belassen zum Mitbenutzen durch andere Unternehmer über die eigene Benutzungsdauer hinaus. Der Abschluß der eigenen Benutzung ist dem Auftraggeber unverzüglich schriftlich mitzuteilen.

4.1.7 Liefern und Einbauen von Zubehör zur Spannbewehrung, z. B. Hüllrohre, Spannköpfe, Kupplungsstücke, Einpreßmörtel, sowie Spannen und Verpressen.

4.2 Besondere Leistungen sind ergänzend zur ATV DIN 18299, Abschnitt 4.2, z. B.:

4.2.1 Maßnahmen nach Abschnitt 3.1.2.

4.2.2 Boden- und Wasseruntersuchungen.

4.2.3 Vorhalten der Gerüste über die eigene Benutzungsdauer hinaus für andere Unternehmer.

4.2.4 Umbau von Gerüsten und Vorhalten von Hebezeugen, Aufzügen, Aufenthalts- und Lagerräumen, Einrichtungen und dergleichen für Zwecke anderer Unternehmer.

4.2.5 Liefern bauphysikalischer Nachweise sowie statischer Berechnungen für den Nachweis der Standfestigkeit des Bauwerks und der für diese Nachweise erforderlichen Zeichnungen.

4.2.6 Vorsorge- und Schutzmaßnahmen für das Betonieren unter + 5 °C Lufttemperatur (siehe DIN 1045).

Beton- und Stahlbetonarbeiten · DIN 18331

4.2.7 Herstellen von Aussparungen, z. B. Öffnungen, Nischen, Schlitze, Kanäle.

4.2.8 Herstellen von Profilierungen.

4.2.9 Schließen von Aussparungen und dergleichen.

4.2.10 Herstellen von Vouten, Auflagerschrägen und Konsolen.

4.2.11 Liefern und Einsetzen von Einbauteilen, z. B. Lager, Zargen, Anker, Verbindungselemente, Rohre, Dübel.

4.2.12 Herstellen von Bewegungs- und Scheinfugen sowie Fugendichtungen.

4.2.13 Zusätzliche Leistungen zum Nachweis der Güte der Stoffe, der Bauteile und des Betons über Abschnitt 4.1.3 hinaus.

4.2.14 Zusätzliche Schutzmaßnahmen gegen betonschädigende Einwirkungen und gegen Fremderschütterungen.

4.2.15 Zusätzliche Maßnahmen zum Erzielen einer bestimmten Betonoberfläche.

4.2.16 Abstemmen des erforderlichen Überbetons des Pfahlkopfes bis zur planmäßigen Höhe, einschließlich Herrichten der Anschlußbewehrung.

4.2.17 Maßnahmen zum Beseitigen überschüssigen Betons an den Pfahlschäften, z. B. Abstemmen, Abfräsen.

4.2.18 Maßnahmen zum Schutz gegen Feuchtigkeit und zur Wärme- und Schalldämmung.

5 Abrechnung

Ergänzend zur ATV DIN 18299, Abschnitt 5, gilt:

5.1 Beton und Stahlbeton mit oder ohne Schalung

5.1.1 Allgemeines

5.1.1.1 Der Ermittlung der Leistung – gleichgültig, ob sie nach Zeichnung oder nach Aufmaß erfolgt – sind zugrunde zu legen:

– für Bauteile aus Beton oder Stahlbeton deren Maße,
– für Bauteile mit werksteinmäßiger Bearbeitung die Maße, die die Bauteile vor der Bearbeitung hatten,
– für besonders bearbeitete oder strukturierte Oberflächen die Maße der besonders bearbeiteten Fläche.

5.1.1.2 Durch die Bewehrung, z. B. Betonstabstähle, Profilstähle, Spannbetonbewehrungen mit Zubehör, Ankerschienen, verdrängte Betonmengen werden nicht abgezogen.

Einbetonierte Pfahlköpfe, Walzprofile und Spundwände werden nicht abgezogen.

5.1.1.3 Geneigt liegende oder gekrümmte Decken werden mit ihren tatsächlichen Maßen gerechnet.

5.1.1.4 Decken werden zwischen den äußeren Begrenzungsflächen der Decke oder Auskragung gerechnet.

5.1.1.5 Sind Bauteile durch vorgegebene Betonfugen oder in anderer Weise baulich voneinander abgegrenzt, so wird jedes Bauteil mit seinen tatsächlichen Maßen abgerechnet.

5.1.1.6 Durchdringungen, Einbindungen

– Durchdringungen

Bei Wänden wird nur eine Wand durchgerechnet, bei ungleicher Dicke die dickere.

Bei Unterzügen und Balken wird nur ein Unterzug bzw. Balken durchgerechnet, bei ungleicher Höhe der höhere, bei gleicher Höhe der breitere.

– Einbindungen

Bei Wänden, Pfeilervorlagen und Stützen, die in Decken einbinden, wird die Höhe von Oberfläche Rohdecke bzw. Fundament bis Unterfläche Rohdecke gerechnet.

Bei Stürzen und Unterzügen wird die Höhe von deren Unterfläche bis Unterfläche Deckenplatte gerechnet.

Binden Stützen in Unterzüge oder Balken ein, werden die Unterzüge und Balken durchgemessen, wenn sie breiter als die Stützen sind. Die Stützen werden in diesem Fall bis Unterfläche Unterzug oder Balken gerechnet.

5.1.1.7 Bei Abrechnung von Bauteilen nach Flächenmaß werden Nischen, Schlitze, Kanäle, Fugen u. ä. nicht abgezogen.

5.1.1.8 Fugenbänder und -bleche u. ä. werden nach ihrer größten Länge (Schrägschnitte, Gehrungen) gerechnet, Formteile sowie vorkonfektionierte Knoten und Ecken werden dabei übermessen.

5.1.1.9 Betonpfähle werden von planmäßiger Oberseite Pfahlkopf (Ortbetonpfähle von der Oberseite nach Bearbeitung) bis zur vorgeschriebenen Unterseite Pfahlfuß bzw. Pfahlspitze gerechnet.

Bei Ortbetonpfählen bleiben Mehrmengen des Betons bis zu 10 % über die theoretische Menge hinaus unberücksichtigt.

Beton- und Stahlbetonarbeiten   DIN 18331

5.1.2 Es werden abgezogen:

5.1.2.1 Bei Abrechnung nach Raummaß (m³):
- Öffnungen, Nischen, Kassetten, Hohlkörper u. ä. über 0,5 m³ Einzelgröße sowie Schlitze, Kanäle, Profilierungen u. ä. über 0,1 m³ je m Länge.
- Durchdringungen und Einbindungen von Bauteilen, z. B. Einzelbalken, Balkenstege bei Plattenbalkendecken, Stützen, Einbauteile, Betonfertigteile, Stahl- oder Steinzeugrohre über 0,5 m³ Einzelgröße, wenn sie durch vorgegebene Betonierfugen oder in anderer Weise baulich abgegrenzt sind; als ein Bauteil gilt dabei auch jedes aus Einzelteilen zusammengesetzte Bauteil, z. B. Fenster- und Türumrahmungen, Fenster- und Türstürze, Gesimse.

5.1.2.2 Bei Abrechnung nach Flächenmaß (m²):
Öffnungen, Durchdringungen und Einbindungen über 2,5 m² Einzelgröße.

5.2 Schalung

5.2.1 Allgemeines

5.2.1.1 Die Schalung von Bauteilen wird in der Abwicklung der geschalten Flächen gerechnet. Nischen, Schlitze, Kanäle, Fugen u. ä. werden übermessen.

5.2.1.2 Deckenschalung wird zwischen Wänden und Unterzügen oder Balken nach den geschalten Flächen der Deckenplatten gerechnet. Die Schalung von freiliegenden Begrenzungsseiten der Deckenplatte wird gesondert gerechnet.

5.2.1.3 Schalung für Aussparungen, z. B. für Öffnungen, Nischen, Hohlräume, Schlitze, Kanäle, sowie für Profilierungen wird bei der Abrechnung nach Flächenmaß in der Abwicklung der geschalten Betonfläche gerechnet.

5.2.2 Es werden abgezogen:

Öffnungen, Durchdringungen, Einbindungen, Anschlüsse von Bauteilen u. ä. über 2,5 m² Einzelgröße.

5.3 Bewehrung

5.3.1 Allgemeines

5.3.1.1 Das Gewicht der Bewehrung wird nach den Stahllisten abgerechnet. Zur Bewehrung gehören auch die Unterstützungen, z. B. Stahlböcke, Abstandhalter aus Stahl, sowie Spiralbewehrungen, Verspannungen, Auswechselungen, Montageeisen, nicht jedoch Zubehör zur Spannbewehrung nach Abschnitt 4.1.7.

5.3.1.2 Maßgebend ist das errechnete Gewicht, bei genormten Stählen nach den DIN-Normen (Nenngewichte), bei anderen Stählen nach dem Profilbuch des Herstellers.

5.3.1.3 Bindedraht, Walztoleranzen und Verschnitt werden bei der Ermittlung des Abrechnungsgewichtes nicht berücksichtigt.

VOB Teil C:
Allgemeine Technische Vertragsbedingungen für Bauleistungen (ATV) Naturwerksteinarbeiten – DIN 18332
Ausgabe Juni 1996

Inhalt

0 Hinweise für das Aufstellen der Leistungsbeschreibung

1 Geltungsbereich

2 Stoffe, Bauteile

3 Ausführung

4 Nebenleistungen, Besondere Leistungen

5 Abrechnung

0 Hinweise für das Aufstellen der Leistungsbeschreibung

Diese Hinweise ergänzen die ATV DIN 18299 "Allgemeine Regelungen für Bauarbeiten jeder Art", Abschnitt 0. Die Beachtung dieser Hinweise ist Voraussetzung für eine ordnungsgemäße Leistungsbeschreibung gemäß A § 9.

Die Hinweise werden nicht Vertragsbestandteil.

In der Leistungsbeschreibung sind nach den Erfordernissen des Einzelfalls insbesondere anzugeben:

0.1 Angaben zur Baustelle

Keine ergänzende Regelung zur ATV DIN 18299, Abschnitt 0.1.

0.2 Angaben zur Ausführung

0.2.1 *Steinart nach petrologischer und geographischer Herkunft, die erforderlichen technischen Werte und Farbe. Werden diese Angaben nicht gemacht, so sollen sie vom Bieter gefordert werden.*

0.2.2 *Querschnitt, Format und Profil.*

0.2.3 Ob die Sichtfläche

- poliert,
- fein geschliffen,
- geschliffen,
- grob geschliffen,
- naturrauh,
- naturrauh anpoliert,
- naturrauh angeschliffen,
- diamantgesägt,
- stahlsandgesägt,

- gesandet,
- abgerieben,
- geschurt,
- sandgestrahlt,
- jetgestrahlt,
- beflammt,
- scharriert,
- frei von Hieb,
- gestockt,

- geriffelt,
- gezahnt,
- gebeilt,
- geflächt,
- gekrönelt,
- gespitzt,
- geprellt,
- gebosst,

sein soll und ob die Bearbeitung manuell oder maschinell erfolgen soll.

0.2.4 Ob Verlege- und/oder Versetzpläne vorzulegen sind und gegebenenfalls Angabe über deren Art und Umfang.

0.2.5 Ob für Instandhaltungsarbeiten vor und nach der Ausführung ein zeichnerischer Nachweis, eine Bauwerkskartierung oder Fotodokumentation vorzulegen ist.

0.2.6 Ob und in welchem Umfang bei Instandhaltungsarbeiten Beschädigungen verbleiben dürfen.

0.2.7 Ob eine statische Berechnung vorzulegen ist.

0.2.8 Ob höhere Verkehrslasten und zusätzliche Lasten, z. B. durch Transportgeräte, Reinigungsmaschinen, Stoßbeanspruchung berücksichtigt werden müssen.

0.2.9 Ob Maßnahmen gegen chemische Beanspruchungen zu treffen sind.

0.2.10 Ob Beläge oder Bekleidungen innerhalb oder außerhalb von Gebäuden im Mörtelbett oder Dünnbett verlegt werden sollen.

0.2.11 Ob Beläge und Bekleidungen auf geneigten oder gerundeten Flächen verlegt werden sollen.

0.2.12 Ob Bekleidungen der Untersichten von Stürzen, Decken, Deckengewölben und Deckenschrägen herzustellen sind.

0.2.13 Angabe der Einbauhöhen über Böden.

0.2.14 Ob Beläge und Wandbekleidungen in Räumen mit besonderen Installationen, z. B. in Bädern, Küchen, hergestellt werden sollen.

0.2.15 Ob besondere Bauteile, z. B. Theken, Säulen, Pfeiler, herzustellen sind.

0.2.16 Ob Beläge mit besonderer Verlegeart und Gestaltung, z. B Diagonalverlegung, römischer Verband, Friese, Einlagen, Maßplatten für bestimmte Flächengrößen, durchlaufende Fugen, herzustellen sind.

DIN 18332   VOB Teil C

0.2.17   Art und Ausbildung von Verblendmauerwerk.

0.2.18   Art, Beschaffenheit und Festigkeit des tragenden Untergrundes, z. B. Beton, Mauerwerk, Stahlkonstruktion.

0.2.19   Art und Schichtdicken des Konstruktionsaufbaues bei Bodenbelägen, z. B. Feuchtigkeitsabdichtungen, Wärme- und Trittschalldämmschichten, Estrich, Abdeckung, Art der Fußbodenheizung, Lage der Heizrohre bzw. Heizelemente, Lage und Ausführung von Bewegungsfugen.

0.2.20   Art und Konstruktionsaufbau, Verankerungsart und Unterkonstruktion bei Bekleidungen.

0.2.21   Art und Dicke des Unterputzes, Art der Bewehrung.

0.2.22   Art und Ausführung von Haftbrücken, Grundierungen, Spritzbewurf, Aufrauhen des Untergrundes.

0.2.23   Art und Ausführung von Ansetz- und Verlegeflächen für Dünnbettverfahren.

0.2.24   Ausbildung von Gefälle mit oder ohne Bodenablauf.

0.2.25   Art der Anschlüsse an andere Bauteile.

0.2.26   Art, Ausführung und Maße von Treppen, Stufen, Gleitschutz bei Stufen, Schwellen, Überständen und sichtbaren Köpfen.

0.2.27   Größe und Anzahl von Ausklinkungen, Aussparungen, Falzen, Nuten, Gehrungen, Bohrungen.

0.2.28   Art und Abmessungen von Sockelleisten und ob sie putzbündig oder vorstehend, mit oder ohne Sichtkanten, Köpfen oder Fasen und ob sie auf Lehren versetzt werden sollen.

0.2.29   Art und Abmessungen von Installations- und Einbauteilen.

0.2.30   Art und Breite der Fugen, Art und Farbe des Mörtels und der Fugendichtstoffe.

0.2.31   Schutz von eingebauten Bauteilen anderer Gewerke.

0.2.32   Besonderer Schutz der ausgeführten Leistung.

0.2.33   Profil, Format, Bearbeitung und Stückzahl der geforderten Musterstücke und des Restauriermörtels.

0.2.34   Art der Reinigung, z. B. Bürsten, Abschleifen, Dampfstrahlen.

Naturwerksteinarbeiten　　　　　　　　　　　　　　　　　　　　　　　　DIN 18332

0.3 Einzelangaben bei Abweichungen von den ATV

0.3.1 Wenn andere als die in dieser ATV vorgesehenen Regelungen getroffen werden sollen, sind diese in der Leistungsbeschreibung eindeutig und im einzelnen anzugeben.

0.3.2 Abweichende Regelungen können insbesondere in Betracht kommen bei

Abschnitt 2.1.2,	wenn für Platten und Werkstücke andere Grenzabmaße gelten sollen, wenn für gespaltene und handbekantete Platten und Werkstücke bestimmte Grenzabmaße gelten sollen,
Abschnitt 2.1.3,	wenn für Platten und Werkstücke mit geschliffener oder polierter Oberfläche andere Ebenheitstoleranzen gelten sollen,
Abschnitt 3.2.1,	wenn Platten und Werkstücke abweichend von der vorgesehenen Regelung verlegt werden sollen,
Abschnitt 3.2.3,	wenn andere Bindemittel, Mörtel und Klebstoffe verwendet werden sollen,
Abschnitt 3.2.4,	wenn andere Mörtelbettdicken bei Bekleidungen und Belägen herzustellen sind,
Abschnitt 3.3.3,	wenn Bekleidungen und Beläge mit anderen Fugenbreiten anzulegen sind,
Abschnitt 3.3.4,	wenn für das Verfugen andere Stoffe als grauer Zementmörtel zu verwenden sind,
Abschnitt 3.3.5,	wenn das Verfugen nicht durch Einschlämmen erfolgen soll,
Abschnitt 3.4.1,	wenn bei Bodenbelägen bestimmte Fugenabstände für Bewegungsfugen angelegt werden sollen.

0.4 Einzelangaben zu Nebenleistungen und Besonderen Leistungen

Keine ergänzende Regelung zur ATV DIN 18299, Abschnitt 0.4.

0.5 Abrechnungseinheiten

Im Leistungsverzeichnis sind die Abrechnungseinheiten wie folgt vorzusehen:

0.5.1 Flächenmaß (m^2), getrennt nach Bauart und Maßen, für

- Ausgleichsschichten,
- Bewehrungen, Trag- und Unterkonstruktionen,
- Bodenbeläge, Decken- und Wandbekleidungen,
- Dämmschichten, Trennschichten,
- Außenwandbekleidungen,
- Fensterbänke, Abdeckplatten,
- Bekleidungen an Säulen, Pfeilern und Lisenen,
- freistehende Wände,
- Unterböden mit und ohne Schüttungen,
- Verblendmauerwerk,
- Vorbehandeln des Untergrundes,
- Oberflächenbehandlung.

0.5.2 Raummaß (m³), getrennt nach Bauart und Maßen, für
- mittragendes Verblendmauerwerk,
- Quadermauerwerk,
- Vierungen bei Instandhaltungsarbeiten,
- Werkstücke.

0.5.3 Längenmaß (m), getrennt nach Bauart und Maßen, für
- Abdeckplatten, sichtbare Stirnflächen, Wassernasen,
- Anschlag-, Trenn-, Eckschutz- und Verankerungsschienen,
- Bewegungs- und Anschlußfugen mit Fugendichtstoffen oder Profilen, Fugeninstandhaltung,
- Eckausbildungen bei Verblend- und Quadermauerwerk, abgedickte Sichtkanten,
- Eckausbildungen mit zweiseitigen Gehrungsschnitten,
- Eck- und Randplatten,
- Falze, Gehrungen, Nuten, Profile,
- Gesimse, Fensterbänke, Tür- und Fensterumrahmungen,
- Gleitschutzkanten, -profile,
- Schräg- und nichtwinkelige Schnitte,
- Sockelleisten,
- Stufen und Schwellen.

0.5.4 Anzahl (Stück), getrennt nach Bauart und Maßen, für
- Anarbeiten an gebogene, nicht rechtwinkelige sowie nicht lot- und fluchtrecht begrenzende Bauteile,
- Ankertaschen für verdeckt sitzende Anker,
- bearbeitete Seitenansichten (seitliche Köpfe), Profilwiederkehren, Verkröpfungen,
- Bohrungen, Ausklinkungen, Aussparungen, Ausnehmungen,
- Einbauen von Anschlag-, Trenn- und Eckschutzschienen, Mattenrahmen, Winkelrahmen, Roste und Tragkonstruktionen für andere Einbauteile,
- Werkstücke,
- Pfeiler, Säulen und Lisenen,
- Wasserrillen,
- Stufen, Schwellen, abgetreppte und schräge Sockelleisten,
- Vierungen und Ausbesserungen mit Restauriermörtel bei Instandhaltungsarbeiten,
- Installations- und Einbauteile.

1 Geltungsbereich

1.1 Die ATV "Naturwerksteinarbeiten" – DIN 18332 – gilt auch für Verblend- und Quadermauerwerk aus Naturwerkstein.

1.2 Die ATV DIN 18332 gilt nicht für
- Befestigen von Straßen, Wegen, Plätzen, Betriebsflächen und Bahnsteigen mit Naturwerkstein (siehe ATV DIN 18318 "Verkehrswegebauarbeiten – Pflasterdecken, Plattenbeläge, Einfassungen"),
- Mauerwerk aus natürlichen Steinen (siehe ATV DIN 18330 "Mauerarbeiten") und
- Ansetzen und Verlegen von Solnhofener Platten, Natursteinfliesen und Natursteinriemchen (siehe ATV DIN 18352 "Fliesen- und Plattenarbeiten").

1.3 Ergänzend gelten die Abschnitte 1 bis 5 der ATV DIN 18299 "Allgemeine Regelungen für Bauarbeiten jeder Art". Bei Widersprüchen gehen die Regelungen der ATV DIN 18332 vor.

2 Stoffe, Bauteile

Ergänzend zur ATV DIN 18299, Abschnitt 2, gilt:

Für die gebräuchlichsten genormten Stoffe und Bauteile sind die DIN-Normen nachstehend aufgeführt.

2.1 Naturstein

DIN 52102	Prüfung von Naturstein und Gesteinskörnungen – Bestimmung von Dichte, Trockenrohdichte, Dichtigkeitsgrad und Gesamtporosität
DIN 52103	Prüfung von Naturstein und Gesteinskörnungen – Bestimmung von Wasseraufnahme und Sättigungswert
DIN 52104-1	Prüfung von Naturstein – Frost-Tau-Wechsel-Versuch – Verfahren A bis Q
DIN 52104-2	Prüfung von Naturstein – Frost-Tau-Wechsel-Versuch – Verfahren Z
DIN 52105	Prüfung von Naturstein – Druckversuch
DIN V 52106	Prüfung von Naturstein und Gesteinskörnungen – Untersuchungsverfahren zur Beurteilung der Verwitterungsbeständigkeit
DIN 52108	Prüfung anorganischer nichtmetallischer Werkstoffe – Verschleißprüfung mit der Schleifscheibe nach Böhme – Schleifscheiben-Verfahren
DIN 52112	Prüfung von Naturstein – Biegeversuch

2.1.1 Plattendicken

Naturwerksteine mit Dicken bis 80 mm gelten als Platten, mit größeren Dicken als massive Werkstücke. Die Dicke der Platten richtet sich nach der Beanspruchung, der Materialfestigkeit, dem Plattenformat, der Verlegetechnik und dem Untergrund.

2.1.2 Grenzabmaße

Als Grenzabmaße für Platten und Werkstücke gelten:
für die Dicke
- bis zu einer Dicke von 30 mm ± 10 %,
- bei einer Dicke von mehr als 30 mm ± 3 mm,

- bei einer Dicke von mehr als 80 mm ± 5 mm,
- bei zusammengesetzten Platten die sichtbare Dicke am Stoß ± 0,5 mm,
- bei zusammengesetzten Werkstücken die sichtbare Dicke am Stoß 1 mm,

für die Länge
- bei einer Länge bis zu 60 cm ± 1 mm,
- bei einer Länge von mehr als 60 cm ± 2 mm,
- bei einer Dicke von mehr als 80 mm ± 5 mm,

für den Winkel
- bei einem vorgegebenen Winkel, bezogen auf die Kantenlänge 0,2 % bis zu max. 2 mm.

Dies gilt nicht für gespaltene und handbekantete Platten und Werkstücke.

2.1.3 Ebenheitstoleranzen

Abweichungen von der Ebenheit der Oberfläche geschliffener oder polierter Platten dürfen nicht mehr als 0,2 % der größten Plattenlänge, maximal 2 mm, betragen. Dies gilt nicht für bruchrauhe und gespaltene Oberflächen.

2.1.4 Aussehen

Farb-, Struktur- und Texturschwankungen innerhalb desselben Vorkommens, z. B. gemäß Bandbreite der Bemusterung, sind zulässig.

2.1.5 Ausbesserungen

Beschädigte neue Werkstücke dürfen nur mit Zustimmung des Auftraggebers ausgebessert und eingebracht werden.

Bunter Marmor darf für Innenarbeiten sachgemäß gekittet und durch untergelegte feste Platten (Verdoppelung) oder Bewehrungsmatten aus Kunststoff, z. B. Glasvlies oder Kohlefaser, verstärkt werden. In buntem Marmor dürfen – im Einvernehmen mit dem Auftraggeber – Klammern, Schienen, Dübel und Vierungen eingesetzt werden.

Schließen von Gesteinsporen ist zulässig.

Bei massiven Stücken aus Sandstein oder Kalkstein mit einer abgewickelten Ansichtsfläche über 0,5 m^2 dürfen bei Nestern, Tongallen oder Kohleeinsprengungen Vierungsstücke aus gleichem Material bis 10 cm × 10 cm Ansichtsfläche eingesetzt und angepaßt werden. Benachbarte Vierungen müssen mindestens 2 m auseinanderliegen. Bei anderen Gesteinen ist die Zustimmung des Auftraggebers erforderlich.

2.2 Bindemittel, Zuschlagstoffe, Mörtel, Klebstoffe

DIN 1060-1	Baukalk – Teil 1: Definitionen, Anforderungen, Überwachung
DIN 1164-1	Zement – Teil 1: Zusammensetzung, Anforderungen
DIN 18156-1	Stoffe für keramische Bekleidungen im Dünnbettverfahren – Begriffe und Grundlagen
DIN 18156-2	Stoffe für keramische Bekleidungen im Dünnbettverfahren – Hydraulisch erhärtende Dünnbettmörtel

DIN 18156-3	Stoffe für keramische Bekleidungen im Dünnbettverfahren – Dispersionsklebstoffe
DIN 18156-4	Stoffe für keramische Bekleidungen im Dünnbettverfahren – Epoxidharzklebstoffe
DIN 18557	Werkmörtel – Herstellung, Überwachung und Lieferung
DIN 51043	Traß – Anforderungen, Prüfung

Zuschlagstoffe müssen gemischtkörnig und frei von schädigenden Bestandteilen sein.

2.3 Verfugungsstoffe

DIN 18540	Abdichten von Außenwandfugen im Hochbau mit Fugendichtstoffen

Fugenfüllstoffe, Fugendichtstoffe und Fugenmörtel dürfen die Oberfläche des Belages bzw. der Bekleidung nicht verfärben.

2.4 Dämmstoffe

DIN 18161-1	Korkerzeugnisse als Dämmstoffe für das Bauwesen – Dämmstoffe für die Wärmedämmung
DIN 18164-1	Schaumkunststoffe als Dämmstoffe für das Bauwesen – Dämmstoffe für die Wärmedämmung
DIN 18165-1	Faserdämmstoffe für das Bauwesen – Dämmstoffe für die Wärmedämmung
DIN 18174	Schaumglas als Dämmstoff für das Bauwesen – Dämmstoffe für die Wärmedämmung

2.5 Befestigungsmittel

DIN 1053-1	Mauerwerk – Rezeptmauerwerk – Berechnung und Ausführung
DIN 18516-1	Außenwandbekleidungen, hinterlüftet – Anforderungen, Prüfgrundsätze
DIN 18516-3	Außenwandbekleidungen, hinterlüftet – Naturwerkstein – Anforderungen, Bemessung

2.6 Bewehrungen

DIN 488-4	Betonstahl – Betonstahlmatten und Bewehrungsdraht, Aufbau, Maße und Gewichte

Baustahlgitter müssen eine Maschenweite von 50 mm × 50 mm und einen Stabdurchmesser von 2 mm haben.

2.7 Chemische Einsatzstoffe zur Instandsetzung und Oberflächenbehandlung

2.7.1 Mineralische oder kunststoffgebundene Restauriermörtel müssen ein dem Naturstein angepaßtes Kapilarsystem aufweisen und dürfen beim Abbinden keine Schwindrisse bilden.

2.7.2 Mineralfarben dürfen keine organischen Bestandteile, z. B. Kunststoffdispersionen, enthalten und den Austausch von Wasserdampf nicht verhindern.

2.7.3 Saure oder alkalische Reinigungsstoffe, z. B. Fluide, Lösungsmittel, Fungizidlösungen, Abbeizmittel, müssen mit Wasser verdünnt bzw. durch Kombinationen mehrerer Wirkstoffe gesteinsschonend eingestellt sein.

2.7.4 Imprägniermittel, z. B. Kieselsäureester, Silane, Siloxane, müssen weitgehend alkalibeständig sein und dürfen auf den Steinflächen keinen glänzenden oder wasserdampfundurchlässigen Film bilden.

2.7.5 Kunststoffbeschichtungen auf waagerechten oder leicht geneigten Flächen müssen beständig gegen UV-Strahlen und im Regenwasser vorkommende aggressive Stoffe sein.

3 Ausführung

Ergänzend zur ATV DIN 18299, Abschnitt 3, gilt:

3.1 Allgemeines

3.1.1 Der Auftragnehmer hat bei seiner Prüfung Bedenken (siehe B § 4 Nr 3) insbesondere geltend zu machen bei

- ungeeigneter Beschaffenheit des Untergrundes, z. b. grobe Verunreinigungen, Ausblühungen, Risse, nichthaftfähige Flächen,
- größeren Unebenheiten, als nach DIN 18202 zulässig,
- fehlenden Höhenbezugspunkten je Geschoß,
- fehlendem, ungenügendem oder von der Angabe in den Ausführungsunterlagen abweichendem Gefälle,
- nicht ausreichender Konstruktionshöhe,
- fehlendem Aufheizprotokoll bei beheizten Fußbodenkonstruktionen.

3.1.2 Abweichungen von vorgeschriebenen Maßen sind in den durch

DIN 18201 Toleranzen im Bauwesen – Begriffe, Grundsätze, Anwendung, Prüfung

DIN 18202 Toleranzen im Hochbau – Bauwerke

bestimmten Grenzen zulässig.

Werden an die Ebenheit von Flächen erhöhte Anforderungen nach DIN 18202 gestellt, so sind die zu treffenden Maßnahmen Besondere Leistungen (siehe Abschnitt 4.2.1).

3.1.3 Bei der Ausführung der Leistungen dürfen die Temperaturen des Untergrundes, der verwendeten Stoffe und des Arbeitsbereiches nicht unter 5 °C liegen.

3.2 Versetzen und Verlegen

3.2.1 Platten und Werkstücke sind senkrecht, fluchtrecht und waagerecht oder mit dem erforderlichen Gefälle unter Berücksichtigung des angegebenen Höhenbezugspunktes zu versetzen oder zu verlegen.

3.2.2 Platten und Werkstücke, die an andere Bauteile, z. B. Türen, Fenster, Installationsobjekte, Anschlagschienen, angrenzen, sind nach dem Einbau dieser Bauteile oder nur aufgrund von Detailzeichnungen zu verlegen oder zu versetzen.

3.2.3 Bindemittel, Mörtel, Klebstoffe, Reinigungs- und Imprägniermittel sind auf den Anwendungsbereich und die Art des verwendeten Naturwerksteines abzustimmen.

Für den Verlegemörtel von Plattenbelägen und zum Anmörteln von Wandbekleidungen ist Traßzement nach DIN 1164-1 oder für verfärbungsempfindliche Gesteine besonders geeigneter Spezial-Traßzement oder Schnellzement zu verwenden. Traßmehl darf zugesetzt werden. Das Mischungsverhältnis Zement zu Sand muß im Innenbereich 1 : 4, im Außenbereich 1 : 3 Raumteile betragen. Als Zuschlag ist Sand der Korngröße 0 bis 4 mm zu verwenden.

3.2.4 Bei Bekleidungen oder Belägen, die im Dickbett anzusetzen und zu verlegen sind, sind folgende Mörtelbettdicken herzustellen:
- Bei Wandbelägen 10 bis 20 mm,
- bei Bodenbelägen im Innenbereich 10 bis 20 mm,
- bei Bodenbelägen im Außenbereich 10 bis 30 mm.

3.2.5 Bei Auffüllungen ist Mörtel mit einer Korngröße von 0 bis 8 mm in steifer Konsistenz zu verwenden.

3.2.6 Hinterlüftete Außenwandbekleidungen sind nach DIN 18516-3 auszuführen. Die Verankerung von Außenwandbekleidungen erfolgt in zu bohrenden Ankerlöchern. Die Anker sind in Mörtel, Mörtelgruppe III, einzusetzen.

3.2.7 Angemörtelte Außenwandbekleidungen sind nach DIN 18515-1 auszuführen.

3.2.8 Für das Ansetzen und Verlegen im Dünnbett gelten:

DIN 18157-1	Ausführung keramischer Bekleidungen im Dünnbettverfahren – Hydraulisch erhärtende Dünnbettmörtel
DIN 18157-2	Ausführung keramischer Bekleidungen im Dünnbettverfahren – Dispersionsklebstoffe
DIN 18157-3	Ausführung keramischer Bekleidungen im Dünnbettverfahren – Epoxidharzklebstoffe

Wandbekleidungen in Gebäuden, die verankert werden, sind aus mindestens 20 mm dicken Platten herzustellen.

3.2.9 Bodenbeläge im Freien, auf Kies oder Splitt verlegt, sind aus Platten $\geq 0,16$ m^2 mit einer Mindestkantenlänge von 30 cm und einer Mindestdicke von 30 mm herzustellen.

3.2.10 Sohlbänke und Stürze sind hohlfugig und druckfrei einzubauen und zu versetzen. Schürzen, Blenden, Leibungsplatten können mit der Mutterplatte verbunden werden.

3.2.11 Quadermauerwerk ist nach DIN 1053-1 herzustellen.

3.3 Ausbildung von Fugen

3.3.1 Die Fugenbreiten richten sich nach Format und Art der Platten und Werkstücke, nach Zweck, Beanspruchung und der Art der Verfugung.

3.3.2 Die Fugen sind gleichmäßig breit anzulegen. Die Abmaße der Platten und Werkstücke nach Abschnitt 2.1.2 sind in den Fugen auszugleichen.

3.3.3 Die Breite der mineralischen Mörtelfuge soll bei Plattenformaten bis 60 cm Kantenlänge etwa 3 mm, bei größeren Kantenlängen etwa 5 mm betragen. Bei massiven Werkstücken, Quadern und Verblendmauerwerk müssen die Fugen mindestens 10 mm breit sein.

3.3.4 Für das Verfugen ist grauer Zementmörtel zu verwenden.

3.3.5 Mörtelfugen sind durch Einschlämmen zu schließen, ausgenommen sind Naturwerksteine mit rauhen Oberflächen.

3.3.6 Das Verfugen von Belägen und angemörtelten Bekleidungen darf erst nach Austrocknen des Versetz- bzw. Verlegemörtels vorgenommen werden.

3.3.7 Bei Werkstücken und Mauerwerk ist die Festigkeit des Fugenmörtels mit der Gesteinsfestigkeit und -porosität abzustimmen.

3.3.8 Bei Werkstücken und Mauerwerk darf das Verfugen gleichzeitig mit dem Versetzen durchgeführt werden. Die Fugen sind glatt und mit der Vorderkante bündig zu verstreichen.

3.4 Bewegungsfugen

3.4.1 Bei Bodenbelägen müssen Bewegungsfugen entsprechend den zu erwartenden Bewegungen angelegt werden.

3.4.2 Bauwerkstrennfugen müssen in ausreichender Breite und an gleicher Stelle im Belagsaufbau oder in der Bekleidung übernommen werden.

3.4.3 Bauwerkstrenn-, Bewegungs- und Anschlußfugen sind im Gebäude mit mindestens 5 mm, im Außenbereich mit mindestens 8 mm Breite anzulegen und mit Dichtstoffen oder Profilen zu schließen.

3.5 Dämmstoffe

Dämmstoffe sind dichtgestoßen einzubauen und bei Anbringung an aufgehenden Bauteilen und Decken mechanisch zu befestigen.

3.6 Instandhaltungsarbeiten

3.6.1 Bei Ausbesserungen ist schadhaftes Gestein durch gleiches und farbähnliches Gestein zu ersetzen.

3.6.2 Sind die Beschädigungen < 100 cm², dürfen die Ausnehmungen auch mit Restauriermörtel gefüllt werden.

3.6.3 Ausnehmungen für Vierungen sind rechtwinkelig oder schwalbenschwanzförmig mindestens 4 cm tief, für Restauriermörtel auch gekurvt, 3 cm tief herzustellen.

3.6.4 Sollen restaurierte Steinflächen farblich behandelt werden, sind sie den vorhandenen Steinflächen anzupassen.

3.6.5 Werden Risse in Werkstücken verfüllt, ist dies mit Injektionsharzen auszuführen.

3.6.6 Bei gebrochenen Werkstücken sind nichtrostende Klammern, Stifte, Verankerungen und ähnliches zu verwenden und mit 4 cm Restauriermörtel zu überdecken.

3.6.7 Das vorhandene Fugenbild muß bei Ausbesserungen erhalten bleiben.

3.7 Oberflächenbehandlung

3.7.1 Bei Oberflächenbehandlung dürfen keine Mittel verwendet werden, die Gesteinsminerale verfärben sowie Festigkeit und Haltbarkeit beeinträchtigen. Gesteins- und profilschädigende Verfahren, z. B. Sandstrahlen, dürfen nicht eingesetzt werden.

3.7.2 Vor dem Einsatz chemischer Mittel sind zum Nachweis der Tauglichkeit Proben durchzuführen.

3.7.3 Volltränkung von Platten und Werkstücken ist nur für freistehende Bauteile zulässig.

4 Nebenleistungen, Besondere Leistungen

4.1 Nebenleistungen sind ergänzend zur ATV DIN 18299, Abschnitt 4.1, insbesondere:

4.1.1 Liefern der Befestigungsmittel, z. B. Klammern, Anker, ausgenommen Leistungen nach Abschnitt 4.2.10.

4.1.2 Auf- und Abbauen sowie Vorhalten der Gerüste, deren Arbeitsbühnen nicht höher als 2 m über Gelände oder Fußboden liegen.

4.1.3 Ausgleichen von Unebenheiten des Untergrundes innerhalb der nach DIN 18202 zulässigen Toleranzen beim Ansetzen oder Verlegen von Platten im Mörtelbett.

4.1.4 Beseitigen kleiner Putzüberstände.

4.1.5 Herstellen von Löchern, die zum Befördern, Verankern, Verklammern und Verdübeln der Platten und Werkstücke erforderlich sind.

4.1.6 Herstellen der Anschlüsse an angrenzende, eingebaute Bauteile, wie Fenster, Türen, Schwellen, Anschlagschienen, ausgenommen Leistungen nach Abschnitt 4.2.14.

4.1.7 Schutz von Belägen und Treppen bis zur Begehbarkeit durch Absperren.

4.1.8 Liefern von Musterplatten, Größe bis 20 cm × 30 cm.

4.2 Besondere Leistungen sind ergänzend zur ATV DIN 18299, Abschnitt 4.2, z. B.:

4.2.1 Maßnahmen nach Abschnitt 3.1.2.

4.2.2 Vorhalten von Aufenthalts- und Lagerräumen, wenn der Auftraggeber Räume, die leicht verschließbar gemacht werden können, nicht zur Verfügung stellt.

4.2.3 Auf- und Abbauen sowie Vorhalten der Gerüste, deren Arbeitsbühnen mehr als 2 m über Gelände oder Fußboden liegen.

4.2.4 Liefern statischer Berechnungen für den Nachweis der Standfestigkeit der ausgeführten Leistung und der für diese Nachweise erforderlichen Zeichnungen.

4.2.5 Versetzen und Verlegen von Mustern.

4.2.6 Reinigen des Untergrundes von grober Verschmutzung, z. B. Gipsreste, Mörtelreste, Öl, Farbreste, soweit diese von anderen Unternehmern herrührt.

4.2.7 Maßnahmen zum Schutz gegen Feuchtigkeit und zur Wärme- und Schalldämmung.

4.2.8 Vorbereiten des Untergrundes zur Erzielung eines guten Haftgrundes, z. B. Vorstreichen, maschinelles Bürsten oder Anschleifen und Absaugen.

4.2.9 Auffüllen des Untergrundes zur Herstellung der erforderlichen Höhe oder des nötigen Gefälles sowie das Herstellen von Unterputz zum Ausgleich unebener oder nicht lot- und fluchtrechter Wände in anderen Fällen als nach Abschnitt 4.1.3.

4.2.10 Herstellen von Gleitlagern oder Gleitschichten, Einbauen von Brückenankern.

4.2.11 Liefern und Einbauen von Konsolen, Anschlag-, Trenn- und Bewegungsschienen, Rahmen, im Bauwerk verbleibenden Gerüsthalterungen und dergleichen.

4.2.12 Herstellen von Ausklinkungen, Löchern, Ausnehmungen, Ankertaschen und dergleichen.

4.2.13 Einsetzen von Installations- und Einbauteilen.

4.2.14 Nachträgliches Anarbeiten an Einbauteile, soweit dies vom Auftraggeber zu vertreten ist.

4.2.15 Anarbeiten an gebogene, nicht rechtwinkelige sowie nicht lot- und fluchtrechte begrenzende Bauteile.

4.2.16 Herstellen von Gehrungen und Schrägschnitten.

4.2.17 Abschneiden des Überstandes von Randstreifen anderer Gewerke.

4.2.18 Bearbeiten nach dem Versetzen bzw. Verlegen, z. B. Abschleifen.

4.2.19 Anfertigen geforderter Verlege- oder Versetzpläne, Bestands-, Sanierungs- und Kartierungspläne.

5 Abrechnung

Ergänzend zur ATV DIN 18299, Abschnitt 5, gilt:

5.1 Allgemeines

5.1.1 Der Ermittlung der Leistung – gleichgültig, ob sie nach Zeichnungen oder nach Aufmaß erfolgt – sind zugrunde zu legen:

5.1.1.1 Bei Innenbekleidungen, Bodenbelägen, Ausgleichsschichten, Trennschichten, Dämmschichten, Unterböden, Oberflächenbehandlungen, Bewehrungen, Trag- und Unterkonstruktionen

- auf Flächen mit begrenzenden Bauteilen die Maße der zu bekleidenden bzw. zu belegenden Flächen bis zu den begrenzenden, ungedämmten, ungeputzten bzw. unbekleideten Bauteilen,
- auf Flächen ohne begrenzende Bauteile die Maße der zu bekleidenden bzw. zu belegenden Flächen.

5.1.1.2 Bei Wandbekleidungen, die an Sockel anschließen, das Maß ab Oberseite Sockel, bei Wandbekleidungen, die unmittelbar auf den Bodenbelag aufsetzen, das Maß ab Oberseite Bodenbelag.

5.1.1.3 Bei Fassaden die Maße der Bekleidung.

5.1.2 Bei Abrechnung nach Längenmaß (m) wird die größte Bauteil-/Werkstücklänge gerechnet. Bei zusammengesetzten Werkstücken ergibt sich die Gesamtlänge aus der Summe der Längen der einzelnen Werkstücke einschließlich der Fugenbreiten.

Schräge Sockelplatten (Bischofsmützen) werden an der Oberkante, abgetreppte Sockelplatten abgewickelt gemessen.

5.1.3 Bei der Abrechnung nach Flächenmaß (m^2) werden Fugen übermessen, bearbeitete Leibungen und bearbeitete Stirnflächen hinzugerechnet.

Einzelstücke, z. B. Abdeckungen, Fensterbänke, mit einer Breite unter 20 cm, werden mit 20 cm Breite, mit einem Flächenmaß unter 0,25 m^2 mit 0,25 m^2 abgerechnet. Bei nicht rechtwinkeligen und ausgeklinkten Flächen von Einzelstücken wird das kleinste umschriebene Rechteck gemessen. Aussparungen, Ausnehmungen und Öffnungen an Einzelplatten und Einzelwerkstücken werden übermessen.

5.1.4 Bei Abrechnung von zusammengesetzten Werkstücken und Mauerwerk nach Raummaß (m^3) werden Fugen übermessen. Bei zweihäuptigem Mauerwerk werden etwaige Zwischenschichten übermessen.

Bei Werkstücken wird der kleinste umschriebene rechtwinklige Körper zugrunde gelegt, an welchem das Werkstück mit Rücksicht auf das natürliche Lager des Steines ausgeführt werden kann. Raummaße unter 0,03 m^3 werden mit 0,03 m^3 abgerechnet.

5.2 Es werden abgezogen:

5.2.1 Bei Abrechnung nach Flächenmaß (m^2):

Öffnungen und Aussparungen in Bekleidungen und Belägen über 0,1 m^2 Einzelgröße.

5.2.2 Bei Abrechnung nach Längenmaß (m):

Unterbrechungen über 1 m Einzellänge.

5.2.3 Bei Abrechnung nach Raummaß (m^3):

Öffnungen, Aussparungen und Nischen, einbindende, durchbindende und eingebaute Bauteile über 0,5 m^3 Einzelgröße, Schlitze für Rohrleitungen und dergleichen über je 0,1 m^2 Querschnittsfläche.

VOB Teil C:
Allgemeine Technische Vertragsbedingungen für Bauleistungen (ATV) Betonwerksteinarbeiten — DIN 18333
Ausgabe Juni 1996

Inhalt

0 Hinweise für das Aufstellen der Leistungsbeschreibung

1 Geltungsbereich

2 Stoffe, Bauteile

3 Ausführung

4 Nebenleistungen, Besondere Leistungen

5 Abrechnung

0 Hinweise für das Aufstellen der Leistungsbeschreibung

Diese Hinweise ergänzen die ATV DIN 18299 "Allgemeine Regelungen für Bauarbeiten jeder Art", Abschnitt 0. Die Beachtung dieser Hinweise ist Voraussetzung für eine ordnungsgemäße Leistungsbeschreibung gemäß A § 9.
Die Hinweise werden nicht Vertragsbestandteil.
In der Leistungsbeschreibung sind nach den Erfordernissen des Einzelfalles insbesondere anzugeben:

0.1 Angaben zur Baustelle
Keine ergänzende Regelung zur ATV DIN 18299, Abschnitt 0.1.

0.2 Angaben zur Ausführung
0.2.1 Ausbildung der Anschlüsse an Bauwerke und Bauteile.

0.2.2 Art und Beschaffenheit des Belagaufbaues, notwendige Bewehrungen, Breite der Fugen, Ausführung, Art und Farbe der Verfugung, Lage und Ausführung von Bewegungsfugen, Art und Farbe der Verfüllung.

0.2.3 Maße der vorgefertigten Betonerzeugnisse, Art ihrer Bearbeitung bzw. Art ihrer Oberflächengestaltung, sonstige Anforderungen, z. B. Farbe und Art der Zuschläge.

0.2.4 Oberflächenbehandlung eingebauter Beläge, z.B. Fluatieren, Polieren mit Wachs.

DIN 18333 VOB Teil C

0.2.5 Vollflächiges Überschleifen eingebauter Beläge.

0.2.6 Unterkonstruktion für den Einbau der vorgefertigten Betonerzeugnisse, erforderliche Auffüllungshöhen, Art der Einbindungen, Einbindtiefen, Art und Umfang von auszusparenden Schlitzen und Durchgängen für Rohrleitungen und dergleichen, einzubetonierende Bauteile, z. B. Winkelrahmen, Schutzschienen.

0.2.7 Art und Beschaffenheit des Untergrundes, z.B. Festigkeitsklasse des Betons bzw. Mauerwerks, Stahl, Abdichtungen, Wärme- und Schalldämmungen, Estrich, Fußbodenheizung.

0.2.8 Bei beheizten Bodenbelägen Art der Konstruktion, Art der Heizung, Dicke und Zusammendrückbarkeit der Dämmschichten, Art der Abdeckung, Lage der Heizrohre und Heizelemente, Dicke der Lastverteilungsschicht, Bewehrungen, Lage und Ausführung von Bewegungsfugen, Mörtelbettdicke.

0.2.9 Art, Dicke und Zusammendrückbarkeit von Wärme- und Trittschalldämmschichten, Art und Dicke von Trenn- und Schutzschichten.

0.2.10 Art der Verankerung von großformatigen Platten und vorgefertigten Elementen.

0.2.11 Art und Ausführung von Treppen, Stufen (Winkelstufen, Trittstufen, Setzstufen) und Schwellen, Maße, Überstände, sichtbare Köpfe.

0.2.12 Art und Maße von Einbauteilen.

0.2.13 Besondere Beanspruchung von Belägen.

0.2.14 Art und Anzahl von geforderten Probestücken sowie Art und Ort der Anbringung.

0.2.15 Erforderliches Gefälle, Hinweise auf den Höhenriß.

0.2.16 Liefern von Verlege- und/oder Versetzplänen; gegebenenfalls Art und Umfang.

0.3 Einzelangaben bei Abweichungen von der ATV

0.3.1 Wenn andere als die in dieser ATV vorgesehenen Regelungen getroffen werden sollen, sind diese in der Leistungsbeschreibung eindeutig und im einzelnen anzugeben.

0.3.2 Abweichende Regelungen können insbesondere in Betracht kommen bei

Abschnitt 3.1.2,	wenn erhöhte Anforderungen an die Ebenheit vorgeschrieben werden sollen,
Abschnitt 3.1.3,	wenn die Oberfläche von Betonwerksteinen nicht geschliffen hergestellt werden soll, sondern z. B. feingeschliffen, d. h. geschliffen, gespachtelt, nachgeschliffen,
Abschnitt 3.3.2,	wenn Platten mit Abmessungen von mehr als 50 cm x 75 cm nicht auf Mörtelstreifen verlegt werden sollen,
Abschnitt 3.4.3,	wenn Platten für Wandbekleidungen nicht fluchtrecht und senkrecht versetzt werden sollen,

Betonwerksteinarbeiten DIN 18333

Abschnitt 3.5.2,	wenn für das Verlegen von Bodenbelägen und Stufen eine andere Mörtelgruppe verwendet werden soll,
Abschnitt 3.5.3,	wenn das Mörtelbett für Bodenbeläge eine andere Dicke aufweisen soll,
Abschnitt 3.6.2,	wenn Beläge mit anderen Fugenbreiten angelegt werden sollen,
Abschritt 3.6.3,	wenn Lager- und Stoßfugen bei Bekleidungen, Treppenstufen und sonstigen Bauteilen andere Breiten haben sollen,
Abschnitt 3.6.4,	wenn für das Verfugen nicht grauer Zementmörtel verwendet werden soll,
Abschnitt 3.6.6,	wenn das Verfugen von Bodenbelägen nicht durch Einschlämmen erfolgen soll,
Abschnitt 3.6.7,	wenn andere Abstände für Feldbegrenzungsfugen angelegt werden sollen,
Abschnitt 3.6.8,	wenn Gebäudetrennfugen, Feldbegrenzungsfugen und Anschlußfugen nicht offen bleiben sollen.

0.4 Einzelangaben zu Nebenleistungen und Besonderen Leistungen
Keine ergänzende Regelung zur ATV DIN 18299, Abschnitt 0.4.

0.5 Abrechnungseinheiten
Im Leistungsverzeichnis sind die Abrechnungseinheiten wie folgt vorzusehen:

0.5.1 Flächenmaß (m^2), getrennt nach Bauart und Maßen, für
- Bodenbeläge,
- Wandbekleidungen,
- Werkstücke,
- nachträgliche Oberflächenbehandlung.

0.5.2 Raummaß (m^3), getrennt nach Bauart und Maßen, für
- Werkstücke.

0.5.3 Längenmaß (m), getrennt nach Bauart und Maßen, für
- Gesimse,
- Profilbänder,
- Sockel,
- Kehlen,
- abgerundete Kanten,
- Treppenstufen und Treppenwangen,
- Fensterbänke,
- Mauerabdeckplatten,
- Einfassungen,
- Werkstücke,
- Schließen von Fugen,
- Schrägschnitte,
- bearbeitete Köpfe und Verkröpfungen.

0.5.4 Anzahl (Stück), getrennt nach Bauart und Maßen, für
- Werkstücke, z. B. Mülltonnenschränke,
- Fensterbänke (innen und außen),

- Treppenstufen und Treppenwangen,
- abgetreppte Sockel je Stufe,
- schräge Sockel (Bischofsmützen),
- bearbeitete Köpfe und Verkröpfungen,
- Fensterumrahmungen,
- Türumrahmungen,
- Säulen,
- Pfeiler und Pfeilervorlagen,
- Aussparungen für Rohrdurchführungen,
- Dübel, Geländerpfosten, Bodeneinläufe und dergleichen,
- Gehrungen.

1 Geltungsbereich

1.1 Die ATV "Betonwerksteinarbeiten" – DIN 18333 – gilt für das Einbauen, Verlegen und Versetzen von Betonwerkstein.

1.2 Die ATV DIN 18333 gilt nicht für
- Beläge aus Gehwegplatten und Pflastersteinen aus Beton (siehe ATV DIN 18318 "Verkehrswegebauarbeiten; Pflasterdecken, Plattenbeläge, Einfassungen"),
- das Herstellen von Bauteilen aus bewehrtem oder unbewehrtem Beton (siehe ATV DIN 18331 "Beton- und Stahlbetonarbeiten").

1.3 Ergänzend gelten die Abschnitte 1 bis 5 der ATV DIN 18299 "Allgemeine Regelungen für Bauarbeiten jeder Art". Bei Widersprüchen gehen die Regelungen der ATV DIN 18333 vor.

2 Stoffe, Bauteile

Ergänzend zur ATV DIN 18299, Abschnitt 2, gilt:
Für die gebräuchlichsten genormten Stoffe und Bauteile sind die DIN-Normen nachstehend aufgeführt.

2.1 Betonwerkstein

DIN 18500   Betonwerkstein – Begriffe, Anforderungen, Prüfung Überwachung

2.2 Mörtel und Befestigungsmittel

DIN 1053-1   Mauerwerk – Rezeptmauerwerk – Berechnung und Ausführung

DIN 18515-1   Außenwandbekleidungen – Angemörtelte Fliesen oder Platten – Grundsätze für Planung und Ausführung

DIN 18515-2   Außenwandbekleidungen – Anmauerung auf Aufstandsflächen – Grundsätze für Planung und Ausführung

2.3 Farb- und Strukturschwankungen

Farb- und Strukturschwankungen, die durch unterschiedliche Herstellungsverfahren, jedoch bei gleicher Betonzusammensetzung entstehen, sind zulässig.
Hierzu gehören auch Farbschwankungen innerhalb des gleichen Zuschlages, die durch das naturbedingte Vorkommen gegeben sind.

Betonwerksteinarbeiten DIN 18333

3 Ausführung

Ergänzend zur ATV DIN 18299, Abschnitt 3, gilt:

3.1 Allgemeines

3.1.1 Der Auftragnehmer hat bei seiner Prüfung Bedenken (siehe B § 4 Nr 3) insbesondere geltend zu machen bei

- ungeeigneter Beschaffenheit des Untergrundes, z. B. grobe Verunreinigungen, Ausblühungen, zu glatte, zu feuchte, verölte oder gefrorene Flächen, Risse,
- größeren Unebenheiten, als sie nach Abschnitt 3.1.2 zulässig sind,
- fehlenden Höhenbezugspunkten je Geschoß,
- fehlendem, ungenügendem oder von der Angabe in den Ausführungsunterlagen abweichendem Gefälle,
- nicht ausreichender Konstruktionshöhe,
- unzureichender Bemessung der Werkstücke.

3.1.2 Abweichungen von vorgeschriebenen Maßen sind in den durch

DIN 18201   Toleranzen im Bauwesen – Begriffe, Grundsätze, Anwendung, Prüfung

DIN 18202   Toleranzen im Hochbau – Bauwerke

bestimmten Grenzen zulässig.

Bei Belägen sind zwischen benachbarten Platten Höhendifferenzen bis 1,5 mm zulässig.

Bei Streiflicht sichtbar werdende Unebenheiten in den Oberflächen von Bauteilen sind zulässig, wenn sie innerhalb der Maßtoleranzen nach DIN 18202 liegen.

3.1.3 Die Oberfläche von Betonwerkstein ist geschliffen (nicht gespachtelt) herzustellen.

3.2 Treppen

3.2.1 Treppen sind nach DIN 18065 "Gebäudetreppen – Hauptmaße" auszuführen. Tragbolzentreppen sind nach DIN 18069 "Tragbolzentreppen für Wohngebäude – Bemessung und Ausführung" herzustellen.

3.2.2 Treppenstufen und Belagplatten auf betonierten Treppenläufen sind zwängungsfrei, z. B. auf Mörtelquerstreifen, zu verlegen

3.2.3 Trittschallgedämmte Treppenstufen und Belagplatten sind bei unmittelbar darunter angeordneter Dämmschicht vollflächig zu verlegen.

3.2.4 Trittplatten der Stufen müssen mindestens 40 mm dick sein.

3.2.5 Auskragende Treppenbeläge sind zu bewehren, wenn die Kraglänge mehr als die zweifache Dicke beträgt.

3.3 Verlegen von Bodenplatten

3.3.1 Bodenplatten sind flucht- und waagerecht bzw. mit dem vorgegebenen Gefälle unter Berücksichtigung des angegebenen Höhenbezugspunktes zu verlegen.

3.3.2 Platten mit Abmessungen bis 50 cm × 75 cm sind im Mörtelbett, größere Platten sind zwängungsfrei zu verlegen.

3.4 Versetzen von Bekleidungen

3.4.1 Angemörtelte Außenwandbekleidungen sind nach DIN 18515-1 und DIN 18515-2 auszuführen.

3.4.2 Wandbekleidungen in Gebäuden sind ebenfalls nach DIN 18515-1 und DIN 18515-2 herzustellen, jedoch mit der Abweichung, daß zur Befestigung der Platten über 0,1 m^2 Einzelgröße korrosionsgeschützte Trag- und Halteanker zugelassen sind.

3.4.3 Platten für Wandbekleidungen sind flucht- und senkrecht zu versetzen.

3.5 Mörtel

3.5.1 Verlegemörtel ist nach DIN 1053-1 herzustellen und zu verarbeiten. Seine Zusammensetzung ist der Verwendungsart und den Werkstücken anzupassen.

Die Verwendung von Gips, Tonerdeschmelzzement und chloridhaltigen Binde- oder Zusatzmitteln ist unzulässig.

3.5.2 Für Bodenbeläge und Stufen ist Mörtelgruppe III nach DIN 1053-1 zu verwenden. Für Bodenbeläge und Stufen auf Dämmschichten ist Mörtelgruppe IIIa zu verwenden.

3.5.3 Das Mörtelbett für Bodenbeläge muß als Dickbett mindestens 15 mm dick sein. Es darf jedoch nicht dicker als 30 mm sein. Für Bodenbeläge auf Dämmschicht muß das Mörtelbett mindestens 45 mm dick sein.

3.6 Fugen und Verfugen

3.6.1 Die Fugen sind gleichmäßig breit anzulegen.

Maßabweichungen der Werkstücke sind in den Fugen auszugleichen.

3.6.2 Beläge sind mit folgenden Fugenbreiten anzulegen:
Betonwerksteinplatten im Mörtelbett
– bei Kantenlängen bis 60 cm: 3 mm
– bei Kantenlängen über 60 cm: 5 mm

Betonwerksteinplatten ohne Mörtelbett, z. B. auf Stelzlagern: 5 mm.

3.6.3 Lager- und Stoßfugen bei Bekleidungen, Treppenstufen und sonstigen Bauteilen sind in Gebäuden 2 mm, im Freien 5 mm breit anzulegen.

3.6.4 Für das Verfugen ist grauer Zementmörtel zu verwenden.

3.6.5 Das Verfugen von Belägen darf erst nach ausreichender Erhärtung des Verlegemörtels vorgenommen werden.

3.6.6 Das Verfugen von Bodenbelägen muß durch Einschlämmen erfolgen.

3.6.7 Bei Bodenbelägen müssen Feldbegrenzungsfugen entsprechend der Kantenlänge der Platten im Abstand von etwa 6 m angelegt werden.

3.6.8 Gebäudetrennfugen, Feldbegrenzungsfugen und Anschlußfugen bleiben offen.

3.6.9 Gebäudetrennfugen müssen an gleicher Stelle und in ausreichender Breite durchgehen. Es dürfen keine Überbrückungen, z. B. von Bewehrungen, entstehen.

4 Nebenleistungen, Besondere Leistungen

4.1 Nebenleistungen sind ergänzend zur ATV DIN 18299, Abschnitt 4.1, insbesondere:

4.1.1 Auf- und Abbauen sowie Vorhalten der Gerüste, deren Arbeitsbühnen nicht höher als 2 m über Gelände oder Fußboden liegen.

4.1.2 Ausgleichen von Unebenheiten des Untergrundes innerhalb der Toleranzen nach DIN 18202.

4.1.3 Beseitigen kleiner Putzüberstände.

4.1.4 Herstellen aller Löcher, Falze, Anschläge und Ausklinkungen, die zum Befördern, Befestigen, Verankern, Verklammern und Verdübeln der Werkstücke erforderlich sind.

4.1.5 Anarbeiten von Belägen an angrenzende eingebaute Bauteile z. B. Zargen, Bekleidungen, Anschlagschienen, Schwellen, ausgenommen Leistungen nach Abschnitt 4.2.6.

4.1.6 Anarbeiten an Aussparungen im Belag, z. B. an Fundamentsockel, Pfeiler, Säulen, bis 0,1 m^2 Einzelgröße.

4.1.7 Absperren von belegten Flächen und Treppen bis zur Begehbarkeit der Beläge.

4.1.8 Maßnahmen zum Schutz von Bauteilen, wie Türen und Fenster, vor Verunreinigungen und Beschädigung durch die Betonwerksteinarbeiten einschließlich Liefern der erforderlichen Stoffe, ausgenommen Schutzmaßnahmen nach Abschnitt 4.2.4.

4.2 Besondere Leistungen sind ergänzend zur ATV DIN 18299, Abschnitt 4.2, z. B.:

4.2.1 Vorhalten von Aufenthalts- und Lagerräumen, wenn der Auftraggeber Räume, die leicht verschließbar gemacht werden können, nicht zur Verfügung stellt.

4.2.2 Auf- und Abbauen sowie Vorhalten der Gerüste, deren Arbeitsbühnen mehr als 2 m über Gelände oder Fußboden liegen.

4.2.3 Reinigen des Untergrundes von grober Verschmutzung, z. B. Gipsreste, Mörtelreste, Farbreste, Öl, soweit diese von anderen Unternehmern herrührt.

4.2.4 Besondere Maßnahmen zum Schutz von Bauteilen und Einrichtungsgegenständen, wie Abkleben von Fenstern und Türen, von eloxierten Teilen, Abdeckung von Belägen, staubdichte Abdeckung von empfindlichen Einrichtungen und technischen Geräten, Schutzabdeckungen, Schutzanstriche, Staubwände u. ä. einschließlich Lieferung der hierzu erforderlichen Stoffe.

4.2.5 Nachträgliches Anarbeiten von Belägen an Einbauteile.

4.2.6 Anarbeiten von Belägen, z. B. an Waschtischen, Spülbecken, Wannen, Brausewannen, Wannenuntertritte, schräge Wannenschürzen.

4.2.7 Anarbeiten an Aussparungen im Belag, z. B. an Fundamentsockel, Pfeiler, Säulen, über 0,1 m^2 Einzelgröße.

4.2.8 Herstellen von Trag- und Frostschutzschichten.

4.2.9 Herstellen von Gleitlagern oder Gleitschichten.

4.2.10 Auffüllen des Untergrundes mit einem Ausgleichmörtel zum Herstellen der erforderlichen Höhe oder des nötigen Gefälles sowie zum Ausgleich unebener oder nicht lotrechter Wände einschließlich etwaiger Bewehrungen in anderen Fällen als nach Abschnitt 4.1.2.

4.2.11 Maßnahmen zum Schutz gegen Feuchtigkeit und zur Wärme- und Schalldämmung.

4.2.12 Ausbilden, Schließen und/oder Abdecken von Bewegungs- und Anschlußfugen.

4.2.13 Liefern und Einbauen von Konsolen, Anschlag-, Trenn- und Bewegschienen, Rahmen und dergleichen.

4.2.14 Ansetzen und Verlegen von Mustern.

4.2.15 Vom Auftraggeber geforderte Probstücke für die Ausführung, wenn diese nicht am Bau verwendet werden.

4.2.16 Erstellen von Verlegeplänen.

4.2.17 Liefern statischer und bauphysikalischer Nachweise.

4.2.18 Nachträgliche Oberflächenbehandlung.

4.2.19 Herstellen von Aussparungen, z. B. Löcher für Rohrdurchführungen, Dübel, Geländerpfosten, Bodeneinläufe.

4.2.20 Ausbilden von ausgerundeten Ecken, abgerundeten Kanten und Kehlen.

4.2.21 Herstellen von Gehrungen und Schrägschnitten.

5 Abrechnung

Ergänzend zur ATV DIN 18299, Abschnitt 5, gilt:

5.1 Allgemeines

5.1.1 Der Ermittlung der Leistung – gleichgültig, ob sie nach Zeichnungen oder nach Aufmaß erfolgt – sind zugrunde zu legen:

5.1.1.1 bei Innen-Wandbekleidungen und Bodenbelägen
- auf Flächen mit begrenzenden Bauteilen die Maße der zu bekleidenden bzw. zu belegenden Flächen, bis zu den begrenzenden, ungedämmten bzw. unbekleideten Bauteilen,
- auf Flächen ohne begrenzende Bauteile die Maße der zu bekleidenden bzw. zu belegenden Flächen.

5.1.1.2 bei Wandbekleidungen, die an Stehsockel, Kehlsockel, Kehlleisten oder ausgerundeten Ecken als Sockel anschließen oder unmittelbar auf den Bodenbelag aufsetzen, das Maß ab Oberseite Sockel oder Oberseite Bodenbelag,

5.1.1.3 bei Fassaden die Maße der Bekleidung.

5.1.2 Bei Abrechnung nach Längenmaß wird die größte Bauteil- bzw. Werkstücklänge gerechnet. Bei zusammengesetzten Werkstücken ergibt sich die Gesamtlänge aus der Summe der Längen der einzelnen Werkstücke einschließlich der Fugenbreiten.
Die Länge bearbeiteter Köpfe von Werkstücken wird der Werkstücklänge hinzugerechnet.

5.1.3 Bei Abrechnung nach Flächenmaß werden Fugen übermessen, bearbeitete Leibungen und bearbeitete sichtbare Stirnflächen hinzugerechnet.
Bei Einzelwerkstücken wird die Fläche des kleinstumschriebenen Rechtecks gemessen.

5.1.4 Bei Abrechnung nach Raummaß gelten die Maße des kleinsten umschriebenen Quaders ohne Abzug etwaiger Dämmschichten, Aussparungen und Fugen.

5.2 Es werden abgezogen

5.2.1 Bei Abrechnung nach Flächenmaß (m^2):
Aussparungen, z. B. Öffnungen in Bekleidungen und Belägen, über 0,1 m^2 Einzelgröße.

5.2.2 Bei Abrechnung nach Längenmaß (m):
Unterbrechungen über 1 m Einzellänge.

VOB Teil C:
Allgemeine Technische Vertragsbedingungen für Bauleistungen (ATV) Zimmer- und Holzbauarbeiten – DIN 18334
Ausgabe Juni 1996

Inhalt

0   Hinweise für das Aufstellen der Leistungsbeschreibung
1   Geltungsbereich
2   Stoffe, Bauteile
3   Ausführung
4   Nebenleistungen, Besondere Leistungen
5   Abrechnung

0 Hinweise für das Aufstellen der Leistungsbeschreibung

Diese Hinweise ergänzen die ATV DIN 18299 "Allgemeine Regelungen für Bauarbeiten jeder Art", Abschnitt 0. Die Beachtung dieser Hinweise ist Voraussetzung für eine ordnungsgemäße Leistungsbeschreibung gemäß A § 9.
Die Hinweise werden nicht Vertragsbestandteil.
In der Leistungsbeschreibung sind nach den Erfordernissen des Einzelfalls insbesondere anzugeben:

0.1 Angaben zur Baustelle
Keine ergänzende Regelung zur ATV DIN 18299, Abschnitt 0.1.

0.2 Angaben zur Ausführung

0.2.1   Art und Beschaffenheit der Unterkonstruktion (Unterlage, Unterbau, Tragschicht, Tragwerk).

0.2.2   Herstellen von Musterflächen, Musterkonstruktionen und Modellen.

0.2.3   Ob vom Auftragnehmer Konstruktionspläne, Verlegepläne und Stofflisten zu liefern sind.

0.2.4   Geforderte gestalterische Wirkung von Flächen, z. B. Teilung, Fugenausbildung, Struktur, Farbe, Oberflächenbehandlung sowie besondere Verlegeart.

0.2.5 Besonderer Schutz von Baustellen und Einrichtungsgegenständen.

0.2.6 Besonderer Schutz der Leistungen, z. B. Verpackung, Kantenschutz und Abdeckungen.

0.2.7 Anforderungen an den Brand-, Schall-, Wärme-, Feuchteschutz sowie akustische und lüftungstechnische Anforderungen.

0.2.8 Besondere physikalische Eigenschaften der Stoffe.

0.2.9 Ob chemischer Holzschutz bei Holz und Holzwerkstoffen gefordert wird.

0.2.10 Ob bei chemischem Holzschutz besondere Anforderungen an das Holzschutzmittel bezüglich der Verwendung in Wohnräumen, Lagerräumen oder Ställen bestehen.

0.2.11 Art des Korrosionsschutzes.

0.2.12 Anforderungen an den Korrosionsschutz.

0.2.13 Besondere mechanische, chemische und thermische Beanspruchungen, denen Stoffe und Bauteile nach dem Einbau ausgesetzt sind.

0.2.14 Art der Bekleidungen, Dicke, Maße der Einzelteile sowie ihrer Befestigung, sichtbar oder nicht sichtbar, Ausbildung von Fugen, Ecken und Schrägschnitten.

0.2.15 Abstand der Bretter bei Sparschalung.

0.2.16 Art, Umfang und Ausbildung der Hinterlüftung sowie Abdeckung ihrer Öffnungen.

0.2.17 Art und Ausbildung der Befestigung der Bauteile, z. B. Dübel, Unterkonstruktionen, Verankerungen und dergleichen am oder im Mauerwerk, Beton, Stahlbeton, Stahl, Holz.

0.2.18 Art und Ausbildung der Holzverbindungen, z. B. Zapfen, Versatz, Verkämmungen, Verblattungen, besondere Knotenpunkte, Gelenke, Stützenfüße, Stahlblechverbindungen.

0.2.19 Vorgezogenes und nachträgliches Herstellen von Teilflächen, z. B.. Flächen hinter Heizkörpern, Rohrleitungen und dergleichen.

0.2.20 Dachform sowie Bauart, Traufhöhe, Firsthöhe, Neigung (Gefälle) der Dächer.

0.2.21 Anzahl, Art, Ausbildung und Abmessung von Anschlüssen, Abschlüssen, Grat-, Kehl- und Schiftersparren, Durchdringungen, Dachaufbauten u. a.

0.2.22 Art und Lage der Dachentwässerung.

0.2.23 Ob Leiterhaken, Schneefänge, Lüfter, Laufstege, Dachflächenfenster, Lichtkuppeln, Dachausstiege, Einschubtreppen u. ä. einzubauen sind.

0.2.24 Anforderungen an Treppen bei besonderen raumklimatischen Verhältnissen, z. B. geringe Luftfeuchte, hohe Temperaturen.

0.3 Einzelangaben bei Abweichungen von den ATV

0.3.1 Wenn andere als die in dieser ATV vorgesehenen Regelungen getroffen werden sollen, sind diese in der Leistungsbeschreibung eindeutig und im einzelnen anzugeben.

0.3.2 Abweichende Regelungen können insbesondere in Betracht kommen bei

Abschnitt 2.6,	wenn an Stahlteile, z. B. Anker und ähnliche Bauteile, andere Anforderungen gestellt werden sollen,
Abschnitt 3.1.2,	wenn erhöhte Anforderungen an Toleranzen vorgeschriebener Maße gestellt werden sollen,
Abschnitt 3.1.6,	wenn Bauschnittholz nicht sägerauh eingebaut werden soll, sondern z. B. gehobelt,
Abschnitt 3.1.7,	wenn bei gehobeltem Brettschichtholz rauhe Stellen, Hobelschläge und nicht ausgedübelte Äste nicht zugelassen werden,
Abschnitt 3.1.10,	wenn tragende Konstruktionen aus Bauschnittholz einer anderen Güteklasse und der höheren Schnittklasse ausgeführt werden sollen,
Abschnitt 3.1.11,	wenn tragende Konstruktionen aus Baurundholz einer anderen Güteklasse ausgeführt werden sollen,
Abschnitt 3.1.12,	wenn sonstige Konstruktionen aus Bauschnittholz der Sonderklasse und der höheren Schnittklasse ausgeführt werden sollen,
Abschnitt 3.1.13,	wenn sonstige Konstruktionen aus Baurundholz der Sonderklasse hergestellt werden sollen,
Abschnitt 3.2.3,	wenn Baurundholz entgegen der vorgesehenen Regelung geschnitten oder behauen sein soll,
Abschnitt 3.2.7,	wenn die Art der Holzverbindungen dem Auftragnehmer nicht überlassen bleiben soll,
Abschnitt 3.3.1,	wenn an Latten für Zwischenböden erhöhte Anforderungen an Güteklasse und Mindestquerschnitt gestellt werden,
Abschnitt 3.3.2,	wenn der Einschub für Zwischenböden entgegen der vorgesehenen Regelung hergestellt werden soll,
Abschnitt 3.4.1,	wenn Dachschalungen aus Holz entgegen der vorgesehenen Regelung hergestellt werden sollen,
Abschnitt 3.4.3,	wenn Unterdachschalungen entgegen der vorgesehenen Regelung hergestellt werden sollen,

Zimmer- und Holzbauarbeiten   DIN 18334

Abschnitt 3.5.1,	wenn Wand- und Deckenschalungen entgegen der vorgesehenen Regelung hergestellt werden sollen,
Abschnitt 3.5.3,	wenn Sparschalungen entgegen der vorgesehenen Regelung hergestellt werden sollen,
Abschnitt 3.7,	wenn Dachlattung aus Latten einer anderen Güteklasse hergestellt werden soll,
Abschnitt 3.8.2,	wenn gehobelte oder ungehobelte Fußböden aus Brettern oder Bohlen einer anderen Güteklasse hergestellt werden sollen,
Abschnitt 3.8.3,	wenn Fußbodenbretter nicht quer zu den Balken oder Lagerhölzern verlegt werden sollen,
Abschnitt 3.9.1,	wenn Bauteile in Trockenbauweise unter Berücksichtigung von Anforderungen an den Brand-, Schall-, Wärme- und Strahlenschutz ausgeführt werden sollen,
Abschnitt 3.9.2.1,	wenn Randwinkel und Deckleisten entgegen der vorgesehenen Regelung verlegt werden sollen,
Abschnitt 3.9.2.2,	wenn Dämmstoffe entgegen der vorgesehenen Regelung eingebaut werden sollen,
Abschnitt 3.9.3,	wenn Vorsatzschalen nicht entsprechend dem Schalldämmaß nach DIN 4109 ausgeführt werden sollen,
Abschnitt 3.10,	wenn Holzschindeldeckung entgegen der vorgesehenen Regelung hergestellt werden soll,
Abschnitt 3.11.1,	wenn gezimmerte Türen und Tore entgegen der vorgesehenen Regelung hergestellt werden sollen,
Abschnitt 3.11.2,	wenn bei Türen und Toren aus Brettern oder Latten die Befestigung entgegen der vorgesehenen Regelung erfolgen soll, z. B. mittels Holzschrauben,
Abschnitt 3.12.1,	wenn Verschläge aus ungehobelten Brettern und Latten einer anderen Güteklasse hergestellt werden sollen,
Abschnitt 3.12.2,	wenn bei Bretterverschlägen die Bretter entgegen der vorgesehenen Regelung angeordnet und befestigt werden sollen,
Abschnitt 3.12.3,	wenn bei Lattenverschlägen die Latten entgegen der vorgesehenen Regelung angeordnet und befestigt werden sollen,
Abschnitt 3.13.1,	wenn bei Treppen Nadel- und Laubholz einer anderen Güteklasse entsprechen sollen,

Abschnitt 3.13.4,	wenn Trittstufen nicht aus verleimten Einzelteilen hergestellt werden sollen,
Abschnitt 3.13.8,	wenn Handläufe entgegen der vorgesehenen Regelung ausgebildet sein sollen,
Abschnitt 3.13.9,	wenn die Oberfläche der Treppe entgegen der vorgesehenen Regelung behandelt sein soll,
Abschnitt 3.14.3,	wenn das Verfahren der Verarbeitung der Holzschutzmittel dem Auftragnehmer nicht überlassen bleiben soll.

0.4 Einzelangaben zu Nebenleistungen und Besonderen Leistungen

Als Nebenleistungen, für die unter den Voraussetzungen der ATV DIN 18299, Abschnitt 0.4.1, besondere Ordnungszahlen (Positionen) vorzusehen sind, kommen insbesondere in Betracht:

Erstellen und Vorhalten von Baubehelfen, z. B. Hilfskonstruktionen, Traggerüste und deren Arbeitsbühnen, einschließlich Liefern der dafür erforderlichen statischen und rechnerischen Unterlagen.

0.5 Abrechnungseinheiten

Im Leistungsverzeichnis sind die Abrechnungseinheiten wie folgt vorzusehen:

0.5.1 Flächenmaß (m^2), getrennt nach Bauart und Maßen, für
- Wände, Böden, Verschläge,
- Bekleidungen, Schalungen, Lattungen, Unterkonstruktionen,
- vorgefertigte Flächenbauteile, Vorsatzschalen,
- Dämmungen, Dampf- und Windsperren,
- Holzschindeldeckungen,
- Füllungen in Treppengeländern,
- Oberflächenbearbeitungen, z. B. Hobeln, Schleifen,
- Holzschutz.

0.5.2 Raummaß (m^3), getrennt nach Bauart und Maßen, für
- Liefern von Hölzern und Brettschichtholz für Verzimmerungen, wie Kanthölzer, Balken, Bohlen, Baurundhölzer,
- Holzschutz.

0.5.3 Längenmaß (m), getrennt nach Bauart und Maßen, für
- Abbinden, Aufstellen oder Verlegen der Hölzer aus Abschnitt 0.5.2,
- Liefern, Abbinden und Aufstellen oder Verlegen von zusammengesetzten, vorgefertigten, parallelgurtigen Holzbauteilen, z. B. Brettschichthölzer, hölzerne I-Träger,
- Fasen und Profilieren von Holzkanten,
- Zuschnitte von Schalungen, Bekleidungen u. ä. an schrägen An- und Abschlüssen,
- Streifenschalungen und -bekleidungen an Firsten, Traufen, Kehlen, Ortgängen, Gesimsen, Attiken, Pfeilern, Stützen, Lisenen, Unterzügen, Rohrleitungen u. a.,

Zimmer- und Holzbauarbeiten DIN 18334

- Streifendeckungen aus Holzschindeln an Firsten, Traufen, Eingängen u. ä.,
- An- und Abschlüsse aus Profilhölzern oder Profilen anderer Werkstoffe,
- An- und Abschlüsse sowie Eckausbildungen bei Holzschindelbekleidungen,
- Fugenausbildungen und Fugenabdichtungen,
- Fuß- und Scheuerleisten, Verleistungen,
- Längenbauteile, z. B. Schwellen, Schienen, Leibungen,
- Sohlbänke, Umrahmungen, Überlagshölzer, Lagerhölzer,
- Abschottungen,
- Treppenbauteile, z. B. Wangen, Geländer, Handläufe,
- Sperrschichten unter Hölzern, z. B. unter Schwellen, Balken,
- Windverbände,
- Einfriedungen,
- Holzschutz.

0.5.4 Anzahl (Stück), getrennt nach Bauart und Maßen, für

- Schiftersparrenschnitte,
- Erschwernis zum Abbinden und Aufstellen/Verlegen von Hölzern bei schwierigen Verzimmerungen, z. B. bei Türmen, Kuppeln, Dachgauben, geschweiften Dachflächen, Grat- und Kehlsparren,
- Bearbeiten von Sparren-, Pfetten- und Balkenköpfen, z. B. Hobeln, Profilieren,
- Auswechselungen, z. B. an Kaminen, Treppen, Dachflächenfenstern, Dachausstiegen,
- Aufschieblinge, Keilhölzer und Gefälleteile,
- Vorgefertigte Holzkonstruktionen, z. B. genagelte, gedübelte, geleimte oder anders verbundene Binder, Rahmen, Stützen, Unterzüge, Träger,
- Verstärkungen an Bauteilen, z. B. im Bereich von Aussparungen, Ausklinkungen, angeschnittenen Kassetten,
- Herstellen und/oder Schließen von Öffnungen für Einbauteile, z. B. für Stützen, Türen, Fenster, Oberlichte, Leuchten, Gitter, Revisionsklappen, Installationseinrichtungen,
- Einsetzen von Einbauteilen, z. B. Dachflächenfenster, Dachausstiege, Einschubtreppen, Raumteiler, Lichtbänder, Fenster, Zargen, Installationseinrichtungen,
- Verschalungen und Bekleidungen an Schornsteinköpfen u. ä.,
- Türen, Tore, Läden, Schwellen u. a.,
- Treppen- und Treppenbauteile,
- Beläge und Schutzabdeckungen je Stufe,
- Dämmungen und Sperren an Balkenköpfen,
- Konstruktive Bauteile aus Stahl, z. B. Dübel, Bolzen, Verankerungen, Verbindungen, Abhänger, Abstandshalter, Konsolen,
- Holzschutz.

0.5.5 Gewicht (kg), getrennt nach Bauart und Maßen, für
- *konstruktive Bauteile aus Stahl, z. B. Verbindungen, Verankerungen, Gelenke, Knotenplatten, Stützenfüße.*

1 Geltungsbereich

1.1 Die ATV "Zimmer- und Holzbauarbeiten" – DIN 18334 – gilt für alle Konstruktionen des Holzbaues, des Ingenieurholzbaues und entsprechender trockener Bauweisen.

1.2 Die ATV DIN 18334 gilt nicht für
- Schalungsarbeiten bei Beton und Stahlbetonarbeiten (siehe ATV DIN 18331 "Beton- und Stahlbetonarbeiten"),
- Verbau bei Baugrubenarbeiten (siehe ATV DIN 18303 "Verbauarbeiten"),
- Parkettarbeiten (siehe ATV DIN 18356 "Parkettarbeiten") und
- gestemmte Türen und Tore (siehe ATV DIN 18355 "Tischlerarbeiten").

1.3 Ergänzend gelten die Abschnitte 1 bis 5 der ATV DIN 18299 "Allgemeine Regelungen für Bauarbeiten jeder Art". Bei Widersprüchen gehen die Regelungen der ATV DIN 18334 vor.

2 Stoffe, Bauteile

Ergänzend zur ATV DIN 18299, Abschnitt 2, gilt:

Für die gebräuchlichsten genormten Stoffe und Bauteile sind die DIN-Normen nachstehend aufgeführt.

2.1 Holz

DIN 4074-1	Sortierung von Nadelholz nach der Tragfähigkeit – Nadelschnittholz
DIN 4074-2	Bauholz für Holzbauteile – Gütebedingungen für Baurundholz (Nadelholz)
DIN 68119	Holzschindeln
DIN 68365	Bauholz für Zimmerarbeiten – Gütebedingungen
DIN 68368	Laubschnittholz für Treppenbau – Gütebedingungen

2.2 Holzhaltige Werkstoffe

DIN 1101	Holzwolle-Leichtbauplatten und Mehrschicht-Leichtbauplatten als Dämmstoffe für das Bauwesen – Anforderungen, Prüfung
DIN 68705-2	Sperrholz – Sperrholz für allgemeine Zwecke
DIN 68705-3	Sperrholz – Bau-Furniersperrholz
DIN 68705-4	Sperrholz – Bau-Stabsperrholz, Bau-Stäbchensperrholz
DIN 68705-5	Sperrholz – Bau-Furniersperrholz aus Buche
DIN 68740-2	Paneele – Furnier-Decklagen auf Spanplatten
DIN 68750	Holzfaserplatten – Poröse und harte Holzfaserplatten – Gütebedingungen

DIN 68754-1	Harte und mittelharte Holzfaserplatten für das Bauwesen – Holzwerkstoffklasse 20
DIN 68762	Spanplatten für Sonderzwecke im Bauwesen – Begriffe, Anforderungen, Prüfung
DIN 68763	Spanplatten – Flachpreßplatten für das Bauwesen, Begriffe, Anforderungen, Prüfung, Überwachung
DIN 68764-1	Spanplatten – Strangpreßplatten für das Bauwesen, Begriffe, Eigenschaften, Prüfung, Überwachung
DIN 68764-2	Spanplatten – Strangpreßplatten für das Bauwesen, Beplankte Strangpreßplatten für die Tafelbauart
DIN EN 635-1	Sperrholz – Klassifizierung nach dem Aussehen der Oberfläche – Teil 1: Allgemeines; Deutsche Fassung EN 635-1 : 1994

2.3 Nicht holzhaltige Stoffe

DIN 18180	Gipskartonplatten – Arten, Anforderungen, Prüfung
DIN 18184	Gipskarton-Verbundplatten mit Polystyrol- oder Polyurethan-Hartschaum als Dämmstoff

2.4 Dämmstoffe

DIN 18161-1	Korkerzeugnisse als Dämmstoffe für das Bauwesen – Dämmstoffe für die Wärmedämmung
DIN 18164-1	Schaumkunststoffe als Dämmstoffe für das Bauwesen – Dämmstoffe für die Wärmedämmung
DIN 18164-2	Schaumkunststoffe als Dämmstoffe für das Bauwesen – Dämmstoffe für die Trittschalldämmung – Polystyrol-Partikelschaumstoffe
DIN 18165-1	Faserdämmstoffe für das Bauwesen – Dämmstoffe für die Wärmedämmung
DIN 18165-2	Faserdämmstoffe für das Bauwesen – Dämmstoffe für die Trittschalldämmung

2.5 Unterkonstruktion

DIN 18168-2	Leichte Deckenbekleidungen und Unterdecken – Nachweis der Tragfähigkeit von Unterkonstruktionen und Abhängern aus Metall

2.6 Verbindungs- und Befestigungsmittel

DIN 96	Halbrund-Holzschrauben mit Schlitz
DIN 97	Senk-Holzschrauben mit Schlitz
DIN 571	Sechskant-Holzschrauben
DIN 1151	Drahtstifte, rund – Flachkopf, Senkkopf
DIN 1152	Drahtstifte, rund – Stauchkopf

Stahlteile, z. B. Anker, Laschen, Verbinder, Träger, Stützen und ähnliche Bauteile, müssen mindestens aus Stahl St 37-2 hergestellt sein.

3 Ausführung

Ergänzend zur ATV DIN 18299, Abschnitt 3, gilt:

3.1 Allgemeines

3.1.1 Der Auftragnehmer hat bei seiner Prüfung Bedenken (siehe B § 4 Nr 3) insbesondere geltend zu machen bei
- fehlenden Voraussetzungen für die Verankerung und Befestigung,
- zu hoher Baufeuchte,
- fehlenden Aussparungen,
- fehlendem konstruktivem Holzschutz,
- unrichtiger Lage und Höhe von Fundamenten, Auflagern und sonstigen Unterkonstruktionen,
- fehlenden Höhenbezugspunkten je Geschoß.

3.1.2 Abweichungen von vorgeschriebenen Maßen sind in den durch

DIN 18201	Toleranzen im Bauwesen – Begriffe, Grundsätze, Anwendung, Prüfung
DIN 18202	Toleranzen im Hochbau – Bauwerke
DIN 18203-3	Toleranzen im Hochbau – Bauteile aus Holz und Holzwerkstoffen

bestimmten Grenzen zulässig.

Bei Streiflicht sichtbar werdende Unebenheiten in den Oberflächen von Bauteilen sind zulässig, wenn die Maßtoleranzen von DIN 18202 eingehalten worden sind.

3.1.3 Bewegungsfugen des Bauwerkes müssen an gleicher Stelle und mit gleicher Bewegungsmöglichkeit übernommen werden.

3.1.4 Deckenbekleidungen, Unterdecken, Wandbekleidungen, Vorsatzschalen und Trennwände aus Elementen, die ein regelmäßiges Raster ergeben, sind fluchtgerecht in den vorgegebenen Bezugsachsen herzustellen.

3.1.5 Die Hölzer sind in trockenem Zustand einzubauen. Kanthölzer (Balken) und Baurundhölzer dürfen jedoch beim Einbau halbtrocken sein, wenn sie auf den trockenen Zustand für dauernd zurückgehen können.

3.1.6 Bauschnittholz ist sägerauh einzubauen.

3.1.7 Brettschichtholz ist gehobelt einzubauen; rauhe Stellen, Hobelschläge und nicht ausgedübelte Äste sind zulässig.

3.1.8 Bei der Herstellung von Bauteilen sind Schwindrisse in Bauhölzern und Brettschichthölzern zulässig, wenn die Standsicherheit dadurch nicht beeinträchtigt wird.

3.1.9 Bei der Befestigung von Brettern, Bohlen, Latten oder Platten müssen Drahtstifte mindestens $2^1/_2$mal so lang sein, wie die zu befestigenden Teile dick sind.

Zimmer- und Holzbauarbeiten DIN 18334

3.1.10 Tragende Konstruktionen aus Bauschnittholz sind aus Holz nach DIN 4074-1 der Güteklasse II und mindestens der Schnittklasse B auszuführen.

3.1.11 Tragende Konstruktionen aus Baurundholz sind aus Holz nach DIN 4074-2 der Güteklasse II auszuführen.

3.1.12 Sonstige Konstruktionen aus Bauschnittholz sind aus Holz nach DIN 68365 der Normalklasse und mindestens der Schnittklasse B herzustellen.

3.1.13 Sonstige Konstruktionen aus Baurundholz sind aus Holz nach DIN 68365 der Normalklasse herzustellen.

3.2 Verzimmerungen, Abbinden, Verlegen und Aufstellen

3.2.1 Tragende Konstruktionen sind nach DIN 1052-1 "Holzbauwerke – Berechnung und Ausführung" auszuführen. Bei der Herstellung von Dübelverbindungen ist ferner DIN 1052-2 "Holzbauwerke – Mechanische Verbindungen" zu beachten.

3.2.2 Bei Konstruktionen aus Bauschnittholz dürfen Baumkanten die Funktion der Verbindungsmittel nicht beeinträchtigen.

3.2.3 Baurundholz muß so geschnitten oder behauen sein, daß die Auflagerflächen an den Verbindungsstellen mindestens $2/3$ des Rundholzdurchmessers breit sind.

3.2.4 Konstruktionen in Holzmastenbauart sind nach DIN 18900 "Holzmastenbauart – Berechnung und Ausführung" auszuführen.

3.2.5 Holzbrücken sind nach DIN 1074 "Holzbrücken", Glockentürme nach DIN 4178 "Glockentürme – Berechnung und Ausführung" und fliegende Bauten nach DIN 4112 "Fliegende Bauten – Richtlinien für Bemessung und Ausführung" auszuführen.

3.2.6 Die Art der Holzverbindungen bleibt dem Auftragnehmer überlassen.

3.3 Latten und Einschub für Zwischenböden

3.3.1 Latten für Zwischenböden sind aus Holz nach DIN 68365 mindestens der Güteklasse II und mit einem Mindestquerschnitt von 24 mm × 48 mm herzustellen. Die Latten sind parallel zu den Balkenkanten anzunageln. Der Abstand zwischen den Nägeln darf nicht größer als 30 cm sein.

3.3.2 Einschub (Fehlboden) ist aus besäumten, mindestens 18 mm dicken Brettern dicht verlegt herzustellen.

3.4 Dachschalungen

3.4.1 Dachschalungen aus Holz sind aus ungehobelten, besäumten Brettern oder Bohlen nach DIN 68365, Güteklasse III, bei Rauhspund aus nach DIN 4072 "Gespundete Bretter aus Nadelholz" bearbeiteten Brettern oder Bohlen herzustellen.

Schalungen für Metalldachdeckungen müssen mindestens 24 mm dick sein, für sonstige Dachdeckungen, ungehobelt mindestens 20 mm und gehobelt mindestens 18 mm.

Die Bretter oder Bohlen dürfen keine Ausfalläste von mehr als 2 cm Durchmesser haben. Sie sind rechtwinkelig zu den Auflagern zu verlegen und auf jedem Auflager (z. B. Sparren, Pfetten) mit mindestens 2 Drahtstiften nach DIN 1151 oder mit gleichwertigen Verbindungsmitteln zu befestigen.

3.4.2 Dachschalungen aus Holzwerkstoffen sind nach den Vorläufigen "Richtlinien für die Bemessung und Ausführung von Dachschalungen aus Holzspanplatten oder Bau-Furnierplatten", herausgegeben vom Deutschen Institut für Bautechnik, herzustellen.

Holzspanplatten müssen mindestens 19 mm dick sein und dem Plattentyp "V 100 G" nach DIN 68763 entsprechen.

Bau-Furniersperrholz muß mindestens 15 mm dick sein und der Holzwerkstoffklasse 100 G nach DIN 68800-2 "Holzschutz im Hochbau – vorbeugende bauliche Maßnahmen" entsprechen.

Bau- und Furniersperrholz muß DIN 68705-3 und Bau-Furniersperrholz aus Buche DIN 68705-5 entsprechen.

Dachschalungen aus Holzwerkstoffplatten sind mit mindestens 6 Drahtstiften nach DIN 1151 je m^2 Dachfläche oder gleichwertigen Verbindungsmitteln, z. B. Schraubnägeln, Klammern, zu befestigen. Bei Flachdächern sind im Randbereich mindestens 12, im Eckbereich mindestens 18 Drahtstifte nach DIN 1151 oder gleichwertige Verbindungsmittel je m^2 Dachrand- bzw. Eckfläche anzuordnen.

3.4.3 Unterdachschalungen sind aus ungehobelten, besäumten, mindestens 18 mm dicken Brettern nach DIN 68365, Güteklasse III, herzustellen.

3.5 Nicht sichtbar bleibende Wand- und Deckenschalungen

3.5.1 Wand- und Deckenschalungen sind aus ungehobelten, besäumten Brettern nach DIN 68365 der Güteklasse III herzustellen. Schalungen für Metallwandbekleidungen müssen mindestens 24 mm dick sein, für sonstige Wandbekleidungen mindestens 22 mm und innen mindestens 18 mm.

3.5.2 Deckenunterschalungen für Rohrputz sind aus mindestens 18 mm dicken, höchstens 12 cm breiten, besäumten, mindestens halbtrockenen Brettern der Güteklasse IV nach DIN 68365 herzustellen.

3.5.3 Sparschalungen sind innen und außen aus mindestens 18 mm dicken und 7 bis 10 cm breiten Brettern der Güteklasse IV nach DIN 68365 herzustellen.

3.5.4 Wandschalungen sind mit Drahtstiften nach DIN 1151 und Deckenschalungen mit Holzschrauben nach DIN 96 oder DIN 97 oder gleichwertigen Verbindungsmitteln rechtwinkelig zu den Auflagern zu befestigen. Bei Außenschalungen sind mindestens korrosionsgeschützte Holzverbindungsmittel zu verwenden.

3.6 Wand- und Deckenbekleidungen aus Brettern oder Bohlen

3.6.1 Ortgang-, Trauf- und Gesimsschalungen sind aus gespundeten, an der Sichtfläche gehobelten, gleichbreiten Brettern oder Bohlen der Güteklasse II nach DIN 68365 herzustellen. Brettschalungen müssen mindestens 18 mm dick sein. Die Befestigung darf sichtbar sein und ist nach Abschnitt 3.5.4 auszuführen.

3.6.2 Außenwandbekleidungen sind aus ungehobelten, besäumten Brettern oder Bohlen der Güteklasse II nach DIN 68365 herzustellen. Brettschalungen müssen mindestens 20 mm dick sein. Die Befestigung darf sichtbar sein und ist nach Abschnitt 3.5.4 auszuführen.

3.6.3 Innenwandbekleidungen sind aus gespundeten, an der Sichtfläche gehobelten, gleichbreiten Brettern oder Bohlen der Güteklasse II nach DIN 68365 herzustellen. Die Befestigung ist verdeckt nach Abschnitt 3.5.4 auszuführen.

3.6.4 Bei Stülpschalungen aus nicht profilierten, besäumten Brettern muß die Überdeckung mindestens 12 % oder Brettbreite, jedoch mindestens 10 mm betragen. Die Mindestdicke muß innen und außen 18 mm betragen.

3.6.5 Bei Deckelschalungen an Wänden aus nicht profilierten, parallel besäumten Brettern muß die Überdeckung mindestens 20 mm betragen.

3.6.6 Sind Fugendeckleisten vorgeschrieben, so ist jede Leiste nur auf einem Brett oder in der Fuge zu befestigen.

3.7 Dachlattung

Dachlattung ist aus Latten der Güteklasse I nach DIN 68365 herzustellen. Die Dachlatten sind geradlinig und im gleichen Abstand mit den erforderlichen Grat- und Kehllatten entsprechend der vorgesehenen Dachdeckung aufzubringen und auf jedem Sparren mit mindestens 1 Drahtstift nach DIN 1151 zu befestigen.

3.8 Lagerhölzer, Blindböden, Unterböden, Fußböden, Fußleisten

3.8.1 Lagerhölzer sind waagerecht zu verlegen, ihre Oberflächen müssen in einer Ebene liegen.

3.8.2 Gehobelte Fußböden und Fußleisten sind aus Brettern oder Bohlen der Güteklasse II, ungehobelte Fußböden aus Brettern oder Bohlen der Güteklasse III nach DIN 68365 herzustellen.

3.8.3 Fußbodenbretter müssen quer zu den Balken oder Lagerhölzern verlegt werden. Für eine ausreichende Be- und Entlüftung von Hohlräumen unter den Brettern ist zu sorgen. Die Bretter sind auf jedem Lager zu befestigen. Nach dem Verlegen sind vorstehende Kanten an den Stößen und Fugen zu beseitigen.

3.8.4 Blindböden sind aus Brettern nach DIN 68365, Güteklasse II, mindestens 22 mm dick, mit 15 mm Zwischenraum herzustellen.

3.8.5 Unterböden aus Holzspanplatten sind nach DIN 68771 "Unterböden aus Holzspanplatten" mindestens 22 mm dick herzustellen.

3.8.6 Fußleisten (Scheuer- und Stableisten) müssen an Ecken und Stößen auf Gehrung geschnitten oder mit Profilanschnitt versehen sein; sie sind dauerhaft zu befestigen.

3.9 Trockenbau

3.9.1 Allgemeines

Bauteile, die in Trockenbauweise hergestellt werden, sind ohne Berücksichtigung von Anforderungen an den Brand-, Schall-, Wärme- und Strahlenschutz auszuführen, wenn nachstehend nichts vorgeschrieben ist.

3.9.2 Innenwandbekleidungen, Deckenbekleidungen, Unterdecken

3.9.2.1 Sichtbare Randwinkel, Deckleisten und Schattenfugen-Deckleisten sind an den Ecken und auf den Begrenzungsflächen stumpf zu stoßen, Randwinkel dem Wand- oder Deckenverlauf anzupassen.

3.9.2.2 Einzubauende Dämmstoffe sind über der gesamten Fläche dicht gestoßen zu verlegen und an begrenzende Bauteile anzuschließen.

3.9.2.3 Deckenbekleidungen und Unterdecken sind nach DIN 18168-1 "Leichte Deckenbekleidungen und Unterdecken – Anforderungen für die Ausführung" herzustellen.

3.9.2.4 Bei Verwendung von Holzwolle- und Mehrschicht-Leichtbauplatten sind DIN 1102 "Holzwolle-Leichtbauplatten und Mehrschicht-Leichtbauplatten nach DIN 1101 als Dämmstoffe für das Bauwesen – Verwendung, Verarbeitung" zu beachten.

3.9.2.5 Gipskartonplatten sind nach DIN 18181 "Gipskartonplatten im Hochbau – Grundlagen für die Verarbeitung" zu verarbeiten.

3.9.3 Schalldämmende Vorsatzschalen

Schalldämmende Vorsatzschalen sind entsprechend dem vorgeschriebenen Schalldämmaß nach DIN 4109 "Schallschutz im Hochbau – Anforderungen und Nachweise" auszuführen.

3.9.4 Nichttragende Trennwände

Nichttragende Trennwände sind nach DIN 4103-1 "Nichttragende innere Trennwände – Anforderungen, Nachweise" auszuführen. Bei Verwendung von Gipskartonplatten ist DIN 18183 "Montagewände aus Gipskartonplatten – Ausführung von Metallständerwänden" und DIN 4103-4 "Nichttragende innere Trennwände – Unterkonstruktion in Holzbauart" zu beachten.

3.9.5 Außenwandbekleidungen

Hinterlüftete Außenwandbekleidungen sind nach DIN 18516-1 "Außenwandbekleidungen, hinterlüftet – Anforderungen, Prüfgrundsätze" auszuführen. Bei der Verwendung von Faserzementplatten sind asbestfreie Produkte, die bauaufsichtlich zugelassen sind, zu verwenden.

Zimmer- und Holzbauarbeiten DIN 18334

3.10 Holzschindeldeckung

Außenwandbekleidungen mit Holzschindeln sind aus gesägten Schindeln mit Befestigungsmitteln aus nichtrostendem Stahl nach DIN 17440, "Nichtrostende Stähle – Technische Lieferbedingungen für Blech, Warmband, Walzdraht, gezogenen Draht, Stabstahl, Schmiedestücke und Halbzeug", Werkstoffnummer 1.4301, auf Lattenunterkonstruktion in Doppeldeckung herzustellen. Anschlüsse sind mit Schindeln herzustellen, die den Erfordernissen entsprechend zugeschnitten sind.

3.11 Gezimmerte Türen und Tore

3.11.1 Gezimmerte Türen und Tore sind aus ungehobelten, besäumten Brettern und Bohlen der Güteklasse II und aus ungehobelten Latten der Güteklasse I nach DIN 68365 herzustellen.

3.11.2 Bei Türen und Toren aus Brettern sind die Bretter mit mindestens je 2 Drahtstiften, bei Türen und Toren aus Latten die Latten mit mindestens je 1 Drahtstift auf den Quer- und Strebeleisten zu befestigen. Sind Fugendeckleisten vorgeschrieben, so ist jede Leiste nur auf einem Brett zu befestigen.

3.11.3 Bei aufgedoppelten Türen und Toren sind die Bretter so zu befestigen, daß sie nicht reißen können.

3.12 Verschläge

3.12.1 Verschläge sind aus ungehobelten Brettern und Latten der Güteklasse II nach DIN 68365 herzustellen.

3.12.2 Bei Bretterverschlägen sind die Bretter dicht aneinander anzuordnen und auf jedem Riegel mit 2 Drahtstiften zu befestigen.

3.12.3 Lattenverschläge sind aus Latten mit einem Querschnitt von mindestens 24 mm × 48 mm herzustellen. Die Latten sind mit Zwischenräumen von höchstens 50 mm auf jedem Riegel mit 1 Drahtstift zu befestigen.

3.13 Treppen

3.13.1 Treppen sind nach DIN 18065 "Gebäudetreppen – Hauptmaße" herzustellen. Nadelholz muß der Güteklasse I nach DIN 68365, Laubholz der Güteklasse II nach DIN 68368 entsprechen.

3.13.2 Treppenteile aus Holzwerkstoffen sind aus Holzspanplatten nach DIN 68763 oder aus Sperrholz nach DIN 68705-3 bis DIN 68705-5 herzustellen.

3.13.3 Die Treppen müssen so zusammengearbeitet und aufgestellt werden, daß die Stufen beim Begehen nicht knarren.

3.13.4 Trittstufen dürfen aus verleimten Einzelteilen hergestellt werden.

3.13.5 Bei furnierten Trittstufen (Verbundstufen) muß die Dicke der Decklage auf den Trittflächen bei Verwendung von Hartholz mindetens 2,5 mm und bei Verwendung von Weichholz mindestens 5 mm betragen. An den Stoßkanten muß die Dicke der Decklage für beide Holzarten mindestens 6 mm betragen.

3.13.6 Wangenkrümmlinge sind unter sich und mit Wangen durch Kropfschrauben und Hartholzdübel zu verbinden, wenn aus konstruktiven Gründen nicht andere Verbindungen erforderlich sind. Werden Schraubenlöcher verdübelt, so sind die Dübel entsprechend der Holzart auszuwählen und in Faserrichtung einzupassen.

3.13.7 Handlaufkrümmlinge sind mindestens durch Dübel mit den anschließenden Handläufen zu verbinden.

3.13.8 Handläufe aus Holz sind griffgerecht auszubilden und müssen mindestens 48 mm Durchmesser bzw. einen Querschnitt von mindestens 40/60 mm haben.

3.13.9 Die sichtbar bleibenden Holzoberflächen der Treppen und Geländer sind zu schleifen. Bei nichtdeckenden Anstrichen ist die Oberfläche in Faserrichtung feinkörnig zu schleifen, alle sichtbar bleibenden Holzkanten sind zu brechen.

3.13.10 Farbunterschiede zwischen Längsholz- und Hirnholzflächen sowie zwischen Massivholz und furnierten Flächen sind zulässig.

3.13.11 Ist eine Versiegelung der Treppe vorgeschrieben, so sind nur die Tritt- und Stoßflächen zu versiegeln.

3.14 Konstruktiver und chemischer Holzschutz

3.14.1 Bei allen Holzbauarbeiten ist DIN 68800-2 "Holzschutz im Hochbau – Vorbeugende bauliche Maßnahmen" zu beachten.

3.14.2 Der chemische Schutz von Bauholz ist nach DIN 68800-3 "Holzschutz im Hochbau – Vorbeugender chemischer Holzschutz" und der chemische Schutz von Holzwerkstoffen nach DIN 68800-5 "Holzschutz im Hochbau – Vorbeugender chemischer Schutz von Holzwerkstoffen" auszuführen.

3.14.3 Das Verfahren der Verarbeitung der Holzschutzmittel bleibt dem Auftragnehmer überlassen.

3.14.4 Die Holzschutzmittel sind so auszuwählen, daß sie mit den in Berührung kommenden anderen Baustoffen verträglich sind.

4 Nebenleistungen, Besondere Leistungen

4.1 Nebenleistungen sind ergänzend zur ATV DIN 18299, Abschnitt 4.1, insbesondere:

4.1.1 Auf- und Abbauen sowie Vorhalten der Gerüste, deren Arbeitsbühnen nicht höher als 2 m über Gelände oder Fußboden liegen.

4.1.2 Vorlegen erforderlicher Muster.

4.1.3 Liefern von Drahtstiften und von Holzschrauben bis 6 mm Durchmesser.

4.1.4 Auffüttern bis zu 2 cm Dicke zur Herstellung einer ebenen Fläche, z. B. an Wänden, Böden und Decken.

4.2 Besondere Leistungen sind ergänzend zur ATV DIN 18299, Abschnitt 4.2, z. B.:

4.2.1 Vorhalten von Aufenthalts- und Lagerräumen, wenn der Auftraggeber Räume, die leicht verschließbar gemacht werden können, nicht zur Verfügung stellt.

4.2.2 Auf- und Abbauen sowie Vorhalten der Gerüste, deren Arbeitsbühnen höher als 2 m über Gelände oder Fußboden liegen.

4.2.3 Reinigen des Untergrundes von grober Verschmutzung, z. B. Gipsreste, Mörtelreste, Farbreste, Öl, soweit diese von anderen Unternehmern herrührt.

4.2.4 Besondere Maßnahmen zum Schutz von Bauteilen und Einrichtungsgegenständen, z. B. Abkleben von Belägen und Treppen, staubdichtes Abdecken von empfindlichen Einrichtungen und technischen Geräten, Staubschutzwände, einschließlich Lieferung der hierzu erforderlichen Stoffe.

4.2.5 Liefern von statisch nachzuweisenden oder konstruktiv erforderlichen Verbindungs- und Befestigungsmitteln, ausgenommen solcher nach Abschnitt 4.1.3.

4.2.6 Liefern statischer und bauphysikalischer Nachweise für das Bauwerk oder für Bauteile.

4.2.7 Probebelastungen nach DIN 1074, wenn die vertragsmäßige Beschaffenheit der Leistung nicht auf andere Weise nachgewiesen werden kann.

4.2.8 Versuche zum Nachweis der Standsicherheit am Bauwerk, z. B. Dübelauszugsversuche, Schlagversuche u. a.

4.2.9 Herstellen von im Bauwerk verbleibenden Verankerungsmöglichkeiten, z. B. für Gerüste.

4.2.10 Nachträgliches Herstellen und Schließen von Löchern im Mauerwerk und Beton für Auflager und Verankerungen.

4.2.11 Herstellen und Anlegen von Öffnungen, z. B. für Schalter, Rohrdurchführungen, Kabel, Pfeilervorlagen, soweit sie nicht im Zuge mit den übrigen Arbeiten durchgeführt werden können.

4.2.12 Herstellen von Musterflächen, Musterkonstruktionen und Modellen.

4.2.13 Ausbau und/oder Wiedereinbau von Bekleidungselementen für Leistungen anderer Unternehmer.

4.2.14 Bearbeiten von Oberflächen, z. B. durch Hobeln, Schleifen, sowie Fasen und Profilieren von Holzkanten.

4.2.15 Zuschnitte von Schalungen, Bekleidungen u. ä. an schrägen An- und Abschlüssen.

4.2.16 Herstellen von besonderen Fugen- und Eckausbildungen.

4.2.17 Herstellen von Bekleidungen der Leibungen.

4.2.18 Herstellen von Abschottungen, Schürzen und Scheinunterzügen bei Deckenbekleidungen, Unterdecken und Wandbekleidungen.

4.2.19 Herstellen von Schiftersparrenschnitten sowie Abbinden und Aufstellen/Verlegen von Hölzern bei schwierigen Verzimmerungen, z. B. bei Türmen, Kuppeln, Dachgaupen, geschweiften Dachflächen, Grat- und Kehlsparren.

4.2.20 Hobeln und Profilieren von Sparren-, Pfetten- und Balkenköpfen.

4.2.21 Verstärken von Bauteilen, z. B. im Bereich von Aussparungen, Ausklinkungen, angeschnittenen Kassetten.

5 Abrechnung
Ergänzend zur ATV DIN 18299, Abschnitt 5, gilt:

5.1 Allgemeines
5.1.1 Der Ermittlung der Leistung – gleichgültig, ob sie nach Zeichnungen oder nach Aufmaß erfolgt – sind zugrunde zu legen:

5.1.1.1 Für verzimmerte Hölzer und Brettschichthölzer bei der Ermittlung des Raummaßes (m^3)
- die größte Länge einschließlich der Zapfen und anderer Holzverbindungen,
- der volle Querschnitt ohne Abzug von Ausklinkungen, Aussparungen, Querschnittsschwächungen u. ä.,

5.1.1.2 für Bekleidungen, leichte Unterdecken, Dachschalungen und Unterdächer, Schalungen, Lattungen, Verschläge, Böden, Dämmungen, Sperren, Unterkonstruktionen, Vorsatzschalen, u. ä.
- auf Flächen ohne begrenzende Bauteile die Maße der zu schalenden, zu dämmenden, bzw. zu bekleidenden Flächen,
- auf Flächen mit begrenzenden Bauteilen die Maße der zu belegenden Flächen bis zu den sie begrenzenden, ungeputzten, ungedämmten bzw. nicht bekleideten Bauteilen,
- bei Fassaden die Maße der Bekleidung,

5.1.1.3 für nichttragende Trennwände deren Maße bis zu den sie begrenzenden ungeputzten, ungedämmten bzw. nicht bekleideten Bauteilen,

5.1.1.4 für verzimmerte Hölzer bei Abrechnung nach Längenmaß die größte Länge einschließlich der Holzverbindungen,

Zimmer- und Holzbauarbeiten DIN 18334

5.1.1.5 für sonstige Bauteile die größten, gegebenenfalls abgewickelten Bauteillängen, dabei werden Fugen übermessen,

5.1.1.6 für konstruktive Stahlteile bei Abrechnung nach Gewicht das nach Abschnitt 5 der ATV DIN 18360 "Metallbauarbeiten" durch Berechnung zu ermittelnde Gewicht.

5.1.2 Die Wandhöhen überwölbter Räume werden bis zum Gewölbeanschnitt, die Wandhöhe der Schildwände bis zu $2/3$ des Gewölbestichs gerechnet.

5.1.3 Fußleisten und Konstruktionen bis 10 cm Höhe werden übermessen.

5.1.4 Bei der Flächenermittlung von gewölbten Decken mit einer Stichhöhe unter $1/6$ der Spannweite wird die Fläche des überdeckten Raumes berechnet. Gewölbe mit größerer Stichhöhe werden nach der Fläche der abgewickelten Untersicht gerechnet.

5.1.5 In Decken, Wänden, Dächern, Schalungen, Wand- und Deckenbekleidungen, Vorsatzschalen, Dämmungen, Sperren sowie leichten Außenwandbekleidungen werden Öffnungen, Aussparungen und Nischen bis zu 2,5 m^2 Einzelgröße übermessen.

5.1.6 Ganz oder teilweise gedämmte oder bekleidete Leibungen von Öffnungen, Aussparungen und Nischen über 2,5 m^2 Einzeigröße werden gesondert gerechnet.

5.1.7 Öffnungen, Nischen und Aussparungen werden, auch falls sie unmittelbar zusammenhängen, getrennt gerechnet.

5.1.8 Rückflächen von Nischen werden unabhängig von ihrer Einzelgröße mit ihrem Maß gesondert gerechnet.

5.1.9 In Böden und den dazugehörigen Dämmungen, Schüttungen, Sperren, u. a. werden Öffnungen und Aussparungen z. B. für Pfeilervorlagen, Kamine, Rohrdurchführungen u. ä. bis 0,5 m^2 Einzelgröße übermessen.

5.1.10 Bei Zwischenböden, Dämmungen, Schüttungen, Sperren, Schalungen, Bekleidungen u. ä. werden Rahmen, Riegel, Ständer und andere Fachwerksteile sowie Sparren, Lattungen, Unterkonstruktionen übermessen.

5.1.11 Bei Lattungen, Sparschalungen, Blindböden, Verschlägen und Bekleidungen aus Latten, Brettern, Paneelen, Lamellen u. ä. werden die Zwischenräume übermessen.

5.1.12 Bei Abrechnung nach Längenmaß (m) werden Unterbrechungen bis zu 1 m Einzellänge übermessen.

5.1.13 Herstellen von Aussparungen für Einzelleuchten, Lichtbänder, Lichtkuppeln, Lüftungsgitter, Luftauslässe, Revisionsöffnungen, Stützen, Pfeilervorlagen,

Schalter, Steckdosen, Rohrdurchführungen, Kabel u. ä. werden getrennt nach Größe gesondert gerechnet.

5.2 Es werden abgezogen:

5.2.1 Bei Abrechnung nach Flächenmaß (m^2): Öffnungen, Aussparungen und Nischen über 2,5 m^2 Einzelgröße.
In Böden über 0,5 m^2 Einzelgröße.

5.2.2 Bei Abrechnung nach Längenmaß (m): Unterbrechungen über 1 m Einzellänge.

VOB Teil C:
Allgemeine Technische Vertragsbedingungen für Bauleistungen (ATV) Stahlbauarbeiten – DIN 18335
Ausgabe Juni 1996

Inhalt

0 Hinweise für das Aufstellen der Leistungsbeschreibung

1 Geltungsbereich

2 Stoffe, Bauteile

3 Ausführung

4 Nebenleistungen, Besondere Leistungen

5 Abrechnung

0 Hinweise für das Aufstellen der Leistungsbeschreibung

Diese Hinweise ergänzen die ATV DIN 18299 "Allgemeine Regelungen für Bauarbeiten jeder Art", Abschnitt 0. Die Beachtung dieser Hinweise ist Voraussetzung für eine ordnungsgemäße Leistungsbeschreibung gemäß A § 9.

Die Hinweise werden nicht Vertragsbestandteil.

In der Leistungsbeschreibung sind nach den Erfordernissen des Einzelfalls insbesondere anzugeben:

0.1 Angaben zur Baustelle

0.1.1 Art und Beschaffenheit der Unterlage (Untergrund, Unterbau, Tragschicht, Tragwerk).

0.1.2 Gründungstiefen, Gründungsarten und Lasten benachbarter Bauwerke.

0.2 Angaben zur Ausführung

0.2.1 Art und Umfang etwaiger Bauteilprüfungen (siehe Abschnitt 2.2).

0.2.2 Weitere Prüfungen für Verbindungen über die Festlegungen nach Abschnitt 3.1 hinaus.

0.2.3 Ausbildung der Anschlüsse an Bauwerke.

0.2.4 Zulässige Fugenpressungen an Lagern und Stützenfüßen; Verlauf und Ausmaß von Setzungen.

0.2.5 Bereitstellen von Stoffen für Dichtheitsproben durch den Auftraggeber.

0.2.6 Berechnungen oder Zeichnungen, die der Auftraggeber zur Verfügung stellt.

0.2.7 Bei Probebelastungen: Liefern von Berechnungen, welche Formänderungsgrenzen maßgebend sein sollen, Beistellen von Stoffen und Gerät durch den Auftraggeber.

0.2.8 Liefern weiterer Konstruktionsunterlagen nach Abschnitt 3.2.2.

0.2.9 Erfordernis von Schweißplänen.

0.2.10 Für welche Ausführungsunterlagen die Genehmigung des Auftraggebers erforderlich ist.

0.2.11 Besondere Einschränkungen der Formänderungen.

0.2.12 Erfordernis bestimmter Toleranzgrenzen für die Maße des Bauwerks und seiner Teile.

0.2.13 Art der Oberflächenvorbereitung und Grundbeschichtung oder Forderung an den Auftragnehmer, in seinem Angebot die von ihm gewählte Art anzugeben.

0.2.14 Wahl oder Ausschluß bestimmter Verbindungsarten (Schweißen, Schrauben, Nieten).

0.2.15 Erfordernis besonderer Bearbeitung der Schweißnähte.

0.2.16 Art, Größe, Lage und Anzahl der Aussparungen.

0.3 Einzelangaben bei Abweichungen von den ATV

0.3.1 Wenn andere als die in dieser ATV vorgesehenen Regelungen getroffen werden sollen, sind diese in der Leistungsbeschreibung eindeutig und im einzelnen anzugeben.

0.3.2 Abweichende Regelungen können insbesondere in Betracht kommen bei

Abschnitt 2.1.1,	wenn anstelle der Vorlage einer Werksbescheinigung die Vorlage von Werkszeugnissen oder Werksprüfzeugnissen bzw. Abnahmeprüfzeugnissen 3.1.A, 3.1.B oder 3.1.C vereinbart werden soll,
Abschnitt 3.2.1,	wenn der Auftragnehmer nicht die für die Baugenehmigung erforderlichen Zeichnungen und Festigkeitsberechnungen liefern soll,
Abschnitt 3.2.4,	wenn für die Rückgabe der genehmigten Ausführungsunterlagen eine andere Frist vereinbart werden soll,
Abschnitt 3.4.1,	wenn die Stahlbauleistung nicht die Oberflächenvorbereitung und das Aufbringen einer Grundbeschichtung umfassen soll,

Stahlbauarbeiten   DIN 18335

Abschnitt 3.4.2,	wenn der Auftragnehmer keine Korrosionsschutzarbeiten ausführen soll,
Abschnitt 5.1,	wenn das Gewicht durch Wiegen ermittelt werden soll,
Abschnitt 5.2.2,	wenn bei der Berechnung des Gewichtes Verbindungsmittel berücksichtigt werden sollen,
Abschnitt 5.2.3,	wenn bei der Berechnung des Gewichtes Walztoleranz und Verschnitt berücksichtigt werden sollen,
Abschnitt 5.3,	wenn auch alle gleichen Bauteile gewogen werden sollen.

0.4 Einzelangaben zu Nebenleistungen und Besonderen Leistungen

Als Nebenleistungen, für die unter den Voraussetzungen der ATV DIN 18299, Abschnitt 0.4.1, besondere Ordnungszahlen (Positionen) vorzusehen sind, kommen insbesondere in Betracht:

– Vorhalten der Gerüste (siehe Abschnitt 4.1.6),

– Erstellen und Vorhalten von Baubehelfen (siehe Abschnitt 4.1.7),

– Dichtheitsprüfungen (siehe Abschnitt 4.1.8).

0.5 Abrechnungseinheiten

Im Leistungsverzeichnis sind die Abrechnungseinheiten wie folgt vorzusehen:

0.5.1 Stahlbauteile nach Gewicht (kg, t), Längenmaß (m), Flächenmaß (m^2), Raummaß (m^3) oder Anzahl (Stück).

0.5.2 Verbundteile aus Stahl und Beton oder Stahlbeton nach Längenmaß (m), Flächenmaß (m^2), Raummaß (m^3), Anzahl (Stück), oder getrennt

– Stahlbauteile nach Abschnitt 0.5.1,

– Beton- und Stahlbetonteile nach ATV DIN 18331 "Beton- und Stahlbetonarbeiten",

0.5.3 Lagerkörper, Übergangskonstruktionen und andere besondere Bauteile nach Gewicht (kg, t), Längenmaß (m), Flächenmaß (m^2) oder Anzahl (Stück);

wenn sie mit der Hauptkonstruktion gewogen werden, nach Längenmaß (m), Flächenmaß (m^2) oder Anzahl (Stück) als Zulage zur Hauptkonstruktion.

1 Geltungsbereich

1.1 Die ATV "Stahlbauarbeiten" – DIN 18335 – gilt für Stahlbauleistungen des konstruktiven Ingenieurbaus im Hoch- und Tiefbau einschließlich des Stahlverbundbaus.

1.2 Die ATV DIN 18335 gilt nicht für Metallbau- und Schlosserarbeiten (siehe ATV DIN 18360 "Metallbauarbeiten").

1.3 Ergänzend gelten die Abschnitte 1 bis 5 der ATV DIN 18299 "Allgemeine Regelungen für Bauarbeiten jeder Art". Bei Widersprüchen gehen die Regelungen der ATV DIN 18335 vor.

2 Stoffe, Bauteile

Ergänzend zur ATV DIN 18299, Abschnitt 2, gilt:

2.1 Werkstoffprüfungen

2.1.1 Der Auftragnehmer hat dem Auftraggeber eine Werksbescheinigung nach DIN EN 10204 "Metallische Erzeugnisse – Arten von Prüfbescheinigungen; Deutsche Fassung EN 10204 : 1991 + A1 : 1995" vorzulegen.

Ist statt dessen

- vereinbart, daß Werkszeugnisse oder Werksprüfzeugnisse vorzulegen sind,
- unter Angabe von Umfang und abnehmender Stelle vereinbart, daß Abnahmeprüfzeugnisse 3.1.A, 3.1.B oder 3.1.C vorzulegen sind,

so sind diese nach DIN EN 10204 aufzustellen.

Werkszeugnisse, Werksprüfzeugnisse und Werksbescheinigungen müssen in der Regel vom herstellenden Werk, in begründeten Fällen dürfen sie vom verarbeitenden Werk ausgestellt sein.

2.1.2 Wenn Abnahmeprüfzeugnisse verlangt sind, hat der Auftragnehmer sicherzustellen,

- daß dem Auftraggeber rechtzeitig mitgeteilt wird, wann der Werkstoff zur Prüfung bereitsteht,
- daß der Prüfungsbeauftragte des Auftraggebers Zutritt zum herstellenden bzw. verarbeitenden Werk erhält, soweit es der Prüfungszweck erfordert, und
- daß die zur Durchführung der Prüfung erforderlichen Arbeitskräfte, Maschinen, Geräte usw. sowie die fertig bearbeiteten Probestücke gestellt werden.

2.1.3 Wenn Abnahmeprüfzeugnisse verlangt sind, dürfen für die Ausführung nur Werkstoffe verwendet werden, die vom Prüfungsbeauftragten des Auftraggebers mit einem Prüfzeichen versehen und damit zur Verwendung freigegeben sind.

2.2 Prüfung von Bauteilen

Wenn die Prüfung von Bauteilen vereinbart ist, gilt Abschnitt 2.1.2 entsprechend.

3 Ausführung

Ergänzend zur ATV DIN 18299, Abschnitt 3, gilt:

3.1 Allgemeines

Für Stahlbauleistungen gilt DIN 18800-7 "Stahlbauten – Herstellen, Eignungsnachweise zum Schweißen".

3.2 Ausführungsunterlagen

3.2.1 Der Auftragnehmer hat die für die Baugenehmigung erforderlichen Zeichnungen und Festigkeitsberechnungen, bei Verbundbauteilen auch für die in Verbundwirkung stehenden Beton- und Stahlbetonteile, in drei von ihm unterschriebenen Ausfertigungen dem Auftraggeber zu liefern.

3.2.2 Hat der Auftragnehmer zum Zwecke der Bestandsaufnahme weitere Konstruktionsunterlagen, z. B. Skizzen, Tabellen, maßstabs- und/oder mikrofilmgerechte Zeichnungen zu liefern, so müssen daraus folgende Angaben ersichtlich sein:

– Maße,
– Werkstoffe,
– Verbindungen und Verbindungsmittel,
– Sonderbearbeitungen.

3.2.3 Vom Auftragnehmer zu liefernde Festigkeitsberechnungen müssen von ihm und vom Aufsteller mit vollem Namen unterschrieben sein. Schweißpläne müssen entsprechend vom Auftragnehmer und vom Schweißfachingenieur unterschrieben sein.

3.2.4 Der Auftraggeber hat die vom Auftragnehmer gelieferten Ausführungsunterlagen, soweit sie der Genehmigung des Auftraggebers bedürfen und nicht zu beanstanden sind, in einer Ausfertigung mit seinem Genehmigungsvermerk spätestens 3 Wochen nach der Vorlage zurückzugeben. Beanstandungen sind dem Auftragnehmer unverzüglich mitzuteilen.

3.2.5 Die Verantwortung und Haftung, die dem Auftragnehmer nach dem Vertrag obliegt, wird nicht dadurch eingeschränkt, daß der Auftraggeber Ausführungsunterlagen genehmigt.

Der Auftraggeber erklärt durch seine Genehmigung jedoch, daß die Ausführungsunterlagen seinen Forderungen entsprechen.

3.3 Herstellung

3.3.1 Der Auftraggeber hat dem Auftragnehmer die für die Aufnahme der Stahlkonstruktion hergerichteten Unterbauten in richtiger Lage und Höhe zur vereinbarten Zeit zur Verfügung zu stellen. Dabei hat er eine Höhenmarke, die Mittellinien des Bauwerks und die Widerlager-, Pfeiler- oder Säulenachsen zu kennzeichnen.

Der Auftragnehmer hat sich vor Beginn der Montage von der richtigen Lage und Kennzeichnung der Unterbauten zu überzeugen. Er hat dem Auftraggeber Bedenken unverzüglich mitzuteilen (siehe B § 4 Nr 3).

3.3.2 Der Auftragnehmer hat die Stahlbauten auszurichten und die Lager, Stützenfüße und Verankerungen zu unterstopfen oder zu verpressen.

Mit dem Unterstopfen oder Verpressen darf erst begonnen werden, nachdem Auftragnehmer und Auftraggeber gemeinsam die vertragsgemäße Lage der Lager, Stützenfüße und Verankerungen festgestellt haben. Die Feststellung ist in einer gemeinsamen Niederschrift zu erklären; sie gilt nicht als Abnahme.

Im Endausbau störende Hilfseinrichtungen zur Herstellung der planmäßigen Lage der Lager, Stützenfüße und Verankerungen während des Einbaues, z. B. Keile, hat der Auftragnehmer zu entfernen, sobald die Unterlage die erforderliche Festigkeit erreicht hat.

3.4 Korrosionsschutzarbeiten

3.4.1 Die Stahlbauleistungen umfassen auch die Oberflächenvorbereitung und das Aufbringen einer Grundbeschichtung; in diesem Fall sind die Abschnitte 1 bis 4 der ATV DIN 18364 "Korrosionsschutzarbeiten an Stahl- und Aluminiumbauten" sinngemäß, Abschnitt 5 der ATV DIN 18364 jedoch nicht anzuwenden.

3.4.2 Der Auftragnehmer hat die im Endzustand nicht von Beton berührten Oberflächen nach DIN 55928-4 "Korrosionsschutz von Stahlbauten durch Beschichtungen und Überzüge – Vorbereitung und Prüfung der Oberflächen" vorzubereiten und eine Grundbeschichtung nach DIN 55928-5 "Korrosionsschutz von Stahlbauten durch Beschichtungen und Überzüge – Beschichtungsstoffe und Schutzsysteme" und nach DIN 55928-6 "Korrosionsschutz von Stahlbauten durch Beschichtungen und Überzüge – Ausführung und Überwachung der Korrosionsschutzarbeiten" aufzubringen.

Bei Berührungsflächen zu verbindender Stahlbauteile ist jedoch DIN 18800-7 zu beachten.

4 Nebenleistungen, Besondere Leistungen

4.1 Nebenleistungen sind ergänzend zur ATV DIN 18299, Abschnitt 4.1, insbesondere:

4.1.1 Feststellen des Zustands der Straßen, der Geländeoberfläche, der Vorfluter usw. nach B § 3 Nr 4.

4.1.2 Schutz der Unterbauten vor Verunreinigungen durch Arbeiten des Auftragnehmers bis zum Zeitpunkt der Abnahme.

4.1.3 Stellen der für die Prüfung während der Herstellung und für die Abnahme nach Fertigstellung der Stahlbauten erforderlichen Proben, Arbeitskräfte, Maschinen und Werkzeuge.

4.1.4 Wiegen der Stahlbauteile oder Liefern der Gewichtsberechnungen für die Abrechnung.

4.1.5 Herstellen der Abdeckungen und Umwehrungen von Öffnungen und Belassen zum Mitbenutzen durch andere Unternehmer über die eigene Benutzungsdauer hinaus. Der Abschluß der eigenen Benutzung ist dem Auftraggeber unverzüglich schriftlich mitzuteilen.

4.1.6 Vorhalten der Gerüste für die eigene Benutzung.

Stahlbauarbeiten DIN 18335

4.1.7 Erstellen und Vorhalten von Baubehelfen (z. B. Hilfskonstruktionen und Traggerüste) einschließlich Liefern der dafür erforderlichen statischen und zeichnerischen Unterlagen.

4.1.8 Dichtheitsprüfungen, soweit diese zum Nachweis der Funktionsfähigkeit notwendig sind.

4.2 Besondere Leistungen sind ergänzend zur ATV DIN 18299, Abschnitt 4.2, z. B.:

4.2.1 Boden- und Wasseruntersuchungen.

4.2.2 Vorhalten der Gerüste über die eigene Benutzungsdauer hinaus für andere Unternehmer.

4.2.3 Umbau von Gerüsten, Vorhalten von Hebezeugen, Aufzügen, Aufenthalts- und Lagerräumen, Einrichtungen und dergleichen für Zwecke anderer Unternehmer.

4.2.4 Reinigen der Unterbauten und Stahlbauteile von grober Verschmutzung durch Bauschutt, Gips, Mörtelreste, Farbreste u. ä., soweit sie nicht vom Auftragnehmer herrührt.

4.2.5 Liefern von Berechnungen und Zeichnungen über Abschnitt 3.2.1 und über B § 14 Nr 1 hinaus, z. B. Lieferung von Anstrichflächenberechnungen.

4.2.6 Leistungen zum Nachweis der Güte der Stoffe, Bauteile und Verbindungen, die über die nach den Abschnitten 2.1 und 3.1 geforderten Leistungen hinausgehen.

4.2.7 Leistungen des Prüfungsbeauftragten für die Abnahmeprüfzeugnisse (siehe Abschnitt 2.1.1) bzw. für die Prüfung von Bauteilen (siehe Abschnitt 2.2).

4.2.8 Einbringen und Entfernen flüssiger Füllstoffe zur Dichtheitsprobe, wenn der Dichtheitsnachweis auch mit anderen Mitteln geführt werden kann.

4.2.9 Vom Auftraggeber verlangte Probebelastungen.

4.2.10 Herstellen von Aussparungen und Schlitzen, die nach Art, Maßen und Anzahl in der Leistungsbeschreibung nicht angegeben sind.

4.2.11 Schließen von Löchern, Schlitzen und Durchbrüchen.

4.2.12 Einsetzen von Einbauteilen (Zargen, Ankerschienen, Rohren, Leitungen, Dübeln u. ä.).

4.2.13 Herstellen von Fugendichtungen.

4.2.14 Arbeiten zum Anschließen an vorhandene Konstruktionen.

4.2.15 Korrosionsschutzarbeiten über die Leistungen nach Abschnitt 3.4 hinaus.

5 Abrechnung

Ergänzend zur ATV DIN 18299, Abschnitt 5, gilt:

5.1 Allgemeines

Bei Abrechnung nach Gewicht wird es durch Berechnen ermittelt. Das Gewicht von Formstücken, z. B. Guß- oder Schmiedeteilen, wird jedoch durch Wiegen ermittelt.

5.2 Gewichtsermittlung durch Berechnen

5.2.1 Für die Ermittlung der Maße gelten:
- bei Flachstählen bis 180 mm Breite sowie bei Form- und Stabstählen die größte Länge,
- bei Flachstählen über 180 mm Breite und bei Blechen die Fläche des kleinsten umschriebenen, aus geraden oder nach außen gekrümmten Linien bestehenden Vielecks, bei hochkantig gebogenen Flachstählen jedoch anstatt der Sehne die nach innen gekrümmte Linie,
- bei angeschnittenen, ausgeklinkten oder beigezogenen Trägern der volle Querschnitt.

Ausschnitte und einspringende Ecken werden übermessen.

5.2.2 Bei der Berechnung des Gewichtes ist zugrunde zu legen:
- bei genormten Profilen das Gewicht nach DIN-Norm,
- bei anderen Profilen das Gewicht aus dem Profilbuch des Herstellers,
- bei Blechen, Breitflachstählen und Bandstählen das Gewicht von 7,85 kg je m^2 Fläche und mm Dicke,
- bei Formstücken aus Stahl die Dichte von 7,85 kg/dm^3 und bei solchen aus Gußeisen (Grauguß) die Dichte von 7,25 kg/dm^3.

Verbindungsmittel, z. B. Schrauben, Niete, Schweißnähte bleiben unberücksichtigt.

5.2.3 Walztoleranz und Verschnitt bleiben unberücksichtigt.

5.3 Gewichtsermittlung durch Wiegen

Sämtliche Bauteile sind zu wiegen. Von gleichen Bauteilen braucht nur eine angemessene Anzahl gewogen zu werden.

VOB Teil C:
Allgemeine Technische Vertragsbedingungen für Bauleistungen (ATV) Abdichtungsarbeiten – DIN 18336
Ausgabe Juni 1996

Inhalt

0 Hinweise für das Aufstellen der Leistungsbeschreibung

1 Geltungsbereich

2 Stoffe, Bauteile

3 Ausführung

4 Nebenleistungen, Besondere Leistungen

5 Abrechnung

0 Hinweise für das Aufstellen der Leistungsbeschreibung

Diese Hinweise ergänzen die ATV DIN 18299 "Allgemeine Regelungen für Bauarbeiten jeder Art", Abschnitt 0. Die Beachtung dieser Hinweise ist Voraussetzung für eine ordnungsgemäße Leistungsbeschreibung gemäß A § 9.

Die Hinweise werden nicht Vertragsbestandteil.

In der Leistungsbeschreibung sind nach den Erfordernissen des Einzelfalls insbesondere anzugeben:

0.1 Angaben zur Baustelle

0.1.1 Art, Beschaffenheit und Neigung des Abdichtungsuntergrundes.

0.1.2 Höchster, für die Abdichtung maßgebender Grundwasser- bzw. Hochwasserstand, größte Eintauchtiefe der Abdichtung.

0.2 Angaben zur Ausführung

0.2.1 Art, Lage, Anzahl und Größe der abzudichtenden Bauwerksteile.

0.2.2 Art der Abdichtung je nach der Nutzung und/oder Wasserbeanspruchung (Bodenfeuchtigkeit, nichtdrückendes Wasser oder drückendes Wasser).

0.2.3 Bei Abdichtung gegen nichtdrückendes Wasser Art der Beanspruchung (hoch oder mäßig nach DIN 18195-5) und Art der Stoffe.

0.2.4 Größe des auf die Abdichtung dauernd wirkenden Flächendrucks, zu erwartende Änderungen des Flächendrucks und die betroffenen Bereiche, jeweils für Sohl-, Decken- und Wandflächen unterteilt.

0.2.5 Lage der Abdichtung auf der dem Wasser zugekehrten oder abgekehrten Seite des Bauwerks; Lage der Einbaustelle.

0.2.6 Lage der Abdichtung in Räumen oder auf Außenseiten des Bauwerks; Lage der Einbaustelle.

0.2.7 Vorbehandeln des Abdichtungsuntergrundes.

0.2.8 Besondere Anforderungen an die Widerstandsfähigkeit der Abdichtung gegen thermische, mechanische (statische und dynamische) und chemische Beanspruchungen.

0.2.9 Art, Lage, Konstruktion und Längen der abzudichtenden Fugen.

0.2.10 Art, Richtung und Größe der Fugenbewegungen.

0.2.11 Art, Lage und Abmessungen der Durchdringungen und Einbauteile für den Abdichtungsanschluß.

0.2.12 Art, Lage und Abmessungen der An- und Abschlüsse.

0.2.13 Lage, Abmessungen und Anzahl zeitweiliger Aussparungen, z. B. für Rammträger oder Steifen, die erst zu einem späteren Zeitpunkt abgedichtet werden können.

0.2.14 Lage, Abmessungen und Anzahl vorhandener Schrägflächen, getrennt nach Neigung bis 1 : 1 und über 1 : 1.

0.2.15 Leistung getrennt nach Sohlen-, Decken- und Wandflächen.

0.2.16 Höhe der abzudichtenden Wandflächen und Abmessungen der Einzelabschnitte, z. B bei abschnittsweiser Hinterfüllung.

0.2.17 Art des Abdichtungseinbaus, z. B. innerer Einbau oder äußerer Einbau mit Arbeitsraum.

0.2.18 Art und Lage der konstruktiven Maßnahmen gegen schädliche Gleitbewegungen von Bauwerksteilen.

0.2.19 Art der vorgesehenen Schutzschichten.

0.2.20 Art und Länge des Überganges der Sohlen- zur Wandabdichtung (Kehranschluß bzw. rückläufiger Stoß).

0.2.21 Besondere Bedingungen des Auftraggebers für das Aufstellen von Schmelzkesseln oder für Arbeiten mit offener Flamme.

Abdichtungsarbeiten　　　　　　　　　　　　　　　　　　DIN 18336

0.3 Einzelangaben bei Abweichungen von den ATV

0.3.1 Wenn andere als die in dieser ATV vorgesehenen Regelungen getroffen werden sollen, sind diese in der Leistungsbeschreibung eindeutig und im einzelnen anzugeben.

0.3.2 Abweichende Regelungen können insbesondere in Betracht kommen bei den Abschnitten 3.2 bis 3.6.

0.4 Einzelangaben zu Nebenleistungen und Besonderen Leistungen
Keine ergänzende Regelung zur ATV DIN 18299, Abschnitt 0.4.

0.5 Abrechnungseinheiten
Im Leistungsverzeichnis sind die Abrechnungseinheiten wie folgt vorzusehen:

0.5.1 Flächenmaß (m^2), getrennt nach Bauart und Maßen, für
- Abdichtungen einschließlich der Flächen von rückläufigen Stößen, getrennt nach Neigungen bis 1 : 1 und über 1 : 1,
- Verstärkungen in der Fläche.

0.5.2 Längenmaß (m), getrennt nach Bauart und Maßen, für
- Abdichtungen über Bewegungsfugen, getrennt nach Neigungen der Flächen bis 1 : 1 und über 1 : 1,
- waagerechte Abdichtungen in Wänden gegen Bodenfeuchtigkeit,
- Übergänge, Anschlüsse und Abschlüsse,
- Kehranschlüsse,
- rückläufige Stöße,
- Verstärkung an Kanten, Kehlen, Anschlüssen, Abschlüssen und Übergängen.

0.5.3 Anzahl (Stück), getrennt nach Bauart und Maßen, für Anschlüsse der Abdichtung an Durchdringungen, getrennt nach Neigungen der Flächen bis 1 : 1 und über 1 : 1, in denen die Durchdringungen angeordnet sind.

0.5.4 Vorbehandeln des Abdichtungsuntergrundes nach Flächenmaß (m^2) oder, wenn dies nicht möglich ist, nach Arbeitszeit (h).

1 Geltungsbereich

1.1 Die ATV "Abdichtungsarbeiten" – DIN 18336 – gilt für Abdichtungen mit Bitumen, Bitumenwerkstoffen, Metallbändern und Kunststoff-Dichtungsbahnen gegen Bodenfeuchtigkeit, nichtdrückendes und drückendes Wasser.

1.2 Die ATV DIN 18336 gilt nicht für
- wasserundurchlässigen Beton (siehe ATV DIN 18331 "Beton- und Stahlbetonarbeiten"),
- Dachabdichtungen (siehe ATV DIN 18338 "Dachdeckungs- und Dachabdichtungsarbeiten"),
- Gußasphaltarbeiten (siehe ATV DIN 18354 "Gußasphaltarbeiten"),

- Abdichtungen der Fahrbahntafeln von Brücken, die zu öffentlichen Straßen gehören,
- Abdichtungen von Erdbauwerken und Deponien.

1.3 Ergänzend gelten die Abschnitte 1 bis 5 der ATV DIN 18299 "Allgemeine Regelungen für Bauarbeiten jeder Art". Bei Widersprüchen gehen die Regelungen der ATV DIN 18336 vor.

2 Stoffe, Bauteile

Ergänzend zur ATV DIN 18299, Abschnitt 2, gilt:

Für die gebräuchlichsten genormten Stoffe und Bauteile sind die DIN-Normen in DIN 18195-2 "Bauwerksabdichtungen – Stoffe" genannt.

3 Ausführung

Ergänzend zur ATV DIN 18299, Abschnitt 3, gilt:

3.1 Allgemeines

3.1.1 Für die Verarbeitung der Stoffe gilt DIN 18195-3 "Bauwerksabdichtungen – Verarbeitung der Stoffe".

3.1.2 Der Auftragnehmer hat bei seiner Prüfung Bedenken (siehe B § 4 Nr 3) insbesondere geltend zu machen bei

- Mängeln des Abdichtungsuntergrundes durch
  - größere Unebenheiten,
  - ungenügende Festigkeit,
  - Spannungs- und Setzrisse, Löcher, Betonnester,
  - scharfe Schalungskanten und Grate,
  - fehlende Rundung von Ecken, Kanten und Kehlen,
  - zu rauhe, zu porige, zu glatte, zu feuchte, zu stark saugende, verölte Flächen,
- fehlenden Gleitsicherungen,
- ungeeigneter Art oder Lage von durchdringenden Bauteilen oder von Bewegungsfugen,
- ungeeigneter Art oder Fehlen von Einbauteilen zum Anschluß der Abdichtung an Durchdringungen oder von Entwässerungseinrichtungen.

3.1.3 Auf Verlangen des Auftraggebers oder des Auftragnehmers ist die Abdichtung vor Ausführen der Nachfolgearbeiten gemeinsam erneut zu überprüfen; die dabei festgestellten Schäden hat der Auftragnehmer zu beseitigen. Solche Maßnahmen sind, soweit sie nicht der Auftragnehmer zu vertreten hat, Besondere Leistungen (siehe Abschnitt 4.2.1).

3.2 Abdichtung gegen Bodenfeuchtigkeit

3.2.1 Waagerechte Abdichtung in Wänden

Die Abdichtung ist einlagig mit lose verlegten Bitumen-Dachdichtungsbahnen G 200 DD nach DIN 52130 "Bitumen-Dachdichtungsbahnen – Begriffe, Bezeichnung, Anforderungen" auszuführen.

3.2.2 Abdichtung von Außenwandflächen

Auf den Abdichtungsuntergrund ist ein Voranstrich aus lösungsmittelhaltigem Bitumen-Voranstrichmittel aufzubringen.

Die Abdichtung ist einlagig mit Bitumen-Schweißbahnen V 60 S4 nach DIN 52131 "Bitumen-Schweißbahnen – Begriffe, Bezeichnung, Anforderungen" auszuführen.

3.2.3 Abdichtung von Fußbodenflächen

Die Abdichtung ist einlagig mit lose verlegten Bitumen-Schweißbahnen V 60 S4 nach DIN 52131 auszuführen. Die Überdeckungen der Bahnen sind miteinander zu verschweißen.

3.2.4
Im übrigen gilt DIN 18195-4 "Bauwerksabdichtungen – Abdichtungen gegen Bodenfeuchtigkeit – Bemessung und Ausführung".

3.3 Abdichtung gegen nichtdrückendes Wasser

3.3.1 Mäßige Beanspruchung

3.3.1.1 Bitumenbahnen

Auf den Abdichtungsuntergrund ist ein Voranstrich aus lösungsmittelhaltigem Bitumen-Voranstrichmittel aufzubringen.

Die Abdichtung ist einlagig mit Bitumen-Schweißbahnen G 200 S4 nach DIN 52131 vollflächig verklebt auszuführen.

3.3.1.2 Kunststoff-Dichtungsbahnen

Die Abdichtung ist einlagig mit Kunststoff-Dichtungsbahnen PVC-P-NB nach DIN 16938 "Kunststoff-Dichtungsbahnen aus weichmacherhaltigem Polyvinylchlorid (PVC-P), nicht bitumenverträglich – Anforderungen", mindestens 1,2 mm dick und mit einer Schutzlage aus mindestens 2 mm dicken und mindestens 300 g/m^2 schweren Bahnen aus synthetischem Vlies auszuführen.

3.3.2 Hohe Beanspruchung

3.3.2.1 Bitumenbahnen

Auf den Abdichtungsuntergrund ist ein Voranstrich aus lösungsmittelhaltigem Bitumen-Voranstrichmittel aufzubringen.

Die Abdichtung ist zweilagig aus Bitumen-Dichtungsbahnen mit einer Lage G 200 DD nach DIN 52130 und einer Lage PV 200 DD nach DIN 52130, auf der dem Wasser zugewandten Seite vollflächig aufgeklebt, mit einem Deckaufstrich auszuführen.

3.3.2.2 Kunststoff-Dichtungsbahnen

Die Abdichtung ist einlagig mit Kunststoff-Dichtungsbahnen PVC-P-NB nach DIN 16938, mindestens 1,5 mm dick, zwischen Schutzlagen aus mindestens 2 mm dicken und mindestens 300 g/m² schweren Bahnen aus synthetischem Vlies auszuführen.

3.3.3
Im übrigen gilt DIN 18195-5 "Bauwerksabdichtungen – Abdichtungen gegen nichtdrückendes Wasser; Bemessung und Ausführung".

3.4 Abdichtung gegen drückendes Wasser

3.4.1 Abdichtung gegen von außen drückendes Wasser

3.4.1.1 Die Abdichtung ist mehrlagig aus mindestens 3 Lagen mit nackten Bitumenbahnen R 500 N nach DIN 52129 "Nackte Bitumenbahnen – Begriff, Bezeichnung, Anforderungen" im Gießverfahren auszuführen und mit einem Deckaufstrich zu versehen.

Auf senkrechten und mehr als 1 : 1 geneigten Flächen ist ein Voranstrich aus lösungsmittelhaltigem Bitumenvoranstrichmittel aufzubringen.

3.4.1.2 Bei Abdichtungen aus nackten Bitumenbahnen R 500 N nach DIN 52129 mit Kupferriffelbändern sind die Kupferriffelbänder im Gieß- und Einwalzverfahren einzubauen.

3.4.1.3 Im übrigen gilt DIN 18195-6 "Bauwerksabdichtungen – Abdichtungen gegen von außen drückendes Wasser – Bemessung und Ausführung".

3.4.2 Abdichtung gegen von innen drückendes Wasser

3.4.2.1 Die Abdichtung ist einlagig mit Kunststoff-Dichtungsbahnen PVC-P-NB nach DIN 16938, mindestens 1,5 mm dick, auszuführen.

3.4.2.2 Im übrigen gilt DIN 18195-7 "Bauwerksabdichtungen – Abdichtungen gegen von innen drückendes Wasser; Bemessung und Ausführung".

3.5 Abdichtung über Bewegungsfugen

Für Abdichtungen über Bewegungsfugen mit einem resultierenden Bewegungsmaß von max. 10 mm gilt:

3.5.1 Bodenfeuchtigkeit

Die Flächenabdichtung nach Abschnitt 3.2 ist über den Fugen durchzuführen; beide Seiten der Abdichtung sind durch je eine Lage Polymerbitumen-Schweißbahnen PYE-PV 200 S5 nach DIN 52133 "Polymerbitumen-Schweißbahnen – Begriffe, Bezeichnung, Anforderungen", mindestens 30 cm breit, mittig über der Fuge angeordnet, zu verstärken.

3.5.2 Nichtdrückendes Wasser

3.5.2.1 Bitumenbahnen

Die Flächenabdichtung nach den Abschnitten 3.3.1.1 oder 3.3.2.1 ist über den Fugen durchzuführen; beide Seiten der Abdichtung sind durch je eine Lage

Polymerbitumen-Schweißbahnen PYE-PV 200 S5 nach DIN 52133, mindestens 30 cm breit, mittig über der Fuge angeordnet, zu verstärken.

3.5.2.2 Kunststoff-Dichtungsbahnen

Die Flächenabdichtung nach den Abschnitten 3.3.1.2 oder 3.3.2.2 ist über den Fugen durchzuführen; vorher sind die Fugen mit einem einseitig befestigten, kunststoffbeschichteten Blech, mindestens 0,5 mm dick und mindestens 20 cm breit, abzudecken.

3.5.3 Drückendes Wasser

3.5.3.1 Von außen drückendes Wasser

Die Flächenabdichtung nach Abschnitt 3.4.1 ist über den Fugen durchzuführen; beide Seiten der Abdichtung sind durch Kupferriffelbänder, 0,2 mm dick, mindestens 30 cm breit, mittig über der Fuge angeordnet, zu verstärken.

Die Kupferriffelbänder sind durch Zulagen aus nackten Bitumenbahnen R 500 N nach DIN 52129, mindestens 50 cm breit, auf ihren Außenseiten zu schützen.

3.5.3.2 Von innen drückendes Wasser

Die Flächenabdichtung nach Abschnitt 3.4.2 ist über den Fugen durchzuführen; vorher sind die Fugen mit einem einseitig befestigten, kunststoffbeschichteten Blech, mindestens 0,5 mm dick und mindestens 20 cm breit, abzudecken.

3.5.4 Im übrigen gilt DIN 18195-8 "Bauwerksabdichtungen – Abdichtungen über Bewegungsfugen".

3.6 Durchdringungen, Übergänge, Abschlüsse

3.6.1 Bodenfeuchtigkeit

Anschlüsse an Durchdringungen und Übergänge sind mit Klebeflanschen auszuführen.

3.6.2 Nichtdrückendes Wasser

3.6.2.1 Bitumenbahnen

Anschlüsse an Durchdringungen und Übergänge sind mit Klebeflanschen auszuführen.

Abschlüsse an aufgehende Bauteile sind mit Klemmschienen auszuführen.

3.6.2.2 Kunststoff-Dichtungsbahnen

Anschlüsse an Durchdringungen und Übergänge sind mit Anschweißflanschen auszuführen.

Abschlüsse an aufgehenden Bauteilen sind mit kunststoffbeschichteten Blechen auszuführen.

3.6.3 Drückendes Wasser

Anschlüsse an Durchdringungen und Übergänge sind mit Los- und Festflanschkonstruktionen auszuführen; die Abdichtung ist gleichmäßig einzuspannen.

Abschlüsse sind bei innerem Einbau der Abdichtung durch Umlegen der Abdichtung auf die Wandschutzschicht herzustellen, bei äußerem Einbau der Abdichtung mit Klemmschienen auszuführen.

3.6.4 Im übrigen gilt DIN 18195-9 "Bauwerksabdichtungen – Durchdringungen, Übergänge, Abschlüsse".

4 Nebenleistungen, Besondere Leistungen

4.1 Nebenleistungen sind ergänzend zur ATV DIN 18299, Abschnitt 4.1, insbesondere:

4.1.1 Umbau von Gerüsten, deren Arbeitsbühnen bis zu 2 m über Gelände oder Fußboden liegen.

4.1.2 Reinigen des Abdichtungsuntergrundes, ausgenommen Leistungen nach Abschnitt 4.2.3.

4.2 Besondere Leistungen sind ergänzend zur ATV DIN 18299, Abschnitt 4.2, z. B.:

4.2.1 Maßnahmen nach Abschnitt 3.1.3.

4.2.2 Vorbehandeln des Abdichtungsuntergrundes, soweit es dem Auftragnehmer nicht ohnehin obliegt.

4.2.3 Reinigen des Untergrundes von grober Verschmutzung durch Bauschutt, Gips, Mörtelreste, Öl u. ä., soweit sie nicht vom Auftragnehmer herrührt.

4.2.4 Vorhalten von Aufenthalts- und Lagerräumen, wenn der Auftraggeber Räume, die leicht verschließbar gemacht werden können, nicht zur Verfügung stellt.

4.2.5 Auf- und Abbauen sowie Vorhalten von Gerüsten.

4.2.6 Umbau von Gerüsten, deren Arbeitsbühnen mehr als 2 m über Gelände oder Fußboden liegen.

4.2.7 Boden- und Wasseruntersuchungen.

4.2.8 Maßnahmen für die Weiterarbeit bei Witterungsverhältnissen, die sich nachteilig auf die Abdichtung auswirken können (siehe DIN 18195-4 bis DIN 18195-6), z. B. Temperaturen unter + 5 °C, Niederschläge, Nässe, scharfer Wind.

4.2.9 Schutzmaßnahmen nach DIN 18195-10 "Bauwerksabdichtungen; Schutzschichten und Schutzmaßnahmen".

4.2.10 Herstellen von Schutzschichten nach DIN 18195-10.

4.2.11 Abdichtungen über Bewegungsfugen.

4.2.12 Verstärkungen der Abdichtung in der Fläche, an Kanten, Kehlen, Anschlüssen, Abschlüssen, Übergängen und Durchdringungen.

4.2.13 Herstellen von Kehranschlüssen und rückläufigen Stößen.

4.2.14 Abdichtung mittels Flanschen, Klemmschienen und Verbundblechen.

4.2.15 Kontrollprüfungen einschließlich der Probenahmen sowie zugehörige Leistungen.

4.2.16 Prüfung der Haftzugfestigkeit des Betons.

5 Abrechnung
Ergänzend zur ATV DIN 18299, Abschnitt 5, gilt:

5.1 Der Ermittlung der Leistung – gleichgültig, ob sie nach Zeichnungen oder nach Aufmaß erfolgt – sind zugrunde zu legen
- bei Abdichtungen auf Flächen, die von Bauteilen begrenzt sind, die Fläche bis zu den begrenzenden, ungeputzten bzw. unbekleideten Bauteilen,
- bei Abdichtungen auf Flächen ohne begrenzende Bauteile die Maße der Abdichtung,
- für die Länge von Abdichtungen oder Abdichtungsverstärkungen über Fugen, an Übergängen, Anschlüssen, Kehranschlüssen, rückläufigen Stößen, Abschlüssen, Kanten und Kehlen die größte Bauteillänge.

5.2 Bei rückläufigen Stößen werden ihre Flächen, zusätzlich zu der Länge der Stöße, sowohl als Sohl- als auch als Wandabdichtung abgerechnet.

5.3 Es werden übermessen
- bei der Ermittlung des Flächenmaßes Aussparungen, z. B. Öffnungen, Durchdringungen, bis zu einer Einzelgröße von 2,5 m^2,
- bei der Ermittlung des Längenmaßes Unterbrechungen bis zu einer Einzellänge von 1 m,
- Fugen.

VOB Teil C:
Allgemeine Technische Vertragsbedingungen für Bauleistungen (ATV) Dachdeckungs- und Dachabdichtungsarbeiten – DIN 18338
Ausgabe Juni 1996

Inhalt

0 Hinweise für das Aufstellen der Leistungsbeschreibung

1 Geltungsbereich

2 Stoffe, Bauteile

3 Ausführung

4 Nebenleistungen, Besondere Leistungen

5 Abrechnung

0 Hinweise für das Aufstellen der Leistungsbeschreibung

Diese Hinweise ergänzen die ATV DIN 18299 "Allgemeine Regelungen für Bauarbeiten jeder Art", Abschnitt 0. Die Beachtung dieser Hinweise ist Voraussetzung für eine ordnungsgemäße Leistungsbeschreibung gemäß A § 9.

Die Hinweise werden nicht Vertragsbestandteil.

In der Leistungsbeschreibung sind nach den Erfordernissen des Einzelfalles insbesondere anzugeben:

0.1 Angaben zur Baustelle

0.1.1 Art des Daches, Dachform, Dachneigung, Traufhöhe sowie Anzahl, Lage und Größe der Einzelflächen.

0.1.2 Art und Beschaffenheit des Untergrundes, z. B. Unterlage, Unterbau, Tragschicht, Tragwerk; Pfetten- und Sparrenabstände.

0.1.3 Zulässige Belastungen der Dachfläche oder Tragkonstruktion.

0.1.4 Art, Lage und Tragfähigkeit von Anschlagpunkten für Schutznetze.

0.2 Angaben zur Ausführung

0.2.1 Besondere Anforderungen an Schutzgerüste, Schutzmaßnahmen.

Dachdeckungs- und Dachabdichtungsarbeiten DIN 18338

0.2.2 Art der Dachdeckung, Dachabdichtung bzw. Bekleidung und deren Befestigung; Überdeckungen und Ausführungsarten.

0.2.3 Art, Güte und Farbe der Dachdeckungs- bzw. Dachabdichtungsstoffe sowie der Stoffe und Bauteile für die verschiedenen Schichten.

0.2.4 Anzahl, Art, Ausbildung und Abmessungen von Anschlüssen, Abschlüssen, Durchdringungen u.ä.

0.2.5 Einbau von Sicherheitsdachhaken, Schneefanggittern, Lüftern, Laufstegen, Dachflächenfenstern, Lichtkuppeln u. ä.

0.2.6 Art und Lage von Dachentwässerungen.

0.2.7 Besondere Maßnahmen zur Sicherung gegen Windsog oder -druck.

0.2.8 Anforderungen an den Brand-, Schall-, Wärme- und Feuchteschutz.

0.2.9 Art, Güte und Ausbildung der Wärmedämmung, z. B. Gefälledämmung.

0.2.10 Art, Umfang und Ausbildung der Belüftung des Dachraumes, der Dachkonstruktion bzw. der Außenwandbekleidung.

0.2.11 Maßnahmen zum Erreichen der Winddichtigkeit.

0.2.12 Maßnahmen zum Erfüllen erhöhter Anforderungen an die Dachdeckung, z. B. gegen Eindringen von Staub, Flugschnee.

0.2.13 Besondere mechanische, chemische und thermische Beanspruchungen, denen Stoffe und Bauteile nach dem Einbau ausgesetzt sind.

0.2.14 Besondere Bedingungen des Auftraggebers für das Aufstellen von Schmelzkesseln.

0.2.15 Maßnahmen gegen Abgleiten von Dachabdichtungen bei geneigten Flächen.

0.2.16 Art, Lage und Ausbildung von Bauwerks- und Bewegungsfugen.

0.2.17 Art, Stoffe und Ausbildung der Abdichtung bzw. der Abdeckung von Fugen.

0.2.18 Ausführungsart von provisorischen Abdeckungen oder Abdichtungen und deren Beseitigung.

0.2.19 Art und Anzahl geforderter Musterflächen, Mustermontagen, Stoffmustern und Proben.

0.2.20 Art des Holz- bzw. Korrosionsschutzes.

0.2.21 Besondere Gestaltung von Flächen, z. B. Teilung, Fugenausbildung, Struktur, Farbe, Oberflächenbehandlung, besondere Ausführungsart.

0.2.22 Besonderer Schutz der Leistungen, z. B. Verpackung, Kantenschutz, Abdeckungen.

0.2.23 Liefern von Verlege- und Montageplänen.

0.3 Einzelangaben bei Abweichungen von den ATV

0.3.1 Wenn andere als die in dieser ATV vorgesehenen Regelungen getroffen werden sollen, sind diese in der Leistungsbeschreibung eindeutig und im einzelnen anzugeben.

0.3.2 Abweichende Regelungen können insbesondere in Betracht kommen bei den Abschnitten 3.2 bis 3.4.

0.4 Einzelangaben zu Nebenleistungen und Besonderen Leistungen
Keine ergänzende Regelung zur ATV DIN 18299, Abschnitt 0.4.

0.5 Abrechnungseinheiten
Im Leistungsverzeichnis sind die Abrechnungseinheiten wie folgt vorzusehen:

0.5.1 Flächenmaß (m^2), getrennt nach Bauart und Maßen, für
- Dachdeckungen, z. B. mit Papp- oder Strohdocken, Verstrich, Klammerbefestigung,
- Dachabdichtungen,
- Voranstriche, Trennschichten, Sperrschichten, Dämmschichten, Schutzschichten, Unterspannbahnen, Kiesschüttungen, Plattenbeläge, Schichten für Begrünungen,
- Außenwandbekleidungen.

0.5.2 Längenmaß (m), getrennt nach Bauart und Maßen, für
- Deckungen oder Abdichtungen von Firsten, Graten, Kehlen, Ortgängen u. ä.,
- Deckungen oder Abdichtungen von Brandwänden,
- Profile, Abdeckungen, Kanten, Abschlüsse und Anschlüsse, z. B. an Lichtkuppeln, Dachflächenfenster, Dachaufbauten,
- Bohlen,
- Abdichtung über Bauwerksfugen,
- Verstärkungen der Abdichtungen in den Flächen an Kanten, Kehlen, Anschlüssen, Abschlüssen, Übergängen, Durchdringungen u.ä.
- Bekleidungen von Leibungen,
- Laufroste,
- Schneefanggitter u. ä.

0.5.3 Anzahl (Stück), getrennt nach Bauart und Maßen, für
- Anschlüsse an Öffnungen und Durchdringungen, z. B. Abläufe, Rohre, Schornsteine,
- Gaubenpfosten und Gauben,
- Lichtkuppeln, Dachflächenfenster, Lichtplatten, Glasformstücke u. ä.,
- Sicherheitsdachhaken, Trittstufen, Stützen, Lüfter u.ä.,
- Einzelformziegel und -stücke, z. B. Lüfterziegel, Eckziegel.

1 Geltungsbereich

1.1 Die ATV "Dachdeckungs- und Dachabdichtungsarbeiten" – DIN 18338 – gilt für Dachdeckungen und Dachabdichtungen einschließlich der erforderlichen Dichtungs-, Dämm- und Schutzschichten. Sie gilt auch für Außenwandbekleidungen mit Dachdeckungstoffen.

1.2 Die ATV DIN 18338 gilt nicht für
- das Herstellen von Dachdeckungen mit am Bau zu fälzenden Metallbauteilen und Metallanschlüssen (siehe ATV DIN 18339 "Klempnerarbeiten"),
- das Herstellen von Deckunterlagen aus Latten oder als Schalung und das Herstellen von Außenwandbekleidungen mit Holzschindeln (siehe ATV DIN 18334 "Zimmer- und Holzbauarbeiten"),
- Abdichtungen gegen Bodenfeuchtigkeit, nichtdrückendes und drückendes Wasser (siehe ATV DIN 18336 "Abdichtungsarbeiten") sowie
- Metallbauarbeiten (siehe ATV DIN 18360 "Metallbauarbeiten").

1.3 Ergänzend gelten die Abschnitte 1 bis 5 der ATV DIN 18299 "Allgemeine Regelungen für Bauarbeiten jeder Art". Bei Widersprüchen gehen die Regelungen der ATV DIN 18338 vor.

2 Stoffe, Bauteile

Ergänzend zur ATV DIN 18299, Abschnitt 2, gilt:

Für die gebräuchlichsten genormten Stoffe und Bauteile sind die DIN-Normen nachstehend aufgeführt.

2.1 Stoffe für Dachdeckungen

DIN 456	Dachziegel – Anforderungen, Prüfung, Überwachung
DIN 59231	Wellbleche, Pfannenbleche, verzinkt
DIN 68119	Holzschindeln
DIN EN 490	Dach- und Formsteine aus Beton – Produktanforderungen; Deutsche Fassung EN 490 : 1994
DIN EN 492	Faserzement-Dachplatten und dazugehörige Formteile für Dächer – Produktspezifikation und Prüfverfahren (enthält Änderung AC1 : 1995); Deutsche Fassung EN 492 : 1994 + AC1 : 1995
DIN EN 494	Faserzement-Wellplatten und dazugehörige Formteile für Dächer – Produktspezifikation und Prüfverfahren (enthält Änderung AC1 : 1995); Deutsche Fassung EN 494 : 1994 + AC1 : 1995

2.2 Stoffe für Dachabdichtungen

2.2.1 Bitumen- und Polymerbitumenbahnen

DIN 52130	Bitumen-Dachdichtungsbahnen – Begriffe, Bezeichnungen, Anforderungen

DIN 52131	Bitumen-Schweißbahnen – Begriffe, Bezeichnungen, Anforderungen
DIN 52132	Polymerbitumen-Dachdichtungsbahnen – Begriffe, Bezeichnungen, Anforderungen
DIN 52133	Polymerbitumen-Schweißbahnen – Begriffe, Bezeichnung, Anforderungen
DIN 52143	Glasvlies-Bitumendachbahnen – Begriffe, Bezeichnung, Anforderungen

2.2.2 Kunststoffbahnen

DIN 7864-1	Elastomer-Bahnen für Abdichtungen – Anforderungen, Prüfung
DIN 16729	Kunststoff-Dachbahnen und Kunststoff-Dichtungsbahnen aus Ethylencopolymerisat-Bitumen (ECB) – Anforderungen
DIN 16730	Kunststoff-Dachbahnen aus weichmacherhaltigem Polyvinylchlorid (PVC-P) nicht bitumenverträglich – Anforderungen
DIN 16731	Kunststoff-Dachbahnen aus Polyisobutylen (PIB), einseitig kaschiert – Anforderungen
DIN 16734	Kunststoff-Dachbahnen aus weichmacherhaltigem Polyvinylchlorid (PVC-P) mit Verstärkung aus synthetischen Fasern, nicht bitumenverträglich – Anforderungen

2.3 Dämmstoffe

DIN 18161-1	Korkerzeugnisse als Dämmstoffe für das Bauwesen – Dämmstoffe für die Wärmedämmung
DIN 18164-1	Schaumkunststoffe als Dämmstoffe für das Bauwesen – Dämmstoffe für die Wärmedämmung
DIN 18165-1	Faserdämmstoffe für das Bauwesen – Dämmstoffe für die Wärmedämmung
DIN 18174	Schaumglas als Dämmstoff für das Bauwesen – Dämmstoffe für die Wärmedämmung

3 Ausführung

Ergänzend zur ATV DIN 18299, Abschnitt 3, gilt:

3.1 Allgemeines

3.1.1 Die Leistungen dürfen bei Witterungsverhältnissen, die sich nachteilig auf die Leistung auswirken können, nur ausgeführt werden, wenn durch besondere Maßnahmen nachteilige Auswirkungen verhindert werden.

Solche Witterungsverhältnisse können sein, z. B. Temperaturen unter ± 5 °C bei Klebearbeiten, Feuchtigkeit und Nässe, Schnee und Eis, scharfer Wind, Frost bei Arbeiten mit Mörtel.

Die zu treffenden Maßnahmen sind Besondere Leistungen (siehe Abschnitt 4.2.1)

3.1.2 Der Auftragnehmer hat bei seiner Prüfung Bedenken (siehe B § 4 Nr 3) insbesondere bei ungeeigneter Beschaffenheit des Verlegeuntergrundes geltend zu machen.

3.1.3 Ist für Befestigungsmittel Korrosionsschutz durch Verzinkung vorgeschrieben, muß dieser DIN 50976 "Korrosionsschutz – Feuerverzinken von Einzelteilen (Stückverzinken) – Anforderungen und Prüfung" entsprechen und eine Zinkauflage von mindestens 50 µm aufweisen.

3.1.4 Die Dachdeckung muß regensicher, die Dachabdichtung wasserdicht ausgeführt werden.

3.2 Dachdeckungen

3.2.1 Allgemeines

3.2.1.1 Der Auftragnehmer hat dem Auftraggeber die Maße für Dachlatten- oder Pfettenabstände, Gratleisten, Kehlschalungen, Traufen, Dübelabstände usw. anzugeben, wenn er die Unterlage für seine Dachdeckung nicht selbst ausführt.

3.2.1.2 Ist bei unbelüfteter Dachkonstruktion eine Unterspannbahn ausgeschrieben, ist eine diffusionsoffene Unterspannbahn ($s_d \leq 0,3$ m) zu verwenden.

Ist bei belüfteter Dachkonstruktion eine Unterspannbahn ausgeschrieben, ist eine gewebeverstärkte Unterspannbahn zu verwenden. Dabei ist durch Abstandshalter, z.B. Dachlatten 24/48, ein Abstand zur Traglattung herzustellen.

3.2.1.3 Auf geschalten Flächen ist eine Vordeckung aus Bitumenbahnen V 13 nach DIN 52143, besandet, aufzubringen.

3.2.1.4 Für Befestigungsmittel, z. B. Klammern, die der Witterung ausgesetzt sind, sind korrosionsbeständige Werkstoffe zu verwenden.

3.2.2 Dachdeckungen mit Dachziegeln oder Dachsteinen

3.2.2.1 Bei Ziegeldeckung sind Dachziegel der Sorte 1 nach DIN 456 zu verwenden, bei Dachsteindeckung Dachsteine aus Beton nach DIN EN 490.

3.2.2.2 Biberschwanzdeckung ist als Doppeldeckung trocken auszuführen. Kehlen sind eingebunden zu decken.

3.2.2.3 Hohlpfannendeckung ist als Aufschnittdeckung trocken auszuführen. Der Endortgang ist mit Doppelwulstziegeln herzustellen. Kehlen sind als untergelegte Drei-Pfannen-Kehlen auszuführen.

3.2.2.4 Krempziegeldeckung ist trocken auszuführen. Kehlen sind als untergelegte Metallkehlen herzustellen.

3.2.2.5 Deckungen aus Falzziegeln, Reformpfannen, Falzpfannen, Flachdachpfannen, Flachkrempern u.ä. sind trocken auszuführen. Der Endortgang ist mit Doppelwulstziegeln, Kehlen sind als untergelegte Metallkehlen herzustellen.

3.2.2.6 Dachsteindeckungen sind mit Dachsteinen mit symmetrischem Mittelwulst – halbkreisförmig oder segmentförmig – mit ebenem Wasserlauf und hochliegendem Längsfalz und mit mehrfacher Fußverrippung trocken auszuführen. Die

Dachkanten sind mit Ortgangsteinen zu decken. Kehlen sind als untergelegte Metallkehlen herzustellen.

3.2.2.7 Der Ortgang ist mit Ortgang- oder Schlußziegeln bzw. -steinen auszuführen, die alle auf der Unterlage zu befestigen sind.

3.2.2.8 Die Deckung an der Traufe ist ohne Überstand und mit Traufstreifen herzustellen.

3.2.2.9 Firste und Grate sind mit Firstziegeln oder -steinen und mit Trockenfirstsystemen zu decken.

3.2.3 Dachdeckungen mit Schiefer

3.2.3.1 Die Altdeutsche Deckung ist mit Decksteinen mit normalem Hieb geeigneter Sortierungen als Rechtsdeckung auf Vollschalung auszuführen.

Ortgänge und Grate sind eingebunden mit Überstand zu decken.

Traufen sind mit eingebundenem Fußgebinde zu decken.

Firste sind in einfacher Deckung mit Überstand auszuführen.

Kehlen sind als eingebundene Kehlen zu decken.

3.2.3.2 Die Schuppendeckung ist mit Schuppen gleicher Größe in normalem Hieb auf Vollschalung als Rechtsdeckung auszuführen.

Ortgänge und Grate sind eingebunden mit Überstand zu decken.

Traufen sind eingebunden zu decken.

Firste sind in einfacher Deckung mit Überstand auszuführen.

Kehlen sind als eingebundene rechte oder linke Hauptkehle zu decken.

3.2.3.3 Die Deutsche Deckung mit Bogenschnitt ist mit quadratischen Schiefern mit Bogenschnitt auf Vollschalung als Rechtsdeckung auszuführen.

Ortgänge und Grate sind eingebunden mit Überstand zu decken.

Traufen sind eingespitzt auszuführen.

Firste sind in einfacher Deckung mit Überstand auszuführen.

Kehlen sind als eingebundene Kehlen zu decken.

3.2.3.4 Die Rechteckdoppeldeckung ist mit rechteckigen Schiefern im halben Verband mit Hakenbefestigung auszuführen.

Ortgänge sind auslaufend zu decken.

Grate sind als aufgelegte Strackortdeckung in Einfachdeckung auszuführen.

Traufen sind mit Ansetzerplatten zu decken.

Firste sind als Einfachdeckung mit Überstand auszuführen.

Kehlen sind als untergelegte Metallkehlen zu decken.

3.2.4 Dachdeckungen mit Faserzement-Dachplatten

3.2.4.1 Für die Dachdeckung sind Faserzement-Dachplatten nach DIN EN 492 zu verwenden.

3.2.4.2 Die Deutsche Deckung ist mit Dachplatten mit Bogenschnitt auf Vollschalung als Rechtsdeckung auszuführen.

Ortgänge und Grate sind eingebunden zu decken.

Traufen sind mit eingespitztem Fuß zu decken.

Firste sind mit aufgelegten Dachplatten als Einfachdeckung mit Überstand auszuführen.

Kehlen sind als untergelegte Plattenkehle zu decken.

3.2.4.3 Die Doppeldeckung ist mit Rechteckplatten im halben Verband auf Dachlattung auszuführen.

Ortgänge sind auslaufend zu decken.

Grate sind als aufgelegte Orte (Strackorte) in Einfachdeckung auszuführen.

Traufen sind mit Ansetzerplatten zu decken.

Firste sind in Einfachdeckung auszuführen.

Kehlen sind als untergelegte Metallkehlen auszuführen.

3.2.5 Dachdeckungen mit Faserzement-Wellplatten

3.2.5.1 Für die Dachdeckung sind Faserzement-Wellplatten nach DIN EN 494 mit vorgefertigtem Eckenschnitt zu verwenden.

3.2.5.2 Bei Deckungen mit Auflagerabständen bis höchstens 500 mm (Kurzwellplatten) ist die Befestigung mit feuerverzinkten Glockennägeln auszuführen.

3.2.5.3 Ortgänge sind mit ebenen Winkeln zu decken; Grate mit Faserzement-Gratkappen.

Traufen sind mit Traufenfußstücken zu decken.

Firste sind mit mehrteiligen Formstücken auszuführen.

Kehlen sind als untergelegte Metallkehlen zu decken.

3.2.6 Dachdeckungen mit vorgefertigten Elementen aus Metall

3.2.6.1 Vorgefertigte Dachdeckungselemente aus Metall sind mit Schrauben zu befestigen, deren Korrosionsbeständigkeit der der Elemente entsprechen muß.

3.2.6.2 Ortgänge, Firste, Grate, Kehlen, Anschlüsse und dergleichen sind mit Formteilen aus gleichem Stoff wie die Dachdeckung herzustellen.

3.2.7 Dachdeckungen aus Holzschindeln

3.2.7.1 Die Deckung ist dreilagig auszuführen. Es sind keilförmige Normalschindeln aus Lärche, Güteklasse I, gesägt, nach DIN 68119 zu verwenden.

3.2.7.2 Jede Schindel ist mit zwei Schindelstiften aus nichtrostendem Stahl der Werkstoffnummer 1.4301 nach DIN 17440 "Nichtrostende Stähle – Technische Lieferbedingungen für Blech, Warmband, Walzdraht, gezogenen Draht, Stabstahl, Schmiedestücke und Halbzeug" zu befestigen.

3.2.7.3 Firste sind als aufgelegte Firste zu decken.

3.2.7.4 Grate sind als Schwenkgrat mit gerade herangeführten Reihen auszuführen.

3.2.7.5 Kehlen sind als eingebundene Kehlen auszuführen.

3.2.7.6 Anschlüsse sind mit Schindeln herzustellen, die entsprechend zugeschnitten sind.

3.2.8 Dachdeckungen mit Bitumenschindeln

3.2.8.1 Dachdeckungen mit Bitumenschindeln sind als Doppeldeckung aus Drei-Blatt-Bitumenschindeln mit Glasvliesträgereinlage herzustellen.

3.2.8.2 Die Bitumenschindeln sind mit mindestens 4 korrosionsgeschützten Breitkopfstiften nach DIN 1160 "Breitkopfstifte – Rohr-, Dachpapp-, Schiefer- und Gipsdielenstifte" je Schindel zu befestigen.

3.2.8.3 Die Deckung an der Traufe ist mit Traufblech ohne Falzabkantung, auf dem Traufblech mit unverklebtem Ansetzer und verklebtem ersten Gebinde, auszuführen.

3.2.8.4 Am Ortgang ist eine mindestens 30 mm hohe Dreikantleiste zu befestigen. Die Vordeckung und die Gebinde der Bitumenschindeldeckung sind darauf hochzuführen und mit Breitkopfstiften zu befestigen. Darüber ist eine Abdeckung aus Metall herzustellen.

3.2.8.5 Firste und Grate sind als seitliche Doppeldeckung mit zugeschnittenen Bitumenschindeln auszuführen.

3.2.8.6 Kehlen sind als eingebundene Bitumenschindelkehle auszuführen.

3.2.8.7 Anschlüsse an aufgehenden Bauteilen sind mit mindestens 30 mm hohen Dreikantleisten zu versehen. Die Bitumenschindeln sind hochzuführen und mit Klappleiste anzuschließen.

3.2.9 Dachdeckungen mit Bitumenwellplatten

3.2.9.1 Bitumenwellplatten sind im Verband zu verlegen und mit Glockennägeln zu befestigen. Im Bereich der Höhenüberdeckung erfolgt die Befestigung auf jedem Wellenberg, im Auflagerbereich zwischen den Höhenüberdeckungen auf jedem zweiten Wellenberg.

3.2.9.2 An der Traufe ist die Deckung mit freiem Überstand herzustellen und jeder Wellenberg zu befestigen.

3.2.9.3 Der Ortgang ist ohne Formstücke mit vollaufliegendem letzten Wellenberg herzustellen.

3.2.9.4 Der First ist mit einteiligen Firsthauben auszubilden.

3.2.9.5 Grate sind mit Formteilen zu decken.

3.2.9.6 Kehlen sind als unterlegte Metallkehlen auszuführen.

3.2.9.7 Anschlüsse an aufgehenden Bauteilen sind mit Anschlußstreifen aus Metall herzustellen. Die Anschlußbleche sind hochzuführen und mit Kappleiste anzuschließen.

3.2.10 Dachdeckungen mit Reet oder Stroh

3.2.10.1 Die Deckung muß in der Mitte der Dachfläche mindestens 30 cm dick sein.

3.2.10.2 Genähte Dächer sind mit kunststoffummanteltem Draht, Mindestgesamtdicke 2 mm, herzustellen.

3.2.10.3 Gebundene Dächer sind mit mindestens 4,5 mm dickem korrosionsgeschütztem Spanndraht und mindestens 2 mm dickem kunststoffummanteltem Bindedraht herzustellen.

3.2.10.4 Geschraubte Dächer sind mit nichtrostenden Schrauben 4,5 × 35 mm im Abstand von höchstens 15 cm und nichtrostendem Stahldraht nach DIN 17440, Werkstoffnummer 1.4571, herzustellen.

3.2.10.5 Dachteile, z. B. Gauben, Grate, Kehlen, sind ebenfalls mit Reet oder Stroh einzudecken.

3.2.10.6 Ortgang und Traufe sind mit einem Überstand von mindestens 15 cm zu decken.

3.2.10.7 Firste sind mit Kehrband, beide Seiten umgeknickt, zu decken.

3.3 Dächer mit Abdichtungen

3.3.1 Allgemeines

3.3.1.1 Für Dächer mit Abdichtungen gilt DIN 18531 "Dachabdichtungen – Begriffe, Anforderungen, Planungsgrundsätze".

3.3.1.2 Schwerer Oberflächenschutz aus Kies ist aus Kies der Körnung 16/32 mm, mindestens 5 cm dick, herzustellen.

3.3.1.3 Schwerer Oberflächenschutz aus Plattenbelägen ist aus Betonplatten 50 cm × 50 cm × 5 cm, in 3 cm dickem Splittbett der Körnung 5/8 mm verlegt, auf einer Schutzlage aus Chemiefaservlies 300 g/m^2, herzustellen.

3.3.1.4 Oberflächenschutz durch Schichtenaufbau für Dachbegrünungen ist nach DIN 18915 "Vegetationstechnik im Landschaftsbau – Bodenarbeiten" herzustellen.

3.3.1.5 Dachabläufe sind wärmegedämmt mit Kiesfang, bei wärmegedämmten Dachflächen zweiteilig, einzubauen.

3.3.1.6 Anschlüsse von Dichtungsbahnen sind am oberen Rand mit biegesteifen Aluminiumprofilen herzustellen, die alle 20 cm anzudübeln bzw. zu befestigen und zusätzlich gegen Niederschlagswasser abzudichten sind.

3.3.1.7 Randaufkantungen sind mit Abdeckungen auf Haltebügeln zu verwahren. Ecken und Übergänge sind mit Formstücken herzustellen.

3.3.1.8 Stütz- oder Hilfskonstruktionen aus Holz für Anschlüsse sind geschützt nach DIN 68800-3 "Holzschutz im Hochbau – Vorbeugender chemischer Holzschutz" einzubauen.

3.3.1.9 Mechanische Befestigungen auf Trapezprofilen sind mit trittsicheren Befestigungselementen auszuführen.

Bei geschlossenen Gebäuden mit Höhen bis 20 m sind in der Fläche 3 Stück/m^2, im Randbereich 6 Stück/m^2 und im Eckbereich 9 Stück/m^2 einzubauen.

3.3.1.10 Bei Dachabdichtungen, die Maßnahmen zur Aufnahme horizontaler Kräfte bedürfen, sind im Randbereich 3 Befestigungselemente pro m in Linie zu verwenden (lineare Befestigung).

3.3.2 Dachabdichtungen mit Bitumenbahnen

3.3.2.1 Voranstrich als Haftbrücke, z. B. auf Beton oder Metall, ist mit Voranstrichmitteln auf Lösungsmittel- oder Emulsionsbasis aufzubringen.

3.3.2.2 Dampfsperren sind aus Bitumen-Schweißbahnen G 200 S 4 nach DIN 52131 herzustellen.

3.3.2.3 Dämmschichten sind aus trittfesten Wärmedämmstoffen herzustellen.

3.3.2.4 Der Dampfdruckausgleich ist durch punkt- oder streifenweises Aufkleben der ersten Lage der Dachabdichtung sicherzustellen.

3.3.2.5 Die Dachabdichtung einschließlich Oberflächenschutz ist bei einer Dachneigung von 2 % und mehr mit einer unteren Lage Bitumen-Schweißbahn G 200 S 4 nach DIN 52131 und einer oberen Lage Polymerbitumen-Schweißbahn PYE PV 200 S 5, beschiefert, nach DIN 52133 herzustellen.

3.3.2.6 Bei einer Dachneigung unter 2 % ist die Dachabdichtung mit einer unteren Lage Polymerbitumen-Schweißbahn PYE G 200 S 4 nach DIN 52133 und einer oberen Lage Polymerbitumen-Schweißbahn PYE PV 200 S 5, beschiefert, nach DIN 52133 herzustellen.

3.3.2.7 Anschlüsse an Randaufkantungen, Wände und andere Bauteile sind herzustellen mit

– Dämmstoffkeil, mindestens 50/50 mm,

– Polymerbitumen-Schweißbahn PYE G 200 S 4 nach DIN 52133, etwa 33 cm Zuschnitt, und

– Polymerbitumen-Schweißbahn PYE PV 200 S 5, beschiefert, nach DIN 52133, etwa 50 cm Zuschnitt.

3.3.2.8 Anschlüsse an Lichtkuppeln u.ä. sind zusätzlich mit einem Streifen aus Polymerbitumen-Schweißbahn PYE PV 200 S 5 nach DIN 52133 einzukleben. Bei Scherbeanspruchungen ist zusätzlich ein Trennstreifen, 10 cm breit, zu verlegen.

3.3.2.9 Dachabdichtungen über Bewegungsfugen sind herzustellen aus
- zwei Dämmstoffkeilen zur Anhebung,
- Trennstreifen, etwa 33 cm breit,
- Polymerbitumen-Schweißbahn PYE PV 200 S 5 nach DIN 52133, 50 cm Zuschnitt und
- Polymerbitumen-Schweißbahn PYE PV 200 S 5, beschiefert, nach DIN 52133, etwa 75 cm Zuschnitt.

3.3.2.10 Bei Stoßfugen in der Tragkonstruktion sind über den Auflagern Abdeckstreifen aus Glasvlies-Bitumendachbahn V 13 nach DIN 52143, mindestens 20 cm breit, aufzulegen und gegen Verschieben durch einseitiges Verkleben zu sichern.

3.3.3 Dachabdichtungen mit Kunststoffbahnen

3.3.3.1 Dampfsperren sind aus Polyethylen-Folie, 0,4 mm dick, normalentflammbar, lose verlegt, herzustellen.

3.3.3.2 Dämmschichten sind aus trittfesten Wärmedämmstoffen, lose verlegt, herzustellen.

3.3.3.3 Trennlagen sind aus Glasvlies von mindestens 120 g/m^2 herzustellen.

3.3.3.4 Die Dachabdichtung ist bei einer Dachneigung von 2 % und mehr mit Bahnen aus Polyvinylchlorid, PVC-P, mit Verstärkung aus synthetischen Fasern nach DIN 16734, 1,5 mm dick, lose verlegt, mit mechanischer Befestigung herzustellen.

3.3.3.5 Anschlüsse an Randaufkantungen, Wände und andere Bauteile sind mit den gleichen Stoffen wie die Flächenabdichtungen mit etwa 33 cm breiten Streifen im Übergangsbereich zwischen Dachfläche und Wand herzustellen.

3.3.3.6 Schutzlagen sind aus Chemiefaservlies von mindestens 200 g/m^2 herzustellen.

3.4 Außenwandbekleidungen

3.4.1 Außenwandbekleidungen mit Schiefer

3.4.1.1 Außenwandbekleidung mit Schiefer ist mit 3 Schiefernägeln je Stein zu befestigen.

3.4.1.2 Die Bekleidung ist als Schuppenschablonendeckung mit Schuppen gleicher Größe in normalem Hieb auf Vollschalung mit Vordeckung als Rechtsdeckung ohne Gebindesteigung auszuführen. Die Flächen sind gleichmäßig einzuteilen. An- und Abschlüsse an Fenstern, Türen usw. sind mit Überstand zu decken.

3.4.2 Außenwandbekleidungen mit ebenen Faserzementplatten

3.4.2.1 Die Bekleidung mit kleinformatigen Platten ist als Doppeldeckung mit vollkantigen, rechteckigen Platten auszuführen, die mit zwei Schieferstiften zu befestigen sind. An- oder Abschlüsse an Fenstern, Türen usw. sind mit Schichtstücken aus Metall ohne Überstand auszuführen.

3.4.2.2 Die Bekleidung mit großformatigen Platten ist als Einfachdeckung mit vollkantigen, rechteckigen Platten auszuführen, die mit 12 Schraubnägeln zu befestigen sind. An- oder Abschlüsse an Fenstern, Türen u. ä. sind ohne Überstand auszuführen.

3.4.3 Außenwandbekleidungen mit Faserzement-Wellplatten
Die Außenwandbekleidung ist mit ungelochten Faserzement-Wellplatten mit vorgefertigtem Eckenschnitt höhen- und seitenüberdeckt auszuführen. Anzahl und Art der Befestigungsmittel sind statisch nachzuweisen. Die Gebäudeaußenecke ist mit Formstücken abzudecken. Gebäudeinnenecken sind mit einfachem Faserzementwandwinkel auszuführen. Der obere Abschluß ist auslaufend zu decken.

3.4.4 Außenwandbekleidungen mit vorgefertigten Elementen aus Metall
Die Außenwandbekleidung mit kleinformatigen Elementen ist aus spitzförmigen Rauten mit allseitigen einfachen Falzen aus Titanzink herzustellen. Die Elemente sind mit Haftern aus gleichem Metall und Edelstahl-Schieferstiften zu befestigen.

4 Nebenleistungen, Besondere Leistungen

4.1 Nebenleistungen sind ergänzend zur ATV DIN 18299, Abschnitt 4.1, insbesondere:

4.1.1 Auf- und Abbauen sowie Vorhalten der Gerüste, deren Arbeitsbühnen nicht höher als 2 m über Gelände oder Fußboden liegen.

4.1.2 Reinigen des Untergrundes, ausgenommen Leistungen nach Abschnitt 4.2.4.

4.2 Besondere Leistungen sind ergänzend zur ATV DIN 18299, Abschnitt 4.2, z. B.:

4.2.1 Maßnahmen zum Verhindern nachteiliger Auswirkungen auf die Leistung aufgrund von Witterungsverhältnissen, z. B. Temperaturen unter + 5 °C bei Klebearbeiten, Feuchtigkeit und Nässe, Schnee und Eis, scharfer Wind, Frost bei Arbeiten mit Mörtel.

4.2.2 Vorhalten von Aufenthalts- und Lagerräumen, wenn der Auftraggeber Räume, die leicht verschließbar gemacht werden können, nicht zur Verfügung stellt.

4.2.3 Auf- und Abbauen sowie Vorhalten der Gerüste, deren Arbeitsbühnen höher als 2 m über Gelände oder Fußboden liegen.

4.2.4 Reinigen des Untergrundes von grober Verschmutzung, z. B. Gipsreste, Mörtelreste, Farbreste, Öl, soweit diese von anderen Unternehmern herrührt.

4.2.5 Herstellen von im Bauwerk verbleibenden Verankerungsmöglichkeiten, z. B. für Gerüste, Schutznetze.

4.2.6 Ausgleich von Unebenheiten des Untergrundes, welche die Toleranzen nach DIN 18202 überschreiten.

4.2.7 Auffüttern der Unterkonstruktion um mehr als 20 mm zur Herstellung ebener Flächen, z. B. Auffüttern von Lattungen.

4.2.8 Liefern statischer und bauphysikalischer Nachweise.

4.2.9 Erstellen von Montage- und Verlegeplänen, Detail- und Konstruktionszeichnungen.

4.2.10 Herstellen von Musterflächen, Musterkonstruktionen und Modellen, soweit sie nicht in die Leistung eingehen.

4.2.11 Nachträgliches Herstellen und/oder Schließen von Aussparungen, z. B. Öffnungen in Unterkonstruktionen.

4.2.12 Einbauen und Eindecken bzw. Eindichten beigestellter Bauteile.

4.2.13 Ausbauen und/oder Einbauen von Bauteilen für Leistungen anderer Unternehmer.

4.2.14 Nachträgliches Anarbeiten und/oder Einbauen von Teilen.

4.2.15 Anschlüsse an Bau- und Einbauteile, z. B. an Wänden, Attiken, Durchdringungen.

4.2.16 Verstärken der Abdichtung in der Fläche, an Kanten, Kehlen, Anschlüssen, Abschlüssen, Übergängen, Durchdringungen u. ä.

4.2.17 Bekleiden von Gaubenpfosten.

4.2.18 Liefern und/oder Einbauen von Zubehörteilen, z. B. Sicherheitsdachhaken, Lüfter.

5 Abrechnung

Ergänzend zur ATV DIN 18299, Abschnitt 5, gilt:

5.1 Allgemeines

5.1.1 Der Ermittlung der Leistung – gleichgültig, ob sie nach Zeichnung oder Aufmaß erfolgt – sind zugrunde zu legen:

5.1.1.1 Bei Dachdeckungen, Dachabdichtungen, Voranstrichen, Trennschichten, Sperrschichten, Schutzschichten, Kiesschüttungen, Plattenbelägen und dergleichen

– auf Flächen, die von Bauteilen, z. B. Attiken, Wänden, begrenzt sind, die Fläche bis zu den begrenzenden, ungeputzten bzw. unbekleideten Bauteilen,

– auf Flächen ohne begrenzende Bauteile die Maße der Dachdeckung oder Dachabdichtung, Voranstriche, Trennschichten, Sperrschichten, Schutzschichten, Kiesschüttungen, Plattenbeläge und dergleichen.

5.1.1.2 Bei Dämmschichten die Maße der Dämmung. Bohlen, Sparren und dergleichen werden übermessen.

5.1.1.3 Bei Außenwandbekleidungen die Maße der Bekleidung.

5.1.2 Schließen Dachdeckungen oder Dachabdichtungen an Firste, Grate und Kehlen an, wird bis Mitte First, Grat oder Kehle gerechnet.

5.1.3 Bei Abrechnung nach Flächenmaß (m^2) werden eingebaute Formstücke, z. B. Lüfterziegel, Einzelformziegel, Eckziegel, Glasformstücke, übermessen.

5.1.4 Bindet eine Aussparung anteilig in angrenzende, getrennt zu rechnende Flächen ein, wird zur Ermittlung der Übermessungsgröße die jeweils anteilige Aussparungsfläche gerechnet.

5.1.5 Bei Abrechnung nach Längenmaß (m) wird die größte Bauteillänge gemessen, z. B. bei An- und Abschlüssen.

5.1.6 Bei Deckungen, Bekleidungen und Abdichtungen von Firsten, Graten, Kehlen, Ortgängen und dergleichen wird die Länge in der Mittellinie einfach gemessen.

5.2 Es werden abgezogen:

5.2.1 Bei Abrechnung nach Flächenmaß (m^2):

Aussparungen über 2,5 m^2 Einzelgröße in der Dachdeckung, Dachabdichtung bzw. Außenwandbekleidung, z. B. für Schornsteine, Fenster, Oberlichter, Gauben.

5.2.2 Bei Abrechnung nach Längenmaß (m):

Unterbrechungen über 1 m Einzellänge.

VOB Teil C:
Allgemeine Technische Vertragsbedingungen für Bauleistungen (ATV)
Klempnerarbeiten – DIN 18339
Ausgabe Juni 1996

Inhalt

0 Hinweise für das Aufstellen der Leistungsbeschreibung
1 Geltungsbereich
2 Stoffe, Bauteile
3 Ausführung
4 Nebenleistungen, Besondere Leistungen
5 Abrechnung

0 Hinweise für das Aufstellen der Leistungsbeschreibung

Diese Hinweise ergänzen die ATV DIN 18299 "Allgemeine Regelungen für Bauarbeiten jeder Art", Abschnitt 0. Die Beachtung dieser Hinweise ist Voraussetzung für eine ordnungsgemäße Leistungsbeschreibung gemäß A § 9.
Die Hinweise werden nicht Vertragsbestandteil.
In der Leistungsbeschreibung sind nach den Erfordernissen des Einzelfalls insbesondere anzugeben:

0.1 Angaben zur Baustelle
Keine ergänzende Regelung zur ATV DIN 18299, Abschnitt 0.1.

0.2 Angaben zur Ausführung

0.2.1 Art und Beschaffenheit des Untergrundes (Unterlage, Unterbau, Tragschicht, Tragwerk).

0.2.2 Ausbildung der Anschlüsse an Bauwerke.

0.2.3 Art und Anzahl der geforderten Musterflächen, Mustermontagen und Proben.

0.2.4 Zulässige Belastungen der Dachfläche oder Tragkonstruktion.

0.2.5 Dachneigung und Dachform.

0.2.6 Ob gekrümmte Teil- oder Kleinflächen, Gaupen, Erker, Dachausbauten u. ä. auszuführen sind.

0.2.7 Anzahl, Art und Ausbildung von Dachdurchdringungen, Dachfenstern, Lichtkuppeln.

0.2.8 Ob Schornsteine mit einer Abdeckhaube versehen werden sollen.

0.2.9 Ob oberhalb von Durchdringungen zur Ableitung des Wassers Sättel bauseitig vorhanden sind.

0.2.10 Art und Lage von Dachentwässerungen.

0.2.11 Zuschnittsbreite oder Richtgröße der Dachrinnen, Anzahl, Art und Maße der Rinnenhalter, Regenfallrohre, Traufbleche und dergleichen in Zuschnitteilen und deren Dicke.

0.2.12 Ob die Rinnenhalter mit Spreizen (Spanneisen) herzustellen sind.

0.2.13 Ob Leiterhaken, Schneefanggitter oder Wasserabweiser anzubringen sind.

0.2.14 Ob Gefällestufen bauseitig vorgesehen sind.

0.2.15 Besondere mechanische, chemische und thermische Beanspruchungen, denen Stoffe und Bauteile nach dem Einbau ausgesetzt sind.

0.2.16 Zusätzliche Maßnahmen zur Sturmsicherung.

0.2.17 Anforderungen an den Brand-, Schall-, Wärme- und Feuchteschutz sowie lüftungstechnische Anforderungen.

0.2.18 Art und Dicke der Dämmschichten.

0.2.19 Art, Umfang und Ausbildung der Hinterlüftung sowie Abdeckung ihrer Öffnungen.

0.2.20 Geforderte gestalterische Wirkung von Flächen, z. B. Teilung, Fugenausbildung, Struktur, Farbe, Oberflächenbehandlung sowie besondere Verlegeart.

0.2.21 Ob und wie Fugen abzudichten und abzudecken sind.

0.2.22 Stoffe, die für die Dachdeckung und Wandbekleidung verwendet werden.

0.2.23 Art der Bekleidungen, Dicke, Maße der Einzelteile sowie ihre Befestigung, z. B. sichtbar oder nicht sichtbar.

0.2.24 Ob Trennschichten anzubringen und aus welchen Werkstoffen diese auszuführen sind.

Klempnerarbeiten   **DIN 18339**

0.2.25 Art und Farbe des Oberflächenschutzes oder der Beschichtung des zu verwendenden Stoffes.

0.2.26 Ob ein zusätzlicher Korrosionsschutz auszuführen ist.

0.2.27 Art des Korrosionsschutzes.

0.2.28 Ob chemischer Holzschutz gefordert wird.

0.2.29 Ob der Auftragnehmer Verlegepläne oder Montagepläne zu liefern hat.

0.2.30 Art und Durchführung der Befestigung der Bauteile.

0.2.31 Art und Anzahl der Dübel, Dübelleisten, Traufbohlen usw., die zur Befestigung bauseitig vorgesehen sind.

0.2.32 Ob zur Befestigung Schrauben oder Nägel verwendet werden sollen.

0.2.33 Art und Ausführung der Wandanschlüsse und ob Vorleistungen anderer Unternehmer vorliegen.

0.2.34 Dehnungsausgleicher nach Art oder Typ und Anzahl.

0.2.35 Art und Ausführung von provisorischen Abdeckungen bzw. Abdichtungen und deren Beseitigung.

0.2.36 Besonderer Schutz der Leistungen, z. B. Verpackung, Kantenschutz und Abdeckungen.

0.3 Einzelangaben bei Abweichungen von den ATV

0.3.1 Wenn andere als die in dieser ATV vorgesehenen Regelungen getroffen werden sollen, sind diese in der Leistungsbeschreibung eindeutig und im einzelnen anzugeben.

0.3.2 Abweichende Regelungen können insbesondere in Betracht kommen bei

Abschnitt 3.1.8,	wenn Durchdringungen entgegen der vorgesehenen Regelung eingefaßt werden sollen,
Abschnitt 3.2.1,	wenn Metall-Dachdeckungen nicht aus Bändern hergestellt werden sollen, sondern z. B. aus Tafeln,
Abschnitt 3.2.2,	wenn Metall-Wandbekleidungen nicht aus Bändern nach dem Doppelfalzsystem hergestellt werden sollen,
Abschnitt 3.2.3,	wenn bei Dachneigungen unter 5 % (3°) die Längsfalze nicht zusätzlich abgedichtet werden sollen,
Abschnitt 3.2.4,	wenn für Metall-Dachdeckungen keine Trennschicht aus Glasvlies-Bitumendachbahn, fein besandet, eingebracht werden soll,

Abschnitt 3.2.5,	wenn Metallfalzdächer senkrecht zur Traufe nicht doppelte Stehfalze von mindestens 23 mm Höhe haben müssen,
Abschnitt 3.2.6,	wenn Leistendächer nicht nach dem Deutschen Leistensystem ausgeführt werden sollen, sondern z. B. nach dem Belgischen Leistensystem,
Abschnitt 3.2.9,	wenn Quernähte nicht nach Tabelle 3 ausgebildet werden sollen,
Abschnitt 3.2.10,	wenn kein Gefällesprung mit mindestens 60 mm Höhe vorgesehen werden soll, sondern z. B. Aufschiebling oder Schiebenaht.

0.4 Einzelangaben zu Nebenleistungen und Besonderen Leistungen

Keine ergänzende Regelung zur ATV DIN 18299, Abschnitt 0.4.

0.5 Abrechnungseinheiten

Im Leistungsverzeichnis sind die Abrechnungseinheiten wie folgt vorzusehen:

0.5.1 Flächenmaß (m^2) für

– Dachdeckungen, Wandbekleidungen und dergleichen, getrennt nach Art,
– Trenn- und Dämmschichten, getrennt nach Art und Dicke.

0.5.2 Längenmaß (m) für

– Geformte Bleche, Blechprofile, z. B. Firste, Grate, Traufen, Kehlen, An- und Abschlüsse, Einfassungen, Gefällestufen, Dehnungs- und Bewegungselemente von Dachdeckungen und Wandbekleidungen, Abdeckungen für Gesimse, Ortgänge, Fensterbänke, Überhangstreifen, getrennt nach Art, Dicke und Zuschnitt,
– Schneefanggitter, einschließlich Stützen, getrennt nach Art und Größe,
– Rinnen und Traufblech, getrennt nach Art, Dicke, Zuschnitt oder Nennmaß,
– Wulstverstärkungen an Rinnen, getrennt nach Art und Größe,
– Regenfallrohre, getrennt nach Art, Dicke und Nennmaß,
– Strangpreßprofile, getrennt nach Art und Größe,
– in Streifen verlegte Trenn- und Dämmschichten, getrennt nach Art, Dicke und Breite.

0.5.3 Anzahl (Stück) für

– Ecken bei geformten Blechen und Blechprofilen sowie Formstücke bei Strangpreßprofilen, getrennt nach Art und Größe,
– Leiterhaken, Laufbrettstützen, Dachlukendeckel, getrennt nach Art und Größe, Einfassungen für Durchdringungen, z. B. Lüftungshauben, Dachentlüfter, Rohre und Stützen für Geländer, Laufbretter, Schneefanggitter, getrennt nach Art, Größe, Dicke und Zuschnitt,
– Dehnungsausgleicher, z. B. an Dachrinnen, Traufblechen, An- und Abschlüssen, Gesims und Mauerabdeckungen, getrennt nach Art, Dicke und Zuschnitt,
– Rinnenwinkel, Bodenstücke, Ablaufstutzen, Rinnenkessel, Gliederbogen, konische Rohre für Ablaufstutzen, Regenrohrklappen, Rohranschlüsse, Rohrbogen und -winkel,

Klempnerarbeiten DIN 18339

Standrohre und Abdeckplatten, Laub- und Schmutzfänger, Wasserspeier und dergleichen, getrennt nach Art, Dicke und Größe,
- Abdeckhauben an Schornsteinen, Schächten und dergleichen, getrennt nach Art, Dicke und Größe.

1 Geltungsbereich

1.1 ATV "Klempnerarbeiten" – DIN 18339 – gilt nicht für
- Deckungen mit genormten Well-, Pfannen- und Trapezblechen (siehe ATV DIN 18338 "Dachdeckungs- und Dachabdichtungsarbeiten"),
- Fassaden und Bekleidungen mit Metallbauteilen (siehe ATV DIN 18360 "Metallbauarbeiten, Schlosserarbeiten") und
- Blecharbeiten bei Dämmarbeiten (siehe ATV DIN 18421 "Dämmarbeiten an technischen Anlagen").

1.2 Ergänzend gelten die Abschnitte 1 bis 5 der ATV DIN 18299 "Allgemeine Regelungen für Bauarbeiten jeder Art". Bei Widersprüchen gehen die Regelungen der ATV DIN 18339 vor.

2 Stoffe, Bauteile

Ergänzend zur ATV DIN 18299, Abschnitt 2, gilt:

Für die gebräuchlichsten genormten Stoffe und Bauteile sind die DIN-Normen nachstehend aufgeführt.

2.1 Dachrinnen und Regenfallrohre

DIN EN 607 Hängedachrinnen und Zubehörteile aus PVC-U – Begriffe, Anforderungen und Prüfung; Deutsche Fassung EN 607 : 1995

E DIN EN 612 Hängedachrinnen und Regenfallrohre aus Metallblech – Begriffe, Einteilung, Anforderungen und Prüfung; Deutsche Fassung prEN 612 : 1991

2.2 Zinkbleche und Zinkbänder

DIN 17770 Bänder und Bleche aus legiertem Zink für das Bauwesen – Technische Lieferbedingungen

2.3 Stahlbleche und Stahlbänder

2.3.1 Feuerverzinkte und beschichtete Stahlbleche und -bänder

DIN EN 10142 Kontinuierlich feuerverzinktes Blech und Band aus weichen Stählen zum Kaltumformen – Technische Lieferbedingungen; Deutsche Fassung EN 10142 :1990

DIN EN 10143 Kontinuierlich schmelztauchveredeltes Blech und Band aus Stahl – Grenzabmaße und Formtoleranzen; Deutsche Fassung EN 10143 : 1993

DIN EN 10147 Kontinuierlich feuerverzinktes Band und Blech aus Baustählen – Technische Lieferbedingungen (enthält Änderung A1 : 1995); Deutsche Fassung EN 10147 : 1991 + A1 : 1995

2.3.2 Nichtrostende Stahlbleche und Stahlbänder

DIN 17441	Nichtrostende Stähle – Technische Lieferbedingungen für kaltgewalzte Bänder und Spaltbänder sowie daraus geschnittene Bleche
DIN 59381	Flachzeug aus Stahl – Kaltgewalztes Band aus nichtrostenden und aus hitzebeständigen Stählen – Maße, zulässige Maß-, Form- und Gewichtsabweichungen
DIN 59382	Flachzeug aus Stahl – Kaltgewalztes Breitband und Blech aus nichtrostenden Stählen – Maße, zulässige Maß- und Formabweichungen

2.4 Kupferbleche, Kupferbänder, Kupferprofile

Für Kupferbleche und Kupferbänder ist SF-Cu nach DIN 1787 "Kupfer – Halbzeug" zu verwenden.

Ferner gelten:

DIN 1751	Bleche und Blechstreifen aus Kupfer und Kupfer-Knetlegierungen, kaltgewalzt – Maße
DIN 1759	Rechteckstangen aus Kupfer und Kupfer-Knetlegierungen, gezogen, mit scharfen Kanten – Maße, zulässige Abweichungen, statische Werte
DIN 1791	Bänder und Bandstreifen aus Kupfer und Kupfer-Knetlegierungen, kaltgewalzt – Maße
DIN 17670-1	Bänder und Bleche aus Kupfer und Kupfer-Knetlegierungen – Eigenschaften
DIN 17670-2	Bleche und Bänder aus Kupfer und Kupfer-Knetlegierungen – Technische Lieferbedingungen

2.5 Aluminium und Aluminiumlegierungen

DIN 1725-1	Aluminiumlegierungen – Knetlegierungen
DIN 1747-1	Stangen aus Aluminium und Aluminium-Knetlegierungen – Eigenschaften
DIN 17611	Anodisch oxidiertes Halbzeug aus Aluminium und Aluminium-Knetlegierungen mit Schichtdicken von mindestens 10 µm – Technische Lieferbedingungen
DIN EN 485-1	Aluminium und Aluminiumlegierungen – Bänder, Bleche und Platten – Teil 1: Technische Lieferbedingungen; Deutsche Fassung EN 485-1 : 1993
DIN EN 485-2	Aluminium und Aluminiumlegierungen – Bänder, Bleche und Platten – Teil 2: Mechanische Eigenschaften; Deutsche Fassung EN 485-2 : 1994
DIN EN 485-4	Aluminium und Aluminiumlegierungen – Bänder, Bleche und Platten – Teil 4: Grenzabmaße und Formtoleranzen für kaltgewalzte Erzeugnisse; Deutsche Fassung EN 485-4 : 1993

2.6 Bleche aus Blei und Bleilegierungen

DIN 17640-1 bis
DIN 17640-3 Bleilegierungen
DIN 59610 Bleche aus Blei – Maße

2.7 Feuerverzinkte und feuerverbleite Bauteile

DIN 50976 Korrosionsschutz – Feuerverzinken von Einzelteilen (Stückverzinken) – Anforderungen und Prüfung

Feuerverbleite Stahlteile müssen gut haftende und dichte Überzüge aufweisen.

2.8 Verbindungsstoffe (Schweiß- und Lötstoffe)

DIN 1732-1 Schweißzusätze für Aluminium und Aluminiumlegierungen – Zusammensetzung, Verwendung und Technische Lieferbedingungen

DIN 8511-1 Flußmittel zum Löten metallischer Werkstoffe – Flußmittel zum Hartlöten

DIN 8513-1 Hartlote – Kupferbasislote, Zusammensetzung, Verwendung, Technische Lieferbedingungen

DIN 8513-2 Hartlote – Silberhaltige Lote mit weniger als 20 Gew.-% Silber, Zusammensetzung, Verwendung, Technische Lieferbedingungen

DIN 8513-3 Hartlote – Silberhaltige Lote mit mindestens 20 % Silber, Zusammensetzung, Verwendung, Technische Lieferbedingungen

DIN 8513-4 Hartlote – Aluminiumbasislote, Zusammensetzung, Verwendung, Technische Lieferbedingungen

DIN 8556-1 Schweißzusätze für das Schweißen nichtrostender und hitzebeständiger Stähle – Bezeichnung, Technische Lieferbedingungen

DIN EN 29453 Weichlote – Chemische Zusammensetzung und Lieferformen (ISO 9453 : 1990); Deutsche Fassung EN 29453 : 1993

DIN EN 29454-1 Flußmittel zum Weichlöten – Einteilung und Anforderungen – Teil 1 : Einteilung, Kennzeichnung und Verpackung (ISO 9454-1 : 1990); Deutsche Fassung EN 29454-1 : 1993

DIN ISO 3506 Verbindungselemente aus nichtrostenden Stählen – Technische Lieferbedingungen; Identisch mit ISO 3506 : 1979

3 Ausführung

Ergänzend zur ATV DIN 18299, Abschnitt 3, gilt:

3.1 Allgemeines

3.1.1 Der Auftragnehmer hat bei seiner Prüfung Bedenken (siehe B § 4 Nr 3) insbesondere geltend zu machen bei

- ungeeigneter Beschaffenheit des Untergrundes, z. B. bei zu rauhen, zu porigen, feuchten, verschmutzten oder verölten Flächen,

- ungenügenden Schalungsdicken, zu scharfen Schalungskanten und Graten, Unebenheiten, fehlenden Abrundungen an Ecken und Kanten,
- fehlenden oder ungeeigneten Befestigungsmöglichkeiten, z. B. an Anschlüssen, Aussparungen, Durchdringungen,
- fehlender Be- und Entlüftung bei zu durchlüftenden Dächern und Wandbekleidungen,
- ungeeigneter Art und Lage von Durchdringungen, Entwässerungen, Anschlüssen, Schwellen und dergleichen,
- Abweichung von der Waagerechten oder dem Gefälle, das in der Leistungsbeschreibung vorgeschrieben oder nach Sachlage nötig ist,
- fehlenden Höhenbezugspunkten je Geschoß,
- fehlenden oder ungenügenden Ausdehnungsmöglichkeiten,
- fehlenden oder ungenügenden baulichen Vorraussetzungen für Sicherheitsüberläufe,
- fehlenden Sätteln an Dachdurchdringungen.

3.1.2 Bei Verwendung verschiedener Metalle müssen, auch wenn sie sich nicht berühren, schädigende Einwirkungen aufeinander ausgeschlossen sein; dies gilt insbesondere in Fließrichtung des Wassers.

3.1.3 Metalle sind gegen schädigende Einflüsse angrenzender Stoffe, z. B. Mörtel, Steine, Beton, Holzschutzmittel, durch eine geeignete Trennschicht z. B. aus Glasvlies-Bitumendachbahn zu schützen.

3.1.4 Verbindungen und Befestigungen sind so auszuführen, daß sich die Teile bei Temperaturänderungen schadlos ausdehnen, zusammenziehen oder verschieben können. Hierbei ist von einer Temperaturdifferenz von 100 K – im Bereich von $-20\,°C$ bis $+80\,°C$ – auszugehen.

Die Abstände von Dehnungsausgleichern sind abhängig von deren Ausführung und der Art und Anordnung der Bauteile zu wählen. Folgende Abstände der Ausgleicher untereinander dürfen nicht überschritten werden:
- in wasserführenden Ebenen für eingeklebte Einfassungen, Winkelanschlüsse, Rinneneinhänge und Shedrinnen 6 m,
- für Strangpreß-Profile 6 m,
- außerhalb wasserführender Ebenen für Mauerabdeckungen, Dachrandabschlüsse, nicht eingeklebte Dachrinnen mit Zuschnitt über 500 mm 8 m, bei Stahl 14 m,
- für Scharen von Dachdeckungen und Wandbekleidungen, bei innenliegenden, nicht eingeklebten Dachrinnen mit Zuschnitt unter 500 mm, Hängedachrinnen mit Zuschnitt über 500 mm 10 m, bei Stahl 14 m,
- für Hängedachrinnen bis 500 mm Zuschnitt 15 m.

Für die Abstände von Ecken oder Festpunkten gelten jeweils die halben Längen.

3.1.5 Gegen Abheben und Beschädigung durch Sturm sind geeignete Sicherungsmaßnahmen zu treffen.

Für Hafte und Befestigungsmittel gelten die Anforderungen gemäß Tabelle 1.

Tabelle 1: Hafte und Befestigungsmittel; Anforderungen

	Werkstoff-[1] der zu befestigenden Teile	Hafte		Befestigungsmittel [2]			
				gerauhte Nägel		Senkkopfschrauben	
		Werkstoff	Dicke mm	Werkstoff	Maße mm × mm	Werkstoff	Maße mm × mm
	1	2	3	4	5	6	7
1	Titanzink	Titanzink	≥ 0,7	feuerverzinkter Stahl	≥ (2,8 × 25)	feuerverzinkter Stahl	≥ (4 × 25)
		feuerverzinkter Stahl	≥ 0,6				
		Aluminium [3]	≥ 0,8				
2	feuerverzinkter Stahl	feuerverzinkter Stahl	≥ 0,6	feuerverzinkter Stahl	≥ (2,8 × 25)	feuerverzinkter Stahl	≥ (4 × 25)
		Aluminium [3]	≥ 0,8				
3	Aluminium	Aluminium [3]	≥ 0,8	Aluminium	≥ (3,8 × 25)	feuerverzinkter Stahl	≥ (4 × 25)
		Edelstahl	≥ 0,4	Edelstahl	≥ (2,5 × 25)	Edelstahl	≥ (4 × 25)
4	Kupfer	Kupfer	≥ 0,6	Kupfer	≥ (2,8 × 25)	Kupfer-Zink-Legierung	≥ (4 × 25)
						Edelstahl	≥ (4 × 25)
						Kupfer	≥ (4 × 25)
5	Edelstahl	Edelstahl	≥ 0,4	Kupfer	≥ (2,8 × 25)	Kupfer-Zink-Legierung	≥ (4 × 25)
				Edelstahl	≥ (2,8 × 25)	Edelstahl	≥ (4 × 25)
						Kupfer	≥ (4 × 25)
6	Blei	Kupfer	≥ 0,7	Kupfer	≥ (2,8 × 25)	Kupfer-Zink-Legierung	≥ (4 × 30)
						Edelstahl	≥ (4 × 30)
						Kupfer	≥ (4 × 230)

[1] Die erforderliche Schalungsdicke bei Dachdeckungen beträgt bei Blei mindestens 30 mm, bei allen anderen Werkstoffen mindestens 24 mm.
[2] Je Haft mindestens 2 Stück mit einer Einbindetiefe von mindestens 20 mm.
[3] Bei Schiebehaften ist das Unterteil mindestens 1 mm dick auszuführen.

Tabelle 2: Metalldachdeckung: Breite und Länge der Scharen, Werkstoffdicken, Anzahl und Abstand der Hafte

		Gebäudehöhe m		bis 8			über 8 bis 20			über 20 bis 100	
	1	2	3	4	5	6	7	8	9	10	11
1	Scharenbreite [1]) in mm ≈		520	620	720	920	520	620	720 [2])	520	620 [2])
2	Werkstoff	Scharenlänge m				Mindestwerkstoffdicke mm					
3	Aluminium	≤ 10	0,7	0,8	0,8	–[3])	0,7	0,8	–[3])	0,7	–[3])
4	Kupfer	≤ 10	0,6	0,6	0,7	–[3])	0,6	0,6	–[3])	0,6	–[3])
5	Titanzink	≤ 10	0,7	0,7	0,8	–[3])	0,7	0,7	–[3])	0,7	–[3])
6	feuerverzinkter Stahl	≤ 14	0,6	0,6	0,6	0,7	0,6	0,6	0,6	0,6	0,6
7	Hafte, Anzahl und Abstand untereinander [4])										
8	Allgemeiner Dachbereich	Anzahl Stück/m²	4				5			6	
		Abstand mm	≤ 500	≤ 420	≤ 360	≤ 280	≤ 400	≤ 330	≤ 280	≤ 330	≤ 280
9	Dachrandbereich nach DIN 1055-4 (¹/₈ der Gebäudebreite)	Anzahl Stück/m²	4				6			8 [5])	8
		Abstand mm	≤ 500	≤ 420	≤ 360	≤ 280	≤ 330	≤ 280	≤ 240	≤ 250	≤ 210

[1]) Die Scharenbreiten errechnen sich aus den Band- bzw. Blechbreiten von 600, 700, 800 und 1 000 mm abzüglich ≈ 80 mm bei Falzdächern. Für Leistendächer ergibt sich eine geringere Scharenbreite in Abhängigkeit vom Leistenquerschnitt.
[2]) Größere Scharenbreiten unzulässig.
[3]) Unzulässig.
[4]) Anforderungen an die Hafte siehe Tabelle 1.
[5]) Für Kupferdeckung statt Nägel auch Schrauben aus Kupfer-Zink-Legierung 4 × 25, 6 Stück/m² mit max. 380 mm Abstand.

3.1.6 Halter für Dachrandeinfassungen und Verwahrungen im Deckbereich sind bündig einzulassen und versenkt zu verschrauben.

Tabelle 3: Quernähte

	Dachneigung	Art der Quernähte
	1	2
1	58 % (30°) und größer	Überlappung 100 mm
2	47 % (25°) und größer	Einfacher Querfalz
3	18 % (10°) und größer	Einfacher Querfalz mit Zusatzfalz
4	13 % (7°) und größer	Doppelter Querfalz (ohne Dichtung)
5	kleiner als 13 % (7°)	Wasserdichte Ausführung, je nach verwendetem Werkstoff gelötet, genietet oder doppelt gefalzt mit Dichtung

3.1.7 Anschlüsse an höhergeführte Bauwerksteile müssen mindestens 150 mm über die Oberkante des Dachbelages hochgeführt und regensicher verwahrt werden.

3.1.8 Durchdringungen von Dächern oder Bekleidungen sind regendicht mit der Deckung oder Bekleidung einzufassen oder zu verbinden, z. B. durch Falten, Falzen, Nieten, Löten oder Schweißen.

3.1.9 Alle einzuklebenden Metallanschlüsse müssen Klebeflansche von mindestens 120 mm Breite aufweisen. Verbindungen sind wasserdicht auszuführen. Bei Längen über 3 m ist die Befestigung indirekt auszuführen.

3.2 Metall-Dachdeckungen (Falz- und Leistendächer), Metall-Wandbekleidungen

3.2.1 Metall-Dachdeckungen sind aus Bändern herzustellen.

3.2.2 Metall-Wandbekleidungen sind aus Bändern nach dem Doppelfalzsystem herzustellen.

3.2.3 Bei Dachneigungen unter 5 % (3°) sind die Längsfalze zusätzlich abzudichten.

3.2.4 Für Metall-Dachdeckungen ist eine Trennschicht aus Glasvlies-Bitumendachbahnen, fein besandet, einzubauen.

3.2.5 Metallfalzdächer müssen senkrecht zur Traufe doppelte Stehfalze von mindestens 23 mm Höhe haben.

3.2.6 Leistendächer sind nach dem Deutschen Leistensystem auszuführen. Der Leistenquerschnitt muß mindestens 40 mm × 40 mm betragen.

3.2.7 Scharenlänge, Scharenbreite und Werkstoffdicke sowie Anzahl der Hafte sind Tabelle 2 zu entnehmen.

3.2.8 Zwischen den Unterkanten der Längsaufkantung der Scharen ist ein Abstand von 3 mm zur Aufnahme der Dehnung zwischen den Falzen vorzusehen.

3.2.9 Quernähte sind nach Tabelle 3 auszubilden.

3.2.10 Ist der Abstand zwischen First und Traufe größer als die zulässige Scharenlänge nach Tabelle 2, ist ein Gefällesprung mit mindestens 60 mm Höhe vorzusehen.

3.2.11 Die Traufe ist so auszubilden, daß die Längenänderungen der Scharen und die Windsoglasten aufgenommen werden. Die Scharenenden müssen mittels Umschlag an dem als Haftstreifen ausgebildeten Traufblech befestigt sein.

3.2.12 Bei durchlüfteten Dächern (Kaltdächern) dürfen durch die Ausführung der Metalldeckung die Lüftungsquerschnitte nicht beeinträchtigt werden.

3.2.13 Bei Metall-Wandbekleidungen muß die Überdeckung in der Senkrechten bei glatten Stößen mindestens 50 mm betragen.

3.2.14 Hinterlüftete Außenwandbekleidungen sind nach DIN 18516-1 "Außenwandbekleidungen, hinterlüftet – Anforderungen, Prüfgrundsätze" auszuführen. Bei der Verwendung von Faserzementplatten sind asbestfreie Produkte, die bauaufsichtlich zugelassen sind, zu verwenden.

3.3 Kehlen

3.3.1 Kehlen aus Metall sind auf beiden Seiten mit aufgebogenem Wasserfalz auszuführen.

3.3.2 Ungelötete Überdeckungen müssen mindestens 100 mm betragen. Bei Kehlneigungen unter 26 % (15°) müssen Überdeckungen gelötet werden.

3.3.3 Metallkehlen müssen vollflächig aufliegen.

3.4 Dachrandabschlüsse, Mauerabdeckungen und Anschlüsse

3.4.1 Die erforderliche Werkstoffdicke ist in Abhängigkeit von der Größe, der Zuschnittsbreite, der Formgebung, der Befestigung, der Unterkonstruktion und dem verwendeten Werkstoff zu wählen, dabei ist die Mindestdicke für gekantete Dachrandabschlüsse, Mauerabdeckungen und Anschlüsse nach Tabelle 4 einzuhalten.

Die Mindestdicke für Strangpreßprofile muß 1,5 mm betragen; für auf Unterkonstruktion verlegte Metallteile gilt Tabelle 2.

Tabelle 4: Mindestwerkstoffdicken für gekantete Dachrandabschlüsse, Mauerabdeckungen und Anschlüsse

	Werkstoff	gekantete		Anschlüsse mindestens
		Dachrandabschlüsse mindestens	Mauerabdeckungen mindestens	
	1	2	3	4
1	Aluminium	1,2 mm	0,8 mm	0,8 mm
2	Kupfer (halbhart)	0,8 mm	0,7 mm	0,7 mm
3	Verzinkter Stahl	0,7 mm	0,7 mm	0,7 mm
4	Titanzink	0,8 mm	0,7 mm	0,7 mm
5	Edelstahl	0,7 mm	0,7 mm	0,7 mm

3.4.2 Dachrandabschlüsse, Mauerabdeckungen und Anschlüsse sind mit korrosionsgeschützten Befestigungselementen verdeckt anzubringen. Für den Dehnungsausgleich gilt Abschnitt 3.1.4.

3.4.3 Abdeckungen müssen eine Tropfkante mit mindestens 20 mm Abstand von den zu schützenden Bauwerksteilen aufweisen.

3.4.4 Alle Ecken sind je nach Werkstoff durch Falzen, Nieten, Weichlöten, Hartlöten oder Schweißen regendicht auszuführen.

3.4.5 Aufgesetzte Kappleisten sind mindestens alle 250 mm, Wandanschlußschienen mindestens alle 200 mm zu befestigen.

3.5 Dachrinnen, Rinnenhalter, Regenfallrohre

3.5.1 Dachrinnen, Regenfallrohre und Zubehör sind nach DIN 18460 "Regenfallleitungen außerhalb von Gebäuden und Dachrinnen; Begriffe, Bemessungsgrundlagen" zu bemessen.

3.5.2 Hängedachrinnen aus Metallblech sind nach DIN EN 612, Hängedachrinnen aus PVC-U nach DIN EN 607 auszuführen.

3.5.3 Bei Metalldächern und bei Dachabdichtungen aus Bahnen sind die Halter in die Schalung bündig einzulassen und versenkt zu befestigen.

3.5.4 Für die Abführung von Regenwasser während der Bauzeit sind Wasserabweiser vorzuhalten. Sie sind so anzubringen, daß sie mindestens 50 cm über das Gerüst hinausreichen.

4 Nebenleistungen, Besondere Leistungen

4.1 Nebenleistungen sind ergänzend zur ATV DIN 18299, Abschnitt 4.1, insbesondere:

4.1.1 Auf- und Abbauen sowie Vorhalten der Gerüste, deren Arbeitsbühnen nicht höher als 2 m über Gelände oder Fußboden liegen.

4.1.2 Anzeichnen der Aussparungen, Schlitze und Durchbrüche am Bau.

4.1.3 Einlassen und Befestigen der Rinnenhalter, Laufbrettstützen, Dübel, Rohrschellen.

4.1.4 Liefern der Verbindungs- und Befestigungsmittel, z. B. Rinnenhalter, Spanneisen, Rohrschellen, Hafte, Schrauben, Nägel, Niete, Draht, Dübel, Lötzinn, Blei.

4.2 Besondere Leistungen sind ergänzend zur ATV DIN 18299, Abschnitt 4.2, z. B.:

4.2.1 Vorhalten von Aufenthalts- und Lagerräumen, wenn der Auftraggeber Räume, die leicht verschließbar gemacht werden können, nicht zur Verfügung stellt.

4.2.2 Auf- und Abbauen sowie Vorhalten der Gerüste, deren Arbeitsbühnen höher als 2 m über Gelände oder Fußboden liegen.

4.2.3 Umbau von Gerüsten für Zwecke anderer Unternehmer.

4.2.4 Herstellen von im Bauwerk verbleibenden Verankerungsmöglichkeiten z. B. für Gerüste.

4.2.5 Erstellen von Montage- und Verlegeplänen.

4.2.6 Reinigen des Untergrundes von grober Verschmutzung, z. B. Gipsreste, Mörtelreste, Farbreste, Öl, soweit diese von anderen Unternehmern herrührt.

4.2.7 Schaffen der notwendigen Höhenfestpunkte nach B § 3 Nr 2.

4.2.8 Herstellen von Proben, Musterflächen, Musterkonstruktionen und Modellen.

4.2.9 Liefern statischer und bauphysikalischer Nachweise.

4.2.10 Anbringen, Vorhalten und Befestigen von Wasserabweisern, wenn Maßnahmen nach Abschnitt 3.5.4 nicht ausreichen.

4.2.11 Anbringen, Vorhalten und Befestigen von behelfsmäßigen Regenfallrohren und -ablaufstutzen.

4.2.12 Abnehmen und Wiederanbringen von Regenfallrohren, soweit es der Auftragnehmer nicht zu vertreten hat.

4.2.13 Liefern und Einbauen von Laub- und Schmutzfängen.

4.2.14 Herstellen von Schlitzen und Dübellöchern in Werkstein und von Schlitzen in Mauerwerk und Beton.

4.2.15 Schließen von Schlitzen.

4.2.16 Nachträgliches Herstellen und Schließen von Löchern im Mauerwerk und Beton für Auflager und Verankerungen.

4.2.17 Auf- und Zudecken des Daches, soweit es der Auftragnehmer nicht zu vertreten hat.

4.2.18 Ausbau und/oder Wiedereinbau von Bekleidungselementen für Leistungen anderer Unternehmer.

4.2.19 Nachträgliches Anarbeiten und/oder nachträglicher Einbau von Teilen.

4.2.20 Einbauen von Innen- und Außenecken an geformten Blechen und Blechprofilen.

Klempnerarbeiten DIN 18339

4.2.21 Einbauen von Formstücken an Strangpreßprofilen.

4.2.22 Einbauen von Rinnenwinkeln, Bodenstücken, Ablaufstutzen, Rinnenkesseln, Rohrbogen und -winkeln, konischen Rohren und Wasserspeiern.

4.2.23 Einbauen von Dachhaken, Laufbrettstützen und Dachlukendeckel.

5 Abrechnung

Ergänzend zur ATV DIN 18299, Abschnitt 5, gilt:

5.1 Allgemeines

5.1.1 Der Ermittlung der Leistung – gleichgültig, ob sie nach Zeichnung oder nach Aufmaß erfolgt – sind zugrunde zu legen:
Bei Dachdeckungen und Dachabdichtungen
- auf Flächen ohne begrenzende Bauteile die Maße der zu deckenden bzw. zu bekleidenden Flächen,
- auf Flächen mit begrenzenden Bauteilen die Maße der zu deckenden bzw. zu bekleidenden Flächen bis zu den begrenzenden, ungeputzten bzw. unbekleideten Bauteilen.

Bei Fassaden die Maße der Bekleidung.

5.1.2 Bei Trenn- und Dämmschichten werden Bohlen, Sparren und dergleichen übermessen.

5.1.3 Bei Schrägschnitten von Abkantungen und Profilen wird die jeweils größte Kantenlänge zugrunde gelegt.

5.1.4 Bei geformten Blechen und Blechprofilen werden Überdeckungen und Überfälzungen übermessen.

5.1.5 Rinnen und Traufbleche werden an den Vorderwulsten gemessen, Winkel und Dehnungsausgleicher werden übermessen.

5.1.6 Regenfallrohre werden in der Mittellinie gemessen, Winkel und Bogen werden übermessen.

5.1.7 Bei der Ermittlung des Längenmaßes wird die größte Bauteillänge gemessen.

5.2 Es werden abgezogen:

5.2.1 Bei Abrechnung nach Flächenmaß (m^2):
Aussparungen und Öffnungen über 2,5 m^2 Einzelgröße, z. B. für Schornsteine, Fenster, Oberlichter, Entlüftungen.

5.2.2 Bei Abrechnung nach Längenmaß (m):
Unterbrechungen von mehr als 1 m Länge.

VOB Teil C:
Allgemeine Technische Vertragsbedingungen für Bauleistungen (ATV) Betonerhaltungsarbeiten – DIN 18349
Ausgabe Juni 1996

Inhalt

0 Hinweise für das Aufstellen der Leistungsbeschreibung

1 Geltungsbereich

2 Stoffe, Bauteile

3 Ausführung

4 Nebenleistungen, Besondere Leistungen

5 Abrechnung

0 Hinweise für das Aufstellen der Leistungsbeschreibung

Diese Hinweise ergänzen die ATV DIN 18299 "Allgemeine Regelungen für Bauarbeiten jeder Art", Abschnitt 0. Die Beachtung dieser Hinweise ist Voraussetzung für eine ordnungsgemäße Leistungsbeschreibung nach A § 9.
Die Hinweise werden nicht Vertragsbestandteil.
In der Leistungsbeschreibung sind nach den Erfordernissen des Einzelfalls insbesondere anzugeben:

0.1 Angaben zur Baustelle
Keine ergänzende Regelung zur ATV DIN 18299, Abschnitt 0.1.

0.2 Angaben zur Ausführung
0.2.1 *Instandsetzungskonzept und vorgesehene Erhaltungsmaßnahmen.*
0.2.1.1 *Art und Beschaffenheit der zu bearbeitenden Flächen und Bauteile unter Berücksichtigung der Schadensdiagnose.*

0.2.1.2 *Art der Vorbereitung, z. B.*

– *Heißwasserstrahlen,*

– *Niederdruckwasserstrahlen bis 100 bar ohne oder mit Strahlmitteln,*

– *Hochdruckwasserstrahlen bis 800 bar ohne oder mit Strahlmitteln,*

Betonerhaltungsarbeiten DIN 18349

- Höchstdruckwasserstrahlen über 800 bar ohne oder mit Strahlmitteln,
- Strahlen mit festen Strahlmitteln,
- Feuchtstrahlen mit festen Strahlmitteln,
- Flammstrahlen und Nachbehandlung nach DVS 0302, "Flammstrahlen von Beton, Ausgabe Juli 1985" [1]
- Fräsen,
- Stemmen.

0.2.1.3 Angaben zur Bewehrung und zum geforderten Reinheitsgrad für die Bearbeitung der Bewehrung.

0.2.1.4 Welcher Korrosionsschutz für die Bewehrung gefordert wird, z. B.:
- Wiederherstellung des alkalischen Milieus,
- Beschichtung der Bewehrung mit reaktionshärtenden Systemen,
- Beschichtung der Bewehrung mit kunststoffmodifizierten Zementschlämmen,
- kathodischer Schutz.

0.2.1.5 Angaben zum geforderten Instandsetzungsverfahren mit Angabe der Mörtel und Betone, die für die Instandsetzung verwendet werden dürfen, z. B.:
- Zementmörtel nach DIN 18550-1,
- Beton nach DIN 1045,
- Spritzbeton nach DIN 18551,
- Zementmörtel/Beton mit Kunststoffzusatz (PCC),
- Reaktionsharzmörtel (PC),
- Spritzmörtel,
- Spritzbeton/Spritzmörtel mit Kunststoffzusatz (SPCC),
- Leichtbeton nach DIN 4219,
- Spritzleichtbeton nach DIN 18551.

0.2.1.6 Angaben zur Rissebearbeitung, z. B.
- Rißursache,
- Rißbreite,
- Rißbreitenänderung während des Füllens und im gefüllten Zustand,
- Feuchtezustand der Risse und Rißufer,
- Angleichen an die Betonstruktur.

0.2.1.7 Verfüllen und Abdichten der Risse mit Angabe der Füllmenge je m, z. B. durch
- Tränken,
- Injizieren,
- kurzfristiges Abdichten wasserführender Risse,

---

[1] Herausgegeben vom Deutschen Verband für Schweißtechnik e.V., Postfach 101965, 40010 Düsseldorf

- dehnfähiges Verbinden,
- kraftschlüssiges Verbinden.

0.2.1.8 Ob zum kraftschlüssigen Verbinden von Rißufern lösungsmittelfreies Epoxidharz oder Zementleim/Suspension verwendet werden soll.

0.2.2 Besonders zu schützende Bauteile, z. B. Fenster, Türen, Geländer, Fallrohre, technische Anlagen.

0.2.3 Art, Größe, Lage und Anzahl von Aussparungen und vorhandenen Einbauteilen.

0.2.4 Art und Anzahl von geforderten Musterflächen.

0.2.5 Angaben zur Wiederherstellung der Oberflächenstruktur.

0.2.6 Besondere Umweltbelastungen.

0.2.7 Schutzmaßnahmen für Grünanlagen.

0.3 Einzelangaben bei Abweichungen von der ATV

0.3.1 Wenn andere als die in dieser ATV vorgesehenen Regelungen getroffen werden sollen, sind diese in der Leistungsbeschreibung eindeutig und im einzelnen anzugeben.

0.3.2 Abweichende Regelungen können insbesondere in Betracht kommen bei

Abschnitt 3.1.2,	wenn von den aufgeführten Maßtoleranzen abgewichen werden soll,
Abschnitt 3.2.1,	wenn eine andere Art der Vorbereitung vereinbart werden soll (siehe Abschnitt 0.2.1.2),
Abschnitt 3.3.1,	wenn zum systemgerechten Entrosten des freigelegten Betonstahls Hochdruckwasserstrahlen ≤ 800 bar mit dem Reinheitsgrad Sa 2 vereinbart werden soll, auch wenn das Bild den fotografischen Vergleichsmustern nach DIN 55928-4 nicht entspricht,
Abschnitt 3.3.2,	wenn eine Wiederherstellung des alkalischen Milieus vereinbart werden soll, durch z. B.

    – Beton,

    – Spritzbeton/Mörtel,

    – SPCC,

    – kathodischen Schutz,

Abschnitt 3.4.1,	wenn zum Aufbringen der Haftbrücke Reaktionsharzmörtel (PC) verwendet werden soll,
Abschnitt 3.4.2,	wenn zum Ausbessern der Betonausbrüche und Schadstellen Reaktionsharzmörtel (PC) verwendet werden soll,
Abschnitt 3.4.3,	wenn zum Schließen der Poren und Lunker Reaktionsharzmörtel (PC) oder Kunststoffdispersions-Spachtelmasse verwendet werden soll,
Abschnitt 3.4.4,	wenn zur Beseitigung von Unebenheiten < 2 mm Reaktionsharzmörtel (PC) oder Kunststoffdispersions-Spachtelmasse verwendet werden soll,

Betonerhaltungsarbeiten DIN 18349

Abschnitt 3.5.3, wenn zum kraftschlüssigen Verbinden von Rißufern Zementleim/ Suspension verwendet werden soll.

0.4 Einzelangaben zu Nebenleistungen und Besonderen Leistungen
Keine ergänzende Regelung zur ATV DIN 18299, Abschnitt 0.4.

0.5 Abrechnungseinheiten
Im Leistungsverzeichnis sind die Abrechnungseinheiten wie folgt vorzusehen:

0.5.1 Flächenmaß (m^2), getrennt nach Bauart und Maßen, für
- Wände, Decken, Fundamente, Bodenplatten, Treppenlaufplatten, Podeste,
- örtlich begrenzte Fehlstellen,
- Ausbrüche von mehr als 1 m^2 Einzelgröße, getrennt nach der jeweils größten Tiefe,
- Unterzüge, Überzüge, Stützen, Balken mit mehr als 1,6 m in der Abwicklung,
- Profilstahl mit mehr als 0,3 m Abwicklung,
- nachträgliche Bearbeitung von Oberflächen,
- Schalungen,
- flächige Abdeck- und Schutzmaßnahmen mit Folien, Platten und dergleichen,
- Einhausungen.

0.5.2 Längenmaß (m), getrennt nach Bauart und Maßen, für
- Überzüge, Unterzüge, Stützen, Balken, Vorlagen, Fenster- und Türstürze bis zu 1,6 m in der Abwicklung,
- Gesimse, Leibungen, Faschen,
- Fachwerke,
- Stufen und Treppenwangen,
- Ausbilden von Kanten, Tropfkanten, Abfassungen bei mehr als 1 m Einzellänge,
- örtlich begrenzte Fehlstellen, z. B. Ausbrüche bis 0,1 m Breite und über 1 m Einzellänge, getrennt nach der jeweils größten Tiefe,
- Schalung für Schlitze, Reprofilierungen und dergleichen,
- Freilegen von Betonstahl über 1 m Einzellänge, getrennt nach Durchmesser bis 16 mm und über 16 mm,
- Korrosionsschutz von Betonstahl über 1 m Einzellänge,
- Profilstahl,
- Herstellen von Fugen,
- Verfüllen von Rissen, getrennt nach Verfahren, Zweck und Verfüllmenge,
- Angleichen von Rissen,
- Abdichten der Fugen mit Fugenbändern, Verpreßschläuchen, Fugenprofilen, Fugenfüllungen und dergleichen,
- Dübelleisten.

0.5.3 Anzahl (Stück), getrennt nach Bauart und Maßen, für
- Konsolen,

- Ausbrüche über 0,1 m Breite, getrennt nach der jeweils größten Tiefe und Flächengröße
  bis zu 0,01 m^2,
  bis zu 0,10 m^2,
  bis zu 0,25 m^2,
  bis zu 0,50 m^2,
  bis zu 0,75 m^2,
  bis zu 1,00 m^2,
- Freilegen von Betonstahl bis 0,5 m Einzellänge,
- Freilegen von Betonstahl über 0,5 m bis 1 m Einzellänge,
- Korrosionsschutz von Betonstahl bis 1 m Einzellänge,
- Schalung für Reprofilierungen, Vouten, Konsolen bis 1 m Einzellänge,
- vorkonfektionierte Formteile, z. B. Ecken und Knoten bei Fugenbändern und -profilen,
- Kleben von Stahllamellen,
- Abdeckmaßnahmen an Türen, Fenstern, Zwischenwänden, Markisen, Geländern und dergleichen,
- Verfüllen von Aussparungen,
- Verankerungsdübel,
- Bauwerksuntersuchungen, Prüfungen, z. B. Prüfen der Oberflächenzugfestigkeit,
- Beseitigen von störenden Fremdkörpern, z. B. Bindedraht, Nägel, Kunststoffteile,
- Schalungen für Aussparungen,
- Einhausungen.

0.5.4 Gewicht (kg) für
- Verbrauch an Füllgut für Risse, und, getrennt nach Bauart und Maßen, für
- Liefern, Schneiden, Biegen und Verlegen von Bewehrungen und Lagesicherungen,
- Einbauteile, Bewehrungsanschlüsse, Dübelleisten, Ankerschienen, Verbindungselemente und ähnliches.

1 Geltungsbereich

1.1 Die ATV "Betonerhaltungsarbeiten" – DIN 18349 – gilt für Arbeiten zur Erhaltung und Instandsetzung von Bauteilen aus bewehrtem oder unbewehrtem Beton.

1.2 Die ATV DIN 18349 gilt nicht für
- das Herstellen von Bauteilen aus Beton (siehe ATV DIN 18331 "Beton- und Stahlbetonarbeiten"),
- die Oberflächenbehandlung von Bauten und Bauteilen (siehe ATV DIN 18363 "Maler- und Lackierarbeiten") und
- das Herstellen von Bauteilen aus bewehrtem oder unbewehrtem Beton im Spritzverfahren (siehe ATV DIN 18314 "Spritzbetonarbeiten").

1.3 Ergänzend gelten die Abschnitte 1 bis 5 der ATV DIN 18299 "Allgemeine Regelungen für Bauarbeiten jeder Art". Bei Widersprüchen gehen die Regelungen der ATV DIN 18349 vor.

Betonerhaltungsarbeiten DIN 18349

2 Stoffe, Bauteile
Ergänzend zur ATV DIN 18299, Abschnitt 2, gilt:

2.1 Für die gebräuchlichsten genormten Stoffe und Bauteile sind die DIN-Normen nachstehend aufgeführt:

Normen der Reihe
DIN 488	Betonstahl
DIN 1045	Beton und Stahlbeton – Bemessung und Ausführung
DIN 4219-1 und DIN 4219-2	Leichtbeton und Stahlleichtbeton mit geschlossenem Gefüge
DIN 4227-1	Spannbeton – Bauteile aus Normalbeton mit beschränkter oder voller Vorspannung
DIN 4227-2	Spannbeton – Bauteile mit teilweiser Vorspannung
DIN 4227-3	Spannbeton – Bauteile in Segmentbauart – Bemessung und Ausführung der Fugen
DIN 4227-6	Spannbeton – Bauteile mit Vorspannung ohne Verbund

Normen der Reihe
DIN 8201	Feste Strahlmittel
DIN 18540	Abdichten von Außenwandfugen im Hochbau mit Fugendichtstoffen
DIN 18550-1	Putz – Begriffe und Anforderungen
DIN 18551	Spritzbeton – Herstellung und Güteüberwachung
DIN 18557	Werkmörtel – Herstellung, Überwachung und Lieferung
DIN 55928-4	Korrosionsschutz von Stahlbauten durch Beschichtungen und Überzüge – Vorbereitung und Prüfung der Oberflächen .....
DIN 55928-5	Korrosionsschutz von Stahlbauten durch Beschichtungen und Überzüge - Beschichtungsstoffe und Schutzsysteme
DIN 55945	Beschichtungsstoffe (Lacke, Anstrichstoffe und ähnliche Stoffe) – Begriffe

2.2 Stoffe für die Betoninstandsetzung müssen alkalibeständig sein.

3 Ausführung
Ergänzend zur ATV DIN 18299, Abschnitt 3, gilt:

3.1 Allgemeines
3.1.1 Für die Ausführung gelten insbesondere:

DIN 1045	Beton und Stahlbeton – Bemessung und Ausführung
DIN 4030-1 und DIN 4030-2	Beurteilung betonangreifender Wässer, Böden und Gase
DIN 4099	Schweißen von Betonstahl – Ausführung und Prüfung
DIN 4219-1 und DIN 4219-2	Leichtbeton und Stahlleichtbeton mit geschlossenem Gefüge

DIN 4227-1 bis	
DIN 4227-6	Spannbeton
DIN 18540	Abdichten von Außenwandfugen im Hochbau mit Fugendichtstoffen
DIN 18550-2	Putz – Putze aus Mörteln mit mineralischen Bindemitteln – Ausführung
DIN 18558	Kunstharzputze – Begriffe, Anforderungen, Ausführung
DIN 55928-4	Korrosionsschutz von Stahlbauten durch Beschichtungen und Überzüge – Vorbereitung und Prüfung der Oberflächen
DIN 55928-6	Korrosionsschutz von Stahlbauten durch Beschichtungen und Überzüge – Ausführung und Überwachung der Korrosionsschutzarbeiten.

Richtlinie für Schutz und Instandsetzung von Betonbauteilen (DAfStb) [2]).

3.1.2 Abweichungen von vorgeschriebenen Maßen sind in den durch

DIN 18201	Toleranzen im Bauwesen – Begriffe, Grundsätze, Anwendung, Prüfung
DIN 18202	Toleranzen im Hochbau – Bauwerke
DIN 18203-1	Toleranzen im Hochbau – Vorgefertigte Teile aus Beton, Stahlbeton und Spannbeton

bestimmten Grenzen zulässig.

Werden an die Ebenheit von Flächen erhöhte Anforderungen gemäß DIN 18202 gestellt, so sind die zu treffenden Maßnahmen Besondere Leistungen (siehe Abschnitt 4.2.1).

3.1.3 Der Auftragnehmer hat bei seiner Prüfung Bedenken (siehe B § 4 Nr 3) insbesondere geltend zu machen bei

– erkennbarer Gefährdung der Standsicherheit,
– erkennbaren Mängeln des Instandsetzungskonzeptes,
– Abweichung des qualitativen Schadensumfanges von der Schadensbeschreibung,
– abweichender Beschaffenheit des Untergrundes von der Schadensdiagnose,
– ungeeignet vorgegebenem Vorbereitungsverfahren,
– unzureichender Festigkeit des Untergrundes,
– ungünstigen Witterungsbedingungen,
– ungeeigneten äußeren Bedingungen, z. B. thermische, chemische und mechanische Belastung.

---

[2]) Herausgegeben vom Deutschen Ausschuß für Stahlbeton (DAfStb) NABau – Fachbereich 07 im DIN, Deutsches Institut für Normung e. V., Scharrenstraße 2-3, 10178 Berlin

3.2 Vorbereiten des Betonuntergrundes

3.2.1 Der Mittelwert der Oberflächenzugfestigkeit muß bei Festigkeitsklassen $\geq$ B 25 mindestens 1,5 N/mm² betragen, bei geringerer Nennfestigkeit darf sie 1,1 N/mm² nicht unterschreiten. In der Oberfläche nicht ausreichend fester oder schadhafter Beton ist ebenso, wie eine etwaig trennend wirkende Substanz durch Feuchtstrahlen mit festen Strahlmitteln zu entfernen. Werden vorgenannte Werte auch dann noch nicht erreicht, sind weitere, besonders zu vereinbarende Maßnahmen erforderlich.

3.2.2 Die Abmessungen und das Profil des Untergrundes dürfen durch die Vorbereitungsarbeiten nicht mehr als durch das Verfahren bedingt verändert werden. Jeder vorbereitete Untergrund ist vor Bewitterung, Staub und losen Teilen zu schützen und vor dem Aufbringen einer nachfolgenden Lage oder Schicht zu säubern.

3.3 Behandlung des Stahls im Beton

3.3.1 Freiliegender oder freigelegter Stahl ist systemgerecht zu entrosten. Es dürfen nur mechanische Verfahren angewendet werden. DIN 55928-4 ist sinngemäß zu beachten. Der erforderliche Reinheitsgrad der bearbeiteten Bewehrung ist vom Instandsetzungsprinzip abhängig. An den Einbindungspunkten ist der Stahl mindestens 20 mm in seinem nicht korrodierten Bereich freizulegen.

Die Ausbruchufer sind schräg zwischen 30° und 60° herauszuarbeiten. Der Beton ist so weit abzutragen, wie er infolge Korrosion der Bewehrung gerissen bzw. gelockert ist. Dabei ist der Beton so weit zu entfernen, daß ein hohlstellenfreies Einbringen des Instandsetzungsmörtels oder Betons möglich ist. Frei liegende Stahleinlagen sind schwingungsfrei zu befestigen.

3.3.2 Metallflächen sind zu entfetten und unmittelbar danach mit einer dem Beschichtungsaufbau entsprechenden Grundbeschichtung zu versehen. In Feuchträumen ist eine weitere Grundbeschichtung aus Korrosionsschutz-Grundbeschichtungsstoff auszuführen. Für Außenflächen ist eine zweite Zwischenbeschichtung erforderlich.

Stahlflächen, die eine Grundbeschichtung aus Zinkstaub-Beschichtungsstoffen erhalten, sind nach DIN 55928-4, Normreinheitsgrad Sa 2 ¹/₂, zu entrosten.

Betonstahl ist mit Epoxidharz(EP)-Beschichtungsstoffen zu beschichten und anschließend zu besanden.

3.4 Betoninstandsetzung

3.4.1 Haftbrücken sind, soweit sie systembedingt erforderlich sind, auf der Basis von Polymer Cement Concrete (PCC) aufzutragen.

3.4.2 Betonausbrüche, Schadstellen und Unebenheiten > 2 mm sind mit Zementmörtel mit Kunststoffzusatz (PCC) auszubessern.

3.4.3 Poren und Lunker sind mit Stoffen auf der Basis von PCC durch Kratzspachteln zu schließen.

3.4.4 Ist ein vollflächiges Spachteln (Ausgleichsspachtelung) zur Beseitigung von Unebenheiten $\leq$ 2 mm vorgesehen, ist dieses mit PCC durchzuführen.

3.4.5 Beschichtungen als Oberflächenschutzsystem müssen den Anforderungen für Beschichtungen für nicht begeh- oder befahrbare Oberflächen mit geringer Rißüberbrückung gemäß der "Richtlinie für Schutz und Instandsetzung von Betonbauteilen" genügen.

3.4.6 Der Hell-Bezugswert (Y-Wert) von Endbeschichtungen für Betonbauteile im Außenraum soll 35 nach DIN 5033-3 "Farbmessung – Farbmaßzahlen" nicht unterschreiten.

3.5 Füllen von Rissen

3.5.1 Werden Risse durch Tränken geschlossen, sind diese mit niedrigviskosem lösemittelfreiem Epoxidharz bis zu einer Tiefe von 5 mm bzw. 15facher Rißbreite zu füllen. Der größere Wert ist maßgebend. Es dürfen nur Risse in der Draufsicht getränkt werden.

3.5.2 Für das dehnfähige Verbinden von Rißufern mit Polyurethanharzen mit 5 % Dehnfähigkeit sind die Risse mit mindestens 80 % der Rißfläche zu füllen. Die Mindestrißbreiten müssen 0,3 mm betragen.

3.5.3 Kraftschlüssiges Verbinden von Rißufern ist mit lösungsmittelfreiem Epoxidharz herzustellen. Die Risse müssen trocken und frei von haftungsstörenden Verunreinigungen sein. Die Risse sind mit mindestens 80% der Rißfläche zu füllen.

3.5.4 Rißbedingte Undichtigkeiten des Bauteils sind vor dem Verpressen mit Polyurethanharzschaum abzudichten.

3.6 Fugenabdichtungen mit elastischen Fugenbändern

3.6.1 Mit elastischen Fugenbändern abzudichtende Fugen sind mit Polysulfid-Bändern abzudichten. Eine dauerhafte Hinterlüftung ist sicherzustellen.

Entspricht die Ausbildung der Fugenflanken nicht den Angaben gemäß DIN 18540, ist die Fuge entsprechend zu bearbeiten. Solche Maßnahmen sind Besondere Leistungen (siehe Abschnitt 4.2.20).

Ist die Oberflächenzugfestigkeit < 1,5 N/mm^2 sind besondere Maßnahmen erforderlich, z. B. Wahl eines breiteren Fugenbandes.

3.6.2 Zwischen den Fugenbändern und etwa in der Fuge verbleibenden Dichtstoffen oder Bändern sind Trennfolien einzulegen.

4 Nebenleistungen, Besondere Leistungen

4.1 Nebenleistungen sind ergänzend zur ATV DIN 18299, Abschnitt 4.1, insbesondere:

4.1.1 Feststellen des Zustandes der Straßen der Geländeoberflächen, Grünanlagen, der Vorfluter usw. nach B § 3 Nr 4.

4.1.2 Auf- und Abbauen sowie Vorhalten der Gerüste, deren Arbeitsbühnen nicht höher als 2 m über Gelände oder Fußboden liegen.

4.1.3 Ansetzen von Musterflächen für die Schlußbeschichtung bis zu 2 % der zu beschichtenden Fläche, jedoch bis zu höchstens 3 Musterflächen mit max. 1,5 m² Einzelgröße.

4.1.4 Herstellen und Entfernen der Verdämmung von Rissen; Setzen und Entfernen von Packern.

4.1.5 Leistungen der Eigenüberwachung nach den Bestimmungen der Richtlinie DAfStb.

4.2 Besondere Leistungen sind ergänzend zur ATV DIN 18299, Abschnitt 4.2, z. B.:

4.2.1 Maßnahmen nach den Abschnitten 3.1.2 und 3.6.1.

4.2.2 Besondere Maßnahmen zum Schutz von Vegetation.

4.2.3 Besondere Maßnahmen zum Schutz von Bauteilen, Geräten, Einrichtungsgegenständen und Personen, z. B. durch Planen, Schutzwände, Absauganlagen, Heizgeräte, Einhausungen, Einsatz von Filteranlagen, Schutzgeländer, Umleitung von Wasser (Leistungen, die über ATV DIN 18299, Abschnitt 4.1.10, hinausgehen).

4.2.4 Vorhalten von Aufenthalts-, Sozial- und Lagerräumen, wenn der Auftraggeber Räume, die leicht verschließbar gemacht werden können, nicht zur Verfügung stellt.

4.2.5 Auf- und Abbauen sowie Vorhalten der Gerüste, deren Arbeitsbühnen mehr als 2 m über Gelände oder Fußboden liegen.

4.2.6 Vorsorge- und Schutzmaßnahmen für das Arbeiten unter ungeeigneten klimatischen Bedingungen, soweit der Auftraggeber die Weiterarbeit fordert.

4.2.7 Boden- und Wasseruntersuchungen, chemische Analysen.

4.2.8 Besondere Maßnahmen zum Feststellen des Zustandes der Vorfluter, z. B. mit elektronischer Untersuchung.

4.2.9 Erstellen der Schadensdiagnose und des Instandsetzungskonzeptes, Durchführung der Fremdüberwachung gemäß "Richtlinie für Schutz und Instandsetzung von Betonbauteilen", soweit vom Auftraggeber veranlaßt.

4.2.10 Liefern statischer Berechnungen für den Nachweis der Standsicherheit des Bauwerks und der für diesen Nachweis erforderlichen Zeichnungen. Ingenieurleistungen für kathodischen Korrosionsschutz.

4.2.11 Zusätzliche Leistungen zum Nachweis der Güte der Stoffe und Bauteile, soweit sie der Auftraggeber über 4.1.5 hinaus verlangt.

4.2.12 Anfertigen von Schadensdokumentationen (Katastern).

4.2.13 Reinigen des Untergrundes von grober Verschmutzung, z. B. Gipsreste, Mörtelreste, Öl, Farbreste, soweit diese von anderen Unternehmern herrührt.

4.2.14 Beseitigen und Entsorgen verfahrensbedingter Vermischungen und Abfall aus dem Bereich des Auftraggebers, z. B. bei Strahlarbeiten.

4.2.15 Entfernen von störenden Fremdkörpern aus dem Beton, z. B. Bindedrähte, Nägel, Kunststoffteile.

4.2.16 Besondere Maßnahmen zum Trocknen von Bauteilen, z. B. durch Heizen.

4.2.17 Zusätzliche Maßnahmen der Untergrundvorbehandlung, z. B. Abschleifen nicht tragfähiger Betonschichten, Entfernen von Beschichtungen, Entfernen von Imprägnierungen, sowie Ausbessern von Kantenausbrüchen und Auffüttern von Waschbetonflächen.

4.2.18 Vorabdichten bei stark wasserführenden Rissen.

4.2.19 Vornässen von trockenen Rissen für die Ausbildung der Porenstruktur des Polyurethan(PUR)-Harzes.

4.2.20 Herstellen von Fugen und Fugenabdichtungen.

4.2.21 Ausbilden von Nuten, Kanten und Wassertropfkanten.

4.2.22 Zusätzliche Schutzmaßnahmen gegen schädigende Einflüsse, z. B. chemische Beanspruchung, Fremderschütterung sowie Ausführung von Nutzbeschichtungen für begehbare, befahrbare oder abdichtende Flächen.

4.2.23 Reinigungsarbeiten, soweit sie über Abschnitt 4.1.11 der ATV DIN 18299 hinausgehen, z. B. Fensterputzen, Reinigen von Leichtmetallfassaden, Einbauten.

5 Abrechnung

Ergänzend zur ATV DIN 18299, Abschnitt 5, gilt:

5.1 Allgemeines

5.1.1 Der Ermittlung der Leistung – gleichgültig, ob sie nach Zeichnung oder Aufmaß erfolgt – sind für Bauteile die Maße der behandelten Fläche zugrunde zu legen.

5.1.2 Die Wandhöhen überwölbter Räume werden bis zum Gewölbeanschnitt, die Wandhöhe der Schildwände bis zu $2/3$ des Gewölbestiches gerechnet.

5.1.3 Bei der Flächenermittlung von gewölbten Decken mit einer Stichhöhe unter $1/6$ der Spannweite wird die Fläche des überdeckten Raumes gerechnet. Gewölbe mit größerer Stichhöhe werden nach der Fläche der abgewickelten Untersicht gerechnet.

5.1.4 Bei Kreuzungen von Unterzügen oder Balken mit Stützen werden die Unterzüge und Balken durchgemessen, wenn sie breiter als die Stützen sind. Die Stützen werden in diesem Fall bis Unterseite Unterzug oder Balken gerechnet.

5.1.5 Ganz oder teilweise behandelte Leibungen von Öffnungen, von Aussparungen und von Nischen über 2,5 m^2 Einzelgröße werden gesondert gerechnet.

5.1.6 Bei ungleichmäßiger Dicke von Ausbrüchen und Schichten wird die größte Bearbeitungstiefe durch Profilvergleich vor und nach der Ausführung ermittelt.

5.1.7 Rückflächen von Nischen werden unabhängig von ihrer Einzelgröße mit ihrem Maß gesondert gerechnet.

5.1.8 Öffnungen, Nischen und Aussparungen werden auch, falls sie unmittelbar zusammenhängen, getrennt gerechnet.

5.1.9 In behandelten Flächen liegende Rahmen, Riegel, Ständer, Unterzüge und Vorlagen bis 0,3 m Einzelbreite werden übermessen, die behandelten Seiten gesondert gerechnet. Deren Beschichtung in anderer Technik oder anderem Farbton wird gesondert gerechnet.

5.1.10 Treppenwangen werden in ihrer größten Breite gerechnet.

5.1.11 Reprofilierungen von Kanten werden in der Abwicklung gesondert gerechnet.

5.1.12 Freilegen von Bewehrungsstahl, Ausbrüche sowie Wiederherstellen der Oberfläche werden nach den größten Maßen gerechnet.
Bei Abrechnung nach Flächenmaß (m^2) wird mit dem kleinsten umschriebenen Rechteck gerechnet.

5.1.13 Bei Abrechnung der Schalung nach Flächenmaß wird das kleinste umschriebene Rechteck gerechnet.

5.1.14 Schutzabdeckungen werden in ihrer Abwicklung gerechnet.

5.2 Bewehrungsstahl

5.2.1 Die Vorbehandlung und der Korrosionsschutz des Bewehrungsstahles werden jeweils gesondert gerechnet.

5.2.2 Liefern, Schneiden, Biegen und Einbauen von Bewehrungsstahl werden gesondert gerechnet. Maßgebend ist das errechnete Gewicht bei genormten Stählen nach den DIN-Normen (Nenngewichten), bei anderen Stählen nach Gewichten aus dem Profilbuch des Herstellers.

5.2.3 Bindedraht, Walztoleranzen und Verschnitt bleiben bei der Ermittlung des Abrechnungsgewichtes unberücksichtigt.

5.3 Fugenabdichtungen

Fugenbänder und Fugenprofile werden in ihrer größten Länge (Schrägschnitt, Gehrungen) gerechnet.

5.4 Füllen von Rissen

5.4.1 Mehr- oder Minderverbrauch von Füllgut wird gesondert gerechnet.

5.4.2 Angleichen der abgedichteten Risse an die Betonstruktur wird nach der Rißlänge gesondert gerechnet.

5.5 Es werden abgezogen:

5.5.1 Bei Abrechnung nach Flächenmaß (m^2): Öffnungen, Aussparungen und Nischen über 2,5 m^2 Einzelgröße.

5.5.2 Bei Abrechnung nach Längenmaß (m): Unterbrechungen über 1 m Einzellänge.

VOB Teil C:
Allgemeine Technische Vertragsbedingungen für Bauleistungen (ATV) Putz- und Stuckarbeiten — DIN 18350
Ausgabe Juni 1996

Inhalt

0   Hinweise für das Aufstellen der Leistungsbeschreibung

1   Geltungsbereich

2   Stoffe, Bauteile

3   Ausführung

4   Nebenleistungen, Besondere Leistungen

5   Abrechnung

0   Hinweise für das Aufstellen der Leistungsbeschreibung

Diese Hinweise ergänzen die ATV DIN 18299 "Allgemeine Regelungen für Bauarbeiten jeder Art", Abschnitt 0. Die Beachtung dieser Hinweise ist Voraussetzung für eine ordnungsgemäße Leistungsbeschreibung nach A § 9.
Die Hinweise werden nicht Vertragsbestandteil.
In der Leistungsbeschreibung sind nach den Erfordernissen des Einzelfalles insbesondere anzugeben:

0.1   Angaben zur Baustelle
Keine ergänzende Regelung zur ATV DIN 18299, Abschnitt 0.1.

0.2   Angaben zur Ausführung
0.2.1   Art und Beschaffenheit des Untergrundes (Unterlage, Unterbau, Tragschicht, Tragwerk).

0.2.2   Ausbildung der Anschlüsse an Bauwerke.

0.2.3   Art und Anzahl von geforderten Oberflächen- und Farbmustern sowie von Proben, Musterflächen, Musterkonstruktionen und Modellen.

0.2.4   Ob der Auftragnehmer Verlege- oder Montagepläne zu liefern hat.

0.2.5   Geforderte gestalterische Wirkung von Flächen, z. B. Teilung, Fugenausbildung, Struktur, Farbe, Oberflächenbehandlung sowie besondere Verlegeart.

0.2.6 Besonderer Schutz von Bauteilen und Einrichtungsgegenständen.

0.2.7 Anforderungen an den Brand-, Schall-, Wärme- und Feuchteschutz sowie lüftungstechnische Anforderungen.

0.2.8 Art der Bekleidung, Dicke, Maße der Einzelteile sowie ihre Befestigung, sichtbar oder nicht sichtbar.

0.2.9 Anforderungen an die besondere Stoßbelastung, z. B. Ballwurfsicherheit.

0.2.10 Art der Durchführung der Befestigung der Bauteile.

0.2.11 Ob und wie Fugen abzudichten und abzudecken sind.

0.2.12 Besondere physikalische Eigenschaften der Stoffe.

0.2.13 Art, Umfang und Ausbildung der Hinterlüftung sowie Abdeckung ihrer Öffnungen.

0.2.14 Ob chemischer Holzschutz gefordert wird.

0.2.15 Art des Korrosionsschutzes.

0.2.16 Anforderungen an den Korrosionsschutz.

0.2.17 Besondere mechanische, chemische und thermische Beanspruchungen, denen Stoffe und Bauteile nach dem Einbau ausgesetzt sind.

0.2.18 Art und Eigenschaft des Putzes.

0.2.19 Vorbehandlung des Putzgrundes durch einen Spritzbewurf oder das Auftragen einer Haftbrücke, Aufrauhen, Vorbehandlung stark saugender Putzgründe, Überspannen der Übergänge unterschiedlicher Stoffe und Bauteile.

0.2.20 Anbringen von Einputzschienen, Putztrennschienen, Eckschutzschienen, Leisten u. ä.

0.2.21 Vorgezogenes und nachträgliches Herstellen von Teilflächen, z. B. Flächen hinter Heizkörpern, Rohrleitungen und dergleichen.

0.2.22 Besonderer Schutz der Leistungen, z. B. Verpackung, Kantenschutz und Abdeckung.

0.3 Einzelangaben bei Abweichungen von den ATV

0.3.1 Wenn andere als die in dieser ATV vorgesehenen Regelungen getroffen werden sollen, sind diese in der Leistungsbeschreibung eindeutig und im einzelnen anzugeben.

Putz- und Stuckarbeiten DIN 18350

0.3.2 Abweichende Regelungen können insbesondere in Betracht kommen bei

Abschnitt 2.3,	wenn Nägel, Klammern u. ä. bei Verwendung in feuchten Räumen und für Arbeiten mit Gips aus nichtrostendem Material sein müssen,
Abschnitt 3.1.2,	wenn erhöhte Anforderungen an die Ebenheit gestellt werden sollen,
Abschnitt 3.2.3,	wenn Putze nicht als geriebene Putze ausgeführt werden sollen,
Abschnitt 3.4.1,	wenn geformte Stuckteile für Außenflächen nicht in Kalkzementmörtel ausgeführt werden sollen, sondern z. B. in Gips,
Abschnitt 3.4.3,	wenn Formstücke und Profile aus Stuckmarmor auf andere Art befestigt werden sollen,
Abschnitt 3.4.5,	wenn der für Antragarbeiten verwendete Stuckmörtel entgegen der vorgesehenen Regelung angetragen und geformt werden soll, z. B. unter Verwendung von langsam bindendem Gips bzw. Zement unter Beimischung von 2 Teilen Marmorgrieß bzw. Marmormehl,
Abschnitt 3.5.1,	wenn Bauteile in Trockenbauweise unter Berücksichtigung von Anforderungen an den Brand-, Schall-, Wärme- und Strahlenschutz ausgeführt werden sollen,
Abschnitt 3.5.2.1,	wenn sichtbare Randwinkel und Deckleisten abweichend von der vorgesehenen Regelung verlegt werden sollen,
Abschnitt 3.5.2.2,	wenn Dämmstoffe abweichend von der vorgesehenen Regelung eingebaut werden sollen,
Abschnitt 3.5.3,	wenn Vorsatzschalen nicht entsprechend dem vorgeschriebenen Schalldämmaß nach DIN 4109 ausgeführt werden sollen,
Abschnitt 3.5.5,	wenn Unterböden auf Trockenschüttung im Türbereich oder beim Anschluß an Massivböden abweichend von der vorgesehenen Regelung verlegt werden sollen, z. B. aufgrund von Schallschutzanforderungen.

0.4 Einzelangaben zu Nebenleistungen und Besonderen Leistungen

Keine ergänzende Regelung zur ATV DIN 18299, Abschnitt 0.4.

0.5 Abrechnungseinheiten

Im Leistungsverzeichnis sind die Abrechnungseinheiten wie folgt vorzusehen:

0.5.1 Flächenmaß (m^2), getrennt nach Bauart und Maßen, für
- Wand- und Deckenputz innen und außen getrennt nach Art des Putzes,
- Drahtputzwände und -decken,
- flächige Bewehrungen und Putzträger,
- Stuckflächen,

- Deckenbekleidungen und Unterdecken,
- Dämmungen und Dämmplatten an Decken und Wänden,
- Wandbekleidungen,
- Vorsatzschalen,
- Nichttragende Trennwände,
- Unterböden,
- Dämmungen, Auffüllungen und Schüttungen unter Böden,
- Unterkonstruktionen,
- Folien, Pappen und Dampfsperren.

0.5.2 Längenmaß (m), getrennt nach Bauart und Maßen, für
- Leibungen von Öffnungen, Aussparungen und Nischen,
- Putz- und Bekleidungsarbeiten an Pfeilern, Lisenen, Stützen und Unterzügen,
- Zuschnitte von Bekleidungen an Schrägen, z. B. an Decken, Wänden und Böden,
- Putze an Gesimsen und Kehlen sowie Ausrunden,
- Putzanschlüsse und Putzabschlüsse,
- Stuckprofile,
- Sohlbänke, Fenster- und Türumrahmungen, Friese, Faschen, Putzbänder, Schattenfugen und dergleichen,
- Hilfskonstruktionen im Bereich von Decken und Wänden zur Aufnahme von Installationsteilen, Beleuchtungskörpern u. ä.,
- Richtwinkel an Kanten, Kantenschutzprofile, Einputzschienen, Sockelschienen, Randwinkel, Lüftungsprofile, Anschnittstücke, Abschlußprofile, Vorhangschienen u. ä.
- Anschlüsse an andere Bauteile, Anschluß-, Bewegungs- und Gebäudetrennfugen, Fugenüberspannungen,
- Streifenbewehrungen und Streifenputzträger bis 1 m Breite,
- Abschottungen, Schürzen und Unterzüge in Deckenbekleidungen, Unterdecken und bei Wandbekleidungen,
- Dichtungsbänder, Dichtungsprofile, Ausspritzungen.

0.5.3 Anzahl (Stück), getrennt nach Bauart und Maßen, für
- Herstellen von Öffnungen für Türen, Fenster u. ä. bei Trockenbauweise,
- Herstellen von Aussparungen und Hilfskonstruktionen für Einzelleuchten, Lichtbänder, Lichtkuppeln, Lüftungsgitter, Luftauslässe, Revisionsöffnungen, Stützen, Pfeilervorlagen, Schalter, Steckdosen, Rohrdurchführungen, Kabel, Installationsteile u. ä.,
- Stuckarbeiten (Rosetten o. ä.),
- Ecken und Verkröpfungen von Stuckprofilen, Gesimsen und Kehlen,
- Putz- und Bekleidungsarbeiten an Schornsteinköpfen, Konsolen usw.,
- Einbau von Einzelleuchten, Lichtbändern, Lüftungsgittern, Luftauslässen, Gerüstverankerungen u. ä.,
- Schließen von Öffnungen und Durchbrüchen,
- Anarbeiten an Installationen bei Trockenbauweise.

1 Geltungsbereich

1.1 Die ATV "Putz- und Stuckarbeiten" – DIN 18350 – gilt für nasse und trockene Bauweisen.

1.2 Ergänzend gelten die Abschnitte 1 bis 5 der ATV DIN 18299 "Allgemeine Regelungen für Bauarbeiten jeder Art". Bei Widersprüchen gehen die Regelungen der ATV DIN 18350 vor.

2 Stoffe, Bauteile

Ergänzend zur ATV DIN 18299, Abschnitt 2, gilt:

Für die gebräuchlichsten genormten Stoffe und Bauteile sind die DIN-Normen nachstehend aufgeführt.

2.1 Putze

DIN 18550-1	Putz – Begriffe und Anforderungen
DIN 18558	Kunstharzputze – Begriffe, Anforderungen, Ausführung

2.2 Werkmörtel (Fertigmörtel)

DIN 18557	Werkmörtel – Herstellung, Überwachung und Lieferung

2.3 Putzträger, Putzbewehrungen, Befestigungsmittel

DIN 488-4	Betonstahl – Betonstahlmatten und Bewehrungsdraht – Aufbau, Maße und Gewichte
DIN 1101	Holzwolle-Leichtbauplatten und Mehrschicht-Leichtbauplatten als Dämmstoffe für das Bauwesen – Anforderungen, Prüfung
DIN 18182-1	Zubehör für die Verarbeitung von Gipskartonplatten – Profile aus Stahlblech
DIN 18182-2	Zubehör für die Verarbeitung von Gipskartonplatten – Schnellbauschrauben

Drahtgeflechte, Rippenstreckmetall, Baustahlmatten u. ä. müssen frei von losem Rost sein. Textile Gewebe für den Außenbereich müssen alkalibeständig sein. Nägel, Klammern und andere Befestigungsmittel müssen bei Verwendung in feuchten Räumen und für Arbeiten mit Gips rostgeschützt sein.

2.4 Decken- und Wandbauplatten

DIN 18163	Wandbauplatten aus Gips – Eigenschaften, Anforderungen, Prüfung
DIN 18169	Deckenplatten aus Gips – Platten mit rückseitigem Randwulst
DIN 18180	Gipskartonplatten – Arten, Anforderungen, Prüfung
DIN 18184	Gipskarton-Verbundplatten mit Polystyrol- oder Polyurethan-Hartschaum als Dämmstoff
DIN EN 438-1	Dekorative Hochdruck-Schichtpreßstoffplatten (HPL) – Platten auf Basis härtbarer Harze – Teil 1: Spezifikationen (ISO 4586-1 : 1987, modifiziert; Deutsche Fassung EN 438-1 : 1991

2.5 Dämmstoffe

DIN 18164-1	Schaumkunststoffe als Dämmstoffe für das Bauwesen – Dämmstoffe für die Wärmedämmung
DIN 18164-2	Schaumkunststoffe als Dämmstoffe für das Bauwesen – Dämmstoffe für die Trittschalldämmung – Polystyrol-Partikelschaumstoffe
DIN 18165-1	Faserdämmstoffe für das Bauwesen – Dämmstoffe für die Wärmedämmung
DIN 18165-2	Faserdämmstoffe für das Bauwesen – Dämmstoffe für die Trittschalldämmung

2.6 Unterkonstruktionen und Holzschutz

Unterkonstruktionen aus Holz- und Holzwerkstoffen, Metall und anderen Baustoffen sowie Abhänger, Profile, Verbindungs- und Verankerungselemente und Holzschutz.

DIN 4073-1	Gehobelte Bretter und Bohlen aus Nadelholz – Maße
DIN 4074-1	Sortierung von Nadelholz nach der Tragfähigkeit – Nadelschnittholz
DIN 17440	Nichtrostende Stähle – Technische Lieferbedingungen für Blech, Warmband, Walzdraht, gezogenen Draht, Stabstahl, Schmiedestücke und Halbzeug
DIN 18168-1	Leichte Deckenbekleidungen und Unterdecken – Anforderungen für die Ausführung
DIN 18168-2	Leichte Deckenbekleidungen und Unterdecken – Nachweis der Tragfähigkeit von Unterkonstruktionen und Abhängern aus Metall
DIN 18182-1	Zubehör für die Verarbeitung von Gipskartonplatten – Profile aus Stahlblech
DIN 68750	Holzfaserplatten – Poröse und harte Holzfaserplatten, Gütebedingungen
DIN 68754-1	Harte und mittelharte Holzfaserplatten für das Bauwesen – Holzwerkstoffklasse 20
DIN 68800-3	Holzschutz ..... – Vorbeugender chemischer Holzschutz
DIN EN 10025	Warmgewalzte Erzeugnisse aus unlegierten Baustählen – Technische Lieferbedingungen; Deutsche Fassung EN 10025 : 1993

2.7 Schienen und Profile

Schienen und Profile wie Eckschutzschienen, Abschlußschienen, Dehnungsfugenprofile, Randwinkel und Einfaßprofile aus Metall müssen entsprechend dem Verwendungszweck verzinkt oder korrosionsresistent sein.

3 Ausführung

Ergänzend zur ATV DIN 18299, Abschnitt 3, gilt:

Putz- und Stuckarbeiten   DIN 18350

3.1 Allgemeines

3.1.1 Der Auftragnehmer hat bei seiner Prüfung Bedenken (siehe B § 4 Nr 3) insbesondere geltend zu machen bei

- ungeeigneter Beschaffenheit des Untergrundes, z. B. grobe Verunreinigungen, Ausblühungen, zu glatte Flächen, verölte Flächen, ungleich saugende Flächen, gefrorene Flächen, verschiedenartige Stoffe des Untergrundes,
- zu hoher Baufeuchtigkeit,
- größeren Unebenheiten als nach DIN 18202 zulässig,
- ungenügenden Verankerungsmöglichkeiten,
- fehlenden Höhenbezugspunkten je Geschoß.

3.1.2 Abweichungen von vorgeschriebenen Maßen sind in den durch

DIN 18201   Toleranzen im Bauwesen – Begriffe, Grundsätze, Anwendung, Prüfung

DIN 18202   Toleranzen im Hochbau – Bauwerke

bestimmten Grenzen zulässig.

Bei Streiflicht sichtbar werdende Unebenheiten in den Oberflächen von Bauteilen sind zulässig, wenn die Toleranzen von DIN 18202 eingehalten worden sind.

3.1.3 Bewegungsfugen des Bauwerkes müssen an gleicher Stelle und mit gleicher Bewegungsmöglichkeit übernommen werden.

3.1.4 Deckenbekleidungen, Unterdecken, Wandbekleidungen, Vorsatzschalen und Trennwände aus Elementen, die ein regelmäßiges Raster ergeben, sind fluchtrecht in den vorgegebenen Bezugsachsen herzustellen.

Bei der Verwendung von Montagewänden aus Gipskartonplatten ist DIN 18183 "Montagewände aus Gipskartonplatten – ..... Ausführung von Metallständerwänden" zu beachten.

3.1.5 Der chemische Schutz von Bauholz ist nach DIN 68800-3 "Holzschutz – Vorbeugender chemischer Holzschutz" und der chemische Schutz von Holzwerkstoffen nach DIN 68800-5 "Holzschutz im Hochbau – Vorbeugender chemischer Schutz von Holzwerkstoffen" auszuführen.

3.2 Putze

3.2.1 Putze aus Mörtel mit mineralischen Bindemitteln mit oder ohne Zusätze sind nach DIN 18550-2 "Putz – Putze aus Mörteln mit mineralischen Bindemitteln – Ausführung" herzustellen.

3.2.2 Kunstharzputze sind nach DIN 18558 "Kunstharzputze – Begriffe, Anforderungen, Ausführung" herzustellen.

3.2.3 Putze sind als geriebene Putze auszuführen.

3.3 Bauteile aus Drahtputz

Bauteile aus Drahtputz sind nach DIN 4121 "Hängende Drahtputzdecken – Putzdecken mit Metallputzträgern, Rabitzdecken, Anforderungen für die Ausführung" herzustellen.

Für die Ausführung der Oberflächen gilt Abschnitt 3.2.3.

3.4 Stuck

3.4.1 Gezogener und vorgefertigter Stuck

Gezogene Profile mit einer Stuckdicke von mehr als 5 cm sind auf einer Drahtputzunterkonstruktion auszuführen.

Vorgefertigte Stuckteile sind mit Kleber und/oder mit Schrauben auf Dübeln oder mit verzinkten Drähten zu befestigen.

Geformte Stuckteile für Außenflächen sind in Kalkzementmörtel auszuführen.

3.4.2 Angetragener Stuckmarmor

Der trockene und sorgfältig gereinigte Untergrund ist anzunetzen und mit einem nicht zu dünnen, mit Leimwasser vermengten Spritzbewurf aus Gipsmörtel zu versehen. Der Untergrund (Marmorgrund) ist mit rauher Oberfläche 2 bis 3 cm dick aus dafür geeignetem Stuckgips unter Zusatz von Leimwasser (Abbindezeit 2 bis 3 Stunden) oder aus anderem, langsam bindendem Hartgips und reinem scharfem Sand herzustellen und nötigenfalls durch Abkämmen aufzurauhen. Der vollständig ausgetrocknete Marmorgrund ist mit Wasser anzunetzen. Der Stuckmarmor ist nach den Vorschriften der Hersteller der Stoffe aus feinstem Alabastergips oder Marmorgips unter Beimischung geeigneter licht- und kalkechter Farbpigmente herzustellen, aufzutragen, mehrmals im Wechsel zu spachteln und zu schleifen, bis die verlangte matte oder polierte geschlossene Oberfläche erzielt ist. Die Oberfläche ist nach dem völligen Austrocknen zu wachsen und muß in Struktur und Farbe dem nachzuahmenden Marmor entsprechen.

3.4.3 Geformter Stuckmarmor

Formstücke und Profile aus Stuckmarmor sind nach dem Freilegen aus der Negativform in ihren Verzierungen passend zu beschneiden, im Wechsel mehrmals zu spachteln und zu schleifen und in der vorgeschriebenen Form und Oberfläche, matt oder poliert, herzustellen. Notwendige Metalleinlagen müssen korrosionsgeschützt sein. Formstücke und Profile sind mit Kleber und/oder mit korrosionsgeschützten Schrauben am Mauerwerk auf Dübeln oder mit Steinschrauben zu befestigen. Die Oberfläche ist, soweit erforderlich, nachzuschleifen und nach völligem Austrocknen zu wachsen.

3.4.4 Stukkolustro

Auf vorbereitetem Untergrund ist ein 2 bis 3 cm dicker, rauher Unterputz aus lange gelagertem, fettem Sumpfkalk und grobkörnigem, reinem Sand aufzutragen. Bei gleichmäßig saugendem Untergrund darf dem Mörtel bis zu einem Anteil von 20 % des Bindemittels Gips beigemengt werden. Bei ungleichmäßig saugendem Untergrund, z. B. Ziegelmauerwerk, ist reiner Kalkmörtel zu verwenden. Auf den vollständig trockenen Unterputz ist eine etwa 1 cm dicke Lage aus etwas feinerem Kalkmörtel aufzutragen und vollkommen glattzureiben.

Als dritte Lage ist eine Feinputzschicht aus feingesiebtem Kalk, Marmormehl und Farbstoff des vorgesehenen Grundtones aufzutragen und vollkommen glattzureiben.
Sie ist mit einem noch etwas feineren Marmormörtel zu überreiben, durch Glätten ist ein vollkommen geschlossener, glatter Malgrund herzustellen. Abschließend ist die Stukkolustro-Farbe aufzutragen und mit gewärmtem Stahl zu bügeln und zu wachsen.

3.4.5 Stuckantragarbeiten

Der für Antragarbeiten verwendete Stuckmörtel ist aus sorgfältig gemischtem durchgeriebenem Kalk und Marmorgrieß bzw. Marmormehl herzustellen. Er ist mit einem geringen Gipszusatz anzutragen und zu formen.

Größere Formen sind mit Gipsmörtel im Mischungsverhältnis 1 : 1 : 3 oder durch Drahtputzkonstruktionen zu unterbauen.

3.5 Trockenbau

3.5.1 Allgemeines

Bauteile, die in Trockenbauweise hergestellt werden, sind ohne Berücksichtigung von Anforderungen an den Brand-, Schall-, Wärme- und Strahlenschutz auszuführen, wenn nachstehend nichts anderes beschrieben ist.

3.5.2 Innenwandbekleidungen, Deckenbekleidungen, Unterdecken

3.5.2.1 Sichtbare Randwinkel, Deckleisten und Schattenfugen-Deckleisten sind an den Ecken und auf den Begrenzungsflächen stumpf zu stoßen, Randwinkel dem Wand- oder Deckenverlauf anzupassen.

3.5.2.2 Einzubauende Dämmstoffe sind über der gesamten Fläche dicht gestoßen zu verlegen und an begrenzende Bauteile anzuschließen.

3.5.2.3 Deckenbekleidungen und Unterdecken sind nach DIN 18168-1 herzustellen.

3.5.2.4 Bei Verwendung von Holzwolle- und Mehrschicht-Leichtbauplatten ist DIN 1102 "Holzwolle-Leichtbauplatten und Mehrschicht-Leichtbauplatten nach DIN 1101 als Dämmstoffe für das Bauwesen – Verwendung, Verarbeitung" zu beachten.

3.5.2.5 Gipskartonplatten sind nach DIN 18181 "Gipskartonplatten im Hochbau – Grundlagen für die Verarbeitung" zu verarbeiten.

3.5.3 Schalldämmende Vorsatzschalen

Schalldämmende Vorsatzschalen sind entsprechend dem vorgeschriebenen Schalldämmaß nach DIN 4109 "Schallschutz im Hochbau – Anforderungen und Nachweise" auszuführen.

3.5.4 Nichttragende Trennwände

Nichttragende Trennwände sind nach DIN 4103-1 "Nichttragende innere Trennwände – Anforderungen, Nachweise" auszuführen. Für die Ausführung nichttragender Trennwände aus Gips-Wandbauplatten gilt DIN 4103-2 "Nichttragende innere Trennwände – Trennwände aus Gips-Wandbauplatten". Bei der Verarbeitung von Gipskartonplatten ist außerdem DIN 18183 zu beachten.

3.5.5 Unterböden aus Gipskartonplatten oder Gipskarton-Verbundplatten

Unterböden aus Gipskartonplatten oder Gipskarton-Verbundplatten sind nach den Richtlinien der Hersteller auszuführen.

Unterböden aus Gipskartonplatten oder Gipskarton-Verbundplatten sind mit Fugenversatz zu verlegen.

Stöße sind zu verkleben und am Wandanschluß ist ein Mineralfaser-Randdämmstreifen einzulegen. Beim Verlegen auf Trockenschüttung sind im Türbereich oder beim Anschluß an Massivböden die Gipskartonplatten oder Gipskarton-Verbundplatten in Schutthöhe mit einem Brett oder einer Winkelschiene zu unterfangen.

3.5.6 Außenwandbekleidungen

Hinterlüftete Außenwandbekleidungen sind nach DIN 18516-1 "Außenwandbekleidungen, hinterlüftet – Anforderungen, Prüfgrundsätze" auszuführen. Bei der Verwendung von Faserzementplatten sind asbestfreie Produkte, die bauaufsichtlich zugelassen sind, zu verwenden.

4 Nebenleistungen, Besondere Leistungen

4.1 Nebenleistungen sind ergänzend zur ATV DIN 18299, Abschnitt 4.1, insbesondere:

4.1.1 Auf- und Abbauen sowie Vorhalten der Gerüste, deren Arbeitsbühnen nicht höher als 2 m über Gelände oder Fußboden liegen.

4.1.2 Liefern von Drahtstiften und Holzschrauben.

4.1.3 Säubern des Putzuntergrundes von Staub und losen Teilen.

4.1.4 Vornässen von stark saugendem Putzgrund und Feuchthalten der Putzflächen bis zum Abbinden.

4.1.5 Zubereiten des Mörtels und Vorhalten aller hierzu erforderlichen Einrichtungen, auch wenn der Auftraggeber die Stoffe beistellt.

4.1.6 Vorlage vorgefertigter Oberflächen- und Farbmuster.

4.1.7 Ein-, Zu- und Beiputzarbeiten, ausgenommen Arbeiten nach Abschnitt 4.2.6.

4.1.8 Maßnahmen zum Schutz von Bauteilen, z. B. Türen, Fenster vor Verunreinigungen und Beschädigung durch die Putzarbeiten, einschließlich der erforderlichen Stoffe, ausgenommen die Schutzmaßnahmen nach Abschnitt 4.2.7.

4.2 Besondere Leistungen sind ergänzend zur ATV DIN 18299, Abschnitt 4.2, z. B.:

4.2.1 Vorhalten von Aufenthalts- und Lagerräumen, wenn der Auftraggeber Räume, die leicht verschließbar gemacht werden können, nicht zur Verfügung stellt.

4.2.2 Auf- und Abbauen sowie Vorhalten der Gerüste, deren Arbeitsbühnen höher als 2 m über Gelände oder Fußboden liegen.

4.2.3 Umbau von Gerüsten für Zwecke anderer Unternehmer.

4.2.4 Herstellen von im Bauwerk verbleibenden Verankerungen, z. B. für Gerüste.

4.2.5 Beseitigen der nach Abschnitt 3.1.1 geltend gemachten Mängel.

4.2.6 Ein-, Zu- und Beiputzarbeiten, soweit sie nicht im Zuge mit den übrigen Putzarbeiten, bei Innenputzarbeiten im selben Geschoß, ausgeführt werden können, sowie nachträgliches Schließen und Verputzen von Schlitzen und ausgesparten Öffnungen.

4.2.7 Besondere Maßnahmen zum Schutz von Bauteilen und Einrichtungsgegenständen, wie Abkleben von Fenstern und Türen, von eloxierten Teilen, Abdeckung von Belägen, staubdichte Abdeckung von empfindlichen Einrichtungen und technischen Geräten, Schutzabdeckungen, Schutzanstriche, Staubwände u. ä. einschließlich Lieferung der hierzu erforderlichen Stoffe.

4.2.8 Reinigen des Untergrundes von grober Verschmutzung, z. B. Gipsreste, Mörtelreste, Farbreste, Öl, soweit diese von anderen Unternehmern herrührt.

4.2.9 Herstellen von Proben, Musterflächen, Musterkonstruktionen und Modellen.

4.2.10 Liefern statischer und bauphysikalischer Nachweise.

4.2.11 Erstellen von Verlege- und Montageplänen.

4.2.12 Herstellen und/oder Anpassen von Aussparungen u. ä., soweit sie nicht im Zuge mit den übrigen Arbeiten ausgeführt werden können.

4.2.13 Nachträgliches Herstellen und Schließen von Löchern im Mauerwerk und Beton für Auflager und Verankerungen.

4.2.14 Ausbau und/oder Wiedereinbau von Bekleidungselementen für Leistungen anderer Unternehmer.

4.2.15 Nachträgliches Anarbeiten und/oder nachträglicher Einbau von Teilen.

4.2.16 Zuschnitte von Bekleidungen an Schrägen, z. B. an Decken, Wänden, Böden.

4.2.17 Herstellen von Hilfskonstruktionen im Bereich von Decken und Wänden zur Aufnahme von Installationsteilen, Beleuchtungskörpern u. ä.

4.2.18 Herstellen von Fugenüberspannungen, Streifenbewehrungen und Streifenputzträgern bis 1 m Breite.

4.2.19 Herstellen von Abschottungen, Schürzen und Scheinunterzügen bei Deckenbekleidungen, unter Decken und Wandbekleidungen.

4.2.20 Herstellen von Öffnungen für Türen, Fenster u. ä. bei Trockenbauweise.

4.2.21 Herstellen von Kehlen und Gesimsen.

4.2.22 Herstellen von Ecken und Verkröpfungen an Stuckprofilen, Kehlen und Gesimsen.

4.2.23 Herstellen von Sohlbänken, Fenster- und Türumrahmungen und Faschen.

4.2.24 Einbau von Einputzschienen, Putztrennschienen, Eckschutzschienen, Richtwinkeln an Kanten, Leisten u. ä.

4.2.25 Herstellen von Anschlüssen an andere Bauteile, Anschluß-, Bewegungs- und Gebäudetrennfugen.

4.2.26 Herstellen von Putzanschlüssen und Putzabschlüssen, nur soweit sie besondere Maßnahmen erfordern.

5 Abrechnung

Ergänzend zur ATV DIN 18299, Abschnitt 5, gilt:

5.1 Allgemeines

5.1.1 Der Ermittlung der Leistung – gleichgültig, ob sie nach Zeichnungen oder nach Aufmaß erfolgt – sind zugrunde zu legen:

5.1.1.1 Für Putz, Stuck, Dämmungen, Auffüllungen, Schüttungen, Bekleidungen, Unterböden, Vorsatzschalen, Unterkonstruktionen, flächige Bewehrungen und Putzträger sowie Folien, Pappen und Dampfsperren
- auf Flächen ohne begrenzende Bauteile die Maße der zu putzenden, zu dämmenden, zu bekleidenden bzw. mit Stuck zu versehenden Flächen,
- auf Flächen mit begrenzenden Bauteilen die Maße der zu behandelnden Flächen bis zu den sie begrenzenden ungeputzten, ungedämmten bzw. nicht bekleideten Bauteilen,
- bei Fassaden die Maße der Bekleidung,

5.1.1.2 für nichttragende Trennwände deren Maße bis zu den sie begrenzenden ungeputzten, ungedämmten bzw. nicht bekleideten Bauteilen.

5.1.2 Bei der Ermittlung des Längenmaßes wird die größte, gegebenenfalls abgewickelte Bauteillänge gemessen. Fugen werden übermessen.

5.1.3 Die Wandhöhen überwölbter Räume werden bis zum Gewölbeanschnitt, die Wandhöhe der Schildwände bis zu $2/3$ des Gewölbestichs gerechnet.

5.1.4 Fußleisten und Konstruktionen bis 10 cm Höhe werden übermessen.

5.1.5 Bei der Flächenermittlung von gewölbten Decken mit einer Stichhöhe unter $1/6$ der Spannweite wird die Fläche des überdeckten Raumes berechnet. Gewölbe mit größerer Stichhöhe werden nach der Fläche der abgewickelten Untersicht gerechnet.

5.1.6 In Decken, Wänden, Dächern, Schalungen, Wand- und Deckenbekleidungen, Vorsatzschalen, Dämmungen, Sperren sowie leichten Außenwandbekleidungen werden Öffnungen, Aussparungen und Nischen bis zu 2,5 m^2 Einzelgröße übermessen.

5.1.7 In Böden und den dazugehörigen Dämmungen, Schüttungen, Sperren u. a., werden Öffnungen und Aussparungen, z. B. für Pfeilervorlagen, Kamine, Rohrdurchführungen bis 0,5 m^2 Einzelgröße übermessen.

5.1.8 Ganz oder teilweise geputzte, gedämmte oder bekleidete Leibungen von Öffnungen, Aussparungen und Nischen über 2,5 m^2 Einzelgröße werden gesondert gerechnet.

5.1.9 Rückflächen von Nischen werden unabhängig von ihrer Einzelgröße mit ihrem Maß gesondert gerechnet.

5.1.10 Öffnungen, Nischen und Aussparungen werden, auch falls sie unmittelbar zusammenhängen, getrennt gerechnet.

5.1.11 Herstellen von Aussparungen für Einzelleuchten, Lichtbänder, Lichtkuppeln, Lüftungsgitter, Luftauslässe, Revisionsöffnungen, Stützen, Pfeilervorlagen, Schalter, Steckdosen, Rohrdurchführungen, Kabel u. ä. wird getrennt nach Größe gesondert gerechnet.

5.1.12 Bei gedämmten, bekleideten, beschichteten und geputzten Flächen werden Rahmen, Riegel, Ständer und andere Fachwerkwerkteile sowie Sparren, Lattungen und Unterkonstruktionen übermessen.

5.2 Es werden abgezogen:

5.2.1 Bei Abrechnung nach Flächenmaß (m^2):
Öffnungen, Aussparungen und Nischen über 2,5 m^2 Einzelgröße, in Böden über 0,5 m^2 Einzelgröße.

5.2.2 Bei Abrechnung nach Längenmaß (m):
Unterbrechungen über 1 m Einzellänge.

VOB Teil C:
Allgemeine Technische Vertragsbedingungen für Bauleistungen (ATV) Fliesen- und Plattenarbeiten — DIN 18352
Ausgabe Juni 1996

Inhalt

0 Hinweise für das Aufstellen der Leistungsbeschreibung

1 Geltungsbereich

2 Stoffe, Bauteile

3 Ausführung

4 Nebenleistungen, Besondere Leistungen

5 Abrechnung

0 Hinweise für das Aufstellen der Leistungsbeschreibung

Diese Hinweise ergänzen die ATV DIN 18299 "Allgemeine Regelungen für Bauarbeiten jeder Art", Abschnitt 0. Die Beachtung dieser Hinweise ist Voraussetzung für eine ordnungsgemäße Leistungsbeschreibung gemäß A § 9.

Die Hinweise werden nicht Vertragsbestandteil.

In der Leistungsbeschreibung sind nach den Erfordernissen des Einzelfalls insbesondere anzugeben:

0.1 Angaben zur Baustelle

Keine ergänzende Regelung zur ATV DIN 18299, Abschnitt 0.1.

0.2 Angaben zur Ausführung

0.2.1 Ausbildung der Anschlüsse.

0.2.2 Ob nach bestimmten Zeichnungen ausgeführt werden soll.

0.2.3 Art und Beschaffenheit des Untergrundes, z. B. Beton, Mauerwerk, Abdichtungen.

0.2.4 Ob Beläge oder Bekleidungen innerhalb oder außerhalb von Gebäuden im Dickbett oder Dünnbett, auf Trennschicht oder Dämmschicht verlegt werden sollen.

Fliesen- und Plattenarbeiten					DIN 18352

0.2.5 Bei beheizten Bodenbelägen Art der Konstruktion, Art der Heizung, Dicke und Zusammendrückbarkeit der Dämmschichten, Art der Abdeckung, Lage der Heizrohre und Heizelemente, Dicke der Lastverteilungsschicht, Bewehrungen, Lage und Ausführung von Bewegungsfugen, Mörtelbettdicke.

0.2.6 Art, Dicke und Zusammendrückbarkeit von Wärmedämm- und Trittschalldämmschichten, Art und Dicke von Trennschichten und Dämmschichtabdeckungen.

0.2.7 Art und Ausführung von Haftbrücken, Grundierungen, Spritzbewurf, Aufrauhen des Untergrundes.

0.2.8 Art und Ausführung ebener Ansetz- und Verlegeflächen für Dünnbettverfahren, Spachtelschichten.

0.2.9 Art und Dicke des Unterputzes, bewehrt oder unbewehrt.

0.2.10 Art, Ausführung und Dicke von Auffüll- und Ausgleichsschichten, Unterböden in Trockenbauweise, Schüttungen.

0.2.11 Art, Ausführung und Maße von Tragkonstruktionen.

0.2.12 Beläge in Räumen mit besonderer Installation, z. B. Heizzentralen und Maschinenräume.

0.2.13 Art und Beschaffenheit von Fliesen, Platten, Formsteinen und Formstücken, ihre Maße, Dicke, Form, Oberflächenbeschaffenheit, Farbtönung, chemische und physikalische Beanspruchung, Verwendungszwecke. Bei Bodenbelägen Verschleißklasse der Glasur und rutschhemmende Eigenschaften.

0.2.14 Besondere Verlegeanrt, z. B. Diagonalverlegung.

0.2.15 Durchlaufender Fugenschnitt bei Wandbekleidung, Sockel und Bodenbelag.

0.2.16 Erforderliches Gefälle, Hinweise auf den Höhenbezugspunkt.

0.2.17 Winkliges Ansetzen von Wandbekleidungen zueinander.

0.2.18 Ausführung, Maße, und Beanspruchung von Bekleidungen besonderer Bauteile, z. B. Brunnen, Ladentische, Fundamentsockel, frei stehende Säulen und Pfeiler.

0.2.19 Art, Anzahl und Maße von kleinflächigen Belägen, z. B. Wandfliesenschilder, Heizkörpernischen, Kaminbekleidungen.

0.2.20 Art, Anzahl und Maße von Einmauerungen an Einbauwannen, Brausewannen, ein-, zwei- oder dreiseitig, mit oder ohne Untertritt, Wannenschrägen, seitliche Abdeckungen.

0.2.21 Ob Bekleidungen an Wannen, Brausewannen, Wannenuntenritte oder Wannenschrägen anzuarbeiten sind.

343

0.2.22 Art, Ausführung und Maße von Treppen, Stufen, Schwellen, Überständen und sichtbaren Köpfen.

0.2.23 Art, Ausführung und Maße von Kehlen und ausgerundeten Ecken.

0.2.24 Bei Schwimmbecken Art, Ausführung und Maße von Beckenköpfen sowie Art und Anordnung von Einbauteilen, z. B. Steigleiter, Scheinwerfer, Leinenhalter.

0.2.25 Art und Maße von Anschlagschienen, Trennschienen, Eckschutzschienen, Mattenrahmen, Winkelrahmen, Revisionsrahmen, Schachtabdeckungen.

0.2.26 Ausführung, Art und Farbe der Verfugung.

0.2.27 Lage, Querschnitt und Ausführung von Bewegungsfugen, Art und Farbe der Verfüllung.

0.2.28 Art der Verankerung von großformatigen Platten und vorgefertigten Elementen.

0.2.29 Art und Maße von Trennwänden, Anordnung von Öffnungen.

0.2.30 Art und Maße von Türzargen.

0.2.31 Art und Ausführung von nachträglichen Oberflächenbehandlungen.

0.3 Einzelangaben bei Abweichungen von den ATV

0.3.1 Wenn andere als die in dieser ATV vorgesehenen Regelungen getroffen werden sollen, sind diese in der Leistungsbeschreibung eindeutig und im einzelnen anzugeben.

0.3.2 Abweichende Regelungen können insbesondere in Betracht kommen bei

Abschnitt 2,	wenn Fliesen, Platten und Mosaik nicht der ersten Güteklasse entsprechen sollen,
Abschnitt 2.2.2,	wenn für Solnhofener Platten andere Dicken vorgeschrieben werden sollen,
Abschnitt 2.6,	wenn Baustahlgitter eine andere Maschenweite als 50/50 mm und einen anderen Stabdurchmesser als 2 mm haben sollen,
Abschnitt 3.1.2,	wenn erhöhte Anforderungen an die Ebenheit festgelegt werden sollen,
Abschnitt 3.2.1.1,	wenn Fliesen, Platten und Mosaik abweichend von der vorgesehenen Regelung verlegt werden sollen,
Abschnitt 3.2.2.1,	wenn andere Mörtelbettdicken bei Bekleidungen oder Belägen im Dickbett herzustellen sind,
Abschnitt 3.2.2.2,	wenn andere Bindemittel verwendet werden sollen,
Abschnitt 3.5.2,	wenn Bekleidungen oder Beläge mit anderen Fugenbreiten anzulegen sind,
Abschnitt 3.5.3,	wenn das Verfugen nicht durch Einschlämmen erfolgen soll,

Fliesen- und Plattenarbeiten DIN 18352

Abschnitt 3.5.4, wenn für das Verfugen andere Stoffe als grauer Zementmörtel zu verwenden sind, z. B. bei besonderer Beanspruchung.

0.4 Einzelangaben zu Nebenleistungen und Besonderen Leistungen
Keine ergänzende Regelung zur ATV DIN 18299.

0.5 Abrechnungseinheiten
Im Leistungsverzeichnis sind die Abrechnungseinheiten wie folgt vorzusehen:

0.5.1 Nach Flächenmaß (m^2), getrennt nach Bauart und Maßen, für
- *Vorbehandlung des Untergrundes,*
- *Ausgleichsschichten,*
- *Trennschichten,*
- *Dämmschichten,*
- *Unterböden,*
- *Decken-, Wand- und Bodenbeläge,*
- *Oberflächenbehandlung der Beläge,*
- *Bewehrungen, Trag- und Unterkonstruktionen,*
- *Wände.*

0.5.2 Nach Längenmaß (m), getrennt nach Bauart und Maßen, für
- *Stufen und Schwellen,*
- *Sockel und Kehlen,*
- *Gehrungen an Fliesen- und Plattenkanten,*
- *Schrägschnitte,*
- *Profile und Leisten aus Formstücken,*
- *Rinnen und Roste,*
- *Schienen,*
- *Ausbilden und Schließen von Bewegungsfugen.*

0.5.3 Nach Anzahl (Stück), getrennt nach Bauart und Maßen, für
- *Stufen und Schwellen,*
- *freie Stufenköpfe,*
- *Zwickel bei abgestuften Begrenzungen der Beläge, z. B. über Treppen,*
- *Bekleidungen besonderer Bauteile, z. B. Fundamentsockel, Säulen, Pfeiler,*
- *Einmauern von Einbauwannen und Brausewannen,*
- *Anarbeiten der Beläge an Waschtische, Spülbecken, Wannen, Brausewannen, Wannenuntertritte, schräge Wannenschürzen,*

- Anarbeiten der Beläge an Aussparungen im Belag wie Öffnungen, Fundamentsockel, Rohrdurch- führungen und dergleichen von mehr als $0,1\ m^2$ Einzelgröße,
- Einbauen von Einbauteilen und Schienen,
- Formteile, Zierplatten,
- Einsetzen von Schaltern, Steckdosen und Sinkkastenaufsätzen u. a.,
- Herstellen von Löchern in Wand- und Bodenbelägen für Installationen und Einbauteile,
- elastische Fugenfüllung an Installationsdurchgängen, Bodenentwässerungen u. ä.,
- Türzargen,
- Gehrungen.

1 Geltungsbereich

1.1 Die ATV "Fliesen- und Plattenarbeiten" – DIN 18352 – gilt für das Ansetzen und Verlegen von
- Fliesen, Platten und Mosaik,
- Solnhofener Platten, Natursteinfliesen, Natursteinmosaik und Natursteinriemchen.

1.2 Die ATV DIN 18352 gilt nicht für das Ansetzen und Verlegen von
- anderen Platten aus Naturwerksteinen (siehe ATV DIN 18332 "Naturwerksteinarbeiten") und
- Platten aus Betonwerkstein (siehe ATV DIN 18333 "Betonwerksteinarbeiten").

1.3 Ergänzend gelten die Abschnitte 1 bis 5 der ATV DIN 18299 "Allgemeine Regelungen für Bauarbeiten jeder Art". Bei Widersprüchen gehen die Regelungen der ATV DIN 18352 vor.

2 Stoffe, Bauteile

Ergänzend zur ATV DIN 18299, Abschnitt 2, gilt:

Fliesen, Platten und Mosaik müssen der ersten Güteklasse entsprechen. Für die gebräuchlichsten genormten Stoffe und Bauteile sind die DIN-Normen nachstehend aufgeführt.

2.1 Keramische Fliesen, Platten, keramisches Mosaik

DIN EN 121	Stranggepreßte keramische Fliesen und Platten mit niedriger Wasseraufnahme $E \leq 3\ \%$ – Gruppe A I; Deutsche Fassung EN 121 : 1991
DIN EN 159	Trockengepreßte keramische Fliesen und Platten mit hoher Wasseraufnahme $E > 10\ \%$ – Gruppe B III; Deutsche Fassung EN 159 : 1991
DIN EN 176	Trockengepreßte keramische Fliesen und Platten mit niedriger Wasseraufnahme $E \leq 3\ \%$ – Gruppe B I; Deutsche Fassung EN 176 : 1991
DIN EN 177	Trockengepreßte keramische Fliesen und Platten mit einer Wasseraufnahme von $3\ \% < E \leq 6\ \%$ – Gruppe B IIa; Deutsche Fassung EN 177 : 1991

Fliesen- und Plattenarbeiten DIN 18352

DIN EN 178	Trockengepreßte keramische Fliesen und Platten mit einer Wasseraufnahme von 6 % < E ≤ 10 % – Gruppe B IIb; Deutsche Fassung EN 178 : 1991
DIN EN 186-1	Keramische Fliesen und Platten – Stranggepreßte keramische Fliesen und Platten mit einer Wasseraufnahme von 3 % < E ≤ 6 % – Gruppe A IIa – Teil 1; Deutsche Fassung EN 186-1 : 1991
DIN EN 186-2	Keramische Fliesen und Platten – Stranggepreßte keramische Fliesen und Platten mit einer Wasseraufnahme von 3 % < E ≤ 6 % – Gruppe A IIa – Teil 2; Deutsche Fassung EN 186-2 : 1991
DIN EN 187-1	Keramische Fliesen und Platten – Stranggepreßte keramische Fliesen und Platten mit einer Wasseraufnahme von 6 % < E ≤ 10 % – Gruppe A IIb – Teil 1; Deutsche Fassung EN 187-1 : 1991
DIN EN 187-2	Keramische Fliesen und Platten – Stranggepreßte keramische Fliesen und Platten mit einer Wasseraufnahme von 6 % < E ≤ 10 % – Gruppe A IIb – Teil 2; Deutsche Fassung EN 187-2 : 1991
DIN EN 188	Keramische Fliesen und Platten – Stranggepreßte keramische Fliesen und Platten mit einer Wasseraufnahme von E > 10 % – Gruppe A III; Deutsche Fassung EN 188 : 1991
DIN 12912	Laboreinrichtungen – Keramische Fliesen für Labortische (Labortischfliesen)
DIN 18158	Bodenklinkerplatten

2.2 Solnhofener Platten, Natursteinfllesen, Natursteinmosaik, Natursteinriemchen

2.2.1 Aussehen

Farb- und Strukturschwankungen, Aderungen und Einschlüsse, bedingt durch das naturgebundene Vorkommen, sind zulässig.

2.2.2 Plattendicken

Solnhofener Platten müssen mindestens die nachstehend angegebenen Dicken haben:

Platten für Wandbekleidungen mit einer Seitenläng	bis zu 30 cm:	7 mm
	über 30 bis 40 cm:	9 mm
Platten für Bodenbeläge mit einer Seitenlänge	bis zu 35 cm:	10 mm
	über 35 cm:	15 mm
Platten für Bodenbeläge im Dünnbettverfahren:		10 mm

Natursteinfliesen und Natursteinriemchen müssen mindestens die nachstehend angegebenen Dicken haben:

Natursteinfliesen mit einer Seitenlänge	bis 40 cm:	7 mm
Natursteinriemchen:		10 mm

2.2.3 Maßabweichungen

Bei gesägten Platten und Natursteinfliesen sind in Länge und Breite Abweichungen vom Nennmaß bis ± 1 mm zulässig.

2.3 Bindemittel, Zuschlagstoffe, Mörtel, Klebstoffe

DIN 1060-1	Baukalk – Teil 1: Definitionen, Anforderungen, Überwachung
DIN 1164-1	Zement – Teil 1: Zusammensetzung, Anforderungen
DIN 18156-1	Stoffe für keramische Bekleidungen im Dünnbettverfahren – Begriffe und Grundlagen
DIN 18156-2	Stoffe für keramische Bekleidungen im Dünnbettverfahren – Hydraulisch erhärtende Dünnbettmörtel
DIN 18156-3	Stoffe für keramische Bekleidungen im Dünnbettverfahren – Dispersionsklebstoffe
DIN 18156-4	Stoffe für keramische Bekleidungen im Dünnbettverfahren – Epoxidharzklebstoffe

Zuschlagstoffe müssen gemischtkörnig und frei von schädigenden Bestandteilen sein.

2.4 Verfugungsstoffe

DIN 18540	Abdichten von Außenwandfugen im Hochbau mit Fugendichtstoffen

Kitte, vorgemischte hydraulisch abbindende Fugenmörtel, Fugenmörtel auf Reaktionsharzbasis und Fugendichtungsmassen nach DIN 18540 dürfen die Oberfläche des Belages nicht beeinträchtigen.

2.5 Dämmstoffe

DIN 18161-1	Korkerzeugnisse als Dämmstoffe für das Bauwesen – Dämmstoffe für die Wärmedämmung
DIN 18164-1	Schaumkunststoffe als Dämmstoffe für das Bauwesen – Dämmstoffe für die Wärmedämmung
DIN 18164-2	Schaumkunststoffe als Dämmstoffe für das Bauwesen – Dämmstoffe für die Trittschalldämmung – Polystyrol-Partikelschaumstoffe
DIN 18165-1	Faserdämmstoffe für das Bauwesen – Dämmstoffe für die Wärmedämmung
DIN 18165-2	Faserdämmstoffe für das Bauwesen – Dämmstoffe für die Trittschalldämmung
DIN 18174	Schaumglas als Dämmstoff für das Bauwesen – Dämmstoffe für die Wärmedämmung

2.6 Bewehrungen

DIN 488-4	Betonstahl – Betonstahlmatten und Bewehrungsdraht – Aufbau, Maße und Gewichte

Baustahlgitter müssen eine Maschenweite von 50/50 mm und einen Stabdurchmesser von 2 mm haben.

Fliesen- und Plattenarbeiten DIN 18352

3 Ausführung

Ergänzend zur ATV DIN 18299, Abschnitt 3, gilt:

3.1 Allgemeines

3.1.1 Der Auftragnehmer hat bei seiner Prüfung Bedenken (siehe B § 4 Nr 3) insbesondere geltend zu machen bei
- ungeeigneter Beschaffenheit des Untergrundes (Ansetz- oder Verlegefläche), z. B. grobe Verunreinigungen, Ausblühungen, zu glatte, zu feuchte, verölte oder gefrorene Flächen, Risse,
- größeren Unebenheiten als nach Abschnitt 3.1.2 zulässig,
- fehlenden Höhenbezugspunkten je Geschoß,
- fehlendem, ungenügendem oder von der Angabe in den Ausführungsunterlagen abweichendem Gefälle.

3.1.2 Abweichungen von vorgeschriebenen Maßen sind in den durch

DIN 18201	Toleranzen im Bauwesen – Begriffe, Grundsätze, Anwendung, Prüfung
DIN 18202	Toleranzen im Hochbau – Bauwerke bestimmten Grenzen zulässig.

3.1.3 Fassadenbekleidungen sind auszuführen nach:

DIN 18515-1	Außenwandbekleidungen – Angemörtelte Fliesen oder Platten – Grundsätze für Planung und Ausführung,
DIN 18515-2	Außenwandbekleidungen – Anmauerung auf Aufstandsflächen – Grundsätze für Planung und Ausführung,

3.2 Ansetzen und Verlegen

3.2.1 Allgemeines

3.2.1.1 Fliesen, Platten und Mosaik sind bei Innenarbeiten erst nach Anbringen von Fenster- und Türzargen, Anschlagschienen, Installationen und Putz anzusetzen oder zu verlegen.

3.2.1.2 Fliesen, Platten und Mosaik sind senkrecht, fluchtrecht und waagerecht oder mit dem angegebenen Gefälle unter Berücksichtigung des angegebenen Höhenbezugspunktes anzusetzen oder zu verlegen.

3.2.1.3 Dämmstoffe sind dichtgestoßen einzubauen.

3.2.2 Ansetzen und Verlegen im Dickbett

3.2.2.1 Bei Bekleidungen oder Belägen, die im Dickbett anzusetzen oder zu verlegen sind, sind folgende Mörtelbettdicken herzustellen:
- bei Wandbekleidungen   15 mm,
- bei Bodenbelägen   20 mm,
- bei Bodenbelägen auf Trennschicht innen   30 mm,
- bei Bodenbelägen auf Trennschicht außen   50 mm,

- bei Bodenbelägen auf Dämmschicht innen 45 mm,
- bei Bodenbelägen auf Dämmschicht außen 50 mm.

3.2.2.2 Bei keramischen Fliesen und Platten ist als Bindemittel Zement nach DIN 1164-1, bei Soln-hofener Platten, Natursteinfliesen, Natursteinmosaik und Natursteinriemchen Traßzement zu verwenden.

3.2.3 Ansetzen und Verlegen im Dünnbett
Für das Ansetzen und Verlegen im Dünnbett gelten:

DIN 18157-1	Ausführung keramischer Bekleidungen im Dünnbettverfahren – Hydraulisch erhärtende Dünnbettmörtel
DIN 18157-2	Ausführung keramischer Bekleidungen im Dünnbettverfahren – Dispersionsklebstoffe
DIN 18157-3	Ausführung keramischer Bekleidungen im Dünnbettverfahren – Epoxidharzklebstoffe

3.3 Befestigen auf Unterkonstruktionen
Bei Verwendung von klein- und großformatigen Fliesen und Platten, die nicht mit Mörtel oder Klebstoffen, sondern anderweitig befestigt werden, sowie bei Herstellung dafür erforderlicher Unterkonstruktionen, z. B. aus Holz, Metall, sind die Verarbeitungshinweise der Hersteller zu beachten.

3.4 Fliesentrennwände und Trennwände aus Zellenwandsteinen
Fliesentrennwände und Trennwände aus Zellenwandsteinen sind so zu bewehren, daß ihre Standfestigkeit gewährleistet ist. Die Bewehrung ist so einzubauen, daß keine Korrosionsschäden auftreten können.

3.5 Fugen
3.5.1 Die Fugen sind gleichmäßig breit anzulegen. Maßtoleranzen der Belagstoffe sind in den Fugen auszugleichen.

3.5.2 Bekleidungen und Beläge sind mit folgenden Fugenbreiten anzulegen:
- Trockengepreßte keramische Fliesen und Platten
  bis zu einer Seitenlänge von 10 cm: 1 bis   3 mm,
- Trockengepreßte keramische Fliesen und Platten
  mit einer Seitenlänge über 10 cm: 2 bis   8 mm,
- Stranggepreßte keramische Fliesen und Platten: 4 bis   10 mm,
- Stranggepreßte keramische Fliesen und Platten
  mit Kantenlängen über 30 cm: min.   10 mm,
- Bodenklinkerplatten nach DIN 18158:   8 bis   15 mm,
- Solnhofener Platten, Natursteinfliesen: 2 bis   3 mm,
- Natursteinmosaik, Natursteinriemchen: 1 bis   3 mm.

3.5.3 Das Verfugen muß durch Einschlämmen erfolgen.

3.5.4 Für das Verfugen ist grauer Zementmörtel zu verwenden.

Fliesen- und Plattenarbeiten DIN 18352

3.5.5 Bewegungsfugen, wie Gebäudetrennfugen, Feldbegrenzungsfugen, Rand- und Anschlußfugen, sind beim Ansetzen und Verlegen im Dünnbettverfahren entsprechend DIN 18157-1 bis DIN 18157-3 und bei Fassadenbekleidungen entsprechend DIN 18515-1 und DIN 18515-2 anzuordnen und mit Fugendichtungsmassen oder Profilen zu schließen.

Bewegungsfugen im Dickbettverfahren sind ebenfalls mit Fugendichtungsmassen oder Profilen zu schließen.

3.5.6 Gebäudetrennfugen müssen an gleicher Stelle und in ausreichender Breite durchgehen. Es dürfen keine Überbrückungen, z. B. von Bewehrungen, entstehen.

4 Nebenleistungen, Besondere Leistungen

4.1 Nebenleistungen sind ergänzend zur ATV DIN 18299, Abschnitt 4.1, insbesondere:

4.1.1 Auf- und Abbauen sowie Vorhalten der Gerüste, deren Arbeitsbühnen nicht höher als 2 m über Gelände oder Fußboden liegen.

4.1.2 Vorlegen erforderlicher Muster.

4.1.3 Schutz der Bodenbeläge durch Absperren der Räume bis zur Begehbarkeit und Abdecken der Beläge mit Sägespänen.

4.1.4 Reinigen des Untergrundes, ausgenommen Leistungen nach Abschnitt 4.2.5.

4.1.5 Ausgleichen von Unebenheiten des Untergrundes innerhalb der nach DIN 18202 zulässigen Toleranzen beim Ansetzen oder Verlegen von Fliesen oder Platten im Dickbett.

4.1.6 Beseitigen kleiner Putzüberstände.

4.1.7 Anarbeiten von Belägen an angrenzende eingebaute Bauteile, z. B. an Zargen, Bekleidungen, Anschlagschienen, Schwellen, ausgenommen Leistungen nach Abschnitt 4.2.14.

4.1.8 Anarbeiten an Aussparungen im Belag, z. B. an Fundamentsockel, Pfeiler, Säulen bis 0,1 m^2 Einzelgröße.

4.1.9 Zubereiten des Mörtels und Vorhalten der hierzu erforderlichen Einrichtungen, auch wenn der Auftraggeber die Stoffe beistellt.

4.2 Besondere Leistungen sind ergänzend zur ATV DIN 18299, Abschnitt 4.2, z. B.:

4.2.1 Vorhalten von Aufenthalts- und Lagerräumen, wenn der Auftraggeber Räume, die leicht verschließbar gemacht werden können, nicht zur Verfügung stellt.

4.2.2 Auf- und Abbauen sowie Vorhalten der Gerüste, deren Arbeitsbühnen mehr als 2 m über Gelände oder Fußboden liegen.

4.2.3 Erstellen von Ansetz- und Verlegeplänen.

4.2.4 Ansetzen und Verlegen von Mustern.

4.2.5 Reinigen des Untergrundes von grober Verschmutzung, z. B. Gipsreste, Mörtelreste, Farbreste, Öl, soweit diese von anderen Unternehmern herrührt.

4.2.6 Aufbringen von Haftbrücken.

4.2.7 Auffüllen des Untergrundes zur Herstellung der erforderlichen Höhe oder des nötigen Gefälles sowie das Herstellen von Unterputz zum Ausgleich unebener oder nicht lot- und fluchtrechter Wände in anderen Fällen als nach Abschnitt 4.1.5.

4.2.8 Ansetzen und Verlegen von Lehren aus Fliesen oder Platten zur Vorbereitung einer maßgenauen Installation.

4.2.9 Maßnahmen zum Schutz gegen Feuchtigkeit und zur Wärme- und Schalldämmung.

4.2.10 Herstellen von Löchern in Wand- und Bodenbelägen für Installationen und Einbauteile.

4.2.11 Stemmarbeiten für Installationen und Einbauteile.

4.2.12 Einsetzen von Installations- und Einbauteilen.

4.2.13 Nachträgliches Anarbeiten an Einbauteile.

4.2.14 Anarbeiten der Beläge, z. B. an Waschtische, Spülbecken, Wannen, Brausewannen, Wannenuntertritte, schräge Wannenschürzen.

4.2.15 Ausbilden, Schließen und/oder Abdecken von Bewegungs- und Anschlußfugen.

4.2.16 Vergießen und Verdübeln von Scheinfugen im Untergrund.

4.2.17 Abschneiden des Überstandes von Randstreifen anderer Unternehmer.

4.2.18 Liefern und Einsetzen von Profilleisten, Zierplatten und Formteilen, z. B. Seifenschalen.

4.2.19 Ausbilden freier Stufenköpfe.

4.2.20 Herstellen von Zwickeln bei abgestuften Begrenzungen der Beläge, z. B. über Treppen.

4.2.21 Anarbeiten der Beläge an Aussparungen im Belag, wie Öffnungen, Fundamentsockel, Rohrdurchführungen und dergleichen, von mehr als 0,1 m² Einzelgröße.

4.2.22 Herstellen von Gehrungen an Fliesen- und Plattenkanten.

5 Abrechnung

Ergänzend zur ATV DIN 18299, Abschnitt 5, gilt:

5.1 Allgemeines

5.1.1 Der Ermittlung der Leistung – gleichgültig- ob sie nach Zeichnungen oder nach Aufmaß erfolgt – sind zugrunde zu legen:

5.1.1.1 Bei Innenwandbekleidungen, Deckenbekleidungen, Bodenbelägen, Ausgleichsschichten, Trennschichten, Dämmschichten, Unterböden, Oberflächenbehandlungen, Bewehrungen, Trag- und Unterkonstruktionen
- auf Flächen mit begrenzenden Bauteilen die Maße der zu bekleidenden bzw. zu belegenden Flächen bis zu den begrenzenden, ungeputzten, ungedämmten bzw. unbekleideten Bauteilen,
- auf Flächen ohne begrenzende Bauteile die Maße der zu bekleidenden bzw. zu belegenden Flächen,

5.1.1.2 bei Wandbekleidungen, die an Stehsockel, Kehlsockel, Kehlleisten oder ausgerundeten Ecken als Sockel anschließen oder unmittelbar auf den Bodenbelag aufsetzen, das Maß ab Oberseite Sockel oder Oberseite Bodenbelag,

5.1.1.3 bei Fassaden die Maße der Bekleidung,

5.1.1.4 bei Stufenbelägen, Schwellen, Sockeln, Kehlen, Gehrungen an Fliesen- und Plattenkanten, Schrägschnitten, Profilen, Leisten, Schienen und Beckenköpfen deren größte Maße.

5.1.2 Bestehen Wandbekleidungen aus Schichten, von denen eine nicht die volle, jedoch mehr als die halbe Schichthöhe hat, so wird diese Schicht mit der vollen Schichthöhe abgerechnet. Dies gilt nicht für Wandbekleidungen in Raumhöhe oder für Wandbekleidungen, deren Höhe in der Leistungsbeschreibung durch Maßangabe festgelegt ist oder deren Schichthöhen größer als 30 cm sind.

5.1.3 Binden Fliesentrennwände oder Wände aus Zellenwandsteinen in Beläge ein, so werden die Beläge durchgerechnet. Bei Fliesentrennwänden, die sich kreuzen oder ineinander einbinden, wird im Bereich der Verbindung nur eine Wand berücksichtigt.

5.1.4 Bei der Ermittlung des Längenmaßes wird die größte Bauteillänge gemessen.

5.1.5 Bei Abrechnung nach Flächenmaß (m²) werden in die verlegte Bekleidung oder in den verlegten Belag eingesetzte Profilleisten, Zierplatten und Formteile, z. B. Seifenschalen, übermessen.

5.2 Es werden abgezogen:

5.2.1 Bei Abrechnung nach Flächenmaß (m^2)
Aussparungen und Öffnungen über 0,1 m^2 Einzelgröße.

5.2.2 Bei Abrechnung nach Längenmaß (m)
Unterbrechungen über 1 m Einzellänge.

VOB Teil C:
Allgemeine Technische Vertragsbedingungen für Bauleistungen (ATV) Estricharbeiten – DIN 18353
Ausgabe Juni 1996

Inhalt

0 Hinweise für das Aufstellen der Leistungsbeschreibung
1 Geltungsbereich
2 Stoffe, Bauteile
3 Ausführung
4 Nebenleistungen, Besondere Leistungen
5 Abrechnung

0 Hinweise für das Aufstellen der Leistungsbeschreibung

Diese Hinweise ergänzen die ATV DIN 18299 "Allgemeine Regelungen für Bauarbeiten jeder Art", Abschnitt 0. Die Beachtung dieser Hinweise ist Voraussetzung für eine ordnungsgemäße Leistungsbeschreibung gemäß A § 9.
Die Hinweise werden nicht Vertragsbestandteil.
In der Leistungsbeschreibung sind nach den Erfordernissen des Einzelfalls insbesondere anzugeben:

0.1 Angaben zur Baustelle
Keine ergänzende Regelung zur ATV DIN 18299, Abschnitt 0.1.

0.2 Angaben zur Ausführung

0.2.1 Ob nach bestimmten Zeichnungen ausgeführt werden soll.

0.2.2 Art und Beschaffenheit des Untergrundes.

0.2.3 Gefälle des Untergrundes.

0.2.4 Art der Haftbrücken.

0.2.5 Art und Dicke von Ausgleichestrichen, Ausgleichschichten und Schüttungen.

0.2.6 Art, Dicke und Anzahl von Sperrschichten, Trennschichten, Gleitschichten, Folien und Pappen.

0.2.7 Art, Dicke und Anzahl von Wärme- und Trittschalldämmschichten, Art und Dicke von Dämmschichtabdeckungen.

0.2.8 Anforderungen an die Dämmstoffe hinsichtlich der dynamischen Steifigkeit, des Brandverhaltens und der Wärmeleitfähigkeit.

0.2.9 Estrich- und Konstruktionsart, Festigkeitsklasse und Nenndicke sowie Stoffe, z. B. Hartstoffgruppe.

0.2.10 Bewehrung von Estrichen.

0.2.11 Erforderliches Gefälle, Hinweise auf den Höhenbezugspunkt.

0.2.12 Bei Heizestrichen Art der Konstruktion, Art der Heizung, Dicke und Lage der Heizrohre und Heizelemente, Estrichdicke, Art der Beläge, Bewehrungen, Lage, Ausführung von Bewegungsfugen.

0.2.13 Etwa gewünschte Besonderheiten, z. B. Farbtönung, Flächenaufteilungen, Oberflächenbeschaffenheit, Aussparungen.

0.2.14 Art und Nutzung der Estriche sowie besondere Beanspruchungen mechanischer, chemischer, thermischer Art oder durch Nässe.

0.2.15 Anordnung und Ausbildung von Fugen.

0.2.16 Ausbildung der zu belegenden Treppenstufen und -sockel, wenn erforderlich unter Beifügung von Zeichnungen.

0.2.17 Art und Ausbildung von Abstufungen, Schwellen und dergleichen.

0.2.18 Anzahl, Art und Maße von Winkelrahmen, Anschlag- und Stoßschienen, Trennschienen, Fugenprofilen.

0.2.19 Art von Fugenfüllmassen und -profilen.

0.2.20 Art und Dicke von Belägen.

0.2.21 Art von Imprägnierungen, Versiegelungen, Beschichtungen und Kunstharz-, Nutz- und Schutzschichten.

0.2.22 Ob Fenster- und Türöffnungen provisorisch zu schließen sind.

0.3 Einzelangaben bei Abweichungen von den ATV
0.3.1 Wenn andere als die in dieser ATV vorgesehenen Regelungen getroffen werden sollen, sind diese in der Leistungsbeschreibung eindeutig und im einzelnen anzugeben.

Estricharbeiten DIN 18353

0.3.2 Abweichende Regelungen können insbesondere in Betracht kommen bei

Abschnitt 2.5,	wenn Baustahlgitter eine andere Maschenweite als 50/50 mm und einen anderen Stabdurchmesser als 2 mm haben sollen,
Abschnitt 3.1.3,	wenn erhöhte Anforderungen an die Ebenheit vorgeschrieben werden sollen,
Abschnitt 3.2.1,	wenn Anhydrit-, Magnesia- und Zementestriche mit niedrigeren als in der Tabelle aufgeführten Festigkeitsklassen ausgeführt werden sollen,
Abschnitt 3.2.2,	wenn Anhydrit-, Magnesia- und Zementestriche auf Dämmschichten zur Aufnahme von Stein- und keramischen Belägen abweichend von der vorgesehenen Regelung ausgeführt werden sollen,
Abschnitt 3.2.5,	wenn Heizestriche entgegen der vorgesehenen Regelung ausgeführt werden sollen,
Abschnitt 3.2.6,	wenn die Oberfläche von Estrichen nicht abgerieben werden soll, sondern z. B. geglättet, geriffelt,
Abschnitt 3.2.7,	wenn die Nenndicke von Kunstharz-, Nutz- und Schutzschichten auf Estrichen und Beton bis 1 mm an einzelnen Stellen und über 1 mm um mehr als 20 % unterschritten werden soll,
Abschnitt 3.3.1,	wenn Terrazzoböden nicht zweischichtig hergestellt werden sollen,
Abschnitt 3.3.5,	wenn Terrazzoböden nicht geschliffen, gespachtelt und fein geschliffen hergestellt werden sollen, sondern z. B. ausgewaschen.

0.4 Einzelangaben zu Nebenleistungen und Besonderen Leistungen

Keine ergänzende Regelung zur ATV DIN 18299, Abschnitt 0.4.

0.5 Abrechnungseinheiten

Im Leistungsverzeichnis sind die Abrechnungseinheiten wie folgt vorzusehen:

0.5.1 Flächenmaß (m^2), getrennt nach Bauart und Maßen, für

- Vorbehandlung des Untergrundes,
- Haftbrücken,
- Ausgleichsschichten,
- Trennschichten,
- Dämmschichten, Schüttungen,
- Estriche, Terrazzoböden, Kunstharz-, Nutz- und Schutzschichten,
- Oberflächenbehandlung,
- Bewehrungen.

0.5.2 Längenmaß (m), getrennt nach Bauart und Maßen, für
- Abschneiden von Wand-Randstreifen,
- Leisten, Profile, Schienen,
- Kehlen, Sockel, Kanten,
- Ausbilden und Schließen von Fugen.

0.5.3 Anzahl (Stück), getrennt nach Bauart und Maßen, für
- Estriche auf Stufen und Schwellen,
- Schienen, Profile, Rahmen,
- Schließen von Aussparungen,
- Anarbeiten an Durchdringungen.

1 Geltungsbereich

1.1 Die ATV "Estricharbeiten" – DIN 18353 – gilt für das Herstellen von Estrichen in nasser und trockener Bauweise.

1.2 Die ATV DIN 18353 gilt nicht für das Herstellen von Asphaltestrichen im Heißeinbau (siehe ATV DIN 18354 "Gußasphaltarbeiten").

1.3 Ergänzend gelten die Abschnitte 1 bis 5 der ATV DIN 18299 "Allgemeine Regelungen für Bauarbeiten jeder Art". Bei Widersprüchen gehen die Regelungen der ATV DIN 18353 vor.

2 Stoffe, Bauteile

Ergänzend zur ATV DIN 18299, Abschnitt 2, gilt:
Für die gebräuchlichsten genormten Stoffe und Bauteile sind die DIN-Normen nachstehend aufgeführt.

2.1 Bindemittel

DIN 273-1	Ausgangsstoffe für Magnesiaestriche – Kaustische Magnesia
DIN 273-2	Ausgangsstoffe für Magnesiaestriche – Magnesiumchlorid
DIN 1164-1	Zement – Teil 1: Zusammensetzung, Anforderungen
DIN 4208	Anhydritbinder

2.2 Kunstharze

DIN 16945	Reaktionsharze, Reaktionsmittel und Reaktionsharzmassen – Prüfverfahren

Kunstharze müssen alkalibeständig sein.

2.3 Zuschlag, Füllstoffe

DIN 1100	Hartstoffe für zementgebundene Hartstoffestriche
DIN 4226-1	Zuschlag für Beton – Zuschlag mit dichtem Gefüge – Begriffe, Bezeichnung und Anforderungen

| DIN 4226-2 | Zuschlag für Beton – Zuschlag mit porigem Gefüge (Leichtzuschlag) – Begriffe, Bezeichnungen und Anforderungen |

Als Zuschlag für geschliffene Terrazzoböden sind schleif- und polierfähige Körnungen möglichst gleicher Härte zu verwenden.

2.4 Dämmstoffe

DIN 1101	Holzwolle-Leichtbauplatten und Mehrschicht-Leichtbauplatten als Dämmstoffe für das Bauwesen – Anforderungen, Prüfung
DIN 18161-1	Korkerzeugnisse als Dämmstoffe für das Bauwesen – Dämmstoffe für die Wärmedämmung
DIN 18164-1	Schaumkunststoffe als Dämmstoffe für das Bauwesen – Dämmstoffe für die Wärmedämmung
DIN 18164-2	Schaumkunststoffe als Dämmstoffe für das Bauwesen – Dämmstoffe für die Trittschalldämmung – Polystyrol-Partikelschaumstoffe
DIN 18165-1	Faserdämmstoffe für das Bauwesen – Dämmstoffe für die Wärmedämmung
DIN 18165-2	Faserdämmstoffe für das Bauwesen – Dämmstoffe für die Trittschalldämmung
DIN 18174	Schaumglas als Dämmstoff für das Bauwesen – Dämmstoffe für die Wärmedämmung
DIN 68750	Holzfaserplatten – Poröse und harte Holzfaserplatten, Gütebedingungen

Nicht genormte Dämmstoffe, z. B. gekörnte, geschäumte, geblähte Stoffe, dürfen nur verwendet werden, wenn sie struktur-, fäulnis-, ungeziefer-, form- und alterungsbeständig sind.

2.5 Bewehrungen

| DIN 488-4 | Betonstahl – Betonstahlmatten und Bewehrungsdraht, Aufbau, Maße und Gewichte |

Baustahlgitter müssen eine Maschenweite von 50/50 mm und einen Stabdurchmesser von 2 mm haben.

3 Ausführung

Ergänzend zur ATV DIN 18299, Abschnitt 3, gilt:

3.1 Allgemeines

3.1.1 Der Auftragnehmer hat bei seiner Prüfung Bedenken (siehe B § 4 Nr 3) insbesondere geltend zu machen bei

– ungeeigneter Beschaffenheit des Untergrundes, z. B. grobe Verunreinigungen, Ausblühungen, zu wenig feste, zu glatte oder zu rauhe, zu trockene oder zu feuchte, verölte oder gefrorene Flächen, Risse, ungeeignete oder mangelhaft ausgebildete Fugen,

– Unebenheiten, die mehr als 20 % Mehrverbrauch für die Herstellung der Nenndicke bei Estrichen aus fließfähigen Massen verursachen,

- größeren Unebenheiten als nach Abschnitt 3.1.3 zulässig,
- fehlenden Höhenbezugspunkten je Geschoß,
- fehlendem, ungenügendem oder von der Angabe in den Ausführungsunterlagen abweichendem Gefälle,
- Rohrleitungen und dergleichen auf dem Untergrund, nicht vorhandenen oder ungeeigneten Putzanschlüssen, fehlenden Türzargen und Anschlagschienen,
- ungeeigneter Temperatur des Untergrundes, ungeeigneten Temperatur- und Luftverhältnissen im Raum, z. B. bei Zugluft im nicht geschlossenen Bauwerk,
- unzugänglichen, zu schützenden Metallbauteilen, z. B. bei Magnesiaestrichen

3.1.2 Estriche dürfen nur ab einer Mindesttemperatur von + 5 °C hergestellt werden, wenn das Bindemittel keine anderen Temperaturen erfordert oder zuläßt.

3.1.3 Abweichungen von vorgeschriebenen Maßen sind in den durch

DIN 18201	Toleranzen im Bauwesen – Begriffe, Grundsätze, Anwendung, Prüfung
DIN 18202	Toleranzen im Hochbau – Bauwerke

bestimmten Grenzen zulässig.

Bei Streiflicht sichtbar werdende Unebenheiten in den Oberflächen von Bauteilen sind zulässig, wenn die Toleranzen von DIN 18202 eingehalten worden sind.

3.1.4 Estriche sind, auch wenn sie im Gefälle ausgeführt werden, gleichmäßig dick und ebenflächig herzustellen.

3.1.5 Gebäudetrennfugen müssen an gleicher Stelle und in ausreichender Breite durchgehen. Sonstige Bewegungsfugen sind in Abstimmung mit dem Auftraggeber anzulegen.

3.1.6 Bei gefärbten Estrichen muß die Farbe gleichmäßig mit dem Mörtel vermischt sein, bei einschichtigem Estrich in der ganzen Dicke des Estrichs, bei mehrschichtigem Estrich in der ganzen Dicke der Nutzschicht.

3.1.7 Estriche sind gegen zu rasches und ungleichmäßiges Austrocknen zu schützen.

3.1.8 Durch Estrich gefährdete Metallbauteile sind durch Anstriche, Ummantelungen oder auf andere Weise zu schützen.

3.2 Estriche

3.2.1 Anhydrit-, Magnesia- und Zementestriche sind herzustellen nach

DIN 18560-1	Estriche im Bauwesen – Begriffe, Allgemeine Anforderungen, Prüfung
DIN 18560-2	Estriche im Bauwesen – Estriche und Heizestriche auf Dämmschichten (schwimmende Estriche)
DIN 18560-3	Estriche im Bauwesen – Verbundestriche
DIN 18560-4	Estriche im Bauwesen – Estriche auf Trennschicht

DIN 18560-7 Estriche im Bauwesen – Hochbeanspruchbare Estriche (Industrieestriche)

Sie sind mindestens in den in nachfolgender Tabelle aufgeführten Festigkeitsklassen auszuführen.

Tabelle 1: Festigkeitsklassen von Estrichen

	Estrichart	Estriche auf Dämmschichten	Estriche auf Trennschicht			Verbundestriche	
			als Unterlage von Belägen	als Nutzestrich		als Unterlage von Belägen	als Nutzestrich
	1	2	3	4		5	6
1	Anhydritestrich	AE 20	AE 20	AE 20		AE 12	AE 20
2	Magnesiaestrich	ME 7	ME 7	ME 20		ME 5	ME 20
3	Zementestrich	ZE 20	ZE 20	ZE 20		ZE 12	ME 20

Für Fließestriche gelten die in den Normen der Reihe DIN 18560 für die vorgenannten Festigkeitsklassen angegebenen Werte bei der Bestätigungsprüfung.

3.2.2 Anhydrit-, Magnesia- und Zementestriche auf Dämmschichten zur Aufnahme von Stein- und keramischen Belägen müssen mindestens 45 mm dick, Zementestriche außerdem bewehrt sein.

3.2.3 Bitumenemulsions-Estriche sind aus einer stabilen Bitumenemulsion und Zement als Bindemittel, aus Füller, Sand, Kies und gegebenenfalls Splitt als Zuschläge herzustellen.

3.2.4 Fertigteilestriche aus vorgefertigten anhydrit-, magnesia- und zementgebundenen Platten sind auf Dämmschichten so zu verlegen, daß sie den Anforderungen nach DIN 18560-2 entsprechen.

3.2.5 Heizestriche sind mit einer Nenndicke von mindestens 45 mm auszuführen. Sind die Heizrohre im unteren Bereich des Estrichs eingebettet, muß diese Nenndicke über der Oberkante der Heizrohre vorhanden sein.

3.2.6 Die Oberfläche von Estrichen ist abzureiben.

3.2.7 Kunstharzestriche sind mit Kunstharzen nach Abschnitt 2.2 und mit Zuschlägen nach Abschnitt 2.3 mit einer Nenndicke von mindestens 5 mm auszuführen. Kunstharz-, Nutz- und Schutzschichten auf Estrichen und Beton sind mit Kunstharzen nach Abschnitt 2.2 und gegebenenfalls mit Zuschlägen nach Abschnitt 2.3 in folgenden Mindestnenndicken auszuführen:

- Kunstharzversiegelung   mindestens   0,1 mm,

- Kunstharzbeschichtung mindestens 0,5 mm,
- Kunstharzbeläge mindestens 2 mm.

Dabei dürfen Nenndicken bis 1 mm an keiner Stelle, über 1 mm um höchstens 20 % unterschritten werden.

3.3 Terrazzoböden

3.3.1 Terrazzoböden müssen zweischichtig hergestellt werden.

3.3.2 Die Vorsatzschicht bei Terrazzoböden muß mindestens 15 mm betragen.

3.3.3 Terrazzoböden, die im Verbund mit dem tragenden Untergrund hergestellt werden, müssen in Festigkeit und Schleifverschleiß DIN 18500 "Betonwerkstein – Begriffe, Anforderungen, Prüfung, Überwachung" entsprechen.

3.3.4 Für Terrazzoboden als schwimmender Estrich gelten die Festlegungen für Zementestrich nach DIN 18560-2. Der Schleifverschleiß von schwimmendem Terrazzoboden muß DIN 18500 entsprechen.

3.3.5 Terrazzoböden sind nach ausreichender Erhärtung zu schleifen, zu spachteln und feinzuschleifen, so daß das Größtkorn voll sichtbar wird.

4 Nebenleistungen, Besondere Leistungen

4.1 Nebenleistungen sind ergänzend zur ATV DIN 18299, Abschnitt 4.1, insbesondere:

4.1.1 Vorlegen erforderlicher Muster.

4.1.2 Reinigen des Untergrundes, ausgenommen Leistungen nach Abschnitt 4.2.3 und Abschnitt 4.2.4.

4.1.3 Ausgleichen von Unebenheiten des Untergrundes innerhalb der Toleranzen nach DIN 18202 : 1986-05 Tabelle 3, Zeilen 2 und 3, jedoch bei Estrichen ausfließfähigen Massen nur bis 20 % der vorgeschriebenen Nenndicke.

4.1.4 Herstellen der Anschlüsse der Estriche an angrenzende eingebaute Bauteile wie Wände, Schwellen, Säulen, Rohrleitungen, Zargen, Bekleidungen, Anschlagschienen, Vorstoßschienen, Bodenabläufe u. ä.

4.1.5 Entfernen des Überstandes von Randstreifen, ausgenommen Leistungen nach Abschnitt 4.2.19.

4.2 Besondere Leistungen sind ergänzend zur ATV DIN 18299, Abschnitt 4.2, z. B.:

4.2.1 Herstellen von Musterflächen.

4.2.2 Vorhalten von Aufenthalts- und Lagerräumen, wenn der Auftraggeber Räume, die leicht verschließbar gemacht werden können, nicht zur Verfügung stellt.

4.2.3 Reinigen des Untergrundes von grober Verschmutzung, z. B. Gipsreste, Mörtelreste, Farbreste, Öl, soweit diese von anderen Unternehmern herrührt.

4.2.4 Besonderes Reinigen des Untergrundes mittels Staubsaugers, Hochdruckreinigers u. a.

4.2.5 Vorbereiten des Untergrundes mittels Fräsen, Stocken, Strahlen u. a.

4.2.6 Aufbringen von Haftbrücken.

4.2.7 Ausgleich von Unebenheiten des Untergrundes, welche die Toleranzen nach DIN 18202 : 1986-05, Tabelle 3, überschreiten.

4.2.8 Ausgleich von Unebenheiten des Untergrundes bei Estrichen aus fließfähigen Massen, soweit diese Unebenheiten 20 % der vorgeschriebenen Nenndicke des Estrichs überschreiten.

4.2.9 Maßnahmen zum Schutz gegen Feuchtigkeit, ausgenommen Leistungen nach ATV DIN 18299, Abschnitt 4.1.10.

4.2.10 Maßnahmen zum Schutz gegen Zugluft innerhalb des Gebäudes.

4.2.11 Besondere Maßnahmen für das Herstellen von Estrichen im Freien, z. B. Zelte, Abdeckungen.

4.2.12 Nachträgliches Herstellen von Anschlüssen an angrenzende Bauteile, soweit dies vom Auftragnehmer nicht zu vertreten ist.

4.2.13 Einbauen von Anschlag-, Stoß- und Trennschienen, Mattenrahmen, Bewehrungen und dergleichen.

4.2.14 Ausbilden, Verfüllen, Schließen und Abdecken von Fugen mit Fugenmassen oder Fugenprofilen.

4.2.15 Herstellen von Kanten an Aussparungen von mehr als 0,1 m^2 Einzelgröße.

4.2.16 Schließen von Aussparungen.

4.2.17 Ausbilden von Kehlen und Sockeln, sowie Aufbringen von Estrich auf Stufen und Schwellen.

4.2.18 Beseitigen von Putzüberständen.

4.2.19 Entfernen des Überstandes von Randstreifen nach Verlegen der Bodenbeläge.

4.2.20 Besondere Oberflächenbehandlung von Estrichen, z. B. glätten.

5 Abrechnung

Ergänzend zur ATV DIN 18299, Abschnitt 5, gilt:

5.1 Allgemeines

5.1.1 Der Ermittlung der Leistung – gleichgültig, ob sie nach Zeichnungen oder nach Aufmaß erfolgt – sind zugrunde zu legen:

5.1.1.1 Bei Estrichen, Kunstharz-, Nutz- und Schutzschichten, Terrazzoböden, Trennschichten, Dämmschichten, Schüttungen, Bewehrungen und Oberflächenbehandlung
– auf Flächen mit begrenzenden Bauteilen die Maße der zu belegenden Fläche bis zu den sie begrenzenden ungeputzten bzw. nicht bekleideten Bauteilen,
– auf Flächen ohne begrenzende Bauteile deren Maße,

5.1.1.2 für das Anarbeiten an Durchdringungen von mehr als 0,1 m^2 Einzelgröße die Maße der Abwicklung.

5.1.2 Bei der Ermittlung des Längenmaßes wird die größte Bauteillänge gemessen.

5.2 Es werden abgezogen:

5.2.1 Bei Abrechnung nach Flächenmaß (m^2):

Aussparungen z. B. für Öffnungen, Pfeiler, Pfeilervorlagen, Rohrdurchführungen über 0,1 m^2 Einzelgröße.

5.2.2 Bei Abrechnung nach Längenmaß (m):
Unterbrechungen über 1 m Einzellänge.

VOB Teil C:
Allgemeine Technische Vertragsbedingungen für Bauleistungen (ATV) Gußasphaltarbeiten – DIN 18354
Ausgabe Juni 1996

Inhalt

0 Hinweise für das Aufstellen der Leistungsbeschreibung

1 Geltungsbereich

2 Stoffe, Bauteile

3 Ausführung

4 Nebenleistungen, Besondere Leistungen

5 Abrechnung

0 Hinweise für das Aufstellen der Leistungsbeschreibung

Diese Hinweise ergänzen die ATV DIN 18299 "Allgemeine Regelungen für Bauarbeiten jeder Art", Abschnitt 0. Die Beachtung dieser Hinweise ist Voraussetzung für eine ordnungsgemäße Leistungsbeschreibung gemäß A § 9.
Die Hinweise werden nicht Vertragsbestandteil.
In der Leistungsbeschreibung sind nach den Erfordernissen des Einzelfalls insbesondere anzugeben:

0.1 Angaben zur Baustelle
Keine ergänzende Regelung zur ATV DIN 18299, Abschnitt 0.1.

0.2 Angaben zur Ausführung

0.2.1 Art, Beschaffenheit und Neigung des Untergrundes; zur Verfügung stehende Einbauhöhe.

0.2.2 Anzahl, Länge, Art, Lage und Ausbildung von Bewegungsfugen, Art und Größe der zu erwartenden Bewegungen der Bauwerksteile.

0.2.3 Ausbildung der An- und Abschlüsse an Bauwerke und Bauwerksteile.

0.2.4 Art und Anzahl der geforderten Proben.

0.2.5 Besondere Bedingungen des Auftraggebers für das Aufstellen von Rührwerkskesseln und Schmelzkesseln.

0.2.6 Leistungen getrennt nach Geschossen.

0.2.7 Art und Dicke des Estrichs bzw. des Belages.

0.2.8 Besondere Temperaturbeanspruchung in Innenräumen.

0.2.9 Besondere Anforderungen an die Widerstandsfähigkeit des Estrichs bzw. des Belages gegen Säuren, Laugen, Fette, Öle, Benzin und dergleichen.

0.2.10 Besondere mechanische Beanspruchung des Estrichs bzw. des Belages.

0.2.11 Anzahl, Art und Größe von Aussparungen.

0.2.12 Fläche und Dicke erforderlicher Auffüllungen des Untergrundes.

0.2.13 Art vorhandener Abdichtungen, Dämm- und Trennschichten.

0.2.14 Anzahl, Art und Ausbildung von Anschlüssen, Abschlüssen und Durchdringungen.

0.2.15 Besondere Anforderungen an Fugenfüllmassen, Fugen- und Abschlußprofile.

0.2.16 Ob Untergründe aus Stahl zu entrosten sind.

0.3 Einzelangaben bei Abweichungen von den ATV

0.3.1 Wenn andere als die in dieser ATV vorgesehenen Regelungen getroffen werden sollen, sind diese in der Leistungsbeschreibung eindeutig und im einzelnen anzugeben.

0.3.2 Abweichende Regelungen können insbesondere in Betracht kommen bei

Abschnitt 3.1.4,	wenn Gußasphaltestriche und -beläge nicht waagerecht hergestellt werden sollen,
Abschnitt 3.1.8,	wenn Oberflächen anders behandelt werden sollen, z. B. durch Einstreuen von bituminiertem Edelsplitt der Körnung 2/5 mm,
Abschnitt 3.2.2,	wenn auf nicht unterkellerten Flächen die Wärmedämmschicht anders geschützt werden soll, z. B. durch eine Lage Asphaltmastix.

0.4 Einzelangaben zu Nebenleistungen und Besonderen Leistungen
Keine ergänzende Regelung zur ATV DIN 18299, Abschnitt 0.4.

0.5 Abrechnungseinheiten

Im Leistungsverzeichnis sind die Abrechnungseinheiten wie folgt vorzusehen:

0.5.1 Flächenmaß (m^2) für
- Auffüllungen des Untergrundes, getrennt nach Art und Dicke,
- Dämmschichten, Trennschichten, Dichtungsschichten, Schutzschichten, getrennt nach Art und Dicke,

Gußasphaltarbeiten DIN 18354

- Gußasphaltestriche, Gußasphaltbeläge, getrennt nach Art und Dicke,
- Einbau von Mattenrahmen u. ä., getrennt nach Art,
- Oberflächenbehandlungen, getrennt nach Art.

0.5.2 Raummaß (m^3) für
- Auffüllungen des Untergrundes, getrennt nach Art.

0.5.3 Längenmaß (m) für
- Stufenbeläge, getrennt nach Stufenbreite,
- Herstellen von Abdichtungen über Bewegungsfugen, getrennt nach Art,
- Aussparen von Fugen im Gußasphaltestrich und -belag,
- Einbau von Fugen- und Abschlußprofilen, Anschlag-, Stoß- und Trennschienen, getrennt nach Größe,
- Herstellen von freien Kanten an Aussparungen,
- Herstellen von Aufkantungen, getrennt nach Zuschnitt,
- Fugenfüllungen, getrennt nach Fugenquerschnitt.

0.5.4 Anzahl (Stück) für
- Stufenbeläge, getrennt nach Stufengröße,
- Anschluß von Durchdringungen an Dichtungsschichten, getrennt nach Art und Größe,
- Herstellen von Eckausbildungen bei Fugen- und Abschlußprofilen, getrennt nach Art,
- Einbau von Mattenrahmen u. ä., getrennt nach Art und Größe,
- Herstellen von freien Kanten an Aussparungen, getrennt nach Größe der Aussparungen,
- Schließen von Aussparungen, getrennt nach Größe.

0.5.5 Gewicht (t) für
- Auffüllungen des Untergrundes,
- Gußasphaltestrich, Gußasphaltbelag.

1 Geltungsbereich

1.1 Die ATV "Gußasphaltarbeiten" – DIN 18354 – gilt für
- Estriche aus Gußasphalt nach den Normen der Reihe DIN 18560 "Estriche im Bauwesen",
- Schutzschichten aus Gußasphalt auf Bauwerksabdichtungen nach DIN 18195-10 "Bauwerksabdichtungen – Schutzschichten und Schutzmaßnahmen",
- wasserdichte Beläge aus Gußasphalt bzw. Gußasphalt- und Dichtungsschicht.

1.2 Die ATV DIN 18354 gilt nicht für
- Gußasphaltdeckschichten im Straßenbau, für Gußasphaltdeckschichten auf Straßenbrücken (siehe ATV DIN 18317 "Verkehrswegebauarbeiten, Oberbauschichten aus Asphalt") und
- Sicherungsarbeiten an Gewässern, Deichen und Küstendünen (siehe ATV DIN 18310 "Sicherungsarbeiten an Gewässern, Deichen und Küstendünen").

1.3 Ergänzend gelten die Abschnitte 1 bis 5 der ATV DIN 18299 "Allgemeine Regelungen für Bauarbeiten jeder Art". Bei Widersprüchen gehen die Regelungen der ATV DIN 18354 vor.

2 Stoffe, Bauteile

Ergänzend zur ATV DIN 18299, Abschnitt 2, gilt:
Für die gebräuchlichsten genormten Stoffe und Bauteile sind die DIN-Normen nachstehend aufgeführt.

2.1 Zuschlagstoffe, Füllstoffe

DIN 4226-1 bis
DIN 4226-4   Zuschlag für Beton

2.2 Bitumen

DIN 1995-1   Bitumen und Steinkohlenteerpech – Anforderungen an die Bindemittel – Straßenbaubitumen.

Für Hart-, Oxid- und polymermodifiziertes Bitumen gelten die Produktspezifikationen der Bitumenlieferanten.

DIN 55946-1   Bitumen und Steinkohlenteerpech – Begriffe für Bitumen und Zubereitungen aus Bitumen

2.3 Mischgut

Bei der Zusammensetzung des Mischgutes müssen der vorgesehene Verwendungszweck und insbesondere die klimatischen und örtlichen Verhältnisse sowie die Verkehrslasten und Belastungsarten berücksichtigt werden. Unter diesen Voraussetzungen bleibt die Zusammensetzung dem Auftragnehmer überlassen.

Für die Zusammensetzung von Asphaltmastix gilt

DIN 18195-2   Bauwerksabdichtungen – Stoffe.

Ausgebauter Asphalt darf mitverwendet werden, wenn seine Mineralstoffe den Anforderungen des Abschnitts 2.1 entsprechen.

Ein Zusatz von Naturasphalt ist zulässig.

2.4 Abdichtungsstoffe

Für die Anforderung an Metallbänder gilt

DIN 18195-2   Bauwerksabdichtungen – Stoffe.

Schweißbahnen müssen

DIN 52131   Bitumen-Schweißbahnen – Begriffe, Bezeichnung, Anforderungen

DIN 52133   Polymerbitumen-Schweißbahnen – Begriffe, Bezeichnung, Anforderungen
entsprechen.

Abweichend davon dürfen, bei Ausführung nach Abschnitt 3.7.1, Schweißbahnen mit Metallbandkaschierung oder mit hochliegender Trägereinlage verwendet werden.

2.5 Dämmstoffe

DIN 1101	Holzwolle-Leichtbauplatten und Mehrschicht-Leichtbauplatten als Dämmstoffe für das Bauwesen – Anforderungen, Prüfung
DIN 18161-1	Korkerzeugnisse als Dämmstoffe für das Bauwesen – Dämmstoffe für die Wärmedämmung
DIN 18164-1	Schaumkunststoffe als Dämmstoffe für das Bauwesen – Dämmstoffe für die Wärmedämmung
DIN 18164-2	Schaumkunststoffe als Dämmstoffe für das Bauwesen – Dämmstoffe für die Trittschalldämmung; Polystyrol – Partikelschaumstoffe
DIN 18165-1	Faserdämmstoffe für das Bauwesen – Dämmstoffe für die Wärmedämmung
DIN 18165-2	Faserdämmstoffe für das Bauwesen – Dämmstoffe für die Trittschalldämmung
DIN 18174	Schaumglas als Dämmstoff für das Bauwesen – Dämmstoffe für die Wärmedämmung
DIN 68750	Holzfaserplatten – Poröse und harte Holzfaserplatten – Gütebedingungen
DIN 68752	Bitumen-Holzfaserplatten – Gütebedingungen

Ungenormte Dämmstoffe, z. B. Platten oder Schüttstoff aus gekörnten, geschäumten oder geblähten Mineralstoffen, müssen den Anforderungen nach DIN 18165-2 entsprechen.

2.6 Abdeckungen, Trennschichten

Stoffe für Abdeckungen und Trennschichten müssen den Anforderungen nach

DIN 18195-2	Bauwerksabdichtungen – Stoffe
DIN 18560-2	Estriche im Bauwesen – Estriche und Heizestriche auf Dämmschichten (schwimmende Estriche)
DIN 18560-4	Estriche im Bauwesen – Estriche auf Trennschicht

entsprechen.

2.7 Voranstrichmittel und Bitumenklebemassen

Voranstrichmittel und Bitumenklebemassen müssen den Anforderungen nach DIN 18195-2 entsprechen.

2.8 Stoffe für Grundierung, Versiegelung oder Kratzspachtelung

Stoffe für Grundierung, Versiegelung oder Kratzspachtelung müssen aus Epoxidharzen bestehen und niedrigviskos, lösemittelfrei und nach Aushärten hitzebeständig sein. Stoffe für Kratzspachtelungen müssen darüber hinaus Füllstoffe auf Quarzbasis enthalten.

2.9 Zusätze

Zusätze zum Gußasphalt, z. B. Haftmittel, Kunststoffe, Hartstoffe, dürfen die Eigenschaften des Gußasphaltestrichs oder -belages nicht ungünstig beeinflussen.

3 Ausführung

Ergänzend zur ATV DIN 18299, Abschnitt 3, gilt:

3.1 Allgemeines

Der Auftragnehmer hat bei seiner Prüfung Bedenken (siehe B § 4 Nr 3) insbesondere geltend zu machen bei
- fehlenden Höhenbezugspunkten je Geschoß,
- Untergründen, die nicht den Erfordernissen von DIN 18560-1 bis DIN 18560-4 oder DIN 18560-7 entsprechen,
- Untergründen mit
  - Abweichungen von der Waagerechten oder von dem Gefälle, das in der Leistungsbeschreibung vorgeschrieben oder nach der Sachlage notwendig ist,
  - falscher Höhenlage,
  - unzulässigen Unebenheiten,
  - Rissen und Löchern,
  - gefrorenen, feuchten, verölten oder verschmutzten Flächen,
  - Rückständen von Gips, Mörtel, Beton oder Farben,
- fehlenden Ausrundungen von Kanten, Kehlen und Ecken,
- ungeeigneter Art, Lage und Ausbildung von Bewegungsfugen und durchdringenden Bauteilen,
- fehlenden Entwässerungseinrichtungen.

3.1.2 Gußasphaltestriche und -beläge sowie Dichtungsschichten dürfen nur auf frostfreien Untergründen hergestellt werden.

3.1.3 Gußasphaltschichten mit Nenndicken ≥ 40 mm sind zweischichtig auszuführen.

3.1.4 Gußasphaltestriche und -beläge sind waagerecht herzustellen. Abweichungen von vorgeschriebenen Maßen sind in den durch

DIN 18201   Toleranzen im Bauwesen – Begriffe, Grundsätze, Anwendung, Prüfung

DIN 18202   Toleranzen im Hochbau – Bauwerke

bestimmten Grenzen zulässig.

3.1.5 Bei Gußasphaltestrichen und -belägen, die auf geneigten Flächen herzustellen sind, dürfen die Unebenheiten der Oberfläche innerhalb einer Meßstrecke von 4 m
- bei Neigungen bis 5 % 1 cm und
- bei Neigungen über 5 % 1,5 cm

nicht überschreiten.

3.1.6 Bewegungsfugen des Baukörpers müssen im Gußasphaltestrich oder -belag an gleicher Stelle übernommen werden.

Fugen in Gußasphaltestrichen, die mit Bodenbelägen versehen werden, bleiben unverfüllt.

3.1.7 Bei mehrschichtigen Gußasphaltestrichen und -belägen sind die Arbeitsnähte der einzelnen Schichten mindestens um das Zehnfache der Nenndicke der darauffolgenden Gußasphaltschicht zu versetzen.

3.1.8 Die Oberflächen von Gußasphaltestrichen und -belägen sind unmittelbar nach der Verlegung mit Sand abzureiben. Dabei ist so viel Sand zu verwenden, daß nach dem Erkalten des Gußasphaltes ein Überschuß von nicht gebundenem Material auf der Oberfläche verbleibt.

3.1.9 Gußasphaltbeläge, die besonderen Beanspruchungen durch Chemikalien, z. B. Säuren, Laugen, ausgesetzt sind, müssen mit Zuschlägen hergestellt werden, die gegen die jeweiligen Chemikalien widerstandsfähig sind, z. B. quarzhaltige Mineralstoffe.

3.1.10 Fugen in Gußasphaltschichten sind so zu füllen, daß keine bewegungshemmenden Fremdkörper eindringen können.

3.2 Gußasphaltestrich auf Dämmschicht (schwimmender Gußasphaltestrich)

3.2.1 Schwimmender Gußasphaltestrich ist nach DIN 18560-2 bzw. DIN 18560-7 auszuführen.

3.2.2 Auf nicht unterkellerten Flächen ist die Dämmschicht durch eine Lage Bitumen-Dachdichtungsbahn nach DIN 52130 gegen Eigenfeuchtigkeit der Unterkonstruktion zu schützen. Die Bahnen sind mit 10 cm Überdeckung lose zu verlegen und an den Wänden bis zur Oberfläche des fertigen Bodenbelags hochzuziehen.

3.3 Gußasphaltestrich auf Trennschicht

Gußasphaltestrich auf Trennschicht ist nach DIN 18560-4 bzw. DIN 18560-7 auszuführen.

3.4 Gußasphalt-Verbundestrich

3.4.1 Gußasphalt-Verbundestrich ist nach DIN 18560-3 "Estriche im Bauwesen – Verbundestriche" bzw. nach DIN 18560-7 auszuführen.

3.4.2 Auf bitumengebundenen Untergründen ist der Verbundestrich unmittelbar aufzubringen – bei Untergründen aus Stahl ist vorher eine Haftbrücke aufzubringen.

3.5 Beheizte Gußasphaltbeläge im Freien

Bei beheizten Gußasphaltbelägen im Freien ist die Zusammensetzung des Gußasphaltes auf die zu erwartenden Temperaturen abzustimmen. An angrenzenden Bauteilen sind mindestens 10 mm breite Randfugen anzuordnen.

3.6 Schutzschichten aus Gußasphalt

Schutzschichten aus Gußasphalt auf Bauwerksabdichtungen sind nach DIN 18195-10 auszuführen.

3.7 Wasserdichte Beläge aus Gußasphalt bzw. Gußasphalt- und Dichtungsschicht

3.7.1 Wasserdichte Beläge sind aus einer Dichtungsschicht aus metallkaschierten Bitumen- Schweißbahnen oder aus Bitumen-Schweißbahnen mit hochliegender Trägereinlage und einer Gußasphaltschutzschicht herzustellen; die Dichtungsschicht ist auf einer Haftbrücke einzubauen.

3.7.2 Die Dichtungsschicht ist im Schweißverfahren nach DIN 18195-3 "Bauwerksabdichtungen – Verarbeitung der Stoffe" einzubauen.

3.7.3 Ist als Dichtungsschicht eine Lage Metallbänder vorgeschrieben, sind sie im Gieß- und Einwalzverfahren nach DIN 18195-3 einzubauen.

3.7.4 Ist als Dichtungsschicht Asphaltmastix vorgeschrieben, so ist er im Mittel mindestens 10 mm, jedoch an keiner Stelle unter 7 oder über 15 mm dick einzubauen; der Asphaltmastix darf auch auf Trennschicht verlegt werden.

3.7.5 Ist als Dichtungsschicht Gußasphalt vorgeschrieben, so ist er mit Nenndicke 25 mm einzubauen; der Gußasphalt darf auch auf Trennschicht verlegt werden.

3.7.6 Die Gußasphaltschutzschicht ist einschichtig, im Mittel mindestens 25 mm, jedoch an keiner Stelle unter 15 mm dick, unmittelbar auf der Dichtungsschicht einzubauen.

3.7.7 Bewegungsfugen des Untergrundes sind in wasserdichten Belägen nach DIN 18195-8 "Bauwerksabdichtungen – Abdichtungen über Bewegungsfugen" auszuführen.

3.7.8 Wird auf den wasserdichten Belag eine weitere Belagschicht aufgebracht, z. B. bei befahrenen Flächen eine zusätzliche Deckschicht, so ist diese bei Verwendung von Gußasphalt nach den vorstehenden Abschnitten, bei Verwendung einer Asphaltbeton- oder Splittmastixasphaltdeckschicht nach ATV DIN 18317 auszuführen; bei Verwendung anderer Deckschichten, z. B. aus Steinpflaster, Beton oder Erdüberschüttung, ist zwischen dieser und dem wasserdichten Belag eine Trennschicht einzubauen.

4 Nebenleistungen, Besondere Leistungen

4.1 Nebenleistungen sind ergänzend zur ATV DIN 18299, Abschnitt 4.1, insbesondere:

4.1.1 Vorlegen geforderter Muster.

4.1.2 Reinigen des Untergrundes, ausgenommen Leistungen nach Abschnitt 4.2.5.

Gußasphaltarbeiten DIN 18354

4.1.3 Ausgleichen von Unebenheiten des Untergrundes innerhalb der Toleranzen nach DIN 18202, Tabelle 3, Zeile 2.

4.1.4 Anarbeiten von Gußasphaltestrichen und -belägen sowie von Dichtungsschichten an angrenzende Bauteile und Durchdringungen, ausgenommen Leistungen nach Abschnitt 4.2.6.

4.1.5 Herstellen von freien Kanten an Aussparungen, soweit die Aussparungen nach Anzahl, Art und Größe in den Verdingungsunterlagen angegeben sind.

4.1.6 Entfernen des Überstandes von Randstreifen bei Gußasphaltestrichen, auf die kein Belag aufgebracht wird.

4.2 Besondere Leistungen sind ergänzend zur ATV DIN 18299, Abschnitt 4.2, z. B.:

4.2.1 Maßnahmen für erhöhte Anforderungen nach DIN 18202, Tabelle 3, Zeile 4.

4.2.2 Vorhalten von Aufenthalts- und Lagerräumen, wenn der Auftraggeber Räume, die leicht verschließbar gemacht werden können, nicht zur Verfügung stellt.

4.2.3 Vermessungs- und Planungsarbeiten für das Herstellen von Ausführungsplänen.

4.2.4 Auf- und Abbauen sowie Vorhalten von Gerüsten.

4.2.5 Reinigen des Untergrundes von grober Verschmutzung, z. B. Gipsreste, Mörtelreste, Öl, Farbreste, soweit diese von anderen Unternehmern herrührt.

4.2.6 Einbauen von Anschlag-, Stoß- und Trennschienen, Fugen- und Abschlußprofilen, Mattenrahmen und dergleichen.

4.2.7 Herstellen des Anschlusses von Dichtungsschichten an Durchdringungen.

4.2.8 Herstellen freier Kanten an Aussparungen in anderen Fällen als nach Abschnitt 4.1.5.

4.2.9 Nachträgliches Herstellen von Anschlüssen an angrenzende Bauteile, soweit dies nicht vom Auftragnehmer zu vertreten ist.

4.2.10 Ausgleichen größerer Unebenheiten als nach Abschnitt 4.1.3.

4.2.11 Beseitigen von Putzüberständen.

4.2.12 Entfernen des Überstandes von Randstreifen bei Gußasphaltestrichen mit Bodenbelag nach Verlegen des Bodenbelages.

4.2.13 Entfernen des nicht gebundenen Abreib- bzw. Abstreumaterials.

4.2.14 Besondere Behandlungen der Oberflächen.

4.2.15 Kontrollprüfungen einschließlich der Probenahmen und zugehörige Hilfsleistungen.

4.2.16 Prüfung der Haftzugfestigkeit der Betonunterlage.

5 Abrechnung

Ergänzend zur ATV DIN 18299, Abschnitt 5, gilt:

5.1 Allgemeines

5.1.1 Der Ermittlung der Leistung – gleichgültig, ob sie nach Zeichnung oder nach Aufmaß erfolgt – sind zugrunde zu legen:
- bei Flächen ohne begrenzende Bauteile deren Maße,
- bei Flächen mit begrenzenden Bauteilen die Maße der zu belegenden Flächen bis zu den ungeputzten bzw. nicht bekleideten Bauteilen.

5.1.2 Bei der Abrechnung nach Raummaß werden Fugen, Leitungen und Einbauteile übermessen.

5.1.3 Bei der Abrechnung nach Flächenmaß werden Fugen und Einbauteile übermessen.

5.1.4 Bei der Abrechnung nach Gewicht ist nach Wiegescheinen abzurechnen.

5.2 Es werden abgezogen:

5.2.1 Bei Abrechnung nach Flächenmaß (m^2): Aussparungen, z. B. für Öffnungen, Pfeiler, Pfeilervorlagen, Rohrdurchführungen, über 0,1 m^2 Einzelgröße.

5.2.2 Bei Abrechnung nach Längenmaß (m): Unterbrechungen über 1 m Einzellänge.

VOB Teil C:
Allgemeine Technische Vertragsbedingungen für Bauleistungen (ATV) Tischlerarbeiten — DIN 18355
Ausgabe Juni 1996

Inhalt

0 Hinweise für das Aufstellen der Leistungsbeschreibung

1 Geltungsbereich

2 Stoffe, Bauteile

3 Ausführung

4 Nebenleistungen, Besondere Leistungen

5 Abrechnung

0 Hinweise für das Aufstellen der Leistungsbeschreibung

Diese Hinweise ergänzen die ATV DIN 18299 "Allgemeine Regelungen für Bauarbeiten jeder Art", Abschnitt 0. Die Beachtung dieser Hinweise ist Voraussetzung für eine ordnungsgemäße Leistungsbeschreibung gemäß A § 9.
Die Hinweise werden nicht Vertragsbestandteil.
In der Leistungsbeschreibung sind nach den Erfordernissen des Einzelfalls insbesondere anzugeben:

0.1 Angaben zur Baustelle
Keine ergänzende Regelung zur ATV DIN 18299, Abschnitt 0.1.

0.2 Angaben zur Ausführung
0.2.1 Art und Beschaffenheit der Unterlage (Untergrund, Unterbau, Tragschicht, Tragwerk).

0.2.2 Ausbildung der Anschlüsse an Bauwerke.

0.2.3 Art und Beschaffenheit vorhandener Anschlüsse.

0.2.4 Art und Anzahl der geforderten Proben.

0.2.5 Welche Anschlagarten vorgesehen sind, z. B. stumpf, Außenanschlag, Innenanschlag.

0.2.6 Unterkonstruktion für Decken- und Wandbekleidungen.

0.2.7 Untergrund für das Befestigen der Bauteile, z. B. Art des Mauerwerks, Beton – verputzt und unverputzt -, Werkstein, Holz, Stahl.

0.2.8 Wie die Bauteile zu befestigen sind z. B. an Dübeln, Bolzen u. a.

0.2.9 Ob und wie Fugen bei Anschluß an andere Bauteile abzudecken sind.

0.2.10 Ob und wie der Einbau von Rolläden zu berücksichtigen ist.

0.2.11 Ob Schwitzwasserrinnen und Schwitzwasserablaufröhrchen anzubringen sind.

0.2.12 Art der Oberflächenbehandlung (siehe Abschnitt 3.13).

0.2.13 Ob und für welche Bauteile chemischer Holzschutz nach den Normen der Reihe DIN 68800 durchgeführt werden soll.

0.2.14 Ob bei Bauteilen, die dem Freiluftklima ausgesetzt sind, dunkle Anstriche verwendet werden sollen.

0.2.15 Ob Wetterschutzschienen, Wetterschenkel oder Falzdichtungen an Fenstern oder Türen anzubringen sind.

0.2.16 Anforderungen an die Fugendurchlässigkeit und Schlagregendichtheit nach DIN 18055 "Fenster – Fugendurchlässigkeit, Schlagregendichtheit und mechanische Beanspruchung – Anforderungen und Prüfung"

0.2.17 Besondere Anforderungen an Baustoffe und Ausführung, die über die nachstehenden Allgemeinen Technischen Vertragsbedingungen hinausgehen, z. B. Widerstandsfähigkeit gegen außergewöhnliche klimatische Einflüsse, erhöhte Schalldämmung.

0.2.18 Wo (in welchen Geschossen) die Bauteile einzusetzen sind, welche Transportmöglichkeiten zur Verfügung stehen und ob an der Einbaustelle besondere Erschwernisse zu erwarten sind.

0.2.19 Ausbildung der Kanten von Sperrholz-, Span- und Verbundplatten mit Anleimern, Einleimern oder verdeckten Umleimern.

0.2.20 Vorgesehene Holzarten, wenn bei schichtverleimten Hölzern die Lagen aus unterschiedlichen Holzarten bestehen.

0.3 Einzelangaben bei Abweichungen von den ATV

0.3.1 Wenn andere als die in dieser ATV vorgesehenen Regelungen getroffen werden sollen, sind diese in der Leistungsbeschreibung eindeutig und im einzelnen anzugeben.

0.3.2 Abweichende Regelungen können insbesondere in Betracht kommen bei Abschnitt 2.1.2, wenn Holz anderer Güteeigenschaft verwendet werden soll,

Tischlerarbeiten   DIN 18355

Abschnitt 2.1.3,	wenn für die nach dem Einbau verdeckten Bauteile ein bestimmter Werkstoff verwendet werden soll,
Abschnitt 3.3.1,	wenn sichtbar bleibende Kantenflächen von Sperrholz, Span- und Verbundplatten nicht furniert werden sollen, sondern z. B. beschichtet,
Abschnitt 3.3.5,	wenn Möbeloberflächen anderen Beanspruchungsgruppen entsprechen sollen,
Abschnitt 3.5.3,	wenn die auf der Rauminnenseite verbleibenden Fugen zwischen Außenbauteilen und Baukörper anders oder nicht mit Dämmstoffen ausgefüllt werden sollen,
Abschnitt 3.5.4,	wenn Hohlräume zwischen Zargen und Baukörper bei Wohnungsabschlußtüren anders oder nicht mit Dämmstoffen ausgefüllt werden sollen,
Abschnitt 3.10,	wenn für Schwellen ein anderes Material als Hartholz verwendet werden soll,
Abschnitt 3.11.1,	wenn Bauteile in Trockenbauweise unter Berücksichtigung von Anforderungen an den Brand-, Schall-, Wärme- und Strahlenschutz ausgeführt werden sollen,
Abschnitt 3.11.2.1,	wenn sichtbare Randwinkel und Deckleisten abweichend von der vorgesehenen Regelung verlegt werden sollen,
Abschnitt 3.11.2.2,	wenn Dämmstoffe abweichend von der vorgesehenen Regelung eingebaut werden sollen,
Abschnitt 3.11.3,	wenn Vorsatzschalen nicht entsprechend dem vorgeschriebenen Schalldämmaß nach DIN 4109 ausgeführt werden sollen,
Abschnitt 3.12.2,	wenn für Rahmen-Sockelkonstruktionen und Böden von Schränken, Regalen und Schubkästen geringere Dicken genügen,
Abschnitt 3.13.3.2,	wenn Außenbauteile vor dem Einbau und vor der Verglasung mit mehr als einem Grundanstrich und einem Zwischenanstrich versehen sein sollen.

0.4 Einzelangaben zu Nebenleistungen und Besonderen Leistungen

Als Nebenleistungen, für die unter den Voraussetzungen der ATV DIN 18299, Abschnitt 0.4.1, besondere Ordnungszahlen (Positionen) vorzusehen sind, kommen insbesondere in Betracht:

Liefern und Befestigen der für die Tischlerarbeiten erforderlichen Unterlagskeile und Ausfütterungen (siehe Abschnitt 4.1.1).

0.5 Abrechnungseinheiten

Im Leistungsverzeichnis sind die Abrechnungseinheiten wie folgt vorzusehen:

0.5.1 Flächenmaß (m^2), getrennt nach Bauart und Maßen, für
- Wand- und Deckenbekleidung,
- Oberflächenbehandlung.

0.5.2 Längenmaß (m), getrennt nach Bauart und Maßen, für
- Leisten,
- Blenden,
- An- und Abschlußprofile,
- Schattenfugen,
- Leibungsverkleidungen usw.

0.5.3 Anzahl (Stück), getrennt nach Bauart und Maßen, für
- Fenster,
- Türen,
- Einbauschränke,
- Fensterbänke u. ä.,
- Rolladendeckel,
- Fenster- und Türläden,
- Tore, Futter und Bekleidungen,
- Zargenrahmen,
- Oberflächenbehandlung,
- Aussparungen für Einzelleuchten, Lichtbänder, Lichtkuppeln, Lüftungsgitter, Luftauslässe, Revisionsöffnungen, Stützen, Pfeilervorlagen, Schalter, Steckdosen, Rohrdurchführungen, Kabel u. ä.

1 Geltungsbereich

1.1 Die ATV "Tischlerarbeiten" – DIN 18355 – gilt für das Herstellen und Einbauen von Bauteilen aus Holz und Kunststoff, wie Türen, Tore, Fenster, Fensterelemente, Klappläden, Trennwände, Wand- und Deckenbekleidungen, Schrankwände, Innenausbauten, Einbaumöbel.
Sie gilt auch für Holz-Metallkonstruktionen.

1.2 Die ATV DIN 18355 gilt nicht für
- Treppen, Holzfußböden, Fußleisten, gezimmerte Türen und Tore, Schalungen, zimmermannsmäßige Bekleidungen und Verschläge (siehe ATV DIN 18334 "Zimmer- und Holzbauarbeiten"),
- Parkettarbeiten (siehe ATV DIN 18356 "Parkettarbeiten"),
- Beschläge (siehe ATV DIN 18357 "Beschlagarbeiten"),
- Maler- und Lackiererarbeiten (siehe ATV DIN 18363 "Maler- und Lackiererarbeiten"),

Tischlerarbeiten   DIN 18355

- Verglasungsarbeiten (siehe ATV DIN 18361 "Verglasungsarbeiten") und
- Metallfenster (siehe ATV DIN 18360 "Metallbauarbeiten").

1.3 Ergänzend gelten die Abschnitte 1 bis 5 der ATV DIN 18299 "Allgemeine Regelungen für Bauarbeiten jeder Art". Bei Widersprüchen gehen die Regelungen der ATV DIN 18355 vor.

2 Stoffe, Bauteile

Ergänzend zur ATV DIN 18299, Abschnitt 2, gilt:
Für die gebräuchlichsten genormten Stoffe und Bauteile sind die DIN-Normen nachstehend aufgeführt.

2.1 Holz (Vollholz)

2.1.1

DIN 4071-1	Ungehobelte Bretter und Bohlen aus Nadelholz – Maße
DIN 4072	Gespundete Bretter aus Nadelholz
DIN 4073-1	Gehobelte Bretter und Bohlen aus Nadelholz – Maße
DIN 68120	Holzprofile – Grundformen
DIN 68122	Fasebretter aus Nadelholz
DIN 68123	Stülpschalungsbretter aus Nadelholz
DIN 68126-1	Profilbretter mit Schattennut – Maße
DIN 68126-3	Profilbretter mit Schattennut – Sortierung für Fichte, Tanne, Kiefer
DIN 68127	Akustikbretter
DIN 68360-1	Holz für Tischlerarbeiten – Gütebedingungen bei Außenanwendung
DIN 68360-2	Holz für Tischlerarbeiten – Gütebedingungen bei Innenanwendung

2.1.2 Das Holz muß mindestens bei Außenanwendung die Anforderungen (AD) nach DIN 68360-1, bei Innenanwendung die Anforderungen (ID) nach DIN 68360-2 erfüllen.

2.1.3 Für die nach dem Einbau verdeckten Bauteile, z. B. bei Wandschränken oder Wandbekleidungen, ist nach Wahl des Auftragnehmers die für die nicht verdeckten Bauteile vorgeschriebene Holzart oder ein gleich geeigneter Werkstoff zu verwenden.

2.1.4 Das für die Einzelteile verwendete Holz muß so beschaffen sein, daß die an das Einzelteil oder das Bauteil gestellten funktionellen und optischen Anforderungen erfüllt werden.

2.1.5 Der Feuchtegehalt fertig zusammengebauter Teile aus Holz muß, wenn diese den Herstellerbetrieb verlassen, für Innenausbauteile, die nicht mit der Außenluft in Verbindung stehen, z. B. Einbaumöbel, Wand- und Deckenbekleidungen,

Innentüren, 6 bis 10 %, für Bauteile, die ständig mit der Außenluft in Verbindung stehen 10 bis 15 %, bezogen auf das Darrgewicht, betragen.
Dieser Feuchtegehalt muß auf Verlangen des Auftraggebers nachgewiesen werden.

2.2 Holzwerkstoffe

2.2.1 Sperrholz

DIN 68705-2	Sperrholz – Sperrholz für allgemeine Zwecke
DIN 68705-3	Sperrholz – Bau-Furniersperrholz
DIN 68705-4	Sperrholz – Bau-Stabsperrholz, Bau-Stäbchensperrholz
DIN 68705-5	Sperrholz – Bau-Furniersperrholz aus Buche
DIN EN 635-1	Sperrholz – Klassifizierung nach dem Aussehen der Oberfläche – Teil 1 : Allgemeines; Deutsche Fassung EN 635-1 : 1994

Die sichtbar bleibenden Flächen von Bauteilen aus Sperrholz müssen mindestens der Güteklasse 2 nach DIN 68705-2 genügen.

2.2.2 Spanplatten

DIN 68761-1	Spanplatten – Flachpreßplatten für allgemeine Zwecke – FPY-Platte
DIN 68761-4	Spanplatten – Flachpreßplatten für allgemeine Zwecke – FPO-Platte
DIN 68762	Spanplatten für Sonderzwecke im Bauwesen – Begriffe, Anforderungen, Prüfung
DIN 68763	Spanplatten – Flachpreßplatten für das Bauwesen, Begriffe, Anforderungen, Prüfung, Überwachung
DIN 68764-1	Spanplatten – Strangpreßplatten für das Bauwesen, Begriffe, Eigenschaften, Prüfung, Überwachung
DIN 68764-2	Spanplatten – Strangpreßplatten für das Bauwesen – Beplankte Strangpreßplatten für die Tafelbauart
DIN 68765	Spanplatten – Kunststoffbeschichtete dekorative Flachpreßplatten – Begriff, Anforderungen

Oberflächen von Spanplatten, die furniert werden sollen oder für die eine Oberflächenbehandlung vorgesehen ist, müssen ausreichend geschlossen sein.

2.2.3 Holzfaserplatten

DIN 68750	Holzfaserplatten – Poröse und harte Holzfaserplatten, Gütebedingungen
DIN 68751	Kunststoffbeschichtete dekorative Holzfaserplatten – Begriffe, Anforderungen
DIN 68752	Bitumen-Holzfaserplatten – Gütebedingungen
DIN 68754-1	Harte und mittelharte Holzfaserplatten für das Bauwesen – Holzwerkstoffklasse 20

2.3 Paneele

DIN 68740-2	Paneele – Furnier-Decklagen auf Spanplatten

2.4 Furniere

DIN 4079 Furniere – Dicken

2.5 Nichtholzhaltige Stoffe

DIN 18180 Gipskartonplatten – Arten, Anforderungen, Prüfung
DIN 18184 Gipskarton-Verbundplatten mit Polystyrol- oder Polyurethan-Hartschaum als Dämmstoff

2.6 Dämmstoffe

DIN 18161-1 Korkerzeugnisse als Dämmstoffe für das Bauwesen – Dämmstoffe für die Wärmedämmung
DIN 18164-1 Schaumkunststoffe als Dämmstoffe für das Bauwesen – Dämmstoffe für die Wärmedämmung
DIN 18164-2 Schaumkunststoffe als Dämmstoffe für das Bauwesen – Dämmstoffe für die Trittschalldämmung – Polystyrol-Partikelschaumstoffe
DIN 18165-1 Faserdämmstoffe für das Bauwesen – Dämmstoffe für die Wärmedämmung
DIN 18165-2 Faserdämmstoffe für das Bauwesen – Dämmstoffe für die Trittschalldämmung

2.7 Beschichtungsplatten und Beschichtungsfolien aus Kunststoff

Beschichtungsplatten und Beschichtungsfolien aus Kunststoff müssen dem Verwendungszweck sowie den Güte- und Prüfbestimmungen entsprechen, z. B.

DIN EN 438-1 Dekorative Hochdruck-Schichtpreßstoffplatten (HPL) – Platten auf Basis härtbarer Harze – Teil 1 : Spezifikationen; Deutsche Fassung EN 438-1 : 1991

2.8 Klebstoffe (Leime)

DIN 4076-3 Benennungen und Kurzzeichen auf dem Holzgebiet – Klebstoffe, Verleimungsarten, Beanspruchungsgruppen für Holz-Leimverbindungen
DIN EN 204 Beurteilung von Klebstoffen für nichttragende Bauteile zur Verbindung von Holz und Holzwerkstoffen; Deutsche Fassung EN 204 : 1991

2.9 Dichtstoffe

DIN 18545-2 Abdichten von Verglasungen mit Dichtstoffen – Teil 2: Dichtstoffe; Bezeichnung, Anforderungen, Prüfung

2.10 Verbindungs- und Befestigungsmittel

DIN 95 Linsensenk-Holzschrauben mit Schlitz
DIN 96 Halbrund-Holzschrauben mit Schlitz
DIN 97 Senk-Holzschrauben mit Schlitz
DIN 1151 Drahtstifte, rund – Flachkopf, Senkkopf

| DIN 1152 | Drahtstifte, rund – Stauchkopf |
| DIN 68150-1 | Holzdübel – Maße – Technische Lieferbedingungen |

2.11 Holzbeizen

Holzbeizen müssen so beschaffen sein, daß sie den Farbton der Holzoberfläche verändern, die Struktur des Holzes aber erhalten bleibt bzw. hervorgehoben wird.

2.12 Holzschutzmittel und Grundanstriche

| DIN 68800-3 | Holzschutz – Vorbeugender chemischer Holzschutz |

Ist ein nachfolgender Anstrich der Hölzer vorgesehen, so muß das Holzschutzmittel anstrichverträglich und bei Innenanstrich geruchlos sein.

2.13 Fenster und Türen

DIN 1748-1	Strangpreßprofile aus Aluminium und Aluminium-Knetlegierungen – Eigenschaften
DIN 1748-2	Strangpreßprofile aus Aluminium und Aluminium-Knetlegierungen – Technische Lieferbedingungen
DIN 1748-3	Strangpreßprofile aus Aluminium (Reinstaluminium, Reinaluminium und Aluminium-Knetlegierungen) – Gestaltung
DIN 1748-4	Strangpreßprofile aus Aluminium und Aluminium-Knetlegierungen – Zulässige Abweichungen
DIN 17615-1	Präzisionsprofile aus AlMgSi0,5 – Technische Lieferbedingungen
DIN 17615-3	Präzisionsprofile aus AlMgSi0,5 – Toleranzen
DIN 18101	Türen – Türen für den Wohnungsbau – Türblattgrößen, Bandsitz und Schloßsitz – Gegenseitige Abhängigkeit der Maße
DIN 68121-1	Holzprofile für Fenster und Fenstertüren – Maße, Qualitätsanforderungen
DIN 68121-2	Holzprofile für Fenster und Fenstertüren – Allgemeine Grundsätze
DIN 68706-1	Sperrtüren, Begriffe, Vorzugsmaße, Konstruktionsmerkmale für Innentüren

2.14 Möbelbeschläge

DIN 68852	Möbelschlösser, Anforderungen, Prüfung
DIN 68857	Möbelbeschläge – Topfscharniere und deren Montageplatten – Anforderungen, Prüfung
DIN 68858	Möbelbeschläge – Auszugführungen – Anforderungen, Prüfung

3 Ausführung

Ergänzend zur ATV DIN 18299, Abschnitt 3, gilt:

3.1 Allgemeines

3.1.1 Für genormte Bauteile entfällt das Maßnehmen am Bau. Für nicht genormte Bauteile hat der Auftragnehmer die Maße vor Beginn der Fertigung am Bau zu überprüfen.

3.1.2 Der Auftragnehmer hat bei seiner Prüfung Bedenken (B § 4 Nr 3) insbesondere geltend zu machen bei

- fehlenden Voraussetzungen für die Befestigung und Abdichtung der einzubauenden Bauteile zum Baukörper,
- fehlenden Aussparungen,
- fehlendem konstruktivem Holzschutz,
- unrichtiger Lage und Höhe von Auflagern und sonstigen Unterkonstruktionen,
- fehlenden Höhenbezugspunkten je Geschoß,
- fehlenden Möglichkeiten, vor Beginn der Fertigung die Maße am Bau zu prüfen,
- zu hoher Baufeuchte.

3.1.3 Abweichungen von vorgeschriebenen Maßen sind in den durch

DIN 18201	Toleranzen im Bauwesen – Begriffe, Grundsätze, Anwendung, Prüfung
DIN 18202	Toleranzen im Hochbau – Bauwerke
DIN 18203-3	Toleranzen im Hochbau – Bauteile aus Holz und Holzwerkstoffen

bestimmten Grenzen zulässig.

Bei Streiflicht sichtbar werdende Unebenheiten in den Oberflächen von Bauteilen sind zulässig, wenn die Toleranzen von DIN 18202 eingehalten worden sind.

3.1.4 Die in den Verdingungsunterlagen angegebenen Holzabmessungen gelten für das fertig bearbeitete Holz.

3.1.5 Alle Bauteile sind so herzustellen, daß sie sich bei sachgemäßer Behandlung und Nutzung nicht verziehen und den Anforderungen nach DIN 68360-1 und DIN 68360-2 entsprechen.

3.2 Ausführung von Vollhölzern

3.2.1 Bei den Dicken der bearbeiteten, z. B. gehobelten, Hölzer sind Abweichungen nur nach DIN 4073-1 zulässig.

3.2.2 Vollhölzer müssen so miteinander verbunden werden, daß das Holz bei Schwankungen der Luftfeuchte quellen und schwinden kann ohne die Verbindung zu beeinträchtigen.

3.2.3 Vollholz darf auch schichtverleimt, z. B. lamelliert, verwendet werden, wenn die einzelnen Schichten aus der gleichen Holzart bestehen.

3.2.4 Bei nichtdeckendem Anstrich ist Keilzinkung nach DIN 68140 "Keilzinkenverbindung von Holz" nur mit Zustimmung des Auftraggebers zulässig.

3.3 Absperren, Furnieren, Beschichten, Möbeloberflächen

3.3.1 Sichtbar bleibende Kantenflächen von Sperrholz, Span- und Verbundplatten – ausgenommen die Kantenflächen von Sperrtüren – müssen furniert werden. Naturbedingte Farbunterschiede zwischen furnierten Flächen und Kanten sind zulässig.

3.3.2 Bei abgesperrten furnierten und beschichteten Flächen dürfen sich Fugen und Unebenheiten des Untergrundes auch nach dem Abtrocknen nicht abzeichnen.

3.3.3 Deckfurniere oder Beschichtungen müssen in den Fugen dicht schließen und dürfen keine ungeleimten Stellen haben.

3.3.4 Maserfurniere sind gegen Reißen zu sichern. Haarrisse sind zulässig.

3.3.5 Möbeloberflächen müssen mindestens der niedrigsten Beanspruchungsgruppe der folgenden Normen entsprechen.

DIN 68861-1	Möbeloberflächen – Verhalten bei chemischer Beanspruchung
DIN 68861-4	Möbeloberflächen – Verhalten bei Kratzbeanspruchung
DIN 68861-6	Möbeloberflächen – Verhalten bei Zigarettenglut
DIN 68861-7	Möbeloberflächen – Verhalten bei trockener Hitze
DIN 68861-8	Möbeloberflächen – Verhalten bei feuchter Hitze

3.4 Verleimen

Art und Festigkeit der Verleimung müssen nach DIN EN 204 dem Einbauort und dem Verwendungszweck des Bauteils entsprechen.

3.5 Einbau

3.5.1 Bauteile im Innenausbau, die nach dem Einbauen einen deckenden Anstrich erhalten, dürfen sichtbar, müssen dann aber versenkt befestigt werden. Bauteile im Innenausbau, die keinen deckenden Anstrich erhalten oder vor der Montage endbehandelt sind, sind unsichtbar zu befestigen.

3.5.2 Befestigungsmittel müssen korrosionsgeschützt sein.

Nagelschrauben an Stelle von Holzschrauben sind nicht zulässig.

3.5.3 Die Abdichtung zwischen Außenbauteilen und Baukörper muß dauerhaft und schlagregendicht sein.

Die auf der Rauminnenseite verbleibenden Fugen zwischen Außenbauteilen und Baukörper sind mit Dämmstoffen vollständig auszufüllen.

3.5.4 Hohlräume zwischen Zargen und Baukörper bei Wohnungsabschlußtüren sind mit Dämmstoffen vollständig auszufüllen.

3.5.5 Aushängbare Bauteile und ihre Rahmen sind an unauffälliger Stelle als zusammengehörig dauerhaft zu kennzeichnen. Die Bezeichnung muß auch nach dem Anstrich noch sichtbar sein.

3.6 Fenster

3.6.1 Profile müssen so gestaltet sein, daß das Wasser abgeleitet wird. Für Holzfensterprofile gilt DIN 68121-1 und DIN 68121-2.

3.6.2 Falzdichtungen müssen auswechselbar, in einer Ebene umlaufend und in den Ecken dicht sein.

3.6.3 Bei Holz-Aluminium-Fenstern muß zwischen Holz und Aluminiumrahmen ein Luftraum vorhanden sein. Dieser Luftraum muß Öffnungen zum Dampfdruckausgleich mit der Außenluft aufweisen.

3.6.4 Rahmenverbindungen bei Holzfenstern sind mit Schlitz/Zapfen auszuführen. Futter- oder Zargenrahmen dürfen auch gezinkt werden. Die Verbindungen müssen vollflächig – auch an den Brüstungen – verleimt werden.

Aluminiumrahmen von Holz-Aluminiumfenstern sind an den Ecken mechanisch zu verbinden. Kunststoffenster sind zu verschweißen.

3.6.5 Äußere Schlagleisten sind mit dem Rahmenholz zu verleimen, innere Schlagleisten sind zu verschrauben.

Wetterschenkel müssen, wenn Wetterschenkel und unteres Flügelrahmenholz nicht aus einem Stück bestehen, mit dem Rahmenholz verleimt werden.

3.6.6 Sprossen aus Holz müssen untereinander und mit dem Rahmen fachgerecht verbunden sein, z. B. überblattet, verzapft, verdübelt.

3.6.7 Glashalteleisten aus Holz sind zu nageln, die aus Kunststoff einzurasten. Im übrigen gilt DIN 18545-3 "Abdichten von Verglasungen mit Dichtstoffen – Verglasungssysteme".

3.6.8 Bogenförmige Rahmenhölzer sind je nach Größe der Bögen aus mehreren Stücken herzustellen, mit Keilzinken oder Zapfen zu verbinden.

3.7 Fensterbänke und Zwischenfutter

Fensterbänke, Futter und Zwischenfutter sind mit dem Rahmen durch konstruktive Maßnahmen so zu verbinden, daß ein Verziehen oder Verwerfen sowie Schäden am Baukörper durch materialbedingte Längenänderungen vermieden werden.

3.8 Fenster- und Türläden

Bei gestemmten Fenster- und Türläden müssen die oberen Rahmenhölzer durchgehen. Die senkrechten Rahmenhölzer sind in die oberen Rahmenhölzer verdeckt einzuzapfen. Die Verleimung bei Außenanwendung muß Beanspruchungsgruppe D 4 nach DIN EN 204 entsprechen.

3.9 Türen und Tore
3.9.1 Rahmentüren und Rahmentore
3.9.1.1 Rahmenhölzer dürfen ab 100 mm Breite verleimt werden.

3.9.1.2 Rahmenhölzer sind fachgerecht miteinander zu verbinden, z. B. durch Verzapfen, Verdübeln.

3.9.1.3 Füllungen müssen so befestigt sein, daß materialbedingte Maßänderungen keine Schäden verursachen können.

3.9.1.4 Für Schlagleisten und Wetterschenkel gilt Abschnitt 3.6.5.

3.9.2 Glatte Türen und glatte Tore
Für glatte Türblätter gilt DIN 68706-1.
Für die Rahmenunterkonstruktion der glatten Tore gilt Abschnitt 3.9.1 sinngemäß.

3.10 Futter, Zargenrahmen, Bekleidungen
Die Bauteile sind an den Ecken fachgerecht miteinander zu verbinden, z. B. durch Verfälzen, Verdübeln, Verzinken, Verzapfen, verdecktes Schrauben. Für die Schwellen ist Hartholz zu verwenden.

3.11 Trockenbau
3.11.1 Allgemeines
Bauteile, die in Trockenbauweise hergestellt werden, sind ohne Berücksichtigung von Anforderungen an den Brand-, Schall-, Wärme- und Strahlenschutz auszuführen, wenn nachstehend nichts vorgeschrieben ist.

3.11.2 Innenwandbekleidungen, Deckenbekleidungen, Unterdecken
3.11.2.1 Sichtbare Randwinkel, Deckleisten und Schattenfugen-Deckleisten sind an den Ecken und auf den Begrenzungsflächen stumpf zu stoßen, Randwinkel dem Wand- oder Deckenverlauf anzupassen.

3.11.2.2 Einzubauende Dämmstoffe sind über der gesamten Fläche dicht gestoßen zu verlegen und an begrenzende Bauteile anzuschließen.

3.11.2.3 Deckenbekleidungen und Unterdecken sind nach DIN 18168-1 "Leichte Deckenbekleidungen und Unterdecken – Anforderungen für die Ausführung" herzustellen.

3.11.2.4 Bei Verwendung von Holzwolle- und Mehrschicht-Leichtbauplatten ist DIN 1102 "Holzwolle-Leichtbauplatten und Mehrschicht-Leichtbauplatten nach DIN 1101 als Dämmstoffe für das Bauwesen – Verwendung, Verarbeitung" zu beachten.

3.11.2.5 Gipskartonplatten sind nach DIN 18181 "Gipskartonplatten im Hochbau – Grundlagen für die Verarbeitung" zu verarbeiten.

3.11.3 Schalldämmende Vorsatzschalen
Schalldämmende Vorsatzschalen sind entsprechend dem vorgeschriebenen Schalldämmaß nach DIN 4109 "Schallschutz im Hochbau – Anforderungen und Nachweise" auszuführen.

3.11.4 Nichttragende Trennwände

Nichttragende Trennwände sind nach DIN 4103-1 "Nichttragende innere Trennwände – Anforderungen, Nachweise" auszuführen. Bei Verwendung von Gipskartonplatten ist DIN 18183 "Montagewände aus Gipskartonplatten – Ausführung von Metallständerwänden" zu beachten.

3.11.5 Außenwandbekleidungen

Hinterlüftete Außenwandbekleidungen sind nach DIN 18516-1 "Außenwandbekleidungen, hinterlüftet – Anforderungen, Prüfgrundsätze" auszuführen. Bei der Verwendung von Faserzementplatten sind asbestfreie Produkte, die bauaufsichtlich zugelassen sind, zu verwenden.

3.12 Einbauschränke

Für die Ausführung und den Einbau von Einbauschränken gelten:
- für Küchen DIN 68930 "Küchenmöbel – Anforderungen, Prüfungen",
- für Einlegeböden DIN 68874-1 "Möbel-Einlegeböden und -Bodenträger – Anforderungen und Prüfung im Möbel".

Einbauschränke vor Außenwänden und Wänden vor Feuchträumen sind so an den Baukörper anzuschließen, daß eine ausreichende Hinterlüftung sichergestellt ist.

3.12.1 Türen und Schubkästen müssen dicht schließen und leicht gangbar sein. Die Laufflächen der Schubkastenseiten müssen mit einem Laufstreifen aus Hartholz oder einem anderen geeigneten Stoff versehen sein. Tragleisten sind aus Hartholz oder einem anderen geeigneten Stoff herzustellen und anzuschrauben.

3.12.2 Rahmen-Sockelkonstruktionen und Böden von Schränken, Regalen und Schubkästen müssen so bemessen und angeordnet sein, daß sie der zu erwartenden Belastung entsprechen. Es gelten folgende Mindestdicken:
- für Rückwände, eingeschobene Böden, Kranzböden und Füllungen aus Sperrholz mindestens 6 mm, aus Holzspanplatten mindestens 8 mm,
- für Schubkästenböden über 0,25 m^2 Größe aus Sperrholz mindestens 6 mm.

3.12.3 Schiebetüren müssen in Führungen aus Hartholz laufen.

3.13 Oberflächenbehandlung
3.13.1 Allgemeines

3.13.1.1 Sichtbar bleibende Holzoberflächen sind zu putzen, z.B. durch Hobeln, Schleifen; Hobelschläge dürfen nicht erkennbar sein. Hölzer, z. B. Palisander, Makassar, sind, soweit ihre Inhaltsstoffe es erfordern, zu sperren und erst nach ausreichender Durchtrocknung fein zu schleifen. Der Schleifstaub ist durch Ausbürsten zu entfernen.

3.13.1.2 Bei Bekleidungen mit Brettern und Füllungen muß die vorgeschriebene Oberflächenbehandlung über die ganze Fläche vor dem Einbau durchgeführt werden.

3.13.2 Vorbehandlung der Holzoberfläche

Die Oberfläche des Holzes darf keine ausgerissenen Stellen und auch keine störenden Rückstände in Poren sowie keine sichtbaren Streifen von Querschleifen aufweisen.

Furnierte Flächen dürfen darüber hinaus keine durchgeputzten, durchgeschliffenen Stellen und keine sichtbaren Leimdurchschläge haben.

3.13.3 Oberflächenbehandlung von Außenbauteilen (Fenster, Türen usw.)

3.13.3.1 Der Schutz des Holzes von Außenbauteilen muß DIN 68800-5 entsprechen.

3.13.3.2 Außenbauteile müssen vor dem Einbau und vor der Verglasung allseitig mindestens mit einem Grundanstrich und einem Zwischenanstrich versehen sein. Wetterschutzschienen, Beschläge, sonstige Metallteile und Dichtungen dürfen frühestens nach dem ersten Zwischenanstrich angebracht werden.

3.13.4 Oberflächenbehandlung von Innenbauteilen

3.13.4.1 Die Beize muß gleichmäßig ohne Streifen und Pinselansätze verteilt werden. Treiber, Wischer, helle Streifen, helle ungebeizte Poren oder Ölflecke dürfen nicht entstehen.

Holzarteigene Farbunterschiede zwischen Längsholz- und Hirnholzflächen sind zulässig.

3.13.4.2 Mattine oder Wachs muß gleichmäßig aufgetragen und fein verteilt werden. Die behandelte Fläche darf nicht rauh und nicht verschleiert sein. Die Poren der Oberfläche dürfen durch die Behandlung nicht geschlossen werden.

3.13.4.3 Beim Polieren ist eine dem verwendeten Poliermaterial und der Porosität des verarbeiteten Holzes entsprechende Trocknungszeit einzuhalten. Die Farbe der Porenfüller muß der Holzfarbe genau entsprechen. Die polierte Fläche darf nicht verschleiert und nicht wellig sein und darf keinen grauen Schimmer zeigen. Es dürfen keine Rückstände von Porenfüllern und Ölausschlag zurückbleiben.

Die Poren der Oberfläche müssen restlos geschlossen sein.

3.14 Konstruktiver und chemischer Holzschutz

3.14.1 Bei allen Holzbauarbeiten ist DIN 68800-2 "Holzschutz im Hochbau – Vorbeugende bauliche Maßnahmen" zu beachten.

3.14.2 Der chemische Schutz von Bauholz ist nach DIN 68800-3 "Holzschutz – Vorbeugender chemischer Holzschutz" und der chemische Schutz von Holzwerkstoffen nach DIN 68800-5 "Holzschutz im Hochbau – Vorbeugender chemischer Schutz von Holzwerkstoffen" auszuführen.

3.14.3 Das Verfahren der Verarbeitung der Holzschutzmittel bleibt dem Auftragnehmer überlassen.

3.14.4 Die Holzschutzmittel sind so auszuwählen, daß sie mit den in Berührung kommenden anderen Baustoffen verträglich sind.

4 Nebenleistungen, Besondere Leistungen

4.1 Nebenleistungen sind ergänzend zur ATV DIN 18299, Abschnitt 4.1, insbesondere:

4.1.1 Liefern und Befestigen der für die Tischlerarbeiten erforderlichen Unterlagskeile und Ausfütterungen.

4.1.2 Auf- und Abbauen sowie Vorhalten der Gerüste, deren Arbeitsbühnen nicht höher als 2 m über Gelände oder Fußboden liegen.

4.1.3 Herstellen von Löchern in Mauerwerk und Leichtbeton.

4.1.4 Liefern und Einbau von Dübeln, ausgenommen Leistungen nach Abschnitt 4.2.5.

4.1.5 Anbringen und Einlassen von Befestigungen in Holzteilen.

4.1.6 Liefern der erforderlichen Befestigungsmittel, z. B. Schrauben, Nägel, Bankstahl, Zargenanker.

4.1.7 Berücksichtigen von Abweichungen der Fertigmaße von den in der Leistungsbeschreibung oder Zeichnung angegebenen Breiten und Höhen der Fenster, Türen und Tore oder von entsprechenden Maßen anderer Bauteile bis zu 5 % jedes dieser Maße, höchstens jedoch bis 50 mm,
- wenn die Notwendigkeit der Abweichungen vor Beginn der Fertigung festgestellt wird oder vom Auftragnehmer hätte festgestellt werden müssen,
- wenn das Rahmenaußenmaß für die Gesamtmengen der einzelnen Positionen einheitlich abweicht,
- wenn die Abweichung eine Konstruktionsänderung aus statischen Gründen nicht notwendig macht.

4.2 Besondere Leistungen sind ergänzend zur ATV DIN 18299, Abschnitt 4.2, z. B.:

4.2.1 Vorhalten von Aufenthalts- und Lagerräumen, wenn der Auftraggeber Räume, die leicht verschließbar gemacht werden können, nicht zur Verfügung stellt.

4.2.2 Auf- und Abbauen sowie Vorhalten der Gerüste, deren Arbeitsbühnen mehr als 2 m über Gelände oder Fußboden liegen.

4.2.3 Reinigen des Untergrundes von grober Verschmutzung, z. B. Gipsreste, Mörtelreste, Farbreste, Öl, soweit diese von anderen Unternehmern herrührt.

4.2.4 Herstellen oder Bohren von Löchern in Werkstein, Schwerbeton, Stahl u. ä.

4.2.5 Liefern und Einbauen von statisch nachzuweisenden oder konstruktiv erforderlichen Verbindungs- und Befestigungsmitteln, ausgenommen solcher nach Abschnitt 4.1.4 und 4.1.6.

4.2.6 Liefern und Befestigen von Deckleisten zum Anschließen an andere Bauteile.

4.2.7 Vom Auftraggeber geforderte Probestücke, wenn diese nicht am Bau verwendet werden.

4.2.8 Einbringen bauseitig gelieferten Dichtungsmaterials in Stahltür- und Stahlfensterzargen.

4.2.9 Entfernen und Wiedereinsetzen von Falzdichtungen.

4.2.10 Liefern statischer Berechnungen und der dafür erforderlichen Zeichnungen und Nachweise.

4.2.11 Berücksichtigen von Maßabweichungen, ausgenommen solcher nach Abschnitt 4.1.7.

5 Abrechnung

Ergänzend zur ATV DIN 18299, Abschnitt 5, gilt:

5.1 Allgemeines

5.1.1 Der Ermittlung der Leistung – gleichgültig ob sie nach Zeichnungen oder nach Aufmaß erfolgt – sind zugrunde zu legen:

5.1.1.1 für Wand- und Deckenbekleidungen, Oberflächenbehandlungen, Vorsatzschalen, Unterdecken, Unterkonstruktionen, Dämmungen u. a.
- auf Flächen ohne begrenzende Bauteile die Maße der zu bekleidenden Flächen,
- auf Flächen mit begrenzenden Bauteilen die Maße der zu bekleidenden Flächen bis zu den sie begrenzenden, ungeputzten, ungedämmten bzw. nicht bekleideten Bauteilen,
- bei Fassaden die Maße der Bekleidung,

5.1.1.2 für nichttragende Trennwände, Einbauschränke, Fenster und Türen deren Maße bis zu den sie begrenzenden ungeputzten, ungedämmten bzw. nicht bekleideten Bauteilen,

5.1.1.3 für sonstige Bauteile die größten, gegebenenfalls abgewickelten Bauteillängen; dabei werden Fugen übermessen.

5.1.2 Bei der Ermittlung des Längenmaßes wird die größte, gegebenenfalls abgewickelte Bauteillänge gemessen; Fugen werden übermessen.

5.1.3 Die Wandhöhen überwölbter Räume werden bis zum Gewölbeanschnitt, die Wandhöhe der Schildwände bis zu $2/3$ des Gewölbestiches gerechnet.

5.1.4 Fußleisten und Konstruktionen bis 10 cm Höhe werden übermessen.

5.1.5 Bei der Flächenermittlung von gewölbten Decken mit einer Stichhöhe unter $1/6$ der Spannweite wird die Fläche des überdeckten Raumes berechnet. Gewölbe mit größerer Stichhöhe werden nach der Fläche der abgewickelten Untersicht gerechnet.

5.1.6 In Decken- und Wandbekleidungen sowie leichten Außenwandbekleidungen werden Öffnungen, Aussparungen und Nischen bis 2,5 m² Einzelgröße übermessen.

5.1.7 Ganz oder teilweise bekleidete Leibungen von Öffnungen, Aussparungen und Nischen in Decken und Wänden über 2,5 m² Einzelgröße werden gesondert gerechnet.

5.1.8 Öffnungen, Nischen und Aussparungen werden, auch falls sie unmittelbar zusammenhängen, getrennt gerechnet.

5.1.9 Ganz oder teilweise bekleidete Rückflächen von Nischen werden unabhängig von ihrer Einzelgröße mit ihrem Maß gesondert gerechnet.

5.1.10 In Böden und den dazugehörigen Dämmungen, Schüttungen, Sperren, u. a. werden Öffnungen und Aussparungen, z. B. für Pfeilervorlagen, Kamine, Rohrdurchführungen, bis 0,5 m² Einzelgröße übermessen.

5.1.11 Bei Bekleidungen u. ä. werden Rahmen, Riegel, Ständer und andere Fachwerksteile sowie Sparren, Lattungen, Unterkonstruktionen übermessen.

5.1.12 Bei Bekleidungen aus Latten, Brettern, Paneelen, Lamellen u. ä. werden die Zwischenräume übermessen.

5.1.13 Herstellen von Aussparungen für Einzelleuchten, Lichtbänder, Lichtkuppeln, Lüftungsgitter, Luftauslässe, Revisionsöffnungen, Stützen, Pfeilervorlagen, Schalter, Steckdosen, Rohrdurchführungen, Kabel u. ä. werden getrennt nach Größe gesondert gerechnet.

5.2 Es werden abgezogen:

5.2.1 Bei Abrechnung nach Flächenmaß (m²)

Öffnungen, Aussparungen und Nischen über 2,5 m² Einzelgröße, in Böden über 0,5 m² Einzelgröße.

5.2.2 Bei Abrechnung nach Längenmaß (m)

Unterbrechungen über 1 m Einzellänge.

VOB Teil C:
Allgemeine Technische Vertragsbedingungen für Bauleistungen (ATV)
Parkettarbeiten – DIN 18356
Ausgabe Juni 1996

Inhalt

0 Hinweise für das Aufstellen der Leistungsbeschreibung
1 Geltungsbereich
2 Stoffe, Bauteile
3 Ausführung
4 Nebenleistungen, Besondere Leistungen
5 Abrechnung

0 Hinweise für das Aufstellen der Leistungsbeschreibung

Diese Hinweise ergänzen die ATV DIN 18299 "Allgemeine Regelungen für Bauarbeiten jeder Art", Abschnitt 0. Die Beachtung dieser Hinweise ist Voraussetzung für eine ordnungsgemäße Leistungsbeschreibung nach A § 9.
Die Hinweise werden nicht Vertragsbestandteil.
In der Leistungsbeschreibung sind nach den Erfordernissen des Einzelfalls insbesondere anzugeben:

0.1 Angaben zur Baustelle
Keine ergänzende Regelung zur ATV DIN 18299, Abschnitt 0.1.

0.2 Angaben zur Ausführung

0.2.1 Art und Beschaffenheit des Untergrundes.

0.2.2 Art und Anzahl der geforderten Proben.

0.2.3 Abweichung des Untergrundes von der Waagerechten.

0.2.4 Holzart, Art des Parketts, Güte und Maße der Parketthölzer, Verlegeart und Parkett-Unterlagen (siehe Abschnitte 2.1 und 2.5).

0.2.5 Benutzung des Parketts unter außergewöhnlichen Feuchtigkeits- und Temperaturverhältnissen.

Parkettarbeiten DIN 18356

0.2.6 *Außergewöhnliche Druckbeanspruchungen des Parketts.*

0.2.7 *Holzart und Breite von Wandfriesen und Zwischenfriesen.*

0.2.8 *Holzart, Abmessungen und Profil von Fußleisten und Deckleisten (siehe Abschnitt 2.2).*

0.2.9 *Bei Versiegelung Verwendungszweck des Raumes oder vorgesehene Beanspruchung des versiegelten Parketts.*

0.2.10 *Aussparungen, mit denen der Bieter nach der Sachlage nicht ohne weiteres rechnen kann (siehe Abschnitte 4.1.3 und 4.2.6).*

0.2.11 *Vom Rechteck abweichende Form der zu belegenden Fläche.*

0.3 Einzelangaben bei Abweichungen von den ATV

0.3.1 *Wenn andere als die in dieser ATV vorgesehenen Regelungen getroffen werden sollen, sind diese in der Leistungsbeschreibung eindeutig und im einzelnen anzugeben.*

0.3.2 *Abweichende Regelungen können insbesondere in Betracht kommen bei*

Abschnitt 2.2,	*wenn für hölzerne Fußleisten und Deckleisten die Gütebestimmungen für die genormten Parketthölzer nicht gelten sollen,*
Abschnitt 3.2.1.1,	*wenn das Parkett aus einer anderen Sortierung hergestellt werden soll,*
Abschnitt 3.2.1.4,	*wenn Fugen an Vorstoß-, Trenn- und Deckungsschienen nicht mit elastischen Stoffen gefüllt werden sollen,*
Abschnitt 3.2.1.5,	*wenn über Dehnungsfugen im Parkett und/oder in den Parkettunterlagen keine Fugen anzulegen sind,*
Abschnitt 3.2.3,	*wenn Parkettstäbe, Parkettriemen und Tafelparkett nicht mit hartplastischem Klebstoff aufzukleben sind, sondern z. B. mit weich plastischem, bituminösem Klebstoff,*
Abschnitt 3.2.5.1,	*wenn Parkett auf Parkettunterlage verlegt werden soll,*
Abschnitt 3.2.5.2,	*wenn bei Mosaikparkett Parkettunterlagen aus Holzspanplatten nicht parallel verlegt werden sollen,*
Abschnitt 3.2.5.4,	*wenn für das Verlegen von Parketthölzern auf Unterlagen eine besondere Verlegeart vorgesehen werden soll,*
Abschnitt 3.2.6,	*wenn hölzerne Fußleisten nicht mit Stahlstiften befestigt werden sollen, sondern z. B. mit Schrauben,*
Abschnitt 3.3,	*wenn Parkett nicht gewachst, sondern z. B. versiegelt werden soll, wenn Parkett mehrmals gewachst werden soll,*
Abschnitt 3.4.2,	*wenn eine bestimmte Art der Versiegelung ausgeführt oder ein bestimmtes Mittel für die Versiegelung verwendet werden soll.*

0.4 Einzelangaben zu Nebenleistungen und Besonderen Leistungen
Keine ergänzende Regelung zur ATV DIN 18299, Abschnitt 0.4.

DIN 18356　　　　　　　　　　　　　　　　　　　　　　　　　　　　VOB Teil C

0.5 Abrechnungseinheiten

Im Leistungsverzeichnis sind die Abrechnungseinheiten wie folgt vorzusehen:

0.5.1 *Flächenmaß (m^2) für*
- *Parkett, getrennt nach Parkettart, Art der Parkettunterlage, Holzart und Verlegeart,*
- *Versiegelung, getrennt nach Art.*

0.5.2 *Längenmaß (m) für*
- *Fußleisten und Deckleisten,*
- *Versiegelung, z. B. von Fußleisten, getrennt nach Art.*

0.5.3 *Anzahl (Stück) für*
- *Versiegelung, z. B. von Stufen, Türschwellen, getrennt nach Art.*

1 Geltungsbereich

1.1 Die ATV "Parkettarbeiten" – DIN 18356 – gilt nicht für das Verlegen von Lagerhölzern und Blindböden (siehe ATV DIN 18334 "Zimmer- und Holzbauarbeiten").

1.2 Ergänzend gelten die Abschnitte 1 bis 5 der ATV DIN 18299 "Allgemeine Regelungen für Bauarbeiten jeder Art". Bei Widersprüchen gehen die Regelungen der ATV DIN 18356 vor.

2 Stoffe, Bauteile

Ergänzend zur ATV DIN 18299, Abschnitt 2, gilt:

Für die gebräuchlichsten genormten Stoffe und Bauteile sind die DIN-Normen nachstehend aufgeführt.

2.1 Parketthölzer

DIN 280 Teil 1　　Parkett – Parkettstäbe, Parkettriemen und Tafeln für Tafelparkett
DIN 280 Teil 2　　Parkett – Mosaikparkettlamellen
DIN 280 Teil 4　　entfällt
DIN 280 Teil 5　　Parkett – Fertigparkett-Elemente

Parketthölzer dürfen auch bei der Anlieferung an der Verwendungsstelle keinen anderen als den nach den Normen der Reihe DIN 280 zulässigen Feuchtigkeitsgehalt haben.

2.2 Hölzerne Fußleisten und Deckleisten

Für hölzerne Fußleisten und Deckleisten gelten die Gütebestimmungen für genormte Parketthölzer sinngemäß.

2.3 Nägel

DIN 1151　　　　　Drahtstifte rund – Flachkopf, Senkkopf

Parkettarbeiten DIN 18356

2.4 Parkettklebstoffe

DIN 281 Parkettklebstoffe – Anforderungen, Prüfung, Verarbeitungshinweise

2.5 Parkettunterlagen und Dämmstoffe

Parkettunterlagen und Dämmstoffe müssen so beschaffen sein, daß sie die fachgerechte Verlegung gewährleisten und dem vorgesehenen Verwendungszweck entsprechen.

DIN 1101	Holzwolle-Leichtbauplatten und Mehrschicht-Leichtbauplatten als Dämmstoffe für das Bauwesen – Anforderungen, Prüfung
DIN 18164 Teil 1	Schaumkunststoffe als Dämmstoffe für das Bauwesen – Dämmstoffe für die Wärmedämmung
DIN 18164 Teil 2	Schaumkunststoffe als Dämmstoffe für das Bauwesen – Dämmstoffe für die Trittschalldämmung; Polystyrol-Partikelschaumstoffe
DIN 18165 Teil 1	Faserdämmstoffe für das Bauwesen – Dämmstoffe für die Wärmedämmung
DIN 18165 Teil 2	Faserdämmstoffe für das Bauwesen – Dämmstoffe für die Trittschalldämmung
DIN 68750	Holzfaserplatten – poröse und harte Holzfaserplatten – Gütebedingungen
DIN 68752	Bitumen-Holzfaserplatten – Gütebedingungen
DIN 68763	Spanplatten – Flachpreßplatten für das Bauwesen – Begriffe, Anforderungen, Prüfung, Überwachung
DIN 68771	Unterböden aus Holzspanplatten

2.6 Fußbodenwachse

Fußbodenwachse für Parkett müssen so beschaffen sein, daß sie die Parketthölzer nur wenig verfärben, den verwendeten Klebstoff in den Stößen nicht an die Oberfläche ziehen und keinen aufdringlichen Geruch haben.

2.7 Parkett-Versiegelungsmittel

Parkett-Versiegelungsmittel müssen so beschaffen sein, daß durch die Versiegelung die Oberfläche des Parketts gegen das Eindringen von Schmutz und Flüssigkeiten geschützt ist. Das natürliche Aussehen des Parketts darf durch die Versiegelung und etwaige Nachversiegelungen mit dem gleichen Versiegelungsmittel nicht oder nur unwesentlich beeinträchtigt werden.

3 Ausführung

Ergänzend zur ATV DIN 18299, Abschnitt 3, gilt:

3.1 Allgemeines

3.1.1 Der Auftragnehmer hat bei seiner Prüfung Bedenken (siehe B § 4 Nr 3) insbesondere geltend zu machen bei
- größeren Unebenheiten,
- Rissen im Untergrund,
- nicht genügend trockenem Untergrund,

- nicht genügend fester Oberfläche des Untergrundes,
- zu poröser und zu rauher Oberfläche des Untergrundes,
- gefordertem, kraftschlüssigem Schließen von Bewegungsfugen im Untergrund,
- verunreinigter Oberfläche des Untergrundes, z. B. durch Öl, Wachs, Lack, Farbreste,
- unrichtiger Höhenlage der Oberfläche des Untergrundes im Verhältnis zur Höhenlage anschließender Bauteile,
- ungeeigneter Temperatur des Untergrundes,
- ungeeigneten Temperatur- und Luftverhältnissen im Raum,
- fehlendem Aufheizprotokoll bei beheizten Fußbodenkonstruktionen.

3.1.2 Abweichungen von vorgeschriebenen Maßen sind in den durch

DIN 18201 Toleranzen im Bauwesen – Begriffe, Grundsätze, Anwendung, Prüfung

DIN 18202 Toleranzen im Hochbau – Bauwerke

bestimmten Grenzen zulässig.

Bei Streiflicht sichtbar werdende Unebenheiten in den Oberflächen von Bauteilen sind zulässig, wenn die Toleranzen von DIN 18202 eingehalten worden sind. Werden an die Ebenheit von Flächen erhöhte Anforderungen nach DIN 18202 gestellt, so sind die zu treffenden Maßnahmen Besondere Leistungen (siehe Abschnitt 4.2.1).

3.2 Verlegen von Parkett

3.2.1 Allgemeines

3.2.1.1 Das Parkett ist aus Parketthölzern nach den Normen der Reihe DIN 280 herzustellen, und zwar bei Verlegung von

- Parkettstäben oder Parkettriemen aus Sortierung Natur nach DIN 280 Teil 1,
- Mosaikparkettlamellen aus Sortierung Natur nach DIN 280 Teil 2,
- Parkettdielen und Parkettplatten mit stabparkettartiger Oberseite aus Sortierung Natur nach DIN 280 Teil 1,
- Parkettdielen und Parkettplatten mit mosaikparkettartiger Oberseite aus Sortierung Natur nach DIN 280 Teil 2,
- Fertigparkett-Elementen aus Sortierung, z. B. Eiche El-XXX, nach DIN 280 Teil 5.

Nicht deckend zu streichende Fuß- und Deckleisten müssen den obengenannten Sortierungen entsprechen.

3.2.1.2 Die Parketthölzer dürfen auch beim Verlegen keinen anderen als den nach den Normen der Reihe DIN 280 zulässigen Feuchtigkeitsgehalt haben.

3.2.1.3 Zwischen dem Parkett sowie gegebenenfalls den Parkettunterlagen und angrenzenden festen Bauteilen, z. B. Wänden, Pfeilern, Stützen, sind Fugen anzulegen. Ihre Breite ist nach der Holzart des Parketts, der Art der Parkettunterlagen und Verlegung sowie der Größe der Parkettflächen zu bestimmen.

Parkettarbeiten DIN 18356

3.2.1.4 An Vorstoß-, Trenn- und Dehnungsschienen sind, wenn es nach Holzart und Verlegeart nötig ist, Fugen anzulegen; diese Fugen sind mit einem geeigneten elastischen Stoff zu füllen.

3.2.1.5 Über Dehnungsfugen im Bauwerk sind im Parkett und gegebenenfalls auch in den Parkettunterlagen Fugen anzulegen.

3.2.1.6 Durch die Verwendung von Parkettstäben mit unterschiedlichen Maßen darf das Gesamtbild des Parketts nicht beeinträchtigt werden. Nebeneinander liegende Stäbe dürfen dabei nicht mehr als 50 mm in der Länge und nicht mehr als 10 mm in der Breite voneinander abweichen. Außerdem dürfen bei Parkettflächen bis zu 30 m^2 Stäbe in höchstens drei unterschiedlichen Maßen verwendet werden.

3.2.2 Parkett genagelt

Parkettstäbe (Nutstäbe) oder Parkettafeln sind durch Hirnholzfedern, Parkettriemen und Parkettdielen durch einseitig angehobelte Federn miteinander zu verbinden, dicht zu verlegen und verdeckt zu nageln. Bei Parkettstäben (Nutstäben) und Parkettafeln müssen die Hirnholzfedern auf der ganzen Länge der Nuten verteilt und fest eingeklemmt sein. Der Anteil der Hirnholzfedern muß mindestens $3/4$ der Länge der Nut betragen.

3.2.3 Stabparkett, Tafelparkett und Parkettriemen in Parkettklebstoffen

Parkettstäbe, Parkettriemen und Tafelparkett sind mit hartplastischem (schubfestem) Parkettklebstoff aufzukleben.

Der Parkettklebstoff ist vollflächig auf den Untergrund oder gegebenenfalls auf die Parkettunterlage aufzutragen. Die Parkettstäbe und Parkettafeln sind durch Hirnholzfedern, Parkettriemen durch angehobelte Federn, miteinander zu verbinden und dicht zu verlegen. Die Hirnholzfedern müssen auf der ganzen Länge der Nuten verteilt und fest eingeklemmt sein. Der Anteil der Hirnholzfedern muß mindestens $3/4$ der Länge der Nut betragen.

3.2.4 Mosaikparkett

Mosaikparkett ist mit hartplastischem (schubfestem) Parkettklebstoff aufzukleben. Der Parkettklebstoff ist ausreichend dick und vollflächig auf den Untergrund aufzutragen. Das Mosaikparkett ist in die Klebstoffschicht einzuschieben, einzudrücken und dicht zu verlegen.

3.2.5 Parkett und Parkettunterlage

3.2.5.1 Parkett ist ohne Parkettunterlage zu verlegen.

3.2.5.2 Wenn Parkettunterlagen auszuführen sind, sind sie versetzt und – wenn erforderlich – mit Dehnungsfugen zu verlegen, auch wenn sie aufgeklebt werden; ihre Fugen müssen versetzt zu den Fugen des Parketts liegen. Bei Mosaikparkett sind Unterlagsplatten diagonal zur Verlegerichtung des Parketts zu verlegen; Holzspanplatten, die mit Nut und Feder verbunden sind, sind parallel zu verlegen, Parkettunterlagen, die wegen ihrer Beschaffenheit aufgeklebt werden müssen, sind auf dem Untergrund vollflächig aufzukleben.

3.2.5.3 Die Dämmwirkung von Dämmstoffen darf durch die Parkettklebstoffe nicht wesentlich beeinträchtigt werden.

3.2.5.4 Die Parketthölzer sind auf den Unterlagen nach den Abschnitten 3.2.2, 3.2.3 oder 3.2.4 zu verlegen.

3.2.6 Fußleisten und Deckleisten

Hölzerne Fußleisten und Deckleisten müssen an Ecken und Stößen auf Gehrung geschnitten werden; Fußleisten sind in Abständen von weniger als 60 cm dauerhaft mit Stahlstiften an der Wand zu befestigen. Deckleisten sind mit Drahtstiften zu befestigen.

3.2.7 Abschleifen

Genageltes Parkett ist sofort nach dem Verlegen, geklebtes Parkett nach genügendem Abbinden des Parkettklebstoffes gleichmäßig abzuschleifen. Die Anzahl der Schleifgänge und die Feinheit des Abschleifens richten sich nach der vorgeschriebenen anschließenden Oberflächenbehandlung.

3.3 Wachsen

Das Parkett ist sofort nach dem Abschleifen einmal zu wachsen.

3.4 Versiegeln

3.4.1 Ist Versiegeln vereinbart worden, so muß das Parkett sofort nach dem Abschleifen versiegelt werden.

3.4.2 Der Auftragnehmer hat die Versiegelungsart und das Versiegelungsmittel entsprechend dem Verwendungszweck des Raumes und der vorgesehenen Beanspruchung auszuwählen.

3.4.3 Die Versiegelung ist so auszuführen, daß eine gleichmäßige Oberfläche entsteht.

3.4.4 Nach der Versiegelung hat der Auftragnehmer dem Auftraggeber schriftliche Pflegeanweisungen in der erforderlichen Anzahl zu übergeben. Diese sollen auch Hinweise auf das zweckmäßige Raumklima enthalten.

3.4.5 Die Schutzwirkung der Versiegelung muß bei Befolgung der Pflegeanweisung, die dem Auftraggeber auszuhändigen ist, mindestens zwei Jahre dauern. Durch die Pflegeanweisung kann das rechtzeitige Nachversiegeln stark beanspruchter Teilflächen vorgeschrieben sein.

4 Nebenleistungen, Besondere Leistungen

4.1 Nebenleistungen sind ergänzend zur ATV DIN 18299, Abschnitt 4.1, insbesondere:

4.1.1 Reinigen des Untergrundes, ausgenommen Leistungen nach Abschnitt 4.2.3.

4.1.2 Liefern aller erforderlichen Hilfsstoffe.

Parkettarbeiten DIN 18356

4.1.3 Anschließen des Parketts an alle angrenzenden Bauteile, z. B. an Rohrleitungen, Zargen, Bekleidungen, Anschlagschienen, Vorstoßschienen, Säulen, Schwellen; ausgenommen Leistungen nach Abschnitt 4.2.6.

4.1.4 Auffüttern bis zu 1 cm Dicke auf Balken oder Lagerhölzern.

4.1.5 Absperrmaßnahmen bis zur Begehbarkeit des Parketts.

4.1.6 Vorlegen erforderlicher Muster.

4.2 Besondere Leistungen sind ergänzend zur ATV DIN 18299, Abschnitt 4.2, z. B.:

4.2.1 Maßnahmen nach Abschnitt 3.1.2.

4.2.2 Vorhalten von Aufenthalts- und Lagerräumen, wenn der Auftraggeber Räume, die leicht verschließbar gemacht und zur Lagerung von Parketthölzern nötigenfalls beheizt werden können, nicht zur Verfügung stellt.

4.2.3 Reinigen des Untergrundes von grober Verschmutzung, z. B. Gipsreste, Mörtelreste, Farbreste, Öl, soweit diese von anderen Unternehmern herrühren.

4.2.4 Vorbereiten des Untergrundes zur Erzielung eines guten Haftgrundes, z. B. Vorstreichen, maschinelles Bürsten oder Anschleifen und Absaugen.

4.2.5 Beseitigen alter Beläge und Klebstoffschichten.

4.2.6 Herstellen von Aussparungen im Parkett für Rohrdurchführungen und dergleichen in Räumen mit besonderer Installation; Anarbeiten des Parketts an Einbauteile oder Einrichtungsgegenstände in solchen Räumen; Anschließen des Parketts an Einbauteile und Wände, für die keine Leistenabdeckung vorgesehen ist.

4.2.7 Einbau von Vorstoßschienen, Trennschienen, Dehnungsschienen, Dehnungsfugenfüllungen, Armaturen, Matten, Revisionsrahmen u. ä.

4.2.8 Ausgleichen von Unebenheiten des Untergrundes von mehr als 1 mm und ganzflächiges Spachteln.

4.2.9 Auffüttern von mehr als 1 cm Dicke auf Balken oder Lagerhölzern.

4.2.10 Schließen und/oder Abdecken von Fugen, z. B. Bewegungs-, Anschluß- und Scheinfugen.

4.2.11 Einbau von Dübeln für Fußleisten.

4.2.12 Voranstriche oder Vorbehandlung von Estrichen.

4.2.13 Abschneiden überstehender Wand-Randstreifen und deren Abdeckung.

4.2.14 Vom Auftraggeber verlangtes Anfertigen von Probeflächen, wenn diese weder am Bau noch anderweitig verwendet werden können.

5 Abrechnung

Ergänzend zur ATV DIN 18299, Abschnitt 5, gilt:

5.1 Allgemeines

5.1.1 Der Ermittlung der Leistung – gleichgültig, ob sie nach Zeichnung oder Aufmaß erfolgt – sind zugrunde zu legen:
Bei Parkettböden, Parkettunterlagen, Oberflächenbehandlungen
- auf Flächen mit begrenzenden Bauteilen die Maße der zu belegenden Flächen bis zu den begrenzenden ungeputzten bzw. nicht bekleideten Bauteilen,
- auf Flächen ohne begrenzende Bauteile deren Maße,
- auf Flächen von Stufen und Schwellen deren größte Maße.

5.1.2 Bei der Ermittlung des Längenmaßes wird die größte Bauteillänge gemessen.

5.1.3 In Böden nachträglich eingearbeitete Teile werden übermessen, z. B. Intarsien, Markierungen.

5.2 Es werden abgezogen:

5.2.1 Bei Abrechnung nach Flächenmaß (m^2):
Aussparungen, z. B. für Öffnungen, Pfeiler, Pfeilervorlagen, Rohrdurchführungen, über 0,1 m^2 Einzelgröße.

5.2.2 Bei Abrechnung nach Längenmaß (m):
Unterbrechungen über 1 m Einzellänge.

VOB Teil C:
Allgemeine Technische Vertragsbedingungen für Bauleistungen (ATV)
Beschlagarbeiten – DIN 18357
Ausgabe Juni 1996

Inhalt

0 Hinweise für das Aufstellen der Leistungsbeschreibung

1 Geltungsbereich

2 Stoffe, Bauteile

3 Ausführung

4 Nebenleistungen, Besondere Leistungen

5 Abrechnung

0 Hinweise für das Aufstellen der Leistungsbeschreibung

Diese Hinweise ergänzen die ATV DIN 18299 "Allgemeine Regelungen für Bauarbeiten jeder Art", Abschnitt 0. Die Beachtung dieser Hinweise ist Voraussetzung für eine ordnungsgemäße Leistungsbeschreibung gemäß A § 9.
Die Hinweise werden nicht Vertragsbestandteil.
In der Leistungsbeschreibung sind nach den Erfordernissen des Einzelfalls insbesondere anzugeben:

0.1 Angaben zur Baustelle
Keine ergänzende Regelung zur ATV DIN 18299, Abschnitt 0.1.

0.2 Angaben zur Ausführung
0.2.1 Besondere Anforderungen, denen die Beschläge nach dem Einbau ausgesetzt sind, z. B. durch Windlasten, Temperaturen, chemische Einwirkung der Außenluft – Seeluft, Industrieluft – und dergleichen.

0.2.2 Abmessung und Gewicht der zu beschlagenden Bauelemente wie Fenster, Türen, Tore, Einbauschränke und dergleichen sowie deren Art, z. B. Glastüren, Kunststofffenster.

0.2.3 Werkstoff der Bauteile und der Bauelemente, an die Beschläge anzubringen sind, z. B. Holz, Aluminium, Kunststoff, Beton, Mauerwerk.

0.2.4 Ob die Beschläge aufzusetzen oder einzulassen sind.

0.2.5 Ob in den zu beschlagenden Bauelementen Ausnehmungen vorhanden sind, z. B. Schloßtaschen.

0.2.6 Ob die zu beschlagenden Türen gefälzt oder ungefälzt sind.

0.2.7 Art und Abmessungen von Falzen.

0.2.8 Ob und in welcher Art zu beschlagende Bauteile oberflächenbehandelt sind oder werden.

0.2.9 Ob zu beschlagende Bauelemente mit Lebensmitteln in Berührung kommen.

0.2.10 Anzahl und Art der Beschläge oder Beschlagteile, z. B. Schlösser, Bänder, Getriebe, Treibriegel, Drücker, Feststeller und dergleichen. Bei Schlössern auch Art der Schloßausführung, z. B. Schließungsart, Schloß für Rohrrahmentür, Möbelschloß, gegebenenfalls Hinweis auf Muster.

0.2.11 Werkstoff und Oberflächenbehandlung der Beschläge, z. B. feuerverzinkt, galvanisch verzinkt und chromatiert, eloxiert, verchromt, kunststoffbeschichtet, einbrennlackiert – mit Angabe der Schichtdicke.

0.2.12 Anforderungen an Schließanlagen und den Schließplan nach Art, Anzahl und Schließfunktion der Schließzylinder, Anzahl und Benummerung der einzelnen Schlüssel, Anzahl, Art und Benummerung der übergeordneten Schlüssel (Gruppen-, Hauptgruppen-, Generalhauptschlüssel).

0.2.13 Ob die Bänder zu verstiften, zu verschrauben oder anzuschweißen sind.

0.2.14 Ob Drehflügeltore gegen unbeabsichtigtes Zuschlagen mit Torfeststellern ausgeführt werden sollen.

0.2.15 Farbton von sichtbaren Beschlagteilen wie Drückern, Türschildern, Oliven, Hebeln usw.

0.2.16 Besondere Anforderungen in bezug auf Dichtigkeit, Wärmeschutz, Schallschutz, Belüftung, Sicherheit gegen Einbruch.

0.2.17 Vorgesehene Schutzbehandlung von Beschlägen zur Vermeidung von Beschädigungen.

0.2.18 Außergewöhnliche Längen von Schlüsseln oder Zylindern.

0.2.19 Liefern von numerierten Schlössern und Schlüsseln.

0.2.20 Anpassen von Beschlagteilen, wie Türschilder, Oliven, Rosetten und dergleichen, vor den Anstricharbeiten; Abnehmen und/oder Anbringen zur Fertigstellung der Anstricharbeiten.

0.3 Einzelangaben bei Abweichungen von den ATV

0.3.1 Wenn andere als die in dieser ATV vorgesehenen Regelungen getroffen werden sollen, sind diese in der Leistungsbeschreibung eindeutig und im einzelnen anzugeben.

0.3.2 Abweichende Regelungen können insbesondere in Betracht kommen bei

Abschnitt 2.1.1,	wenn Beschläge, die Riegel, Fallen, Rollzapfen, Zungen oder andere Schließvorrichtungen haben, nicht mit den dazugehörenden passenden Beschlagteilen, z. B. mit Schließblechen, Schließkolben, in die Riegel eingreifen sollen, zu liefern sind,
Abschnitt 2.1.2,	wenn für Kantenriegel Loch- oder Griffschieber nicht genügen, sondern z. B. Kantenriegel mit Hebel auszuführen sind,
Abschnitt 2.2.1.1,	wenn Türbänder einen Öffnungswinkel von 90° oder weniger zulassen dürfen,
Abschnitt 2.2.1.2,	wenn der Stift nicht aus Stahl bestehen muß,
Abschnitt 2.2.4.3,	wenn die Angaben in der Tabelle nicht gelten sollen,
Abschnitt 2.6.1,	wenn elektrische Türöffner nicht so wirken müssen, daß sie das Öffnen der Tür nur ermöglichen, während der Türöffner bedient wird,
Abschnitt 2.7.1,	wenn sich Beschläge für Fenster und Fenstertüren im geschlossenen Zustand von außen öffnen lassen dürfen,
Abschnitt 2.7.3,	wenn Oberlichtöffner bei Handbetrieb keinen Hebelantrieb haben sollen, sondern z. B. Kurbelantrieb,
Abschnitt 2.7.6,	wenn bei Schwingflügelbeschlägen die Lager keine Drehung der Fensterflügel um 180° um ihre horizontale Achse ermöglichen und keine einstellbare und nachstellbare Bremse haben sollen,
Abschnitt 2.7.7,	wenn bei Wendeflügelbeschlägen die Lager keine einstellbaren und nachstellbaren Bremsen haben sollen,
Abschnitt 2.7.8,	wenn Beschläge für vertikale Schiebe- oder Versenkfenster das Gewicht nicht so ausgleichen müssen, daß das Fenster in jeder Lage stehenbleibt,
Abschnitt 3.1.4,	wenn die Schlösser, ausgenommen Buntbart- und Möbelschlösser, nicht so unterschiedlich sein müssen, daß kein Schloß mit einem Schlüssel der anderen gelieferten Schlösser schließbar ist,
Abschnitt 3.2.3,	wenn an den zu beschlagenden Bauteilen die für das Anbringen der Beschläge nötigen Ausnehmungen u. ä. nicht herzustellen sind,
Abschnitt 3.2.11,	wenn sich Schwingflügelfenster nach Umschlagen um 180° nicht feststellen lassen sollen,

Abschnitt 3.2.14,	wenn Falttüren und Harmonikatüren als Innenabschlüsse nicht mit Riegeln auszurüsten sind, die nur nach unten wirken,
Abschnitt 3.2.16,	wenn Schiebetüren und Schiebetore mit oberem Laufwerk nicht eine untere, solche mit unterem Laufwerk nicht eine obere Führung erhalten sollen,
Abschnitt 3.2.17,	wenn Falt- und Harmonikatüren und -tore, die aus mehr als 3 Flügeln bestehen, nicht mit einer unteren Führung ausgestattet sein sollen,
Abschnitt 3.2.18,	wenn Zapfenbänder nicht so angebracht sein müssen, daß sich die Türen über den rechten Winkel hinaus öffnen lassen.

0.4 Einzelangaben zu Nebenleistungen und Besonderen Leistungen
Keine ergänzende Regelung zur ATV DIN 18299, Abschnitt 0.4.

0.5 Abrechnungseinheiten
Im Leistungsverzeichnis sind die Abrechnungseinheiten wie folgt vorzusehen: Anzahl (Stück), getrennt nach Art und Anzahl der Beschlagteile, nach Anzahl der Bauelemente, für
- *das Beschlagen von Bauelementen, wie Fenster, Türen, Tore, Einbaumöbel und dergleichen,*
- *das Anbringen einzelner Beschläge.*

1 Geltungsbereich

1.1 Die ATV "Beschlagarbeiten" – DIN 18357 – gilt für das Anbringen von Beschlägen zum Öffnen und Schließen oder zum Feststellen von Türen, Fenstern, Toren und dergleichen.

1.2 Ergänzend gelten die Abschnitte 1 bis 5 der ATV DIN 18299 "Allgemeine Regelungen für Bauarbeiten jeder Art". Bei Widersprüchen gehen die Regelungen der ATV DIN 18357 vor.

2 Stoffe, Bauteile
Ergänzend zur ATV DIN 18299, Abschnitt 2, gilt:

2.1 Allgemeine Anforderungen

2.1.1 Beschläge, die Riegel, Fallen, Rollzapfen, Zungen oder andere Schließvorrichtungen haben, sind mit den dazugehörenden passenden Beschlagteilen, z. B. mit Schließblechen, Schließkolben, in die die Riegel usw. eingreifen sollen, zu liefern.

2.1.2 Riegel müssen leicht beweglich sein, in den Endstellungen jedoch durch Einrasten feststehen oder sich selbst hemmen. Für Kantenriegel genügen Loch- oder Griffschieber.

2.1.3 Beschläge, die von Zeit zu Zeit der Schmierung bedürfen, müssen so beschaffen sein, daß sie nach dem Einbau leicht zu schmieren sind.

2.1.4 Schlösser und Beschläge an Außenfenstern, Außentüren und -toren sowie in Feuchträumen müssen für den jeweiligen Verwendungszweck ausreichend gegen Korrosion geschützt sein.

Für die gebräuchlichsten genormten Stoffe und Bauteile sind die DIN-Normen nachstehend aufgeführt.

2.2 Türbeschläge

2.2.1 Türbänder

2.2.1.1 Türbänder müssen einen Öffnungswinkel von mehr als 90° zulassen.

2.2.1.2 Der Stift muß aus Stahl bestehen, auch bei Türbändern aus Nicht-Eisenmetall und bei Bändern für Ganzglastüren.

2.2.2 Türdrücker und Türschilder

DIN 18255	Baubeschläge – Türdrücker, Türschilder und Türrosetten – Begriffe, Maße, Anforderungen
DIN 18257	Baubeschläge – Schutzbeschläge – Begriffe, Maße, Anforderungen, Prüfungen und Kennzeichnung
DIN 18273	Baubeschläge – Türdrückergarnituren für Feuerschutztüren und Rauchschutztüren – Begriffe, Maße, Anforderungen und Prüfungen

2.2.3 Türschlösser

2.2.3.1

DIN 18250-1	Schlösser – Einsteckschlösser für Feuerschutzabschlüsse, Einfallenschloß
DIN 18251	Schlösser – Einsteckschlösser für Türen
DIN V 18254	Profilzylinder mit Stiftzuhaltungen für Türschlösser – Maße, Werkstoffe, Anforderungen, Prüfungen, Kennzeichnung

2.2.3.2 Bauart, Werkstoffe und Befestigungsart von Schlössern, Schließblechen, Schließkolben müssen den an die Tür jeweils zu stellenden Sicherheitsanforderungen hinsichtlich unbefugten Entsperrens und Gewaltangriffs entsprechen.

2.2.3.3 Schlüssel dürfen beim Schließvorgang unter der mit der Hand aufzubringenden Kraft sich weder verbiegen noch brechen. Für Werkstoff, Oberflächenbehandlung und Anzahl der Schlüssel sind die Angaben in der Tabelle maßgebend (siehe Seite 8).

2.2.3.4 Schlösser in Rohrrahmentüren für höhere Sicherheitsanforderungen müssen einen wenigstens 15 mm in die Schließöffnung der Zarge eingreifenden Riegel besitzen.

2.2.3.5 Schlösser für Haustüren aus Holz müssen 2tourig sein oder einen Riegelausschluß von mindestens 20 mm haben.

2.2.3.6 Schlösser in Türen zu Transformatorenräumen müssen den Festlegungen nach DIN VDE 0101 "Errichten von Starkstromanlagen mit Nennspannungen über 1 kV" entsprechen.

2.2.3.7 Bei Schlössern in Türen zu Fluchtwegen (Panikschlösser) sind die öffentlich-rechtlichen Vorschriften, z. B. "Warenhausverordnung" und "Versammlungsstättenverordnung", maßgebend.

Tabelle

Schloßart	Werkstoff der Schlüssel	Oberflächenbehandlung der Schlüssel	Anzahl der mitzuliefernden Schlüssel
Buntbartschloß	Temperguß	galvanisiert	1
Zusatzschloß	Temperguß, Stahl	galvanisiert	2
Besatzungsschloß	Stahl	galvanisiert	2
Zylinderschloß	Stahl	galvanisiert	3
Zylinderschloß	Neusilber	–	3

2.3 Beschläge für Tore, Harmonika-, Falt- und Schiebetüren

2.3.1 Die Laufwerke müssen gegen Herausspringen aus der Lagerung (Laufschiene) gesichert sein.

2.3.2 Beschläge für Tore, die nur durch Heben (Hebetore) oder durch Heben und Kippen (Schwingtore) geöffnet werden, müssen so wirken, daß das Tor in voll geöffnetem Zustand stehenbleibt und in keiner Stellung von selbst zufällt.

2.3.3 Der Witterung ausgesetzte Laufwerke müssen gegen Witterungseinflüsse geschützt sein.

2.3.4 Schiebetüren, Harmonikatüren und Falttüren in Wohnräumen müssen sich geräuscharm bewegen lassen.

2.3.5 Stangenriegelverschlüsse müssen so beschaffen sein, daß ein selbständiges Öffnen und Schließen durch Erschütterungen ausgeschlossen ist.

2.4 Türschließer
2.4.1

DIN 18263-1	Türschließer mit hydraulischer Dämpfung – Oben-Türschließer mit Kurbeltrieb und Spiralfeder
DIN 18263-2	Türschließer mit hydraulischer Dämpfung – Oben-Türschließer mit Linearbetrieb
DIN 18263-3	Türschließer mit hydraulischer Dämpfung – Boden-Türschließer
DIN 18263-4	Türschließer mit hydraulischer Dämpfung – Türschließer mit Öffnungsautomatik (Drehflügelantrieb)

DIN 18263-5 Türschließer mit hydraulischer Dämpfung – Feststellbare Türschließer mit und ohne Freilauf

2.4.2 Die Schließbewegung von Türschließern muß gedämpft werden, sie muß einstellbar und nachstellbar sein (regulierbare Schließgeschwindigkeit). Zum sicheren Eindrücken der Schloßfalle muß bei obenliegenden Türschließern die Dämpfung so einstellbar sein, daß sie kurz vor der Null-Stellung der Tür aufgehoben werden kann (Endschlag).
Hydraulische Türschließer, die Außentemperaturen ausgesetzt sind, müssen bezüglich der Schließgeschwindigkeit in ihrem Temperaturverhalten so ausgelegt sein, daß ein Nachregulieren bei üblichen Temperaturschwankungen nicht erforderlich ist. Der Stockpunkt der Hydraulikflüssigkeit darf nicht höher als −40 °C liegen.

2.4.3 Bodentürschließer müssen ein wasserdichtes Gehäuse haben.

2.5 Federbänder
2.5.1

DIN 18262	Einstellbares, nicht tragendes Federband für Feuerschutztüren
DIN 18264	Baubeschläge – Türbänder mit Feder
DIN 18265	Baubeschläge – Pendeltürbänder mit Feder
DIN 18272	Feuerschutzabschlüsse – Bänder für Feuerschutztüren – Federband und Konstruktionsband

2.5.2 Federbänder müssen so beschaffen sein, daß sie die Tür völlig schließen; sie müssen einstellbar und nachstellbar sein.

2.6 Elektrische Türöffner
2.6.1 Elektrische Türöffner müssen so wirken, daß sie das Öffnen der Tür nur ermöglichen, während der Türöffner bedient wird.

2.6.2 Elektrische Öffner für Tore und Türen, die der Witterung ausgesetzt sind, müssen gegen Witterungseinflüsse geschützt sein.

2.7 Beschläge für Fenster und Fenstertüren
2.7.1 Beschläge für Fenster und Fenstertüren dürfen sich im geschlossenen Zustand von außen nicht öffnen lassen.

2.7.2 Bei Fensterfeststellern mit Bremse muß diese einstellbar und nachstellbar sein.

2.7.3 Oberlichtöffner müssen bei Handbedienung Hebelantrieb haben.

2.7.4 Bei Oberlichtöffnern müssen Hebelstangen und Querwellen so gelagert und geführt werden, daß sie sich bei Bedienung nicht bleibend verformen.

2.7.5 Scheren von Oberlichtöffnern müssen, soweit die Flügel nur vom Rauminneren zu reinigen sind, aushängbar sein.

2.7.6 Bei Schwingflügelbeschlägen müssen die Lager die Drehung der Fensterflügel um 180° um ihre horizontale Achse ermöglichen und dem Flügelgewicht entsprechend einstellbare und nachstellbare Bremsen haben.

2.7.7 Bei Wendeflügelbeschlägen müssen die Lager die Drehung der Fensterflügel um ihre vertikale Achse so weit ermöglichen, daß sich die Außenflächen der Fenster vom Raum aus gefahrlos reinigen lassen. Die Lager müssen ausreichend wirksame, einstellbare und nachstellbare Bremsen haben.

2.7.8 Beschläge für vertikale Schiebe- oder Versenkfenster müssen das Gewicht so ausgleichen, daß das Fenster in jeder Lage stehenbleibt.

2.7.9 Horizontale Schiebe- oder Hebeschiebe-Fenster oder Fenstertüren müssen sich geräuscharm betätigen lassen, die Laufrollen dürfen sich bei dynamischer und statischer Belastung nicht verformen.

2.8 Beschläge für Einbaumöbel

2.8.1 Schlösser und Verschlüsse sind entsprechend DIN 68871 "Möbel-Bezeichnungen" zu verwenden.

2.8.2 Beschläge für Einbaumöbel müssen korrosionsgeschützt sein. Für Feuchträume müssen die Beschläge gegen die in Betracht kommenden aggressiven Einwirkungen widerstandsfähig sein.

2.8.3 Bänder für Einbaumöbel müssen verstellbar sein.

2.8.4 Schubführungen müssen das Ausheben der Schublade erlauben.

2.8.5 Bei Klappenhaltern mit Bremse muß diese ein- und nachstellbar sein.

2.8.6 Bei nach oben sich öffnenden Klappen mit einer Ausladung von über 30 cm müssen die Beschläge sicherstellen, daß die Klappe in Öffnungsstellung gehalten wird.

2.8.7 Bodensteller müssen einen Mindeststellbereich von 15 mm aufweisen.

3 Ausführung

Ergänzend zur ATV DIN 18299, Abschnitt 3, gilt:

3.1 Allgemeines

3.1.1 Der Auftragnehmer hat bei seiner Prüfung Bedenken (siehe B § 4 Nr 3) insbesondere geltend zu machen bei

– ungeeigneter Beschaffenheit der vom Auftraggeber vorgeschriebenen Beschläge,
– fehlenden oder nicht ausreichenden Angaben der Abmessungen für die zu beschlagenden Bauteile,

- unzweckmäßiger Anbringung am Bauwerk,
- zu erwartender Überbeanspruchung.

3.1.2 Maßangaben, die in der Leistungsbeschreibung oder in den dazugehörigen Zeichnungen enthalten und für die auszuführende Beschlagarbeit von Bedeutung sind, hat der Auftragnehmer auf ihre Richtigkeit zu überprüfen.

3.1.3 Bei Beschlägen, für die Bedienungsvorschriften der Hersteller bestehen, ist die Bedienungsvorschrift dem Auftraggeber in der erforderlichen Anzahl zu übergeben.

3.1.4 Die Schlösser – ausgenommen Buntbart- und Möbelschlösser – müssen so unterschiedlich sein, daß kein Schloß mit einem Schlüssel der anderen gelieferten Schlösser schließbar ist.

3.1.5 Für Haustüren und Wohnungsabschlußtüren sind Schlösser mit Wechsel (Zylinderschlösser, Zuhaltungsschlösser) zu verwenden.

3.1.6 Bei zweiflügeligen Türen mit Panikverschlüssen müssen sich beide Flügel ohne Schlüssel in Fluchtrichtung öffnen lassen.

3.1.7 Buntbartschlösser dürfen nur für Türen mit geringer Sicherheitsanforderung verwendet werden, z. B. Wohnungsinnentüren.

3.1.8 Bei Schließanlagen ist ein Schließplan zu liefern. Aus ihm muß die Zuordnung der einzelnen Zylinder und Schlüssel zu den Türen sowie die Schließfunktion der Einzelschlüssel und der übergeordneten Schlüssel ersichtlich sein. Die Benummerung von Schlüsseln und Zylindern muß mit Hilfe von Schlagstempeln durchgeführt und gut lesbar sein. Die Schlüssel einer Schließanlage dürfen lediglich die im Schließplan angegebene Schließfunktion haben.

3.2 Anbringen von Beschlägen

3.2.1 Beschläge müssen so eingebaut werden, daß sie leicht und unfallsicher zu betätigen sind.

3.2.2 Beschlagteile, die einem Verschleiß unterliegen, müssen leicht auswechselbar sein. Stulpschrauben dürfen nicht verdeckt sein.

3.2.3 An den zu beschlagenden Bauteilen sind die für das Anbringen der Beschläge nötigen Ausnehmungen u. ä. herzustellen.

3.2.4 Bauteile dürfen durch das Anbringen von Beschlägen nicht mehr geschwächt werden als unbedingt nötig und ohne Gefährdung des zu beschlagenden Bauteiles möglich ist.

3.2.5 Beschläge und Schließeinrichtungen in Turn- und Sporthallen müssen versenkt eingelassen angeordnet werden.

3.2.6 Zum Befestigen der Beschläge an den Bauteilen sind Befestigungsmittel, z. B. Schrauben, zu verwenden, die in Art, Stoff und Abmessung den Anforderungen der Beschläge und der Bauteile entsprechen und sich nicht nachteilig beeinflussen.

3.2.7 Holzschrauben müssen in ihrer ganzen Länge eingeschraubt werden; sie müssen gratfrei bleiben. Eingeschraubte Senkschrauben dürfen nicht vorstehen. Nagelschrauben dürfen nicht verwendet werden.

3.2.8 Zum Befestigen von Beschlägen in Stein, Mauerwerk oder Beton dürfen keine Werkstoffe verwendet werden, die Metalle beschädigen.

3.2.9 Zu Beschlägen, die Riegel, Fallen, Zungen oder andere Schließvorrichtungen haben, sind für das Eingreifen der Riegel usw. entsprechende Beschlagteile anzubringen, z. B. Schließbleche, Schließkolben.

Bei Einbaumöbeln sind Griffe und Knöpfe, die innen verschraubt werden müssen, an den Innenseiten mit Deckhülsen zu versehen.

3.2.10 Türen, Fenster und Fenstertüren sind so zu beschlagen, daß sie sich leicht und unfallsicher öffnen sowie schließen lassen und die geschlossenen Flügel gut anliegen. Die Flügel dürfen auch nach dem Anstrich an keiner Stelle streifen. Vom Tischler eingesetzte Abstandshalter dürfen beim Beschlagen nicht entfernt werden.

3.2.11 Schwingflügelfenster müssen sich, wenn sie um 180° umgeschlagen sind, ... feststellen lassen.

3.2.12 Falttore sind zwischen je zwei Flügeln mit Riegeln zum Feststellen zu versehen; an den Hängepunkten sind die Riegel nur unten, an den anderen Punkten oben und unten anzubringen.

3.2.13 Harmonikatüren sind zwischen den Flügeln mit Riegeln zum Feststellen zu versehen. Die Riegel sind oben und unten anzubringen.

3.2.14 Falttüren und Harmonikatüren als Innenabschlüsse sind mit Riegeln auszurüsten, die nur nach unten wirken.

3.2.15 Bei Schiebetüren, Harmonikatüren und Falttüren muß die Bewegungsmechanik zugänglich sein.

3.2.16 Schiebetüren und Schiebetore mit oberem Laufwerk müssen eine untere, solche mit unterem Laufwerk eine obere Führung erhalten.

3.2.17 Falt- und Harmonikatüren und -tore, die aus mehr als 3 Flügeln bestehen, müssen mit einer unteren Führung ausgestattet sein.

3.2.18 Zapfenbänder müssen so angebracht sein, daß sich die Türen über den rechten Winkel hinaus öffnen lassen.

Beschlagarbeiten   DIN 18357

3.2.19 Zweiflügelige Pendeltüren sind so zu beschlagen, daß die Flügel sich nicht berühren können. Der Abstand der Flügel darf 5 mm nicht überschreiten und muß gleichmäßig sein. Dies gilt für einflügelige Pendeltüren sinngemäß.

3.2.20 Drehflügelläden müssen so beschlagen werden, daß sie durch Feststeller offengehalten werden können, ohne das Bauwerk zu berühren. Sie dürfen sich im geschlossenen Zustand nicht ausheben lassen. Die Beschläge dürfen sich bei geschlossenen Läden nicht von außen abnehmen lassen.

3.2.21 Klappen müssen bei mehr als 30 cm Ausladung zusätzliche Haltevorrichtungen haben, z. B. Scheren.

3.2.22 Nach dem Anbringen aller Beschlagteile sind die Beschläge zu reinigen, Schlösser, Getriebe, Bänder, Lager und dergleichen gangbar zu machen und, soweit technisch erforderlich, zu schmieren.

3.2.23 Bei gleitenden metallischen Beschlagteilen, die nach dem Einbau verdeckt liegen, sind vorher die Gleitflächen mit säurefreiem Fett einzufetten.

3.2.24 Einbaukästen für Bodentürschließer sind nach dem Einbau vor Verschmutzung zu sichern. Sind Bodentürschließer eindringendem Wasser ausgesetzt, z. B. Feuchträume oder Außentüren ohne Regenschutz, so ist der Raum zwischen Zementkasten und Türschließergehäuse mit einer geeigneten Verußmasse auszufüllen.

3.2.25 Schlösser mit Falle und Riegel sind so anzubringen, daß der Riegel bei eingerasteter Falle sich vorschließen läßt, ohne an der Schließöffnung der Zarge zu reiben.

4 Nebenleistungen, Besondere Leistungen

4.1 Nebenleistungen sind ergänzend zur ATV DIN 18299, Abschnitt 4.1, insbesondere:

4.1.1 Auf- und Abbauen sowie Vorhalten der Gerüste, deren Arbeitsbühnen nicht höher als 2 m über Gelände oder Fußboden liegen.

4.1.2 Bemusterung der Baubeschläge.

4.1.3 Liefern der Schrauben, Stifte, Nägel, Befestigungseisen und dergleichen.

4.1.4 Liefern der für die Beschlagarbeiten erforderlichen Ausführungszeichnungen.

4.2 Besondere Leistungen sind ergänzend zur ATV DIN 18299, Abschnitt 4.2, z. B.:

4.2.1 Vorhalten von Aufenthalts- und Lagerräumen, wenn der Auftraggeber Räume, die leicht verschließbar gemacht werden können, nicht zur Verfügung stellt.

4.2.2 Anfertigen von Probestücken, wenn sie nicht am Bau verwendet werden.

4.2.3 Herstellen und Schließen von Löchern in Mauerwerk, Beton und dergleichen.

5 Abrechnung
Keine ergänzende Regelung zur ATV DIN 18299, Abschnitt 5.

VOB Teil C:
Allgemeine Technische Vertragsbedingungen für Bauleistungen (ATV) Rolladenarbeiten — DIN 18358
Ausgabe September 1988

Inhalt

0   *Hinweise für das Aufstellen der Leistungsbeschreibung*
1   Geltungsbereich
2   Stoffe, Bauteile
3   Ausführung
4   Nebenleistungen, Besondere Leistungen
5   Abrechnung

0 Hinweise für das Aufstellen der Leistungsbeschreibung

Diese Hinweise ergänzen die ATV DIN 18 299 „Allgemeine Regelungen für Bauarbeiten jeder Art", Abschnitt 0. Die Beachtung dieser Hinweise ist Voraussetzung für eine ordnungsgemäße Leistungsbeschreibung gemäß A § 9.
Die Hinweise werden nicht Vertragsbestandteil.
In der Leistungsbeschreibung sind nach den Erfordernissen des Einzelfalls insbesondere anzugeben:

0.1 Angaben zur Baustelle

0.1.1   Hauptwindrichtung.

0.2 Angaben zur Ausführung

0.2.1   Art und Anzahl der geforderten Proben.

0.2.2   Art und Umfang verlangter Konstruktions- und Einbauzeichnungen.

0.2.3   Beschaffenheit und Konstruktion (gegebenenfalls durch Zeichnungen) des Befestigungsuntergrundes, z. B. Stürze und Leibungen sowie Angabe der Einbaumöglichkeit der Bedienungselemente.

0.2.4   Art vorhandener Führungsschienen oder Angaben über zu liefernde Führungsschienen.

0.2.5   Art, Maße und Form der Stäbe für Rolläden, der Profile für Rolltore, der Gitterteile für Rollgitter, der Lamellen für Jalousien und der Behänge für Außenrollos, Verdunkelungen und Markisen.

0.2.6   Besondere Anforderungen, z. B. Berücksichtigung ungewöhnlicher Belastungen, Einbruchssicherungen.

0.2.7   Ob die Markisen auch als Regenschutz verwendet werden sollen.

0.2.8 Ob eine Notbedienung bei elektrisch betriebenen Aufzugseinrichtungen erforderlich wird.

0.2.9 Ob eine lichtdichte Verdunkelungsanlage oder nur eine Abdunkelungsanlage ausgeführt werden soll.

0.2.10 Ob Rollkasten oder Rollkastenabschlüsse vorhanden sind, geliefert und/oder eingebaut werden sollen; bei eingebauten oder vorgesehenen Rollkästen und Rollkastenabschlüssen oder Aussparungen deren Art und Maße.

0.2.11 Maße des Rollraumes, des Raumes für das Jalousiepaket oder der Aussparung für die Verdunkelungs- oder Markisenanlage.

0.2.12 Maße der durch Rolläden, Rolltore, Rollgitter, Jalousien, Außenrollos, Verdunkelungen und Markisen zu schließenden und zu schützenden Öffnungen oder Flächen, bei vor der Öffnung hängenden Ausführungen auch die seitliche Überdeckung, nach den Regeln von DIN 18 073.

0.2.13 Art des Antriebes, bei elektrischem Antrieb auch Anschlußwerte und Angaben über erforderliche Sicherheitseinrichtungen.

0.2.14 Ob vom Auftraggeber Fach- oder Hilfskräfte für den Einbau von Bauteilen zur Verfügung gestellt werden.

0.3 Einzelangaben bei Abweichungen von den ATV

Keine ergänzende Regelung zur ATV DIN 18 299, Abschnitt 0.3.2.

0.4 Einzelangaben zu Nebenleistungen und Besonderen Leistungen

Keine ergänzende Regelung zur ATV DIN 18 299, Abschnitt 0.4.

0.5 Abrechnungseinheiten

Im Leistungsverzeichnis sind die Abrechnungseinheiten wie folgt vorzusehen:

Anzahl (Stück), getrennt nach Stoffart, Bauart und Maßen, für Rolläden, Rolltore, Rollgitter, Rolljalousien, Raffjalousien, Außenrollos, Verdunkelungen und Markisen.

1 Geltungsbereich

1.1 Die ATV „Rolladenarbeiten" — DIN 18 358 — gilt für das Herstellen und Einbauen von Rolläden, Rolltoren, Rollgittern, Jalousien, Außenrollos, Verdunkelungen und Markisen.

1.2 Ergänzend gelten die Abschnitte 1 bis 5 der ATV DIN 18 299 „Allgemeine Regelungen für Bauarbeiten jeder Art". Bei Widersprüchen gehen die Regelungen der ATV DIN 18 358 vor.

2 Stoffe, Bauteile

Ergänzend zur ATV DIN 18 299, Abschnitt 2, gilt:

Stoffe und Bauteile müssen den Anforderungen nach DIN 18 073 „Rollabschlüsse, Sonnenschutz- und Verdunkelungsanlagen im Bauwesen; Begriffe, Anforderungen" entsprechen.

3 Ausführung

Ergänzend zur ATV DIN 18 299, Abschnitt 3, gilt:

3.1 Der Auftragnehmer hat bei seiner Prüfung Bedenken (siehe B § 4 Nr 3) insbesondere geltend zu machen bei

- ungeeigneten oder fehlenden Auflagern oder Aussparungen für die zu befestigenden oder einzubauenden Teile,
- ungeeigneten eingebauten Teilen,
- fehlenden Möglichkeiten, vor Beginn der Fertigung die Maße am Bau zu prüfen.

3.2 Der Auftragnehmer hat die Maße rechtzeitig vor Beginn der Fertigung am Bau zu überprüfen.

3.3 Abweichungen von den in der Leistungsbeschreibung angegebenen Maßen bis zu 3 cm, bei angegebenen Fertigmaßen für Rolltore und Rollgitter bis zu 5 cm jedes Einzelmaßes, sind ohne Anspruch auf Änderung der Vergütung zu berücksichtigen, wenn die Notwendigkeit der Abweichung vor Beginn der Fertigung festgestellt wird oder vom Auftragnehmer vor Beginn der Fertigung hätte festgestellt werden müssen.

3.4 Wenn Flächen von Bauteilen eines Korrosionsschutzes bedürfen, nach dem Einbau jedoch nicht mehr zugänglich sind, hat sie der Auftragnehmer vorher mit einem dauerhaften Korrosionsschutz zu versehen.

3.5 Anschießen zur Befestigung von Bauteilen ist in geeigneten Fällen nur zulässig, wenn der Auftraggeber zustimmt.

3.6 Der Auftragnehmer hat für die von ihm einzubauenden elektrotechnischen Bauteile dem Auftraggeber zur Verlegung der elektrischen Leitungen einen verbindlichen Geräteplan, ein Schaltbild oder einen Stromlaufplan mit Klemmenplan zur Verfügung zu stellen und die Stromaufnahme (Anlaufstrom) anzugeben. Er hat während der Inbetriebnahme eine mit der Anlage vertraute Fachkraft bei der Prüfung der elektrischen Leitungsanlage zur Verfügung zu stellen.

3.7 Im übrigen gilt für die Ausführung DIN 18 073. Die dort festgelegten Maßnahmen sind vom Auftragnehmer durchzuführen.

4 Nebenleistungen, Besondere Leistungen

4.1 Nebenleistungen sind ergänzend zur ATV DIN 18 299, Abschnitt 4.1, insbesondere:

4.1.1 Auf- und Abbauen sowie Vorhalten der Gerüste, deren Arbeitsbühnen nicht höher als 2 m über Gelände oder Fußboden liegen.

4.1.2 Vorlage von Plänen für Aussparungen, die zur Anbringung von Rolläden, Rolltoren, Rollgittern, Außenrollos, Jalousien, Verdunkelungen und Markisen nötig sind, oder das Anzeichnen der erforderlichen Aussparungen.

4.1.3 Eintragen der notwendigen Aussparungen in bauseits gestellte Baupläne oder Anzeichnen am Bau.

4.2 Besondere Leistungen sind ergänzend zur ATV DIN 18 299, Abschnitt 4.2, z. B.:

4.2.1 Vorhalten von Aufenthalts- und Lagerräumen, wenn der Auftraggeber Räume, die leicht verschließbar gemacht werden können, nicht zur Verfügung stellt.

4.2.2 Auf- und Abbauen sowie Vorhalten der Gerüste, deren Arbeitsbühnen mehr als 2 m über Gelände oder Fußboden liegen.

4.2.3 Reinigen des Untergrundes von grober Verschmutzung durch Bauschutt, Gips, Mörtelreste, Farbreste u.ä., soweit sie nicht vom Auftragnehmer herrührt.

4.2.4 Herstellen und Schließen von Löchern, Durchbrüchen, Schlitzen u.ä. in Mauerwerk, Beton, Stahlbeton, Werkstein u.a., Bohren oder Brennen von Löchern in Stahlbauteile vorhandener Konstruktionen.

4.2.5 Herstellen des Auflagers für die zu befestigenden Teile.

4.2.6 Liefern und Einbauen von Rollkästen und Rollkastenabschlüssen, Einbau von Mauerkästen.

4.2.7 Vom Auftraggeber verlangte Probestücke, wenn sie nicht am Bau verwendet werden.

5 Abrechnung

Keine ergänzende Regelung zur ATV DIN 18 299, Abschnitt 5.

VOB Teil C:
Allgemeine Technische Vertragsbedingungen für Bauleistungen (ATV) Metallbauarbeiten – DIN 18360
Ausgabe Juni 1996

Inhalt

0 Hinweise für das Aufstellen der Leistungsbeschreibung

1 Geltungsbereich

2 Stoffe, Bauteile

3 Ausführung

4 Nebenleistungen, Besondere Leistungen

5 Abrechnung

0 Hinweise für das Aufstellen der Leistungsbeschreibung

Diese Hinweise ergänzen die ATV DIN 18299 "Allgemeine Regelungen für Bauarbeiten jeder Art", Abschnitt 0. Die Beachtung dieser Hinweise ist Voraussetzung für eine ordnungsgemäße Leistungsbeschreibung gemäß A § 9.

Die Hinweise werden nicht Vertragsbestandteil.

In der Leistungsbeschreibung sind nach den Erfordernissen des Einzelfalls insbesondere anzugeben:

0.1 Angaben zur Baustelle

0.1.1 Hauptwindrichtung.

0.2 Angaben zur Ausführung

0.2.1 Art, Beschaffenheit, Gestaltung und Belastbarkeit der Bauwerksteile, an oder in welche die Bauteile eingebaut werden sollen, z. B. bei Türen und Fenstern innerer oder äußerer Anschlag, glatte Leibung, Art des Sturzes, Putz.

0.2.2 Ausbildung der Anschlüsse an Bauwerke oder Bauteile.

0.2.3 Lage und Größe von Aussparungen für Befestigungsanker, Art der Befestigung, z. B. Schweißen, Bolzen, Dübel.

0.2.4 Besondere Beanspruchungen, z. B. erhöhte Windlasten, Temperaturen, Bewegungen und Schwingungen des Bauwerks oder einzelner Bauwerksteile starker Verkehr und andere dynamische Belastungen.

0.2.5 Ausbildung und Art der Abdichtung von Fugen.

0.2.6 Anforderungen an Wärmedämmung, Schalldämmung, Entdröhnung – Brandschutz, Feuchteschutz und dergleichen.

0.2.7 Lage der glatten Seiten einwandiger Türen und Tore.

0.2.8 Flügelart und Öffnungsrichtung von Fenstern und Türen.

0.2.9 Art der Falzdichtungen und Dämpfungsmittel für Türblätter.

0.2.10 Bauform, Profilierung und Bodeneinstand von Zargen.

0.2.11 Liefern von Konstruktionszeichnungen, Beschreibungen und statischen Berechnungen durch den Auftragnehmer.

0.2.12 Art und Dicke des Glases. Art der Verglasung, z. B. Dichtstoff, Dichtprofile, Falzleisten innen oder außen.

0.2.13 Stoff, Art und Form der Beschläge.

0.2.14 Belastbarkeit feststehender Sonnenschutzeinrichtungen.

0.2.15 Art des Korrosionsschutzes, inwendiger Korrosionsschutz von Konstruktionen aus Hohlprofilen.

0.2.16 Besondere Anforderungen an Kunststoffe, z. B. UV-Alterungsbeständigkeit.

0.2.17 Art und Zeitpunkt der Oberflächenbehandlung.

0.2.18 Besondere Schutzmaßnahmen, z. B. bei endbehandelten Oberflächen.

0.2.19 Zeitpunkt der Montage von Beschlägen und Falzdichtungen.

0.2.20 Art und Anzahl der geforderten Proben.

0.2.21 Grenzmuster für Farbe und Glanz.

0.3 Einzelangaben bei Abweichungen von den ATV
0.3.1 Wenn andere als die in dieser ATV vorgesehenen Regelungen getroffen werden sollen, sind diese in der Leistungsbeschreibung eindeutig und im einzelnen anzugeben.

0.3.2 Abweichende Regelungen können insbesondere in Betracht kommen bei Abschnitt 3.1.5.11, wenn die Schichtdicke von Entdröhnungsstoffen mehr als 2 mm betragen soll,

Metallbauarbeiten DIN 18360

Abschnitt 3.2.5,	wenn Glashalteleisten aus konstruktionsbedingten Gründen außen angeordnet sein müssen, z. B. für die Zugangsmöglichkeit zu Füllelementen,
Abschnitt 3.2.8,	wenn die Ecken, von Abdichtungen nicht vulkanisiert oder verklebt, sondern überlappt sein sollen,
Abschnitt 3.4.5,	wenn die Scheiben bei Schaufenstern, Schaukästen und Vitrinen nicht hinterlüftet sein sollen,
Abschnitt 3.7.1,	wenn die Blechdicke von Zargen weniger als 1,5 mm betragen darf,
Abschnitt 3.8.3,	wenn die Blechdicke von Türblättern bei einwandiger Ausführung weniger als 2 mm und bei doppelwandiger Ausführung ohne Füllstoff weniger als 1,5 mm betragen darf,
Abschnitt 3.10.2	wenn der Stababstand in ausgefahrenem Zustand größer als 120 mm sein darf.

0.4 Einzelangaben zu Nebenleistungen und Besonderen Leistungen
Keine ergänzende Regelung zur ATV DIN 18299, Abschnitt 0.4.

0.5 Abrechnungseinheiten
Im Leistungsverzeichnis sind die Abrechnungseinheiten wie folgt vorzusehen:

0.5.1 Flächenmaß (m^2), getrennt nach Bauart und Maßen, für
- Bühnen, Stege, Abdeckungen, Roste,
- Bleche,
- Metallfassaden, Fensterwände, Bekleidungen, abgehängte Decken und dergleichen,
- Unterkonstruktionen.

0.5.2 Längenmaß (m), getrennt nach Bauart und Maßen, für
- Geländer, Gitter, Leitern, Roste, Abdeckungen,
- Profile,
- Fensterwände,
- Unterkonstruktionen.

0.5.3 Anzahl (Stück), getrennt nach Bauart und Maßen, für
- Fenster, Türen und Tore, Bühnen,
- Schaufenster, Schaukästen, Vitrinen und dergleichen,
- Geländer, Gitter, Leitern, Roste, Abdeckungen,
- Profile,
- Fensterwände, Abdeckungen,
- Unterkonstruktionen.

0.5.4 nach Gewicht (kg), getrennt nach Bauart und Maßen, für
- Bleche, Bänder, Profile, Kleineisenteile.

1 Geltungsbereich

1.1 Die ATV "Metallbauarbeiten" – DIN 18360 – gilt für Konstruktionen aus Metall auch im Verbund mit anderen Werkstoffen.

1.2 Die ATV DIN 18360 gilt nicht für
- Stahlbauarbeiten (siehe ATV DIN 18335 "Stahlbauarbeiten"),
- Klempnerarbeiten (siehe ATV DIN 18339 "Klempnerarbeiten"),
- Beschlagarbeiten (siehe ATV DIN 18357 "Beschlagarbeiten"),
- Rolladenarbeiten (siehe ATV DIN 18358 "Rolladenarbeiten").

1.3 Ergänzend gelten die Abschnitte 1 bis 5 der ATV DIN 18299 "Allgemeine Regelungen für Bauarbeiten jeder Art".
Bei Widersprüchen gehen die Regelungen der ATV DIN 18360 vor.

2 Stoffe, Bauteile

Ergänzend zur ATV DIN 18299, Abschnitt 2 gilt:

Für die gebräuchlichsten genormten Stoffe und Bauteile sind die DIN-Normen nachstehend aufgeführt.

2.1 Stahl

DIN 1199	Drahtgeflecht mit viereckigen Maschen
DIN 1200	Drahtgeflecht mit sechseckigen Maschen
DIN 1623-2	Flacherzeugnisse aus Stahl – Kaltgewalztes Band und Blech – Technische Lieferbedingungen – Allgemeine Baustähle. Der Abschnitt Ý"Beanstandungen" ist jedoch nicht anzuwenden.
DIN EN 10025	Warmgewalzte Erzeugnisse aus unlegierten Baustählen – Technische Lieferbedingungen (enthält Änderung A1 : 1993); Deutsche Fassung EN 10025 : 1990
DIN EN 10130	Kaltgewalzte Flacherzeugnisse aus weichen Stählen zum Kaltumformen – Technische Lieferbedingungen; Deutsche Fassung EN 10130 : 1991

2.2 Kupfer und Kupferlegierungen

DIN 1705	Kupfer-Zinn- und Kupfer-Zinn-Zink-Gußlegierungen (Guß-Zinnbronze und Rotguß) – Gußstücke
DIN 1709	Kupfer-Zink-Gußlegierungen (Guß-Messing und Guß-Sondermessing) – Gußstücke
DIN 1751	Bleche und Blechstreifen aus Kupfer und Kupfer-Knetlegierungen, kaltgewalzt, Maße

2.3 Blei

DIN 1719	Blei – Zusammensetzung

2.4 Zink

DIN 1706	Zink

2.5 Aluminium und Aluminiumlegierungen

DIN 1725-1	Aluminiumlegierungen – Knetlegierungen
DIN 1725-2	Aluminiumlegierungen – Gußlegierungen, Sandguß, Kokillenguß, Druckguß, Feinguß

| DIN 17611 | Anodisch oxidiertes Halbzeug aus Aluminium und Aluminium-Knetlegierungen mit Schichtdicken von mindestens 10 µm – Technische Lieferbedingungen |

2.6 Nichtrostende Stähle

DIN 17440	Nichtrostende Stähle – Technische Lieferbedingungen für Blech, Warmband, Walzdraht, gezogenen Draht, Stabstahl, Schmiedestücke und Halbzeug
DIN 17441	Nichtrostende Stähle – Technische Lieferbedingungen für kaltgewalzte Bänder und Spaltbänder sowie daraus geschnittene Bleche
DIN 17455	Geschweißte kreisförmige Rohre aus nichtrostenden Stählen für allgemeine Anforderungen – Technische Lieferbedingungen
DIN 17457	Geschweißte kreisförmige Rohre aus austenitischen nichtrostenden Stählen für besondere Anforderungen – Technische Lieferbedingungen

2.7 Kunststoffe

| DIN 16901 | Kunststoff-Formteile – Toleranzen und Abnahmebedingungen für Längenmaße |
| DIN 16927 | Tafeln aus weichmacherfreiem Polyvinylchlorid – Technische Lieferbedingungen |

2.8 Verbindungselemente

Verbindungselemente, Dübel und Abhängungen müssen aus korrosions- und alterungsbeständigen Werksstoffen bestehen.

DIN 267-2	Mechanische Verbindungselemente – Technische Lieferbedingungen – Ausführung und Maßgenauigkeit
DIN EN 20898-1	Mechanische Eigenschaften von Verbindungselementen – Teil 1: Schrauben (ISO 898-1:1988); Deutsche Fassung EN 20898-1 : 1991
DIN EN 20898-2	Mechanische Eigenschaften von Verbindungselementen – Teil 2: Muttern mit festgelegten Prüfkräften – Regelgewinde (ISO 898-2 : 1992); Deutsche Fassung EN 20898-2 : 1993

2.9 Dicht-, Trenn- und Beschichtungsstoffe

Dicht-, Trenn- und Beschichtungsstoffe müssen witterungs- und alterungsbeständig sein.

| DIN 18 545-1 | Abdichten von Verglasungen mit Dichtstoffen – Anforderungen an Glasfalze |
| DIN 18 545-2 | Abdichten von Verglasungen mit Dichtstoffen – Teil 2: Dichtstoffe – Bezeichnung, Anforderungen, Prüfung |

2.10 Aluminiumhalbzeug, Bleche und Profile

| DIN 1746 | Rohre aus Aluminium und Aluminium-Knetlegierungen – Eigenschaften |
| DIN 1748-1 | Strangpreßprofile aus Aluminium und Aluminium-Knetlegierungen – Eigenschaften |

DIN 17615-1	Präzisionsprofile aus AlMgSi 0,5 – Technische Lieferbedingungen
DIN EN 485-2	Alumimium und Aluminiumlegierungen – Bänder, Bleche und Platten – Teil 2: Mechanische Eigenschaften; Deutsche Fassung EN 485-2 : 1994

2.11 Türen

DIN 18082-1	Feuerschutzabschlüsse – Stahltüren T 30-1 – Bauart A
DIN 18082-3	Feuerschutzabschlüsse, Stahltüren T 30-1 – Bauart B
DIN 18095-1	Türen – Rauchschutztüren – Begriffe und Anforderungen
DIN 18095-2	Türen – Rauchschutztüren – Bauartprüfung der Dauerfunktionstüchtigkeit und Dichtheit
DIN 18111-1	Türzargen – Stahlzargen – Standardzargen für gefälzte Türen

3 Ausführung

Ergänzend zur ATV DIN 18299, Abschnitt 3, gilt:

3.1 Allgemeines

3.1.1 Für die Ausführung gelten insbesondere:

3.1.1.1 Der Auftragnehmer hat bei seiner Prüfung Bedenken (siehe B § 4 Nr 3) insbesondere geltend zu machen bei:
- fehlenden Höhenbezugspunkten je Geschoß,
- ungeeigneter Beschaffenheit der vorhandenen Bauteile,
- fehlender oder nicht ausreichender Befestigungsmöglichkeit,
- fehlenden Möglichkeiten zur gefahrlosen Reinigung und Wartung von Fenstern und Fassadenflächen,
- größeren Maßabweichungen als sie nach Abschnitt 3.1.1.2 zulässig sind.

3.1.1.2 Abweichungen von vorgeschriebenen Maßen sind in den durch

DIN 18201	Toleranzen im Bauwesen – Begriffe, Grundsätze, Anwendung, Prüfung
DIN 18202	Toleranzen im Hochbau – Bauwerke
DIN 18203-2	Toleranzen im Hochbau – Vorgefertigte Teile aus Stahl

bestimmten Grenzen zulässig.

Bei Streiflicht sichtbar werdende Unebenheiten in den Oberflächen von Bauteilen sind zulässig, wenn die Toleranzen von DIN 18202 eingehalten worden sind.

3.1.1.3 Für Bauteile nach den Abschnitten 3.2 bis 3.6 hat der Auftragnehmer vor Fertigungsbeginn Zeichnungen und/oder Beschreibungen zu liefern. Sie bedürfen der Freigabe durch den Auftraggeber.
Aus den Darstellungen müssen Konstruktion, Maße, Einbau, Befestigung und Bauanschlüsse der Bauteile sowie die Einbaufolge erkennbar sein.

3.1.1.4 Für das Bemessen und Ausführen tragender Konstruktionen gelten:

DIN 4113-1	Aluminiumkonstruktionen unter vorwiegend ruhender Belastung – Berechnung und bauliche Durchbildung
DIN 18800-1	Stahlbauten – Bemessung und Konstruktion

DIN 18800-7 Stahlbauten – Herstellen, Eignungsnachweise zum Schweißen
DIN 18808 Stahlbauten, Tragwerke aus Hohlprofilen unter vorwiegend ruhender Beanspruchung

3.1.2 Konstruktive Anforderungen

3.1.2.1 Schnitt- und Sägekanten sind zu entgraten.

3.1.2.2 Für Schweißnahtvorbereitungen gelten:

DIN 8552-1 Schweißnahtvorbereitung – Fugenformen an Aluminium und Aluminium-Legierungen – Gasschweißen und Schutzgasschweißen

DIN EN 29692 Lichtbogenhandschweißen, Schutzgasschweißen und Gasschweißen – Schweißnahtvorbereitung für Stahl (ISO 9692 : 1992); Deutsche Fassung EN 29692 : 1994

3.1.2.3 Überstehende Schweißraupen von Stumpfnähten müssen, wenn sie statisch nicht notwendig sind, an sichtbar bleibenden Flächen beseitigt werden.

3.1.2.4 Bei Abkantarbeiten für Bauteile aus Stahl dürfen die Biegehalbmesser die Werte nach DIN 6935, Bbl. 2 "Kaltbiegen von Flacherzeugnissen aus Stahl – Gerechnete Ausgleichswerte" nicht unterschreiten. Abkantungen, Biegungen und Kröpfungen müssen frei von unzulässigen Querschnittsveränderungen, wie Einschnürungen, Falten, Rissen und Wellen sein.

3.1.2.5 Die Oberflächen von Falzen müssen glatt sein und dürfen, sofern die Falze der Aufnahme von Füllungen, Dichtungen und dergleichen dienen, keine behindernden Stellen aufweisen.

3.1.2.6 Die Konstruktionen für Verglasungen sind so auszubilden, daß jede Scheibe einzeln ausgewechselt werden kann.

3.1.2.7 Füllelemente, z. B. Glas, Platten, müssen sicher und dauerhaft befestigt werden. Beim Einbetten in aushärtende Dichtstoffe ist für festen Sitz bis zur Aushärtung zu sorgen.

3.1.2.8 Niederschlags- und Tauwasser sind durch konstruktive Maßnahmen abzuleiten.

3.1.2.9 Gegossene Werkstücke müssen frei von Formsandrückständen und sauber entgratet sein.

3.1.3 Verbindungselemente

3.1.3.1 Beim Zusammenbau verschiedener Stoffe sind Verbindungsmittel aus korrosionsbeständigen Stoffen zu verwenden. Im Aluminiumbau sind solche auch aus Aluminium zulässig, wenn diese den statischen Anforderungen genügen und den verwendeten Werkstoffen entsprechen.

3.1.3.2 Lötverbindungen müssen von Reinigungs- und Flußmittelresten gesäubert werden.

3.1.3.3 Schraubverbindungen sind gegen selbständiges Lösen zu sichern.

3.1.3.4 Klebungen auf der Baustelle dürfen nur bei geeigneten Bedingungen ausgeführt werden, z. B. Temperatur, Luftfeuchte, Staub-, Fett- und Lösungsmittelfreiheit.

3.1.4 Befestigung am Bauwerk

3.1.4.1 Die Art der Befestigung von Bauteilen am Bauwerk bleibt dem Auftragnehmer grundsätzlich überlassen. Befestigungen an tragenden Konstruktionen durch Schweißen an Stahl oder Schrauben dürfen nur mit Zustimmung des Auftraggebers erfolgen. In Feuchträumen sind nichtrostende Stoffe für die Befestigung zu verwenden.

3.1.4.2 Die Verankerungen der Bauteile im Baukörper sind so anzubringen, daß das Übertragen der Kräfte in den Baukörper gesichert ist. Rahmen müssen mindestens 4 Verankerungen haben. An Rahmen und Profilen dürfen die Anker von den Ecken bzw. Enden höchstens 200 mm entfernt sein und einen Abstand von höchstens 800 mm untereinander haben.

3.1.4.3 Die Bauteile sind bis zum Abbinden der Verbindungsmittel in ihrer Lage zu sichern. Es dürfen keine Stoffe verwendet werden, die die Befestigungen (Anker) schädigen können.

3.1.4.4 Verbindungen und Befestigungen sind so auszuführen, daß sie die Bewegungen aus den Bauteilen und dem Bauwerk aufnehmen können.

3.1.4.5 Fugen zwischen Bauwerken und Bauteilen, die als Raumabschluß dienen, z. B. Fenster, Fensterwände, Türen, sind abzudichten. Für das Abdichten von Außenwandfugen sind die Bestimmungen nach DIN 18540 "Abdichten von Außenwandfugen im Hochbau mit Fugendichtstoffen" sinngemäß anzuwenden.

3.1.5 Oberflächenschutz

3.1.5.1 Die Metallbauleistungen umfassen auch die Oberflächenvorbereitung und das Aufbringen einer Grundbeschichtung gemäß ATV DIN 18363.

Oberflächenvorbereitung und Grundbeschichtung auf Metallbauteilen aus Stahl und Aluminium, die einer Festigkeitsberechnung oder baulichen Zulassung bedürfen, sind nach ATV DIN 18364 auszuführen.

3.1.5.2 Die Zusammensetzung der verwendeten Schutzbeschichtungen ist dem Auftraggeber mitzuteilen.

3.1.5.3 Wenn Flächen von Bauteilen eines Korrosionsschutzes bedürfen, nach dem Einbau jedoch nicht mehr zugänglich sind, hat sie der Auftragnehmer vorher mit einem dauerhaften Korrosionsschutz zu versehen.

3.1.5.4 Verzinkte Stahlbleche müssen DIN EN 10147 "Kontinuierlich feuerverzinktes Blech und Band aus Baustählen – Technische Lieferbedingungen; Deutsche Fassung EN 10147 : 1991" entsprechen. Die Zinkschicht darf auch bei notwendigem Biegen nicht reißen oder abblättern. Verzinkte Stahlteile sind nach DIN 50976 "Korrossionsschutz – Feuerverzinken von Einzelteilen (Stückverzinken) – Anforderungen und Prüfung" auszuführen.

3.1.5.5 Müssen verzinkte Teile geschweißt werden, so ist die Zinkauflage in der Schweißzone zu entfernen. Der geschweißte Bereich ist zu reinigen und gut deckend mit Zinkstaubbeschichtungsstoff zu beschichten. Die Schichtdicke im Trockenzustand muß gemäß DIN 55928-4 "Korrosionsschutz von Stahlbauteilen durch Beschichtungen und Überzüge – Vorbereitung und Prüfung der Oberflächen" mindestens das 1,5fache der Verzinkungsschicht betragen.

3.1.5.6 Bei Verwendung von verzinkten Stäben, Rohren und Blechen sind die durch die Bearbeitung entstandenen ungeschützten Flächen gegen Korrosion zu schützen. Schnittkanten bis 1,5 mm Dicke dürfen unbehandelt bleiben.

3.1.5.7 Konstruktionen aus Hohlprofilen, die allseitig beschichtet werden sollen, müssen entsprechende Ein- und Auslaufbohrungen haben.

3.1.5.8 Beim thermischen Spritzen bleiben die Innenflächen von Hohlprofilen und -rohren unbehandelt. Unmittelbar nach dem thermischen Spritzen ist auf die Oberfläche eine porenfüllende, deckende, quellfeste und gut haftende Beschichtung aufzubringen, auf die eine weitere Beschichtung aufgebracht werden kann.

3.1.5.9 Anodisches Oxidieren an Aluminium ist nach DIN 17611 "Anodisch oxidiertes Halbzeug aus Aluminium und Aluminium-Knetlegierungen mit Schichtdicken von mindestens 10 µm – Technische Lieferbedingungen" auszuführen.

3.1.5.10 Bei Beschichtungen mit thermischer Aushärtung auf Bauteilen aus Aluminium muß die Mindestschichtdicke 60 µm betragen. Bei Beschichtungen mit thermischer Aushärtung auf Bauteilen aus Zink und verzinktem Stahl muß die Mindestschichtdicke 50 µm betragen. Bei bandbeschichtetem Aluminium muß die Mindestschichtdicke 20 µm betragen.

3.1.5.11 Die Schichtdicke von Entdröhnungsstoffen muß mindestens 2 mm betragen.

3.2 Fenster

3.2.1 Für Anforderungen an Fenster gilt DIN 18055 "Fenster – Fugendurchlässigkeit, Schlagregendichtheit und mechanische Beanspruchung – Anforderungen und Prüfung".

3.2.2 Fensterflügel sind so einzupassen, daß sie dicht schließen und schon vor der Verglasung gut gangbar sind.

3.2.3 Dreh-Kipp-Flügel müssen eine Fehlbedienungssperre haben. Schwingflügel müssen bei einer Drehung von 180° Feststellungsvorrichtungen haben; eine Vorverriegelung bei 15° Öffnungswinkel ist vorzusehen.

3.2.4 Die Glasfalzhöhe muß Tabelle 1 entsprechen.

Tabelle 1

Scheibenlänge mm	Mindest-Glasfalzhöhe	
	Einfachglas mm	Isolierglas mm
bis 1 000	10	18
über 1 000 bis 2 500	12	18
über 2 500 bis 4 000	15	20
über 4 000 bis 6 000	17	–
über 6 000	20	–

Die Glasfalzbreite muß mindestens dem Maß der Scheibendicke zuzüglich
- 2 x 3 mm bei geraden Scheiben bzw.
- 20 mm bei gebogenen Scheiben

entsprechen, um ein fachgerechtes Abdichten der Scheiben zu ermöglichen. Die Falzmaße für Sonderverglasungen sind nach Herstellervorschrift vorzusehen.

3.2.5 Glashalteleisten sind raumseitig anzuordnen.

3.2.6 Die Befestigungsstellen von Glashalteleisten, die punktuell befestigt werden, und von Glashaltern müssen Abstände nach Tabelle 2 aufweisen.

Tabelle 2

Art der Befestigung	Abstand der Befestigungsstellen von den Ecken mm	Abstand zwischen den Befestigungsstellen mm
Glashalter (Clips)	50 – 100	max. 200
Glashalteleisten	50 – 100	max. 350

3.2.7 Klemmleisten dürfen zur Halterung von Scheiben nur verwendet werden, wenn die Art der Konstruktion des Metallbauteils Gewähr bietet, daß der Halt der Scheibe trotz der Belastung des Metallbauteils durch die Scheibe nicht gefährdet ist. Bei großflächigen Scheiben dürfen Klemmleisten durch die Halterung der Scheiben nicht beansprucht werden.

3.2.8 Äußere Abdichtungen von Füllelementen in Rahmen oder Flügeln sind mit Dichtprofilen nach DIN 7863 "Nichtzellige Elastomer-Dichtprofile im Fenster- und Fassadenbau – Technische Lieferbedingungen" auszuführen. Die Ecken müssen vulkanisiert oder verklebt sein.

3.2.9 Außenfensterbänke sind im Leibungsbereich aufzukanten oder mit Endstücken zu versehen. Stöße sind mit Labyrinthdichtungen auszubilden. Die thermische Längenänderung ist zu berücksichtigen.

3.2.10 Fenster und Fenstertüren müssen sich leicht öffnen und schließen lassen. Die vorgesehene weitere Oberflächenbehandlung ist zu berücksichtigen. Die geschlossenen Flügel müssen gut anliegen. Die Flügel dürfen an keiner Stelle streifen.

3.2.11 Verschleißteile von Beschlägen müssen auswechselbar sein.

3.3 Türen

3.3.1 Für Türen gelten die Bestimmungen des Abschnitts 3.2 sinngemäß.

3.3.2 Bei Türen mit unterem Anschlag muß die Anschlaghöhe mindestens 5 mm betragen.

3.3.3 Bei Türen ohne unteren Anschlag darf das Maß zwischen Oberseite des Fußbodens und Unterseite der Tür 8 mm nicht überschreiten.

Metallbauarbeiten DIN 18360

3.3.4 Bei Außentüren, an denen Niederschlagswasser auftreten kann, ist der Sockel oder die Schwelle so auszubilden, daß kein Wasser nach innen eindringen kann.

3.3.5 Bei Türen mit einer absenkbaren Bodendichtung ist die Türzarge im Druckpunktbereich zu verstärken.

3.3.6 Türdrücker und -knöpfe an Schlössern mit einem Dornmaß unter 55 mm müssen gekröpft sein.

3.3.7 Distanzschienen bei Türzargen sind nach dem Einbau der Zargen zu entfernen.

3.4 Metallfassaden, Fensterwände, Schaufenster und Vitrinen

3.4.1 Hinterlüftete Metallfassaden sind nach DIN 18516-1 "Außenwandbekleidungen, hinterlüftet – Anforderungen, Prüfgrundsätze" auszuführen.

3.4.2 Fensterwände sind nach DIN 18056 "Fensterwände – Bemessung und Ausführung" auszuführen.

3.4.3 Schaufenster mit einer Fläche von 9 m² und mehr sowie einer Seitenlänge von mehr als 2 000 mm sind sinngemäß nach DIN 18056 auszuführen.

3.4.4 Schaufenster, Schaukästen- und Vitrinenkonstruktionen sind so zu bemessen, daß sie alle auf sie einwirkenden Lasten zuverlässig und auf Dauer tragen können. Gewichte der Verglasung und Besonderheiten auskragender Konstruktionen sind entsprechend zu berücksichtigen.

3.4.5 Sind Scheiben durch senkrechte Sprossen verbunden, so müssen die Sprossen abnehmbare Glashalteleisten haben, wenn
– die Scheibenhöhe mehr als 2 400 mm beträgt,
– die Größe der einzelnen Scheiben mehr als 5 m² beträgt oder
– mehr als vier Scheiben nebeneinander mit Sprossen verbunden sind.
Die Glashalteleisten müssen es ermöglichen, daß jede Scheibe für sich ausgewechselt werden kann.

3.4.6 Die Scheiben von Schaukästen und Vitrinen im Freien müssen hinterlüftet sein.

3.4.7 Die Konstruktionen müssen eine fachgerechte Verklotzung der Scheiben ermöglichen. Die Verklotzungsstellen sind dauerhaft zu kennzeichnen.

3.4.8 Bei Schaukästen und Vitrinen müssen die Verschlußeinrichtungen so beschaffen sein, daß die dafür notwendigen Ausnehmungen die Biege- und Verwindungssteifigkeit der Rahmen nicht in unzulässigem Maße beeinträchtigen.

3.4.9 Stahlteile der Unterkonstruktion, die nach dem Einbau nicht mehr zugänglich sind, müssen feuerverzinkt sein.

3.4.10 Ist Holz für die Unterkonstruktion zugelassen, so sind die fertigen Zuschnitte nach DIN 68800-4 "Holzschutz – Bekämpfungsmaßnahmen gegen holzzerstörende Pilze und Insekten" zu behandeln.

3.5 Bekleidungen, abgehängte Metalldecken

3.5.1 Bekleidungen, abgehängte Decken und dergleichen müssen ebenflächig sein. Gegebenenfalls sind Ausgleichsstücke zu verwenden, insbesondere bei abgehängten Decken.

3.5.2 Abgehängte Metalldecken sind nach DIN 18168-2 "Leichte Deckenbekleidungen und Unterdecken – Nachweis der Tragfähigkeit von Unterkonstruktionen und Abhängern aus Metall" zu bemessen und auszuführen.

3.5.3 Bekleidungen vor und abgehängte Decken unterhalb von Antriebseinheiten und von Bedienungselementen für Versorgungsleitungen müssen abnehmbar sein.

3.5.4 Bekleidungselemente, die durch Klemmvorrichtungen gehalten werden, dürfen unter Belastung nicht aus den Halterungen herausfallen.

3.6 Überdachungen, Vordächer, feststehende Sonnenschutzkonstruktionen

3.6.1 Zur Verminderung einer Geräuschübertragung in das Bauwerk sind die Befestigungsstellen der einzelnen Konstruktionsteile schalldämmend zu unterlegen.

3.6.2 Bei Sonnenschutzkonstruktionen mit verstellbaren Teilen sind alle Lager und Gelenke leichtgängig herzustellen.

3.6.3 Um die Abstände der Kragarme untereinander zu fixieren, ist das Randprofil sicher mit den Kragarmen zu verbinden. Dehnungen des Randprofils dürfen den festen Sitz der Lamellen nicht gefährden. Dehnstöße sind nach Bedarf einzubauen.

3.7 Zargen

3.7.1 Zargen sind aus kaltgeformten Stahlblechen von mindestens 1,5 mm Blechdicke auszuführen.

3.7.2 Öffnungen für Fallen, Riegel, Verschluß- und Sicherungsbolzen müssen so abgedeckt sein, daß kein Baustoff, z. B. Mörtel, in die Schließschlitze eindringen kann.

3.7.3 Maueranker sind so zu setzen, daß die von Bändern und Verriegelungen einwirkenden Kräfte auf den Baukörper übertragen werden. Die Lage und die Form der Verankerungen sind sinngemäß nach DIN 18093 "Feuerschutzabschlüsse – Einbau von Feuerschutztüren in massive Wände aus Mauerwerk oder Beton" zu gestalten.

3.7.4 Zargen mit geschoßhohen Stützprofilen für Leichtbauwände müssen mit Anschlußmöglichkeiten für diese Wände und justierbaren Befestigungen zur Decke und zum Fußboden ausgeführt werden.

3.7.5 Eckzargen müssen mindestens eine, Umfassungszargen mindestens zwei Distanzwinkelschienen für ihre Montage erhalten. Die Distanzschienen müssen leicht demontierbar sein. Sie dürfen erst nach dem Abbinden der Vergußmasse entfernt werden. Distanzschienen oberhalb der Fußbodenoberfläche müssen ohne sichtbare Rückstände demontierbar sein.

3.8 Türblätter

3.8.1 Die Festlegungen der Abschnitte 3.8.2 bis 3.8.5 gelten für Türblätter, für die nach den bauaufsichtlichen Bestimmungen keine Prüfzeugnisse oder Zulassungsbescheide erforderlich sind.

3.8.2 Türblätter müssen verwindungs- und biegesteif sein. Türblätter mit Aussparungen, z. B. für Lichtöffnungen, sind rahmenartig auszusteifen.

3.8.3 Die Blechdicke muß bei einwandiger Ausführung mindestens 2 mm und bei doppelwandiger Ausführung ohne Füllstoff mindestens 1,5 mm betragen.

3.8.4 Doppelwandige Türblätter sind in den Verschluß- und Bandbereichen so zu verstärken, daß einwirkende Kräfte sicher übertragen werden. Sie sind so auszubilden, daß kein Spritz- oder Niederschlagswasser in die Zwischenräume der Türblätter eindringen kann.

3.8.5 Beschläge für Türblätter aus Aluminium, sonstigen NE-Metallen und nichtrostendem Stahl müssen korrosionsbeständig sein.

3.9 Tore, Klappen

3.9.1 Tore müssen in vollständig geöffnetem Zustand feststellbar sein. Die Flügel müssen verwindungs- und biegesteif sein. Verschlußstangen müssen die Flügel verriegeln und in besonderen Führungen laufen.

3.9.2 Flügel von Falttoren und Faltschiebetoren müssen in geöffnetem Zustand parallel zueinander stehen.

3.9.3 Schiebeflügel mit oberen Laufschienen müssen nachjustierbar sein.

3.9.4 Handbetätigte Rauchklappen müssen leichtgängig sein. Die Betätigungskraft soll nicht mehr als 300 N betragen.

3.10 Scherengitter

3.10.1 Bei Scherengittern müssen die Hauptstäbe in aus- und eingefahrenem Zustand senkrecht stehen.

3.10.2 Der Abstand der senkrechten Stäbe darf in ausgefahrenem Zustand nicht größer als 120 mm sein.

3.10.3 Scherengitter müssen mit einer unteren und oberen Führung versehen werden. Bei hochklappbarer unterer Führung dürfen nach Öffnung im Fußbodenbereich keine überstehenden Teile verbleiben.

3.10.4 Scherengitter müssen an den tragenden Führungsstäben mit Laufrollen ausgerüstet sein. Mindestens jeder 6. Stab muß eine Laufrolle erhalten.

3.10.5 Scherengitter bis zu 2 400 mm Höhe sind mit zwei, höhere mit drei Scherenreihen auszurüsten.

3.11 Bühnen, Stege, Abdeckungen, Roste

3.11.1 Ortsfeste Arbeitsbühnen sind nach DIN 31003 "Ortsfeste Arbeitsbühnen einschließlich Zugänge – Begriffe, Sicherheitstechnische Anforderungen, Prüfung" auszuführen.

3.11.2 Einlegbare Abdeckplatten und Roste in Zargen müssen bündig und verwindungsfrei einliegen. Abdeckungen und Roste müssen in ihrer Lage gesichert sein.

3.11.3 Zargen müssen an ihrer freitragenden Seite entsprechend der vorgesehenen Belastung bemessen sein.

3.11.4 Im Bereich begehbarer Flächen sind Abdeckungen, Roste, Bühnen und Stege rutschfest und trittsicher auszubilden.

Griffe und Bänder klappbarer Teile, die in begehbaren Fächen liegen, müssen versenkbar eingelassen sein.

3.12 Treppen, Leitertreppen, ortsfeste Leitern, Handläufe, Geländer, Umwehrungen, Gitter

3.12.1 Treppen, Handläufe und Geländer sind nach

DIN 18065   Gebäudetreppen – Hauptmaße

DIN 24530   Treppen aus Stahl – Angaben für die Konstruktion

DIN 24531   Trittstufen aus Gitterrost für Treppen aus Stahl

auszuführen.

3.12.2 Trittstufen müssen rutschfest und trittsicher sein.

3.12.3 Festmontierte Leitertreppen und Leitern aus Stahl sind sinngemäß nach DIN 24532 "Senkrechte ortsfeste Leitern aus Stahl" auszuführen.

3.12.4 Einrichtungen für den Einsatz von Steigschutz müssen DIN EN 353-1 "Persönliche Schutzausrüstung gegen Absturz – Steigschutzeinrichtungen mit fester Führung; Deutsche Fassung EN 353-1 : 1992" entsprechen.

3.12.5 Handläufe sind allseitig zu entgraten und an geschweißten Stoßstellen bündig zu schleifen. Bestehen sie aus zusammengesetzten Profilen, dürfen sie nicht von oben verschraubt werden.

3.12.6 Füllungen und Stäbe an Geländern und Umwehrungen sind so auszubilden, daß die Verkehrssicherheit gewährleistet ist.

3.12.7 Gitter, die dem Einbruchsschutz dienen, müssen einen umlaufenden Rahmen oder tragende Querstäbe aufweisen; sie sind zu verschweißen und entsprechend zu verankern.

3.13 Ortsfeste Turn- und Spielgeräte

Turn- und Spielgeräte sind nach DIN 7926-1 bis DIN 7926-5 "Kinderspielgeräte" und DIN 58125 "Schulbau – Bautechnische Anforderungen zur Verhütung von Unfällen" auszuführen.

3.14 Bauteile aus Blech, Kleinteile

3.14.1 Bleche in Rahmen müssen spannungsfrei eingesetzt sein.

3.14.2 Freiliegende Schnittkanten sind zu entgraten. Bleche unter 1 mm Dicke sind umzukanten bzw. umzubördeln.

3.14.3 Niete sind soweit von den Werkstoffkanten entfernt zu setzen, daß sich der Werkstoff beim Nieten nicht auswölbt. Nietlöcher sind vor dem Einziehen der Niete zu entgraten.

3.14.4 Nietungen müssen gratfreie Schließköpfe haben.

3.14.5 Handgeschmiedete Teile müssen in allen Teilen handgeschmiedet oder von Hand getrieben sein. Sie dürfen nicht spanabhebend bearbeitet sein.

Metallbauarbeiten DIN 18360

4 Nebenleistungen, Besondere Leistungen

4.1 Nebenleistungen sind ergänzend zur ATV DIN 18299, Abschnitt 4.1, insbesondere:

4.1.1 Auf- und Abbauen sowie Vorhalten der Gerüste, deren Arbeitsbühnen nicht höher als 2 m über Gelände oder Fußboden liegen.

4.1.2 Vorlage von Plänen für auszusparende Ankerlöcher zur Befestigung der Türen, Tore, Fenster und dergleichen oder die Markierung der Ankerlöcher für deren nachträgliches Herstellen.

4.1.3 Anfertigen von einzelnen Probestücken, sofern sie bei der Ausführung mitverwendet werden können.

4.1.4 Liefern der Verbindungselemente, z. B. Anker, Schrauben.

4.1.5 Einsetzen und Befestigen von Türen, Toren, Zargen, Fenstern und dergleichen einschließlich der Verbindungselemente, ausgenommen Leistungen nach Abschnitt 4.2.4.

4.2 Besondere Leistungen sind ergänzend zur ATV DIN 18299, Abschnitt 4.2, z. B.:

4.2.1 Vorhalten von Aufenthalts- und Lagerräumen, wenn der Auftraggeber Räume, die leicht verschließbar gemacht werden können, nicht zur Verfügung stellt.

4.2.2 Auf- und Abbauen sowie Vorhalten der Gerüste, deren Arbeitsbühnen mehr als 2 m über Gelände oder Fußboden liegen.

4.2.3 Herstellen von Aussparungen im Mauerwerk, Beton und ähnlichem für die Befestigung von Türen, Toren, Fenstern, Zargen und dergleichen.

4.2.4 Vergießen von Ankern und Einputzen von Zargen und Blendrahmen.

4.2.5 Prüfung auf klimatische, chemische oder physikalische Eignung des zu verwendenden Materials und der Konstruktion bei Vorliegen besonderer Einflußfaktoren oder standortbedingter Belastung.

4.2.6 Liefern von Konstruktionszeichnungen über Abschnitt 3.1.1.3 hinaus.

5 Abrechnung

Ergänzend zur ATV DIN 18299, Abschnitt 5, gilt:

5.1 Allgemeines

5.1.1 Der Ermittlung der Leistung – gleichgültig, ob sie nach Zeichnungen oder nach Aufmaß erfolgt – sind zugrunde zu legen:

5.1.1.1 Für Fenster, Türen u. ä. die Öffnungsmaße bis zu den sie begrenzenden, ungeputzten, ungedämmten bzw. nicht bekleideten Bauteilen.

5.1.1.2 Für Wand- und Deckenbekleidungen

– auf Flächen ohne begrenzende Bauteile die Maße der zu bekleidenden Flächen,

- auf Flächen mit begrenzenden Bauteilen die Maße der zu bekleidenden Flächen bis zu den sie begrenzenden, ungeputzten, ungedämmten bzw. nicht bekleideten Bauteilen,
- bei Fassaden die Maße der Bekleidung.

5.1.1.3 Für sonstige Metallbauteile deren Maße.

5.1.2 Bei Abrechnung von Einzelbauteilen nach Flächenmaß (m^2) gelten die Maße des kleinsten umschriebenen Rechtecks.

5.1.3 Ganz oder teilweise bekleidete Leibungen von Öffnungen, Aussparungen und Nischen über 2,5 m^2 Einzelgröße werden gesondert gerechnet.

5.1.4 Rückflächen von Nischen werden unabhängig von ihrer Einzelgröße mit ihrem Maß gesondert gerechnet.

5.1.5 Bei Abrechnung nach Längenmaß (m) wird die größte Länge zugrunde gelegt, auch bei schräg geschnittenen und ausgeklinkten Profilen. Bei gebogenen Profilen wird die äußere abgewickelte Länge zugrunde gelegt.

5.1.6 Bei Abrechnung nach Gewicht (kg) sind folgende Grundsätze anzuwenden:

5.1.6.1 Es sind anzusetzen:
- bei genormten Profilen das Gewicht nach DIN-Normen,
- bei anderen Profilen das Gewicht aus den Profilbüchern der Hersteller,
- bei Blechen und Bändern
  - aus Stahl 7,85 kg,
  - aus Edelstahl 7,9 kg,
  - aus Aluminium 2,7 kg,
  - aus Kupfer, Messing 9 kg
  je 1 m^2 Fläche und 1 mm Dicke,
- bei Formstücken aus Stahl die Dichte von 7,85 kg/dm^3 und bei solchen aus Gußeisen (Grauguß) die Dichte von 7,25 kg/dm^3.

5.1.6.2 Bei Kleineisenteilen bis 15 kg Einzelgewicht darf das Gewicht durch Wiegen ermittelt werden.

5.1.6.3 Verbindungsmittel, z. B. Schrauben, Niete, Schweißnähte, bleiben unberücksichtigt.

5.1.6.4 Bei verzinkten Stahlkonstruktionen werden den Gewichten 5 % für die Verzinkung zugeschlagen.

5.2 Es werden abgezogen:

5.2.1 Bei Abrechnung nach Flächenmaß (m^2):
Öffnungen, Aussparungen und Nischen in Wänden und Decken über 2,5 m^2 Einzelgröße, in Böden über 0,5 m^2 Einzelgröße.

5.2.2 Bei Abrechnung nach Längenmaß (m):
Unterbrechungen über 1 m Einzellänge.

VOB Teil C:
Allgemeine Technische Vertragsbedingungen für Bauleistungen (ATV) Verglasungsarbeiten – DIN 18361
Ausgabe Juni 1996

Inhalt

0 Hinweise für das Aufstellen der Leistungsbeschreibung

1 Geltungsbereich

2 Stoffe, Bauteile

3 Ausführung

4 Nebenleistungen, Besondere Leistungen

5 Abrechnung

0 Hinweise für das Aufstellen der Leistungsbeschreibung

Diese Hinweise ergänzen die ATV DIN 18299 "Allgemeine Regelungen für Bauarbeiten jeder Art", Abschnitt 0. Die Beachtung dieser Hinweise ist Voraussetzung für eine ordnungsgemäße Leistungsbeschreibung gemäß A § 9.

Die Hinweise werden nicht Vertragsbestandteil.

In der Leistungsbeschreibung sind nach den Erfordernissen des Einzelfalls insbesondere anzugeben:

0.1 Angaben zur Baustelle

Keine ergänzende Regelung zur ATV DIN 18299, Abschnitt 0.1.

0.2 Angaben zur Ausführung

0.2.1 Die zu verglasenden Bauteile, getrennt nach Geschossen und Neigungswinkeln.

0.2.2 Art, Dicke (Nenndicke), Scheibengröße und vorgesehene Bearbeitung des Glases.

0.2.3 Art des Rahmenwerkstoffes, z. B. Holzart, Metallart, Kunststoffart, Betonart

0.2.4 Die Beanspruchungsgruppe des Verglasungssystems nach DIN 18545-3, die Dichtstoffgruppe nach DIN 18545-2, die Farbe des Dichtstoffes und die eventuelle Nachbehandlung der Dichtstoffoberfläche.

0.2.5 Ob Dichtprofile zu liefern sind. Art, Ausführung und Farbton, sowie Art der Abdichtung von Profilstößen, z. B. Eckvulkanisierung.

0.2.6 Art der vorhandenen Holzschutzimprägnierung und/bzw. der Beschichtung von Fensterrahmen.

0.2.7 Art und Anzahl der geforderten Proben.

0.2.8 Art der Befestigung von Glashalteleisten.

0.2.9 Besondere Anforderungen an Wärmeschutz, Sonnenschutz, Schallschutz, Brandschutz, Objektschutz, Personenschutz.

0.3 Einzelangaben bei Abweichungen von den ATV

0.3.1 Wenn andere als die in dieser ATV vorgesehenen Regelungen getroffen werden sollen, sind diese in der Leistungsbeschreibung eindeutig und im einzelnen anzugeben.

0.3.2 Abweichende Regelungen können insbesondere in Betracht kommen bei

Abschnitt 3.5, wenn für das Verglasen von Dächern und Dachoberlichtern nicht Glas mit Drahtnetzeinlage verwendet werden soll, sondern z. B. Einscheiben- oder Verbund-Sicherheitsglas, oder für den Schutz gegen herabfallende Glasteile eine andere Maßnahme vorgeschrieben ist.

0.4 Einzelangaben zu Nebenleistungen und Besonderen Leistungen

Keine ergänzende Regelung zur ATV DIN 18299, Abschnitt 0.4.

0.5 Abrechnungseinheiten

Im Leistungsverzeichnis sind die Abrechnungseinheiten wie folgt vorzusehen:

0.5.1 Flächenmaß (m^2), getrennt nach Glaserzeugnissen, Glasdicken und Scheibengrößen für

– Verglasungen von Fenstern, Türen und Fensterwänden,
– Dachoberlichter und Dächer,
– Ganzglaskonstruktionen,
– Blei-, Messing- und Leichtmetallverglasungen,
– Bearbeitung von Glasflächen,
– Spiegel.

0.5.2 Längenmaß (m), getrennt nach Glaserzeugnissen, Glasdicken und Scheibengrößen, für

– Bearbeitung von Glaskanten.

0.5.3 Anzahl (Stück), getrennt nach Glaserzeugnissen, Glasdicken, Scheibengrößen und Größe des verglasten Bauteils, für

– Verglasungen mit Mehrscheiben-Isolierglas,
– Verglasungen von Fenstern, Türen und Fensterwänden, Brüstungen und Umwehrungen,

Verglasungsarbeiten DIN 18361

- Dachoberlichter und Dächer,
- Ganzglaskonstruktionen,
- Blei-, Messing- und Leichtmetallverglasungen,
- Stabilisierungsstreifen aus Glas,
- Ausschnitte, Bohrungen und Eckabrundungen, getrennt nach Maßen,
- Spiegel,
- Aquarien, Vitrinen, Duschkabinen.

1 Geltungsbereich

1.1 Die ATV "Verglasungsarbeiten" – DIN 18361 – gilt für die Verglasung von Rahmenkonstruktionen, für Ganzglaskontruktionen und für die Montage von lichtdurchlässigen Kunststoffplatten.

1.2 Die ATV DIN 18361 gilt nicht für
- Beschlagarbeiten (siehe ATV DIN 18357 "Beschlagarbeiten"),
- Verarbeiten von Glasbausteinen (siehe ATV DIN 18330 "Mauerarbeiten"),
- Herstellen von Tragwerken aus Glasstahlbeton (siehe ATV DIN 18331 "Beton- und Stahlbetonarbeiten"),
- Verlegen von Glasdachziegeln (siehe ATV DIN 18338 "Dachdeckungs- und Dachabdichtungsarbeiten"),

1.3 Ergänzend gelten die Abschnitte 1 bis 5 der ATV DIN 18299 "Allgemeine Regelungen für Bauarbeiten jeder Art". Bei Widersprüchen gegen die Regelungen der ATV DIN 18361 vor.

2 Stoffe, Bauteile

Ergänzend zur ATV DIN 18299, Abschnitt 2, gilt:
Für die gebräuchlichsten genormten Stoffe und Bauteile sind die DIN-Normen nachstehend aufgeführt.

2.1 Glaserzeugnisse

DIN 1238	Spiegel aus silberbeschichtetem Spiegelglas – Begriffe, Merkmale, Anforderungen, Prüfungen
DIN 1249-12	Flachglas im Bauwesen – Einscheiben-Sicherheitsglas – Begriff, Maße, Bearbeitung, Anforderungen
DIN 1259-2	Glas – Begriffe für Glaserzeugnisse
DIN EN 572-2	Glas im Bauwesen – Basiserzeugnisse aus Kalk-Natronglas – Teil 2: Floatglas; Deutsche Fassung EN 572-2 : 1994
DIN EN 572-3	Glas im Bauwesen – Basiserzeugnisse aus Kalk-Natronglas – Teil 3: Poliertes Drahtglas; Deutsche Fassung EN 572-3 : 1994
DIN EN 572-4	Glas im Bauwesen – Basiserzeugnisse aus Kalk-Natronglas – Teil 4: Gezogenes Flachglas; Deutsche Fassung EN 572-4 : 1994
DIN EN 572-5	Glas im Bauwesen – Basiserzeugnisse aus Kalk-Natronglas – Teil 5: Ornamentglas; Deutsche Fassung EN 572-5 : 1994

DIN EN 572-6 Glas im Bauwesen – Basiserzeugnisse aus Kalk-Natronglas – Teil 6: Drahtornamentglas; Deutsche Fassung EN 572-6 : 1994

DIN EN 572-7 Glas im Bauwesen – Basiserzeugnisse aus Kalk-Natronglas – Teil 7: Profilbauglas mit oder ohne Drahteinlage; Deutsche Fassung EN 572-7 : 1994

Ferner gelten für Glaserzeugnisse die folgenden Anforderungen:

– Spiegelglas muß in seiner Oberfläche plan, klar, durchsichtig, klar reflektierend und verzerrungsfrei sein. Vereinzelte, nicht störende kleine Blasen und unauffällige Kratzer sind zulässig.

– Drahtspiegelglas muß beidseitig plangeschliffen, poliert und durchsichtig sein. Unauffällige Kratzer, kleine Blasen und Abweichungen in der Drahtnetzeinlage dürfen nur in handelsüblichem Ausmaß vorhanden sein. Drahtspiegelglas darf bei der Nenndicke von 7 mm eine zulässige Abweichung von ± 1 mm aufweisen.

– Bei Glas mit Drahtnetzeinlage muß die Einlage splitterbindend wirken.

– Bei Verbund-Sicherheitsglas müssen die einzelnen Schichten so dauerhaft verbunden sein, daß sich bei einem Bruch keine scharfkantigen Glassplitter ablösen können.

2.2 Lichtdurchlässige Platten aus Kunststoff

Lichtdurchlässige Platten aus Kunststoff müssen dauerhaft lichtdurchlässig und schlagfest sein.

2.3 Verglasungsdichtstoffe

DIN 18545-2 Abdichten von Verglasungen mit Dichtstoffen – Dichtstoffe – Bezeichnung, Anforderungen, Prüfung

Erhärtende Verglasungsdichtstoffe müssen Gruppe A, plastisch bleibende Dichtstoffe der Gruppe B und elastisch bleibende Dichtstoffe der Gruppe D nach DIN 18545-2 entsprechen.

2.4 Verglasungsdichtprofile

DIN 7863 Nichtzellige Elastomer-Dichtprofile im Fenster- und Fassadenbau – Technische Lieferbedingungen

2.5 Verglasungshilfsstoffe

Vorbehandlungsmittel (Reiniger, Haftreiniger, Primer, Sperrgrund), Vorlegebänder und Klötze müssen den Anforderungen nach DIN 18545-3 "Abdichten von Verglasungen mit Dichtstoffen – Verglasungssysteme" entsprechen.

2.6 Chemische Verbindungsmittel für Glasstöße

Chemische Verbindungsmittel für Glasstöße müssen spätestens 2 Tage nach der Verarbeitung abgebunden haben. Danach müssen sie haften und dem jeweiligen Verwendungszweck entsprechend elastisch, wasserfest, aber mit Mitteln lösbar sein, die am Bau anwendbar sind. Soweit sie bei Einscheiben-Sicherheitsgläsern verwendet werden, müssen sie bei einer ausreichenden Fugenbreite so elastisch sein, daß der Bruch einer Scheibe nicht auf die mit ihr verbundene Scheibe übergreift.

Verglasungsarbeiten DIN 18361

3 Ausführung

Ergänzend zur ATV DIN 18299, Abschnitt 3, gilt:

3.1 Allgemeines

3.1.1 Verglasungen in geneigten Konstruktionen müssen neben den Anforderungen nach DIN 18056 "Fensterwände – Bemessung und Ausführung" den besonderen Anforderungen genügen, die sich aus der Neigung ergeben.

3.1.2 Außenverglasungen müssen regendicht sein und Windlasten nach DIN 1055-4 "Lastannahmen für Bauten – Verkehrslasten, Windlasten bei nicht schwingungsanfälligen Bauwerken" aufnehmen können.

3.1.3 Bei Rahmenkonstruktionen, bei denen die Glashalteleisten nicht unmittelbar nach Einbau der Verglasungseinheiten angebracht werden können, müssen die Verglasungseinheiten bis zum Anbringen der Glashalteleisten auf allen Seiten in Abständen von höchstens 800 mm durch jeweils mindestens 100 mm lange Leistenstücke mit elastischer Zwischenlage zum Glas gesichert werden.

3.1.4 Kantenbearbeitung

Die Glaskantenbearbeitung hat nach DIN 1249-11 "Flachglas im Bauwesen – Glaskanten – Begriff, Kantenformen und Ausführung" zu erfolgen.

3.1.5 Der Auftragnehmer hat bei seiner Prüfung Bedenken (siehe B § 4 Nr 3), insbesondere geltend zu machen bei

– Verglasungen, die den gesetzlichen oder bauaufsichtlichen Bestimmungen nicht entsprechen,

– unzureichender Festigkeit von Rahmen, Pfosten, Riegeln, Sprossen und Beschlägen, vor allem im Verhältnis zum Gewicht der Scheiben und unter den Klotzungsstellen,

– ungenügender Befestigung von Rahmen,

– Unebenheiten der Glasauflageflächen,

– nicht abnehmbaren Glashalteleisten,

– Klemmleisten und Halterungen, die für eine sichere Befestigung der Scheiben nicht geeignet sind,

– Metall-, Beton- und Kunststoffrahmen ohne ausreichende Löcher für Stifte oder Schrauben zur Befestigung von Glashalteleisten,

– Rahmen und Glashalteleisten, an denen die erforderliche Vorbereitung für die Befestigung nicht durchgeführt ist oder die Befestigungsmittel fehlen,

– Rahmen, an denen die Glashalteleisten erst nachträglich angebracht werden können, und bei denen die notwendigen Halteelemente zur Scheibensicherung fehlen,

– ungenügender Dicke des vorgesehenen Glases,

– ungenügender Ausbildung, Bemessung und Vorbehandlung der Glasfalze und Glashalteleisten,

– Verglasungen mit gebogenen Scheiben, wenn die Glasfalzbreite nicht mindestens 20 mm größer als die Glasdicke ist,

- Verglasungssystemen ohne ausgefüllten Glasfalzraum, wenn Öffnungen zum Dampfdruckausgleich fehlen oder ungenügend bemessen sind.

3.2 Klotzung

3.2.1 Verglasungen müssen so geklotzt werden, daß schädliche Spannungen im Glas verhindert werden. Die Gangbarkeit der Fenster und Türflügel darf nicht beeinträchtigt werden. Die Scheibenkanten dürfen an keiner Stelle den Rahmen berühren. Es sind ausreichend vorbehandelte Klötze aus Hartholz oder aus anderen geeigneten Materialien einzusetzen. Die Klötze müssen mindestens 2 mm breiter sein als die Dicke der Verglasungseinheit.

3.2.2 Erfordert das Verglasungssystem einen Dampfdruckausgleich, so müssen gegebenenfalls Klotzbrücken verwendet werden.

3.2.3 Bei dichtstoffreiem Glasfalzraum sind die Klötze gegen Verschieben oder Abrutschen zu sichern.

3.3 Abdichten von Verglasungssystemen

3.3.1 Für Verglasungssysteme mit Dichtstoffen gelten DIN 18545-1 bis DIN 18545-3 "Abdichten von Verglasungen mit Dichtstoffen".

3.3.2 Bei Verglasungen mit Dichtprofilen müssen im Falzraum Öffnungen zum Dampfdruckausgleich vorhanden sein. Profilstöße sind dicht auszuführen.

3.4 Fensterwände

Für das Verglasen von Fensterwänden gilt DIN 18056.

3.5 Dächer und Dachoberlichter

Für das Verglasen von Dächern und Dachoberlichtern ist bei einer Einfachscheibe Glas mit Drahtnetzeinlage zu verwenden. Jede Scheibe ist gegen Abrutschen zu sichern, dabei ist eine Glas-Metall-Berührung zu vermeiden. Bei der Verglasung mit Mehrscheiben-Isolierglas müssen äußere und innere Scheibe die gesamte Belastung aus Wind, Schnee und Eigengewicht aufnehmen können.

3.6 Gewächshäuser

Für die Verglasung von Gewächshäusern gilt DIN 11535-1 "Gewächshäuser – Berechnung und Ausführung".

3.7 Ganzglaskonstruktionen aus nicht vorgespanntem Glas

Für die Einzelscheiben einer Ganzglaskonstruktion sind einheitliche Glasdicken zu wählen.

Plan oder im Winkel aneinanderstoßende Scheiben müssen an den Stoßflächen rechtwinkelig zur Scheibenfläche bzw. dem Gehrungswinkel entsprechend nach DIN 1249-11 maßgeschliffen werden. Die Glaskanten müssen geschliffene Fasen erhalten, die die Dicke nur unwesentlich verändern.

Bei freistehenden Glaskanten müssen die sichtbaren Glaskanten und Fasen zusätzlich poliert werden. Die Fugen zwischen den Stoßflächen müssen, mit Ausnahme bei Verbindungen mit UV-härtenden Klebern, mindestens 2 mm, dürfen aber nicht mehr als 5 mm breit sein. Sie sind voll und gleichmäßig mit Glasverbindungsmitteln auf chemischer Basis auszufüllen und glatt abzustreichen. Metallstege und andere Einlagen aus glasfremden Stoffen dürfen nicht in die Fugen eingelassen werden. Stoßverbindungen dürfen nicht als statisch wirksam in Rechnung gestellt werden.

3.8 Ganzglastüranlagen aus vorgespanntem Glas

Befestigungsmittel und Beschlagteile dürfen keinen unmittelbaren Glas-Metall-Kontakt haben.

3.9 Profilbauglas

Profilbauglas ist so in Rahmenkonstruktionen einzubauen, daß Kräfte aus dem Baukörper nicht auf die Verglasung einwirken. Zur Vermeidung von Schäden an der Verglasung und am Baukörper ist die Ableitung von anfallendem Kondensat sicherzustellen.

3.10 Spritzschutzwände

Spritzschutzwände aus Glas sind aus Sicherheitsglas auszuführen. Die Befestigungs- und Beschlagteile dürfen nicht korrodieren.

3.11 Verglasen mit Blei-, Messing- und Leichtmetallprofilen

Bei Kunstverglasungen mit Blei-, Messing- und Leichtmetallprofilen müssen die Kreuzpunkte der Metallfassungen auf beiden Seiten bei Blei durch Verzinnen, bei Messing durch Verlöten, bei Leichtmetall durch Zwischenstücke verbunden sein. Die Scheiben sind in den Metallfassungen zu dichten. Die Bleifassungen sind nach dem Dichten an die Scheiben anzudrücken. Die in Feldern zusammengesetzten Scheiben sind standfest abzudichten. Bei Beanspruchung durch Windlasten sind Verstärkungen anzubringen.

Kunstverglasungen im Scheibenzwischenraum einer Mehrscheiben-Isolierverglasung dürfen nicht verkittet werden.

3.12 Lichtdurchlässige Platten aus Kunststoff

Lichtdurchlässige Platten aus Kunststoff sind so einzubauen und zu befestigen, daß ihre temperaturbedingten Längen-/Dickenänderungen in der Rahmenkonstruktion aufgenommen werden.

4 Nebenleistungen, Besondere Leistungen

4.1 Nebenleistungen sind ergänzend zur ATV DIN 18299, Abschnitt 4.1, insbesondere:

4.1.1 Bei Reparaturverglasungen das Ausglasen von Scheiben oder Glasresten sowie das Säubern der Glasfalze.

4.1.2 Auf- und Abbauen sowie Vorhalten der Gerüste, deren Arbeitsbühnen nicht höher als 2 m über Gelände oder Fußboden liegen.

4.1.3 Liefern von Glasproben bis 0,05 m^2 Einzelgröße.

4.1.4 Liefern und Anbringen von Stahldrahteinlagen und Windeisen bei Bleiverglasungen sowie von Verstärkungseinlagen bei Leichtmetall- und Messingverglasungen, die dem jeweiligen Metall entsprechen.

4.1.5 Aus- und Einhängen von Fenster- und Türflügeln sowie Zusammenschließen der Verbundflügel.

4.1.6 Rückstandsfreies Entfernen der Klebestreifen, Etiketten, Distanzplättchen, o. ä, sowie der Rückstände von Dichtstoffen oder Glasverbindungsmitteln.

4.2 Besondere Leistungen sind ergänzend zur ATV DIN 18299, Abschnitt 4.2, z. B.:

4.2.1 Vorhalten von Aufenthalts- und Lagerräumen, wenn der Auftraggeber Räume, die leicht verschließbar gemacht werden können, nicht zur Verfügung stellt.

4.2.2 Auf- und Abbau sowie Vorhalten der Gerüste, deren Arbeitsbühnen mehr als 2 m über Gelände oder Fußboden liegen.

4.2.3 Umbau von Gerüsten für Zwecke anderer Unternehmer.

4.2.4 Zusätzliche Leistungen, die wegen nachträglichen Anbringens von Glashalteleisten und Dichtprofilen erforderlich werden (siehe Abschnitt 3.1.5).

4.2.5 Zuschneiden, Einpassen und erforderlichenfalls Vorbohren von Glashalteleisten und Liefern von Befestigungsmaterial, ausgenommen Drahtstifte.

4.2.6 Liefern von Glasproben über Abschnitt 4.1.3 hinaus.

4.2.7 Liefern statischer Berechnungen und der dafür erforderlichen Zeichnungen und Nachweise.

4.2.8 Besondere Kenntlichmachung von eingebauten Scheiben auf Anordnung des Auftraggebers und das Wiederentfernen.

5 Abrechnung
5.1 Allgemeines
Ergänzend zur ATV DIN 18299, Abschnitt 5, gilt:

5.1.1 Bei Abrechnung nach Flächenmaß (m^2) gilt:
Bei Ermittlung der ausgeführten Leistung werden die Scheiben einschließlich Glasfalzhöhe gemessen und auf Zentimeter aufgerundet, die durch 3 teilbar sind. Scheiben $\leq 0{,}25\ m^2$ werden mit $0{,}25\ m^2$ gerechnet, ausgenommen Mehrscheiben-Isolierglas. Bei Mehrscheiben-Isolierglas werden Kantenlängen von mindestens 0,3 m zugrunde gelegt.

Bei Verglasungen mit Profilbauglas und Leichtplatten aus Kunststoff werden Sprossen und bewegliche Flügel übermessen.

Bei Verglasungen von Dachoberlichtern und Dächern werden Sprossen bis zu 50 mm Einzelbreite und Überdeckungen der Scheiben übermessen.

Bei Blei-, Messing- und Leichtmetallverglasungen werden die Metallfassungen übermessen.

Nicht rechteckige Scheiben werden nach den Maßen des kleinsten umschriebenen Rechtecks gerechnet.

5.1.2 Bei Abrechnung nach Anzahl (Stück) gilt:

Weicht die Größe der eingeglasten Scheiben von den in der Leistungsbeschreibung angegebenen Maßen für Breite und Höhe um weniger als 20 mm bei jedem dieser Maße ab, so werden die Abweichungen bei der Abrechnung nicht berücksichtigt.

VOB Teil C:
Allgemeine Technische Vertragsbedingungen für Bauleistungen (ATV) Maler- und Lackierarbeiten – DIN 18363
Ausgabe Juni 1996

Inhalt

0 Hinweise für das Aufstellen der Leistungsbeschreibung

1 Geltungsbereich

2 Stoffe, Bauteile

3 Ausführung

4 Nebenleistungen, Besondere Leistungen

5 Abrechnung

0 Hinweise für das Aufstellen der Leistungsbeschreibung

Diese Hinweise ergänzen die ATV DIN 18299 "Allgemeine Regelungen für Bauarbeiten jeder Art", Abschnitt 0. Die Beachtung dieser Hinweise ist Voraussetzung für eine ordnungsgemäße Leistungsbeschreibung gemäß A § 9.

Die Hinweise werden nicht Vertragsbestandteil.

In der Leistungsbeschreibung sind nach den Erfordernissen des Einzelfalls insbesondere anzugeben:

0.1 Angaben zur Baustelle

Keine ergänzende Regelung zur ATV DIN 18299, Abschnitt 0.1.

0.2 Angaben zur Ausführung

0.2.1 *Art und Beschaffenheit des Untergrundes.*

0.2.2 *Art und Beschaffenheit der zu behandelnden Oberflächen; ob und welches Frostschutzmittel, welche Dichtstoffe, Trennmittel und/oder welche Grundbeschichtungsstoffe bei Stahlbauteilen bzw. für den Holzschutz verwendet worden sind.*

0.2.3 *Ob die zu beschichtende Oberfläche zum Schutz vor Abrieb und/oder zur Verbesserung der Reinigungsfähigkeit behandelt werden soll, z. B. mit Dispersions- oder Lackfarbe.*

0.2.4 *Art und Anzahl der Beschichtungen entsprechend ihrer Beanspruchung durch Wasser, Laugen und Säuren.*

Maler- und Lackierarbeiten   DIN 18363

0.2.5 Leistungen, die der Auftragnehmer in Werkstätten anderer Unternehmer ausführen soll, unter Bezeichnung der Lage dieser Werkstätten.

0.2.6 Wie und wann nach dem Einbau nicht mehr zugängliche Flächen vorher zu behandeln sind.

0.2.7 Art und Anzahl von geforderten Musterbeschichtungen.

0.2.8 Ob und wie Dichtstoffe zu behandeln sind.

0.2.9 Anforderungen an die Beschichtung in bezug auf Glätte, Oberflächeneffekt, Glanzgrad, z. B. hoch glänzend, glänzend, seidenglänzend, seidenmatt, matt, bei Kunstharzputzen die Korngröße; Beanspruchungsgrad von Dispersionsfarben, z. B. wetterbeständig oder waschbeständig, scheuerbeständig nach DIN 53778-2.

0.2.10 Anforderungen an Fahrbahnmarkierungen in bezug auf Oberflächenreflektion und Rutschfestigkeit, z. B. Einstreuen von Glasperlen oder Quarzsand.

0.2.11 Farbtöne hell, mittelgetönt oder Vollton; bei Mehrfarbigkeit die mit unterschiedlichen Farbtönen zu behandelnden Flächen; gegebenenfalls Farbangabe nach Farbregister RAL 840 HR oder DIN 6164-1.

0.2.12 Ob Spachtelungen, mehrere Spachtelungen oder Zwischenbeschichtungen auszuführen sind.

0.2.13 Bauart, Abmessungen und Anzahl der zu bearbeitenden Seiten an Fenstern, Türen und dergleichen.

0.2.14 Ob schaumschutzbildende Brandschutzbeschichtungen für Bauteile aus Holz nach DIN 4102-1 "schwer entflammbar" oder für Bauteile aus Stahl nach DIN 4102-2 "F30" für innen oder außen gefordert werden.

0.2.15 Ob bei Überholungsbeschichtungen gut erhaltene Untergründe nur mit einer Schlußbeschichtung zu behandeln sind.

0.2.16 Wie Kassettendecken abzurechnen sind.

0.3 Einzelangaben bei Abweichungen von den ATV

0.3.1 Wenn andere als die in dieser ATV vorgesehenen Regelungen getroffen werden sollen, sind diese in der Leistungsbeschreibung eindeutig und im einzelnen anzugeben.

0.3.2 Abweichende Regelungen können insbesondere in Betracht kommen bei

Abschnitt 3.1.2,   wenn Beschichtungen nur mit der Hand oder nur maschinell ausgeführt werden dürfen,

Abschnitt 3.1.4,   wenn die Oberfläche entsprechend der Art des Beschichtungsstoffes und des angewendeten Verfahrens anders erscheinen muß, z. B. glatt, gekörnt,

Abschnitt 3.1.5,	wenn Beschichtungen mit Spachtelung, mittel- oder sattgetönt oder im Vollton ausgeführt werden sollen,
Abschnitt 3.1.6,	wenn Fleckspachtelung oder mehrmaliges Spachteln ausgeführt werden soll,
Abschnitt 3.1.7,	wenn Lackierungen, z. B. seidenglänzend, matt, ausgeführt werden sollen,
Abschnitt 3.1.11,	wenn der Auftragnehmer den Beschichtungsaufbau und die zu verarbeitenden Stoffe nicht festlegen soll,
Abschnitt 3.1.12,	wenn Beschichtungen nicht mehrschichtig ausgeführt werden sollen,
Abschnitt 3.2.1.2.6,	wenn bei Dispersionsfarbe auf Außenflächen eine Grundbeschichtung mit wasserverdünnbarem Grundbeschichtungsstoff ausgeführt werden soll; wenn die Innenbeschichtung mit Dispersionsfarbe scheuerbeständig nach DIN 53778-2 ausgeführt werden soll,
Abschnitt 3.2.1.2.7,	wenn bei Dispersionslackfarbe die Grundbeschichtung mit lösemittelverdünnbarem Grundbeschichtungsstoff ausgeführt werden soll,
Abschnitt 3.2.1.2.8,	wenn bei Dispersionsfarbe mit Füllstoffen die Grundbeschichtung mit lösemittelverdünnbarem Grundbeschichtungsstoff ausgeführt werden soll,
Abschnitt 3.2.1.2.14,	wenn bei Kunstharzlackfarbe eine weitere Zwischenbeschichtung ausgeführt werden soll,
Abschnitt 3.2.1.2.19,	wenn bei Dispersionsfarbe auf Gasbeton-Außenflächen die Schlußbeschichtung nicht aus gefüllter Dispersionsfarbe erfolgen soll,
Abschnitt 3.2.2.1.3,	wenn Beschichtungen auf Holz mit Spachtelung ausgeführt werden sollen,
Abschnitt 3.2.2.1.5,	wenn vor der Verarbeitung von Dichtstoffen und vor dem Verglasen nur eine oder keine Beschichtung ausgeführt werden soll,
Abschnitt 3.2.2.1.7,	wenn Kitte nicht mit einer Zwischen- und einer Schlußbeschichtung entsprechend dem sonstigen Beschichtungsaufbau versehen werden sollen.

0.4 Einzelangaben zu Nebenleistungen und Besonderen Leistungen

Keine ergänzende Regelung zur ATV DIN 18299, Abschnitt 0.4.

0.5 Abrechnungseinheiten

Im Leistungsverzeichnis sind die Abrechnungseinheiten wie folgt vorzusehen:

Maler- und Lackierarbeiten DIN 18363

0.5.1 Flächenmaß (m^2), getrennt nach Bauart und Maßen, für
- Decken, Wände, Leibungen, Vorlagen, Unterzüge,
- Treppenuntersichten,
- Fußböden,
- Trennwände,
- Türen, Tore, Futter und Bekleidungen,
- Fenster, Rolläden, Fensterläden,
- Stahlteile,
- Stahlprofile und Rohre von mehr als 30 cm Abwicklung,
- Dachuntersichten, Dachüberstände,
- Sparren,
- Holzschalungen,
- Heizkörper,
- Gitter, Geländer, Zäune, Einfriedungen, Roste,
- Trapezbleche, Wellbleche,
- Blechdächer und dergleichen.

0.5.2 Längenmaß (m), getrennt nach Bauart und Maßen, für
- Leibungen,
- Treppenwangen,
- Leisten, Fußleisten,
- Deckenbalken, Fachwerke und dergleichen aus Holz oder Beton,
- Stahlprofile und Rohre bis 30 cm Abwicklung,
- Eckschutzschienen,
- Rolladenführungsschienen, Ausstellgestänge, Anschlagschienen,
- Dachrinnen,
- Fallrohre,
- Kehlen, Schneefanggitter,
- Straßenmarkierungen mit Angabe der Breite und dergleichen.

0.5.3 Anzahl (Stück), getrennt nach Bauart und Maßen, für
- Türen, Futter und Bekleidung,
- Fenster,
- Stahltürzargen,
- Gitter, Roste und Rahmen,
- Spülkasten,
- Heizkörperkonsolen und Halterungen,
- Sperrschieber, Flansche,
- Ventile,
- Motoren,
- Pumpen,

- *Armaturen,*
- *Straßenmarkierungen, (z. B. Richtungspfeile, Buchstaben) und dergleichen.*

1 Geltungsbereich

1.1 Die ATV "Maler- und Lackierarbeiten" – DIN 18363 – gilt für die Oberflächenbehandlung von Bauten und Bauteilen mit Stoffen nach DIN 55945 "Beschichtungsstoffe (Lacke, Anstrichstoffe und ähnliche Stoffe) – Begriffe" und mit anderen Stoffen.

1.2 Die ATV DIN 18363 gilt nicht für
- das Beschichten und thermische Spritzen von Metallen an Konstruktionen aus Stahl oder Aluminium, die einer Festigkeitsberechnung oder bauaufsichtlichen Zulassung bedürfen (siehe ATV DIN 18364 "Korrosionsschutzarbeiten an Stahl- und Aluminiumbauten"),
- Beizen und Polieren von Holzteilen (siehe ATV DIN 18355 "Tischlerarbeiten"),
- Versiegeln von Parkett (siehe ATV DIN 18356 "Parkettarbeiten"),
- Versiegeln von Holzpflaster (siehe ATV DIN 18367 "Holzpflasterarbeiten") und
- Beschichten von Estrichen (siehe ATV DIN 18353 "Estricharbeiten").

1.3 Ergänzend gelten die Abschnitte 1 bis 5 der ATV DIN 18299 "Allgemeine Regelungen für Bauarbeiten jeder Art". Bei Widersprüchen gehen die Regelungen der ATV DIN 18363 vor.

2 Stoffe

Ergänzend zur ATV DIN 18299, Abschnitt 2, gilt:

Für die gebräuchlichsten genormten Stoffe und Bauteile sind die DIN-Normen nachstehend aufgeführt.

2.1 Stoffe zur Untergrundvorbehandlung

2.1.1 Absperrmittel

Absperrmittel müssen das Einwirken von Stoffen aus dem Untergrund auf die Beschichtung oder umgekehrt von der Beschichtung auf den Untergrund oder zwischen einzelnen Schichten einer Beschichtung verhindern.

Folgende Stoffe sind für den jeweils genannten Zweck zu verwenden:

2.1.1.1 Absperrmittel auf der Grundlage von Kieselfluorwasserstoffsäure oder Lösungen ihrer Salze
- Fluate – zur Verminderung der Alkalität für Kalk- und Zementoberflächen, jedoch nicht für Gips- oder Lehmoberflächen,
- zur Verringerung von Saugfähigkeit,
- zur Oberflächenfestigung von Kalk- und Zementputz,
- zur Verhinderung des Durchschlagens von Wasserflecken;

2.1.1.2 Absperrmittel auf der Grundlage von Aluminiumsalzen, z. B. Alaun, für Gips- und Lehmoberflächen,

- zur Oberflächenverfestigung und -dichtung von stark oder ungleichmäßig saugenden Flächen,
- zur Verhinderung des Durchschlagens von Wasserflecken;

2.1.1.3 Absperrmittel auf der Grundlage von Kunststoffdispersionen, auf allen Untergründen für die Weiterbehandlung mit wasserverdünnbaren, hochdispersen Beschichtungsstoffen,
- zur Verhinderung des Durchschlagens von z. B. Bitumen, Teer, Rauch-, Nikotin-, Rost- und Wasserflecken,
- zur Verringerung der Saugfähigkeit mineralischer Untergründe für nachfolgendes Beschichten;

2.1.1.4 Absperrmittel auf der Grundlage von Bindemittellösungen, z. B. Polymerisatharzen, Nitro-Kombinationslacken, Spirituslacken, lösemittelverdünnbar, auf allen Untergründen für die Weiterbehandlung mit lösemittelhaltigen Beschichtungsstoffen,
- zur Verhinderung des Durchschlagens von z. B. Bitumen, Teer, Rauch-, Nikotin-, Rost- und Wasserflecken.

2.1.2 Anlaugestoffe

Zur Verbesserung der Haftfähigkeit für Überholungsbeschichtungen und zum Reinigen und Aufrauhen alter Öllack- und Lackfarbenanstriche ist verdünntes Ammoniumhydroxid (Salmiakgeist) zu verwenden.

Zur Vorbereitung von NE-Metallen und Metallüberzügen sind solche Stoffe in Verbindung mit Netzmittel als ammoniakalische Netzmittelwäsche zu verwenden.

2.1.3 Abbeizmittel nach DIN 55945

Zum Entfernen von Dispersions-, Öllack- und Lackfarbenanstrichen sind folgende Stoffe zu verwenden:

2.1.3.1 Alkalische Stoffe (Alkalien), z. B. Natriumhydroxid (Ätznatron), auch mit Celluloseleim-Zusätzen, Natriumcarbonat (Soda), Ammoniumhydroxid (Salmiakgeist);

2.1.3.2 Abbeizfluide
Lösemittel mit Verdickungsmittel.

2.1.4 Entfettungs- und Reinigungsstoffe

Zum Entfetten von Untergründen sind neben heißem Wasser saure oder alkalische oder lösende Stoffe zu verwenden, z. B. Gemische aus Alkalien, Phosphaten und Netzmitteln oder Lösemitteln.

Zum Reinigen von Untergründen sind saure, alkalische Fassaden-, Stein- und Metallreiniger, zum Aufschließen von Kalksinterschichten sind Fluate in Verbindung mit Netzmitteln als Fluatschaumwäsche zu verwenden.

2.1.5 Imprägniermittel

Zum Tränken saugfähiger Untergründe sind nichtfilmbildende Stoffe zu verwenden:

- Holzschutzmittel für tragende Bauteile sowie für Fenster und Türen nach DIN 68800-3 "Holzschutz – Vorbeugender chemischer Holzschutz" –
- Wasserabweisende Stoffe, zum Hydrophobieren mineralischer Untergründe Silane, Siloxane, Siliconharze in Lösemitteln, Kieselsäure-Imprägniermittel für Beton, Ziegel- und Kalksandstein-Mauerwerk; die Imprägniermittel müssen alkalibeständig sein;
- Fungizidlösungen zum Beseitigen von Schimmelpilzen und Algenbefall.

2.2 Grundbeschichtungsstoffe

Zum Beschichten (Grundieren) des Untergrundes sind zu verwenden:

2.2.1 für mineralische Untergründe

- wasserverdünnbare Grundbeschichtungsstoffe, feindisperse Kunststoffdispersionen (Dispersion) mit geringem Festkörpergehalt, Emulsionen;
- hydraulisch abbindende Beschichtungsstoffe mit organischen Bindemittelzusätzen und Füllstoffen als Haftbrücke;
- lösemittelverdünnbare Grundbeschichtungsstoffe, z. B. auf Polymerisatharzbasis;
- eindringende Stoffe und andere Bindemittelkombinationen zur Egalisierung der Saugfähigkeit des Untergrundes;
- Grundbeschichtungsstoffe oder Haftbrücken auf Epoxidharzbasis.

2.2.2 für Holz und Holzwerkstoffe

- Grundbeschichtungsstoffe auf Basis von Alkydharz-Nitrocellulose-Kombination, schnelltrocknende Stoffe für innen;
- Grundbeschichtungsstoffe auf Basis von Lacken;
- Bläueschutz-Grundbeschichtungsstoffe nach DIN 68800-3.

2.2.3 für Metalle

2.2.3.1 für Stahl

Korrosionsschutz-Grundbeschichtungsstoffe mit Bindemitteln, z. B. aus Alkydharzen, Bitumen-Öl-Kombinationen, Vinylchlorid-Copolymerisaten, Vinylchlorid-Copolymerisat-Dispersionen, Epoxidharz, Polyurethan, Chlorkautschuk und Pigmenten, z. B. Bleimennige, Eisenoxide, Zinkphosphaten, Zinkstaub-Grundbeschichtungsstoffen;

2.2.3.2 für Zink und verzinkten Stahl

Grundbeschichtungsstoffe auf Basis von Polymerisatharzen oder Zweikomponentenlackfarbe auf Basis von Epoxidharz;

2.2.3.3 für Aluminium

Grundbeschichtungsstoffe auf Basis von Polymerisatharzen oder Zweikomponentenlackfarbe auf Basis von Epoxidharz.

2.3 Spachtelmassen (Ausgleichsmassen)

Zum Glätten, Ausgleichen des Untergrundes und Füllen von Rissen, Löchern,

Maler- und Lackierarbeiten DIN 18363

Lunkern und sonstigen Beschädigungen sind hydraulisch abbindende oder organisch gebundene Spachtelmassen zu verwenden.

Spachtelmassen dürfen nach dem Trocknen keine Schwindrisse aufweisen.

2.3.1 für mineralische Untergründe

- Zement-Spachtelmasse,
  hydraulisch abbindend mit Füllstoffen, z. B. Quarzmehl, gegebenenfalls mit organischen Bindemittelzusätzen;
  nicht zu verwenden auf grundierten, beschichteten oder gipshaltigen Untergründen;

- Hydrat-Spachtelmasse (Gipsspachtelmasse),
  hydraulisch abbindend mit organischen Zusätzen, z. B. Celluloseleim oder Kunststoffdispersionen und Füllstoffen;
  nicht zu verwenden auf Außenflächen;

- Leim-Spachtelmasse,
  z. B. aus Zelluloseleim mit geringen Zusätzen von Kunststoffdispersionen, Pigmenten und Füllstoffen;
  nur zu verwenden bei Innenbeschichtungen mit Leimfarben;

- Dispersions-Spachtelmasse,
  Kunststoffdispersionen mit Pigmenten und Füllstoffen;
  nur zu verwenden auf grundierten oder beschichteten Untergründen als Spachtelung innen oder als Fleckspachtelung außen;

- Kunstharz-Spachtelmasse (Lackspachtel),
  auf der Basis von Alkydharz, Epoxidharz oder Polyurethan mit Pigmenten, Füllstoffen und gegebenenfalls Härter;
  nur zu verwenden auf trockenen, grundierten oder beschichteten Untergründen;

  Alkydharz-Spachtelmasse;
  nicht zu verwenden auf zementhaltigen Untergründen;

  Epoxidharz-Spachtelmasse (EP-Egalisierspachtel); nur zu verwenden auf Epoxidharz-Grundbeschichtungen;

  Polyurethan-Spachtelmasse (PUR-Spachtel);
  nur zu verwenden auf Untergründen mit Polyurethan-Grundbeschichtung.

2.3.2 für Holz und Holzwerkstoffe

- Kunstharz-Spachtelmasse (Lackspachtel),
  für grundierte oder beschichtete Untergründe ist Kunstharz-Spachtelmasse nach Abschnitt 2.3.1 zu verwenden, jedoch auf Außenflächen nur als Fleckspachtelung,
  für unbehandelte Untergründe ist Kunstharz-Spachtelmasse auf der Basis von Polyesterharzen mit Pigmenten, Polyurethanharzen oder Alkydharz/Nitrocellulose/Kombination mit Holzmehl (Holzspachtel) zu verwenden;

- Holzspachtel (Holzkitt),
  Holzspachtel ist nur zum Füllen von Rissen und Löchern zu verwenden; zum Füllen von Poren ist eine transparente Spachtelmasse aus Alkydharz/Nitrocellulose/Kombination mit Füllstoffen zu verwenden.

2.3.3 für Metalle

Für grundierte oder beschichtete Untergründe ist Kunstharz-Spachtelmasse auf der Basis von Alkydharz/Epoxidharz oder Polyurethan zu verwenden. Für entfettete und korrosionsfreie Untergründe ist Polyester-Spachtelmasse (UP-Spachtel) zu verwenden.

2.4 Wasserverdünnbare Beschichtungsstoffe (Beschichtungssysteme)

Zu verwenden sind:

2.4.1 für mineralische Untergründe

- Kalkfarbe
 aus Kalk nach DIN 1060-1 "Baukalk – Teil 1: Definitionen, Anforderungen, Überwachung" mit kalkbeständigen Pigmenten bis zu einem Massenanteil von 10 %; Kalkfarben sind nicht auf gipshaltigen Untergründen zu verwenden;

- Kalk-Weißzementfarbe
 aus weißem Zement nach DIN 1164-1 "Zement – Teil 1: Zusammensetzung, Anforderungen" und Kalk nach DIN 1060-1 mit zementbeständigen Pigmenten, Kalk-Weißzementfarben sind nicht auf gipshaltigen Untergründen zu verwenden;

- Silikatfarbe
 aus Kaliwasserglas (Fixativ) und kaliwasserglasbeständigen Pigmenten als Zweikomponentenfarbe; Silikatfarben dürfen keine organischen Bestandteile, z. B. Kunststoffdispersionen, enthalten.
 Silikatfarben sind nicht auf gipshaltigen Untergründen zu verwenden;

- Dispersions-Silikatfarbe
 aus Kaliwasserglas mit kaliwasserglasbeständigen Pigmenten, Zusätzen von Hydrophobierungsmitteln und maximal 5 % Massenanteil organische Bestandteile, bezogen auf die Gesamtmenge des Beschichtungsstoffes;
 mit Quarz gefüllte Dispersions-Silikatfarben werden zu Strukturbeschichtungen verwendet;
 Dispersions-Silikatfarben sind auf gipshaltigen Untergründen nur mit besonderer Grundbeschichtung zu verwenden;

- Leimfarbe
 aus wasserlöslichen Bindemitteln (Leim) mit Pigmenten und gegebenenfalls Füllstoffen, z. B. Faserstoffen; Leimfarben dürfen keine Zusätze von Kunststoffdispersion enthalten; sie sind nur auf Innenflächen zu verwenden;

- Kunststoffdispersion
 nach DIN 55945 für farblose Beschichtungen auf Innenflächen;

- Kunststoffdispersionsfarbe (Dispersionsfarbe)
 aus Kunststoffdispersionen nach DIN 55945 mit Pigmenten und Füllstoffen; Dispersionsfarben können dünnflüssig, pastös oder gefüllt sein; Kunstharzdispersionsfarben für Innenflächen müssen nach DIN 53778-1 "Kunststoffdispersionsfarben für Innen – Mindestanforderungen" waschbeständig oder scheuerbeständig sein;
 für Außenbeschichtungen sind nur wetterbeständige Dispersionsfarben zu verwenden; für das Überbrücken von Haarrissen sind plastoelastische Dispersionsfarben zu verwenden;

Maler- und Lackierarbeiten DIN 18363

- Mehrfarbeneffektfarbe auf Dispersionsbasis aus unterschiedlich gefärbten Pigmentanreibungen, die sich nach dem Verarbeiten nicht vermischen, sondern einen Sprenkeleffekt bewirken;
- Siliconharzemulsionsfarbe
aus Siliconharzemulsionen mit Kunststoffdispersionen, Pigmenten, Füllstoffen und Hilfsstoffen; sie sind wasserabweisend (hydrophob);
- Dispersionslackfarbe
aus Kunststoffdispersionen mit wassermischbaren Lösemitteln sowie Pigmenten und Hilfsstoffen für Beschichtungen mit dem Aussehen von Lackierungen;
- Kunstharzputz nach DIN 18558 "Kunstharzputze – Begriffe, Anforderungen, Ausführung".

2.4.2 für Holz und Holzwerkstoffe
- Kunststoffdispersion nach Abschnitt 2.4.1;
- Kunststoffdispersions-Lasurfarbe mit Lasurpigmenten zur lasierenden Behandlung von Innenflächen;
- Acryl-Lasurfarbe (Dickschichtlasur)
aus fein dispergierter Kunststoffdispersion mit Lasurpigmenten, UV-Absorbern und anderen Zusätzen;
Acryl-Lasurfarbe ist wasserverdünnbar, wetterbeständig, wasserabweisend;
- Farbloser Dispersionslack
aus Kunststoffdispersionen für lackähnliche Beschichtung.

2.4.3 für Metalle
Kunststoffdispersionsfarbe nach Abschnitt 2.4.1 auf Zink und verzinktem Blech, z. B. für Regenfallrohre, Dachrinnen.

2.5 Lösemittelhaltige Beschichtungsstoffe (Beschichtungssysteme)
Zu verwenden sind:

2.5.1 Lacke (farblose Kunstharzlacke)

2.5.1.1 für mineralische Untergründe
- Polymerisatharzlacke
auf der Basis von Polymerisatharzlösungen zum Beschichten von Betonflächen;
- Epoxidharzlacke (EP-Lacke)
Zweikomponentenlacke auf der Basis von Epoxidharz aus Stammlack und Härter zum Beschichten von Beton, Asbestzement und Zementestrichen;
- Polyurethanlacke (PUR-Lacke)
auf der Basis von Polyisocyanaten zum Beschichten von Beton, Asbestzement und Zementestrichen.

2.5.1.2 für Holz- und Holzwerkstoffe
- Alkydharzlacke
aus langöligen Alkydharzen, Hilfsstoffen und Lösemitteln;
- Nitrocelluloselacke (Nitrolacke, Nitrokombinationslacke) aus Nitrocellulose mit Weichmachern und Lösemitteln für Innenflächen;

- Säurehärtende Reaktionslacke (SH-Lacke) in Form von Einkomponentenlacken auf der Basis von Alkydharz/Melaminharz/Kombinationen oder Zweikomponentenlack auf der Basis von Alkydharz/Harnstoffharz/Kombinationen;
- Polyurethanlacke (PUR-Lacke) nach Abschnitt 2.5.1.1 für Innenflächen, z. B. Parkett.

2.5.1.3 für Metalle
- Polymerisatharzlacke nach Abschnitt 2.5.1.1 für lichtbeständige Beschichtungen auf Aluminium, Kupfer und Edelstahl;
- Polyurethanlacke (PUR-Lacke) nach Abschnitt 2.5.1.2;
- Epoxidharzlacke (EP-Lacke) nach Abschnitt 2.5.1.1;
- Nitrokombinationslacke nach Abschnitt 2.5.1.2;
- Acrylharzlacke.

2.5.2 Lasuren
2.5.2.1 für mineralische Untergründe
- Acryllasuren
  aus Polymerisatharz mit Lasurpigmenten und Bindemittel; Lasurpigmente müssen alkalibeständig sein.

2.5.2.2 für Holzwerk und Holzwerkstoffe
- Imprägnier-Lasuren (Dünnschichtlasuren)
  aus langöligen Alkydharzen oder aus Acrylharzen mit Lasurpigmenten, fungiziden Zusätzen u. a. Wirkstoffen;
- Lacklasuren (Dickschichtlasuren)
  aus langöligen Alkydharzlacken mit UV-Absorber und Lasurpigmenten; sie müssen wetterbeständig und wasserabweisend sein.

2.5.3 Lackfarben (Kunstharzlackfarben)
2.5.3.1 für mineralische Untergründe
- Alkydharzlackfarben
  aus mittel- bis langöligen Alkydharzen mit Pigmenten und Hilfsstoffen zum Beschichten von nicht mehr alkalisch reagierenden Untergründen;
- Polymerisatharzlackfarben
  auf der Basis von Polymerisatharzlösungen mit Pigmenten und Hilfsstoffen;
- Kunstharzputze
  nach DIN 18558;
- Chlorkautschuklackfarben (RUC-Lackfarben)
  aus chloriertem Polyisopren mit Pigmenten und Hilfsstoffen;
- Cyclokautschuklackfarben (RUI-Farben)
  aus cyclisiertem Naturkautschuk mit Pigmenten;
  auf Innenflächen, insbesondere bei Schwitzwasserbelastung;
- Polyurethanlackfarben (PUR-Lackfarben)
  auf der Basis von Polyisocyanaten mit Pigmenten und Hilfsstoffen;

Maler- und Lackierarbeiten DIN 18363

- Epoxidharzlackfarben (EP-Lackfarben)
  auf der Basis von Epoxidharz mit Pigmenten und Hilfsstoffen; sie sind nur bedingt wetterbeständig;
- Teerpech-Kombinationslackfarben
  auf der Basis von Steinkohlen-Teerpech-Epoxidharz-Kombination zur Beschichtung von Beton, z. B. im Abwasserbereich;
- Mehrfarbeneffektlackfarben
  aus pastösen Lackfarben mit farblosen wäßrigen Harzlösungen.

2.5.3.2 für Holz- und Holzwerkstoffe

- Alkydharzlackfarben nach Abschnitt 2.5.3.1;
- Polyurethanlackfarben (PUR-Lackfarben) nach Abschnitt 2.5.3.1;
- Mehrfarbeneffektlackfarben nach Abschnitt 2.5.3.1;
- Nitrocelluloselackfarben
  aus Nitrocellulose mit Weichmacher und Pigmenten für Innenflächen.

2.5.3.3 für Metalle

- Alkydharzlackfarben nach Abschnitt 2.5.3.1
  auf Korrosionsschutz-Grundbeschichtungen, ausgenommen auf Zink und verzinktem Stahl;
- Heizkörperlackfarben
  aus hitzebeständigen Alkydharzkombinationen mit Pigmenten und Hilfsstoffen; für Grundbeschichtungsstoffe gilt DIN 55900-1 "Beschichtungen für Raumheizkörper – Begriffe, Anforderungen, Prüfung, Grundbeschichtungsstoffe, industriell hergestellte Grundbeschichtungen" (DIN 55900 – G);
  für Deckbeschichtungsstoffe gilt DIN 55900-2 "Beschichtungen für Raumheizkörper – Begriffe, Anforderungen, Prüfung, Deckbeschichtungsstoffe, Industriell hergestellte Fertiglackierungen" (DIN 55900 – F);
- Polymerisatharzlackfarben nach Abschnitt 2.5.3.1;
- Polymerisatharz – Dickschicht – Beschichtungsstoffe;
- Chlorkautschuklackfarben (RUC-Farben) nach Abschnitt 2.5.3.1;
- Cyclokautschuklackfarben (RUI-Lackfarben) nach Abschnitt 2.5.3.1;
- Siliconharzlackfarben
  aus Siliconharzen mit Pigmenten und Hilfsstoffen für Beschichtungen auf Stahl, hochhitzebeständig bis 400 °C;
- Polyurethanlackfarben (PUR-Lackfarben) nach Abschnitt 2.5.3.1.1;
- Epoxidharzlackfarben (EP-Lackfarben) nach Abschnitt 2.5.3.1;
- Mehrfarbeneffektlackfarben nach Abschnitt 2.5.3.1;
- Bitumenlackfarben
  auf der Basis von Naturasphalt und Standölen, gelöst in Lösemitteln mit Schuppen-Pigmenten zum Beschichten von zinkstaubgrundbeschichtetem Stahl, Zinkblech und verzinktem Stahl, z. B. zum Beschichten von Blechdächern;

- Bitumenlackfarben
  auf der Basis von Bitumen der Erdöldestillation, gelöst in Lösemitteln, phenolfrei, mit Pigmenten, z. B. im Trinkwasserbereich;
- Teerpech-Kombinationslackfarben nach Abschnitt 2.5.3.1;
- Bronzelackfarben (Bronzen)
  aus chemisch neutralen Lacken und feinpulvrigen Metallen oder Metall-Legierungen.

2.6 Armierungsstoffe

Zur Armierung von Beschichtungen und zum Überbrücken von Rissen, z. B. Netzrissen im Untergrund, sind zu verwenden:

- Armierungskleber
  aus Kunststoffdispersionen nach DIN 55945, gegebenenfalls mit Zuschlagstoffen (Einbettungsmasse) zum Einbetten von Geweben oder Vliesen;
- Armierungsgewebe
  aus Kunstfaser oder Glasfaser zum Überbrücken gerissener Flächen oder Einzelrisse;
- Armierungsvliese
  aus Glasfaser oder Kunststoffen.

2.7 Klebstoffe

Klebstoffe müssen so beschaffen sein, daß durch sie eine feste und dauerhafte Verbindung erreicht wird. Die Klebstoffe dürfen den Untergrund und die aufzuklebenden Stoffe nicht nachteilig beeinflussen und nach der Verarbeitung keine Belästigung durch Geruch hervorrufen.

2.8 Dampfsperren

Zu verwenden sind:

- Verbundfolien, z. B. Metallfolien mit Polystyrolhartschaum;
- Kunststoff-Folien mit und ohne Kaschierung;
- Metallfolien mit und ohne Kaschierung.

2.9 Stoffe für das Belegen von Flächen mit Blattmetall

Für metallische Überzüge wie Vergoldungen, Versilberungen und Überzüge mit anderen Blattmetallen sind zu verwenden:

- Mixtion
  farbloser, langsam trocknender langöliger Alkydharzlack als Klebemittel, z. B. für Ölvergoldung (Mattvergoldung), Versilberung;
- Knochenleim oder Hautleim
  zur Herstellung von Kreidegrund für Polimentvergoldung;
- Klebstoffe aus Gelatine
  als Klebemittel z. B. für Glanzvergoldungen hinter Glas;
- Blattgold
  aus reinem Gold geschlagen oder aus hochkarätigen Goldlegierungen (Gold-Silber-Kupferlegierungen);

- Kompositionsgold
  Schlagmetall aus Kupfer-Zinn-Zink-Legierungen zur Goldimitation mit farbloser Lackierung;
- Blattsilber
  Blattmetall aus reinem Silber zur Blattversilberung mit farbloser Lackierung;
- Blattaluminium
  Blattmetall aus Aluminiumlegierungen zur Imitation von Blattversilberungen.

2.10 Dichtstoffe

DIN 18540	Abdichten von Außenwandfugen im Hochbau mit Fugendichtstoffen
DIN 18545-2	Abdichten von Verglasungen mit Dichtstoffen; Dichtstoffe; Bezeichnung, Anforderungen, Prüfung

2.11 Brandschutz-Beschichtungsstoffe

Zu verwenden sind:

Schaumschutzbildende Brandschutz-Beschichtungsstoffe zum Flammschutz von Holz, Holzwerkstoffen und Metall.

2.12 Fahrbahnmarkierungsstoffe

Zur Fahrbahnmarkierung sind Beschichtungsstoffe aus PVC-Mischpolymerisatlösungen, Acrylharz oder Alkydharz-Chlorkautschuk-Kombination mit Titandioxid und Zuschlagstoffen, z. B. Reflexkörper aus Glasperlen, Quarzmehl zu verwenden. Als Nachstreumittel sind Reflexperlen für die Oberflächenreflexion und Quarzsand zum Erzielen der Rutschfestigkeit zu verwenden.

3 Ausführung

Ergänzend zur ATV DIN 18299, Abschnitt 3, gilt:

3.1 Allgemeines

3.1.1 Der Auftragnehmer hat bei seiner Prüfung Bedenken (siehe B § 4 Nr 3) insbesondere geltend zu machen bei:

- absandendem und kreidendem Putz,
- nicht genügend festem, gerissenem und feuchtem Untergrund (der Feuchtigkeitsgehalt des Holzes darf – an mehreren Stellen in mindestens 5 mm Tiefe gemessen – bei Nadelhölzern 15 %, bei Laubhölzern 12 % nicht überschreiten),
- Sinterschichten,
- Ausblühungen,
- Holz, das erkennbar von Bläue, Fäulnis oder Insekten befallen ist,
- nicht tragfähigen Grundbeschichtungen,
- korrodierten Metallbauteilen,
- ungeeigneten Witterungsbedingungen.

3.1.2 Beschichtungen dürfen mit der Hand oder maschinell ausgeführt werden.

3.1.3 Beschichtungen müssen fest haften.

3.1.4 Die Oberfläche muß entsprechend der Art des Beschichtungsstoffes und des angewendeten Verfahrens gleichmäßig ohne Ansätze und Streifen erscheinen.

3.1.5 Alle Beschichtungen sind ohne Spachtelung weiß oder hell getönt auszuführen.

3.1.6 Ist Spachtelung vorgeschrieben, sind die Flächen ganzflächig einmal mit Spachtelmasse zu überziehen und zu glätten.

3.1.7 Lackierungen sind glänzend auszuführen.

3.1.8 Bei mehrschichtigen Beschichtungen muß jede vorhergehende Beschichtung trocken sein, bevor die folgende Beschichtung aufgebracht wird. Dies gilt nicht für Naß-in-Naß-Techniken.

3.1.9 Alle Anschlüsse an Türen, Fenstern, Fußleisten, Sockeln u. ä. sind scharf und geradlinig zu begrenzen.

3.1.10 Die Leistungen dürfen bei Witterungsverhältnissen, die sich nachteilig auf die Leistung auswirken können, nur ausgeführt werden, wenn durch besondere Maßnahmen nachteilige Auswirkungen verhindert werden. Solche Witterungsverhältnisse sind z. B. Feuchtigkeit, Sonneneinwirkung, ungeeignete Temperaturen.

3.1.11 Der Auftragnehmer hat den Beschichtungsaufbau festzulegen und die zu verarbeitenden Stoffe auszuwählen. Bei Beschichtungssystemen müssen die Stoffe von demselben Hersteller stammen.

3.1.12 Beschichtungen sind mehrschichtig auszuführen.

3.1.13 Auf alkalischen Untergründen, z. B. auf Zementputz, Beton, Gasbeton, Asbestzement und Kalksandstein, sind nur alkalibeständige Beschichtungssysteme zu verwenden.

3.1.14 Auf Gasbeton-Untergründen für Außenflächen sind eine Zwischen- und eine Schlußbeschichtung mit zusammen mindestens 1 800 g/m^2 aufzutragen.

3.2 Erstbeschichtungen

3.2.1 auf mineralischen Untergründen und Gipskartonplatten

3.2.1.1 Allgemeines

Bei schadhaften Untergründen ist eine Vorbehandlung notwendig. Die erforderlichen Maßnahmen sind besonders zu vereinbaren (siehe Abschnitt 4.2.1), z. B.:

- Putze der Mörtelgruppen P I – P III und Betonflächen sind zu fluatieren und nachzuwaschen, wenn
    - die Oberfläche zu starke Saugfähigkeit besitzt,

- Ausblühungen und Pilzbefall zu beseitigen sind,
- das Durchschlagen von abgetrockneten Wasserflecken zu verhindern ist.
- Sind Kalksinterschichten vorhanden, die zu Abplatzungen der auf ihnen ausgeführten Beschichtungen führen können, ist die Fläche mit einer Fluatschaumwäsche (Fluat mit Netzmittelzusatz) zu behandeln und nachzuwaschen.
- Schalölrückstände auf Sichtbeton sind durch Fluatschaumwäsche zu beseitigen.
- Nicht saugende Putze und Betonflächen sind bei Beschichtungen aus Silikatfarben vorzuätzen und nachzuwaschen.
- Bei stark saugendem Untergrund ist bei Beschichtungen mit Silikat- und Dispersionssilikatfarben eine zusätzliche Vorbehandlung mit Fixativ erforderlich.
- Gipshaltige Putze und Lehmputze sind mit Absperrmitteln zu behandeln, die Aluminiumsalze, z. B. Alaun enthalten, wenn die Fläche ungleichmäßig saugt, die Oberfläche gefestigt oder das Durchschlagen von Wasserflecken verhindert werden soll.
- Wenn Gipskartonplatten für Feuchträume nicht werkseits imprägniert sind, sind sie mit lösemittelhaltigen Grundbeschichtungsstoffen vorzubehandeln.

3.2.1.2 Deckende Beschichtungen
Sie sind bei Verwendung nachstehender Stoffe wie folgt auszuführen:

3.2.1.2.1 Kalkfarbe
- Annässen,
- eine Grundbeschichtung,
- eine Zwischenbeschichtung,
- eine Schlußbeschichtung;

3.2.1.2.2 Kalk-Weißzementfarbe
- Annässen,
- eine Grundbeschichtung,
- eine Schlußbeschichtung;

3.2.1.2.3 Silikatfarbe
- eine Grundbeschichtung aus verdünntem Fixativ,
- eine Zwischenbeschichtung aus Silikatfarbe,
- eine Schlußbeschichtung aus Silikatfarbe;

3.2.1.2.4 Dispersionssilikatfarbe
- eine Grundbeschichtung,
- eine Schlußbeschichtung;

3.2.1.2.5 Leimfarbe
- eine Grundbeschichtung,
- eine Schlußbeschichtung;

3.2.1.2.6 Dispersionsfarbe
- eine Grundbeschichtung auf Außenflächen aus lösemittelverdünnbarem Grundbeschichtungsstoff; bei stark saugendem Untergrund auf Innenflächen eine Grundbeschichtung aus lösemittelverdünnbarem Grundbeschichtungsstoff; ist dies im Vertrag nicht vorgesehen, ist dies besonders zu vereinbaren (siehe Abschnitt 4.2.1),
- eine Zwischenbeschichtung aus Dispersionsfarbe,
- eine Schlußbeschichtung aus Dispersionsfarbe;

Ausführung der Innenbeschichtung mit waschbeständiger Dispersionsfarbe nach DIN 53778-1 und DIN 53778-2;

3.2.1.2.7 Dispersionslackfarbe
- eine Grundbeschichtung aus wasserverdünnbarem Grundbeschichtungsstoff,
- eine Zwischenbeschichtung aus Dispersionslackfarbe;
- eine Schlußbeschichtung aus Dispersionslackfarbe;

3.2.1.2.8 Dispersionsfarbe mit Füllstoffen zur Oberflächengestaltung, z. B. Dispersionsplastikfarbe
- eine Grundbeschichtung aus wasserverdünnbarem Grundbeschichtungsstoff,
- eine Schlußbeschichtung aus plastischer Kunststoff-Dispersionsfarbe einschließlich Modellieren durch Stupfen, Rollen, Strukturieren und dergleichen;

3.2.1.2.9 Kunstharzputz nach DIN 18558;

3.2.1.2.10 Polymerisatharzlackfarbe
- eine Grundbeschichtung,
- eine Zwischenbeschichtung,
- eine Schlußbeschichtung;

3.2.1.2.11 Siliconharz-Emulsionsfarbe
- eine Grundbeschichtung aus Siliconharz-Grundbeschichtungsstoff,
- eine Zwischenbeschichtung aus Siliconharz-Emulsionsfarbe,
- eine Schlußbeschichtung aus Siliconharz-Emulsionsfarbe;

3.2.1.2.12 plastoelastische Dispersionsfarbe zum Beschichten von Flächen mit Haarrissen
- eine Grundbeschichtung aus Grundbeschichtungsstoff,
- eine Zwischenbeschichtung aus plastoelastischer Dispersionsfarbe,
- eine Schlußbeschichtung aus plastoelastischer Dispersionsfarbe;

3.2.1.2.13 plastoelastische Dispersionsfarbe zum Beschichten von Flächen mit Einzelrissen
- eine Grundbeschichtung aus lösemittelhaltigem Grundbeschichtungsstoff,

- eine Zwischenbeschichtung aus plastoelastischer Dispersionsfarbe (Einbettungsmasse) und Einbetten des Armierungsgewebes,
- eine Schlußbeschichtung aus plastoelastischer Dispersionsfarbe;

3.2.1.2.14 Kunstharzlackfarbe
je nach der vorgesehenen Beanspruchung und der Oberflächenwirkung, z. B.:
- Alkydharzlackfarbe für Wand- und Sockelflächen,
- Chlorkautschuklackfarbe für Schwimmbeckenbeschichtungen, säure- und laugebeständige Beschichtungen in Laborräumen,
- Cyclokautschuklackfarbe für Innenräume, z. B. Brauereien, Textilbetriebe, Lederfabriken (Naßräume),
- Polyurethanlackfarbe für Sichtbetonflächen, Wände in Werkstatträumen, Tankstellen,
- Epoxidharzlackfarbe für säure- und laugenbeständige, lösemittelbeständige, mineralölbeständige und fettbeständige Beschichtungen,

jeweils
- eine Grundbeschichtung,
- eine Zwischenbeschichtung,
- eine Schlußbeschichtung;

3.2.1.2.15 Bitumenlackfarbe
- eine Grundbeschichtung aus Bitumenlackfarbe,
- eine Schlußbeschichtung aus Bitumenlackfarbe;

3.2.1.2.16 Teerpech-Kombinationslackfarbe gegen hohe Beanspruchung durch Wasser, Laugen und Säuren
- eine Grundbeschichtung aus Teerpech-Epoxidharzlackfarbe,
- eine Zwischenbeschichtung aus Teerpech-Epoxidharzlackfarbe,
- eine Schlußbeschichtung aus Teerpech-Epoxidharzlackfarbe;

3.2.1.2.17 Mehrfarbeneffektlackfarbe
- eine Grundbeschichtung aus lösemittelverdünnbarem Grundbeschichtungsstoff,
- eine Zwischenbeschichtung aus Dispersionsfarbe, getönt im Farbton der Mehrfarbeneffektlacke,
- eine Schlußbeschichtung aus Mehrfarbeneffektlackfarbe;

3.2.1.2.18 Dispersions-Silikatfarbe auf Gasbeton-Außenflächen
- eine Grundbeschichtung aus Grundbeschichtungsstoff,
- eine Zwischenbeschichtung aus Dispersions-Silikatfarbe,
- eine Schlußbeschichtung aus Dispersions-Silikatfarbe;

3.2.1.2.19 Dispersionsfarbe, wetterbeständig auf Gasbeton-Außenflächen
- eine Grundbeschichtung aus Grundbeschichtungsstoff, lösemittelverdünnbar,

- eine Zwischenbeschichtung aus gefüllter Dispersionsfarbe,
- eine Schlußbeschichtung aus gefüllter Dispersionsfarbe;

3.2.1.2.20 Kunstharzputz nach DIN 18558 auf Gasbeton-Außenflächen
- eine Grundbeschichtung aus Grundbeschichtungsstoff, lösemittelverdünnbar,
- eine Zwischenbeschichtung mit gefüllter Dispersionsfarbe,
- eine Schlußbeschichtung aus Kunstharzputz.

3.2.1.3 Lasierende Beschichtungen
Sie sind bei Verwendung nachstehender Stoffe wie folgt auszuführen:

3.2.1.3.1 Dispersionssilikatlasur
- eine Grundbeschichtung aus verdünntem Fixativ oder verdünnter Dispersionssilikatlasur,
- eine Schlußbeschichtung aus Dispersionssilikatlasur;

3.2.1.3.2 Dispersionslasur
- eine Grundbeschichtung aus lösemittelverdünnbarem Grundbeschichtungsstoff,
- eine Schlußbeschichtung aus Dispersions-Lasur;

3.2.1.3.3 Polymerisatharzlasur
- eine Grundbeschichtung aus Polymerisatharzlösung,
- eine Schlußbeschichtung aus Polymerisatharzlasurfarbe.

3.2.1.4 Farblose Beschichtungen und Imprägnierungen
Sie sind bei Verwendung nachstehender Stoffe wie folgt auszuführen:

3.2.1.4.1 Silan-, Siloxan-, Silicon-Imprägniermittel, nichtpigmentiert
- Beschichtung bis zur vollständigen Sättigung des Untergrundes, gegebenenfalls in mehreren Arbeitsgängen, naß in naß zur farblosen Hydrophobierung poröser mineralischer Untergründe, z. B. Putz, Beton, Sichtmauerwerk;

3.2.1.4.2 Kieselsäureester-Imprägniermittel
- eine Grundbeschichtung,
- eine Zwischenbeschichtung,
- eine Schlußbeschichtung, mit einer Auftragsmenge von zusammen 2 000 g/m^2 im Flutverfahren oder naß in naß;

3.2.1.4.3 Polymerisatharzlösung
- eine Grundbeschichtung,
- eine Schlußbeschichtung;

3.2.1.4.4 Kunststoffdispersion
- eine Grundbeschichtung aus wasserverdünnbarem Grundbeschichtungsstoff,
- eine Schlußbeschichtung aus Kunststoffdispersion.

Maler- und Lackierarbeiten DIN 18363

3.2.2 auf Holz und Holzwerkstoffen

3.2.2.1 Allgemeines

3.2.2.1.1 Bauteile aus Holz und Holzwerkstoff (im folgenden Holz genannt) sind vor dem Einbau allseitig mit einer Grundbeschichtung zu versehen.

3.2.2.1.2 Nadelhölzer, die eine Holzschutzimprägnierung erhalten haben, sind vor dem Einbau mit einer Grundbeschichtung zu versehen.

3.2.2.1.3 Beschichtungen auf Holz sind ohne Spachtelung auszuführen.

3.2.2.1.4 Fenster und Außentüren aus Holz sind vor dem Einbau und vor der Verglasung einschließlich aller Glasfalze und zugehörigen Leisten mit einer Grund- und einer Zwischenbeschichtung allseitig zu versehen.
Nur kleinere Schadstellen sind beizuspachteln, z. B. Nagellöcher. Fenster und Außentüren müssen auch innen mit Außenlackfarben beschichtet werden.

3.2.2.1.5 Vor der Verarbeitung von Dichtstoffen (Kitten oder elastischen Dichtstoffen) und vor dem Verglasen sind mindestens zwei Beschichtungen erforderlich.

3.2.2.1.6 Falze von Fenstern oder Türen sind im Farbton der zugehörigen Seite zu beschichten. Die nach außen gerichteten Falze gehören zur Außenbeschichtung, die nach innen gerichteten Falze zur Innenbeschichtung. Bei Verbundfenstern gehört nur die Außenseite zur Außenbeschichtung, die drei anderen Seiten gehören zur Innenbeschichtung.

3.2.2.1.7 Kitte sind entsprechend dem sonstigen Beschichtungsaufbau mit einer Zwischen- und einer Schlußbeschichtung zu versehen.

3.2.2.1.8 Plastische und elastische Dichtstoffe sind durch die angrenzende Beschichtung bis zu 1 mm Breite zu überdecken.

3.2.2.2 Deckende Beschichtungen
Sie sind bei Verwendung nachstehender Stoffe wie folgt auszuführen:

3.2.2.2.1 Alkydharzlackfarbe für Innen
- eine Grundbeschichtung aus Alkydharzlackfarbe,
- eine Zwischenbeschichtung aus Vorlackfarbe (Alkydharzlackfarbe),
- eine Schlußbeschichtung aus Alkydharzlackfarbe;

3.2.2.2.2 Alkydharzlackfarbe für Innen und Außen für Fenster und Außentüren vor dem Einbau und Verglasen
- eine Grundbeschichtung aus Bläueschutz-Grundbeschichtungsstoff nach Abschnitt 2.2.2,
- eine Zwischenbeschichtung aus Alkydharzlackfarbe,
nach dem Einbau und Verglasen
- eine zweite Zwischenbeschichtung aus Alkydharzlackfarbe,
- eine Schlußbeschichtung aus Alkydharzlackfarbe;

3.2.2.2.3 Alkydharzlackfarbe für Außen
- eine Grundbeschichtung aus Bläueschutz-Grundbeschichtungsstoff,
- eine Zwischenbeschichtung aus Alkydharzlackfarbe,
- eine zweite Zwischenbeschichtung aus Alkydharzlackfarbe,
- eine Schlußbeschichtung aus Alkydharzlackfarbe;

3.2.2.2.4 Dispersionslackfarbe
- eine Grundbeschichtung aus Bläueschutz-Grundbeschichtungsstoff,
- eine Zwischenbeschichtung aus Dispersionslackfarbe,
- eine Schlußbeschichtung aus Dispersionslackfarbe.

3.2.2.3 Lasierende Beschichtungen
Sie sind bei Verwendung nachstehender Stoffe wie folgt auszuführen:

3.2.2.3.1 Dispersionslasur für Innen
- eine Grundbeschichtung,
- eine Zwischenbeschichtung aus Dispersionslasur,
- eine Schlußbeschichtung aus Dispersionslasur;

3.2.2.3.2 Imprägnier-Lasur, Dünnschichtlasur für Innen und Außen
- eine Grundbeschichtung aus Imprägnier-Lasurbeschichtungsstoff,
- eine Zwischenbeschichtung,
- eine Schlußbeschichtung;

3.2.2.3.3 Lacklasurfarben, Dickschichtlasuren für Innen und Außen
- eine Grundbeschichtung aus Imprägnier-Lasurbeschichtungsstoff,
- eine Zwischenbeschichtung aus Lack-Lasurbeschichtungsstoff,
- eine Schlußbeschichtung aus Lack-Lasurbeschichtungsstoff;

3.2.2.3.4 Imprägnier-Lacklasur als kombinierter Beschichtungsaufbau für Innen und Außen bei Fenstern und Außentüren
vor dem Einbau und Verglasen
- eine Grundbeschichtung aus Imprägnier-Lasur,
- eine erste Zwischenbeschichtung,
nach dem Einbau und Verglasen
- eine zweite Zwischenbeschichtung aus Lacklasur,
- eine Schlußbeschichtung aus Lacklasur.

3.2.2.4 Farblose Innenbeschichtungen
Sie sind bei Verwendung nachstehender Stoffe wie folgt auszuführen:

3.2.2.4.1 Alkydharzlack
- eine Grundbeschichtung,

- eine Zwischenbeschichtung,
- eine Schlußbeschichtung;

3.2.2.4.2 Polyurethanlack
- eine Grundbeschichtung,
- eine Zwischenbeschichtung,
- eine Schlußbeschichtung;

3.2.2.4.3 Epoxidharzlack
- eine Grundbeschichtung,
- eine Zwischenbeschichtung,
- eine Schlußbeschichtung.

3.2.3 auf Metall
3.2.3.1 Allgemeines

3.2.3.1.1 Metallflächen sind zu entfetten. Rost und Oxidschichten sind zu entfernen und unmittelbar danach mit einer dem Beschichtungsaufbau entsprechenden Grundbeschichtung zu versehen. In Feuchträumen ist eine weitere Grundbeschichtung aus Korrosionsschutz-Grundbeschichtungsstoff auszuführen.

In der Leistungsbeschreibung vorgesehene Spachtelarbeiten sind nach der Grundbeschichtung auszuführen.

Für Außenflächen ist eine zweite Zwischenbeschichtung erforderlich. Stahlflächen, die eine Grundbeschichtung aus Zinkstaub-Beschichtungsstoffen erhalten, sind nach DIN 55928-4 "Korrosionsschutz von Stahlbauten durch Beschichtungen und Überzüge; Vorbereitung und Prüfung der Oberflächen" Norm-Reinheitsgrad Sa 2 $1/2$ zu entrosten.

3.2.3.1.2 Zinkblech und verzinkter Stahl sind durch amoniakalische Netzmittelwäsche unter Verwendung von Korund-Kunststoffvlies vorzubehandeln und unmittelbar danach mit einem Grundbeschichtungsstoff eines für Zink empfohlenen Beschichtungssystems zu grundieren.

3.2.3.1.3 Aluminiumflächen sind zu reinigen. Werkseits nicht chemisch nachbehandelte Aluminiumflächen und korrodierte Stellen (Weißrost) sind mit Korund-Kunststoffvlies zu schleifen; Schleifrückstände sind zu entfernen. Die gereinigten Flächen sind mit einem Grundbeschichtungsstoff für Aluminium zu grundieren.

3.2.3.2 Deckende Beschichtungen
Sie sind bei Verwendung nachstehender Stoffe wie folgt auszuführen:

3.2.3.2.1 auf Stahlteilen und Stahlblech
3.2.3.2.1.1 Alkydharzlackfarbe für Innen
- eine Grundbeschichtung aus Korrosionsschutz-Grundbeschichtungsstoff,
- eine Zwischenbeschichtung aus Alkydharzlackfarbe,
- eine Schlußbeschichtung aus Alkydharzlackfarbe;

3.2.3.2.1.2 Alkydharzlackfarbe für Außen
- eine Grundbeschichtung aus Korrosionsschutzgrund,
- eine erste Zwischenbeschichtung aus Alkydharzlackfarbe,
- eine zweite Zwischenbeschichtung aus Alkydharzlackfarbe,
- eine Schlußbeschichtung aus Alkydharzlackfarbe;

3.2.3.2.1.3 Polymerisatharz-Dickschichtsystem für Innen
- eine Grundbeschichtung aus Korrosionsschutz-Dickschicht-Grundbeschichtungsstoff,
- eine Schlußbeschichtung aus Polymerisatharz-Dickschicht-Beschichtungsstoff;

3.2.3.2.1.4 Polymerisatharz-Dickschichtsystem für Außen
- eine Grundbeschichtung aus Dickschicht-Grundbeschichtungsstoff,
- eine Zwischenbeschichtung aus Polymerisatharz-Dickschicht-Beschichtungsstoff,
- eine Schlußbeschichtung aus Polymerisatharz-Dickschicht-Beschichtungsstoff;

3.2.3.2.1.5 Heizkörperlackfarbe auf Heizflächen, die nicht grundiert sind, nach Entrosten
- eine Grundbeschichtung aus Beschichtungsstoff DIN 55900 – G,
- eine Schlußbeschichtung aus Beschichtungsstoff DIN 55900 – F,
in Feuchträumen eine Zwischenbeschichtung, DIN 55900 – F;

3.2.3.2.1.6 Heizkörperlackfarbe auf Heizflächen, die mit einer Grundbeschichtung DIN 55900 – GW versehen sind
- beschädigte Grundbeschichtung DIN 55900 – G ausbessern,
- eine Schlußbeschichtung DIN 55900 – F;
mit Pulverlacken grundbeschichtete (pulverbeschichtete) Heizkörper sind vor dem weiteren Beschichten gründlich aufzurauhen;

3.2.3.2.1.7 Chlorkautschuk-Lackfarbe für Innen
- eine Grundbeschichtung aus Zweikomponentenzinkstaubfarbe,
- eine Zwischenbeschichtung aus Chlorkautschuk-Lackfarbe,
- eine Schlußbeschichtung aus Chlorkautschuk-Lackfarbe;

3.2.3.2.1.8 Chlorkautschuk-Lackfarbe für Außen
- eine Grundbeschichtung aus Zweikomponentenzinkstaubfarbe,
- eine erste Zwischenbeschichtung aus Chlorkautschuk-Lackfarbe,
- eine zweite Zwischenbeschichtung aus Chlorkautschuk-Lackfarbe,
- eine Schlußbeschichtung aus Chlorkautschuk-Lackfarbe;

3.2.3.2.1.9 Cyclokautschuk-Lackfarbe für Innen, z. B. Filterkessel, Rohrleitungen
- eine Grundbeschichtung aus Korrosionsschutz-Grundbeschichtungsstoff,

- eine erste Zwischenbeschichtung aus Korrosionsschutz-Grundbeschichtungsstoff,
- eine zweite Zwischenbeschichtung aus Cyclokautschuk-Lackfarbe; gefüllt,
- eine Schlußbeschichtung aus Cyclokautschuk-Lackfarbe;

3.2.3.2.1.10 Reaktionslackfarbe für Innen
- eine Grundbeschichtung aus Grundbeschichtungsstoff,
- eine Zwischenbeschichtung,
- eine Schlußbeschichtung;

3.2.3.2.1.11 Reaktionslackfarbe für Außen
- eine Grundbeschichtung aus Grundbeschichtungsstoff,
- eine erste Zwischenbeschichtung,
- eine zweite Zwischenbeschichtung,
- eine Schlußbeschichtung;

3.2.3.2.1.12 Bitumenlackfarbe
- eine Grundbeschichtung,
- eine Zwischenbeschichtung,
- eine Schlußbeschichtung;

3.2.3.2.2 auf Zink und verzinktem Stahl
3.2.3.2.2.1 Zinkhaftfarbe, Kunstharz-Kombinationsfarbe
- eine Grundbeschichtung aus Zinkhaftfarbe,
- eine Schlußbeschichtung aus Zinkhaftfarbe;

3.2.3.2.2.2 Reaktionslackfarben auf Basis von Polyisocyanatharz oder Epoxidharz
- eine Grundbeschichtung,
- eine Schlußbeschichtung;

3.2.3.2.2.3 Polymerisatharzlackfarbe, Dickschichtsystem
- eine Grundbeschichtung,
- eine Schlußbeschichtung;

3.2.3.2.2.4 Dispersionsfarbe
- eine Grundbeschichtung,
- eine Schlußbeschichtung,
nur für helle Farbtöne geeignet;

3.2.3.2.2.5 Dispersionslackfarbe
- eine Grundbeschichtung aus Dispersionslackfarbe,
- eine Schlußbeschichtung aus Dispersionslackfarbe,
nur für helle Farbtöne geeignet.

3.2.3.2.3 auf Aluminium und Aluminiumlegierungen

3.2.3.2.3.1 Alkydharzlackfarbe
- eine Grundbeschichtung aus Haftgrundbeschichtungsstoff,
- eine Schlußbeschichtung aus Alkydharzlackfarbe;

3.2.3.2.3.2 Reaktionslackfarbe auf der Basis von Polyisocyanatharz oder Epoxidharz
- eine Grundbeschichtung,
- eine Schlußbeschichtung;

3.2.3.2.3.3 Polymerisatharzlackfarbe, Dickschichtsystem
- eine Grundbeschichtung aus Haftgrundbeschichtungsstoff,
- eine Schlußbeschichtung aus Polymerisatharzlackfarbe.

3.2.3.3 Farblose Beschichtung auf Edelstahl und Aluminium ist mit 2-Komponentenlack einschichtig auszuführen.

3.2.4 auf Kunststoff

3.2.4.1 Kunststoff-Flächen sind zu reinigen und mit feinem Schleifvlies anzurauhen.

3.2.4.2 Die gereinigten Flächen sind mit einem Grundbeschichtungsstoff und einem Schlußbeschichtungsstoff zu beschichten. Der Auftragnehmer hat die Beschichtungsstoffe mit dem Angebot dem Auftraggeber bekannt zu geben, wenn sie in der Leistungsbeschreibung nicht vorgesehen sind.

3.2.5 Besondere Beschichtungsverfahren

3.2.5.1 Belegen mit Blattmetallen

Überzüge aus Blattmetallen sind auf vorbehandelten Untergründen gleichmäßig deckend herzustellen. Fehlstellen sind nachzuarbeiten. Überzüge aus Blattsilber und Schlagmetall sind mit einem farblosen Lack gegen Korrosion zu schützen.

3.2.5.2 Bronzieren

Die zu bronzierenden Flächen sind zu entfetten und zu reinigen. Die mit Bronzetinktur oder Lacken angesetzten Bronzen sind gleichmäßig aufzutragen.

3.2.5.3 Herstellen von Metalleffektlackierungen

Metalleffektlackierungen sind im Spritzverfahren auszuführen.

3.2.5.4 Brandschutzbeschichtungen

Schaumschutzbildende Brandschutzbeschichtungen sind entsprechend den Anforderungen des Brandschutzes auszuführen. Die Beschichtungsstoffe hat der Auftragnehmer mit dem Angebot dem Auftraggeber bekanntzugeben, wenn sie in der Leistungsbeschreibung nicht vorgesehen sind.

Über die ordnungsgemäße Herstellung der Brandschutzbeschichtung und/oder eine Kennzeichnung der Brandschutzbeschichtung ist dem Auftraggeber eine Abnahmebescheinigung zu liefern.
Auf die Brandschutzbeschichtung dürfen weitere Beschichtungen nicht aufgebracht werden.

3.2.5.5 Fahrbahnmarkierungen
Fahrbahnmarkierungen sind wie folgt auszuführen:
- Reinigen der zu behandelnden Flächen,
- Beschichten mit Fahrbahnmarkierungsstoff.

3.3 Überholungsbeschichtungen
Sie sind wie folgt auszuführen:

3.3.1 auf mineralischen Untergründen
3.3.1.1 Allgemeines
3.3.1.1.1 Beschichtungen aus Kalk, Kalk-Weißzement, Silikatfarben, Dispersionssilikatfarben und Silikat-Lasurfarben sind nur auf mineralischem Untergrund oder auf Beschichtungen mit mineralischen Beschichtungsstoffen auszuführen.

3.3.1.1.2 Leimfarbenanstriche dürfen weder mit Leimfarben noch mit anderen Beschichtungsstoffen beschichtet werden. Vorhandene Leimfarbenanstriche sind durch Abwaschen zu entfernen.

3.3.1.2 Vorbehandlung

3.3.1.2.1 Die vorhandene Beschichtung muß gut haften und tragfähig sein; sie ist zu reinigen, anzulaugen oder durch Schleifen aufzurauhen.
Gerissene und nicht festhaftende Beschichtungsteile und Tapeten sind zu entfernen. Der freigelegte Untergrund ist zu reinigen und gegebenenfalls aufzurauhen.

3.3.1.2.2 Bei schadhaftem Untergrund ist eine Vorbehandlung notwendig. Sind die erforderlichen Maßnahmen im Vertrag nicht vorgesehen, so sind sie besonders zu vereinbaren (siehe Abschnitt 4.2.1), z. B.:
- Putz
  Ausbessern schadhafter Putzstellen, Beispachteln der Übergänge, Fluatieren der ausgebesserten Stellen, Nachwaschen und Grundieren;
- Beton
  Ausbessern schadhafter Stellen in der Oberfläche, Grundieren nachgebesserter und nicht beschichteter Flächen;
- Gasbeton
  Ausbessern schadhafter Stellen in der Oberfläche, Grundieren nachgebesserter Stellen;
- Faserverstärkte Zementplatten
  Grundieren freigelegter Flächen, Beispachteln der Übergänge;

- Wärmedämmverbund-System, kunstharzbeschichtet
  Reinigen kunstharzbeschichteter Oberflächen mit Heißwasser-Hochdruckreiniger, Ausbessern schadhafter Stellen in der Oberfläche;
- Kunstharzputz nach DIN 18558
  Grundieren ausgebesserter Stellen mit wasserverdünnbarem Grundbeschichtungsstoff;
- Kalksandsteinmauerwerk
  Ausbessern schadhafter Stellen in der Oberfläche, Grundieren ausgebesserter Stellen.

3.3.1.3 Deckende Beschichtungen

3.3.1.3.1 Putz
- eine Zwischenbeschichtung nach den Abschnitten 3.2.1.2.1 bis 3.2.1.2.9,
- eine Schlußbeschichtung nach den Abschnitten 3.2.1.2.1 bis 3.2.1.2.9;

3.3.1.3.2 Beton
- eine erste Zwischenbeschichtung aus Polymerisatharz-Elastikfarbe,
- eine zweite Zwischenbeschichtung aus Polymerisatharz-Elastikfarbe,
- eine Schlußbeschichtung aus Polymerisatharz-Elastikfarbe;

3.3.1.3.3 Gasbeton
- eine Zwischenbeschichtung aus Gasbetonbeschichtungsstoff nach den Abschnitten 3.2.1.2.18 und 3.2.1.2.19;
- eine Schlußbeschichtung aus Gasbetonbeschichtungsstoff nach den Abschnitten 2.2.1.2.18 und 3.2.1.2.19;

3.3.1.3.4 Faserverstärkte Zementplatten
- eine Zwischenbeschichtung nach den Abschnitten 3.2.1.2.3, 3.2.1.2.6 und 3.2.1.2.10,
- eine Schlußbeschichtung nach den Abschnitten 3.2.1.2.3, 3.2.1.2.4, 3.2.1.2.6 und 3.2.1.2.10;

3.3.1.3.5 Wärmedämmverbund-System, kunstharzbeschichtet
- eine Grundbeschichtung,
- eine Zwischenbeschichtung aus gefüllter Dispersionsfarbe,
- eine Schlußbeschichtung aus gefüllter Dispersionsfarbe;

3.3.1.3.6 Kunstharzputz nach DIN 18558
- eine Zwischenbeschichtung aus gefüllter Dispersionsfarbe,
- eine Schlußbeschichtung aus gefüllter Dispersionsfarbe;

3.3.1.3.7 Kalksandsteinmauerwerk
- eine Zwischenbeschichtung nach den Abschnitten 3.2.1.2.6, 3.2.1.2.11,
- eine Schlußbeschichtung nach den Abschnitten 3.2.1.2.4, 3.2.1.2.6, 3.2.1.2.11.

3.3.1.4 Lasierende Beschichtungen
3.3.1.4.1 Beton
- eine Zwischenbeschichtung,
- eine Schlußbeschichtung nach den Abschnitten 3.2.1.3.1 bis 3.2.1.3.3.

3.3.2 auf Holz und Holzwerkstoffen
3.3.2.1 Vorbehandlung

3.3.2.1.1 Die vorhandene Beschichtung muß gut haften und tragfähig sein; sie ist zu reinigen, anzulaugen oder durch Schleifen aufzurauhen. Gerissene und nicht festhaftende Beschichtungsteile sind zu entfernen. Der freigelegte Untergrund ist zu reinigen und gegebenenfalls aufzurauhen.

3.3.2.1.2 Bei schadhaftem Untergrund ist eine Vorbehandlung notwendig. Sind die erforderlichen Maßnahmen im Vertrag nicht vorgesehen, so sind sie besonders zu vereinbaren (siehe Abschnitt 4.2.1), z. B.:
- Beischleifen der Übergänge zur Altbeschichtung,
- Grundieren mit Grundbeschichtungsstoffen von freigelegten und/oder abgewitterten Flächen, bei Nadelholz mit fungiziden, bläuepilzwidrigen Zusätzen,
- Ausspachteln von Fugen, Löchern und Rissen, ausgenommen Leistungen nach Abschnitt 4.1.7,
- Beispachteln der Übergänge,
- Entfernen von losem und schadhaftem Kitt der Kittfalze bei Fenstern und Außentüren, Grundieren freigelegter Teile und Ausbessern der Kittfalze.

3.3.2.2 Deckende Beschichtungen
- eine Zwischenbeschichtung nach den Abschnitten 3.2.2.2.1 bis 3.2.2.2.4,
- eine Schlußbeschichtung nach den Abschnitten 3.2.2.2.1 bis 3.2.2.2.4;

3.3.2.3 Lasierende Beschichtungen
- eine Zwischenbeschichtung nach den Abschnitten 3.2.2.3.1 bis 3.2.2.3.4,
- eine Schlußbeschichtung nach den Abschnitten 3.2.2.3.1 bis 3.2.2.3.4;

3.3.2.4 Farblose Innenbeschichtungen
- eine Zwischenbeschichtung nach den Abschnitten 3.2.2.4.1 bis 3.2.2.4.3,
- eine Schlußbeschichtung nach den Abschnitten 3.2.2.4.1 bis 3.2.2.4.3.

3.3.3 auf Metall
3.3.3.1 Vorbehandlung

3.3.3.1.1 Die vorhandene Beschichtung muß gut haften und tragfähig sein; sie ist zu reinigen, anzulaugen oder durch Schleifen aufzurauhen. Gerissene und nicht festhaftende Beschichtungsteile sind zu entfernen. Der freigelegte Untergrund ist zu reinigen, gegebenenfalls zu entrosten und aufzurauhen.

3.3.3.1.2 Bei schadhaftem Untergrund ist eine Vorbehandlung notwendig. Sind die erforderlichen Maßnahmen im Vertrag nicht vorgesehen, so sind sie besonders zu vereinbaren (siehe Abschnitt 4.2.1), z. B. bei:

- Stahl
  Entfernen von Rost,
  Grundieren freigelegter und entrosteter Stellen mit Korrosionsschutz-Grundbeschichtungsstoff,
  Beispachteln von Unebenheiten;
- Zink und verzinktem Stahl
  Entfernen von schlecht haftenden Teilen und von Korrosionsprodukten und Salzen,
  Grundieren freigelegter und entrosteter Stellen, bei freiliegendem Stahl mit Korrosionsschutz-Grundbeschichtungsstoff,
  Grundieren mit Grundbeschichtungsstoff für Zink;
- Aluminium und Aluminiumlegierungen
  Entfernen von Korrosionsprodukten und Salzen, Grundieren freigelegter Flächen mit Zweikomponenten-Grundbeschichtungsstoff.

3.3.3.2 Deckende Beschichtungen

3.3.3.2.1 Stahl
- eine Zwischenbeschichtung nach den Abschnitten 3.2.3.2.1.1 bis 3.2.3.2.1.12,
- eine Schlußbeschichtung nach den Abschnitten 3.2.3.2.1.1 bis 3.2.3.2.1.12;

3.3.3.2.2 Zink und verzinkter Stahl
- eine Zwischenbeschichtung,
- eine Schlußbeschichtung nach den Abschnitten 3.2.3.2.2.1 bis 3.2.3.2.2.5;

3.3.3.2.3 Aluminium und Aluminiumlegierungen
- eine Zwischenbeschichtung,
- eine Schlußbeschichtung nach den Abschnitten 3.2.3.2.3.1 bis 3.2.3.2.3.3.

3.3.4 auf Kunststoff

3.3.4.1 Vorbehandlung

3.3.4.1.1 Die vorhandene Beschichtung muß gut haften und tragfähig sein; sie ist zu reinigen und durch Schleifen aufzurauhen. Gerissene und nicht festhaftende Beschichtungsteile sind zu entfernen.
Übergänge zur Altbeschichtung sind beizuschleifen.

3.3.4.1.2 Bei schadhaftem Untergrund ist eine Vorbehandlung notwendig. Sind die erforderlichen Maßnahmen im Vertrag nicht vorgesehen, so sind sie besonders zu vereinbaren (siehe Abschnitt 4.2.1).

3.3.4.2 Deckende Beschichtungen

Die gereinigten Flächen sind mit einem Grundbeschichtungsstoff und einem Schlußbeschichtungsstoff zu beschichten.
Der Auftragnehmer hat die Beschichtungsstoffe mit dem Angebot dem Auftraggeber bekannt zu geben, wenn sie in der Leistungsbeschreibung nicht vorgesehen sind.

Maler- und Lackierarbeiten DIN 18363

3.4 Erneuerungsbeschichtungen
Sie sind wie folgt auszuführen:

3.4.1 Die vorhandenen Beschichtungen sind vollständig zu entfernen. Bei schadhaften Untergründen ist eine Ausbesserung notwendig. Sind die erforderlichen Maßnahmen im Vertrag nicht vorgesehen, so sind sie besonders zu vereinbaren (siehe Abschnitt 4.2.1).

3.4.2 Deckende, lasierende und farblose Beschichtungen sind wie Erstbeschichtungen nach Abschnitt 3.2 systemgerecht auszuführen.

4 Nebenleistungen, Besondere Leistungen

4.1 Nebenleistungen sind ergänzend zur ATV DIN 18299, Abschnitt 4.1, insbesondere:

4.1.1 Auf- und Abbauen sowie Vorhalten der Gerüste, deren Arbeitsbühnen nicht höher als 2 m über Gelände oder Fußboden liegen.

4.1.2 Maßnahmen zum Schutz von Bauteilen, z. B. von Fußböden, Treppen, Türen, Fenstern und Beschlägen, sowie von Einrichtungsgegenständen vor Verunreinigung und Beschädigung während der Arbeiten durch loses Abdecken, Abhängen oder Umwickeln einschließlich anschließender Beseitigung der Schutzmaßnahmen, ausgenommen Leistungen nach Abschnitt 4.2.5.

4.1.3 Aus- und Einhängen der Türen, Fenster, Fensterläden und dergleichen zur Bearbeitung sowie ihre Kennzeichnung zum Vermeiden von Verwechslungen.

4.1.4 Entfernen von Staub, Verschmutzungen und lose sitzenden Putz- und Betonteilen auf den zu behandelnden Untergründen, ausgenommen Leistungen nach Abschnitt 4.2.4.

4.1.5 Ausbessern einzelner kleiner Putz- und Untergrundbeschädigungen, ausgenommen Leistungen nach Abschnitt 4.2.1.

4.1.6 Schleifen von Holzflächen und – soweit erforderlich – von mineralischen Untergründen und Metallflächen zwischen den einzelnen Beschichtungen, sowie Feinsäubern der zu streichenden Flächen.

4.1.7 Verkitten einzelner kleiner Löcher und Risse, ausgenommen Leistungen nach Abschnitt 4.2.1.

4.1.8 Lüften der Räume, soweit und solange es für das Trocknen von Beschichtungen erforderlich ist.

4.1.9 Ansetzen von Musterflächen für die Schlußbeschichtung bis zu 2 % der zu beschichtenden Fläche, jedoch höchstens bis zu 3 Musterflächen.

4.2 Besondere Leistungen sind ergänzend zur ATV DIN 18299, Abschnitt 4.2, z. B.:

4.2.1 Zu vereinbarende Maßnahmen nach den Abschnitten 3.2.1.1, 3.2.1.2.6, 3.3.1.2.2, 3.3.2.1.2, 3.3.3.1.2, 3.3.4.1.2, 3.4.1.

4.2.2 Vorhalten von Aufenthalts- und Lagerräumen, wenn der Auftraggeber Räume, die leicht verschließbar gemacht werden können, nicht zur Verfügung stellt.

4.2.3 Auf- und Abbauen sowie Vorhalten der Gerüste, deren Arbeitsbühnen mehr als 2 m über Gelände oder Fußboden liegen.

4.2.4 Reinigen des Untergrundes von grober Verschmutzung, z. B. Gipsreste, Mörtelreste, Farbreste, Öl, soweit diese von anderen Unternehmern herrührt.

4.2.5 Besondere Maßnahmen zum Schutz von Bauteilen und Einrichtungsgegenständen, wie Abkleben von Fenstern und Türen, von eloxierten Teilen, Abdecken von Belägen, staubdichte Abdeckung von empfindlichen Einrichtungen und technischen Geräten, Schutzabdeckungen, Schutzanstriche, Staubwände u. ä. einschließlich Liefern der hierzu erforderlichen Stoffe.

4.2.6 Abkleben nicht entfernbarer Dichtungsprofile an Fenstern und Türzargen einschließlich der späteren Beseitigung des Schutzes.

4.2.7 Aus- und Einbauen von Dichtprofilen und Beschlagteilen an Fenstern, Türen, Zargen u. ä. auf besondere Anordnung des Auftraggebers.

4.2.8 Entfernen von Trennmittel-, Fett- oder Ölschichten.

4.2.9 Entfernen alter Anstrichschichten oder Tapezierungen.

4.2.10 Überbrücken von Putz- und Betonrissen mit Armierungsgewebe.

4.2.11 Verkitten von Fußbodenfugen.

4.2.12 Entrosten und Entfernen von Walzhaut und Zunder.

4.2.13 Ziehen von Abschlußstrichen, Schablonieren und Anbringen von Abschlußborten und dergleichen.

4.2.14 Absetzen von Beschlagteilen in einem besonderen Farbton an Türen, Fenstern, Fensterläden und dergleichen.

4.2.15 Mehrfarbiges Absetzen eines Bauteiles.

4.2.16 Reinigungsarbeiten, soweit sie über Abschnitt 4.1.11 der ATV DIN 18299 hinausgehen, z. B. Feinreinigung zum Herstellen der Bezugsfertigkeit.

Maler- und Lackierarbeiten　　　　　　　　　　　　　　　DIN 18363

4.2.17 Aus- und Einräumen oder Zusammenstellen von Möbeln und dergleichen, Aufnehmen von Teppichen, Abnehmen von Vorhangschienen, Lampen und Gardinen.

4.2.18 Transport von Türen, Fensterflügeln, Läden, Heizkörpern u. ä. auf besondere Anordnung des Auftraggebers.

5 Abrechnung

Ergänzend zur ATV DIN 18299, Abschnitt 5, gilt:

5.1 Allgemeines

5.1.1 Der Ermittlung der Leistung nach Zeichnungen sind zugrunde zu legen:
- auf Flächen ohne begrenzende Bauteile die Maße der ungeputzten, ungedämmten und nicht bekleideten Flächen,
- auf Flächen mit begrenzenden Bauteilen die Maße der zu behandelnden Flächen bis zu den sie begrenzenden, ungeputzten, ungedämmten beziehungsweise nicht bekleideten Bauteilen, z. B. Oberfläche einer aufgeständerten Fußbodenkonstruktion, Unterfläche einer abgehängten Decke,
- bei Fassaden die Maße der Bekleidung.

5.1.2 Der Ermittlung der Leistung nach Aufmaß sind die Maße des fertigen Bauteils, der fertigen Öffnung und Aussparung zugrunde zu legen.

5.1.3 Die Wandhöhen überwölbter Räume werden bis zum Gewölbeanschnitt, die Wandhöhe der Schildwände bis zu $2/3$ des Gewölbestichs gerechnet.

5.1.4 Bei der Flächenermittlung von gewölbten Decken mit einer Stichhöhe unter $1/6$ der Spannweite wird die Fläche des überdeckten Raumes berechnet. Gewölbe mit größerer Stichhöhe werden nach der Fläche der abgewickelten Untersicht gerechnet.

5.1.5 In Decken, Wänden, Decken- und Wandbekleidungen, Vorsatzschalen, Dämmungen, Dächern und Außenwandbekleidungen werden Öffnungen, Aussparungen und Nischen bis zu 2,5 m^2 Einzelgröße übermessen.

5.1.6 Fußleisten, Sockelfliesen und dergleichen bis 10 cm Höhe werden übermessen.

5.1.7 Rückflächen von Nischen werden unabhängig von ihrer Einzelgröße mit ihrem Maß gesondert gerechnet.

5.1.8 Öffnungen, Nischen und Aussparungen werden, auch falls sie unmittelbar zusammenhängen, getrennt gerechnet.

5.1.9 Gesimse, Umrahmungen und Faschen von Füllungen oder Öffnungen werden beim Ermitteln der Fläche übermessen.

Gesimse und Umrahmungen werden unter Angabe der Höhe und Ausladung, bei Faschen der Abwicklung, zusätzlich gerechnet. Sie werden in ihrer größten Länge gemessen.

5.1.10 Ganz oder teilweise behandelte Leibungen von Öffnungen, Aussparungen und Nischen über 2,5 m² Einzelgröße werden gesondert gerechnet. Leibungen, die bei bündig versetzten Fenstern, Türen und dergleichen durch Dämmplatten entstehen, werden ebenso gerechnet.

5.1.11 Rahmen, Riegel, Ständer, Deckenbalken, Vorlagen und Fachwerksteile aus Holz, Beton oder Metall bis 30 cm Einzelbreite werden übermessen; deren Beschichtung in anderem Farbton oder anderer Technik wird zusätzlich gerechnet.

5.1.12 Fenster, Türen, Trennwände, Bekleidungen und dergleichen werden je beschichtete Seite nach Fläche gerechnet; Glasfüllungen, kunststoffbeschichtete Füllungen oder Füllungen aus Naturholz und dergleichen werden übermessen.

5.1.13 Bei Türen und Blockzargen über 60 mm Dicke sowie Futter und Bekleidungen von Türen und Fenstern, Stahltürzargen und dergleichen wird die abgewickelte Fläche gerechnet.

5.1.14 Treppenwangen werden in der größten Breite gerechnet.

5.1.15 Die Untersichten von Dächern und Dachüberständen mit sichtbaren Sparren werden in der Abwicklung gerechnet.

5.1.16 Fenstergitter, Scherengitter, Rollgitter, Roste, Zäune, Einfriedungen und Stabgeländer werden einseitig gerechnet.

5.1.17 Rohrgeländer werden nach Länge der Rohre und deren Durchmesser gerechnet.

5.1.18 Flächen von Profilen, Heizkörpern, Trapezblechen, Wellblechen und dergleichen werden, soweit Tabellen vorhanden sind, nach diesen gerechnet. Sind Tabellen nicht vorhanden, wird nach abgewickelter Fläche gerechnet.

5.1.19 Bei Rohrleitungen werden Schieber, Flansche und dergleichen übermessen; Sie werden darüber hinaus gesondert gerechnet.

5.1.20 Werden Türen, Fenster, Rolläden und dergleichen nach Anzahl (Stück) gerechnet, bleiben Abweichungen von den vorgeschriebenen Maßen bis jeweils 5 cm in der Höhe und Breite sowie bis 3 cm in der Tiefe unberücksichtigt.

5.1.21 Dachrinnen werden am Wulst, Fallrohre unabhängig von ihrer Abwicklung im Außenbogen gemessen.

5.2 Es werden abgezogen:

5.2.1 Bei Abrechnung nach Flächenmaß (m^2):

Öffnungen, Aussparungen und Nischen über 2,5 m^2 Einzelgröße, in Böden über 0,5 m^2 Einzelgröße.

5.2.2 Bei Abrechnung nach Längenmaß (m):

Unterbrechungen über 1 m Einzellänge.

VOB Teil C:
Allgemeine Technische Vertragsbedingungen für Bauleistungen (ATV) Korrosionsschutzarbeiten an Stahl- und Aluminiumbauten DIN 18364
Ausgabe Juni 1996

Inhalt

0 Hinweise für das Aufstellen der Leistungsbeschreibung

1 Geltungsbereich

2 Stoffe, Bauteile

3 Ausführung

4 Nebenleistungen, Besondere Leistungen

5 Abrechnung

0 Hinweise für das Aufstellen der Leistungsbeschreibung

Diese Hinweise ergänzen die ATV DIN 18299 "Allgemeine Regelungen für Bauarbeiten jeder Art", Abschnitt 0. Die Beachtung dieser Hinweise ist Voraussetzung für eine ordnungsgemäße Leistungsbeschreibung gemäß A § 9.
Die Hinweise werden nicht Vertragsbestandteil.
In der Leistungsbeschreibung sind nach den Erfordernissen des Einzelfalls insbesondere anzugeben:

0.1 Angaben zur Baustelle
Keine ergänzende Regelung zur ATV DIN 18299, Abschnitt 0.1.

0.2 Angaben zur Ausführung

0.2.1 *Besondere Anforderungen an die Gerüste, z. B. Einhausungen.*

0.2.2 *Bauseitiges Bereitstellen von Gerüsten und dergleichen, z. B. zur Belüftung, Lufttrocknung, Beheizung.*

0.2.3 *Art und Konstruktion der Bauteile und Bauten, z. B.*
- *Brücken, Krane, Behälter, Masten,*
- *Vollwand- oder Fachwerkkonstruktionen, tragende dünnwandige Konstruktionen,*
- *genietete, geschraubte oder geschweißte Konstruktionen,*
- *Art und Umfang der Montageverbindungen,*

Korrosionsschutzarbeiten an Stahl- und Aluminiumbauten DIN 18364

- Spaltbreite bei Konstruktionen aus zusammengesetzten Profilen,
- Stahlgüte, soweit sie für die Oberflächenvorbereitung von Bedeutung ist.

0.2.4 Beschaffenheit der Oberfläche, z. B.

- bei Stahl der Rostgrad,
- bei Altbeschichtungen deren Alter und Art mit Angabe eventuell enthaltener Schadstoffe, Aufbau, Haftfestigkeit, ungefähre Schichtdicke, Rostgrad und Grad der Unterrostung (DIN 55928-4, Abschnitt 3),
- bei verzinkten Oberflächen Art und Umfang der Schädigung der Zinkschicht, z. B. Weißrost,
- bei Aluminiumoberflächen die Beschaffenheit entsprechend DIN 4113-1,
- bei Brandschutzbeschichtungen Art und Stoff der vorhandenen Untergrundvorbehandlung.

0.2.5 Zu erwartende Belastungen des Korrosionsschutzsystems (siehe DIN 55928-1), z. B. durch Art, Intensität und Dauer mechanischer, chemischer und thermischer Belastung, Feuchtigkeit.

0.2.6 Verträglichkeit der Beschichtung mit Trinkwasser und Lebensmitteln.

0.2.7 Art der Vorbereitung und der Nachbearbeitung der Beschichtung der Verbindungsstellen.

0.2.8 Anteil von schadhaften und nachzubearbeitenden Stellen, z. B. in % der Gesamtfläche.

0.2.9 Art und Umfang der Prüfungen der nassen und der trockenen Schichten, sowie Anzahl der Meßstellen je 100 m^2 Beschichtungsfläche nach DIN 55928-6.

0.2.10 Anzahl und Größe der Kontrollflächen nach DIN 55928-7.

0.2.11 Art, Anzahl und Größe geforderter Musterbeschichtungen, z. B. zur Festlegung des Farbtons.

0.2.12 Art, Umfang und Farbtöne der zu verwendenden Beschichtungsstoffe bei unterschiedlich zu behandelnden Flächen.

0.2.13 Art der Abrechnung bei nicht genormten Bauteilen; bei Spundwänden und profilierten Blechen Angabe der Maße (Abwicklung).

0.2.14 Das ungefähre Verhältnis der zu behandelnden Fläche (m^2) zum Gewicht (t) der zu behandelnden Konstruktion, wenn die Korrosionsschutzarbeiten nach Gewicht abgerechnet werden sollen.

0.3 Einzelangaben bei Abweichungen von den ATV

0.3.1 Wenn andere als die in dieser ATV vorgesehenen Regelungen getroffen werden sollen, sind diese in der Leistungsbeschreibung eindeutig und im einzelnen anzugeben.

0.3.2 Abweichende Regelungen können insbesondere in Betracht kommen bei

Abschnitt 3.1.2, wenn der Auftragnehmer die Verfahren zur Vorbereitung der Oberflächen und für die Applikation nicht auswählen, sondern wenn ein bestimmtes Verfahren angewendet werden soll,

Abschnitt 3.2.1.1, wenn ein anderer Norm-Reinheitsgrad als Sa 2 $^1/_2$,nach DIN 55928-4 vorgegeben werden soll,

Abschnitt 3.2.1.2, wenn dem Auftragnehmer die Auswahl der geeigneten Beschichtungsstoffe überlassen werden soll,

Abschnitt 3.2.2.1, wenn ein anderer Norm-Reinheitsgrad als PMa nach DIN 55928-4 vorgegeben werden soll.

Abschnitt 3.2.2.2, wenn eine andere Zahl von Deckbeschichtungen ausgeführt werden soll.

0.4 Einzelangaben zu Nebenleistungen und Besonderen Leistungen

Keine ergänzende Regelung zur ATV DIN 18299, Abschnitt 0.4.

0.5 Abrechnungseinheiten

Im Leistungsverzeichnis sind die Abrechnungseinheiten wie folgt vorzusehen:

0.5.1 Flächenmaß (m^2), getrennt nach Bauart und Maßen, für
- Vollwandkonstruktionen und Fachwerkkonstruktionen aus Profilen mit einem Umfang von mehr als 90 cm,
- Fenster, Türen, Tore und dergleichen,
- Rohre mit einem Umfang von mehr als 90 cm,
- Behälter, Spundwände und profilierte Bleche,
- Geländer,
- Abdeckbleche, Gitterroste und dergleichen.

0.5.2 Längenmaß (m), getrennt nach Bauart und Maßen, für
- Profile und Teilflächen von Profilen mit einem Umfang bis 90 cm,
- Rohre mit einem Umfang bis 90 cm,
- Geländer,
- zusätzliche Beschichtung der Kanten, Schweißnähte und dergleichen.

0.5.3 Anzahl (Stück), getrennt nach Bauart und Maßen, für
- Behälter, Abdeckbleche, Roste, Gitter,
- Fenster, Türen, Tore und dergleichen,
- Befestigungen, z. B. Unterstützungen, Rohrschellen, Abhängungen,
- zusätzliche Beschichtung der Verbindungsmittel, z. B. Schrauben,
- Armaturen einschließlich Flanschpaare, Flansche und dergleichen.

0.5.4 Gewicht (t) für
- Konstruktionen oder getrennt erfaßbare Konstruktionsteile.

1 Geltungsbereich

1.1 Die ATV "Korrosionsschutzarbeiten an Stahl- und Aluminiumbauten" – DIN 18364 – gilt für das Beschichten und thermische Spritzen von Metallen an Konstruktionen aus Stahl oder Aluminium, die einer Festigkeitsberechnung oder bauaufsichtlichen Zulassung bedürfen.
Bei anderen Konstruktionen und Bauteilen aus Stahl und Aluminium gilt DIN 18364 nur, wenn diese in der Leistungsbeschreibung vorgeschrieben ist.

1.2 Ergänzend gelten die Abschnitte 1 bis 5 der ATV DIN 18299 "Allgemeine Regelungen für Bauarbeiten jeder Art".
Bei Widersprüchen gehen die Regelungen der ATV DIN 18364 vor.

2 Stoffe

Ergänzend zur ATV DIN 18299, Abschnitt 2, gilt:
Für die gebräuchlichsten genormten Stoffe und Bauteile sind die DIN-Normen nachstehend aufgeführt.

2.1 Anforderungen

DIN 4113-1	Aluminiumkonstruktionen unter vorwiegend ruhender Belastung – Berechnung und bauliche Durchbildung
DIN 55928-5	Korrosionsschutz von Stahlbauten durch Beschichtungen und Überzüge – Beschichtungsstoffe und Schutzsysteme
DIN EN 22063	Metallische und andere anorganische Schichten – Thermisches Spritzen – Zink, Aluminium und ihre Legierungen (ISO 2063 : 1991); Deutsche Fassung EN 22063 : 1993

2.2 Gebinde

Auf den Gebinden der Beschichtungsstoffe müssen folgende Angaben unverschlüsselt und haltbar angebracht sein:
- Hersteller,
- Beschichtungsstoff, eigenschaftsbestimmendes Bindemittel und Pigment,
- Farbton, Verdünnungsmittel,
- Härter und Mischungsverhältnis bei Mehrkomponenten-Beschichtungsstoffen,
- Verwendungszweck, z. B. für erste Grundbeschichtung,
- Nettogewicht,
- Chargen-Nummer,
- Jahr und Monat der Abfüllung, Herstelldatum, Verfallsdatum,
- Abfallschlüssel,
- Kennzeichnung entsprechend der Verordnung über gefährliche Stoffe (Gefahrstoffverordnung – GefStoffV).

DIN 18364 VOB Teil C

3 Ausführung

Ergänzend zur ATV DIN 18299, Abschnitt 3, gilt:

3.1 Allgemeines

3.1.1 Der Auftragnehmer hat bei seiner Prüfung Bedenken (siehe B § 4 Nr 3) insbesondere geltend zu machen bei
- grober Verschmutzung der Oberfläche,
- nicht ausreichender Haftung vorhandener Beschichtungen oder Überzüge,
- nicht ausreichender Durchhärtung vorhandener Beschichtungen,
- Rissen, Blasen u. ä. in vorhandenen Beschichtungen oder Überzügen,
- ungeeigneten Witterungsbedingungen.

3.1.2 Die Verfahren zur Vorbereitung der Oberfläche und für die Applikation hat der Auftragnehmer auszuwählen und dem Auftraggeber vor der Ausführung bekanntzugeben.

3.2 Korrosionsschutzarbeiten an Stahl

3.2.1 Allgemeines

Für die Ausführung gelten insbesondere:

DIN 8567	Vorbereitung von Oberflächen metallischer Werkstücke und Bauteile für das thermische Spritzen
DIN 55928-4	Korrosionsschutz von Stahlbauten durch Beschichtungen und Überzüge; Vorbereitung und Prüfung der Oberflächen
DIN 55928-4 Bbl 1	Photographische Vergleichsmuster
DIN 55928-4 Bbl 2	Photographische Beispiele für maschinelles Schleifen auf Teilbereichen (Norm-Reinheitsgrad PMa)
DIN 55928-5	Korrosionsschutz von Stahlbauten durch Beschichtungen und Überzüge – Beschichtungsstoffe und Schutzsysteme
DIN 55928-6	Korrosionsschutz von Stahlbauten durch Beschichtungen und Überzüge – Ausführung und Überwachung der Korrosionsschutzarbeiten
DIN 55928-7	Korrosionsschutz von Stahlbauten durch Beschichtungen und Überzüge – Technische Regeln für Kontrollflächen
DIN 55928-8	Korrosionsschutz von Stahlbauten durch Beschichtungen und Überzüge – Korrosionsschutz von tragenden dünnwandigen Bauteilen (Stahlleichtbau)
DIN EN 22063	Metallische und andere organische Schichten – Thermisches Spritzen – Zink, Aluminium und ihre Legierungen (ISO 2063 : 1991); Deutsche Fassung EN 22063 : 1993

3.2.2 Erstbeschichtung

3.2.2.1 Die Oberfläche ist nach Norm-Reinheitsgrad Sa $2\frac{1}{2}$ gemäß DIN 55928-4 vorzubereiten.

3.2.2.2 Bei Erstbeschichtungen sind zwei Grundbeschichtungen und zwei Deckbeschichtungen auszuführen.

Die Beschichtungen sind auf der Grundlage der durch den Auftraggeber vorgegebenen Anforderungen und der Art des Beschichtungsstoffes gemäß DIN 55928-5 auszuführen.

3.2.3 Überholungsbeschichtung

3.2.3.1 Die gesamte Beschichtungsfläche ist zu reinigen, beschädigte Bereiche sind nach Norm-Reinheitsgrad PMa gemäß DIN 55928-4 vorzubereiten und mit zwei Grundbeschichtungen systemgerecht zu versehen.

3.2.3.2 Bei Überholungsbeschichtungen sind zwei Deckbeschichtungen systemgerecht ganzflächig auszuführen.

3.2.4 Erneuerungsbeschichtung

Erneuerungsbeschichtungen sind wie Erstbeschichtungen gemäß Abschnitt 3.2.2 auszuführen.

3.3 Korrosionsschutzarbeiten an verzinkten Oberflächen

Korrosionsschutzarbeiten an verzinkten Oberflächen sind gemäß DIN 55928-5 auszuführen.

3.4 Korrosionsschutzarbeiten an Aluminium

Korrosionsschutzarbeiten an Aluminium sind gemäß DIN 4113-1 auszuführen.

3.5 Kontrollflächen

3.5.1 Sind nach der Leistungsbeschreibung Kontrollflächen anzulegen, so hat der Auftragnehmer deren Lage am Objekt und den Zeitpunkt des Anlegens mit dem Auftraggeber abzustimmen.

3.5.2 Der Auftragnehmer ist berechtigt, innerhalb seiner Leistung Kontrollflächen zur Klärung von Schadensursachen gegenüber dem Stofflieferanten gemeinsam mit diesem ohne Hinzuziehung des Auftraggebers anzulegen. Lage am Objekt und Zeitpunkt des Anlegens sind jedoch mit dem Auftraggeber abzustimmen.

3.5.3 Kontrollflächen auf Stahl sind nach DIN 55928-7 anzulegen. Bei Beschichtungen von Oberflächen, die vorher von Dritten mit Fertigungs- und/oder Grund- und Deckbeschichtungen versehen wurden, sind Doppelkontrollflächen anzulegen.

3.6 Brandschutzbeschichtungen

Brandschutzbeschichtungen sind entsprechend dem Zulassungsbescheid des Deutschen Instituts für Bautechnik, Berlin (DIBt) auszuführen. Die Beschichtungsstoffe hat der Auftragnehmer mit dem Angebot dem Auftraggeber bekanntzugeben, wenn sie in der Leistungsbeschreibung nicht vorgeschrieben sind. Die vorschriftsmäßige Herstellung der Brandschutzbeschichtung ist schriftlich zu bestätigen und über die durchgeführte Beschichtung eine Kennzeichnung anzubringen.

Auf die Brandschutzbeschichtung dürfen weitere Beschichtungen nicht aufgebracht werden.

4 Nebenleistungen, Besondere Leistungen

4.1 Nebenleistungen sind ergänzend zur ATV DIN 18299, Abschnitt 4.1, insbesondere:

4.1.1 Feststellen des Zustandes der Straßen, der Geländeoberfläche, der Vorfluter und dergleichen (siehe B § 3 Nr 4).

4.1.2 Auf- und Abbauen sowie Vorhalten der Gerüste, deren Arbeitsbühnen nicht höher als 2 m über Gelände oder Fußboden liegen.

4.1.3 Maßnahmen zum Schutz von Bauteilen und von Einrichtungsgegenständen vor Verunreinigung und Beschädigung während der Arbeiten durch loses Abdecken, Abhängen oder Umwickeln einschließlich anschließender Beseitigung der Schutzmaßnahmen, ausgenommen Leistungen nach Abschnitt 4.2.5.

4.1.4 Entfernen von Staub und loser Verschmutzung auf den zu behandelnden Untergründen.

4.1.5 Anlegen von Kontrollflächen nach DIN 55928-7.

4.1.6 Aufbringen von höchstens fünf Musterbeschichtungen, sofern Gerüstarbeiten – außer nach Abschnitt 4.1.2 – dafür nicht erforderlich sind und das einzelne Muster nicht größer als 2 m^2 ist; insgesamt jedoch höchstens 1 % der zu beschichtenden Gesamtfläche.

4.1.7 Kennzeichnen der Beschichtung nach DIN 55928-6.

4.2 Besondere Leistungen sind ergänzend zur ATV DIN 18299, Abschnitt 4.2, z. B.:

4.2.1 Beseitigen von Sträuchern, Bäumen, Steinen und Mauerresten.

4.2.2 Reinigen des Untergrundes von grober Verschmutzung, z. B. Gipsreste, Mörtelreste, Öl, Farbreste, soweit diese von anderen Unternehmern herrührt.

4.2.3 Auf- und Abbauen sowie Vorhalten der Gerüste, deren Arbeitsbühnen höher als 2 m über Gelände oder Fußboden liegen.

4.2.4 Zusätzliche Maßnahmen für die Weiterarbeit auf Verlangen des Auftraggebers bei Witterungsbedingungen, die von den Angaben in der Verarbeitungsvorschrift des Herstellers abweichen, z. B. Abdecken, Einzelten, Erwärmen der Oberfläche, Trocknen der Luft.

4.2.5 Besondere Maßnahmen zum Schutz von Bauteilen, Geräten, Einrichtungsgegenständen und Personen, z. B. durch Planen, Schutzwände, Einhausungen, Schutzgeländer und Abkleben, Einsatz von Absauganlagen, Heizgeräte oder Filteranlagen, Umleitung von Wasser.

Korrosionsschutzarbeiten an Stahl- und Aluminiumbauten DIN 18364

4.2.6 Beseitigen und Entsorgen verfahrensbedingter Vermischungen und Abfall aus dem Bereich des Auftraggebers, z. B. bei Strahlarbeiten.

4.2.7 Vorhalten von Aufenthalts-, Sozial- und Lagerräumen, wenn der Auftraggeber Räume, die leicht verschließbar gemacht werden können, nicht zur Verfügung stellt.

4.2.8 Entfernen und Wiederaufbringen von Rosten, Belägen, Abdeckplatten und dergleichen.

4.2.9 Entölen von Schraubverbindungen.

4.2.10 Zusätzliche Beschichtung der Kanten, Schweißnähte und Verbindungsmittel, z. B. Schrauben, Niete.

4.2.11 Beschichten von Armaturen einschließlich Flanschpaare, Flansche.

5 Abrechnung
Ergänzend zur ATV DIN 18299, Abschnitt 5, gilt:

5.1 Allgemeines

5.1.1 Der Ermittlung der Leistung – gleichgültig, ob sie nach Zeichnung oder Aufmaß erfolgt – sind, getrennt nach Korrosionsschutzsystemen, die Maße der behandelten Flächen zugrunde zu legen.

5.1.2 Bei Ermittlung der Leistung sind für genormte Teile die Tabellen oder die Stücklisten zugrunde zu legen.

5.1.3 Längen, auch zur Flächenermittlung, werden mit den jeweils größten Maßen ermittelt, z. B. bei Rohren das Maß des Außenbogens.

5.1.4 Bei Abrechnung nach Längenmaß werden Kreuzungen, Überdeckungen, Durchdringungen u. ä. übermessen.

5.1.5 Bei Abrechnung nach Längenmaß werden bei Rohrleitungen Armaturen, Flansche und dergleichen übermessen.

5.1.6 Bei Abrechnung nach Flächenmaß wird die Fläche von Geländern, Rosten und Gittern nur einseitig (Ansichtsfläche) gerechnet.

5.1.7 Bei Abrechnung nach Gewicht wird das Gewicht von Teilen, deren Flächen ganz oder teilweise nicht zu behandeln sind, z. B. bei einbetonierten Stützenfüßen, nicht abgezogen.

5.1.8 Werden Tore, Türen, Fenster und dergleichen nach Anzahl (Stück) gerechnet, bleiben Abweichungen von den vorgeschriebenen Maßen bis jeweils 5 cm in der Höhe und Breite, sowie bis 3 cm in der Tiefe unberücksichtigt.

5.1.9 Armaturen werden einschließlich der Flanschpaare, Flansche zusätzlich gerechnet.

5.1.10 Bei der Berechnung der zu behandelnden Fläche nach Gewicht ist zugrunde zu legen:
- bei genormten Profilen das Gewicht nach DIN-Norm,
- bei anderen Profilen das Gewicht aus dem Profilbuch des Herstellers,
- bei Blechen und Bändern je 1 mm Dicke
- aus Stahl das Gewicht von   7,85 kg/m^2
- aus Edelstahl das Gewicht von   7,90 kg/m^2
- aus Aluminium das Gewicht von   2,70 kg/m^2.

Verbindungsmittel, z. B. Schrauben, Niete, Schweißnähte bleiben unberücksichtigt.

5.2 Es werden abgezogen:

5.2.1 Bei Abrechnung nach Flächenmaß (m^2):

Überdeckungen, Aussparungen, z. B. Öffnungen, Durchdringungen über 0,1 m^2 Einzelgröße.

5.2.2 Bei Abrechnung nach Längenmaß (m):

Unterbrechungen über 1 m Einzellänge.

VOB Teil C:
Allgemeine Technische Vertragsbedingungen für Bauleistungen (ATV)
Bodenbelagarbeiten – DIN 18365
Ausgabe Dezember 1992

Inhalt

0 Hinweise für das Aufstellen der Leistungsbeschreibung
1 Geltungsbereich
2 Stoffe, Bauteile
3 Ausführung
4 Nebenleistungen, Besondere Leistungen
5 Abrechnung

0 Hinweise für das Aufstellen der Leistungsbeschreibung

Diese Hinweise ergänzen die ATV DIN 18 299 „Allgemeine Regelungen für Bauarbeiten jeder Art", Abschnitt 0. Die Beachtung dieser Hinweise ist Voraussetzung für eine ordnungsgemäße Leistungsbeschreibung gemäß A § 9.
Die Hinweise werden nicht Vertragsbestandteil.
In der Leistungsbeschreibung sind nach den Erfordernissen des Einzelfalls insbesondere anzugeben:

0.1 Angaben zur Baustelle
Keine ergänzende Regelung zur ATV DIN 18 299, Abschnitt 0.1.

0.2 Angaben zur Ausführung

0.2.1 Art und Beschaffenheit des Untergrundes, Art und Dicke der einzelnen Schichten.

0.2.2 Besondere thermische Einflüsse und Feuchtigkeitseinwirkungen auf den Untergrund von unten nach oben sowie von außen nach innen.

0.2.3 Bei beheizten Fußbodenkonstruktionen Art der Heizung, Art und Dicke des Untergrundes, Lage der Heizrohre und Heizelemente, Ausführung von Bewegungsfugen.

0.2.4 Art und Vorbehandlung der Untergrundoberflächen, z.B. Bürsten, Schleifen, Saugen, Vorstreichen, ganzflächiges Spachteln.

0.2.5 Farbtönung, Flächenaufteilung, Oberflächenbeschaffenheit, Dicke, Verwendungszweck, besondere Eigenschaften der Bodenbeläge, z.B. Stuhlrolleneignung, Feuchtraumeignung, zusätzlich bei textilen Belägen Strapazierwert, Komfortwert, Treppeneignung.

0.2.6 Besondere Anforderungen an die Bodenbeläge, z. B. bei hoher mechanischer, thermischer und chemischer Einwirkung oder ob die Bodenbeläge elektrisch isolierend oder elektrisch leitfähig bzw. antistatisch oder permanent antistatisch ausgerüstet sein und dementsprechend verlegt werden sollen, ob auf Unterlage verlegt oder ob textile Beläge auf Nagelleisten verspannt sein sollen.

0.2.7 Art und Ausbildung der Anschlüsse an Bauwerke und Bauwerksteile.

0.2.8 Bewegungsfugen im Bauwerk.

0.2.9 Art und Anzahl der geforderten Probeflächen.

0.2.10 Ob Proben der Belagstoffe mit Angabe des Herstellers dem Angebot beizufügen sind.

0.2.11 Verlegemuster, z. B. Verlauf von Fugen, Platten und Bahnenware.

0.2.12 Art und Beschaffenheit vorhandener Einfassungen.

0.2.13 Vom Rechteck abweichende Form der zu belegenden Flächen, z. B. schiefwinklige Flächen, runde Flächen, Treppen und dergleichen.

0.2.14 Art der Treppen, Ausbildung der zu belegenden Stufen, der Treppensockel, wenn nötig unter Beifügung von Zeichnungen.

0.2.15 Angaben über vorhandenes Gefälle.

0.2.16 Anzahl, Maße und Art von Aussparungen, Rohrdurchführungen, Rahmen, Trenn- und Anschlagschienen u. ä.

0.2.17 Art einzubauender Leisten und anderer Bauprofile.

0.2.18 Lage von nicht erkennbaren Leitungen, Rohren usw. im Boden- und Wandbereich.

0.2.19 Ob Bestandspläne zu erstellen sind.

0.3 Einzelangaben bei Abweichungen von den ATV

0.3.1 Wenn andere als die in dieser ATV vorgesehenen Regelungen getroffen werden sollen, sind diese in der Leistungsbeschreibung eindeutig im einzelnen anzugeben.

0.3.2 Abweichende Regelungen können insbesondere in Betracht kommen bei

Abschnitt 3.2, wenn erhöhte Anforderungen an die Ebenheit vorgeschrieben werden sollen,

Abschnitt 3.4.1, wenn Bodenbeläge mit Unterlagen verlegt werden sollen,

Abschnitt 3.4.3, wenn Bodenbeläge nicht vollflächig geklebt werden sollen, sondern z. B. gespannt,

Abschnitt 3.4.4, wenn die Verlegerichtung der Bahnen dem Auftragnehmer nicht überlassen werden soll,

Abschnitt 3.4.6, wenn Bodenflächen von Türöffnungen, Nischen und dergleichen entgegen der vorgesehenen Regelung verlegt werden sollen,

Abschnitt 3.4.7, wenn Kunststoffbeläge verschweißt verlegt werden sollen,

Abschnitt 3.4.8, wenn Linoleum- und Gummibeläge verfugt verlegt werden sollen,

Abschnitt 3.4.9, wenn die Kanten von textilen Bodenbelägen in Bahnen nicht geschnitten werden sollen,

Abschnitt 3.5.2, wenn Treppenstoßkanten und andere Stoßkanten nicht durch Kleben befestigt werden sollen, sondern z. B. durch Schrauben.

0.4 Einzelangaben zu Nebenleistungen und Besonderen Leistungen

Keine ergänzende Regelung zur ATV DIN 18 299, Abschnitt 0.4.

0.5 Abrechnungseinheiten

Im Leistungsverzeichnis sind die Abrechnungseinheiten wie folgt vorzusehen:

Bodenbelagarbeiten   DIN 18365

0.5.1 Flächenmaß (m^2), getrennt nach Bauart und Maßen, für
- Vorbereiten des Untergrundes, z. B. Reinigen, Spachteln, Schleifen,
- Unterlagen, Bodenbeläge und Schutzabdeckungen,
- Verschweißen und Verfugen.

0.5.2 Längenmaß (m), getrennt nach Bauart und Maßen, für
- Abschneiden von Wand-Randstreifen und Abdeckungen,
- Bodenbeläge von Stufen und Schwellen,
- Leisten, Profile, Kanten, Schienen,
- Friese, Kehlen, Beläge von Kehlen und Markierungslinien,
- Verschweißen und Verfugen,
- Anarbeiten der Bodenbeläge an Einbauteile und Einrichtungsgegenstände,
- Schließen von Fugen.

0.5.3 Anzahl (Stück), getrennt nach Bauart und Maßen, für
- Bodenbeläge von Stufen und Schwellen,
- seitliche Stufen-Profile,
- Intarsien und Einzelmarkierungen,
- Abschluß- und Trennschienen,
- vorgefertigte Innen- und Außenecken bei Sockelleisten,
- Anarbeiten von Bodenbelägen in Räumen mit besonderen Installationen, z. B. Rohrdurchführungen, Einbauteile, Einrichtungsgegenstände.

1 Geltungsbereich

1.1 Die ATV „Bodenbelagarbeiten" – DIN 18 365 – gilt für Bodenbeläge in Bahnen und Platten aus Linoleum, Kunststoff, Gummi und Textilien.

1.2 Die ATV DIN 18 365 gilt nicht für
- Naturwerksteinbeläge (siehe ATV DIN 18 332 „Naturwerksteinarbeiten"),
- Betonwerksteinbeläge (siehe ATV DIN 18 333 „Betonwerksteinarbeiten"),
- Fliesen- und Plattenbeläge (siehe ATV DIN 18 352 „Fliesen- und Plattenarbeiten"),
- Estriche (siehe ATV DIN 18 353 „Estricharbeiten"),
- Asphaltbeläge (siehe ATV DIN 18 354 „Gußasphaltarbeiten"),
- Parkettfußböden (siehe ATV DIN 18 356 „Parkettarbeiten") und
- Holzpflasterarbeiten (siehe ATV DIN 18 367 „Holzpflasterarbeiten").

1.3 Ergänzend gelten die Abschnitte 1 bis 5 der ATV DIN 18 299 „Allgemeine Regelungen für Bauarbeiten jeder Art". Bei Widersprüchen gehen die Regelungen der ATV DIN 18 365 vor.

2 Stoffe, Bauteile

Ergänzend zur ATV DIN 18 299, Abschnitt 2, gilt:
Für die gebräuchlichsten genormten Stoffe und Bauteile sind die DIN-Normen nachstehend aufgeführt.

2.1 Bodenbeläge

DIN 16 850	Bodenbeläge; Homogene und heterogene Elastomer-Beläge, Anforderungen, Prüfung
DIN 16 851	Bodenbeläge; Elastomer-Beläge mit Unterschicht aus Schaumstoff; Anforderungen, Prüfung
DIN 16 852	Bodenbeläge; Elastomer-Beläge mit profilierter Oberfläche, Anforderungen, Prüfung
DIN 16 951	Bodenbeläge; Polyvinylchlorid (PVC)-Beläge ohne Träger, Anforderungen, Prüfung
DIN 16 952 Teil 1	Bodenbeläge; Polyvinylchlorid (PVC)-Beläge mit Träger, PVC-Beläge mit genadeltem Jutefilz als Träger, Anforderungen, Prüfung
DIN 16 952 Teil 2	Bodenbeläge; Polyvinylchlorid (PVC)-Beläge mit Träger, PVC-Beläge mit Korkment als Träger, Anforderungen, Prüfung
DIN 16 952 Teil 3	Bodenbeläge; Polyvinylchlorid (PVC)-Beläge mit Träger, PVC-Beläge mit Unterschicht aus PVC-Schaumstoff, Anforderungen, Prüfung
DIN 16 952 Teil 4	Bodenbeläge; Polyvinylchlorid (PVC)-Beläge mit Träger, PVC-Beläge mit Synthesefaser-Vliesstoff als Träger, Anforderungen, Prüfung
DIN 16 952 Teil 5	Bodenbeläge; Polyvinylchlorid (PVC)-Beläge mit Träger, PVC-Schaumbeläge mit strukturierter Oberfläche und heterogenem Aufbau, Anforderungen, Prüfung
DIN 18 171	Bodenbeläge; Linoleum, Anforderungen, Prüfung
DIN 18 173	Bodenbeläge; Linoleum-Verbundbelag, Anforderungen, Prüfung
DIN 66 095 Teil 1	Textile Bodenbeläge; Produktbeschreibung; Merkmale für die Produktbeschreibung
DIN 66 095 Teil 2	Textile Bodenbeläge; Produktbeschreibung; Strapazierwert und Komfortwert für Polteppiche; Einstufung, Prüfung, Kennzeichnung
DIN 66 095 Teil 3	Textile Bodenbeläge; Produktbeschreibung; Strapazierwert und Komfortwert für Nadelvlieserzeugnisse; Einstufung, Prüfung, Kennzeichnung
DIN 66 095 Teil 4	Textile Bodenbeläge; Produktbeschreibung; Zusatzeignungen; Einstufung, Prüfung, Kennzeichnung.

Farbabweichungen gegenüber Proben dürfen nur geringfügig sein.

2.2 Klebstoffe

Klebstoffe müssen so beschaffen sein, daß durch sie eine feste und dauerhafte Verbindung erreicht wird. Sie dürfen Bodenbelag, Unterlagen und Untergrund nicht nachteilig beeinflussen und nach der Verarbeitung keine Belästigung durch Geruch hervorrufen.

2.3 Unterlagen

Unterlagen, z. B. Korkfilzpappen, Korkment, Holzspanplatten, Schaumstoffe, Gummimatten müssen für die vorgesehenen Klebstoffe einen guten Haftgrund bilden. Sie dürfen nicht zerfallen, ihr Gefüge nicht verändern und nicht faulen. Sie dürfen Klebstoffe und den Untergrund nicht nachteilig beeinflussen.

2.4 Vorstriche, Spachtel- und Ausgleichsmassen

Vorstriche, Spachtel- und Ausgleichsmassen müssen sich fest und dauerhaft mit dem Untergrund verbinden, einen Haftgrund für den Klebstoff ergeben und so beschaffen sein, daß der Bodenbelag darauf ohne Formveränderungen liegt. Sie dürfen Untergrund, Unterlage, Klebstoff und Bodenbelag nicht nachteilig beeinflussen. Spachtel- und Ausgleichsmassen für spezielle Einsatzgebiete müssen für den jeweiligen Verwendungszweck, z. B. Stuhlrollen, Fußbodenheizung, geeignet und gegebenenfalls ableitfähig sein.

3 Ausführung

Ergänzend zur ATV DIN 18 299, Abschnitt 3, gilt:

3.1 Allgemeines

3.1.1 Der Auftragnehmer hat bei seiner Prüfung Bedenken (siehe B § 4 Nr 3) insbesondere geltend zu machen bei
- größeren Unebenheiten,
- Rissen im Untergrund,
- nicht genügend trockenem Untergrund,
- nicht genügend fester Oberfläche des Untergrundes,
- zu poröser und zu rauher Oberfläche des Untergrundes,
- gefordertem kraftschlüssigem Schließen von Bewegungsfugen im Untergrund,
- verunreinigter Oberfläche des Untergrundes, z. B. durch Öl, Wachs, Lacke, Farbreste,
- unrichtiger Höhenlage der Oberfläche des Untergrundes im Verhältnis zur Höhenlage anschließender Bauteile,
- ungeeigneter Temperatur des Untergrundes,
- ungeeigneten Temperatur- und Luftverhältnissen im Raum,
- fehlendem Aufheizprotokoll bei beheizten Fußbodenkonstruktionen.

3.1.2 Vor Verlegung der Bodenbeläge auf beheizten Fußbodenkonstruktionen müssen diese ausreichend lange aufgeheizt gewesen sein. Zur Vermeidung von Beschädigungen an der Heizungsinstallation dürfen Feuchtigkeitsmessungen nicht vorgenommen werden.

3.1.3 Bewegungsfugen im Untergrund dürfen nicht kraftschlüssig geschlossen oder sonst in ihrer Funktion beeinträchtigt werden.

3.1.4 Der Auftragnehmer hat dem Auftraggeber die schriftliche Pflegeanleitung für den Bodenbelag zu übergeben.

3.2 Maßtoleranzen

Abweichungen von vorgeschriebenen Maßen sind in den durch

DIN 18 201   Toleranzen im Bauwesen; Begriffe, Grundsätze, Anwendung, Prüfung
DIN 18 202   Toleranzen im Hochbau; Bauwerke

bestimmten Grenzen zulässig.

Bei Streiflicht sichtbar werdende Unebenheiten in den Oberflächen von Bauteilen sind zulässig, wenn die Maßtoleranzen von DIN 18 202 eingehalten worden sind.

3.3 Vorbereiten des Untergrundes

Der Untergrund für Beläge, die ohne Unterlagen verlegt werden, ist mit Spachtelmasse zu glätten; bei größeren Unebenheiten ist Ausgleichsmasse zu verwenden.

Spachtelmasse oder Ausgleichsmasse ist so aufzubringen, daß sie sich fest und dauerhaft mit dem Untergrund verbindet, nicht reißt und ausreichend druckfest ist.

Auf Estrichen, mit denen sich die Spachtelmasse oder Ausgleichsmasse ungenügend verbindet, ist ein Voranstrich aufzubringen, z. B. auf Magnesia- und Anhydritestrichen.

3.4 Verlegen der Bodenbeläge

3.4.1 Bodenbeläge sind ohne Unterlagen zu verlegen.

3.4.2 Sind Unterlagen auszuführen, so sind sie so zu verlegen, daß ihre Stöße und Nähte zu den Stößen und Nähten des Bodenbelages versetzt sind.

3.4.3 Unterlagen und Bodenbeläge sind vollflächig zu kleben. Klebstoffrückstände auf dem Bodenbelag sind sofort zu entfernen.

3.4.4 Die Verlegerichtung des Bodenbelages bleibt dem Auftragnehmer überlassen. Kopfnähte sind nur bei Bahnenlängen über 5 m zulässig.

3.4.5 Bahnen mit Rapport sind mustergleich zu verlegen.

3.4.6 Bahnen, die auf Türöffnungen, Nischen und dergleichen zulaufen, müssen so verlegt werden, daß diese Flächenbereiche überdeckt werden; solche Bodenflächen dürfen nicht mit Streifen belegt werden.

Bodenflächen von Türöffnungen, Nischen und dergleichen, auf die die Bahnen nicht zulaufen, dürfen mit Streifen belegt werden.

3.4.7 Kunststoffbeläge sind unverschweißt zu verlegen.

3.4.8 Linoleum- und Gummibeläge sind unverfugt zu verlegen.

3.4.9 Textile Bodenbeläge in Bahnen sind, soweit dafür geeignet, an den Kanten zu schneiden und stumpf zu stoßen.

3.4.10 Sind Bodenbeläge elektrisch ableitfähig zu verlegen, müssen die DIN VDE-Normen beachtet werden.

3.4.11 Bei Bodenbelägen in Sporthallen ist DIN 18 032 Teil 2 „Sporthallen; Hallen für Turnen und Spiele, Sportböden; Anforderungen, Prüfungen" zu beachten.

3.5 Anbringen von Leisten, Stoßkanten und Profilen

3.5.1 Sockel- und Deckleisten aus Holz, Metall und Hart-PVC sind materialentsprechend zu befestigen und an den Ecken und Stößen auf Gehrung zu schneiden.

Andere Sockel- und Deckleisten aus flexiblem Material sind dauerhaft zu befestigen, den Ecken anzupassen und materialentsprechend zu stoßen.

3.5.2 Treppenstoßkanten und andere Stoßkanten sind durch Kleben zu befestigen. Treppenstoßkanten aus Kunststoff oder Gummi sind nur auf den Trittflächen der Stufen zu befestigen.

4 Nebenleistungen, Besondere Leistungen

4.1 Nebenleistungen sind ergänzend zur ATV DIN 18 299, Abschnitt 4.1 insbesondere:

4.1.1 Vorlegen der geforderten Muster.

4.1.2 Säubern des Untergrundes, ausgenommen Leistungen nach Abschnitt 4.2.2.

4.1.3 Ausgleichen von Unebenheiten des Untergrundes bis 1 mm.

4.1.4 Herstellen von Aussparungen in Bodenbelägen für Rohrdurchführungen und dergleichen sowie Anschließen der Bodenbeläge an Einbauteile, z. B. Zargen, Bekleidungen, Anschlagschienen, Vorstoßschienen, Säulen, Schwellen, ausgenommen Leistungen nach Abschnitt 4.2.7 und Abschnitt 4.2.11.

4.2 Besondere Leistungen sind ergänzend zur ATV DIN 18 299, Abschnitt 4.2, z. B.:

4.2.1 Vorhalten von Aufenthalts- und Lagerräumen, wenn der Auftraggeber Räume, die leicht verschließbar gemacht werden können, nicht zur Verfügung stellt.

4.2.2 Reinigen des Untergrundes von grober Verschmutzung, z. B. Gipsreste, Mörtelreste, Farbreste, Öl, soweit diese von anderen Unternehmern herrührt.

4.2.3 Vorbereiten des Untergrundes zur Erzielung eines guten Haftgrundes, z. B. Vorstreichen, maschinelles Bürsten oder Anschleifen und Absaugen.

4.2.4 Beseitigen alter Beläge und Klebstoffschichten.

4.2.5 Einbauen von Stoßkanten, seitlichen Stufenprofilen, Trennschienen, Dehnungsschienen, Armaturen, Matten- und Revisionsrahmen u. ä.

4.2.6 Einbauen von Dübeln.

4.2.7 Herstellen von Aussparungen in Bodenbelägen für Rohrdurchführungen und dergleichen in Räumen mit besonderer Installation; Anarbeiten der Bodenbeläge an Einbauteile oder Einrichtungsgegenstände in solchen Räumen; Anschließen der Bodenbeläge an Einbauteile und Wände, für die keine Leistenabdeckung vorgesehen ist.

4.2.8 Ausgleichen von Unebenheiten in anderen Fällen als nach Abschnitt 4.1.3 und ganzflächiges Spachteln.

4.2.9 Schließen und/oder Abdecken von Fugen, z. B. Bewegungs-, Anschluß- und Scheinfugen.

4.2.10 Zusätzliche Maßnahmen für die Weiterarbeit bei Raumtemperaturen, die die Leistung gefährden, soweit sie dem Auftragnehmer nicht ohnehin obliegen.

4.2.11 Nachträgliches Herstellen von Anschlüssen an angrenzende Bauteile.

4.2.12 Abschneiden überstehender Wand-Randstreifen und deren Abdeckung.

4.2.13 Thermisches Verschweißen von Kunststoffbelägen, Verfugen von Linoleum- und Gummibelägen.

4.2.14 Herstellen von Friesen, Kehlen, Markierungslinien und Belägen in Kehlen.

4.2.15 Einbauen vorgefertigter Innen- und Außenecken bei Sockelleisten.

5 Abrechnung

Ergänzend zur ATV DIN 18 299, Abschnitt 5, gilt:

5.1 Allgemeines

5.1.1 Der Ermittlung der Leistung — gleichgültig, ob sie nach Zeichnungen oder nach Aufmaß erfolgt — sind zugrunde zu legen:
Bei Bodenbelägen, Unterlagen, Schutzabdeckungen
- auf Flächen mit begrenzenden Bauteilen die Maße der zu belegenden Flächen bis zu den begrenzenden ungeputzten bzw. nicht bekleideten Bauteilen,
- auf Flächen ohne begrenzende Bauteile deren Maße,
- auf Flächen von Stufen und Schwellen deren größte Maße.

5.1.2 Bei der Ermittlung des Längenmaßes wird die größte Bauteillänge gemessen.

5.1.3 In Bodenbeläge nachträglich eingearbeitete Teile werden übermessen, z. B. Intarsien, Markierungen.

5.2 Es werden abgezogen:

5.2.1 Bei Abrechnung nach Flächenmaß (m^2):

Aussparungen über 0,1 m^2 Einzelgröße, z. B. für Öffnungen, Pfeiler, Pfeilervorlagen, Rohrdurchführungen.

5.2.2 Bei Abrechnung nach Längenmaß (m):

Unterbrechungen über 1 m Einzellänge.

VOB Teil C:
Allgemeine Technische Vertragsbedingungen für Bauleistungen (ATV) Tapezierarbeiten — DIN 18366
Ausgabe Dezember 1992

Inhalt

0 Hinweise für das Aufstellen der Leistungsbeschreibung
1 Geltungsbereich
2 Stoffe, Bauteile
3 Ausführung
4 Nebenleistungen, Besondere Leistungen
5 Abrechnung

0 Hinweise für das Aufstellen der Leistungsbeschreibung

Diese Hinweise ergänzen die ATV DIN 18 299 „Allgemeine Regelungen für Bauarbeiten jeder Art", Abschnitt 0. Die Beachtung dieser Hinweise ist Voraussetzung für eine ordnungsgemäße Leistungsbeschreibung gemäß A § 9.

Die Hinweise werden nicht Vertragsbestandteil.

In der Leistungsbeschreibung sind nach den Erfordernissen des Einzelfalls insbesondere anzugeben:

0.1 Angaben zur Baustelle

Keine ergänzende Regelung zur ATV DIN 18 299, Abschnitt 0.1.

0.2 Angaben zur Ausführung

0.2.1 Art und Beschaffenheit des Untergrundes.

0.2.2 Wie Kassettendecken abzurechnen sind.

0.2.3 Art und Qualität der Grundbeschichtungsstoffe und Unterlagsstoffe, z. B. wärme- und/ oder schalldämmend.

0.2.4 Art und Qualität der zu liefernden oder bauseits bereitgestellten Decken- und Wandbekleidungen, Spannstoffe, Borten, Leisten und Kordeln sowie deren Breite, Länge der Rollen, Ansatz und Rapport des Musters und Besonderheiten der Verarbeitung, z. B. Doppelschnitt.

0.2.5 Höhe der zu bearbeitenden Wände, ob es sich um Treppenuntersichten oder Treppenpodeste, schräge Decken und Wände, schräge Treppenhauswände, Wände und Decken in gewölbten Räumen oder Decken beziehungsweise Wände mit besonderer Gliederung handelt.

0.2.6 Anzahl und Art der zu entfernenden Beschichtungen, Tapeten, Decken- und Wandbekleidungen, z. B. waschbeständig, Lacktapeten, sowie Art der Verklebung, z. B. Verklebung mit Dispersionsklebstoff, Tapete oder Tapetenunterlage mit Abzieheffekt, Tapetenwechselgrund.

0.2.7 Ob Unterlagsstoffe mit Abzieheffekt verwendet werden sollen.

0.2.8 Bei Spachtelarbeiten die erforderlichen Arbeitsgänge, z. B. bei Streiflicht, und die zu verwendenden Stoffe.

0.2.9 Ob Deckel, z. B. von Verteilerdosen, gesondert zu tapezieren sind.

0.3 Einzelangaben bei Abweichungen von den ATV

0.3.1 Wenn andere als die in dieser ATV vorgesehenen Regelungen getroffen werden sollen, sind diese in der Leistungsbeschreibung eindeutig und im einzelnen anzugeben.

0.3.2 Abweichende Regelungen können insbesondere in Betracht kommen bei

Abschnitt 2.8, wenn Tapeten und Tapetenunterlagen unlösbar auf dem Untergrund verklebt werden sollen, z. B. mit Spezialkleber,

Abschnitt 3.1.3, wenn vor den Tapezierungen Spachtelungen ausgeführt werden sollen,

Abschnitt 3.2.2.1, wenn auf leicht rauhem Putzuntergrund statt der streichbaren Tapetenunterlage z. B. ein Grundbeschichtungsstoff (wasser- oder lösemittelverdünnbar) oder Tapetenwechselgrund aufgebracht, Rohpapier oder ein anderer Unterlagsstoff tapeziert oder, bei rauhem Putz, gespachtelt werden soll.

Abschnitt 3.2.3.4, wenn Tapeten nicht über schmale Naht, sondern auf Stoß tapeziert werden sollen,

Abschnitt 3.2.3.5, wenn Tapetenbahnen in der Länge gestoßen werden dürfen,

Abschnitt 3.2.3.9, wenn hinter Öfen und Heizkörpern tapeziert werden soll,

Abschnitt 3.5.1, wenn Spannstoffe nicht unmittelbar auf dem Untergrund zu befestigen sind, sondern z. B. auf Spannrahmen, oder Unterlagsstoffe verwendet werden sollen,

Abschnitt 3.5.4, wenn die Falten der Spannstoffe nicht gleichmäßig zu verteilen sind und/oder nicht lotrecht verlaufen sollen,

Abschnitt 3.5.5, wenn bei sichtbar gehefteter, unterpolsterter Bespannung die Hefteinteilung nicht gleichmäßig sein soll.

0.4 Einzelangaben zu Nebenleistungen und Besonderen Leistungen

Keine ergänzende Regelung zur ATV DIN 18 299, Abschnitt 0.4.

0.5 Abrechnungseinheiten

Im Leistungsverzeichnis sind die Abrechnungseinheiten wie folgt vorzusehen:

0.5.1 Flächenmaß (m^2), getrennt nach Bauart und Maßen, für

— Decken, Wände, Unterzüge, Vorlagen, Schrägen, Stützen,

— Treppenuntersichten,

— Trennwände und dergleichen,

— Wand- und Deckenbekleidungsstoffe und dergleichen.

0.5.2 Längenmaß (m), getrennt nach Bauart und Maßen, für

— Leibungen,

— Treppenwangen,

— Gesimse, Hohlkehlen unter Angabe von Höhe und Ausladung,

— Unterzüge, Umrahmungen, Faschen und dergleichen,

— Deckel für Rolladenkästen,

— Rahmen, Riegel, Ständer, Deckenbalken, Vorlagen, Fachwerksteile und dergleichen,

— Blenden, Gardinenleisten und dergleichen,

— Leisten, Kordeln, Borten, Profile und dergleichen,

— Kunststoff-Folie, Spannstoffe.

0.5.3 Anzahl (Stück), getrennt nach Bauart und Maßen, für
- tapezierte, bespannte oder bekleidete Einzelflächen,
- Feldeinteilungen an Wänden, Türen und dergleichen,
- Einbaumöbel oder Möbel,
- Leisten, Gardinenleisten und dergleichen,
- Profile, Ornamente, z. B. Rosetten,
- Tapeten in Rollen, Spannstoffe in Ballen.

1 Geltungsbereich

1.1 Die ATV „Tapezierarbeiten" – DIN 18 366 – gilt für das Tapezieren und Spannen von Wand- und Deckenbekleidungen einschließlich Kleben tapetenähnlicher Stoffe.

1.2 Die ATV DIN 18 366 gilt nicht für Fliesen- und Plattenarbeiten (siehe ATV DIN 18 352 „Fliesen- und Plattenarbeiten").

1.3 Ergänzend gelten die Abschnitte 1 bis 5 der ATV DIN 18 299 „Allgemeine Regelungen für Bauarbeiten jeder Art". Bei Widersprüchen gehen die Regelungen der ATV DIN 18 366 vor.

2 Stoffe, Bauteile

Ergänzend zur ATV DIN 18 299, Abschnitt 2, gilt:
Für die gebräuchlichsten genormten Stoffe und Bauteile sind die DIN-Normen nachstehend aufgeführt.

2.1 Stoffe zur Untergrundvorbereitung
2.1.1 Absperrmittel
Absperrmittel müssen das Einwirken von Stoffen aus dem Untergrund auf die Tapezierung verhindern.
Folgende Absperrmittel sind für den jeweils genannten Zweck zu verwenden:
2.1.1.1 Absperrmittel auf der Grundlage von Kieselfluorwasserstoffsäure oder Lösungen ihrer Salze (Fluate)
- zur Verminderung der Alkalität für Kalk- und Zementoberflächen, jedoch nicht für Gips- oder Lehmoberflächen,
- zur Verringerung von Saugfähigkeit,
- zur Oberflächenfestigung von Kalk- und Zementputz,
- zur Verhinderung des Durchschlagens von Wasserflecken,
- zum Aufschließen von Kalksinterschichten.

2.1.1.2 Absperrmittel auf der Grundlage von Kunststoffdispersionen auf allen Untergründen:
- zur Verhinderung des Durchschlagens von z. B. Bitumen, Teer, Rauch-, Nikotin- und Wasserflecken,
- zur Verringerung der Saugfähigkeit mineralischer Untergründe für nachfolgendes Tapezieren.

2.1.1.3 Absperrmittel auf der Grundlage von Bindemittellösungen, z. B. Polymerisatharzen, Nitro-Kombinationslacken, Spirituslacken, lösemittelverdünnbar, auf allen Untergründen zur Verhinderung des Durchschlagens von z. B. Bitumen, Teer, Rauch-, Nikotin-, Rost- und Wasserflecken.

2.1.2 Anlaugstoffe

Zum Reinigen und Aufrauhen alter Lackfarbenbeschichtungen bei Überholungsarbeiten ist verdünntes Ammoniumhydroxid (Salmiakgeist) oder Anlaugpulver zu verwenden.

2.1.3 Abbeizmittel

Zum Entfernen von Dispersions-, Öllack- und Lackfarbenbeschichtungen sind folgende Stoffe zu verwenden:
- Alkalische Stoffe (Alkalien), z. B. Natriumhydroxid (Ätznatron), auch mit Zelluloseleim-Zusätzen, Natriumkarbonat (Soda), Ammoniumhydroxid (Salmiakgeist),
- Abbeizfluide, Lösemittel mit Verdickungsmittel.

2.1.4 Entfettungs- und Reinigungsstoffe

Zum Entfetten und Reinigen sind zu verwenden:
- Netzmittellösungen,
- Alkalische Stoffe, gegebenenfalls in Kombination mit Netzmitteln,
- Lösemittel,
- Fluate, gegebenenfalls in Kombination mit Netzmitteln.

2.1.5 Beseitigen von Schimmelpilzen

Zum Beseitigen von Schimmelpilzen sind fungizide Lösungen zu verwenden.

2.2 Grundbeschichtungsstoffe

Zum Beschichten (Grundieren) des Untergrundes sind zu verwenden:

2.2.1 Für mineralische Untergründe
- verdünnte Zelluloseleime und Tapetenkleister; sie müssen nach der Trocknung durch Wasser wieder löslich sein,
- flüssige Makulatur (auch spachtelfähig), pulverförmiges Gemisch von Kleistern und Füllstoffen, die mit Wasser entsprechend dem Untergrund angesetzt und verdünnt wird,
- wasserverdünnbare Grundbeschichtungsstoffe, feindisperse Kunststoffdispersionen mit geringem Festkörpergehalt, Emulsionen
- lösemittelverdünnbare Grundbeschichtungsstoffe, z. B. auf Polymerisatharzbasis,
- Tapetenwechselgrund.

2.2.2 Für Holz und Holzwerkstoffe
- Grundbeschichtungsstoffe auf Basis von Alkydharzbindemitteln, Nitrozellulosebindemittelkombinationen für innen,
- Grundbeschichtungsstoffe auf Basis von Lacken,

— wasserverdünnbare Grundbeschichtungsstoffe, feindisperse Kunststoffdispersionen mit geringem Festkörpergehalt, Emulsionen.

2.2.3 Für Metalle
— für Stahl Korrosionsschutz-Grundbeschichtungsstoffe mit Bindemitteln, z. B. aus Alkydharzen, Vinylchlorid-Copolymerisaten, Vinylchlorid-Copolymerisat-Dispersionen, Epoxidharz, Polyurethan, Chlorkautschuk und Pigmenten, z. B. Eisenoxiden, Zinkphosphaten,
— für Zink, verzinkten Stahl und Aluminium
Grundbeschichtungsstoffe auf Basis von Polymerisatharzen oder Zweikomponentenlackfarbe auf Basis von Epoxidharz.

2.3 Spachtelmassen (Ausgleichsmassen)
Spachtelmassen dürfen nach dem Trocknen keine Schwindrisse aufweisen.

Zum Glätten, Ausgleichen des Untergrundes und Füllen von Rissen, Löchern, Lunkern und sonstigen Beschädigungen sind hydraulisch abbindende oder organisch gebundene Spachtelmassen zu verwenden.

2.3.1 Für mineralische Untergründe
— Hydrat-Spachtelmasse (Gipsspachtelmasse),
hydraulisch abbindend auch mit organischen Zusätzen und Füllstoffen,
— Dispersions-Spachtelmasse,
Kunststoffdispersionen mit Pigmenten und Füllstoffen.

2.3.2 Für Holz und Holzwerkstoffe
— Kunstharz-Spachtelmasse (Lackspachtel),
auf der Basis von Alkydharzen mit Pigmenten und Füllstoffen. Nur zu verwenden auf trockenen, grundierten oder beschichteten Untergründen, jedoch nicht auf alkalischen Untergründen.

2.3.3 Für Metalle
— Kunstharz-Spachtelmasse auf der Basis von Alkydharz, Epoxidharz oder Polyurethan, für grundierte oder beschichtete Untergründe,
— Polyester-Spachtelmasse (UP-Spachtel) für entfettete und korrosionsfreie Untergründe.

2.4 Unterlagsstoffe
Rohpapier (Makulaturpapier) muß unbedruckt und saugfähig sein. Unterlagsstoffe mit Abzieheffekt müssen das Abziehen der aufgeklebten Tapeten in trockenem Zustand ermöglichen.

2.5 Armierungsstoffe
Zur Armierung von Beschichtungen und zum Überbrücken von Rissen, z. B. Netzrissen im Untergrund, sind zu verwenden:
— Armierungskleber,
aus Kunststoffdispersionen, gegebenenfalls mit Zuschlagstoffen (Einbettungsmasse) zum Einbetten von Geweben oder Vliesen,

- Armierungsgewebe, Gewirke
  aus Kunstfaser oder Glasfaser zum Überbrücken gerissener Flächen oder Einzelrisse,
- Armierungsvliese
  aus Glasfaser oder Kunststoffen zum Überbrücken gerissener Flächen.

2.6 Wandbekleidungen

DIN EN 233 Wandbekleidungen in Rollen, Festlegungen für fertige Papier-, Vinyl- und Kunststoffwandbekleidungen; Deutsche Fassung EN 233 : 1989

DIN EN 234 Wandbekleidungen in Rollen, Festlegungen für Wandbekleidungen für nachträgliche Behandlung; Deutsche Fassung EN 234 : 1989

DIN EN 235 Wandbekleidungen in Rollen, Begriffe und Symbole; Deutsche Fassung EN 235 : 1989

DIN EN 259 Wandbekleidungen in Rollen, Festlegungen für hochbeanspruchbare Wandbekleidungen; Deutsche Fassung EN 259 : 1991

DIN EN 266 Wandbekleidungen in Rollen, Festlegungen für Textilwandbekleidungen: Deutsche Fassung EN 266 : 1991

Wandbekleidungen einer Anfertigung müssen von gleichbleibender Beschaffenheit sein.

Wandbekleidungen verschiedener Anfertigung müssen jeweils eine andere Anfertigungsnummer tragen.

2.7 Spannstoffe

Spannstoffe müssen dem zum Spannen erforderlichen Zug standhalten und sich glatt spannen lassen.

Spannstoffe einer Lieferung müssen, auch wenn sie nicht aus einer Anfertigung zusammengestellt werden, qualitäts-, farbton- und mustergleich sein.

Spannstoffe aus mehreren Anfertigungen sind nach Fertigungsnummer zu sortieren.

2.8 Klebstoffe

Klebstoffe müssen so beschaffen sein, daß durch sie eine feste und dauerhafte Verbindung erreicht wird. Die Verklebung muß jedoch bei Tapeten und Tapetenunterlagen gelöst werden können, ohne daß der Untergrund beschädigt wird.

2.9 Leisten

Leisten müssen in Farbtönung, Oberflächenmodellierung und Querschnitt gleichmäßig sein; sie dürfen nicht reißen, sich nicht werfen und sich nicht verziehen.

2.10 Kordeln

Kordeln dürfen sich nicht durch Einwirkung von Luftfeuchte oder Wärme verändern.

2.11 Befestigungsmittel

Befestigungsmittel dürfen nicht korrodieren.

2.12 Borten

Borten müssen die gleichen Eigenschaften haben wie die entsprechenden Wandbekleidungen.

2.13 Profile, Ornamente
Profile und Ornamente müssen eine ebene Kontaktfläche haben, dürfen sich nicht verziehen und müssen in der Struktur gleichmäßig sein.

3 Ausführung
Ergänzend zur ATV DIN 18 299, Abschnitt 3, gilt:

3.1 Allgemeines
3.1.1 Der Auftragnehmer hat bei seiner Prüfung Bedenken (siehe B § 4 Nr. 3) insbesondere geltend zu machen bei:
- absandendem und kreidendem Putz,
- gerissenem, feuchtem und nicht genügend festem Untergrund,
- Unebenheiten,
- Wasserrändern,
- Ausblühungen,
- Schimmelbildung,
- Verunreinigungen durch Öle, Fette, Nikotin,
- klaffenden Fugen zwischen Putz und Einbauteilen,
- Putz- und Untergrundschäden, für die das Ausbessern nicht unter Abschnitt 4.1.4 fällt.

3.1.2 Bewegungsfugen des Bauwerkes dürfen nicht übertapeziert werden.

3.1.3 Tapezierungen sind ohne vorhergehende Spachtelung auszuführen.

3.2 Ersttapezierung
3.2.1 Vorbereitung des Untergrundes zum Tapezieren und Kleben
Bei schadhaften Untergründen ist eine Vorbehandlung notwendig. Die erforderlichen Maßnahmen sind besonders zu vereinbaren (siehe Abschnitt 4.2.1), z. B.:
- Putze der Mörtelgruppe P I – P III und Betonflächen sind zu fluatieren und nachzuwaschen, wenn
  - Ausblühungen zu beseitigen sind,
  - das Durchschlagen von abgetrockneten Wasserflecken zu verhindern ist.
- Sind Kalksinterschichten vorhanden, die zu Abplatzungen der Tapeten bzw. zum Aufplatzen der Tapetenstöße führen können, ist die Fläche zu schleifen.
- Entschalungsmittel auf Beton sind durch Fluatschaumwäsche zu beseitigen.
- Stark saugende Untergründe sind mit Grundbeschichtungsstoffen zu grundieren, um die Saugfähigkeit anzugleichen bzw. zu mindern.
- Putze der Mörtelgruppe P IV – P V sowie gipshaltige Putze sind vorzubehandeln, wenn die Fläche ungleichmäßig saugt, die Oberfläche gefestigt oder das Durchschlagen von Wasserflecken verhindert werden soll.
- Nicht werkseitig imprägnierte Gipskartonplatten sind mit Grundbeschichtungsstoffen vorzubehandeln.
- Holz und Holzwerkstoffe sind mit einer Grundbeschichtung zu versehen.

- Korrodierende Untergründe müssen mit einer Korrosionsschutzbeschichtung versehen werden.

3.2.2 Aufbringen von Unterlagsstoffen

3.2.2.1 Auf leicht rauhen Putzuntergründen ist eine streichbare Tapetenunterlage (flüssige Makulatur) aufzubringen.

3.2.2.2 Tapetenunterlagen aus Rohpapier und Unterlagspapier mit Abzieheffekt sind mit Spezialkleister auf Stoß zu tapezieren.

3.2.3 Tapezierung

3.2.3.1 Auf einer Wand- oder Deckenfläche sind nur Tapeten derselben Anfertigungsnummer zu tapezieren.

3.2.3.2 Beim Tapezieren von Tapeten auf Tapetenwechselgrund oder auf Unterlagspapier mit Abzieheffekt ist zur Erhaltung des Abzieheffektes Zellulosekleister zu verwenden.

3.2.3.3 Tapetenbahnen sind blasen- und faltenfrei zu tapezieren, an Wänden sind sie lotrecht anzubringen.

3.2.3.4 Tapeten sind über schmale Naht zu tapezieren, wenn Material, Dicke und Rapport es zulassen. Das Tapezieren hat von der Tageslichtquelle auszugehen.

3.2.3.5 Tapetenbahnen dürfen in der Länge nicht gestoßen werden.

3.2.3.6 Tapeten über Türen, an Aussparungen und dergleichen sind, wenn erforderlich, aus den anschließenden Bahnen auszuschneiden.

3.2.3.7 Tapeten an Ecken sind zu trennen und überlappt zu kleben.

3.2.3.8 Bei Anschlüssen an Türen, Fenstern, Fußleisten, Sockeln und anderen Bauteilen muß die Tapete an diese Bauteile anstoßen und scharf begrenzt sein.

3.2.3.9 Hinter Öfen und Heizkörpern ist nicht zu tapezieren.

3.2.3.10 Deckel von Verteilerdosen sind überzutapezieren.

3.3 Tapezierung auf tapezierten oder beschichteten Untergründen

3.3.1 Vorbehandlung des Untergrundes

3.3.1.1 Vorhandene Leimfarbenbeschichtungen sind zu entfernen.

3.3.1.2 Andere Beschichtungen müssen gut haften und tragfähig sein. Lose, blätternde, gerissene oder schlecht haftende Beschichtungen sind zu entfernen.

3.3.1.3 Öl- und Lackfarbenbeschichtungen und scheuerbeständige Dispersionsfarbenbeschichtungen sind aufzurauhen und mit einer Haftbrücke zu versehen.

3.3.1.4 Vorhandene Unterlagsstoffe und Tapezierung sind zu entfernen. Bei Tapeten mit abziehbarer Oberschicht muß der Träger als Unterlagsstoff erhalten bleiben, wenn dieser vollflächig haftet und ausreichend tragfähig ist. Fest haftende Glasgewebe sind zu erhalten.

3.3.1.5 Bei schadhaftem Untergrund ist eine Vorbehandlung notwendig. Die erforderlichen Maßnahmen sind besonders zu vereinbaren (siehe Abschnitt 4.2.1), z. B.:
- Putz
  - Ausbessern schadhafter Putzstellen,
  - Beispachteln von Übergängen,
  - Fluatieren und Nachwaschen,
  - Grundieren.
- Beton
  - Ausbessern schadhafter Stellen in der Oberfläche,
  - Fluatieren und Nachwaschen,
  - Grundieren.

3.3.2 Aufbringen von Unterlagsstoffen
Ausführung nach Abschnitt 3.2.2.

3.3.3 Tapezierung
Ausführung nach Abschnitt 3.2.3.

3.4 Anbringen von Tapetenabschlüssen und Feldeinteilungen

3.4.1 Leisten
Leisten sind an und in Ecken auf Gehrung zu schneiden und so zu befestigen, daß sie ständig fest anliegen. Befestigungsmittel sind nicht störend sichtbar anzubringen. Die Leisten sind am Stoß genau aneinanderzupassen.

3.4.2 Kordeln
Kordeln sind so zu setzen, daß sie ausreichend straff bleiben.

3.4.3 Borten
Borten sind gradlinig, blasen- und faltenfrei sowie mustergerecht anzubringen und dürfen nicht auf anschließende Bauwerksteile geklebt werden.

3.4.4 Profile, Ornamente
Profile und Ornamente sind mit Klebstoff oder mechanisch zu befestigen. Die Fugen sind mit Spachtelmassen bzw. Dichtstoffen zu verfüllen. Profile sind in Ecken auf Gehrung zu schneiden.

3.5 Anbringen von Spannstoffen

3.5.1 Spannstoffe sind unmittelbar auf dem Untergrund zu befestigen.

3.5.2 Spannzüge dürfen nicht sichtbar sein.

3.5.3 Die Stoffzugabe muß bei faltiger Bespannung dem vorgesehenen Faltenwurf angemessen sein und mindestens 100 % betragen.

3.5.4 Die Falten müssen gleichmäßig verteilt sein und lotrecht verlaufen.

3.5.5 Bei sichtbar gehefteter, unterpolsterter Bespannung muß die Hefteinteilung gleichmäßig sein.

3.5.6 Muster und Struktur sind sorgfältig aneinanderzupassen, ausgehend vom Ansatz in Augenhöhe.

3.5.7 Bei zu spannenden Stoffen müssen die Nähte geradlinig verlaufen. Sie dürfen keine Querfalten verursachen.

3.5.8 Werden zusammengenähte Stoffe glatt auf dem Untergrund verspannt, sind die Nähte auf der Rückseite zu glätten.

4 Nebenleistungen, Besondere Leistungen

4.1 Nebenleistungen sind ergänzend zur ATV DIN 18 299, Abschnitt 4.1, insbesondere:

4.1.1 Auf- und Abbauen sowie Vorhalten der Gerüste, deren Arbeitsbühnen nicht höher als 2 m über Gelände oder Fußboden liegen.

4.1.2 Maßnahmen zum Schutz von Bauteilen, z. B. von Fußböden, Treppen, Türen, Fenstern und Beschlägen, Einrichtungsgegenständen, vor Verunreinigung und Beschädigung während der Arbeiten durch loses Abdecken, Abhängen oder Umwickeln einschließlich anschließender Beseitigung der Schutzmaßnahmen, ausgenommen Leistungen nach Abschnitt 4.2.6.

4.1.3 Entfernen von Staub, Verschmutzungen und lose sitzenden Putz- und Betonteilen auf den zu behandelnden Untergründen, ausgenommen Leistungen nach Abschnitt 4.2.4.

4.1.4 Ausbessern einzelner kleinerer Putz- und Untergrundbeschädigungen, ausgenommen Leistungen nach Abschnitt 4.2.7.

4.1.5 Lüften der Räume, soweit und solange es für das Trocknen von Tapezierungen erforderlich ist.

4.1.6 Aushändigen der Reste der Wandbekleidungen, die nach Abschnitt 5.1.14 als verbraucht gelten, sich aber noch für Instandsetzungen nutzen lassen, mit Bezeichnung der Verwendungsstelle, z. B. Gebäude, Stockwerk, Raumnummer.

4.1.7 Entfernen und Wiederanbringen von Schalter- und Steckdosenabdeckungen.

4.2 Besondere Leistungen sind ergänzend zur ATV DIN 18 299, Abschnitt 4.2, z. B.:

4.2.1 Maßnahmen nach den Abschnitten 3.2.1 und 3.3.1.5.

4.2.2 Vorhalten von Aufenthalts- und Lagerräumen, wenn der Auftraggeber Räume, die leicht verschließbar gemacht werden können, nicht zur Verfügung stellt.

4.2.3 Auf- und Abbauen sowie Vorhalten der Gerüste, deren Arbeitsbühnen mehr als 2 m über Gelände und Fußboden liegen.

4.2.4 Reinigen des Untergrundes von grober Verschmutzung, z. B. Gipsreste, Mörtelreste, Öl, Farbreste, soweit diese von anderen Unternehmern herrührt.

4.2.5 Aus- und Einräumen oder Zusammenstellen von Möbeln und dergleichen, Aufnehmen von Teppichen, Abnehmen von Vorhangschienen, Lampen und Gardinen.

4.2.6 Besondere Maßnahmen zum Schutz von Bauteilen und Einrichtungsgegenständen, wie Abkleben von Fenstern und Türen, von eloxierten Teilen, Abdecken von Belägen, staubdichte Abdeckung von empfindlichen Einrichtungen und technischen Geräten, Schutzabdeckungen, Staubwände u. ä. einschließlich Liefern der hierzu erforderlichen Stoffe.

4.2.7 Ausbessern umfangreicher Putz- und Untergrundschäden.

4.2.8 Überbrücken von Putz- und Betonrissen mit Armierungsgewebe.

4.2.9 Entfernen von Sinterschichten und anderen Bindemittelanreicherungen an der Putzoberfläche.

4.2.10 Entfernen von Entschalungsmittelrückständen.

4.2.11 Schleifen von Putzen, Schließen von Lunkern, Entfernen von Schalungsgraten.

4.2.12 Spachteln von Flächen.

4.2.13 Nachspachteln von Fugen, Stößen u. ä., z. B. bei Gipskartonplatten.

4.2.14 Schließen von Anschlußfugen bei Tür- und Fensterbekleidungen und dergleichen.

4.2.15 Behandeln mit Absperrmitteln, Grundbeschichtungsstoffen, Korrosionsschutzbeschichtungsstoffen u. ä.

4.2.16 Tapezieren von Gesimsen und Hohlkehlen im Zusammenhang mit Decke und Wand.

4.2.17 Entfernen und Wiederanbringen von Fußleisten und dergleichen.

4.2.18 Gesondertes Tapezieren von Deckeln, z. B. Verteilerdosen.

4.2.19 Reinigungsarbeiten, soweit sie über Abschnitt 4.1.11 der ATV DIN 18 299 hinausgehen, z. B. Feinreinigen zum Herstellen der Bezugsfertigkeit.

5 Abrechnung

Ergänzend zur ATV DIN 18 299, Abschnitt 5, gilt:

5.1 Allgemeines

5.1.1 Der Ermittlung der Leistung nach Zeichnungen sind zugrunde zu legen
- auf Flächen ohne begrenzende Bauteile die Maße der ungeputzten, ungedämmten und nicht bekleideten Flächen,
- auf Flächen mit begrenzenden Bauteilen die Maße der zu behandelnden Flächen bis zu den sie begrenzenden ungeputzten, ungedämmten beziehungsweise nicht bekleideten Bauteilen, z. B. Oberfläche einer aufgeständerten Fußbodenkonstruktion beziehungsweise Unterfläche einer abgehängten Decke.

5.1.2 Der Ermittlung der Leistung nach Aufmaß sind die Maße des fertigen Bauteils, der fertigen Öffnung und Aussparung zugrunde zu legen.

5.1.3 Die Wandhöhen überwölbter Räume werden bis zum Gewölbeanschnitt, die Wandhöhe der Schildwände bis zu ⅔ des Gewölbestichs gerechnet.

5.1.4 Bei der Flächenermittlung von gewölbten Decken mit einer Stichhöhe unter 1/6 der Spannweite wird die Fläche des überdeckten Raumes gerechnet.
Gewölbe mit größerer Stichhöhe werden nach der Fläche der abgewickelten Untersicht gerechnet.

5.1.5 In Decken, Wänden, Decken- und Wandbekleidungen werden Öffnungen, Aussparungen und Nischen bis zu 2,5 m² Einzelgröße übermessen.

5.1.6 Öffnungen, Nischen und Aussparungen werden auch, falls sie unmittelbar zusammenhängen, getrennt gerechnet.

5.1.7 Rückflächen von Nischen werden unabhängig von ihrer Einzelgröße mit ihrem Maß gesondert gerechnet.

5.1.8 Fußleisten, Sockelfliesen und dergleichen bis 10 cm Höhe werden übermessen.

5.1.9 Gesimse, Umrahmungen und Faschen von Füllungen oder Öffnungen werden beim Ermitteln der Fläche übermessen. Gesimse, Umrahmungen und Faschen werden zusätzlich in ihrer größten Länge gemessen.

5.1.10 Türen, Trennwände und dergleichen werden je tapezierte Seite nach Fläche gerechnet.

5.1.11 Ganz oder teilweise behandelte Leibungen von Öffnungen, Aussparungen und Nischen über 2,5 m² Einzelgröße werden gesondert gerechnet.
Leibungen, die bei bündig versetzten Fenstern, Türen und dergleichen durch Dämmplatten entstehen, werden ebenso gesondert gerechnet.

5.1.12 Nicht mittapezierte Rahmen, Riegel, Ständer, Deckenbalken, Vorlagen und Fachwerkteile aus Holz, Beton oder Metall bis 30 cm Einzelbreite werden übermessen.

5.1.13 Treppenwangen werden in der größten Breite gerechnet.

5.1.14 Wird die Lieferung von Tapeten, Wand- und Deckenbekleidungen, Unterlagsstoffen, Untertapeten, Spannstoffen und dergleichen nach verbrauchter Menge abgerechnet, so ist die tatsächlich verbrauchte Menge bei wirtschaftlicher Ausnutzung der Stoffe zugrunde zu legen. Unvermeidbare Reste und Verschnitte sowie angeschnittene Rollen gelten als verbraucht.

5.2 Es werden abgezogen:

5.2.1 Bei Abrechnung nach Flächenmaß (m²):
Öffnungen, Aussparungen und Nischen über 2,5 m² Einzelgröße.

5.2.2 Bei Abrechnung nach Längenmaß (m):
Unterbrechungen über 1 m Einzellänge.

VOB Teil C:
Allgemeine Technische Vertragsbedingungen für Bauleistungen (ATV)
Holzpflasterarbeiten — DIN 18367
Ausgabe Dezember 1992

Inhalt

0 Hinweise für das Aufstellen der Leistungsbeschreibung
1 Geltungsbereich
2 Stoffe, Bauteile
3 Ausführung
4 Nebenleistungen, Besondere Leistungen
5 Abrechnung

0 Hinweise für das Aufstellen der Leistungsbeschreibung

Diese Hinweise ergänzen die ATV DIN 18 299 „Allgemeine Regelungen für Bauarbeiten jeder Art", Abschnitt 0. Die Beachtung dieser Hinweise ist Voraussetzung für eine ordnungsgemäße Leistungsbeschreibung gemäß A § 9.

Die Hinweise werden nicht Vertragsbestandteil.

In der Leistungsbeschreibung sind nach den Erfordernissen des Einzelfalls insbesondere anzugeben:

0.1 Angaben zur Baustelle

Keine ergänzende Regelung zur ATV DIN 18 299, Abschnitt 0.1.

0.2 Angaben zur Ausführung

0.2.1 Art und Beschaffenheit des Untergrundes.

0.2.2 Art und Anzahl der geforderten Proben.

0.2.3 Art und Beschaffenheit von Abdichtungen des Untergrundes.

0.2.4 Gefälle des Holzpflasterbelages.

0.2.5 Dehnungsfugen im Untergrund.

0.2.6 Art des Heizungssystems.

0.2.7 Verwendungszweck der Räume; Druck- und Schubbeanspruchungen des Holzpflasters, z. B. Fahrverkehr.

0.2.8 Benutzung des Belages unter außergewöhnlichen Feuchtigkeits- und Temperaturverhältnissen.

0.2.9 Vom Rechteck abweichende Form der zu pflasternden Fläche.

0.2.10 Bei Holzpflaster GE nach DIN 68 701 Holzart und Höhe der Holzpflasterklötze, Art des Holzschutzes und der Verlegung.

0.2.11 Bei Holzpflaster RE nach DIN 68 702 Holzart und Höhe der Holzpflasterklötze, Art der Oberflächenbehandlung, z. B. Schleifen und Versiegeln.

0.2.12 Anzahl, Größe und Lage der Aussparungen für Kabelkanäle, Maschinenfundamente und dergleichen (siehe Abschnitt 4.1.2).

0.3 Einzelangaben bei Abweichungen von den ATV

0.3.1 Wenn andere als die in dieser ATV vorgesehenen Regelungen getroffen werden sollen, sind diese in der Leistungsbeschreibung eindeutig und im einzelnen anzugeben.

0.3.2 Abweichende Regelungen können insbesondere in Betracht kommen bei

Abschnitt 3.1.7, wenn Fugen über Dehnungsfugen des Bauwerkes nicht mit plastischen Stoffen gefüllt werden sollen,

Abschnitt 3.3.2, wenn eine bestimmte Art der Versiegelung ausgeführt oder ein bestimmtes Mittel für die Versiegelung verwendet werden soll.

0.4 Einzelangaben zu Nebenleistungen und Besonderen Leistungen

Keine ergänzende Regelung zur ATV DIN 18 299, Abschnitt 0.4.

0.5 Abrechnungseinheiten

Im Leistungsverzeichnis sind die Abrechnungseinheiten wie folgt vorzusehen:

0.5.1 Flächenmaß (m^2), getrennt nach Holzart, Klotzhöhe und Verlegeart, für
- Holzpflaster,
- Holzschutz,
- Oberflächenschutz.

0.5.2 Längenmaß (m), getrennt nach Bauart und Maßen, für
- Schließen von Fugen,
- Anarbeiten von Holzpflaster an Einbauteile und Einrichtungsgegenstände,
- Leisten, Profile, Kanten, Schienen.

0.5.3 Anzahl (Stück), getrennt nach Bauart und Maßen, für
- Holzpflaster auf Stufen und Schwellen,
- Abschluß- und Trennschienen,
- Anarbeiten von Holzpflaster in Räumen mit besonderer Installation.

1 Geltungsbereich

1.1 Die ATV „Holzpflasterarbeiten" — DIN 18 367 — gilt für Holzpflaster in Innenräumen.

1.1 Ergänzend gelten die Abschnitte 1 bis 5 der ATV DIN 18 299 „Allgemeine Regelungen für Bauarbeiten jeder Art". Bei Widersprüchen gehen die Regelungen der ATV DIN 18 367 vor.

2 Stoffe, Bauteile

Ergänzend zur ATV DIN 18 299, Abschnitt 2, gilt:

Für die gebräuchlichsten genormten Stoffe und Bauteile sind die DIN-Normen nachstehend aufgeführt.

DIN 68 701 Holzpflaster GE für gewerbliche Zwecke

DIN 68 702 Holzpflaster RE für Räume in Versammlungsstätten, Schulen, Wohnungen (RE-V), für Werkräume im Ausbildungsbereich (RE-W) und ähnliche Anwendungsbereiche

3 Ausführung

Ergänzend zur ATV DIN 18 299, Abschnitt 3, gilt:

3.1 Allgemeines

3.1.1 Für die Ausführung gelten:

DIN 68 701 Holzpflaster GE für gewerbliche und industrielle Zwecke

DIN 68 702 Holzpflaster RE für Räume in Versammlungsstätten, Schulen, Wohnungen (RE-V), für Werkräume im Ausbildungsbereich (RE-W) und ähnliche Anwendungsbereiche

3.1.2 Der Auftragnehmer hat bei seiner Prüfung Bedenken (siehe B § 4 Nr 3) insbesondere geltend zu machen bei

— größeren Abweichungen von der Ebenheit,
— Rissen im Untergrund,
— nicht genügend trockenem Untergrund,
— nicht genügend festen Oberflächen des Untergrundes,
— zu poröser und zu rauher Oberfläche des Untergrundes,
— gefordertem kraftschlüssigem Schließen von Bewegungsfugen im Untergrund,
— verunreinigten Oberflächen des Untergrundes, z.B. durch Öl, Wachs, Lacke, Farbreste,
— unrichtiger Höhenlage der Oberfläche des Untergrundes im Verhältnis zur Höhenlage anschließender Bauteile,
— ungeeigneter Temperatur des Untergrundes,
— ungeeigneten Temperatur- und Luftverhältnissen im Raum,
— fehlendem Aufheizprotokoll bei beheizter Fußbodenkonstruktion,
— Fehlen von Schienen, Schwellen und dergleichen als Anschlag für das Holzpflaster.

3.1.3 Abweichungen von vorgeschriebenen Maßen sind in den durch

DIN 18 201 Toleranzen im Bauwesen; Begriffe, Grundsätze, Anwendung, Prüfung

DIN 18 202 Toleranzen im Hochbau; Bauwerke

bestimmten Grenzen zulässig.

Bei Streiflicht sichtbar werdende Unebenheiten in den Oberflächen von Bauteilen sind zulässig, wenn die Maßtoleranzen von DIN 18 202 eingehalten worden sind. Werden an die Ebenheit von Flächen erhöhte Anforderungen nach DIN 18 202 gestellt, so sind die zu treffenden Maßnahmen Besondere Leistungen (siehe Abschnitt 4.2.1).

3.1.4 Bei Verlegung auf Betonuntergrund ist ein Voranstrich aufzubringen.

3.1.5 Die Klötze sind im Verband mit geradlinig durchgehenden Längsfugen zu verlegen. Sie müssen parallel zur Schmalseite der zu pflasternden Fläche verlaufen.

3.1.6 Zwischen dem zu verlegenden Holzpflaster und angrenzenden Bauteilen sind Fugen anzulegen. An Schienen sind die Klötze unmittelbar anzuarbeiten.

3.1.7 Über Dehnungsfugen des Bauwerkes sind Fugen auch im Holzpflaster RE anzulegen. Diese Fugen sind mit plastischen Stoffen zu füllen.

3.1.8 Bewegungsfugen im Untergrund dürfen nicht kraftschlüssig geschlossen oder sonst in ihrer Funktion beeinträchtigt werden.

3.1.9 Vor Verlegung des Holzpflasters auf beheizten Fußbodenkonstruktionen müssen diese ausreichend lange aufgeheizt gewesen sein. Zur Vermeidung von Beschädigungen an der Heizungsinstallation dürfen Feuchtigkeitsmessungen nicht vorgenommen werden.

3.1.10 Der Auftragnehmer hat dem Auftraggeber die schriftliche Pflegeanleitung für das Holzpflaster zu übergeben. Diese soll auch Hinweise auf das zweckmäßige Raumklima enthalten.

3.2 Holzpflaster GE
Preßverlegtes Holzpflaster GE ohne Fugenleisten mit heißflüssiger Klebemasse ist auf Unterlagsbahnen auszuführen und mit Quarzsand abzukehren.

3.3 Holzpflaster RE-V
3.3.1 Holzpflaster RE-V ist sofort nach dem Abschleifen zu versiegeln.

3.3.2 Der Auftragnehmer hat die Versiegelungsart und das Versiegelungsmittel entsprechend dem Verwendungszweck des Raumes und der vorgesehenen Beanspruchung auszuwählen.

3.3.3 Die Versiegelung ist so auszuführen, daß eine gleichmäßige Oberfläche entsteht.

3.4 Holzpflaster RE-W
3.4.1 Holzpflaster RE-W ohne Oberflächenschutz ist nach dem Verlegen mit einem öligen, paraffinhaltigen Mittel, zur Verzögerung der Feuchteaufnahme, zu behandeln.

4 Nebenleistungen, Besondere Leistungen

4.1 Nebenleistungen sind ergänzend zur ATV DIN 18 299, Abschnitt 4.1, insbesondere:

4.1.1 Reinigen des Untergrundes, ausgenommen Leistungen nach Abschnitt 4.2.3.

4.1.2 Anpassen des Holzpflasters an die angrenzenden Bauwerksteile, z. B. an Wände, Pfeiler, Stützen, Schwellen, Maschinenfundamente, Rohrleitungen, Schienen aller Art, und Anschließen an diese Bauwerksteile in anderen Fällen als nach Abschnitt 4.2.4.

4.1.3 Absperrmaßnahmen bis zur Begehbarkeit des Holzpflasters.

4.2 Besondere Leistungen sind ergänzend zur ATV DIN 18 299, Abschnitt 4.2, z. B.:

4.2.1 Maßnahmen nach Abschnitt 3.1.3.

4.2.2 Vorhalten von Aufenthalts- und Lagerräumen, wenn der Auftraggeber Räume, die leicht verschließbar gemacht werden können, nicht zur Verfügung stellt.

4.2.3 Reinigen des Untergrundes von grober Verschmutzung, z. B. Gipsreste, Mörtelreste, Farbreste, Öl, soweit diese von anderen Unternehmern herrührt.

4.2.4 Herstellen von Aussparungen und Anschlüssen sowie Anpassung an schräg oder gekrümmt zum Fugenverlauf angrenzende Bauteile, mit denen der Auftragnehmer bei Abgabe des Angebotes nicht rechnen konnte.

4.2.5 Nachversiegeln stark beanspruchter Flächen innerhalb der Verjährungsfrist für Gewährleistung.

4.2.6 Schleifen von Holzpflaster RE-W.

5 Abrechnung

Ergänzend zur ATV DIN 18 299, Abschnitt 5, gilt:

5.1 Allgemeines

5.1.1 Der Ermittlung der Leistung — gleichgültig, ob sie nach Zeichnungen oder nach Aufmaß erfolgt — sind zugrunde zu legen:

Bei Holzpflaster
- auf Flächen mit begrenzenden Bauteilen die Maße der zu belegenden Flächen bis zu den begrenzenden ungeputzten bzw. nicht bekleideten Bauteilen,
- auf Flächen ohne begrenzende Bauteile deren Maße,
- auf Flächen von Stufen und Schwellen deren größte Maße.

5.1.2 Bei der Ermittlung des Längenmaßes wird die größte Bauteillänge gemessen.

5.1.3 In Holzpflaster nachträglich eingearbeitete Teile werden übermessen.

5.2 Es werden abgezogen:

5.2.1 Bei Abrechnung nach Flächenmaß (m^2):

Aussparungen, z. B. für Öffnungen, Pfeiler, Pfeilervorlagen, Rohrdurchführungen über 0,1 m^2 Einzelgröße.

5.2.2 Bei Abrechnung nach Längenmaß (m):

Unterbrechungen über 1 m Einzellänge.

VOB Teil C:
Allgemeine Technische Vertragsbedingungen für Bauleistungen (ATV) Raumlufttechnische Anlagen – DIN 18379
Ausgabe Juni 1996

Inhalt

0 Hinweise für das Aufstellen der Leistungsbeschreibung

1 Geltungsbereich

2 Stoffe, Bauteile

3 Ausführung

4 Nebenleistungen, Besondere Leistungen

5 Abrechnung

0 Hinweise für das Aufstellen der Leistungsbeschreibung

Diese Hinweise ergänzen die ATV DIN 18299 "Allgemeine Regelungen für Bauarbeiten jeder Art", Abschnitt 0. Die Beachtung dieser Hinweise ist Voraussetzung für eine ordnungsgemäße Leistungsbeschreibung gemäß A § 9.
Die Hinweise werden nicht Vertragsbestandteil.
In der Leistungsbeschreibung sind nach den Erfordernissen des Einzelfalls insbesondere anzugeben:

0.1 Angaben zur Baustelle

0.1.1 Angaben zur Begrenzung von Verkehrslasten.

0.1.2 Angaben über die Abdichtung von Bauwerken und Bauwerksteilen, z. B. Wannenausbildung von Kellern.

0.2 Angaben zur Ausführung

0.2.1 Hauptwindrichtung.

0.2.2 Besondere Belastungen aus Immissionen.

0.2.3 Bebauung der Umgebung.

0.2.4 Abgrenzung des Leistungsumfangs zwischen den beteiligten Auftragnehmern.

Raumlufttechnische Anlagen   DIN 18379

0.2.5 Umfang der vom Auftragnehmer vorzunehmenden Installation der anlageninternen elektrischen Leitungen einschließlich Auflegen auf die Klemmen.

0.2.6 Art und Kälteleistungsbedarf anderer, nicht zum Auftragsumfang des Auftragnehmers gehörender Kälteverbraucher.

0.2.7 Geforderte Druckstufen und Dichtheitsklassen für Luftleitungssysteme.

0.2.8 Für welche Anlagenteile im Angebot Muster, Darstellungen und Beschreibungen sowie Einzelheiten über Hersteller, Abmessungen, Gewichte und Ausführung verlangt werden.

0.2.9 Art und Umfang von Winterbaumaßnahmen.

0.2.10 Ob besondere Maßnahmen zum Schutz der Anlagenteile gegen Nässe vorzusehen sind.

0.2.1 Transportwege für alle größeren Anlagenteile auf der Baustelle und im Gebäude.

0.2.12 Art und Umfang besonderer Korrosionsschutzmaßnahmen (siehe Abschnitt 2.1).

0.2.13 Art, Abmessungen und Umfang der Wärme- und Schalldämmung sowie Brandschutz.

0.2.14 Termine für die Lieferung der Angaben und Unterlagen nach Abschnitt 3.1.2 sowie für Beginn und Ende der vertraglichen Leistungen, ferner, ob und gegebenenfalls in welchem Umfang vom Auftragnehmer Terminpläne oder Beiträge dazu aufzustellen und zu liefern sind, z. B. für Netzpläne.

0.2.15 Art und Umfang von Provisorien, z. B. vorübergehende Versorgung aus Stadtwassernetz bis zur Fertigstellung der Kälteanlage.

0.2.16 Zeitpunkte der – gegebenenfalls stufenweisen – Inbetriebnahme.

0.2.17 Ob zu liefern sind:
- Bestandszeichnungen (Darstellung der ausgeführten Anlage in den Bauplänen),
- Stückliste, enthaltend alle Meß-, Steuerungs- und Regelgeräte (MSR),
- Stromlaufplan und gegebenenfalls Funktionsplan der Steuerung nach DIN 40719-6 "Schaltungsunterlagen – Regeln für Funktionspläne, IEC modifiziert",
- Funktionsbeschreibung unter Einbeziehung der Regelung mit Darstellung der Regeldiagramme,
- Protokolle über die im Rahmen der Einregulierungsarbeiten durchgeführten endgültigen Einstellungen und Messungen,
- Ersatzteilliste,
- Berechnung des Brennstoff- und Energiebedarfs,
- Diagramme und Kennlinienfelder, z. B. für Ventilatoren, Pumpen, Kühltürme,

bei MSR-Anlagen in DDC-Technik:

– *Informationslisten (siehe VDI 3814),*

– *Programmliste.*

0.2.18 Ob Funktionsmessungen durchzuführen sind (siehe Abschnitt 3.5).

0.2.19 Ob ein Wartungsvertrag mit angeboten werden soll.

0.2.20 Art und Umfang der dem Auftragnehmer für die Beurteilung und Ausführung der Anlage zu liefernden Planungsunterlagen und Berechnungen.

0.2.21 Art der Verbindung von Luftleitungen, z. B. geflanscht, gesteckt.

0.3 Einzelangaben bei Abweichungen von den ATV

0.3.1 Wenn andere als die in dieser ATV vorgesehenen Regelungen getroffen werden sollen, sind diese in der Leistungsbeschreibung eindeutig und im einzelnen anzugeben.

0.3.2 Abweichende Regelungen können insbesondere in Betracht kommen bei

Abschnitt 2.1,	wenn für Bauteile, bei denen mit Taupunktunterschreitung zu rechnen ist, keine Auffangvorrichtungen zur Wasserfortführung geliefert werden sollen, wenn kein oder wenn ein besonderer Korrosionsschutz erfolgen soll, wenn die Beschilderung an Bauteilen nicht in deutscher Sprache ausgeführt werden soll,
Abschnitt 2.4,	wenn Luftfilter nicht mit Druckdifferenzmeßeinrichtungen, sondern mit einer anderen Überwachungseinrichtung ausgestattet werden sollen,
Abschnitt 3.2.8.1,	wenn Stellorgane der Regelstrecken nur zu bemessen, jedoch nicht zu liefern sind,
Abschnitt 3.2.9,	wenn für Schallschutzmaßnahmen andere Bestimmungen als VDI 2081 "Geräuscherzeugung und Lärmminderung in Raumlufttechnischen Anlagen" zugrunde gelegt werden sollen,
Abschnitt 3.6,	wenn die geforderten Unterlagen nicht 3fach schwarz/weiß oder Zeichnungen 1fach, pausfähig geliefert werden sollen, sondern in größerer

Raumlufttechnische Anlagen　　　　　　　　　　　　　　　　　　DIN 18379

Stückzahl und/oder in anderer Form, z. B. Zeichnungen farbig angelegt, unter Glas.

0.4 Einzelangaben zu Nebenleistungen und Besonderen Leistungen

Keine ergänzende Regelung zur ATV DIN 18299, Abschnitt 0.4.

0.5 Abrechnungseinheiten

Im Leistungsverzeichnis sind die Abrechnungseinheiten wie folgt vorzusehen:

0.5.1 Flächenmaß (m^2) für

- Kanäle, Kanalformstücke, Endböden, Abschlußdeckel, Trennbleche und Überlappungen, Paßstücke, Luftlenkeinrichtungen.

Für Kanäle und Kanalformstücke sind Abrechnungsgruppen nach Tabelle 1 vorzusehen.

Tabelle 1: Abrechnungsgruppen

Kanäle Abrechnungsgruppe	Formstücke	Größte Kantenlänge mm
K 1	F 1	bis 250
K 2	F 2	über 250 bis 1 400
K 3	F 3	über 1 400 bis 2 500
K 4	F 4	über 2 500

0.5.2 Längenmaß (m), getrennt nach Art, Nennweite und Wanddicke für

- Rohre,
- flexible Rohre.

0.5.3 Anzahl (Stück),

- getrennt nach Leistungsdaten und kennzeichnenden Merkmalen für
    - Ventilatoren, Antriebsmotoren, Luftfilter, Luftbefeuchter, Warmlufterzeuger, Lufterwärmer, Luftkühler, Schalldämpfer und ähnliche Teile;
- getrennt nach Art und Abmessung für
    - Absperrorgane, Regelorgane, Drosselklappen und ähnliche Geräte,
    - Luftdurchlässe, Reinigungsdeckel, Wand- und Deckenhülsen,
    - Befestigungen, z. B. geschweißte Konstruktionen, Aufhängungen,
    - Schwingelemente und sonstige Bauteile für körperschallgedämpfte Befestigungen,
    - Schiebestutzen, Luftdurchlaßstutzen und -kästen, Ausschnitte für Luftdurchlässe;
- getrennt nach Art, Maßen und Feuerwiderstandsklasse für
    - Absperreinrichtungen gegen Brandübertragung (Brandschutzklappen);

- getrennt nach Art, Nennweite, Wanddicke, Winkel und mittlerem Krümmungshalbmesser für
  - Bogen,
  - Form- und Verbindungsstücke für Rohre.

0.5.4 Gewicht (kg), getrennt nach Art und erforderlichenfalls auch nach Maßen für
- *besondere Befestigungskonstruktionen, z. B. geschweißte Konstruktionen, Aufhängungen.*

1 Geltungsbereich

1.1 Die ATV "Raumlufttechnische Anlagen" (RLT-Anlagen) – DIN 18379 – gilt für Raumlufttechnische Anlagen, bei denen Luft maschinell gefördert wird.

1.2 Die ATV DIN 18379 gilt nicht für freie Lüftungssysteme und für Prozeßlufttechnische Anlagen, bei denen die Luft ausschließlich zur Durchführung eines technischen Prozesses innerhalb von Apparaten, Kabinen oder Maschinen gefördert wird.

1.3 Ergänzend gelten die Abschnitte 1 bis 5 der ATV DIN 18299 "Allgemeine Regelungen für Bauarbeiten jeder Art". Bei Widersprüchen gehen die Regelungen der ATV DIN 18379 vor.

2 Stoffe, Bauteile

Ergänzend zur ATV DIN 18299, Abschnitt 2, gilt:

2.1 Allgemeines

Sofern es der Verwendungszweck erfordert, müssen Stoffe und Bauteile korrosionsgeschützt sein.

Bauteile, bei denen mit Tau- oder Überlaufwasser zu rechnen ist, sind mit Auffangvorrichtungen zur Wasserfortführung zu liefern.

Stoffe und Bauteile im Luftstrom von Raumlufttechnischen Anlagen müssen geruchfrei und – ausgenommen Verschleißteile, wie Keilriemen, Kohlebürsten – abriebfest sein. Maschinelle Bauteile und Wärmeaustauscher müssen mit Typ- und Leistungsschildern versehen sein. Beschriftungen an Bauteilen (Schilder, Skalen, Hinweise) müssen in deutscher Sprache und entsprechend dem "Gesetz über Einheiten im Meßwesen" ausgeführt sein.

Für die gebräuchlichsten genormten Stoffe und Bauteile sind die DIN-Normen und sonstigen Technischen Regeln nachstehend aufgeführt.

2.2 Ventilatoren

DIN 24163-1   Ventilatoren – Leistungsmessung, Normkennlinien

VDMA 24169-1   Lufttechnische Anlagen – Bauliche Explosionsschutzmaßnahmen an Ventilatoren – Richtlinien für Ventilatoren zur Förderung von brennbare Gase, Dämpfe oder Nebel enthaltender Atmosphäre

Werden Ventilatoren durch Drehstrommotoren der Bauform B 3 angetrieben, so müssen die Motoren DIN 42673-1 "Oberflächengekühlte Drehstrommotoren mit

Käfigläufer, Bauform IM B 3, mit Wälzlagern, Anbaumaße und Zuordnung der Leistungen" entsprechen.

2.3 Warmlufterzeuger, Lufterwärmer und Luftkühler

Für Warmlufterzeuger mit Feuerungen für feste, flüssige und gasförmige Brennstoffe

DIN 4794-1	Ortsfeste Warmlufterzeuger – mit und ohne Wärmeaustauscher – Allgemeine und lufttechnische Anforderungen, Prüfung
DIN 4794-2	Ortsfeste Warmlufterzeuger – Ölbefeuerte Warmlufterzeuger, Anforderungen, Prüfung
DIN 4794-3	Ortsfeste Warmlufterzeuger – Gasbefeuerte Warmlufterzeuger mit Wärmeaustauscher, Anforderungen, Prüfung
DIN 4794-5	Ortsfeste Warmlufterzeuger – Allgemeine und sicherheitstechnische Anforderungen, Aufstellung, Betrieb
DIN 4794-7	Ortsfeste Warmlufterzeuger – Gasbefeuerte Warmlufterzeuger ohne Wärmeaustauscher, Sicherheitstechnische Anforderungen, Prüfung

Für Lufterwärmer und Luftkühler muß die Leistung VDI 2076 "Leistungsnachweis für Wärmeaustauscher mit zwei Massenströmen" entsprechen.

2.4 Luftfilter

DIN VDE 0105-8	Betrieb von Starkstromanlagen – Zusatzfestlegungen für Elektrofilteranlagen
DIN 24184	Typprüfung von Schwebstoffiltern – Prüfung mit Paraffinölnebel als Prüfaerosol
DIN EN 779	Partikelluftfilter für die allgemeine Raumlufttechnik – Anforderungen, Prüfung, Kennzeichnung; Deutsche Fassung EN 779 : 1993 + AC : 1994

Luftfilter müssen mit Druckdifferenzmeßeinrichtungen ausgestattet sein.

2.5 Kammerzentralen, RLT-Geräte

2.5.1 Bauteile von Kammerzentralen und RLT-Geräten, z. B. Ventilatoren und Luftfilter, müssen den Anforderungen der Abschnitte 2.1 bis 2.3 entsprechen.

2.5.2 Die Antriebsmotoren müssen leicht ein- und ausbaubar sein. Es muß ausreichend Platz zum Nachspannen der Keilriemen vorhanden sein. Der elektrische Anschluß muß leicht zugänglich sein.

2.5.3 Die Gehäuse der Kammerzentralen und der RLT-Geräte müssen den Betriebsbedingungen entsprechend ausreichend steif sein; die Wände dürfen bei Betrieb nicht flattern.

2.5.4 Die Gehäuse der Kammerzentralen und der RLT-Geräte müssen ausreichend luftdicht sein. Zur Kabeleinführung müssen entsprechende Muffen vorhanden sein.

2.5.5 Für Kammerzentralen auf Dächern gilt VDMA 24175 "Lufttechnische Geräte und Anlagen – Dach-Zentraleinheiten für die Raumlufttechnik, Anforderungen an das Gehäuse".

2.5.6 Bedienungstüren, Inspektions- und Wartungsöffnungen müssen in solcher Größe und Anzahl vorhanden sein, daß alle wichtigen Bauteile, insbesondere bewegliche, leicht und sicher instandgehalten werden können. Lufterwärmer und Luftkühler müssen zum Beseitigen etwaiger Undichtheiten ausbaubar sein. Bei Lagerschäden muß eine Instandsetzung möglich sein.

2.6 Luftleitungen mit Zubehör

2.6.1 Allgemeines

Luftleitungen müssen – soweit erforderlich – mit Luftlenkeinrichtungen versehen sein.

Absperrvorrichtungen in Luftleitungen gegen Feuer oder Rauch unterliegen der Prüfzeichenpflicht.

2.6.2 Luftleitungen aus metallischen Werkstoffen

DIN 24145	Lufttechnische Anlagen – Wickelfalzrohre, Anschlußenden, Verbinder
DIN 24146-1	Lufttechnische Anlagen – Flexible Rohre – Maße und Anforderungen

Normen der Reihe

DIN 24147	Lufttechnische Anlagen – Formstücke
DIN 24151-1	Rohrbauteile für lufttechnische Anlagen – Blechrohre – Reihe 1, geschweißt
DIN 24152	Rohrbauteile für lufttechnische Anlagen – Blechrohre – längsgefalzt
DIN 24190	Kanalbauteile für lufttechnische Anlagen – Blechkanäle – gefalzt, geschweißt
DIN 24191	Kanalbauteile für lufttechnische Anlagen – Blechkanalformstücke – gefalzt, geschweißt

Für Luftleitungen aus Aluminium sind Werkstoffe nach DIN 1725-1 "Aluminiumlegierungen, Knetlegierungen" und für Luftleitungen aus nichtrostenden Stählen Werkstoffe nach DIN 17440 "Nichtrostende Stähle – Technische Lieferbedingungen für Blech, Warmband, Walzdraht, gezogenen Draht, Stabstahl, Schmiedestücke und Halbzeug" zu verwenden.

2.6.3 Luftleitungen aus Kunststoff

DIN 4740-1	Raumlufttechnische Anlagen – Rohre aus weichmacherfreiem Polyvinylchlorid (PVC-U) – Berechnung der Mindestwanddicken
DIN 4740-2	Raumlufttechnische Anlagen – Lüftungsleitungen aus weichmacherfreiem Polyvinylchlorid (PVC-U) – Formstücke für Rohre, Bögen, Mindestwanddicken
DIN 4740-5	Raumlufttechnische Anlagen – Lüftungsleitungen aus weichmacherfreiem Polyvinylchlorid (PVC-U) – Kanäle unversteift, Mindestwanddicken

DIN 4741-1	Raumlufttechnische Anlagen – Rohre aus Polypropylen (PP) – Berechnung der Mindestwanddicken
DIN 4741-2	Raumlufttechnische Anlagen – Lüftungsleitungen aus Polypropylen (PP), Typ 1 – Formstücke für Rohre, Bögen, Mindestwanddicken
DIN 4741-5	Raumlufttechnische Anlagen – Lüftungsleitungen aus Polypropylen (PP), Typ 1 – Kanäle unversteift, Mindestwanddicken

2.7 Meß-, Steuer- und Regeleinrichtungen, Gebäudeleittechnik

DIN VDE 0470-1 (VDE 0470 Teil 1)	Schutzarten durch Gehäuse (IP Code) – [IEC 529 (1989), 2. Ausgabe]; Deutsche Fassung EN 60529 : 1991

Normen der Reihe
DIN EN 60051	Direkt wirkende anzeigende elektrische Meßgeräte und ihr Zubehör

Schalttafeln müssen mindestens der Schutzart IP 43 entsprechen.

Elektrische Meßgeräte müssen der Klasse 1,5 nach den Normen der Reihe DIN EN 60051 entsprechen.

2.8 Kälteanlagen

DIN 1947	Wärmetechnische Abnahmemessungen an Naßkühltürmen (VDI-Kühlturmregeln)
DIN 8960	Kältemittel – Anforderungen
DIN 8962	Kältemittel-Kurzzeichen
DIN 8975-2 bis DIN 8975-9	Kälteanlagen – Sicherheitstechnische Grundsätze für Gestaltung, Ausrüstung und Aufstellung

2.9 Wärmepumpen

DIN 8900-2 bis DIN 8900-4	Wärmepumpen – Anschlußfertige Heiz-Wärmepumpen mit elektrisch angetriebenen Verdichtern
DIN 8901	Kälteanlagen und Wärmepumpen – Schutz von Erdreich, Grund- und Oberflächenwasser – Sicherheitstechnische und umweltrelevante Anforderungen und Prüfung
DIN EN 255-1	Wärmepumpen – Anschlußfertige Wärmepumpen mit elektrisch angetriebenen Verdichtern zum Heizen oder zum Heizen und Kühlen – Benennungen, Definitionen und Bezeichnungen; Deutsche Fassung EN 255-1 : 1988

2.10 Schalldämpfer

VDI 2567	(z. Z. Entwurf) Schallschutz durch Schalldämpfer

2.11 Wärmerückgewinner

VDI 2071 Blatt 1	Wärmerückgewinnung in Raumlufttechnischen Anlagen – Begriffe und technische Beschreibungen

3 Ausführung

Ergänzend zur ATV DIN 18299, Abschnitt 3, gilt:

3.1 Allgemeines

3.1.1 Die Bauteile von Raumlufttechnischen Anlagen sind so aufeinander abzustimmen, daß die geforderte Leistung erbracht, die Betriebssicherheit gegeben und ein sparsamer und wirtschaftlicher Betrieb möglich ist sowie unvermeidbare Korrosionsvorgänge weitgehend eingeschränkt werden.

Der von Raumlufttechnischen Anlagen erzeugte bzw. übertragene Luft- und Körperschall darf die zulässigen oder vereinbarten Werte nicht überschreiten.

3.1.2 Der Auftragnehmer hat dem Auftraggeber vor Beginn der Montagearbeiten alle Angaben zu machen, die für den ungehinderten Einbau und ordnungsgemäßen Betrieb der Anlage notwendig sind. Der Auftragnehmer hat nach den Planungsunterlagen und Berechnungen des Auftraggebers die für die Ausführung erforderliche Montage- und Werkstattplanung zu erbringen und soweit erforderlich mit dem Auftraggeber abzustimmen.

Dazu gehören insbesondere

- Montagepläne,
- Werkstattzeichnungen,
- Stromlaufpläne,
- Fundamentpläne.

Der Auftragnehmer hat dem Auftraggeber rechtzeitig Angaben zu machen über die

- Gewichte der Einbauteile,
- Stromaufnahme und gegebenenfalls den Anlaufstrom der elektrischen Bauteile,
- sonstigen Erfordernisse für den Einbau.

3.1.3 Der Auftragnehmer hat bei der Prüfung der vom Auftraggeber gelieferten Planungsunterlagen und Berechnungen (siehe B § 3 Nr 3) u. a. hinsichtlich der Beschaffenheit und Funktion der Anlage insbesondere zu achten auf:

- den Wärmebedarf,
- die Kühllast,
- den Luftvolumenstrom,
- die Leitungsnetzberechnung,
- die Lufttemperaturen,
- die Luftfeuchten,
- die Meß-, Steuer- und Regeleinrichtungen,
- den Schallschutz,
- den Brandschutz.

3.1.4 Der Auftragnehmer hat bei seiner Prüfung Bedenken (siehe B § 4 Nr 3) insbesondere geltend zu machen bei:

- Unstimmigkeiten in den vom Auftraggeber gelieferten Planungsunterlagen und Berechnungen (siehe B § 3 Nr 3),

Raumlufttechnische Anlagen DIN 18379

- erkennbar mangelhafter Ausführung oder nicht rechtzeitiger Fertigstellung bzw. dem Fehlen von
  - Fundamenten,
  - Schlitzen und Durchbrüchen sowie
  - Schall- und Wärmedämmungen,
- ungeeigneter Bauart und/oder ungeeignetem Querschnitt der Schornsteine, Zuluft- und Abluftschächte,
- unzureichender Anschlußleistung für die Betriebsmittel, z. B. Brennstoffe, Energie,
- nicht ausreichendem Platz für die Bauteile,
- ihm bekanntgewordenen Änderungen von Voraussetzungen, die der Planung zugrunde gelegen haben.

3.1.5 Stemm-, Fräs- und Bohrarbeiten am Bauwerk dürfen nur im Einvernehmen mit dem Auftraggeber ausgeführt werden. Bei derartigen Arbeiten an Mauerwerk ist DIN 1053-1 "Mauerwerk – Rezeptmauerwerk – Berechnung und Ausführung" zu beachten.

3.1.6 Stoffe, die zerstörend auf Anlagenteile wirken können, z. B. Gips oder chloridhaltige Schnellbinder in Verbindung mit Stahl- und Gußteilen, dürfen nicht verwendet werden.

3.2 Anforderungen
3.2.1 Allgemeines
Für die Ausführung von Raumlufttechnischen Anlagen gelten:

DIN 1946-1	Raumlufttechnik – Terminologie und graphische Symbole (VDI-Lüftungsregeln)
DIN 1946-2	Raumlufttechnik – Gesundheitstechnische Anforderungen (VDI-Lüftungsregeln)
DIN 1946-4	Raumlufttechnik – Raumlufttechnische Anlagen in Krankenhäusern (VDI-Lüftungsregeln)
DIN 1946-7	Raumlufttechnische Anlagen in Laboratorien (VDI-Lüftungsregeln)
DIN 4701-1 bis DIN 4701-3	Regeln für die Berechnung des Wärmebedarfs von Gebäuden
DIN 8900-2 bis DIN 8900-4	Wärmepumpen – Anschlußfertige Heiz-Wärmepumpen mit elektrisch angetriebenen Verdichtern
DIN 8960	Kältemittel – Anforderungen
DIN 8975-1 bis DIN 8975-8	Kälteanlagen – Sicherheitstechnische Grundsätze für Gestaltung, Ausrüstung und Aufstellung
DIN 18017-3	Lüftung von Bädern und Toilettenräumen ohne Außenfenster mit Ventilatoren
DIN 18910	Wärmeschutz geschlossener Ställe – Wärmedämmung und Lüftung – Planungs- und Berechnungsgrundlagen

DIN EN 255-1	Wärmepumpen – Anschlußfertige Wärmepumpen mit elektrisch angetriebenen Verdichtern zum Heizen oder zum Heizen und Kühlen – Benennungen, Definitionen und Bezeichnungen; Deutsche Fassung EN 255-1 : 1988
VDI 2052	Raumlufttechnische Anlagen für Küchen
VDI 2053 Blatt 1	Raumlufttechnische Anlagen für Garagen und Tunnel – Garagen
VDI 2071 Blatt 1	Wärmerückgewinnung in Raumlufttechnischen Anlagen – Begriffe und technische Beschreibung
VDI 2078	Berechnung der Kühllast klimatisierter Räume (VDI-Kühllastregeln)
VDI 2081	Geräuscherzeugung und Lärmminderung in Raumlufttechnischen Anlagen
VDI 2082	Raumlufttechnik für Geschäftshäuser und Verkaufsstätten
VDI 2083 Blatt 1	Reinraumtechnik – Grundlagen, Definitionen und Festlegung der Reinheitsklassen
VDI 2083 Blatt 2	Reinraumtechnik – Bau, Betrieb und Wartung
VDI 2085	Lüftung von großen Schutzräumen
VDI 2087	Luftkanäle – Bemessungsgrundlagen, Schalldämpfung, Temperaturabfall und Wärmeverluste
VDI 3803	Raumlufttechnische Anlagen – Bauliche und technische Anforderungen

3.2.2 Ventilatoren

Bestehen Ventilatorteile aus splitterfähigen Stoffen, so sind geeignete Maßnahmen vorzusehen, die beim Zerspringen dieser Teile einen ausreichenden Splitterschutz geben.

3.2.3 Lufterwärmer, Luftkühler, Warmlufterzeuger

3.2.3.1 Lufterwärmer und Luftkühler sind so einzubauen, daß eine einfache vollständige Entleerung und Entlüftung möglich ist.

3.2.3.2 Die Luftkühler sind so einzubauen, daß eine einwandfreie Tauwasserableitung möglich ist.

3.2.3.3 Das Eindringen von Wassertropfen in andere Anlagenteile ist durch geeignete Maßnahmen soweit wie möglich zu verhindern. Der nachfolgende Anlagenabschnitt ist erforderlichenfalls zu entwässern.

3.2.3.4 Elektro-Lufterwärmer sind mit Strömungs- und Übertemperatursicherungen auszurüsten.

3.2.4 Luftfilter

Luftfilter sind so einzubauen, daß auch im eingebauten Zustand die Güteklassen nach DIN 24184 und DIN EN 779 eingehalten werden – bei Elektro-Luftfiltern ist außerdem DIN VDE 0105-8 (VDE 0105 Teil 8) zu beachten.

3.2.5 Luftbefeuchtungseinrichtungen

3.2.5.1 Luftbefeuchtungseinrichtungen mit Wasser- oder Dampfanschluß sind mit den dafür notwendigen Absperr- und Reguliereinrichtungen zu versehen. Sie müssen leicht zu reinigen sein.

3.2.5.2 Luftbefeuchtungseinrichtungen mit Wasseranschluß sind so einzubauen, daß sie an das Wasserversorgungsnetz und, wenn erforderlich, auch an das Abwassernetz unter Beachtung von DIN 1988-1 bis DIN 1988-8 "Technische Regeln für Trinkwasser-Installationen (TRWI)" und DIN 1986-1 "Entwässerungsanlagen für Gebäude und Grundstücke – Technische Bestimmungen für den Bau" angeschlossen werden können.

3.2.5.3 Das Eindringen von Wassertropfen in andere Anlagenteile ist durch geeignete Maßnahmen soweit wie möglich zu verhindern. Der nachfolgende Anlagenabschnitt ist erforderlichenfalls zu entwässern.

3.2.6 Kammerzentralen, RLT-Geräte

3.2.6.1 Beim Einbau sind die Abschnitte 3.2.1 bis 3.2.5 zu beachten.

3.2.6.2 Bei innenliegendem Riementrieb ohne Berührungs- und Riemenschutzvorrichtung muß der Wartungsschalter der Kammerzentrale in unmittelbarer Nähe außerhalb der Kammerzentrale bzw. außerhalb des RLT-Gerätes vorhanden sein.

3.2.6.3 Anschlußleitungen sind so zu verlegen, daß keine Behinderungen an den Bedienungstüren, Inspektions- und Wartungsöffnungen entstehen.

3.2.7 Luftleitungen mit Zubehör

3.2.7.1 Alle Verbindungen von Luftleitungen müssen entsprechend den Betriebsbedingungen luftdicht und stabil sein.

3.2.7.2 Luftleitungen müssen, soweit erforderlich, mit verschließbaren Meßöffnungen versehen sein.

3.2.7.3 Luftdurchlässe müssen ohne Beschädigung des Bauwerks ausbaubar sein.

3.2.7.4 Die Lage von Einbauteilen in Luftleitungen, die für Inspektion und Wartungsarbeiten zugänglich sein müssen, muß erkennbar sein, erforderlichenfalls durch Schilder.

3.2.8 Meß-, Steuer- und Regeleinrichtungen, Gebäudeleittechnik

3.2.8.1 Stellorgane der Regelstrecken von Raumlufttechnischen Anlagen, die in Gewerke eingebaut werden, die nicht zum Auftragsumfang des Auftragnehmers gehören, sind vom Auftragnehmer zu bemessen und zu liefern. Die Bemessung der Stellorgane der Regelstrecken ist vom Auftragnehmer mit dem betreffenden Gewerk abzustimmen.

3.2.8.2 Meßwertaufnehmer sind an solchen Stellen und so einzubauen, daß der richtige Meßwert erfaßt wird.

3.2.8.3 Anzeigegeräte müssen gut ablesbar und zu betätigende Geräte müssen leicht zugängig und bedienbar sein.

3.2.8.4 Der Auftragnehmer hat bei der Prüfung der elektrischen Verkabelung und während der Inbetriebnahme eine mit der von ihm erstellten Steuer- und Regelanlage vertraute Fachkraft zur Verfügung zu stellen.

3.2.8.5 Grundplattenpumpen müssen mit Wartungsschaltern am Aufstellungsort ausgerüstet werden.

3.2.9 Schallschutz

Wenn Schallschutzmaßnahmen an der Anlage auszuführen sind, müssen sie den Anforderungen VDI 2081 entsprechen.

3.2.10 Dämmung und Brandschutz

Teile der Raumlufttechnischen Anlage, die eine Ummantelung erhalten sollen, sind so einzubauen, daß diese ordnungsgemäß ausgeführt werden kann.

3.3 Anzeige, Erlaubnis, Genehmigung und Prüfung

Die für die behördlich vorgeschriebenen Anzeigen oder Anträge notwendigen zeichnerischen und sonstigen Unterlagen sowie Bescheinigungen sind entsprechend der für die Anzeige-, Erlaubnis- bzw. Genehmigungspflicht vorgeschriebenen Anzahl vom Auftragnehmer dem Auftraggeber zur Verfügung zu stellen. Dies gilt nicht, wenn die Prüfvorschriften für Anlagenteile eine dauerhafte Kennzeichnung statt einer Bescheinigung zulassen.

3.4 Einstellung der Anlage

3.4.1 Der Auftragnehmer hat die Anlagenteile so einzustellen, daß die geforderten Funktionen und Leistungen erbracht und die gesetzlichen Bestimmungen erfüllt werden.

Der Abgleich der Luftvolumenströme ist den festgelegten Werten entsprechend vorzunehmen.

3.4.2 Das Bedienungs- und Wartungspersonal für die Anlage ist durch den Auftragnehmer einmal einzuweisen.

3.5 Abnahmeprüfung

Es ist eine Abnahmeprüfung nach VDI 2079 "Abnahmeprüfung an Raumlufttechnischen Anlagen" durchzuführen, die dabei vorgesehene Funktionsmessung jedoch nur nach besonderer Vereinbarung.

3.6 Mitzuliefernde Unterlagen

Der Auftragnehmer hat im Rahmen seines Leistungsumfanges aufzustellen und dem Auftraggeber spätestens bei der Abnahme zu übergeben:

- Anlagenschema,

- elektrischer Übersichtsschaltplan und Anschlußplan nach DIN EN 61082-1 und DIN EN 61082-3 "Dokumente der Elektrotechnik",
- Zusammenstellung der wichtigsten technischen Daten,
- alle für einen sicheren und wirtschaftlichen Betrieb erforderlichen Betriebs- und Wartungsanleitungen nach DIN V 8418 "Benutzerinformation – Hinweise für die Erstellung",
- Protokoll über die Einweisung des Wartungs- und Bedienungspersonals.

Die Unterlagen sind in 3facher Ausfertigung schwarz/weiß, Zeichnungen nach Wahl des Auftraggebers statt dessen auch 1fach pausfähig, dem Auftraggeber auszuhändigen.

4 Nebenleistungen, Besondere Leistungen

4.1 Nebenleistungen sind ergänzend zur ATV DIN 18299, Abschnitt 4.1, insbesondere:

4.1.1 Prüfen der Unterlagen des Auftraggebers nach Abschnitt 3.1.3 und Leistungen nach Abschnitt 3.1.4.

4.1.2 Auf- und Abbauen sowie Vorhalten der Gerüste, deren Arbeitsbühnen nicht höher als 2 m über Gelände oder Fußboden liegen.

4.1.3 Liefern und Anbringen der Typ- und Leistungsschilder sowie gegebenenfalls Bedienungsanleitung.

4.1.4 Einbau von Verbindungs- und Befestigungsmaterial, z. B. Flanschen, Profilverbindungen, Schraubenverbindungen, Steckverbinder ohne besondere Anforderungen, Dichtungsmaterial, Versteifungen für Kanäle, Ausschnitte zum Reinigen oder zum Inspizieren oder Messen.

4.2 Besondere Leistungen sind ergänzend zur ATV DIN 18299, Abschnitt 4.2, z. B.:

4.2.1 Planungsleistungen, wie Entwurfs-, Ausführungs-, Genehmigungsplanung und die Planung von Schlitzen und Durchbrüchen.

4.2.2 Besondere Maßnahmen zur Schalldämmung und Schwingungsdämpfung von Anlagenteilen gegen den Baukörper.

4.2.3 Vorhalten von Aufenthalts- und Lagerräumen, wenn der Auftraggeber Räume, die leicht verschließbar gemacht werden können, nicht zur Verfügung stellt.

4.2.4 Auf- und Abbauen sowie Vorhalten der Gerüste, deren Arbeitsbühnen mehr als 2 m über Gelände oder Fußboden liegen.

4.2.5 Stemm-, Bohr- und Fräsarbeiten für die Befestigung von Konsolen und Halterungen sowie das Herstellen von Schlitzen und Durchbrüchen.

4.2.6 Anpassen von Anlagenteilen an nicht maßgerecht ausgeführte Leistungen anderer Unternehmer.

4.2.7 Prüfen der elektrischen Verkabelung, der Steuer- und Regelanlage, wenn die Leistung nicht vom Auftragnehmer ausgeführt wurde.

4.2.8 Liefern und Einbauen besonderer Befestigungskonstruktionen, z. B. Konsolen, Stützgerüste.

4.2.9 Liefern und Befestigen der Funktions-, Bezeichnungs- und Hinweisschilder.

4.2.10 Liefern der für die Inbetriebnahme und den Probebetrieb nötigen Betriebsstoffe.

4.2.11 Provisorische Maßnahmen zum vorzeitigen Betreiben der Anlage oder von Anlagenteilen vor der Abnahme auf Anordnung des Auftraggebers.

4.2.12 Betreiben der Anlage oder von Anlagenteilen vor der Abnahme auf Anordnung des Auftraggebers.

4.2.13 Dichtheitsprüfungen von luftführenden Anlagenteilen.

4.2.14 Wasseranalyse und Gutachten, sofern diese ausnahmsweise vom Auftragnehmer vorgenommen werden sollen.

4.2.15 Gebühren für behördlich vorgeschriebene Abnahmeprüfungen.

4.2.16 Wiederholtes Einweisen des Bedienungs- und Wartungspersonals (siehe Abschnitt 3.4).

4.2.17 Funktionsmessung nach Abschnitt 3.5.

4.2.18 Erstellen von Bestands- und Revisionsplänen.

5 Abrechnung

Ergänzend zur ATV DIN 18299, Abschnitt 5, gilt:

5.1 Der Ermittlung der Leistung – gleichgültig, ob sie nach Zeichnung oder nach Aufmaß erfolgt – sind die Maße der Anlagenteile zugrunde zu legen. Wird die Leistung aus Zeichnungen ermittelt, dürfen Stücklisten hinzugezogen werden.

5.2 Bei Abrechnung nach Flächenmaß (m²) werden Kanäle und Kanalformstücke nach äußerer Oberfläche, ermittelt aus dem größten Umfang (U_{max}) und der größten Länge (l_{max}), ohne Berücksichtigung der Wärmedämmung gerechnet. Ausschnitte für Luftdurchlässe und Stutzen werden nicht abgezogen, Übergänge (mit dem Kurzzeichen US, UA, RS und RA) mit einer ermittelten Oberfläche von weniger als 1 m² werden mit 1 m² abgerechnet.

Zur Ermittlung von U_{max} und l_{max} sind die Formeln der Tabelle 2 anzuwenden.

5.3 Bei Abrechnung nach Längenmaß (m) werden runde und ovale Rohre einschließlich Bögen, Form- und Verbindungsstücke in der Mittelachse gemessen. Dabei werden Bögen bis zum Schnittpunkt der Mittelachse gemessen.

5.4 Bögen und sonstige Formstücke werden zusätzlich zum Rohrpreis abgerechnet.

5.5 Bei Abrechnung nach Gewicht (kg) ist das Gewicht nach folgenden Grundsätzen zu berechnen:

5.5.1 Es sind anzusetzen:
- für Stahlbleche und Bandstahl 8 kg/m² für jeden mm der Stoffdicke,
- für Formstahl und für Profile, die vom Großhandel nach Handelsgewicht verkauft werden, das Handelsgewicht (kg/m),
- für andere Profile das DIN-Gewicht mit einem Zuschlag von 2 % für Walzwerktoleranzen.

5.5.2 Bei geschraubten, geschweißten oder genieteten Stahlkonstruktionen werden zu dem nach Abschnitt 5.5.1 ermittelten Gewicht 2 % zugeschlagen.

5.5.3 Bei verzinkten Bauteilen oder verzinkten Konstruktionen werden zu den Gewichten, die nach den zuvor genannten Grundsätzen ermittelt wurden, 5 % für die Verzinkung zugeschlagen.

Tabelle 2: Kanäle und Kanalformstücke, größte Umfänge, größte Längen, Flächen

Maße in mm

Benennung Kurzzeichen Größe[1])	Darstellung, Maße	Größter Umfang U_{max}	Größte Länge l_{max}
Kanal K $l > 900$		$2(a+b)$	l bei Paßlängen: $l+200$
Trapez- kanal TK $f = f_{max}$		$a+c+\sqrt{b^2+f^2}$ $+\sqrt{(a-c-f)^2+b^2}$	l
Kanal- teil KT $l \leq 900$		$2(a+b)$	l
Übergangs- stutzen SU $l \leq 900$ $c = a$	Ausführung nach Wahl des Herstellers	$2(a+b)$	$\sqrt{l^2+(b-d)^2}$
Stutzen, rund SR $l \leq 500$		πd	l

[1]) Für Kanal K ($l > 900$) gelten die Abrechnungsgruppen K, für alle anderen Bauteile die Abrechnungsgruppen F.

Raumlufttechnische Anlagen — DIN 18379

Tabelle 2 (fortgesetzt)

Benennung Kurzzeichen Größe[1])	Darstellung, Maße	Größter Umfang U_{max}[2])	Größte Länge l_{max}[2])
Bogen, symmetrisch BS $e \leq 500$ $f \leq 500$		$2(a+b)$	$\dfrac{a\pi(r+b)}{180}+e+f$
Bogenübergang BA $c = a$ $e \leq 500$ $f \leq 500$		Bedingung $b \geq d$: $2(a+b)$ Bedingung $b < d$: $2(c+d)$	$\dfrac{a\pi(r+b)}{180}+e+f$ $\dfrac{a\pi(r+d)}{180}+e+f$
Winkel (Knie), symmetrisch WS $r = 0$[3]) $e \leq 500$ $f \leq 500$		$2(a+b)$	$2b+e+f$

[1]) Siehe Seite 526
[2]) Sind für U_{max} und l_{max} mehrere Rechenformeln angegeben, so sind für die Berechnung der Oberfläche die Formeln anzuwenden, die die größten Maße für U und l ergeben.
[3]) Wenn nicht besonders angegeben.

Tabelle 2 (fortgesetzt)

Benennung Kurzzeichen Größe[1])	Darstellung, Maße	Größter Umfang U_{max}[2])	Größte Länge l_{max}[2])
Winkelübergang (Knieübergang) WA $r = 0$[3]) $e \leq 500$ $f \leq 500$		Bedingung $b \geq d$: $2(a+b)$	$b+d+e+f$
		Bedingung $b < d$: $2(c+d)$	$b+d+e+f$
[4]) Übergang, symmetrisch US $e = \dfrac{b-d}{2}$ $f = \dfrac{a-c}{2}$		Bedingung $a+b \geq c+d$: $2(a+b)$	Bedingung $e \geq f$: $\sqrt{l^2+e^2}$
		Bedingung $a+b < c+d$: $2(c+d)$	Bedingung $e < f$: $\sqrt{l^2+f^2}$
[4]) Übergang, asymmetrisch UA		Bedingung $a+b \geq c+d$: $2(a+b)$	Bedingung $b-d+e \geq e$: $\sqrt{l^2+(b-d+e)^2}$
			Bedingung $b-d+e < e$: $\sqrt{l^2+e^2}$
		Bedingung $a+b < c+d$: $2(c+d)$	Bedingung $a-c+f \geq f$: $\sqrt{l^2+(a-c+f)^2}$
			Bedingung $a-c+f < f$: $\sqrt{l^2+f^2}$

[1]) Siehe Seite 526 [2]) und [3]) siehe Seite 527
[4]) Der Koordinatenmittelpunkt liegt immer in der rechten oberen Ecke des linken Querschnitts. Beim Ergebnis der Vergleichsbedingungen sind die errechneten Werte ohne Vorzeichen zu verwenden.

Raumlufttechnische Anlagen DIN 18379

Tabelle 2 (fortgesetzt)

Benennung Kurzzeichen Größe[1])	Darstellung, Maße	Größter Umfang U_{max}[2])	Größte Länge l_{max}[2])
[4]) Rohrübergang, symmetrisch RS $e = \dfrac{b-d}{2}$ $f = \dfrac{a-d}{2}$	m nach DIN 24 145	Bedingung $a+b \geq \dfrac{\pi d}{2}$: $2(a+b)$	Bedingung $e \geq f$: $\sqrt{l^2+e^2}$
		Bedingung $a+b < \dfrac{\pi d}{2}$: πd	Bedingung $e < f$: $\sqrt{l^2+f^2}$
[4]) Rohrübergang, asymmetrisch RA	m nach DIN 24 145	Bedingung $a+b \geq \dfrac{\pi d}{2}$: $2(a+b)$	Bedingung $b-d+e \geq e$: $\sqrt{l^2+(b-d+e)^2}$
			Bedingung $b-d+e < e$: $\sqrt{l^2+e^2}$
		Bedingung $a+b < \dfrac{\pi d}{2}$: πd	Bedingung $a-d+f \geq f$: $\sqrt{l^2+(a-d+f)^2}$
			Bedingung $a-d+f < f$: $\sqrt{l^2+f^2}$
[4]) Etage, symmetrisch ES $f = 0$		$2(a+b)$	$\sqrt{l^2+e^2}$

[1]) Siehe Seite 526
[2]) Siehe Seite 527
[4]) Siehe Seite 528

Tabelle 2 (fortgesetzt)

Benennung Kurzzeichen Größe[1])	Darstellung, Maße	Größter Umfang U_{max}[2])	Größte Länge l_{max}[2])
[4]) Etagen- übergang EA $c = a$ $f = 0$		Bedingung $b \geq d$: $2(a+b)$	Bedingung $b-d+e \geq e$: $\sqrt{l^2+(b-d+e)^2}$
		Bedingung $b < d$: $2(c+d)$	Bedingung $b-d+e < e$: $\sqrt{l^2+e^2}$
T-Stück, oben gerade TG $g = c = a$		a) durchgehendes Teil: Bedingung $a+b \geq c+d$: $2(a+b)$	
		Bedingung $a+b < c+d$: $2(c+d)$	l
		b) abzweigendes Teil: $2(g+h)$	Bedingung $d+m-b \geq m$: $d+m-b$
			Bedingung $d+m-b < m$: m
		Die Oberflächen aus a) und b) werden addiert.	

[1]) Siehe Seite 526
[2]) Siehe Seite 527
[4]) Siehe Seite 528

Raumlufttechnische Anlagen DIN 18379

Tabelle 2 (fortgesetzt)

Benennung Kurzzeichen Größe[1])	Darstellung, Maße	Größter Umfang U_{max}[2])	Größte Länge l_{max}[2])
[4]) T-Stück, oben schräg TA $g = c = a$		a) durchgehendes Teil: Bedingung $b \geq d$: $2(a+b)$ Bedingung $b < d$: $2(c+d)$	$\sqrt{l^2+e^2}$
		b) abzweigendes Teil: $2(g+h)$	Bedingung $d+m-b-e \geq m$: $d+m-b-e$ Bedingung $d+m-b-e < m$: m
		Die Oberflächen aus a) und b) werden addiert.	
[4]) Hosenstück HS $g = c = a$ $f = 0$ $m \geq 2 \cdot$ Flanschhöhe		Bedingung $b \geq d+m+h$: $2(a+b)$ Bedingung $b < d+m+h$: $2(c+d+m+h)$	Bedingung $b-h-m-d+e \geq e$: $\sqrt{l^2+(b-h-m-d-e)^2}$ Bedingung $b-h-m-d+e < e$: $\sqrt{l^2+e^2}$

[1]) Siehe Seite 526
[2]) Siehe Seite 527
[4]) Siehe Seite 528

Tabelle 2 (fortgesetzt)

Benennung Kurzzeichen Größe[1])	Darstellung, Maße	Flächenmaß A
Boden BO		$a \cdot b$
Trennblech TR		$b \cdot l$
		$a \cdot l$
Leitblech LB		$\dfrac{\alpha \cdot \pi \cdot r}{180} \cdot a$ In die Abrechnung gehen nur die Leitbleche ein, deren Stückzahl höher liegt, als nachfolgend angegeben: Kantenlänge b mm | Leitbleche Anzahl 400 bis 1250 | 1 über 1250 bis 2000 | 2 über 2000 | 3
Kombi- stück KO	Kombination z. B. von Kanal und Formstück oder von Formstücken untereinander, werkseitig auf einem Rahmen montiert und als einzelnes Teil geliefert.	Die Oberfläche wird durch Addition der Oberflächen der zur Kombination gehörenden Teile ermittelt.
Sonder- Formstück SO	Formstücke, die sich aufgrund ihrer Bauform nicht in die Tabelle einreihen lassen.	Die Oberfläche ist in Anlehnung an vorstehende Formeln zu ermitteln.
Schiebestutzen, Luftdurchlaßstutzen, Luftdurchlaßkästen, Ausschnitte für Luftdurchlässe		Die Abrechnung ist nach Anzahl (Stück) vorzunehmen.

[1]) Siehe Seite 526

VOB Teil C:
Allgemeine Technische Vertragsbedingungen für Bauleistungen (ATV)
Heizanlagen und zentrale Wassererwärmungsanlagen – DIN 18380
Ausgabe Juni 1996

Inhalt

0 Hinweise für das Aufstellen der Leistungsbeschreibung

1 Geltungsbereich

2 Stoffe, Bauteile

3 Ausführung

4 Nebenleistungen, Besondere Leistungen

5 Abrechnung

0 Hinweise für das Aufstellen der Leistungsbeschreibung

Diese Hinweise ergänzen die ATV DIN 18299 "Allgemeine Regelungen für Bauarbeiten jeder Art", Abschnitt 0. Die Beachtung dieser Hinweise ist Voraussetzung für eine ordnungsgemäße Leistungsbeschreibung gemäß A § 9.
Die Hinweise werden nicht Vertragsbestandteil.
In der Leistungsbeschreibung sind nach den Erfordernissen des Einzelfalls insbesondere anzugeben:

0.1 Angaben zur Baustelle

0.1.1 Angaben zur Begrenzung von Verkehrslasten.

0.1.2 Angaben über die Abdichtung von Bauwerken und Bauwerksteilen, z. B. Wannenausbildung von Kellern.

0.2 Angaben zur Ausführung

0.2.1 Hauptwindrichtung.

0.2.2 Besondere Belastungen aus Immissionen.

0.2.3 Bebauung der Umgebung.

0.2.4 Abgrenzung des Leistungsumfangs zwischen den beteiligten Auftragnehmern.

0.2.5 Umfang der vom Auftragnehmer vorzunehmenden Installation der anlageninternen elektrischen Leitungen einschließlich Auflegen auf die Klemmen.

0.2.6 Art und Wärmeleistungsbedarf anderer, nicht zum Auftragsumfang des Auftragnehmers gehörender Wärmeverbraucher.

0.2.7 Geforderte Druckstufen für Anlagenteile.

0.2.8 Forderung von Durchstrahlungsprüfungen bei Hochdruck- und schwer zugänglichen Leitungen.

0.2.9 Für welche Anlagenteile im Angebot Muster, Darstellungen und Beschreibungen sowie Einzelheiten über Hersteller, Abmessungen, Gewichte und Ausführung verlangt werden.

0.2.10 Art und Umfang von Winterbaumaßnahmen.

0.2.11 Ob besondere Maßnahmen zum Schutz der Anlagenteile gegen Nässe vorzusehen sind.

0.2.12 Transportwege für alle größeren Anlagenteile auf der Baustelle und im Gebäude.

0.2.13 Minderung der Wärmeleistung der Raumheizflächen durch Heizkörperverkleidungen oder sonstige Maßnahmen.

0.2.14 Besondere Anforderungen an Wand- und Deckendurchführungen (siehe Abschnitt 3.2.7).

0.2.15 Art und Umfang besonderer Korrosionsschutzmaßnahmen (siehe Abschnitte 2.1 und 3.1.1).

0.2.16 Art, Abmessungen und Umfang der Wärme- und Schalldämmung, sowie Brandschutz.

0.2.17 Kennzeichnung von Rohrleitungen.

0.2.18 Termine für die Lieferung der Angaben und Unterlagen nach Abschnitt 3.1.2 sowie für Beginn und Ende der vertraglichen Leistungen, ferner ob und gegebenenfalls in welchem

Umfang vom Auftragnehmer Terminpläne oder Beiträge dazu aufzustellen und zu liefern sind, z. B. für Netzpläne.

0.2.19 Art und Umfang von Provisorien, z. B. vorübergehende Versorgung durch transportable Heizzentrale, Bereitstellung von Brennstoff, Bedienungspersonal.

0.2.20 Zeitpunkte der – gegebenenfalls stufenweisen – Inbetriebnahme.

0.2.21 Ob Funktionsmessungen durchzuführen sind (siehe Abschnitt 3.6).

0.2.22 Ob zu liefern sind:
- Strangschema zum Anlagenschema,
- Bestandszeichnungen (Darstellung der ausgeführten Anlage in den Bauplänen),
- Stückliste, enthaltend alle Meß-, Steuerungs- und Regelgeräte (MSR),
- Stromlaufplan und gegebenenfalls Funktionsplan der Steuerung nach DIN 40719-6 "Schaltungsunterlagen – Regeln für Funktionspläne; IEC 848 modifiziert"
- Funktionsbeschreibung unter Einbeziehung der Regelung mit Darstellung der Regeldiagramme,
- Protokolle über die im Rahmen der Einregulierungsarbeiten durchgeführten endgültigen Einstellungen und Messungen,
- Ersatzteilliste,
- Berechnung des Brennstoff- und Energiebedarfs,
- Diagramme und Kennlinienfelder, z. B. für Ventilatoren, Pumpen, Kühltürme, bei MSR-Anlagen in DDC-Technik
- Informationslisten (siehe VDI 3814),
- Programmodulliste.

0.2.23 Ob ein Wartungsvertrag mit angeboten werden soll.

0.2.24 Art und Umfang der dem Auftragnehmer für die Beurteilung und Ausführung der Anlage zu liefernden Planungsunterlagen und Berechnungen.

0.3 Einzelangaben bei Abweichungen von den ATV

0.3.1 Wenn andere als die in dieser ATV vorgesehenen Regelungen getroffen werden sollen, sind diese in der Leistungsbeschreibung eindeutig und im einzelnen anzugeben.

0.3.2 Abweichende Regelungen können insbesondere in Betracht kommen bei

Abschnitt 2.1,   wenn kein oder ein besonderer Korrosionsschutz erfolgen soll, wenn die Beschilderung an Bauteilen nicht in deutscher Sprache ausgeführt werden soll,

Abschnitt 3.2.7,   wenn die Verlegung von Rohrleitungen im Erdreich nicht in Anlehnung an DIN 4033, sondern auf andere Art erfolgen soll,

Abschnitt 3.2.8,	wenn Armaturen mit gleichen Funktionen nicht typengleich ausgeführt zu werden brauchen, sondern andere Kriterien für deren Auswahl maßgebend sein sollen,
Abschnitt 3.2.10.1,	wenn die Wärmeleistung der Raumheizflächen nicht auf den Wärmebedarf nach DIN 4701-1 ausgelegt werden soll, z. B. bei teilweise eingeschränkter Beheizung,
Abschnitt 3.7,	wenn die geforderten Unterlagen nicht 3fach schwarz/weiß oder Zeichnungen 1fach pausfähig geliefert werden sollen, sondern in größerer Stückzahl und/oder in anderer Form, z. B. Zeichnungen farbig angelegt, unter Glas.

0.4 Einzelangaben zu Nebenleistungen und Besonderen Leistungen

Keine ergänzende Regelung zur ATV DIN 18299, Abschnitt 0.4.

0.5 Abrechnungseinheiten

Im Leistungsverzeichnis sind die Abrechnungseinheiten wie folgt vorzusehen:

0.5.1 Flächenmaß (m^2), getrennt nach Art, Aufbau und mittlerem Verlegeabstand für
– Flächenheizungen, z. B. Fußbodenheizungen.

0.5.2 Längenmaß (m) für
– Rohrleitungen, getrennt nach Art, Nennweite und Wanddicke, getrennt für Zentralen, Unterstationen größer 100 kW, für Leitungen im Gebäude und für Fernleitungen,
– Liefern von Heizkörpern, ausgenommen Gliederheizkörper, getrennt nach Art und Maßen,
– Befestigungsschienen, getrennt nach Art und Maßen,

0.5.3 Anzahl (Stück), getrennt nach Art und Maßen bzw. sonstigen Größenangaben für
– Bogen, Form- und Verbindungsstücke einschließlich Verbindungsmaterial für Rohrleitungen über DN 100,
– Wand- und Deckendurchführungen mit besonderen Anforderungen, z. B. gasdicht,
– besondere Befestigungskonstruktionen für Rohrleitungen, z. B. Tragkonstruktionen, Festpunkte,
– Verteiler, Sammler,
– Wärmeerzeuger und Wassererwärmer, jeweils mit Beheizung,
– Liefern, Aufstellen und Anschließen von Heizkörpern aller Art,
– Abnehmen, Wiederaufstellen und Wiederanschließen schon montierter Heizkörper,
– alle übrigen Teile, wie
– Einrichtungen zur Regelung und Anzeige von Temperatur, Druck bzw. Wasserstand,
– Sicherheitseinrichtungen für Temperatur, Druck bzw. Wasserstand,
– Pumpen und Armaturen.

0.5.4 Gewicht (kg), getrennt nach Art und erforderlichenfalls auch nach Maßen für
– besondere Befestigungskonstruktionen, z. B. Tragkonstruktionen, Festpunkte.

Heizanlagen und zentrale Wassererwärmungsanlagen DIN 18380

0.5.5 Prozentsätze der Preise der Rohrleitungen bis DN 100 für
- *Form- und Verbindungsstücke, Rohrschellen,*
- *Wand- und Deckendurchführungen ohne besondere Anforderungen,*
- *Schweiß- und Dichtungsmaterial.*

1 Geltungsbereich

1.1 Die ATV "Heizanlagen und zentrale Wassererwärmungsanlagen" – DIN 18380 – gilt für Heizanlagen mit zentraler Wärmeerzeugung sowie für zentrale Wassererwärmungsanlagen.

1.2 Ergänzend gelten die Abschnitte 1 bis 5 der ATV DIN 18299 "Allgemeine Regelungen für Bauarbeiten jeder Art". Bei Widersprüchen gehen die Regelungen der ATV DIN 18380 vor.

2 Stoffe, Bauteile

Ergänzend zur ATV DIN 18299, Abschnitt 2, gilt:

2.1 Allgemeines

Sofern es der Verwendungszweck erfordert, müssen Stoffe und Bauteile korrosionsgeschützt sein.

Maschinelle Bauteile und Wärmeaustauscher müssen mit Typ- und Leistungsschildern versehen sein.

Beschilderungen an Bauteilen (Schilder, Skalen, Hinweise) müssen in deutscher Sprache und entsprechend dem "Gesetz über Einheiten im Meßwesen" ausgeführt sein.

Für die Verwendung von Stoffen und Bauteilen gelten insbesondere die folgenden Verordnungen und Technischen Regeln:

Heizungsanlagenverordnung (HeizAnlV)

Dampfkesselverordnung (DampfkV)

Druckbehälterverordnung (DruckbehV)

Technische Regeln für Dampfkessel (TRD), insbesondere

TRD 701	Dampfkesselanlagen mit Dampferzeugern der Gruppe II
TRD 702	Dampfkesselanlagen mit Heißwassererzeugern der Gruppe II

Technische Regeln für Druckbehälter (TRB)

TRD 413	Kohlenstaubfeuerungen an Dampfkesseln
TRD 414	Holzfeuerungen an Dampfkesseln
TRD 421	Sicherheitseinrichtungen gegen Drucküberschreitung – Sicherheitsventile für Dampfkessel der Gruppen I, III und IV
TRD 721	Sicherheitseinrichtungen gegen Drucküberschreitung – Sicherheitsventile für Dampfkessel der Gruppe II

Verordnungen über brennbare Flüssigkeiten (VBF)

Technische Regeln für brennbare Flüssigkeiten (TRbF)

TRD 401	Ausrüstung für Dampferzeuger der Gruppe IV

TRD 411 Ölfeuerungen an Dampfkesseln
Technische Regeln für Flüssiggas (TRF)
DVGW G 600 Technische Regeln für Gas-Installation (TRGI)
TRD 412 Gasfeuerungen an Dampfkesseln
TRD 431 Rauchgas-Wasservorwärmer für Dampfkessel der Gruppe IV
TRD 701 Dampfkesselanlagen mit Dampferzeugern der Gruppe II

Für die gebräuchlichsten genormten Stoffe und Bauteile sind die DIN-Normen und sonstigen Technischen Regeln nachstehend aufgeführt.

2.2 Wärmeerzeuger (Heizkessel, Wärmeaustauscher, Wärmepumpen)

DIN 4702-1	Heizkessel – Begriffe, Anforderungen, Prüfung, Kennzeichnung
DIN 4702-2	Heizkessel – Regeln für die heiztechnische Prüfung
DIN 4702-3	Heizkessel – Gas-Spezialheizkessel mit Brenner ohne Gebläse
DIN 4702-4	Heizkessel – Heizkessel für Holz, Stroh und ähnliche Brennstoffe; Begriffe, Anforderungen, Prüfungen
DIN 4702-6	Heizkessel – Brennwertkessel für gasförmige Brennstoffe
DIN 8900-2 bis DIN 8900-4	Wärmepumpen – Anschlußfertige Heiz-Wärmepumpen mit elektrisch angetriebenen Verdichtern
DIN 8901	Kälteanlagen und Wärmepumpen – Schutz von Erdreich, Grund- und Oberflächenwasser – Sicherheitstechnische und umweltrelevante Anforderungen und Prüfung
DIN EN 255-1	Wärmepumpen – Anschlußfertige Wärmepumpen mit elektrisch angetriebenen Verdichtern zum Heizen oder zum Heizen und Kühlen – Benennungen, Definitionen und Bezeichnungen; Deutsche Fassung EN 255-1 : 1988
VDI 2076	Leistungsnachweis für Wärmeaustauscher mit zwei Massenströmen

2.3 Wassererwärmer

DIN 3368-2	Gasgeräte – Umlauf-Wasserheizer, Kombi-Wasserheizer; Anforderungen, Prüfung
DIN 3368-4	Gasverbrauchseinrichtungen – Durchlauf-Wasserheizer mit selbsttätiger Anpassung der Wärmebelastung; Anforderungen und Prüfungen
DIN 3368-5	Gasgeräte – Wasserheizer mit geschlossener Verbrennungskammer und mechanischer Verbrennungsluftzuführung oder mechanischer Abgasführung; Anforderungen, Prüfung
DIN 4753-7	Wassererwärmer und Wassererwärmungsanlagen für Trink- und Betriebswasser – Wasserseitiger Korrosionsschutz durch korrosionsbeständige metallische Werkstoffe; Anforderungen und Prüfung
DIN 4753-9	Wassererwärmer und Wassererwärmungsanlagen für Trink- und Betriebswasser – Wasserseitiger Korrosionsschutz durch thermoplastische Beschichtungsstoffe; Anforderungen und Prüfung

Heizanlagen und zentrale Wassererwärmungsanlagen   DIN 18380

DIN 4800	Doppelwandige Wassererwärmer aus Stahl, mit zwei festen Böden, für stehende und liegende Verwendung
DIN 4801	Einwandige Wassererwärmer mit abschraubbarem Deckel, aus Stahl
DIN 4802	Einwandige Wassererwärmer mit Halsstutzen, aus Stahl
DIN 4803	Doppelwandige Wassererwärmer mit abschraubbarem Deckel, aus Stahl
DIN 4804	Doppelwandige Wassererwärmer mit Halsstutzen, aus Stahl
DIN 4805-1 und DIN 4805-2	Anschlüsse für Heizeinsätze für Wassererwärmer in zentralen Heizungsanlagen
DIN 33830-1 bis DIN 33830-4	Wärmepumpen – Anschlußfertige Heiz-Absorptionswärmepumpen

2.4 Einrichtungen zur Beheizung der Wärmeerzeuger und Wassererwärmer einschließlich der Brennstoffzufuhr und -lagerung sowie Fernwärme

2.4.1 für flüssige Brennstoffe

DIN 4787-1	Ölzerstäubungsbrenner – Begriffe, Sicherheitstechnische Anforderungen, Prüfung, Kennzeichnung
DIN 6608-2	Liegende Behälter (Tanks) aus Stahl, doppelwandig, für die unterirdische Lagerung wassergefährdender, brennbarer und nichtbrennbarer Flüssigkeiten
DIN 6625-1 und DIN 6625-2	Standortgefertigte Behälter (Tanks) aus Stahl, für die oberirdische Lagerung von wassergefährdenden, brennbaren Flüssigkeiten der Gefahrklasse A III und wassergefährdenden nichtbrennbaren Flüssigkeiten
DIN EN 230	Ölzerstäubungsbrenner in Monoblockausführung – Einrichtungen für die Sicherheit, die Überwachung und die Regelung sowie Sicherheitszeiten; Deutsche Fassung EN 230 : 1990

2.4.2 für gasförmige Brennstoffe

DIN 4788-1 und DIN 4788-2	Gasbrenner

2.4.3 für elektrische Energie

DIN VDE 0116 (VDE 0116)	Elektrische Ausrüstung von Feuerungsanlagen
DIN VDE 0470-1 (VDE 0470 Teil 1)	Schutzarten durch Gehäuse (IP-Code); [IEC 529(1989), 2. Ausgabe]; Deutsche Fassung EN 60529 : 1991

2.4.4 für Fernwärme

DIN EN 253	. . . . Werksmäßig gedämmte Verbundmaterialrohrsysteme für erdverlegte Fernwärmenetze – Verbund-Rohrsystem bestehend

aus Stahl-Mediumrohr, Polyurethan-Wärmedämmung und Außenmantel aus Polyethylen; Deutsche Fassung EN 253 : 1994

2.5 Rohre, Form- und Verbindungsstücke

2.5.1 Rohre aus Stahl

DIN 1626	Geschweißte kreisförmige Rohre aus unlegierten Stählen für besondere Anforderungen – Technische Lieferbedingungen
DIN 1629	Nahtlose kreisförmige Rohre aus unlegierten Stählen für besondere Anforderungen – Technische Lieferbedingungen
DIN 2393-1 und DIN 2393-2	Geschweißte Präzisionsstahlrohre mit besonderer Maßgenauigkeit
DIN 2394-1 und DIN 2394-2	Geschweißte maßgewalzte Präzisionsstahlrohre
DIN 2440	Stahlrohre – Mittelschwere Gewinderohre
DIN 2448	Nahtlose Stahlrohre – Maße, längenbezogene Massen
DIN 2458	Geschweißte Stahlrohre – Maße, längenbezogene Massen
DIN 17175	Nahtlose Rohre aus warmfesten Stählen – Technische Lieferbedingungen
DIN EN 10242	Gewindefittings aus Temperguß; Deutsche Fassung EN 10242 : 1994

2.5.2 Rohre aus Kupfer

DIN 1754-1 bis DIN 1754-3	Rohre aus Kupfer, nahtlosgezogen
DIN 1786	Installationsrohre aus Kupfer, nahtlosgezogen
DIN 2856	Kapillarlötfittings – Anschlußmaße und Prüfungen
DIN 17671-1 und DIN 17671-2	Rohre aus Kupfer- und Kupfer-Knetlegierungen
DIN 59753	Rohre aus Kupfer und Kupfer-Knetlegierungen für Kapillarlötverbindungen, nahtlosgezogen, Maße

Kupferrohre nach DIN 1786 und DIN 59753 dürfen auch mit werkseitig aufgebrachter Wärmedämmung oder Kunststoffummantelung verwendet werden.

2.5.3 Rohre aus Kunststoff

DIN 4726	Rohrleitungen aus Kunststoffen für die Warmwasser-Fußbodenheizungen – Allgemeine Anforderungen
DIN 4727	Rohrleitungen aus Polybuten für Warmwasser-Fußbodenheizungen – Besondere Anforderungen und Prüfung
DIN 4728	Rohrleitungen aus Polypropylen Typ 2 und Typ 3 für Warmwasser-Fußbodenheizungen – Besondere Anforderungen und Prüfung
DIN 4729	Rohrleitungen aus vernetztem Polyethylen hoher Dichte für Warmwasser-Fußbodenheizungen – Besondere Anforderungen und Prüfung

2.6 Armaturen und Pumpen

2.6.1 Armaturen für Heizanlagen

DIN 3352-12	Schieber aus Kupferlegierungen mit Muffenanschluß
DIN 3841-1	Heizungsarmaturen – Heizkörperventile PN 10 – Maße, Werkstoffe, Ausführung
DIN 3844	Heizungsarmaturen – Durchgangsventile PN 16 aus Kupferlegierung mit Muffenanschluß, Maße, Werkstoffe
DIN EN 215-1	Thermostatische Heizkörperventile – Anforderungen und Prüfung

2.6.2 Armaturen und Pumpen für Brennstoffleitungen

DIN 4736-1 und

DIN 4736-2 Ölversorgungsanlagen für Ölbrenner

DIN 4755-2 Ölfeuerungsanlagen – Heizöl-Versorgung, Heizöl-Versorgungsanlagen – Sicherheitstechnische Anforderungen, Prüfung

2.7 Meß-, Steuer- und Regeleinrichtungen, Gebäudeleittechnik

DIN 3440 Temperaturregel- und -begrenzungseinrichtungen für Wärmeerzeugungsanlagen – Sicherheitstechnische Anforderungen und Prüfung

DIN V 32729-1 Meß-, Steuer- und Regeleinrichtungen für Heizungsanlagen – Witterungsgeführte Regelung der Kesselwasser- und Vorlauftemperatur

Normen der Reihe

DIN EN 60051 Direkt wirkende anzeigende elektrische Meßgeräte und ihr Zubehör

DIN EN 215-1 Thermostatische Heizkörperventile – Anforderungen und Prüfung

VDI 2068 Meß-, Überwachungs- und Regelgeräte in heizungstechnischen Anlagen mit Wasser als Wärmeträger

Schalttafeln müssen mindestens der Schutzart IP 43 entsprechen.

Elektrische Meßgeräte müssen der Genauigkeitsklasse E-1,5 nach DIN EN 60051-1 entsprechen.

2.8 Raumheizflächen

DIN 4703-1 und

DIN 4703-3 Raumheizkörper

DIN 55900-1 und

DIN 55900-2 Beschichtungen für Raumheizkörper

Die Wärmeleistungen von Raumheizkörpern müssen nach DIN 4704-1 "Prüfung von Raumheizkörpern – Prüfregeln" auf einem vom Normenausschuß Heiz- und Raumlufttechnik anerkannten Prüfstand ermittelt und registriert sein.

3 Ausführung

Ergänzend zur ATV DIN 18299, Abschnitt 3, gilt:

3.1 Allgemeines

3.1.1 Die Bauteile von Heizanlagen und Wassererwärmungsanlagen sind so aufeinander abzustimmen, daß die geforderte Leistung erbracht, die Betriebssicherheit gegeben und ein sparsamer und wirtschaftlicher Betrieb möglich ist sowie unvermeidbare Korrosionsvorgänge weitgehend eingeschränkt werden. Das gilt insbesondere für Wärmeerzeuger, Beheizungseinrichtungen, Schornsteine, vorgesehene Brennstoffe oder Energiearten und die Eigenschaften des Wärmeträgers. Einflüsse durch Temperatur, Druck, Abgase und dergleichen sind zu berücksichtigen.

Umwälzpumpen, Armaturen und Rohrleitungen sind durch Berechnung so aufeinander abzustimmen, daß auch bei den zu erwartenden wechselnden Betriebsbedingungen eine ausreichende Wassermengenverteilung sichergestellt ist und die zulässigen Geräuschpegel nicht überschritten werden. Ist z. B. bei Schwachlastbetrieb ein übermäßiger Differenzdruck zu erwarten, so sind geeignete Gegenmaßnahmen zu treffen, z. B. Einbau differenzdruckregelnder Einrichtungen.

Bei thermostatischen Heizkörperventilen in Zweirohrheizungen ist Voraussetzung für den hydraulischen Abgleich, daß diese Ventile im Verhältnis zum maximal möglichen Differenzdruck an der Umwälzpumpe bzw. an der dem Anlagenabschnitt vorgeschalteten Differenzdruckbegrenzungseinrichtung einen entsprechenden hohen Widerstand aufweisen.

3.1.2 Der Auftragnehmer hat dem Auftraggeber vor Beginn der Montagearbeiten alle Angaben zu machen, die für den reibungslosen Einbau und ordnungsgemäßen Betrieb der Anlage notwendig sind. Der Auftragnehmer hat nach Planungsunterlagen und Berechnungen des Auftraggebers die für die Ausführung erforderliche Montage- und Werkstattplanung zu erbringen und soweit erforderlich mit dem Auftraggeber abzustimmen.

Dazu gehören insbesondere

- Montagepläne,
- Werkstattzeichnungen,
- Stromlaufpläne,
- Fundamentpläne.

Der Auftragnehmer hat dem Auftraggeber rechtzeitig Angaben zu machen über die

- Gewichte der Einbauteile,
- Stromaufnahme und gegebenenfalls den Anlaufstrom der elektrischen Bauteile und
- sonstigen Erfordernisse für den Einbau.

3.1.3 Der Auftragnehmer hat bei der Prüfung der vom Auftraggeber gelieferten Planungsunterlagen und Berechnungen (siehe B § 3 Nr 3) u. a. hinsichtlich der Beschaffenheit und Funktion der Anlage insbesondere zu achten auf:

- den Wärmebedarf,
- die Wärmeleistung der Wärmeerzeuger und Heizflächen,
- die Schornsteinquerschnitte und -ausführungen,

Heizanlagen und zentrale Wassererwärmungsanlagen   DIN 18380

- die Sicherheitseinrichtungen,
- die Rohrleitungsquerschnitte, Pumpenauslegungen (Netzhydraulik),
- die Meß-, Steuer- und Regeleinrichtungen.
- den Schallschutz,
- den Brandschutz.

3.1.4 Der Auftragnehmer hat bei seiner Prüfung Bedenken (siehe B § 4 Nr 3) insbesondere geltend zu machen bei:
- Unstimmigkeiten in den vom Auftraggeber gelieferten Planungsunterlagen und Berechnungen (siehe B § 3 Nr. 3),
- erkennbar mangelhafter Ausführung oder nicht rechtzeitiger Fertigstellung bzw. dem Fehlen von
  - Fundamenten,
  - Schlitzen und Durchbrüchen sowie
  - Schall- und Wärmedämmungen,
- ungeeigneter Bauart und/oder ungeeignetem Querschnitt der Schornsteine, Zuluft- und Abluftschächte,
- unzureichender Anschlußleistung für die Betriebsmittel, z. B. Brennstoffe, Energie,
- nicht ausreichendem Platz für die Bauteile,
- ihm bekanntgewordenen Änderungen von Voraussetzungen, die der Planung zugrunde gelegen haben.

3.1.5 Stemm-, Fräs- und Bohrarbeiten am Bauwerk dürfen nur im Einvernehmen mit dem Auftraggeber ausgeführt werden. Bei derartigen Arbeiten an Mauerwerk ist DIN 1053-1 "Mauerwerk – Rezeptmauerwerk – Berechnung und Ausführung" zu beachten.

3.1.6 Stoffe, die zerstörend auf Anlageteile wirken können, z. B. Gips oder chloridhaltige Schnellbinder in Verbindung mit Stahl- und Gußteilen, dürfen nicht verwendet werden.

3.1.7 Reaktionskräfte aus Dehnungsausgleichern oder Schwingungsdämpfern sind durch Rohrleitungsfestpunkte aufzunehmen – sofern es die Einbauanweisungen für solche Bauteile vorschreiben, ist eine axiale Führung der Rohrleitung sicherzustellen.

3.1.8 Sofern die auftretenden Reaktionskräfte in das Bauwerk abgeleitet werden müssen, sind die Kräfte vom Auftragnehmer zu ermitteln und dem Auftraggeber vor Ausführung der Leistung bekanntzugeben.

3.2 Anforderungen

3.2.1 Allgemeines

Für die Ausführung gelten die im Abschnitt 2 aufgeführten Technischen Regeln sowie

DIN 4701-1 bis	
DIN 4701-3	Regeln für die Berechnung des Wärmebedarfs von Gebäuden
DIN 4708-1 und	
DIN 4708-2	Zentrale Wassererwärmungsanlagen
DIN 4757-1 und	
DIN 4757-2	Sonnenheizungsanlagen
DIN V 4757-3 und	
DIN V 4757-4	Solarthermische Anlagen
VDI 2035	Verhütung von Schäden durch Korrosion und Steinbildung in Warmwasserheizungsanlagen

Bei der Ausführung bi- und trivalenter Anlagen ist besonders auf die gegenseitige Abstimmung der Heiz- und Regeleinrichtungen zu achten.

3.2.2 Wärmeerzeuger (Heizkessel, Wärmeaustauscher, Wärmepumpen)

Die Leistung von Wärmeerzeugern, die nicht unter die Bestimmungen der Heizungsanlagen-Verordnung fallen, muß auf den erforderlichen Gesamtwärmebedarf und die vorgesehenen Betriebsverhältnisse, zu denen auch die Gleichzeitigkeitsfaktoren gehören, abgestimmt sein.

3.2.3 Wassererwärmer

DIN 8947	Wärmepumpen – Anschlußfertige Wärmepumpen-Wassererwärmer mit elektrisch angetriebenen Verdichtern – Begriffe, Anforderungen, Prüfungen
DIN 4753-1	Wassererwärmer und Wassererwärmungsanlagen für Trink- und Betriebswasser – Anforderungen, Kennzeichnung, Ausrüstung und Prüfung

3.2.4 Sicherheitseinrichtungen

DIN 4750	Standrohre für Dampfabfuhr bei Drucküberschreitung aus Dampfkessel- und Heizungsanlagen mit zulässigem Betriebsüberdruck bis 0,5 bar – Anforderungen
DIN 4751-1 bis	
DIN 4751-3	Wasserheizungsanlagen
DIN 4752	Heißwasserheizungsanlagen mit Vorlauftemperaturen von mehr als 110 °C (Absicherung auf Drücke über 0,5 atü) – Ausrüstung und Aufstellung[1]
DIN 4754	Wärmeübertragungsanlagen mit organischen Wärmeträgern – Sicherheitstechnische Anforderungen, Prüfung

3.2.5 Anlagen zur Beheizung, einschließlich Brennstoffzufuhr und Fernwärme

Technische Anschlußbedingungen der örtlichen Gasversorgungsunternehmen

Technische Anschlußbedingungen der örtlichen Elektrizitätsversorgungsunternehmen

---

[1] 0,5 atü = 0,5 bar Überdruck

Heizanlagen und zentrale Wassererwärmungsanlagen DIN 18380

Technische Anschlußbedingungen der örtlichen Fernwärmelieferer
DIN 4747-1 Fernwärmeanlagen − Sicherheitstechnische Ausführung von Hausstationen zum Anschluß an Heizwasser-Fernwärmenetze

3.2.6 Abgasanlagen

DIN 3388-2 Abgas-Absperrvorrichtung für Feuerstätten für flüssige oder gasförmige Brennstoffe − mechanisch betätigte Abgasklappen − Sicherheitstechnische Anforderungen und Prüfung

DIN 3388-4 Abgasklappen für Gasfeuerstätten, thermisch gesteuert, gerätegebunden, Anforderungen − Prüfung, Kennzeichnung

DIN 4705-1 bis
DIN 4705-3 Feuerungstechnische Berechnung von Schornsteinabmessungen

DIN 4759-1 Wärmeerzeugungsanlagen für mehrere Energiearten − Eine Feststoffeuerung und eine Öl- oder Gasfeuerung und nur ein Schornstein − Sicherheitstechnische Anforderungen und Prüfungen

DIN 4795 Nebenluftvorrichtungen für Hausschornsteine − Begriffe, Sicherheitstechnische Anforderungen, Prüfung, Kennzeichnung

DIN 18160-1 Hausschornsteine − Anforderungen, Planung und Ausführung

3.2.7 Rohrleitungen

Die Rohre sind so zu verlegen, daß sie sich, ohne Schäden zu verursachen, ausdehnen können. Neben- und übereinanderlaufende und sich kreuzende Rohre dürfen sich auch bei Dehnung nicht berühren.

Die Rohrleitungen sind ferner so zu verlegen, daß Bedienungstüren und Kontrollklappen frei zugänglich und zu betätigen sind.

Dichtungen sind auf das vorgesehene Durchflußmedium abzustimmen. Lösbare Verbindungen, deren Dichtheit nicht dauerhaft sichergestellt ist, müssen zugänglich sein.

Bei Leitungsdurchführungen durch Decken und Wände sind die Belange des Schall-, Wärme- und Brandschutzes sowie der Dichtheit zu berücksichtigen. Die zu treffenden Maßnahmen sind Besondere Leistungen (siehe Abschnitt 4.2).

Erdverlegte Rohrleitungen sind in Anlehnung an DIN 4033 "Entwässerungskanäle und -leitungen − Richlinien für die Ausführung" zu verlegen.

Vorisolierte Fernwärmerohre sind mit Meldeadern zu liefern. Die Meldeadern sind durchzuschleifen.

3.2.8 Armaturen und Pumpen

Armaturen mit gleichen Funktionen sollen typgleich ausgeführt werden.

Beim Einbau von Armaturen und Pumpen sind die Anwendungsgrenzen für die Verwendung von Gußeisen mit Lamellengraphit und Kugelgraphit entsprechend DIN 4752 zu beachten.

Bei Warmwasserheizungen müssen an jeder Raumheizfläche Möglichkeiten zur Begrenzung der Durchflußmenge vorhanden sein.

Kondensatableiter müssen selbsttätig wirksam und für die Wartung leicht zugänglich sein.

Umwälzpumpen sind in Heizanlagen so einzubauen, daß durch ihren Betrieb an keiner Stelle der Heizanlage ein Unterdruck entstehen kann und somit ein Ansaugen von Luft vermieden wird.

3.2.9 Meß-, Steuer- und Regeleinrichtungen, Gebäudeleittechnik

Meßwertaufnehmer sind an solchen Stellen und so einzubauen, daß der richtige Meßwert erfaßt wird.

Anzeigegeräte müssen gut ablesbar und zu betätigende Geräte müssen leicht zugänglich und bedienbar sein.

Der Auftragnehmer hat bei der Prüfung der elektrischen Verkabelung und während der Inbetriebnahme eine mit der von ihm erstellten Steuer- und Regelanlage vertraute Fachkraft zur Verfügung zu stellen.

3.2.10 Raumheizflächen

3.2.10.1 Die Wärmeleistung der Raumheizflächen ist auf den nach DIN 4701-1 bis DIN 4701-3 ermittelten Wärmebedarf auszulegen.

3.2.10.2 Sind Heizkörperverkleidungen oder eine leistungsmindernde, z. B. metallhaltige Beschichtung vorgesehen, ist die Minderung der Wärmeleistung vom Auftraggeber rechtzeitig anzugeben und vom Auftragnehmer zu berücksichtigen (siehe DIN 4703-3). Bei Flächenheizungen gilt entsprechendes.

3.2.10.3 Für die Abstände der Heizkörper von den Bauteilen gilt DIN 4703-1 "Raumheizkörper – Maße, Norm-Wärmeleistungen". Bei Konvektoren sind die vom Hersteller angegebenen Einbaumaße einzuhalten.

Bei der Aufstellung der Heizkörper vor transparenten Flächen sind die Festlegungen der Wärmeschutzverordnung zu beachten.

3.2.10.4 Heizkörper sind so mit den Rohrleitungen zu verbinden, daß sie leicht lösbar, entleerbar und abnehmbar sind. Heizkörper und ihre Armaturen müssen gut zugänglich sein.

3.2.10.5 Für Fußbodenheizung gelten

DIN 4725-1 bis
DIN 4725-4   Warmwasser-Fußbodenheizungen

DIN 44576-1 bis
DIN 44576-4   Elektrische Raumheizung – Fußboden-Speicherheizung

3.2.11 Schallschutz

Die Anlagen sind unter Beachtung von VDI 2715 "Lärmminderung an Warm- und Heißwasser-Heizungsanlagen" auszuführen.

3.2.12 Wärmedämmung

Teile der Heiz- und Wassererwärmungsanlagen, die eine Wärmedämmung erhalten sollen, sind so einzubauen, daß diese ordnungsgemäß angebracht werden kann.

Heizanlagen und zentrale Wassererwärmungsanlagen   DIN 18380

3.3 Anzeige, Erlaubnis, Genehmigung und Prüfung

Die für die behördlich vorgeschriebenen Anzeigen oder Anträge notwendigen zeichnerischen und sonstigen Unterlagen sowie Bescheinigungen sind entsprechend der für die Anzeige-, Erlaubnis- bzw. Genehmigungspflicht vorgeschriebenen Anzahl vom Auftragnehmer dem Auftraggeber zur Verfügung zu stellen. Dies gilt nicht, wenn die Prüfvorschriften für Anlageteile eine dauerhafte Kennzeichnung statt einer Bescheinigung zulassen.

3.4 Dichtheitsprüfung

3.4.1 Der Auftragnehmer hat die Anlage nach dem Einbau und vor dem Schließen der Mauerschlitze, Wand- und Deckendurchbrüche sowie gegebenenfalls dem Aufbringen des Estrichs oder einer anderen Überdeckung einer Dichtheitsprüfung zu unterziehen.

3.4.2 Wasserheizungen sind mit einem Druck zu prüfen, der das 1,3fache des Gesamtdruckes an jeder Stelle der Anlage, mindestens aber 1 bar Überdruck beträgt. Möglichst unmittelbar nach der Kaltwasserdruckprüfung ist durch Aufheizen auf die höchste der Berechnung zugrunde gelegten Heizwassertemperatur zu prüfen, ob die Anlage auch bei Höchsttemperatur dicht bleibt.

3.4.3 Dampfheizungen sind auf Dichtheit und unbehinderte Wärmeausdehnung durch vollkommenes Füllen der Anlagen mit Dampf zu prüfen. Der Dampf muß dabei den höchsten der Berechnung zugrunde gelegten Betriebsdruck haben. Unmittelbar danach ist für eine Abkühlung auf Raumtemperatur und Wiedererwärmung aller Anlageteile mittels Dampf von höchstem Betriebsdruck zu sorgen. Diese Temperaturwechselprobe ist mindestens dreimal zu wiederholen. Durch Überschreiten des Betriebsdruckes ist das richtige Arbeiten der Sicherheitseinrichtungen festzustellen.

3.4.4 Die Wassererwärmungsanlage ist mit einem Kaltwasserdruck zu prüfen, der das 1,3fache des höchstzulässigen Betriebsdruckes des Wassererwärmers beträgt.

3.4.5 Über die Dichtheitsprüfungen sind Protokolle auszufertigen. Aus ihnen müssen hervorgehen:
- Datum der Prüfung,
- Anlagedaten, wie Aufstellungsort, höchstzulässiger Betriebsdruck bezogen auf den tiefsten Punkt der Anlage,
- Prüfdruck, bezogen auf den tiefsten Punkt der Anlage,
- Dauer der Belastung mit dem Prüfdruck,
- Bestätigung, daß die Anlage dicht ist und an keinem Bauteil eine bleibende Formänderung aufgetreten ist.

3.5 Einstellung der Anlage

3.5.1 Die Anlageteile sind so einzustellen, daß die geforderten Funktionen und Leistungen erbracht und die gesetzlichen Bestimmungen erfüllt werden. Der hydraulische Abgleich ist so vorzunehmen, daß bei bestimmungsgemäßem Betrieb, also z. B. auch nach Raumtemperaturabsenkung oder Betriebspausen der

Heizanlage, alle Wärmeverbraucher entsprechend ihrem Wärmebedarf mit Heizwasser versorgt werden.

3.5.2 Die erste Einstellung ist zur Abnahme vorzunehmen. Die endgültige Einstellung ist in der ersten Heizperiode bei einer durch die Witterung vorgegebenen Belastung von mindestens 50 % der maximalen Belastung vorzunehmen. Voraussetzung für die endgültige Einstellung ist, daß das Gebäude fertiggestellt ist.

3.5.3 Das Bedienungs- und Wartungspersonal für die Anlage ist durch den Auftragnehmer einmal einzuweisen.

3.6 Abnahmeprüfung

Es ist eine Abnahmeprüfung durchzuführen, die dabei vorgesehene Funktionsmessung jedoch nur nach besonderer Vereinbarung.

3.6.1 Vollständigkeitsprüfung

Die Vollständigkeitsprüfung besteht aus folgenden Einzelprüfungen:
- Vergleich der Lieferung mit der Leistungsbeschreibung sowohl hinsichtlich des Umfanges als auch des Materials und gegebenenfalls der Eigenschaften und Ersatzteile,
- Prüfung auf Einhaltung technischer und behördlicher Vorschriften,
- Prüfung, ob alle für das Betreiben der Anlage notwendigen Unterlagen vorhanden sind.

3.6.2 Funktionsprüfung

Die Funktionsprüfung der Gesamtanlage ist im Rahmen eines Probebetriebes durchzuführen. Sie umfaßt
- die Sicherheitseinrichtungen,
- die Feuerungs- bzw. Beheizungseinrichtungen,
- die Regel- und Schalteinrichtungen,
- den hydraulischen Abgleich.

Schmutzfänger und Filter sind nach dem Probebetrieb zu reinigen.

3.7 Mitzuliefernde Unterlagen

Der Auftragnehmer hat im Rahmen seines Leistungsumfanges aufzustellen und dem Auftraggeber spätestens bei der Abnahme zu übergeben:
- Anlagenschema,
- Elektrischer Übersichtsschaltplan und Anschlußplan nach DIN EN 61082-1 und DIN EN 61082-3 "Dokumente der Elektrotechnik",
- Zusammenstellung der wichtigsten technischen Daten,
- Alle für einen sicheren und wirtschaftlichen Betrieb erforderlichen Betriebs- und Wartungsanleitungen nach DIN V 8418 "Benutzerinformation – Hinweise für die Erstellung",
- Kopien vorgeschriebener Prüfbescheinigungen und Werkstatteste,
- Protokolle über die Dichtheitsprüfung,

- Protokoll über die Einweisung des Wartungs- und Bedienungspersonals,
- Protokoll über Abgasmessung.

Die Unterlagen sind in 3facher Ausfertigung schwarz/weiß, Zeichnungen nach Wahl des Auftraggebers statt dessen auch 1fach pausfähig, dem Auftraggeber auszuhändigen.

4 Nebenleistungen, Besondere Leistungen

4.1 Nebenleistungen sind ergänzend zur ATV DIN 18299, Abschnitt 4.1, insbesondere:

4.1.1 Anzeichnen der Schlitze und Durchbrüche für die Ausführung von Stemmarbeiten, auch wenn diese von einem anderen Unternehmer ausgeführt werden.

4.1.2 Prüfen der Unterlagen des Auftraggebers nach Abschnitt 3.1.3 und Leistungen nach Abschnitt 3.1.4.

4.1.3 Auf- und Abbauen sowie Vorhalten der Gerüste, deren Arbeitsbühnen nicht höher als 2 m über Gelände oder Fußboden liegen.

4.1.4 Liefern und Einbauen von Wand- und Deckendurchführungen ohne besondere Anforderungen, ausgenommen Leistungen nach Abschnitt 4.2.7.

4.2 Besondere Leistungen sind ergänzend zur ATV DIN 18299, Abschnitt 4.2, z.B.:

4.2.1 Planungsleistungen, wie Entwurfs-, Ausführungs-, Genehmigungsplanung und die Planung von Schlitzen und Durchbrüchen.

4.2.2 Besondere Maßnahmen zur Schalldämmung und Schwingungsdämpfung von Anlageteilen gegen den Baukörper.

4.2.3 Vorhalten von Aufenthalts- und Lagerräumen, wenn der Auftraggeber Räume, die leicht verschließbar gemacht werden können, nicht zur Verfügung stellt.

4.2.4 Auf- und Abbauen sowie Vorhalten der Gerüste, deren Arbeitsbühnen mehr als 2 m über Gelände oder Fußboden liegen.

4.2.5 Stemm-, Bohr- und Fräsarbeiten für die Befestigung von Konsolen und Halterungen sowie das Herstellen von Schlitzen und Durchbrüchen.

4.2.6 Anpassen von Anlageteilen an nicht maßgerecht ausgeführte Leistungen anderer Unternehmer.

4.2.7 Wand- und Deckendurchführungen einschließlich Rosetten mit besonderen Anforderungen, z. B. gasdicht.

4.2.8 Liefern und Einbauen von besonderen Befestigungskonstruktionen, z. B. Widerlager, Rohrleitungsfestpunkte, schwere Rohrlager mit Gleit- oder Rollenschellen, Konsolen und Stützgerüste.

4.2.9 Liefern und Befestigen der Funktions-, Bezeichnungs- und Hinweisschilder.

4.2.10 Prüfen der elektrischen Verkabelung der Steuer- und Regelanlage, wenn die Leistung nicht vom Auftragnehmer ausgeführt wurde.

4.2.11 Liefern der für die Druckprobe, die Inbetriebnahme und den Probebetrieb nötigen Betriebsstoffe.

4.2.12 Provisorische Maßnahmen zum vorzeitigen Betreiben der Anlage oder von Anlageteilen vor der Abnahme auf Anordnung des Auftraggebers.

4.2.13 Betreiben der Anlage oder von Anlageteilen vor der Abnahme auf Anordnung des Auftraggebers.

4.2.14 Zusätzliche Druckproben sowie zusätzliches Füllen auch mit Frostschutz und Entleeren der Leitungen aus Gründen, die der Auftraggeber zu vertreten hat.

4.2.15 Wasseranalyse und Gutachten, sofern diese vom Auftragnehmer vorgenommen werden sollen.

4.2.16 Gebühren für behördlich vorgeschriebene Abnahmeprüfungen.

4.2.17 Wiederholtes Einweisen des Bedienungs- und Wartungspersonals siehe Abschnitt 3.5.

4.2.18 Funktionsmessung nach Abschnitt 3.6.

4.2.19 Erstellen von Bestands- und Revisionsplänen.

5 Abrechnung

Ergänzend zur ATV DIN 18299, Abschnitt 5, gilt:

5.1 Der Ermittlung der Leistung – gleichgültig, ob sie nach Zeichnungen oder nach Aufmaß erfolgt – sind zugrunde zu legen:
für Flächenheizungen, z. B. Fußbodenheizung
- auf Flächen mit begrenzenden Bauteilen die Maße der zu belegenden Flächen bis zu den sie begrenzenden, ungeputzten, ungedämmten bzw. nicht bekleideten Bauteilen,
- auf Flächen ohne begrenzende Bauteile die Maße der zu belegenden Flächen.

5.2 Bei Abrechnung nach Längenmaß (m) werden Rohrleitungen einschließlich Rohrbogen, Form- und Verbindungsstücke in der Mittelachse gemessen. Dabei werden Rohrbogen bis zum Schnittpunkt der Mittelachsen gemessen. Armaturen werden übermessen.

5.3 Bei Abrechnung nach Gewicht (kg) ist das Gewicht nach folgenden Grundsätzen zu berechnen:

5.3.1 Es sind anzusetzen:
- für Stahlbleche und Bandstahl sind 8 kg/m² für jeden mm der Stoffdicke,
- für Formstahl und für Profile, die vom Großhandel nach Handelsgewicht verkauft werden, das Handelsgewicht (kg/m),
- für andere Profile das DIN-Gewicht mit einem Zuschlag von 2 % für Walzwerktoleranzen.

5.3.2 Bei geschraubten, geschweißten oder genieteten Stahlkonstruktionen werden zu dem nach Abschnitt 5.3.1 ermittelten Gewicht 2 % zugeschlagen.

5.3.3 Bei verzinkten Bauteilen oder verzinkten Konstruktionen werden zu den Gewichten, die nach den zuvor genannten Grundsätzen ermittelt wurden, 5 % für die Verzinkung zugeschlagen.

VOB Teil C:
Allgemeine Technische Vertragsbedingungen für Bauleistungen (ATV) Gas-, Wasser- und Abwasser-Installationsanlagen innerhalb von Gebäuden – DIN 18381
Ausgabe Juni 1996

Inhalt

0 Hinweise für das Aufstellen der Leistungsbeschreibung

1 Geltungsbereich

2 Stoffe, Bauteile

3 Ausführun

4 Nebenleistungen, Besondere Leistungen

5 Abrechnung

0 Hinweise für das Aufstellen der Leistungsbeschreibung

Diese Hinweise ergänzen die ATV DIN 18299 "Allgemeine Regelungen für Bauarbeiten jeder Art", Abschnitt 0. Die Beachtung dieser Hinweise ist Voraussetzung für eine ordnungsgemäße Leistungsbeschreibung gemäß A § 9.
Die Hinweise werden nicht Vertragsbestandteil.
In der Leistungsbeschreibung sind nach den Erfordernissen des Einzelfalls insbesondere anzugeben:

0.1 Angaben zur Baustelle

0.1.1 Angaben zur Begrenzung von Verkehrslasten.

0.1.2 Angaben über die Abdichtung von Bauwerken und Bauwerksteilen, z. B. Wannenausbildung von Kellern.

0.2 Angaben zur Ausführung

0.2.1 Hauptwindrichtung.

0.2.2 Besondere Belastungen aus Immissionen.

0.2.3 Bebauung der Umgebung.

0.2.4 Abgrenzung des Leistungsumfangs zwischen den beteiligten Auftragnehmern.

0.2.5 Umfang der vom Auftragnehmer vorzunehmenden Installation der anlageninternen elektrischen Leitungen einschließlich Auflegen auf die Klemmen.

0.2.6 Besondere Genehmigungen, Prüfungen und Abnahmen, z. B. Behälterprüfungen nach Druckbehälterverordnung (DruckbehV), Anlagen für radioaktive Abwässer.

0.2.7 Forderung von Durchstrahlungsprüfungen bei Hochdruckleitungen und schwer zugänglichen Leitungen.

0.2.8 Für welche Anlageteile im Angebot Muster, Darstellungen und Beschreibungen sowie Einzelheiten über Hersteller, Maße, Gewichte und Ausführung verlangt werden.

0.2.9 Art und Umfang von Winterbaumaßnahmen.

0.2.10 Transportwege für alle größeren Anlageteile auf der Baustelle und im Gebäude.

0.2.11 Besondere Anforderungen an Wand- und Deckendurchführungen.

0.2.12 Art und Umfang besonderer Korrosionsschutzmaßnahmen (siehe Abschnitt 3.1.1).

0.2.13 Ergebnisse der Wasseranalyse zur Beurteilung des korrosionschemischen Verhaltens nach DIN 50930-1 bis DIN 50930-5 "Korrosion der Metalle".

0.2.14 Art, Abmessungen und Umfang der Wärme- und Schalldämmung sowie Brandschutz.

0.2.15 Termine für die Lieferung der Angaben und Unterlagen nach Abschnitt 3.1.2 sowie für Beginn und Ende der vertraglichen Leistungen, ferner ob und gegebenenfalls in welchem Umfang vom Auftragnehmer Terminpläne oder Beiträge dazu aufzustellen und zu liefern sind, z. B. für Netzpläne.

0.2.16 Art und Umfang der Provisorien, z. B. für vorübergehende Ver- und Entsorgung.

0.2.17 Zeitpunkte der – gegebenenfalls stufenweisen – Inbetriebnahme.

0.2.18 Betriebsbedingungen von Einrichtungen und Apparaten, z. B. Einschaltdauer, Magnetventil.

0.2.19 Ob zu liefern sind:

– Strangschema zum Anlagenschema,

– Bestandszeichnungen (Darstellung der ausgeführten Anlage in den Bauplänen),

– Stückliste, enthaltend alle Meß-, Steuerungs- und Regelgeräte (MSR),

– Stromlaufplan und gegebenenfalls Funktionsplan der Steuerung nach DIN 40719-6 "Schaltungsunterlagen; Regeln für Funktionspläne, IEC modifiziert",

– Funktionsbeschreibung unter Einbeziehung der Regelung mit Darstellung der Regeldiagramme,

- *Protokolle über die im Rahmen der Einregulierungsarbeiten durchgeführten endgültigen Einstellungen und Messungen,*
- *Ersatzteilliste,*
- *Berechnung des Brennstoff- und Energiebedarfs,*
- *Diagramme und Kennlinienfelder (z. B. für Ventilatoren, Pumpen, Kühltürme),*

bei MSR-Anlagen in DDC-Technik:
- *Informationslisten (siehe VDI 3814),*
- *Programmodulliste.*

0.2.20 Art, Verfahren und Umfang vorzunehmender Druck- und Dichtheitsprüfungen für Rohrleitungen sowie Einzelheiten über auszubauende und wiedereinzubauende sowie abzudichtende Bauteile und Apparate.

0.2.21 Art, Verfahren und Umfang, wenn Rohrleitungen der Trinkwasserinstallation nach DIN 1988-2, Ausgabe Dezember 1988, Abschnitt 11.2, gespült werden müssen, insbesondere
- *Länge (m) und Nennweite (DN) der Kellerverteilleitungen,*
- *Anzahl und Nennweite (DN) der Steigleitungen,*
- *Anzahl der Geschosse (Stockwerke),*
- *Anzahl der Entnahmestellen,*
- *Art der Entnahmestellen (Aufputz-, Unterputz-Armaturen, Unterputz-Spülkästen und dergl.),*
- *Lage der Abwasserentsorgung.*

0.2.22 Art, Verfahren und Umfang, wenn Abwasserleitungen oder Teile davon nach Abschnitt 4.2.17 gespült werden sollen, insbesondere
- *Länge (m) und Nennweite (DN) der zu spülenden Leitungen,*
- *Möglichkeiten der Ableitung des Spülwassers.*

0.2.23 Art, Verfahren und Umfang entsprechend Abschnitt 0.2.21, wenn Desinfektion und Nachspülung von in Betrieb genommenen Rohrleitungsanlagen nach Abschnitt 4.2.18 erfolgen sollen.

0.2.24 Ob ein Wartungsvertrag mit angeboten werden soll.

0.2.25 Art und Umfang der dem Auftragnehmer für die Beurteilung und Ausführung der Anlage zu liefernden Planungsunterlagen und Berechnungen.

0.2.26 Anfall und Einleitung aggressiver und kontaminierter Medien in die Abwasserleitungen.

0.2.27 Möglichkeiten zur Aufnahme von Kräften wandhängender Bauteile und Apparate, z. B. bei Trockenbauwänden.

0.2.28 Ob bei bestehenden Ver- und Entsorgungsleitungen eine Zustandsprüfung vorgenommen werden soll.

Gas-, Wasser- und Abwasser-Installationsanlagen innerhalb von Gebäuden   DIN 18381

0.2.29 Vorgesehene Wandbeläge, z. B. keramische Fliesen, Marmor.

0.2.30 Anordnung der Anschlüsse, z. B. Armaturen, und der Abläufe im Fliesenraster, insbesondere Angaben über
- Höhe des Sockels,
- Verlegeart (Mörtel- oder Klebeverfahren),
- die Zulässigkeit der Bearbeitung (Schneiden) von Fliesenformaten,
- Fortsetzung des Fliesenrasters über mehrere Räume hinweg,
- verbindliche Bezugsachsen für die Festlegung des Fliesenrasters,
- Fliesenformat, Fugenbreite.

0.3 Einzelangaben bei Abweichungen von den ATV

0.3.1 Wenn andere als die in dieser ATV vorgesehenen Regelungen getroffen werden sollen, sind diese in der Leistungsbeschreibung eindeutig und im einzelnen anzugeben.

0.3.2 Abweichende Regelungen können insbesondere in Betracht kommen bei

Abschnitt 2.1,   wenn kein oder wenn ein besonderer Korrosionsschutz erfolgen soll, wenn die Beschilderung an Bauteilen nicht in deutscher Sprache ausgeführt werden soll,

Abschnitt 3.5,   wenn die geforderten Unterlagen nicht 3fach schwarz/weiß oder Zeichnungen 1fach pausfähig geliefert werden sollen, sondern in größerer Stückzahl und/oder in anderer Form, z. B. Zeichnungen farbig angelegt, unter Glas.

0.4 Einzelangaben zu Nebenleistungen und Besonderen Leistungen
Keine ergänzende Regelung zur ATV DIN 18299, Abschnitt 0.4.

0.5 Abrechnungseinheiten
Im Leistungsverzeichnis sind die Abrechnungseinheiten wie folgt vorzusehen:

0.5.1 Längenmaß (m), getrennt nach Art, Werkstoff, Nennweite und sonstigen Größenangaben für
- Tragschalen,
- Rohrleitungen,
- Befestigungsschienen,
- Entwässerungsrinnen einschließlich ihrer Abdeckung,
- Verfüllen von Fugen,
- Spülen sowie Desinfizieren von Rohrleitungen,
- besondere Druckprüfungen von Rohrleitungen,
- Dichtheitsprüfungen von Abwasserleitungen.

0.5.2 Anzahl (Stück), getrennt nach Art, Maßen und sonstigen Größenangaben für
- Formstücke, Verbindungs- und Befestigungselemente einschließlich Schweiß-, Löt- und Dichtungsmaterial in Rohrleitungen über DN 50,

- *lose Verbindungselemente, z. B. Manschetten, Flanschverbindungen,*
- *Montageelemente und Rohrverlängerungen,*
- *Ausgleichs- und Verlängerungsstücke für Wandeinbauarmaturen,*
- *Rohrleitungsarmaturen, Sicherungs- und Sicherheitseinrichtungen, Meß- und Zählereinrichtungen sowie Dehnungsausgleicher und Isolierstücke,*
- *Anschlüsse an andere Rohrwerkstoffe, Anlageteile und Geräte,*
- *Prüfungen der Schweiß- und Lötnähte,*
- *Paßstücke bis zu einer Länge von 0,50 m in Entwässerungsleitungen,*
- *Entwässerungsgegenstände, z. B. Einläufe, Hebeanlagen, Abscheider,*
- *Entwässerungsrinnen einschließlich ihrer Abdeckung,*
- *Schächte und Abdeckungen,*
- *Wand- und Deckendurchführungen mit besonderen Anforderungen,*
- *Einzelbefestigungen von Rohrleitungen, Tragkonstruktionen, Festpunkte,*
- *Verteiler, Sammler,*
- *Anbohrungen,*
- *vorgefertigte Installationselemente oder -einheiten, Traggerüste sowie andere Konstruktionen für Vorwand-Installationen,*
- *Sanitär-Einrichtungen, Armaturen, Gasgeräte, Pumpen, Regel- und Absperreinrichtungen, Revisionsrahmen sowie ähnliche Anlageteile,*
- *Funktions-, Bezeichnungs- und Hinweisschilder,*
- *Bauteile zur Körperschalldämmung,*
- *Spülen und Desinfizieren von Entnahmestellen,*
- *besondere Druckprüfungen von Apparaturen und Armaturen.*

0.5.3 Gewicht (kg), getrennt nach Art und erforderlichenfalls nach Maßen für
- *besondere Befestigungskonstruktionen, z. B. Tragkonstruktionen, Festpunkte.*

0.5.4 Prozentsätze der Preise der Rohrleitungen bis DN 50 für
- *Formstücke, Verbindungs- und Befestigungselemente einschließlich Schweiß-, Löt- und Dichtungsmaterial.*

1 Geltungsbereich

1.1 Die ATV "Gas-, Wasser- und Abwasser-Installationsarbeiten innerhalb von Gebäuden" – DIN 18381 – gilt für Gas-, Wasser- und Abwasser-Installationsarbeiten innerhalb von Gebäuden und anderen Bauwerken.

1.2 Die ATV DIN 18381 gilt nicht für
- Entwässerungskanalarbeiten (siehe ATV DIN 18306 "Entwässerungskanalarbeiten") und
- Gas- und Wasserleitungsarbeiten im Erdreich (siehe ATV DIN 18307 "Druckrohrleitungsarbeiten im Erdreich").

Gas-, Wasser- und Abwasser-Installationsanlagen innerhalb von Gebäuden DIN 18381

1.3 Ergänzend gelten die Abschnitte 1 bis 5 der ATV DIN 18299 "Allgemeine Regelungen für Bauarbeiten jeder Art". Bei Widersprüchen gehen die Regelungen der ATV DIN 18381 vor.

2 Stoffe, Bauteile

Ergänzend zur ATV DIN 18299, Abschnitt 2, gilt:

2.1 Allgemeines

Sofern es der Verwendungszweck erfordert, müssen Stoffe und Bauteile korrosionsgeschützt sein. Beschilderungen an Bauteilen (Schilder, Skalen, Hinweise) müssen in deutscher Sprache und entsprechend dem "Gesetz über Einheiten im Meßwesen" ausgeführt sein.

Für die gebräuchlichsten Stoffe und Bauteile sind die DIN-Normen in den nachstehend genannten Regelwerken aufgeführt.

DIN 1986-1	Entwässerungsanlagen für Gebäude und Grundstücke – Technische Bestimmungen für den Bau
DIN 1986-4	Entwässerungsanlagen für Gebäude und Grundstücke – Teil 4: Verwendungsbereiche von Abwasserrohren und -formstücken verschiedener Werkstoffe
DIN 1988-2 Bbl 1	Technische Regeln für Trinkwasser-Installationen (TRWI) – Zusammenstellung von Normen und anderen Technischen Regeln über Werkstoffe, Bauteile und Apparate; Technische Regel des DVGW

Technische Regeln für Gas-Installationen (DVGW-TRGI)
Technische Regeln Flüssiggas (TRF)

2.2 Meß-, Steuer- und Regeleinrichtungen, Gebäudeleittechnik

Normen der Reihe
DIN EN 60051   Direkt wirkende anzeigende elektrische Meßgeräte und ihr Zubehör

DIN VDE 0470-1
(VDE 0470 Teil 1)   Schutzarten durch Gehäuse (IP Code) – [IEC 529 (1989), 2. Ausgabe]; Deutsche Fassung EN 60529 : 1991

Schalttafeln müssen mindestens der Schutzart IP 43 entsprechen. Elektrische Meßgeräte müssen der Genauigkeitsklasse E – 1, 5 nach DIN EN 60051-1 entsprechen.

3 Ausführung

Ergänzend zur ATV DIN 18299, Abschnitt 3, gilt:

3.1 Allgemeines

3.1.1 Die Bauteile von Gas-, Wasser- und Abwasser-Installationsanlagen sind so aufeinander abzustimmen, daß die geforderte Leistung erbracht wird, die Betriebssicherheit vorhanden ist und Korrosionsvorgänge weitgehend eingeschränkt werden.

3.1.2 Der Auftragnehmer hat dem Auftraggeber vor Beginn der Montagearbeiten alle Angaben zu machen, die für den reibungslosen Einbau und ordnungsgemäßen Betrieb der Anlage notwendig sind. Der Auftragnehmer hat nach Planungsunterlagen und Berechnungen des Auftraggebers die für die Ausführung erforderliche Montage- und Werkstattplanung zu erbringen und, soweit erforderlich, mit dem Auftraggeber abzustimmen. Dazu gehören insbesondere

- Montagepläne,
- Werkstattzeichnungen,
- Stromlaufpläne,
- Fundamentpläne.

Der Auftragnehmer hat dem Auftraggeber rechtzeitig Angaben zu machen über die

- Gewichte der Einbauteile,
- Stromaufnahme und gegebenenfalls den Anlaufstrom der elektrischen Bauteile und
- sonstigen Erfordernisse für den Einbau.

3.1.3 Der Auftragnehmer hat bei der Prüfung der vom Auftraggeber gelieferten Planungsunterlagen und Berechnungen (siehe B § 3 Nr 3) u. a. hinsichtlich der Beschaffenheit und Funktion der Anlage insbesondere zu achten auf:

- die Querschnitte und Ausführungen der Abgasschornsteine,
- ungeeignete Bauart und/oder unzureichenden Querschnitt der Zuluftöffnungen für die Verbrennungsluft bzw. den Verbrennungsluftverbund,
- die Sicherheitseinrichtungen,
- die Rohrleitungsquerschnitte, Pumpenauslegungen (Netzhydraulik),
- die Meß-, Steuer- und Regeleinrichtungen,
- den Schallschutz,
- den Brandschutz.

3.1.4 Der Auftragnehmer hat bei seiner Prüfung Bedenken (siehe B § 4 Nr 3) insbesondere geltend zu machen bei:

- Unstimmigkeiten in den vom Auftraggeber gelieferten Planungsunterlagen und Berechnungen (siehe B § 3 Nr 3),
- erkennbar mangelhafter Ausführung oder nicht rechtzeitiger Fertigstellung bzw. dem Fehlen von
  - Fundamenten,
  - Schlitzen und Durchbrüchen sowie
  - Schall- und Wärmedämmungen,
- ungeeigneter Bauart und/oder ungeeignetem Querschnitt der Schornsteine, Zuluft- und Abluftschächte,
- unzureichender Anschlußleistung für die Betriebsmittel, z. B. Brennstoffe, Energie, Wasser,
- nicht ausreichendem Platz für die Bauteile,
- unzureichenden Voraussetzungen für die Aufnahme von Reaktionskräften,
- fehlenden Höhenbezugspunkten je Geschoß,

– ihm bekanntgewordenen Änderungen von Voraussetzungen, die der Planung zugrunde gelegen haben.

3.1.5 Wenn die Leitungsführung dem Auftragnehmer überlassen bleibt, hat er nach der Auftragserteilung den Ausführungsplan rechtzeitig aufzustellen und das Einverständnis des Auftraggebers einzuholen, damit die erforderlichen Fundament-, Schlitz-, Durchbruch- und Montagepläne erstellt werden können. Durch das Einverständnis des Auftraggebers wird die Verantwortung des Auftragnehmers nicht eingeschränkt.

3.1.6 Der Auftragnehmer hat die für die Ausführung erforderlichen Genehmigungen und Abnahmen zu veranlassen.

3.1.7 Die örtlichen Vorschriften für Anschlüsse an öffentliche Leitungen sind zu beachten.

3.1.8 Rohrleitungen mit nicht längskraftschlüssigen Verbindungen, z. B. Steckmuffen, Verbindungen muffenloser Rohre, in denen planmäßig Innendruck herrscht oder durch besondere Betriebszustände entstehen kann, sind, vor allem bei Richtungsänderungen, durch geeignete Maßnahmen gegen Auseinandergleiten bei der Druckprüfung und im Betrieb zu sichern.

3.1.9 Reaktionskräfte aus Dehnungsausgleichern oder Schwingungsdämpfern sind durch Rohrleitungsfestpunkte aufzunehmen. Sofern es die Einbauanweisungen für solche Bauteile vorschreiben, ist eine axiale Führung der Rohrleitung sicherzustellen.

3.1.10 Sofern die bei Maßnahmen nach Abschnitt 3.1.8 oder 3.1.9 auftretenden Reaktionskräfte in das Bauwerk abgeleitet werden müssen, sind die Kräfte vom Auftragnehmer zu ermitteln und dem Auftraggeber vor Ausführung der Leistung bekanntzugeben.

3.1.11 Sofern Leitungen jeglicher Art sich kreuzen, sind sie gegen Beschädigung oder Beeinflussung entsprechend der Art der Leistung zu schützen.

3.1.12 Wenn in der Leistungsbeschreibung vorgeschrieben ist, daß die Armaturen und Anschlüsse im Fugenschnitt von Fliesen oder anderen Belägen anzuordnen sind, so hat der Auftragnehmer rechtzeitig die dazu erforderlichen Angaben beim Auftraggeber anzufordern, z. B.

– Höhe des Sockels,
– Verlegeart (Mörtel- oder Klebeverfahren),
– Angaben über die Zulässigkeit der Bearbeitung (Schneiden) von Fliesenformaten,
– Festlegung des Fliesenrasters sowie verbindliche Bezugsachsen,
– Fortsetzung des Fliesenrasters über mehrere Wände bzw. Räume hinweg,
– Fliesenformat, Fugenbreite.

3.1.13 Bei Veränderungen an bestehenden Anlagen hat der Auftragnehmer den Auftraggeber oder den Beauftragten des Auftraggebers darauf hinzuweisen, daß durch einen zugelassenen Elektroinstallateur geprüft wird, ob durch die vorgesehenen Arbeiten die vorhandenen elektrischen Schutzmaßnahmen nicht beeinträchtigt werden (siehe Normen der Reihe DIN VDE 0100 (VDE 0100)).

3.1.14 Stemm-, Fräs- und Bohrarbeiten am Bauwerk dürfen nur im Einvernehmen mit dem Auftraggeber ausgeführt werden. Bei derartigen Arbeiten am Mauerwerk ist DIN 1053-1 "Mauerwerk – Rezeptmauerwerk – Berechnung und Ausführung" zu beachten.

3.1.15 Stoffe, die zerstörend auf Anlagenteile wirken können, z. B. Gips oder chloridhaltige Schnellbinder in Verbindung mit Stahl- und Gußteilen, dürfen nicht verwendet werden.

3.2 Anforderungen

3.2.1 Allgemeines

Für die Ausführung gelten die nachstehend aufgeführten technischen Regeln mit den dort enthaltenen Anforderungen an Schallschutz, Brandschutz, Zulassung und Prüfung.

3.2.1.1 Gas-Installationen
DVGW-G 600   Technische Regeln für Gas-Installationen (DVGW-TRGI)
TRF Technische Regeln Flüssiggas

3.2.1.2 Trinkwasser-Installationen
DIN 1988-1 bis
DIN 1988-8   Technische Regeln für Trinkwasser-Installationen (TRWI)
Im Leistungsumfang ist jedoch das Spülen der Trinkwasserleitungen oder von Teilen davon nach DIN 1988-2, Ausgabe Dezember 1988, Abschnitt 11.2, nicht enthalten.

3.2.1.3 Entwässerungsanlagen
DIN 1986-1 bis
DIN 1986-4 und
DIN 1986-30 bis
DIN 1986-32   Entwässerungsanlagen für Gebäude und Grundstücke
DIN 4033   Entwässerungskanäle und -leitungen – Richtlinien für die Ausführung

3.3 Meß-, Steuer- und Regeleinrichtungen, Gebäudeleittechnik

3.3.1 Stellorgane der Regelstrecken, die in Gewerke eingebaut werden, die nicht zum Auftragsumfang des Auftragnehmers gehören, sind vom Auftragnehmer zu bemessen und zu liefern. Die Bemessung der Stellorgane der Regelstrecken ist vom Auftragnehmer mit dem betreffenden Gewerk abzustimmen.

3.3.2 Meßwertaufnehmer sind an solchen Stellen und so einzubauen, daß der richtige Meßwert erfaßt wird.

3.3.3 Anzeigegeräte müssen gut ablesbar und zu betätigende Geräte müssen leicht zugängig und bedienbar sein.

3.4 Das Bedienungs- und Wartungspersonal für die Anlage ist durch den Auftragnehmer einmal einzuweisen.

3.5 Mitzuliefernde Unterlagen
Der Auftragnehmer hat im Rahmen seines Leistungsumfanges aufzustellen und dem Auftraggeber spätestens bei der Abnahme zu übergeben:
– Anlagenschema,
– elektrischer Übersichtsschaltplan und Anschlußplan nach DIN EN 61082-1 und DIN EN 61082-3 "Dokumente der Elektrotechnik",
– Zusammenstellung der wichtigsten technischen Daten,
– alle für einen sicheren und wirtschaftlichen Betrieb erforderlichen Betriebs- und Wartungsanleitungen,
– Kopien vorgeschriebener Prüfbescheinigungen und Werksatteste,
– Protokolle über die Dichtheitsprüfung,
– Protokoll über die Einweisung des Wartungs- und Bedienungspersonals.

Die Unterlagen sind in 3facher Ausfertigung schwarz/weiß, Zeichnungen nach Wahl des Auftraggebers statt dessen auch 1fach pausfähig, dem Auftraggeber auszuhändigen.

4 Nebenleistungen, Besondere Leistungen

4.1 Nebenleistungen sind ergänzend zur ATV DIN 18299, Abschnitt 4.1, insbesondere:

4.1.1 Anzeichnen der Schlitze und Durchbrüche für die Ausführung von Stemmarbeiten, auch wenn diese von einem anderen Unternehmer ausgeführt werden.

4.1.2 Prüfen der Unterlagen des Auftraggebers nach Abschnitt 3.1.3 und Leistungen nach Abschnitt 3.1.4.

4.1.3 Auf- und Abbauen sowie Vorhalten der Gerüste, deren Arbeitsbühnen nicht höher als 2 m über Gelände oder Fußboden liegen.

4.1.4 Einstellen und Justieren der Anlage und von Anlageteilen sowie Funktionsprüfungen.

4.1.5 Liefern und Einbauen von Wand- und Deckendurchführungen ohne besondere Anforderungen, ausgenommen Leistungen nach Abschnitt 4.2.6.

4.2 Besondere Leistungen sind ergänzend zur ATV DIN 18299, Abschnitt 4.2, z. B.:

4.2.1 Boden-, Wasser- und Wasserstandsuntersuchungen sowie besondere Prüfverfahren.

4.2.2 Vorhalten von Aufenthalts- und Lagerräumen, wenn der Auftraggeber Räume, die leicht verschließbar gemacht werden können, nicht zur Verfügung stellt.

4.2.3 Auf- und Abbauen sowie Vorhalten der Gerüste, deren Arbeitsbühnen mehr als 2 m über Gelände oder Fußboden liegen.

4.2.4 Besondere Maßnahmen zur Körperschalldämmung von Anlageteilen gegen den Baukörper.

4.2.5 Stemm-, Bohr- und Fräsarbeiten für die Befestigung von Konsolen und Halterungen sowie das Herstellen von Schlitzen und Durchbrüchen.

4.2.6 Wand- und Deckendurchführungen einschließlich Rosetten mit besonderen Anforderungen, z. B. gasdicht.

4.2.7 Liefern der für die Druckprobe, die Inbetriebnahme und den Probebetrieb nötigen Betriebsstoffe.

4.2.8 Liefern und Einbauen von besonderen Befestigungskonstruktionen, z. B. Widerlager, Rohrleitungsfestpunkte, schwere Rohrlager mit Gleit- oder Rollenschellen, Tragschalen, Konsolen und Stützgerüste.

4.2.9 Herstellen von Fundamenten für Pumpen, Behälter und sonstige Anlageteile.

4.2.10 Entrosten, Aufarbeiten und Ausbessern des Innen- und Außenschutzes der vom Auftraggeber beigestellten Stoffe und Bauteile.

4.2.11 Einbinden, Anschließen und Anbohren an bestehende Rohrleitungen, Schächte und Anlageteile.

4.2.12 Anpassen von Anlageteilen an nicht maßgerecht ausgeführte Leistungen anderer Unternehmer.

4.2.13 Liefern und Befestigen der Funktions-, Bezeichnungs- und Hinweisschilder.

4.2.14 Anschließen und Einbauen von bauseits gestellten Anlageteilen an Rohrleitungen.

4.2.15 Verfüllen der Fugen zwischen Sanitär-Einrichtungen und Wand- und Bodenbelägen mit elastischen Stoffen.

4.2.16 Provisorische Maßnahmen zum vorzeitigen Betreiben der Anlage oder von Anlageteilen vor der Abnahme auf Anordnung des Auftraggebers, z. B. Anbringen, Vorhalten und Befestigen von behelfsmäßigen Regenfalleitungen und -einläufen.

4.2.17 Spülen von Abwasserleitungen oder Teilen davon einschließlich der Gestellung der dazu erforderlichen Geräte und Betriebsstoffe.

4.2.18 Desinfizieren und Nachspülen von fertiggestellten Trinkwasserleitungen einschließlich der dazu notwendigen Betriebsstoffe und Reinigungsmittel sowie deren Beseitigung.

4.2.19 Gebühren für behördliche Genehmigungen und vorgeschriebene Abnahmeprüfungen.

4.2.20 Planungsleistungen, wie Entwurfs-, Ausführungs- und Genehmigungsplanung und die Planung von Schlitzen und Durchbrüchen.

4.2.21 Zusätzliche Druckprüfungen sowie zusätzliches Füllen und Entleeren der Leitungen aus Gründen, die der Auftraggeber zu vertreten hat.

4.2.22 Druck- und Dichtheitsprüfung von Entwässerungsleitungen.

4.2.23 Liefern von Vorgaben für Meß-, Steuer- und Regeleinrichtungen und zentraler Leittechnik, die nicht zum Auftragsumfang des Auftragnehmers gehören.

4.2.24 Herstellen von Mustereinrichtungen und -konstruktionen sowie von Modellen.

4.2.25 Betreiben der Anlage oder von Anlageteilen vor der Abnahme auf Anordnung des Auftraggebers.

4.2.26 Wiederholtes Einweisen des Bedienungs- und Wartungspersonals (siehe Abschnitt 3.4).

4.2.27 Herstellen von Bestands- und Revisionsplänen.

5 Abrechnung

Ergänzend zur ATV DIN 18299, Abschnitt 5, gilt:

5.1 Der Ermittlung der Leistung – gleichgültig, ob sie nach Zeichnungen oder nach Aufmaß erfolgt – sind die Maße der Anlageteile zugrunde zu legen.

5.2 Bei Abrechnung nach Längenmaß (m) werden Rohrleitungen einschließlich Bogen, Form-, Paß- und Verbindungsstücke in der Mittelachse gemessen. Dabei werden Rohrbogen bis zum Schnittpunkt der Mittelachse gemessen. Armaturen werden übermessen.

5.3 Bei Abrechnung nach Gewicht (kg) ist das Gewicht nach folgenden Grundsätzen zu berechnen:

5.3 Es sind anzusetzen:
– für Stahlbleche und Bandstahl 8 kg/m^2 für jeden mm der Stoffdicke,
– für Formstahl und für Profile, die vom Großhandel nach Handelsgewicht verkauft werden, das Handelsgewicht (kg/m),
– für andere Profile das DIN-Gewicht mit einem Zuschlag von 2 % für Walzwerktoleranzen.

5.3.2 Bei geschraubten, geschweißten oder genieteten Stahlkonstruktionen werden zu dem nach Abschnitt 5.3.1 ermittelten Gewicht 2 % zugeschlagen.

5.3.3 Bei verzinkten Bauteilen oder verzinkten Konstruktionen werden zu den Gewichten, die nach den zuvor genannten Grundsätzen ermittelt wurden, 5 % für die Verzinkung zugeschlagen.

VOB Teil C:
Allgemeine Technische Vertragsbedingungen für Bauleistungen (ATV) Elektrische Kabel- und Leitungsanlagen in Gebäuden – DIN 18382
Ausgabe Juni 1996

Inhalt

0 Hinweise für das Aufstellen der Leistungsbeschreibung
1 Geltungsbereich
2 Stoffe, Bauteile
3 Ausführung
4 Nebenleistungen, Besondere Leistungen
5 Abrechnung

0 Hinweise für das Aufstellen der Leistungsbeschreibung

Diese Hinweise ergänzen die ATV DIN 18299 "Allgemeine Regelungen für Bauarbeiten jeder Art", Abschnitt 0. Die Beachtung dieser Hinweise ist Voraussetzung für eine ordnungsgemäße Leistungsbeschreibung gemäß A § 9.
Die Hinweise werden nicht Vertragsbestandteil.
In der Leistungsbeschreibung sind nach den Erfordernissen des Einzelfalls insbesondere anzugeben:

0.1 Angaben zur Baustelle
Keine ergänzende Regelung zur ATV DIN 18299, Abschnitt 0.1.

0.2 Angaben zur Ausführung
0.2.1 Vorhalten besonders gearteter Geräte, z. B. fahrbare Leitern.

0.2.2 Art und Anzahl der geforderten Proben.

0.2.3 Stromart, Nennspannung und Frequenz des Netzes.

0.2.4 Anschlußstellen des Elektrizitäts-Versorgungs-Unternehmens (EVU) und der Deutschen Bundespost (DBP).

0.2.5 Bauart der Kabel, Leitungen, Rohre, Kanäle und die Art ihrer Verlegung.

0.2.6 Lage und Ausführung der Schalt- und Verteileranlagen.

0.2.7 Anschlußstellen für die elektrischen Verbrauchsmittel und deren Anschlußwerte; für Fernmeldeanlagen (auch Antennenanlagen) die zur Anlage gehörenden Einrichtungsgegenstände und der Platz hierfür.

0.2.8 Betriebsstätten, Räume und Anlagen besonderer Art, für die zusätzliche Errichtungsbestimmungen nach DIN VDE 0100 (VDE 0100) bestehen.

0.3 Einzelangaben bei Abweichungen von den ATV

0.3.1 Wenn andere als die in dieser ATV vorgesehenen Regelungen getroffen werden sollen, sind diese in der Leistungsbeschreibung eindeutig und im einzelnen anzugeben.

0.3.2 Abweichende Regelungen können insbesondere in Betracht kommen bei

Abschnitt 3.1.2, wenn darüber hinaus Bestandspläne gefordert werden sollen,

Abschnitt 3.2.2, wenn Leerrohre mit Zugdrähten verlegt werden sollen,

Abschnitt 5.1, wenn für die Ermittlung der Leistung nicht die Maße der Anlagenteile zugrunde gelegt werden sollen.

0.4 Einzelangaben zu Nebenleistungen und Besonderen Leistungen

Keine ergänzende Regelung zur ATV DIN 18299, Abschnitt 0.4.

0.5 Abrechnungseinheiten

Im Leistungsverzeichnis sind die Abrechnungseinheiten wie folgt vorzusehen:

0.5.1 Längenmaß (m), getrennt nach Querschnitt oder Durchmesser und Art der Ausführung, für
- Kabel, Leitungen, Drähte und Rohre.

0.5.2 Anzahl (Stück), getrennt nach Art und Größe, für
- Stromquellen, wie Batterien und Klingeltransformatoren,
- Verteiler, Abzweigdosen, Schalter, Läutwerke und dergleichen.

1 Geltungsbereich

1.1 Die ATV "Elektrische Kabel und Leitungsanlagen in Gebäuden" – DIN 18382 – gilt auch für elektrische Kabel- und Leitungsanlagen, die als nichtselbständige Außenanlagen zu den Gebäuden gehören.

1.2 Für Stoffe, Bauteile und für die Ausführung gelten die DIN-VDE-, DIN-Normen und die Technischen Anschlußbedingungen (TAB) der Elektrizitäts-Versorgungsbereiche oder die vom Auftraggeber mit den Elektrizitäts-Versorgungsunternehmen (EVU) vereinbarten und in der Leistungsbeschreibung angegebenen besonderen Technischen Anschlußbedingungen.

Elektrische Kabel- und Leitungsanlagen in Gebäuden DIN 18382

Für Kabel- und Leitungsanlagen, die mit dem Fernmeldenetz der Deutschen Telekom AG verbunden werden sollen, gelten die besonderen Vorschriften dieser Gesellschaft.

Die gebräuchlichsten DIN-Normen sind:

Normen der Reihe

DIN VDE 0100
(VDE 0100)   Errichten von Starkstromanlagen mit Nennspannungen bis 1 000 V

DIN VDE 0101
(VDE 0101)   Errichten von Starkstromanlagen mit Nennspannung über 1 kV

DIN VDE 0800-1
(VDE 0800 Teil 1) Fernmeldetechnik – Allgemeine Begriffe, Anforderungen und Prüfungen für die Sicherheit der Anlagen und Geräte

DIN VDE 0800-2
(VDE 0800 Teil 2) Fernmeldetechnik – Erdung und Potentialausgleich

DIN VDE 0800-3
(VDE 0800 Teil 3) Fernmeldetechnik – Fernmeldeanlagen mit Fernspeisung

1.3 Ergänzend gelten die Abschnitte 1 bis 5 der ATV DIN 18299 "Allgemeine Regelungen für Bauarbeiten jeder Art". Bei Widersprüchen gehen die Regelungen der ATV DIN 18382 vor.

2 Stoffe, Bauteile

Keine ergänzende Regelung zur ATV DIN 18299, Abschnitt 2.

3 Ausführung

Ergänzend zur ATV DIN 18299, Abschnitt 3, gilt:

3.1 Allgemeines

3.1.1 Der Auftragnehmer hat bei seiner Prüfung Bedenken (siehe B § 4 Nr 3) insbesondere geltend zu machen bei

– unzureichenden Anbringungsflächen für Verteiler u. ä.,
– fehlenden oder falsch angelegten Schlitzen und Durchbrüchen,
– Unebenheiten der Rohdecke oder nicht ausreichender Konstruktionshöhe für Unterflurinstallationssysteme.

3.1.2 Der Auftragnehmer hat dem Auftraggeber alle für den sicheren und wirtschaftlichen Betrieb der Anlage erforderlichen Bedienungs- und Wartungsanweisungen sowie die Übersichtsschaltpläne nach DIN EN 61082-1 "Dokumente der Elektrotechnik" zu fertigen und zu übergeben.

3.1.3 Der Auftragnehmer hat das Bedienungspersonal in der Bedienung der Anlage zu unterweisen und die Anlage in Betrieb zu setzen.

3.1.4 Der Auftragnehmer hat, bevor die fertige Anlage in Betrieb genommen wird, eine Prüfung auf Betriebsfähigkeit und eine Prüfung nach den DIN-Normen, bei

Leitungsanlagen für Fernsprechzwecke nach den Bestimmungen der Deutschen Bundespost, auszuführen oder ausführen zu lassen.

Über die Prüfungsergebnisse ist eine Niederschrift zu fertigen und eine Ausfertigung dem Auftraggeber auszuhändigen.

3.2 Errichtung von Kabel- und Leitungsanlagen

3.2.1 Die erforderlichen Längenzugaben für die ordnungsgemäßen Kabel- und Leitungsanschlüsse sind vorzusehen.

3.2.2 Leerrohre sind ohne Zugdrähte zu verlegen.

3.2.3 Gips darf als Befestigungsmittel für Kabel, Leitungen u. ä. in Verbindung mit zementhaltigem Mörtel sowie in Feuchträumen und im Freien nicht verwendet werden.

3.2.4 Stemm-, Bohr- und Fräsarbeiten für Durchbrüche und Schlitze sowie das Befestigen der Kabel und Leitungen am Bauwerk dürfen nur mit vorheriger Zustimmung des Auftraggebers durchgeführt werden.

4 Nebenleistungen, Besondere Leistungen

4.1 Nebenleistungen sind ergänzend zur ATV DIN 18299, Abschnitt 4.1, insbesondere:

4.1.1 Auf- und Abbau sowie Vorhalten der Gerüste, deren Arbeitsbühnen nicht höher als 2 m über Gelände oder Fußboden liegen, und Leitern nicht höher als 4 m Höhe.

4.1.2 Stemm-, Bohr- und Fräsarbeiten für das Einsetzen von Dübeln, Steinschrauben und für den Einbau von Installationsmaterial.

4.1.3 Anzeichnen von Schlitzen und Durchbrüchen.

4.1.4 Einsetzen von Dübeln, Steinschrauben u. ä.

4.2 Besondere Leistungen sind ergänzend zur ATV DIN 18299, Abschnitt 4.2, z. B.:

4.2.1 Vorhalten von Aufenthalts- und Lagerräumen, wenn der Auftraggeber Räume, die leicht verschließbar gemacht werden können, nicht zur Verfügung stellt.

4.2.2 Auf- und Abbauen sowie Vorhalten der Gerüste, deren Arbeitsbühnen höher als 2 m über Gelände oder Fußboden liegen.

4.2.3 Herstellen, Vorhalten und Beseitigen von Provisorien, z. B. zur vorzeitigen oder Teilinbetriebnahme der Anlage.

4.2.4 Herstellen und Schließen von Schlitzen und Durchbrüchen.

5 Abrechnung

Ergänzend zur ATV DIN 18299, Abschnitt 5, gilt:

5.1 Der Ermittlung der Leistung – gleichgültig, ob sie nach Zeichnungen oder nach Aufmaß erfolgt – sind die Maße der Anlagenteile zugrunde zu legen, sofern nicht Pauschalvergütung für bestimmte Teile der Leistungen, z. B. Brennstellen, Steckdosen, vereinbart ist.

5.2 Kabel, Leitungen, Drähte und Rohre werden nach der tatsächlich verlegten Länge gerechnet. Verschnitt an Drähten, Rohren und dergleichen wird dabei nicht berücksichtigt.

VOB Teil C:
Allgemeine Technische Vertragsbedingungen für Bauleistungen (ATV) Blitzschutzanlagen — DIN 18384
Ausgabe Dezember 1992

Inhalt

0 Hinweise für das Aufstellen der Leistungsbeschreibung
1 Geltungsbereich
2 Stoffe, Bauteile
3 Ausführung
4 Nebenleistungen, Besondere Leistungen
5 Abrechnung

0 Hinweise für das Aufstellen der Leistungsbeschreibung

Diese Hinweise ergänzen die ATV DIN 18 299 „Allgemeine Regelungen für Bauarbeiten jeder Art", Abschnitt 0. Die Beachtung dieser Hinweise ist Voraussetzung für eine ordnungsgemäße Leistungsbeschreibung gemäß A § 9.

Die Hinweise werden nicht Vertragsbestandteil.

In der Leistungsbeschreibung sind nach den Erfordernissen des Einzelfalls insbesondere anzugeben:

0.1 Angaben zur Baustelle

Keine ergänzende Regelung zur ATV DIN 18 299, Abschnitt 0.1.

0.2 Angaben zur Ausführung

0.2.1 Auf- und Abbauen sowie Vorhalten von Gerüsten oder besonders gearteten Geräten, z. B. Feuerwehrleitern, falls der Auftragnehmer Gerüste oder solche Geräte ausnahmsweise selbst vorhalten soll.

0.2.2 Bauart des Gebäudes (Art der Wandbausteine, Holz, Stahl oder Stahlbetonskelett und dergleichen), Dicke der Außenwände und Decken.

0.2.3 Art und Beschaffenheit des Untergrundes, z. B. für die Befestigung der Leitungen.

0.2.4 Ausbildung der Anschlüsse an Bauwerke.

0.2.5 Art des Außenputzes.

0.2.6 Art der Dacheindeckung.

0.2.7 Lage größerer Metallteile am und im Gebäude, z. B. Abdeckungen, Oberlichte, Entlüfter, Regenrinnen und Regenrohre, Kehlbleche, Dachständer, Heizungs-, Gas- und Wasserleitungen

Blitzschutzanlagen DIN 18384

und elektrische Leitungen im Dachgeschoß bzw. unmittelbar unter dem Dach mit Entfernungsangabe vom First, eiserne Dachkonstruktionen, Fahrstuhlgerüste, Gemeinschaftsantennenanlagen und dergleichen.

0.2.8 Tiefe und Verlauf der metallenen Wasser- und Gasrohre im Erdreich, wenn möglich unter Angabe der Art der Verbindung der einzelnen Rohrlängen, z. B. Verschweißung, Schraubmuffe, Bleimuffe, Gummimuffe u. a.

0.2.9 Lage vorhandener Starkstromanlagen auf oder über den Gebäuden unter Angabe von Stromart und Spannungen.

0.2.10 Lage vorhandener Blitzschutzanlagen, wenn möglich unter Angabe des verwendeten Werkstoffes.

0.2.11 Erdungsmöglichkeiten, z. B. Wasser- und Gasrohranschluß, Plattenerdungen, Rohrerdung, Oberflächenerdung.

0.2.12 Ob ein Prüfbuch anzulegen ist.

0.3 Einzelangaben bei Abweichungen von der ATV

0.3.1 Wenn andere als die in dieser ATV vorgesehenen Regelungen getroffen werden sollen, sind diese in der Leistungsbeschreibung eindeutig und im einzelnen anzugeben.

0.3.2 Abweichende Regelungen können insbesondere in Betracht kommen bei

Abschnitt 3.2, wenn der Auftragnehmer weder die Entwurfszeichnungen noch die sonstigen Unterlagen für die Genehmigungsananträge noch die Bestandspläne aufzustellen und zu liefern hat,

Abschnitt 5.1, wenn für die Ermittlung der Leistung nicht die Maße der Anlagenteile zugrunde gelegt werden sollen.

0.4 Einzelangaben zu Nebenleistungen und Besonderen Leistungen
Keine ergänzende Regelung zur ATV DIN 18 299, Abschnitt 0.4.

0.5 Abrechnungseinheiten
Im Leistungsverzeichnis sind die Abrechnungseinheiten wie folgt vorzusehen:

0.5.1 Längenmaß (m) für

oberirdische Leitungen und Erdleitungen, getrennt nach Stoffen, Durchmessern oder Querschnitten und Art der Ausführungen.

0.5.2 Anzahl (Stück) für

Auffangvorrichtungen, Leitungsstützen, Anschlüsse, Verbindungen, Trennstellen, Erdeinführungen und dergleichen, getrennt nach Art und Größe.

1 Geltungsbereich

1.1 Die ATV „Blitzschutzanlagen" — DIN 18 384 — gilt nicht für elektrische Kabel- und Leitungsanlagen (siehe ATV DIN 18 382 „Elektrische Kabel- und Leitungsanlagen in Gebäuden").

1.2 Ergänzend gelten die Abschnitte 1 bis 5 der ATV DIN 18 299 „Allgemeine Regelungen für Bauarbeiten jeder Art". Bei Widersprüchen gehen die Regelungen der ATV DIN 18 384 vor.

2 Stoffe, Bauteile

Ergänzend zur ATV DIN 18 299, Abschnitt 2, gilt:

Für die gebräuchlichsten genormten Stoffe und Bauteile sind die DIN-Normen nachstehend aufgeführt:

DIN VDE 0100 Teil 540   Errichten von Starkstromanlagen mit Nennspannungen bis 1000 V; Auswahl und Errichtung elektrischer Betriebsmittel; Erdung, Schutzleiter, Potentialausgleichsleiter

DIN VDE 0185 Teil 1   Blitzschutzanlage, Allgemeines für das Errichten

DIN VDE 0185 Teil 2   Blitzschutzanlage, Errichten besonderer Anlagen

3 Ausführung

3.1 Der Auftragnehmer hat bei seiner Prüfung Bedenken (siehe B § 4 Nr 3) insbesondere geltend zu machen bei ungeeignetem Zustand der Gebäude und Gebäudeteile.

3.2 Der Auftragnehmer hat aufzustellen und zu liefern:

- Die für die Ausführung nötigen Entwurfszeichnungen, aus denen die geforderten Angaben entsprechend DIN VDE 0185 Teil 1 und Teil 2 ersichtlich sind,
- die sonstigen Unterlagen für die vorgeschriebenen Genehmigungsanträge,
- die Zeichnungen über die ausgeführten Leistungen (Bestandspläne).

3.3 Der Auftragnehmer darf nur nach den vom Auftraggeber und erforderlichenfalls von der zuständigen Behörde genehmigten Zeichnungen arbeiten.

3.4 Prüfung

Der Auftragnehmer hat nach Fertigstellung der Blitzschutzanlage eine Abnahmeprüfung durchzuführen oder durchführen zu lassen und dem Auftraggeber einen schriftlichen Bericht über das Ergebnis der Prüfung zu liefern. Die Abnahmeprüfung ist nach DIN VDE 0185 Teil 1, Ausgabe November 1982, Abschnitt 7, durchzuführen. In dem Bericht sind auch die Erdungswiderstände anzugeben.

4 Nebenleistungen, Besondere Leistungen

4.1 Nebenleistungen sind ergänzend zu ATV DIN 18 299, Abschnitt 4.1, insbesondere:

4.1.1 Auf- und Abbauen sowie Vorhalten der Gerüste, deren Arbeitsbühnen nicht höher als 2 m über Gelände oder Fußboden liegen.

4.1.2 Anfertigen und Liefern der Unterlagen nach Abschnitt 3.2.

4.1.3 Vorhalten der Leitern, Dachböcke, Dachleitern, Gurte, Leinen u. ä.

4.1.4 Einsetzen und Befestigen der Stützen und dergleichen einschließlich der hierfür nötigen Stemmarbeiten und Lieferung der Befestigungsmittel.

4.1.5 Korrosionsschutz, soweit er entsprechend DIN VDE 0185 auszuführen ist.

4.2 Besondere Leistungen sind ergänzend zu ATV DIN 18 299, Abschnitt 4.2, z.B.:

4.2.1 Vorhalten von Aufenthalts- und Lagerräumen, wenn der Auftraggeber Räume, die leicht verschließbar gemacht werden können, nicht zur Verfügung stellt.

4.2.2 Auf- und Abbauen sowie Vorhalten der Gerüste, deren Arbeitsbühnen höher als 2 m über Gelände oder Fußboden liegen.

4.2.3 Auf- und Abbauen sowie Vorhalten von besonders gearteten Geräten, z.B. Feuerwehrleitern.

4.2.4 Stemmen und Schließen von Schlitzen und Durchbrüchen, ausgenommen Leistungen nach Abschnitt 4.1.4.

4.2.5 Korrosionsschutz der Blitzschutzanlagen, ausgenommen Leistungen nach Abschnitt 4.1.5.

4.2.6 Einbau von Auffangvorrichtungen, Leitungsstützen, Anschlüssen, Verbindungen, Trennstellen, Erdeinführungen und dergleichen.

5 Abrechnung

Ergänzend zu ATV DIN 18 299, Abschnitt 5, gilt:

5.1 Der Ermittlung der Leistung – gleichgültig, ob sie nach Zeichnungen oder nach Aufmaß erfolgt – sind die Maße der Anlagenteile zugrunde zu legen, sofern nicht Pauschalvergütungen für die Gesamtleistung oder Teile der Leistung vereinbart sind.

5.2 Leitungen, Erdleiter und Fangleiter werden nach der tatsächlich verlegten Länge gerechnet. Verschnitt wird dabei nicht berücksichtigt.

VOB Teil C:
Allgemeine Technische Vertragsbedingungen für Bauleistungen (ATV) Förderanlagen, Aufzugsanlagen, Fahrtreppen und Fahrsteige – DIN 18385
Ausgabe Juni 1996

Inhalt

0 Hinweise für das Aufstellen der Leistungsbeschreibung
1 Geltungsbereich
2 Stoffe, Bauteile
3 Ausführung
4 Nebenleistungen, Besondere Leistungen
5 Abrechnung

0 Hinweise für das Aufstellen der Leistungsbeschreibung

Diese Hinweise ergänzen die ATV DIN 18299 "Allgemeine Regelungen für Bauarbeiten jeder Art", Abschnitt 0. Die Beachtung dieser Hinweise ist Voraussetzung für eine ordnungsgemäße Leistungsbeschreibung gemäß A § 9.

Die Hinweise werden nicht Vertragsbestandteil.

In der Leistungsbeschreibung sind nach den Erfordernissen des Einzelfalls insbesondere anzugeben:

0.1 Angaben zur Baustelle

0.1.1 Gebäudenutzung, z. B. Wohnhaus, Hotel, Warenhaus, Einkaufszentrum, Verwaltungsgebäude, Krankenhaus, Industrie- und Lagergebäude.

0.1.2 Lage, Art, Ausführung und Maße der baulichen Anlage, z. B. Schachtgröße, Maße der Unterfahrt (Schachtgrube) und der Überfahrt (Schachtkopf) sowie des Triebwerksraumes, Auflagerabstand von Fahrtreppen und Fahrsteigen, Förderhöhe, Förderlänge.

0.1.3 Tragfähigkeit von Decken und Böden, Zugangswege, Transportwege für alle größeren Anlagenteile.

0.1.4 Bauseitige Schall-, Wärme- und Brandschutzmaßnahmen.

0.2 Angaben zur Ausführung

0.2.1 Art, Ausführung, Anordnung und Maße der Förderanlagen, Aufzugsanlagen, Fahrtreppen und Fahrsteige, z. B. Aufzugsgruppen, Fahrkorbgröße, Durchladung bzw. mehrseitige Be-

schickung, Art und Maße der Türen, Nennbreite der Stufen bzw. Paletten, behindertengerechte Ausführung, Neigungswinkel der Fahrtreppen bzw. Fahrsteige.

0.2.2 Geforderte Leistung, z. B.
- Tragfähigkeit,
- Betriebsgeschwindigkeit,
- Stromversorgung,
- Anzahl und Lage der Haltestellen,
- Transportgut.

0.2.3 Anforderungen an
- Elektroinstallation,
- Fahrtenanzahl je Stunde,
- Haltegenauigkeit,
- alternative Nutzung als Feuerwehraufzug.

0.2.4 Art des Antriebs, z. B. Seil, Hydraulik, und Anordnung des Triebwerks.

0.2.5 Schall- und Brandschutzmaßnahmen für die Anlage.

0.2.6 Art und Umfang des Korrosionsschutzes für Metallbauteile.

0.2.7 Art und Lage der Bedienungs- und Signalelemente.

0.2.8 Art, Ausführung und Maße von Fahrkörben, Portalen und Umfassungszargen.

0.2.9 Art der Steuerung.

0.2.10 Art, Schutzart und Verlegung der elektrischen Leitungen und Abgrenzung zu anderen Gewerken.

0.2.11 Sondereinrichtungen, z. B. Notruf-, Fernüberwachungs-, Brandfall- und Evakuierungseinrichtungen, Feuerwehrschaltungen.

0.2.12 Betriebs- und Umgebungsbedingungen, z. B. Temperatur- und Feuchteeinflüsse, insbesondere bei vor oder in der Fassade stehenden sowie freistehenden Anlagen.

0.2.13 Auflagen des zuständigen Energieversorgungsunternehmens bzw. des Auftraggebers, z. B. hinsichtlich etwaiger Netzrückwirkungen, eventuelle Begrenzung des Anfahrtstromes und der Leistung.

0.2.14 Maßnahmen bei vorzeitiger Inbetriebnahme der Anlage einschließlich besonderer Bedingungen für Abnahme, Gefahrübergang, Beginn der Verjährungsfrist für Gewährleistungsansprüche, Wartung.

0.2.15 In einem besonderen Wartungsvertrag festzulegende Anforderungen an Art und Umfang der vom Auftragnehmer anzubietenden Wartung während der Dauer der Verjährungsfrist für die Gewährleistungsansprüche.

0.2.16 Ob ein Wartungsvertrag über den Ablauf der Verjährungsfrist hinaus mit angeboten werden soll.

0.3 Einzelangaben bei Abweichungen von den ATV
Wenn andere als die in dieser ATV vorgesehenen Regelungen getroffen werden sollen, sind diese in der Leistungsbeschreibung eindeutig und im einzelnen anzugeben.

DIN 18385   VOB Teil C

0.4 Einzelangaben zu Nebenleistungen und Besonderen Leistungen
Keine ergänzende Regelung zur ATV DIN 18299, Abschnitt 0.4.

0.5 Abrechnungseinheiten
Im Leistungsverzeichnis sind die Abrechnungseinheiten wie folgt vorzusehen:
Anzahl (Stück), getrennt nach Art und technischen Daten, für jede vollständige, betriebsbereite Anlage.

1 Geltungsbereich

1.1 Die ATV "Förderanlagen, Aufzugsanlagen, Fahrtreppen und Fahrsteige" – DIN 18385 – gilt für ortsfeste Anlagen zur Beförderung von Personen oder Gütern zwischen festgelegten Zugangs- oder Haltestellen.

1.2 Die ATV DIN 18385 gilt nicht für betriebstechnische Förderanlagen, die von der baulichen Anlage ohne Beeinträchtigung der Vollständigkeit oder Benutzbarkeit abgetrennt werden können und einer selbständigen Nutzung dienen.

1.3 Ergänzend gelten die Abschnitte 1 bis 5 der ATV DIN 18299 "Allgemeine Regelungen für Bauarbeiten jeder Art". Bei Widersprüchen gehen die Regelungen der ATV DIN 18385 vor.

2 Stoffe, Bauteile

Keine ergänzende Regelung zur ATV DIN 18299, Abschnitt 2.

3 Ausführung

Ergänzend zur ATV DIN 18299, Abschnitt 3 gilt:

3.1 Allgemeines

3.1.1 Der Auftragnehmer hat dem Auftraggeber unmittelbar nach Auftragserteilung alle Angaben zu machen, die für den reibungslosen Einbau und ordnungsgemäßen Betrieb der Anlage notwendig sind. Der Auftragnehmer hat nach den Planungsunterlagen und Berechnungen des Auftraggebers die für die Ausführung erforderliche Montage- und Werkstattplanung zu erbringen und, soweit erforderlich, mit dem Auftraggeber abzustimmen. Dazu gehören insbesondere:
– Anlagezeichnungen,
– Angaben für statische und dynamische Lasten.

Der Auftragnehmer hat dem Auftraggeber rechtzeitig Angaben zu machen über die
– Stromaufnahme und gegebenenfalls den Anlaufstrom der elektrischen Bauteile,
– sonstigen Erfordernisse für den Einbau.

3.1.2 Der Auftragnehmer hat bei seiner Prüfung Bedenken (siehe B § 4 Nr 3) insbesondere geltend zu machen bei:
– Unstimmigkeiten in den vom Auftraggeber gelieferten Planungsunterlagen und Berechnungen (siehe B § 3 Nr 3),
– erkennbar mangelhafter Ausführung oder nicht rechtzeitiger Fertigstellung bzw. dem Fehlen von Fundamenten,
– ausreichender Unter- bzw. Überfahrt,

- Schlitzen und Durchbrüchen,
- Schall- und Wärmedämmungen,
- ungeeigneter Bauart und/oder ungeeigneten Querschnitten der Schächte,
- unzureichender Anschlußleistung für die Energieversorgung,
- unzureichendem Platz für die Bauteile,
- unzureichenden Voraussetzungen für die Aufnahme von Reaktionskräften,
- fehlenden Höhenbezugspunkten je Geschoß,
- ihm bekannten Änderungen von Voraussetzungen, die der Planung zugrunde gelegen haben.

3.1.3 Der Auftragnehmer hat die für die behördlichen Genehmigungen und Abnahmen erforderlichen Unterlagen zur Verfügung zu stellen und bei der behördlichen Abnahme mitzuwirken.

3.2 Anforderungen
3.2.1 Aufzugsanlagen

3.2.1.1 Für die Ausführung gelten entweder

DIN EN 81-1	Sicherheitsregeln für die Konstruktion und den Einbau von Personen- und Lastenaufzügen sowie Kleingüteraufzügen – Teil 1: Elektrisch betriebene Aufzüge; Deutsche Fassung EN 81-1 : 1985
DIN EN 81-2	Sicherheitsregeln für die Konstruktion und den Einbau von Personen- und Lastenaufzügen sowie Kleingüteraufzügen – Teil 2: Hydraulisch betriebene Aufzüge; Deutsche Fassung EN 81-2 : 1987

oder

TRA 200   Personenaufzüge, Lastenaufzüge, Güteraufzüge *).

Wenn der Auftraggeber nicht angegeben hat, welches der Regelwerke anzuwenden ist, bleibt die Auswahl dem Auftragnehmer unter Beachtung der jeweils gültigen gesetzlichen und behördlichen Bestimmungen überlassen (siehe B § 4, Nr 2).

3.2.1.2 Für Einzelbauteile und Sonderanlagen gelten ferner

DIN 18090	Aufzüge – Schacht-Drehtüren und Falttüren für Fahrschächte mit Wänden der Feuerwiderstandsklasse F 90
DIN 18091	Aufzüge – Schacht-Schiebetüren für Fahrschächte mit Wänden der Feuerwiderstandsklasse F 90
DIN 18092	Aufzüge – Vertikal-Schiebetüren für Kleingüteraufzüge in Fahrschächten mit Wänden der Feuerwiderstandsklasse F 90
TRA 106	Leitsysteme für Fernnotrufe *)

---

*) TRA Technische Regeln für Aufzüge, herausgegeben vom Verband der Technischen Überwachungsvereine e. V., Essen, zu beziehen bei Beuth Verlag GmbH, 10772 Berlin

TRA 300	Vereinfachte Güteraufzüge, Behälteraufzüge, Unterfluraufzüge *)
TRA 400	Kleingüteraufzüge *)
TRA 600	Mühlenaufzüge *)
TRA 700	Lagerhausaufzüge *)
TRA 900	Fassadenaufzüge mit motorbetriebenem Hubwerk *)
VDI 2566	Lärmminderung an Aufzugsanlagen

3.2.2 Förderanlagen
Für die Ausführung gelten:

E DIN EN 616	Stetigförderer – Geräte und Systeme – Gemeinsame Sicherheitsanforderungen für Planung, Herstellung, Aufstellung und Inbetriebnahme; Deutsche Fassung prEN 616 : 1991
E DIN EN 619	Stetigförderer – Geräte und Systeme für Stückgut – Spezielle Sicherheitsanforderungen für Planung, Herstellung, Aufstellung und Inbetriebnahme; Deutsche Fassung prEN 619 : 1991

3.2.3 Fahrtreppen und Fahrsteige
Für die Ausführung gelten:

DIN EN 115	Sicherheitsregeln für die Konstruktion und den Einbau von Fahrtreppen und Fahrsteigen; Deutsche Fassung EN 115 : 1995

3.3 Korrosionsschutzarbeiten
Die Leistungen umfassen auch die Oberflächenvorbereitung und das Aufbringen einer Grundbeschichtung.

3.4 Mitzuliefernde Unterlagen
Der Auftragnehmer hat dem Auftraggeber alle für den sicheren und wirtschaftlichen Betrieb der Anlage erforderlichen Bedienungs- und Wartungsanleitungen, Anlagenschemata, Übersichtsschalt- und Anschlußpläne nach den Normen der Reihe DIN 40719 "Schaltungsunterlagen" sowie das Prüfbuch in einfacher Ausführung zu übergeben.

4 Nebenleistungen, Besondere Leistungen

4.1 Nebenleistungen sind ergänzend zur ATV DIN 18299, Abschnitt 4.1, insbesondere:

4.1.1 Liefern und Beistellen von Montagehilfen und bauseits einzubauenden Verankerungen.

4.1.2 Auf- und Abbauen sowie Vorhalten der Gerüste, deren Arbeitsbühnen nicht höher als 2 m über Gelände oder Fußboden liegen.

4.1.3 Liefern und Einbauen von Dübeln und Befestigungsmitteln für die Installation, Schachtbeleuchtung und Schaltgeräte.

4.1.4 Liefern und Anbringen vorgeschriebener Typen- und Hinweisschilder.

---

*) Siehe Seite 577

Förderanlagen, Aufzugsanlagen, Fahrtreppen und Fahrsteige DIN 18385

4.1.5 Stellung von Monteuren und Prüfgewichten für die Abnahme.

4.1.6 Einweisen der Aufzugswärter des Auftraggebers.

4.2 Besondere Leistungen sind ergänzend zur ATV DIN 18299, Abschnitt 4.2, z. B.:

4.2.1 Vorhalten von Aufenthalts- und Lagerräumen, wenn der Auftraggeber Räume, die leicht verschließbar gemacht werden können, nicht zur Verfügung stellt.

4.2.2 Auf- und Abbauen sowie Vorhalten der Gerüste, deren Arbeitsbühnen mehr als 2 m über Gelände oder Fußboden liegen.

4.2.3 Nachträgliches Einbauen von Verankerungen und Montagehilfen.

4.2.4 Beschichten von grundierten Teilen.

4.2.5 Mauer-, Beton-, Verputz- und sonstige Bauarbeiten an Aufzugsschächten und Triebwerksräumen, z. B. Vergießen von Schachttürzargen.

4.2.6 Beschichten von Gebäudeteilen, z. B. Schachtgruben, Triebwerksräumen.

4.2.7 Maßnahmen zum Abführen von Verlustleistungen (Wärme).

4.2.8 Beheizen von Schacht- und Triebwerksraum.

4.2.9 Zusätzliche Maßnahmen bei und nach Nutzung von Anlagen als Bauaufzug einschließlich der erforderlichen Wartungs- und Überholungsleistungen.

5 Abrechnung

Ergänzend zur ATV DIN 18299, Abschnitt 5, gilt:

Förderanlagen, Aufzugsanlagen, Fahrtreppen und Fahrsteige sind als Einheit, getrennt nach den jeweiligen technischen Daten der Anlagen, abzurechnen.

VOB Teil C:
Allgemeine Technische Vertragsbedingungen für Bauleistungen (ATV) Gebäudeautomation – DIN 18386
Ausgabe Juni 1996

Inhalt

0 Hinweise für das Aufstellen der Leistungsbeschreibung

1 Geltungsbereich

2 Stoffe, Bauteile

3 Ausführung

4 Nebenleistungen, Besondere Leistungen

5 Abrechnung

0 Hinweise für das Aufstellen der Leistungsbeschreibung

Diese Hinweise ergänzen die ATV DIN 18299 "Allgemeine Regelungen für Bauarbeiten jeder Art", Abschnitt 0. Die Beachtung dieser Hinweise ist Voraussetzung für eine ordnungsgemäße Leistungsbeschreibung gemäß A § 9.

Die Hinweise werden nicht Vertragsbestandteil.

In der Leistungsbeschreibung sind nach den Erfordernissen des Einzelfalls insbesondere anzugeben:

0.1 Angaben zur Baustelle

0.1.1 Art und Lage der technischen Anlagen der beteiligten Leistungsbereiche.

0.1.2 Art und Lage sowie Bedingungen für das Überlassen von Anschlüssen und Einrichtungen der Telekommunikation zur Datenfernübertragung.

0.1.3 Tragfähigkeit von Decken und Verkehrswegen.

0.2 Angaben zur Ausführung

0.2.1 Abgrenzung des Leistungsumfanges zwischen den beteiligten Leistungsbereichen.

0.2.2 Für welche Anlagenteile im Angebot Muster, Darstellungen und Beschreibungen sowie Einzelheiten über Hersteller, Abmessungen, Gewichte und Ausführung verlangt werden.

Gebäudeautomation						DIN 18386

0.2.3 Transportwege für alle größeren Anlagenteile auf der Baustelle und im Gebäude, z.B. für Schaltschränke.

0.2.4 Lage und Ausführung der Schalt- und Verteileranlagen sowie der Leit- und Automationsstationen.

0.2.5 Bauart der Kabel, Leitungen, Rohre, Kanäle und Art ihrer Verlegung.

0.2.6 Anforderungen an den Überspannungs-, Explosions- und Geräteschutz.

0.2.7 Anforderungen an den Brandschutz.

0.2.8 Termine für die Lieferung der Angaben und Unterlagen nach Abschnitt 3.1.2 sowie für Beginn und Ende der vertraglichen Leistungen. Gegebenenfalls Lieferung und Umfang der vom Auftragnehmer aufzustellenden Terminpläne, z.B. Netzpläne.

0.2.9 Art und Umfang von Provisorien, z. B. zum Betreiben der Anlage oder von Anlagenteilen vor der Abnahme.

0.2.10 Geforderte Zertifizierungen.

0.2.11 In einem besonderen Wartungsvertrag festzulegende Anforderungen an Art und Umfang der vom Auftragnehmer anzubietenden Wartung während der Dauer der Verjährungsfrist für die Gewährleistungsansprüche.

0.2.12 Ob ein Wartungsvertrag über den Ablauf der Verjährungsfrist hinaus mit angeboten werden soll.

0.3 Einzelangaben bei Abweichungen von den ATV
Wenn andere als die in dieser ATV vorgesehenen Regelungen getroffen werden sollen, sind diese in der Leistungsbeschreibung eindeutig und im einzelnen anzugeben.

0.4 Einzelangaben zu Nebenleistungen und Besonderen Leistungen
Keine ergänzende Regelung zur ATV 18299, Abschnitt 0.4.

0.5 Abrechnungseinheiten
Im Leistungsverzeichnis sind die Abrechnungseinheiten wie folgt vorzusehen:

0.5.1 Längenmaß (m), getrennt nach Querschnitt oder Durchmesser und Art der Ausführung, für
– Kabel, Leitungen, Drähte, Rohre und Kanäle.

0.5.2 Anzahl (Stück) für
0.5.2.1 Systemkomponenten (Hardware)
– getrennt nach Art und Leistungsmerkmalen für

    – Leitstationen, Bedienstationen und Peripherieeinrichtungen,
    – Kommunikationseinheiten, z. B. Modems und Schnittstellenadapter,
    – Automationsstationen und deren Komponenten,

- Notbedienebene, z. B. Ein- und Ausgabeeinheiten,
- Anwendungsspezifische Automationsgeräte, z. B. Einzelraumregler, Heizkesselregler,
- Bedien- und Programmiereinrichtungen,
- Sensoren, z.B. Fühler,
- Aktoren, z.B. Regelventile,
- Steuerungsbaugruppen, z. B. Notbedienung, Handbedienung, Sicherheitsschaltungen, Koppelbausteine,
- Sonderzubehör, z. B. Schließsysteme, Schaltschranklüftung und -kühlung.
- getrennt nach Art und Ausführung für
  - Funktions-, Bezeichnungs- und Hinweisschilder,
- getrennt nach Art und Abmessung für
  - Schaltschrankgehäuse einschließlich Zubehör, z. B. Montageschienen, Beleuchtung, Verdrahtungskanäle,
  - Verteiler und Abzweigdosen,
- getrennt nach Art und elektrischer Leistung für
  - Einspeisung,
  - Leistungsbaugruppen,
  - Überstromschutzbaugruppen,
  - Spannungsversorgungs-Baugruppen,
  - Einbau beigestellter Einheiten, z. B. Frequenzumformer.

0.5.2.2 Funktionen (Software) und Dienstleistungen, getrennt nach Art und Leistungsmerkmalen entsprechend VDI 3814 Blatt 2, für
- Grundfunktionen: Schalten, Stellen, Melden, Messen, Zählen,
- Verarbeitungsfunktionen: Überwachen, Steuern, Regeln, Rechnen, Optimieren, Statistik, Mensch/Maschine – Kommunikation.

1 Geltungsbereich

1.1 Die ATV "Gebäudeautomation" – DIN 18386 – gilt für Systeme zum Messen, Steuern, Regeln und Leiten technischer Anlagen.

1.2 Die ATV DIN 18386 gilt nicht für funktional eigenständige Einrichtungen, z. B. Kältemaschinensteuerungen, Brennersteuerungen, Aufzugssteuerungen. Sie gilt auch nicht für das Einbeziehen von Einzelfunktionen funktional eigenständiger Einrichtungen in das Gebäudeautomationssystem.

1.3 Ergänzend gelten die Abschnitte 1 bis 5 der ATV DIN 18299 "Allgemeine Regelungen für Bauarbeiten jeder Art". Bei Widersprüchen gehen die Regelungen der ATV DIN 18386 vor.

2 Stoffe, Bauteile

Ergänzend zur ATV DIN 18299, Abschnitt 2, gilt:
Die gebräuchlichsten genormten Stoffe und Bauteile sind in

Gebäudeautomation DIN 18386

DIN VDE 0470-1 (VDE 0470 Teil 1) "Schutzarten durch Gehäuse (IP Code) ((IEC 529 : 1989); 2. Ausgabe); Deutsche Fassung EN 60529 : 1991" aufgeführt. Schalt- oder Steuerschränke müssen mindestens der Schutzart IP 43 nach DIN VDE 0470-1 (VDE 0470 Teil 1) entsprechen.

3 Ausführung

Ergänzend zur ATV DIN 18299, Abschnitt 3, gilt:

3.1 Allgemeines

3.1.1 Die Einrichtungen und Anlagen der Gebäudeautomation sind mit den technischen Anlagen so aufeinander abzustimmen, daß die geforderte Funktion erbracht, die Betriebssicherheit gegeben und ein sparsamer Energieverbrauch und wirtschaftlicher Betrieb möglich sind.

3.1.2 Der Auftragnehmer hat dem Auftraggeber vor Beginn der Montagearbeiten alle Angaben zu machen, die für den ungehinderten Einbau und ordnungsgemäßen Betrieb der Anlage notwendig sind.

Der Auftragnehmer hat nach den Planungsunterlagen und Berechnungen des Auftraggebers die für die Ausführung erforderlichen Montage- und Werkstattzeichnungen zu erbringen und, soweit erforderlich, mit dem Auftraggeber abzustimmen. Dazu gehören insbesondere:

- Regelschemata mit Darstellung der wesentlichen Automationsfunktionen auf Basis der Anlagenplanung (Anlagenschemata),
- Stromlaufpläne nach DIN EN 61082-1 und DIN EN 61082-2 "Dokumente der Elektrotechnik",
- Automationsstations-Belegungspläne einschließlich Adressierung
- Übersichtsplan mit Eintragung der Standorte der Bedieneinrichtungen und Informationsschwerpunkte,
- Funktionsbeschreibungen,
- Montagepläne mit Einbauorten der Feldgeräte,
- Kabellisten mit Funktionszuordnung und Leistungsangaben,
- Stücklisten.

Zu den für die Ausführung notwendigen Unterlagen (siehe B § 3 Nr 1) des Auftraggebers gehören z. B.:

- Informationslisten nach VDI 3814 Blatt 2 "Gebäudeautomation (GA) – Schnittstellen in Planung und Ausführung",
- Anlagenschemata,
- Funktions-Fließschemata oder Beschreibungen,
- Zusammenstellung der Sollwerte und Betriebszeiten,
- Ausführungspläne,
- Daten zur Auslegung der Stellglieder,
- Leistungsaufnahmen der elektrischen Komponenten.

3.1.3 Der Auftragnehmer hat bei der Prüfung der vom Auftraggeber gelieferten Planungsunterlagen und Berechnungen (siehe B § 3 Nr 3) u. a. hinsichtlich der Beschaffenheit und Funktion der Anlage insbesondere zu achten auf:

- Vollständigkeit der Informationslisten,
- Vollständigkeit der Auslegungsdaten und Parameter,
- Funktionsbeschreibungen,
- Meßbereichsangaben von Meß- und Grenzwertgebern,
- Anlagenschemata,
- Adressierungskonzept,
- Auslegung der hydraulischen Stellglieder,
- brandschutztechnische Anforderungen.

3.1.4 Der Auftragnehmer hat bei seiner Prüfung Bedenken (siehe B § 4 Nr 3) insbesondere geltend zu machen bei:
- Unstimmigkeiten in den vom Auftraggeber gelieferten Planungsunterlagen und Berechnungen (siehe B § 3 Nr 3),
- erkennbar mangelhafter Ausführung oder nicht rechtzeitiger Fertigstellung bzw. dem Fehlen von z.B. Schlitzen, Durchbrüchen,
- unzureichendem Platz für die Bauteile,
- ihm bekannte Änderungen von Voraussetzungen, die der Planung zugrunde gelegen haben,
- unzureichendem Überspannungsschutz,
- Störeinflüssen durch elektromagnetische Felder (Elektromagnetische Verträglichkeit EMV).

3.1.5 Stemm-, Fräs- und Bohrarbeiten am Bauwerk dürfen nur im Einvernehmen mit dem Auftraggeber ausgeführt werden. Bei derartigen Arbeiten am Mauerwerk ist DIN 1053-1 "Mauerwerk – Rezeptmauerwerk – Berechnung und Ausführung" zu beachten.

3.2 Anforderungen
3.2.1 Allgemeines
Für die Ausführung von Anlagen der Gebäudeautomation gelten:

DIN V 32734   Digitale Automation für die Technische Gebäudeausrüstung – Allgemeine Anforderungen für die Planung und Ausführung (Digitale Gebäudeautomation)

VDI 3814 Blatt 2   Gebäudeautomation (GA) – Schnittstellen in Planung und Ausführung

3.2.2 Meßwertaufnehmer sind an solchen Stellen und so einzubauen, daß der richtige Meßwert erfaßt wird.

3.2.3 Anzeigegeräte müssen gut ablesbar, zu betätigende Geräte leicht zugänglich und bedienbar sein.

3.2.4 Geräte, die zu warten sind, müssen zugänglich sein.

3.3 Anzeige, Erlaubnis, Genehmigung und Prüfung
Die für die behördlich vorgeschriebenen Anzeigen oder Anträge notwendigen zeichnerischen und sonstigen Unterlagen sowie Bescheinigungen sind entsprechend der für die Anzeige-, Erlaubnis bzw. Genehmigungspflicht vorgeschriebenen Anzahl dem Auftraggeber zur Verfügung zu stellen.

Dies gilt nicht, wenn die Prüfvorschriften für Anlagenteile eine dauerhafte Kennzeichnung statt einer Bescheinigung zulassen.

3.4 Inbetriebnahme und Einregulierung

3.4.1 Die Anlagenteile sind so einzustellen, daß die geforderten Funktionen und Leistungen erbracht und die gesetzlichen Bestimmungen erfüllt werden.

Dazu sind alle physikalischen Ein- und Ausgänge einzeln zu überprüfen, die vorgegebenen Parameter einzustellen und die geforderten Grund- und Verarbeitungsfunktionen sicherzustellen.

3.4.2 Die Inbetriebnahme und die Einregulierung der Anlage und Anlagenteile ist, soweit erforderlich, gemeinsam mit den beteiligten Leistungsbereichen durchzuführen. Inbetriebnahme und Einregulierung sind durch Protokolle mit Meß- und Einstellwerten zu belegen.

3.4.3 Das Bedienungspersonal für das System ist durch den Auftragnehmer einmal einzuweisen. Dazu gehören auch Hinweise zu Art und Umfang der Wartung.

3.5 Abnahmeprüfung

3.5.1 Es ist eine Abnahmeprüfung, die aus Vollständigkeits- und Funktionsprüfung besteht, durchzuführen.

3.5.2 Die Funktionsprüfung umfaßt insbesondere:
- Prüfung der vorgelegten Inbetriebnahmeprotokolle,
- Stichprobenartige Prüfung von Automationsfunktionen, z. B. Regel-, Sicherheits-, Optimierungs- und Kommunikationsfunktionen,
- Stichprobenartige Einzelprüfungen von Meldungen, Schaltbefehlen, Meßwerten, Stellbefehlen, Zählwerten, virtuellen Informationen,
- Prüfung der Systemreaktionszeiten,
- Prüfung der Systemeigenüberwachung,
- Prüfung des Systemverhaltens nach Netzausfall und Netzwiederkehr.

3.6 Mitzuliefernde Unterlagen

Der Auftragnehmer hat im Rahmen seines Leistungsumfanges folgende Unterlagen aufzustellen und dem Auftraggeber spätestens bei der Abnahme in geordneter und aktualisierter Form zu übergeben:
- Regelschemata,
- Stromlaufpläne nach DIN EN 61082-1 und DIN EN 61082-2,
- Automationsstations-Belegungspläne einschließlich Adressierung,
- Anschlußplan nach DIN EN 61082-3,
- Übersichtsplan mit Eintragung der Standorte der Bedieneinrichtungen und Informationsschwerpunkte,
- Stücklisten,
- Funktionsbeschreibungen,
- Für einen sicheren und wirtschaftlichen Betrieb erforderliche Bedienungsanleitungen und Wartungshinweise,
- Ersatzteillisten,
- Projektspezifische Programme und Daten auf Datenträgern,

- Protokoll über die Einweisung des Bedienpersonals,
- Vorgeschriebene Werk- und Prüfbescheinigungen.

Die Unterlagen sind in einfarbiger Darstellung und in dreifacher Ausfertigung, Zeichnungen und Listen nach Wahl des Auftraggebers auch in einfacher Ausfertung kopierfähig oder auf Datenträger auszuhändigen. DV-Programme sind in zweifacher Ausfertigung auf Datenträgern zu liefern.

4 Nebenleistungen, Besondere Leistungen

4.1 Nebenleistungen sind ergänzend zur ATV DIN 18299, Abschnitt 4.1, insbesondere:

4.1.1 Anzeichnen der Schlitze und Durchbrüche, auch wenn diese von einem anderen Unternehmer ausgeführt werden.

4.1.2 Auf- und Abbau sowie Vorhalten der Gerüste, deren Arbeitsbühnen nicht höher als 2 m über Gelände oder Fußboden liegen.

4.1.3 Bohr-, Stemm- und Fräsarbeiten für das Einsetzen von Dübeln und für den Einbau von Installationsmaterial, z. B. Unterputzdosen.

4.1.4 Liefern und Anbringen der Typ- und Leistungsschilder.

4.2 Besondere Leistungen sind ergänzend zur ATV DIN 18299, Abschnitt 4.2., z. B.:

4.2.1 Planungsleistungen, wie Entwurfs-, Ausführungs-, Genehmigungsplanung, Leerrohrplanung und die Planung von Schlitzen und Durchbrüchen.

4.2.2 Vorhalten von Aufenthalts- und Lagerräumen, wenn der Auftraggeber Räume, die leicht verschließbar gemacht werden können, nicht zur Verfügung stellt.

4.2.3 Auf- und Abbauen sowie Vorhalten der Gerüste, deren Arbeitsbühnen mehr als 2 m über Gelände oder Fußboden liegen.

4.2.4 Liefern und Einbauen besonderer Befestigungskonstruktionen, z.B. Konsolen, Stützgerüste.

4.2.5 Prüfen der elektrischen Verkabelung und/oder pneumatischen Verrohrung der Steuer- oder Regelanlage, wenn die Leistung nicht vom Auftragnehmer ausgeführt wurde.

4.2.6 Bohr-, Stemm- und Fräsarbeiten für die Befestigung von Konsolen und Halterungen. Herstellen und Verschließen von Schlitzen sowie Durchbrüchen.

4.2.7 Liefern und Befestigen der Funktions-, Bezeichnungs- und Hinweisschilder.

4.2.8 Liefern der für Inbetriebnahme, Einregulierung und Probebetrieb notwendigen Betriebsstoffe.

4.2.9 Provisorische Maßnahmen zum vorzeitigen Betreiben der Anlage oder von Anlagenteilen vor der Abnahme auf Anordnung des Auftraggebers einschließlich der erforderlichen Wartungs- und Überholungsleistungen.

4.2.10 Betreiben der Anlage oder von Anlagenteilen vor der Abnahme auf Anordnung des Auftraggebers.

4.2.11 Schulungsmaßnahmen und Einweisungen über Abschnitt 3.4.3 hinaus.

4.2.12 Erstellen von Bestands- und Revisionsplänen.

5 Abrechnung

Ergänzend zur ATV DIN 18299, Abschnitt 5, gilt:

5.1 Der Ermittlung der Leistung – gleichgültig, ob sie nach Zeichnung oder nach Aufmaß erfolgt – sind die Maße der Anlagenteile zugrunde zu legen. Wird die Leistung aus Zeichnungen ermittelt, dürfen Stück- und Belegungslisten, aktualisierte Informationslisten, Systemprotokolle zugezogen werden.

5.2 Die Leistungen sind getrennt nach Systemkomponenten (Hardware) und Leistungen für deren Funktionen (Software) und Dienstleistungen abzurechnen. Zu den Dienstleistungen gehören Technische Bearbeitung, Programmierung, sowie Inbetriebnahme und Einregulierung.

5.3 Kabel, Leitungen, Drähte, Rohre und Kanäle sind nach der tatsächlich verlegten Länge, z. B. von Klemmstelle zu Klemmstelle abzurechnen. Verschnitt bleibt unberücksichtigt.

VOB Teil C:
Allgemeine Technische Vertragsbedingungen für Bauleistungen (ATV) Dämmarbeiten an technischen Anlagen — DIN 18421
Ausgabe Juni 1996

Inhalt

0 Hinweise für das Aufstellen der Leistungsbeschreibung

1 Geltungsbereich

2 Stoffe, Bauteile

3 Ausführung

4 Nebenleistungen, Besondere Leistungen

5 Abrechnung

0 Hinweise für das Aufstellen der Leistungsbeschreibung

Diese Hinweise ergänzen die ATV DIN 18299 "Allgemeine Regelungen für Bauarbeiten jeder Art", Abschnitt 0. Die Beachtung dieser Hinweise ist Voraussetzung für eine ordnungsgemäße Leistungsbeschreibung gemäß A § 9.
Die Hinweise werden nicht Vertragsbestandteil.
In der Leistungsbeschreibung sind nach den Erfordernissen des Einzelfalls insbesondere anzugeben:

0.1 Angaben zur Baustelle
Keine ergänzende Regelung zur ATV DIN 18299, Abschnitt 0.1.

0.2 Angaben zur Ausführung
0.2.1 Die Lage der Objekte, an denen die Dämmung anzubringen ist, z. B. Höhe über Arbeitsboden, Geschosse, Bereiche mit Behinderungen und Erschwernissen.

0.2.2 Art, Stoffe, Stoffeigenschaften, gegebenenfalls mit Angabe der Dämmstoffkennziffer.

0.2.3 Die für die Berechnung von Dämmungen erforderlichen Angaben, soweit die Berechnungen durch den Auftragnehmer durchzuführen sind.

0.2.4 Anforderungen an die Ummantelung, insbesondere wegen des zu fordernden Schutzes der Dämmung gegen mechanische und andere äußere Einwirkungen.

Dämmarbeiten an technischen Anlagen DIN 18421

0.2.5 Ob die Objekte mit Unterbrechungen betrieben werden, z. B. Betriebsrhythmus.

0.2.6 Ausführungsvorschriften des Auftraggebers.

0.2.7 Anforderungen an das Brandverhalten der fertigen Dämmung.

0.2.8 Besondere Angaben, die für die Beurteilung und Ausführung der Dämmung erforderlich sind, z. B. Betriebs- und Umgebungstemperatur.

0.2.9 Ob Mineralwolledämmstoffe hydrophobiert sein müssen.

0.3 Einzelangaben bei Abweichungen von den ATV

0.3.1 Wenn andere als die in dieser ATV vorgesehenen Regelungen getroffen werden sollen, sind diese in der Leistungsbeschreibung eindeutig und im einzelnen anzugeben.

0.3.2 Abweichende Regelungen können insbesondere in Betracht kommen bei

Abschnitt 2.2.1, wenn das Drahtgeflecht und der Steppdraht bei Matten aus nichtrostendem Stahldraht bestehen soll,

Abschnitt 2.2.2, wenn Drahtgeflecht und der Steppdraht bei Matratzen aus nichtrostendem Stahldraht bestehen soll, wenn bei Glasgewebematratzen die Versteppung mit nichtrostendem Stahldraht erfolgen soll,

Abschnitt 5.1.3.8, wenn nicht über die größte Länge gemessen werden soll.

0.4 Einzelangaben zu Nebenleistungen und Besonderen Leistungen

Als Nebenleistungen für die unter den Voraussetzungen der ATV DIN 18299, Abschnitt 0.4.1, besondere Ordnungszahlen (Positionen) vorzusehen sind, kommen insbesondere in Betracht:

Sichern der in Ausführung befindlichen und der ausgeführten Leistungen gegen Schäden durch Witterungseinflüsse (siehe Abschnitt 4.1.3).

0.5 Abrechnungseinheiten

Im Leistungsverzeichnis sind die Abrechnungseinheiten, getrennt nach Dämmstoffen, Dämmschichten und Arten der Ummantelung, wie folgt vorzusehen:

0.5.1 Flächenmaß (m^2) für

– Dämmungen an ebenen Flächen,
– Dämmungen an Rohrleitungen, mit einem äußerem Umfang der Dämmung von 1,5 m und mehr,
– Abschirmungen von Heiz- und Kühlzonen für Begleitleitungen oder für Kompensatoren,
– Bogen ohne Segmente und Bogen, deren Segmente nicht breiter als 250 mm sind,
– Ummantelungen mit weder kreisrundem noch eckigem Querschnitt,
– Dämmungen an Apparaten, Behältern und Kolonnen,
– Dämmungen mit Kappen (abnehmbar mittels Hebelverschlüssen) und Hauben (fest verschraubt),

- Dämmungen an Kanälen,
- Paßstücke bei Dämmungen an Kanälen,
- Dämmungen an Verteilern und Sammlern,
- Dämmungen an Stirnseiten,

0.5.2 Raummaß (m^3) für
- Schaum-, Schütt- oder Stopfdämmungen in Schlitzen, Schächten, Rohrführungskanälen, auch in Schlitzen an Apparaten, Behältern und Kolonnen,

0.5.3 Längenmaß (m), getrennt nach Umfang, Umfangsgruppen, Breitengruppen, für
- Dämmungen an Rohrleitungen mit einem äußeren Umfang der Dämmung unter 1,5 m,
- Abschirmungen von Heiz- und Kühlzonen für Begleitleitungen oder für Kompensatoren,
- Bogen ohne Segmente und Bogen, deren Segmente nicht breiter als 250 mm sind,
- Ummantelungen mit weder kreisrundem noch eckigem Querschnitt
- Regenabweiser über Gleitschienen,
- Regenabweiser gekrümmt oder gerade,

0.5.4 Anzahl (Stück), getrennt nach Längen, Längengruppen, Umfang, Umfanggruppen, Bogenradien,

Bogenwinkeln sowie sonstigen den Leistungsaufwand beeinflussenden Faktoren, z. B. Breitengruppen, besondere Querschnittsformen von Anschlüssen oder Durchdringungen, unter verschiedenen Winkeln abgehende Stutzen, für

- Bogen ohne Segmente und Bogen, deren Segmente nicht breiter als 250 mm sind,
- Segmente über 250 mm Breite und Segmente für konische Rohrbogen,
- Knicke,
- Paßstücke, Hosenstücke,
- Abkantungen von Abflachungen,
- Endstellen,
- Stutzen,
- Durchdringungen,
- Blenden (Rosetten, Deckel),
- angeschweifte Regenabweiser über Kappen an lotrechten oder geneigten Rohren,
- Dämmung an Apparaten, Behältern, Kolonnen, Verteilern und Sammlern,
- Manteleinschnürungen, Kreisringe, Konusse, Einsätze,
- Ausschnitte,
- Tragkonstruktionen,
- Dämmungen mit Kappen (abnehmbar mittels Hebelverschlüssen) und Hauben (fest verschraubt),
- Kappenstützen,
- Trennungen des Mantels in Längsrichtung.

Dämmarbeiten an technischen Anlagen DIN 18421

1 Geltungsbereich

1.1 Die ATV "Dämmarbeiten an technischen Anlagen" – DIN 18421 – gilt für
- Dämmarbeiten an Produktions- und Verteilungsanlagen im Industriebau und in der Haus- und Betriebstechnik, z. B. Apparate, Behälter, Kolonnen, Tanks, Dampferzeuger, Rohrleitungen, Heizungs-, Lüftungs-, Klima-, Kaltwasseranlagen, Wassererwärmungsanlagen;
- Dämmarbeiten in Kühl- und Klimaräumen.

1.2 Die ATV DIN 18421 gilt nicht für Dämmarbeiten
- an Gebäuden und Bauwerken,
- an werkseitig gedämmten Anlageteilen,
- im Kontrollbereich von Kernkraftwerken.

1.3 Ergänzend gelten die Abschnitte 1 bis 5 der ATV DIN 18299 "Allgemeine Regelungen für Bauarbeiten jeder Art". Bei Widersprüchen gehen die Regelungen der ATV DIN 18421 vor.

2 Stoffe, Bauteile

Ergänzend zur ATV DIN 18299, Abschnitt 2, gilt:

2.1 Allgemeines

2.1.1 Stoffe und Bauteile müssen je nach Verwendungszweck struktur-, fäulnis- und ungezieferfest, gegebenenfalls auch nicht brennbar oder schwer entflammbar und unter dem Einfluß von Wärme, Kälte, Alterung und nach kurzzeitiger Durchfeuchtung genügend formbeständig und funktionsfähig sein. Sie dürfen den Untergrund, auf den sie aufzubringen sind, nicht mehr als unvermeidbar angreifen, z. B. Sulfideinwirkungen auf Stahl, Chlorideinwirkungen auf Stahl mit austenitischem Gefüge, Nitriteinwirkung auf Kupferwerkstoffe.

2.1.2 Die Wärmeleitfähigkeit mit Bezugstemperaturen (Mitteltemperaturen) und die Rohdichte der Dämmstoffe müssen auf Verlangen des Auftraggebers durch ein Prüfzeugnis einer amtlich anerkannten Prüfstelle nachgewiesen werden.

2.2 Dämmstoffe aus Mineralwolle

Mineralwolle muß eine gleichmäßige Struktur aufweisen. Sie darf keine groben Bestandteile enthalten. Sie muß bei sachgerechter Lagerung und nach fachgerechter Anwendung alterungs- und witterungsbeständig sein. Sie muß so beschaffen sein, daß sie im trockenen Zustand und bei kurzzeitiger Durchfeuchtung bei Metallen nicht zur Korrosion führt. Dies gilt nicht für Korrosionserscheinungen, die dadurch entstehen können, daß der Dämmstoff als Feuchtigkeitsträger und -speicher wirkt und gleichzeitig die Sauerstoffzufuhr durch die Feinverteilung des Wassers im Dämmstoff begünstigt.

Hydrophobierte Mineralwolle muß entsprechend gekennzeichnet sein.

Der Massenanteil an wasserlöslichen Chloriden darf bei Mineralwolle, die zum Dämmen von Anlageteilen aus Stählen mit austenitischem Gefüge verwendet wird, 6 ppm nicht überschreiten.

2.2.1 Matten

Matten müssen gleichmäßig dick und von gleichmäßiger Struktur sein. Auf Drahtgeflecht gesteppte Matten müssen eine Nennrohdichte von mindestens 70 kg/m^3 haben. Matten auf anderen Trägermaterialien dürfen eine geringere Nennrohdichte haben.

Die Versteppung muß mit mindestens 5 Nähten auf je 500 mm Mattenbreite in gleichmäßigem Abstand voneinander mit einer Stichlänge von nicht mehr als 90 mm ausgeführt sein.

Das Drahtgeflecht muß aus verzinkten Drähten mit einer Zinkauflage nach DIN 1548 "Zinküberzüge auf runden Stahldrähten" von mindestens 30 g/m^2 hergestellt sein. Die Maße des Geflechts müssen DIN 1200 "Drahtgeflecht mit sechseckigen Maschen" – 20 × 0,7 × 1 000 entsprechen.

Lamellenmatten aus Plattenstreifen, die mit der Schnittfläche auf Trägermaterial, z. B. Aluminiumfolie, geklebt sind, müssen flexibel sein.

2.2.2 Matratzen

Die Mineralwollefüllung von Matratzen muß so eingebracht sein, daß die geforderte Dicke nach Montagen erhalten bleibt.

Bei Drahtgeflechtmatratzen ist als Hülle ein Drahtgeflecht aus verzinkten Drähten mit einer Zinkauflage nach DIN 1548 von mindestens 30 g/m^2 zu verwenden. Die Maße des Geflechtes müssen DIN 1200 – mit der Kurzbezeichnung 20 × 0,7 × 1 000 entsprechen. Das Drahtgeflecht muß alle Seiten des Dämmstoffes umschließen und an den Nahtstellen mit Stahldraht von mindestens 0,5 mm Durchmesser und einer Verzinkung nach DIN 1548 zickzackförmig vernäht und in den Flächen mindestens alle 100 mm versteppt sein.

Bei Glasgewebematratzen muß die allseitige Umhüllung aus Glasgewebe mit Glasgarn vernäht und in der Fläche alle 100 mm versteppt sein.

2.2.3 Formstücke

Formstücke sind Schalen, Segmente und Platten, die mit Bindemitteln gebunden sind. Sie müssen unter den jeweiligen Betriebsbedingungen formbeständig bleiben.

2.2.4 Lose Wolle

Bei Einsatz von loser Wolle für Luftzerlegungsanlagen darf der Massenanteil an organischen Bestandteilen nicht mehr als 0,5 % betragen.

2.2.5 Zöpfe

Mineralwollezöpfe müssen engmaschig umklöppelt sein. Die Zöpfe dürfen beim Umwickeln des Objektes nicht reißen, die Füllung darf nicht herausfallen.

2.3 Dämmstoffe aus Kork

Kork mit Bitumen als Bindemittel muß bis 70 °C standfest sein. Bindemittelfreier Kork muß eine Mindestrohdichte von 80 kg/m^3 haben und bis 100 °C standfest sein.

Dämmarbeiten an technischen Anlagen   DIN 18421

2.4 Dämmstoffe aus Schaumstoffen

Schaumstoffe müssen überwiegend geschlossene Zellen aufweisen und dürfen bei betriebsbedingten Temperaturen weder schrumpfen, erweichen, noch verspröden.

2.5 Dämmstoffe aus Schaumglas

Schaumglas muß gleichmäßig kleine, vollkommen geschlossene Zellen besitzen und Dauereinwirkungen bis 430 °C standhalten.

Tabelle 1: Anforderungen an Hartschäume

	1	2	3	4	5	6	7	8	9
	Anforderung	Einheit	Polystyrol (PS)-				Polyurethan (PUR)		Prüfverfahren
			Partikelschaum		Extruderschaum				
1	bei Temperatur	°C	über –30	unter –30	über –30	unter –30	über –30	unter –30	
2	Mindestrohdichte	kg/m³	20	30	20	30	40		DIN 52275-2 DIN EN ISO 845
3	Mindestdruckspannung bei 10 % Stauchung	N/mm²	0,10	0,15	0,15		0,15		DIN 53421 DIN 18164-1
4	Max. Dickenänderung bei Wärmeeinwirkung von 80 °C und Belastung von 0,02 N/mm²	%	5						DIN 18164-1
5	Max. Dickenänderung bei Wärmeeinwirkung von 70 °C und erhöhter Belastung von 0,04 N/mm²	%	5						DIN 18164-1
6	Max. Längen-, Breiten- und Dickenänderung bei Kälteeinwirkung	%	2						in Anlehnung an DIN 18159-1
7	Max. zulässige irreversible Längenänderung	%	+1,0 / –0,3						DIN 18164-1

2.6 Dämmstoffe aus Polyurethan(PUR)-Ortschaum

Für Polyurethan (PUR)-Ortschaum gilt DIN 18159-1 "Schaumkunststoffe als Ortschäume im Bauwesen – Polyurethan-Ortschaum für die Wärme- und Kältedämmung; Anwendung, Eigenschaften, Ausführung, Prüfung".

Tabelle 2: Mindestrohdichten von PUR-Ortschaum in Abhängigkeit von der Betriebstemperatur

Betriebstemperatur °C	Mindestrohdichte, frei geschäumt, ohne Berücksichtigung der Randzonenverdichtung kg/m^3
100 bis 0	40
0 bis –50	45
–50 bis –180	50

2.7 Dämmstoffe aus Schüttstoffen

Schüttdämmstoffe aus organischen und anorganischen Stoffen müssen temperaturbeständig sein. Beimengungen von Imprägnierungs- und Bindemitteln sind zulässig.

2.8 Dämmstoffe aus gebrannten Stoffen

Gebrannte Dämmstoffe, z. B. aus Kieselgur, müssen bis zu Temperaturen von 950 °C formbeständig sein.

3 Ausführung

Ergänzend zur ATV DIN 18299, Abschnitt 3, gilt:

3.1 Allgemeines

3.1.1 Der Auftragnehmer hat bei seiner Prüfung Bedenken (siehe B § 4 Nr 3) insbesondere geltend zu machen, wenn die Voraussetzungen nach DIN 4140-1 "Dämmen betriebstechnischer Anlagen – Wärmedämmung" oder DIN 4140-2 "Dämmen betriebstechnischer Anlagen – Kältedämmung", Abschnitt 3, nicht erfüllt sind.

3.1.2 Soweit in ATV DIN 18421 nichts anderes vorgeschrieben ist, ist für Berechnungen, Meß- und Prüfverfahren, Gütesicherung und Lieferbedingungen die VDI-Richtlinie 2055 "Wärme- und Kälteschutz für betriebs- und haustechnische Anlagen – Berechnungen, Gewährleistungen, Meß- und Prüfverfahren, Gütesicherung, Lieferbedingungen" anzuwenden.

3.2 Dämmung

Wärmedämmarbeiten sind nach DIN 4140-1, Kältedämmarbeiten nach DIN 4140-2 auszuführen.

Filze dürfen nur für Wärmedämmungen im Niedertemperaturbereich und als Polsterlagen zum Schutz der Dampfbremse verwendet werden.

4 Nebenleistungen, Besondere Leistungen

4.1 Nebenleistungen sind ergänzend zur ATV DIN 18299, Abschnitt 4.1, insbesondere:

4.1.1 Auf- und Abbauen sowie Vorhalten der Gerüste, deren Arbeitsbühnen nicht höher als 2 m über Gelände oder Fußboden liegen.

4.1.2 Beseitigen geringfügiger Verunreinigungen des Untergrundes.

4.1.3 Sichern der in Ausführung befindlichen und der ausgeführten Leistungen gegen Schäden durch Witterungseinflüsse.

4.2 Besondere Leistungen sind ergänzend zur ATV DIN 18299, Abschnitt 4.2, z. B.:

4.2.1 Boden- und Wasseruntersuchungen.

4.2.2 Vorhalten von Aufenthalts- und Lagerräumen, wenn der Auftraggeber Räume, die leicht verschließbar gemacht werden können, nicht zur Verfügung stellt.

4.2.3 Auf- und Abbauen sowie Vorhalten der Gerüste, deren Arbeitsbühnen höher als 2 m über Gelände oder Fußboden liegen.

4.2.4 Beheizen der Anlage während der Ausführung der Dämmarbeiten.

4.2.5 Herstellen von Befestigungsmöglichkeiten für Tragkonstruktionen.

4.2.6 Nachträgliches Aufbringen von Teilen der Dämmung, z. B. über Schweißnähten, an provisorischen Aufhängungen, an Auflagern, soweit es nicht vom Auftragnehmer zu vertreten ist.

4.2.7 Herstellen von Ummantelungen mit weder kreisrundem noch eckigem Querschnitt.

4.2.8 Herstellen von Ausschnitten und Blenden, unabhängig von der Anzahl der angeschnittenen Bleche, ausgenommen solcher nach Abschnitt 4.2.9.

4.2.9 Herstellen von Ausschnitten an Kappen und Hauben, bei Flansch- und Formkappen des dritten und der weiteren, bei Stutzenkappen des vierten und der weiteren.

4.2.10 Herstellen von Einsätzen, getrennt nach rechteckigem, rundem oder ovalem Querschnitt.

4.2.11 Herstellen von Bögen und Knicken (auf Gehrung geschnittene Ummantelung).

4.2.12 Herstellen von angeschweißten Regenabweisern über Kappen an lotrechten oder geneigten Rohren.

4.2.13 Herstellen von Übergangsstücken mit unterschiedlichen Querschnittsformen.

4.2.14 Herstellen von Trennungen, soweit sie aus technischen Gründen erforderlich sind, z. B. bei Durchdringungen oder Einbauerschwernissen.

4.2.15 Herstellen von trichterförmigen Ausbildungen des oberen Kreisringes einschließlich der Nähte (Doppelfalz oder Zahnradwellprofil).

4.2.16 Herstellen von Kappenstützen.

4.2.17 Herstellen von Paßstücken zwischen Bögen, Dämmungsendstellen, Einbauten, Flanschen, Konussen und Kombinationen davon.

4.2.18 Herstellen von Abkantungen, Manteleinschnürungen, Konussen, Hosenstücken und Kreisringen.

4.2.19 Herstellen von Endstellen.

4.2.20 Herstellen von Stutzen (Anpassen des abzweigenden Mantels und Herstellen des Ausschnittes im durchgehenden Mantel).

5 Abrechnung

Ergänzend zur ATV DIN 18299, Abschnitt 5, gilt:

5.1 Allgemeines

5.1.1 Der Ermittlung der Leistung – gleichgültig, ob sie nach Zeichnungen oder nach Aufmaß erfolgt – sind zugrunde zu legen:

5.1.2 Abrechnung nach Längenmaß (m)

5.1.2.1 Längen sind in Achsrichtung zu messen.

5.1.2.2 Längen, auch zur Flächenermittlung, werden in der jeweils größten ausgeführten Strecke, z. B. bei Rohrleitungen, runden und eckigen Kanälen über den Außenbogen ermittelt.

5.1.2.3 Flanschverbindungen werden übermessen. Bei Dämmungsendstellen an Flanschen wird die Länge bis zur Mitte des Flanschenpaares, bei geschweißten Einbauten bis zur Schweißstelle gemessen.

5.1.2.4 Bei Dämmungen an konischen Rohren wird die halbe Länge jeweils den Maßen und Dämmdicken der anschließenden Rohre zugeordnet.

5.1.2.5 Bei Dämmungen an Rohrleitungen werden Bogen, Paßstücke zwischen Bogen, Dämmungsendstellen, Flansche, Konusse und Kombinationen davon, Abkantungen von Abflachungen, Endstellen an Abflachungen und Endstellenausbildung von Mänteln und Stutzen übermessen.

5.1.2.6 Bei Dämmungen an Apparaten, Behältern und Kolonnen werden Paßstücke (Länge der Ummantelung kleiner als 500 mm nach dem Einbau) Manteleinschnürungen, Kreisringe, Konusse, Übergangsstücke, Abkantungen von Abflachungen, Endstellen an Abflachungen, Apparatestutzen, zusätzliche Trennungen des Mantels und Endstellenausbildungen von Ummantelungen (Stoßkanten und ähnliches) übermessen.

5.1.2.7 Bei Dämmungen mit Kappen und Hauben werden Trennungen (unabhängig von Kappenlängen und Kappenumfang) und trichterförmige Ausbildungen des obersten Kreisringes einschließlich der Nähte übermessen.

5.1.3 Abrechnung nach Flächenmaß (m²)

5.1.3.1 Flächen werden bei Außendämmungen nach der größten Oberfläche der fertigen Ummantelung, bei Innendämmungen nach der Fläche vor Aufbringen der Dämmung ermittelt.

5.1.3.2 Ausschnitte, die erst bei oder nach der Montage ausgearbeitet werden können, werden unabhängig von ihrer Größe übermessen.

5.1.3.3 Die Flächen kreisrunder Stirnseiten werden wie folgt ermittelt:

Ebene Stirnseite: $A = 0{,}0796\, U^2$

Stirnseite in Trichterform ($h : d_a \leq 1 : 10$): $A = 0{,}082\, U^2$

Flachgewölbte Stirnseite in Kalottenform ($d_a \leq 10\,000$ mm): $A = 0{,}082\, U^2$

Flachgewölbte Stirnseite in Kalottenform ($d_a > 10\,000$ mm): $A = 0{,}0796\, U^2 + 3{,}14\, h^2$

Hochgewölbte Stirnseite in Zeppelinform: $A = 0{,}109\, U^2$

Dabei bedeuten:
d_a äußerer Durchmesser der Stirnseite
U äußerer Umfang der Stirnseite
h Höhe des Trichters oder der Kalotte

5.1.3.4 Bei Dämmungen an konischen Rohren wird die halbe Fläche jeweils den Maßen und Dämmdicken der anschließenden Rohre zugeordnet.

5.1.3.5 Bei Rohrbündeln, deren Rohre einzeln gedämmt sind, wird die Dämmung jedes einzelnen Rohres, die gemeinsame Ummantelung nach der ausgeführten Fläche gerechnet.

5.1.3.6 Bei Dämmungen an Verteilern und Sammlern ist der Länge des Verteilers oder Sammlers die Dicke der Dämmung der Stirnseiten zuzurechnen. Abzweigstutzen gelten nicht als Paßstücke.

5.1.3.7 Bei Dämmungen mit Kappen und Hauben wird die Fläche aus Länge und Umfang einschließlich der Stutzen, aber ohne Berücksichtigung der Stirn- und Deckelflächen, ermittelt. Gedämmte Stirn- und Deckelflächen für Kappen und Hauben, Deckel und Blindflansche an Mannlöchern, Gegenstromapparaten, Wasserboilern, Verteilern und Sammlern werden berechnet.

5.1.3.8 Dämmungen an Kanälen werden nach äußerer Oberfläche abgerechnet. Die Oberfläche der Dämmung von Kanalbogen, Kanalsprüngen, Übergangs- und Formstücken wird aus dem größten Umfang und der größten Länge ermittelt.

5.1.4 Abrechnung nach Rauminhalt (m^3)

5.1.4.1 Rauminhalte werden nach dem verfüllten Raum ermittelt.

5.2 Es werden abgezogen

5.2.1 Bei Abrechnung nach Flächenmaß (m^2): Aussparungen und Ausschnitte über 0,5 m^2 Einzelfläche*), ausgenommen Ausschnitte nach Abschnitt 5.1.3.2.

5.2.2 Bei Abrechnung nach Längenmaß (m): Unterbrechungen der Dämmung durch Wände, Decken und andere Konstruktionsteile von mehr als 240 mm und Längen von zwei oder mehreren hintereinanderliegenden Einbauten mit Gewinde- oder Flanschverbindungen.

5.2.3 Bei Abrechnung nach Rauminhalt (m^3): Das Volumen von Rohren mit einem äußeren Durchmesser von mehr als 120 mm und rechteckigen Querschnitten von mehr als 125 cm^2.

---

*) 0,5 m^2 Einzelfläche entspricht einem Kreis mit einem Durchmesser von 800 mm.

VOB Teil C:
Allgemeine Technische Vertragsbedingungen für Bauleistungen (ATV)
Gerüstarbeiten – DIN 18451
Ausgabe Dezember 1992

Inhalt

0 Hinweise für das Aufstellen der Leistungsbeschreibung
1 Geltungsbereich
2 Stoffe, Bauteile
3 Ausführung
4 Nebenleistungen, Besondere Leistungen
5 Abrechnung

0 Hinweise für das Aufstellen der Leistungsbeschreibung

Diese Hinweise ergänzen die ATV DIN 18 299 „Allgemeine Regelungen für Bauarbeiten jeder Art", Abschnitt 0. Die Beachtung dieser Hinweise ist Voraussetzung für eine ordnungsgemäße Leistungsbeschreibung gemäß A § 9.

Die Hinweise werden nicht Vertragsbestandteil.

In der Leistungsbeschreibung sind nach den Erfordernissen des Einzelfalls insbesondere anzugeben:

0.1 Angaben zur Baustelle

0.1.1 Art und Beschaffenheit der Standfläche.

0.2 Angaben zur Ausführung

0.2.1 Art und Beschaffenheit des Verankerungsgrundes.

0.2.2 Art und Verwendungszweck der Gerüste, z. B. Arbeitsgerüste, Schutzgerüste, Traggerüste.

0.2.3 Bei Arbeits- und Schutzgerüsten die Gerüstgruppe.

0.2.4 Bei Traggerüsten die Belastung.

0.2.5 Bauart der Gerüste, z. B. Stahlrohrgerüst, Leitergerüst, Stangengerüst.

0.2.6 Sonderlasten und besondere Anforderungen, z. B. aus Einzellasten, Aufzügen, Bekleidungen.

0.2.7 Einrichtungen für das Befördern von Stoffen und Bauteilen, z. B. Aufzugsausleger, Absetzbühnen.

0.2.8 Bei Fanggerüsten und Schutzdächern die Höhenlage, Ausladung und Ausbildung.

0.2.9 Gerüste für besondere Bauwerksteile, z. B. Schornsteine, Dachaufbauten, Maschinenanlagen.

0.2.10 Erschwerende Umstände, z. B. Überbrückungen, Aufstellen auf Dächern und Treppen, Transportbehinderungen.

0.2.11 Besondere Verankerungsart.

0.2.12 Beginn und voraussichtliche Dauer der Gebrauchsüberlassung.

0.2.13 Ob die Gerüste im ganzen oder abschnittsweise zum Gebrauch zu überlassen sind.

0.2.14 Ob und welche Veränderungen an den Gerüsten während der Gebrauchsüberlassung vom Auftragnehmer vorzunehmen sind.

0.2.15 Art und Umfang des Ersatzes von abhandengekommenen und/oder beschädigten Gerüstteilen (siehe Abschnitt 3.7).

0.2.16 Art und Umfang des geforderten Korrosionsschutzes für Gerüstbauteile aus Stahl, die in das Bauwerk eingehen (siehe Abschnitt 2.2).

0.3 Einzelangaben bei Abweichungen von den ATV

0.3.1 Wenn andere als die in dieser ATV vorgesehenen Regelungen getroffen werden sollen, sind diese in der Leistungsbeschreibung eindeutig und im einzelnen anzugeben.

0.3.2 Abweichende Regelungen können insbesondere in Betracht kommen bei

Abschnitt 3.4, wenn bei Arbeits- und Schutzgerüsten als Fassadengerüste nicht alle Arbeitslagen, bei Raumgerüsten mehr als eine Arbeitslage mit Gerüstbelägen auszustatten sind,

Abschnitt 3.5, wenn Traggerüste nicht vom Auftragnehmer abgesenkt werden sollen,

Abschnitt 3.8, wenn Verankerungsmittel aus dem einzurüstenden Bauwerk nach dem Abbau des Gerüstes zu entfernen sind,

Abschnitt 5.1.4, wenn eine andere Regelung für das Ende der Gebrauchsüberlassung vorgesehen werden soll,

Abschnitt 5.1.5, wenn für die Dauer der Gebrauchsüberlassung eine andere Regelung vorgesehen werden soll.

0.4 Einzelangaben zu Nebenleistungen und Besonderen Leistungen

Keine ergänzende Regelung zur ATV DIN 18 299, Abschnitt 0.4.

0.5 Abrechnungseinheiten

Im Leistungsverzeichnis sind die Abrechnungseinheiten getrennt nach Bauart, Maßen und Verwendungszweck wie folgt vorzusehen:

- Stahlrohr- und Leichtmetallgerüste, Stangengerüste sowie Leitergerüste nach Flächenmaß (m^2), Längenmaß (m) oder Anzahl (Stück),
- Bockgerüste, Auslegergerüste, Dachfanggerüste, Bügelgerüste, Konsolgerüste und Konsolgerüste für den Schornsteinbau nach Längenmaß (m) oder Anzahl (Stück),
- Schutzdächer, Fanggerüste, Hängegerüste und Trägergerüste nach ihrer Grundfläche (m^2) nach Längenmaß (m) oder Anzahl (Stück),
- Raumgerüste nach Raummaß (m^3) oder Anzahl (Stück),
- Fahrbare Gerüste und Gerüst-Sonderkonstruktionen nach Anzahl (Stück),
- Traggerüste nach Längenmaß (m), überbauter Grundfläche (m^2), Raummaß (m^3) oder Anzahl (Stück).

1 Geltungsbereich

1.1 Die ATV „Gerüstarbeiten" — DIN 18 451 — gilt für das Auf-, Um- und Abbauen sowie für die Gebrauchsüberlassung der Gerüste, die als Baubehelf für die Ausführung von Bauarbeiten jeder Art benötigt werden.

Gerüstarbeiten DIN 18451

1.2 Ergänzend gelten die Abschnitte 1 bis 5 der ATV DIN 18 299 „Allgemeine Regelung für Bauarbeiten jeder Art". Bei Widersprüchen gehen die Regelungen der ATV DIN 18 451 vor.

2 Stoffe, Bauteile

Ergänzend zur ATV DIN 18 299, Abschnitt 2, gilt:

2.1 Allgemeines

Stoffe und Gerüstbauteile für Arbeits- und Schutzgerüste müssen den Anforderungen von DIN 4420 Teil 1 bis Teil 3 „Arbeits- und Schutzgerüste", für Traggerüste den Anforderungen von DIN 4421 „Traggerüste; Berechnung, Konstruktion und Ausführung" entsprechen.

Die Leistung umfaßt auch das Vorhalten der zugehörigen Stoffe und Bauteile einschließlich Antransport, Abladen, Lagern auf der Baustelle, Wiederaufladen und Abtransport.

2.2 Korrosionsschutz

Gerüstbauteile und Verankerungsmittel aus Stahl, die in das einzurüstende Bauwerk eingehen, müssen korrosionsgeschützt sein.

3 Ausführung und Gebrauchsüberlassung

Ergänzend zur ATV DIN 18 299, Abschnitt 3, gilt:

3.1 Für das Auf-, Um- und Abbauen gelten bei Arbeits- und Schutzgerüsten DIN 4420 Teil 1 bis Teil 3, bei Traggerüsten DIN 4421.

3.2 Der Auftragnehmer hat den Untergrund (Standfläche, Verankerungsgrund) darauf zu überprüfen, ob er mit den Angaben des Auftraggebers übereinstimmt und für die Durchführung seiner Leistung geeignet ist.

3.3 Der Auftragnehmer hat bei seiner Prüfung Bedenken (siehe B § 4 Nr 3) insbesondere geltend zu machen bei:
- größeren Unebenheiten des Untergrundes,
- nicht tragfähigem oder gefrorenem Untergrund,
- unzureichender Verankerungsmöglichkeit,
- fehlendem Einnivellieren und Einplanieren des Untergrundes für Traggerüste.

3.4 Bei Arbeits- und Schutzgerüsten als Fassadengerüste sind alle Arbeitslagen, bei Raumgerüsten ist eine Arbeitslage mit Gerüstbelägen auszustatten.

3.5 Das Absenken der Traggerüste ist Sache des Auftragnehmers.

3.6 Die Gerüste sind in einem zu dem vertragsmäßigen Gebrauch geeigneten Zustand zu überlassen. Sie sind während der Vertragsdauer in diesem Zustand zu erhalten.

3.7 Wenn während der Zeit der Gebrauchsüberlassung Gerüstteile beschädigt werden oder abhanden kommen, hat der Auftragnehmer dies unverzüglich, spätestens vor dem Abbauen der Gerüste, dem Auftraggeber schriftlich mitzuteilen.

3.8 Verankerungsmittel, z.B. Dübel, die in das einzurüstende Bauwerk eingebaut werden, sind nach dem Abbau der Gerüste dort zu belassen.

4 Nebenleistungen, Besondere Leistungen

4.1 Nebenleistungen sind ergänzend zur ATV DIN 18 299, Abschnitt 4.1, insbesondere:

4.1.1 Gebrauchsüberlassung der Arbeits- und Schutzgerüste bis zu 4 Wochen (Grundeinsatzzeit).

4.1.2 Maßnahmen zum Schutz gegen Beschädigungen von Bauwerken, Gebäudeteilen, Anlagen und deren Zugänge beim Auf-, Um- und Abbau der Gerüste.

4.1.3 Liefern von Typengenehmigungen oder allgemeinen bauaufsichtlichen Zulassungsbescheiden.

4.1.4 Fußplatten und Unterlagsbohlen unter den Gerüstfußpunkten bei Arbeits- und Schutzgerüsten.

4.1.5 Ein Leitergang je Gerüst bis 50 m Länge; je weitere angefangene 50 m Gerüstlänge ein zusätzlicher Leitergang.

4.1.6 Einbau und Ausbau der zur Befestigung der Gerüste benötigten Verankerungsmittel.

4.1.7 Liefern der im einzurüstenden Bauwerk verbleibenden Verankerungsmittel.

4.2 Besondere Leistungen sind ergänzend zur ATV DIN 18 299, Abschnitt 4.2, z.B.:

4.2.1 Beleuchten der Gerüste zur Sicherung des öffentlichen Verkehrs während der Zeit der Gebrauchsüberlassung.

4.2.2 Aufwendungen für die Inanspruchnahme fremder Grundstücke.

4.2.3 Herbeiführen der erforderlichen öffentlich-rechtlichen Genehmigungen und Erlaubnisse, z.B. nach dem Baurecht, dem Straßenverkehrsrecht, dem Wasserrecht, dem Gewerberecht.

4.2.4 Abstecken der Hauptachsen der baulichen Anlagen, sowie der Grenzen des Geländes, das dem Auftragnehmer zur Verfügung gestellt wird, und Schaffen der notwendigen Höhenfestpunkte in unmittelbarer Nähe der baulichen Anlagen.

4.2.5 Aufstellen statischer Berechnungen und Anfertigen der dazugehörenden Zeichnungen, ausgenommen Leistungen nach Abschnitt 4.1.3.

4.2.6 Gebühren für die bauaufsichtliche Genehmigung und Abnahme der Gerüste.

4.2.7 Beseitigen von Mängeln der Untergründe (siehe Abschnitt 3.2).

4.2.8 Maßnahmen zum Schutz gegen Beschädigung von Bauwerken, Gebäudeteilen, Anlagen und deren Zugänge beim Gebrauch der Gerüste.

4.2.9 Vom Auftraggeber verlangte Änderungen vertragsgemäß ausgeführter Gerüste.

Gerüstarbeiten DIN 18451

4.2.10 Die über die Grundeinsatzzeit der Arbeits- und Schutzgerüste hinausgehende Gebrauchsüberlassung (siehe Abschnitt 4.1.1).

4.2.11 Herstellen und Entfernen von Hilfsgründungen, Schließen, Verputzen und Spachteln von Aussparungen, Ankerlöchern o. ä.

4.2.12 Reinigen und Abräumen der Gerüste von grober Verschmutzung, Abfällen und Rückständen jeder Art, soweit der Abbau und die Wiederverwendung ohne diese Vorleistungen nicht möglich sind.

5 Abrechnung

Ergänzend zur ATV DIN 18 299, Abschnitt 5, gilt:

5.1 Allgemeines

5.1.1 Bei Abrechnung nach Flächenmaß (m^2) werden die eingerüsteten Flächen gerechnet. Die Länge wird horizontal in der größten Abwicklung der eingerüsteten Fläche gerechnet; Vorsprünge und Rücksprünge der Flächen, die die wandseitige Gerüstflucht (Belagkante) nicht unterbrechen, werden nicht berücksichtigt.

Die Höhe wird von der Standfläche der Gerüste bis zur Oberkante der eingerüsteten Fläche gerechnet.

Bei Einrüstung von Teilflächen werden Aufmaßlänge und Aufmaßhöhe durch die zu bearbeitende Fläche bestimmt; dabei wird die Aufmaßhöhe von der Standfläche der Gerüste gerechnet.

Werden die Gerüste der Höhe nach abschnittsweise auf- oder abgebaut, wird die Höhe je Abschnitt von der Standfläche der Gerüste bis zum jeweils obersten Gerüstbelag zuzüglich 2 m, jedoch nicht höher als bis zur Oberkante der einzurüstenden Fläche gerechnet.

5.1.2 Bei Abrechnung nach Raummaß (m^3) wird das Volumen des eingerüsteten Raumes gerechnet.

Werden Teile von Innenräumen eingerüstet, sind Aufmaßlänge und Aufmaßbreite an freien Gerüstkanten bis zur Belagkante zu rechnen, soweit die Ausmaße der Gerüste durch ihre Zweckbestimmung bedingt sind.

Die Aufmaßhöhe wird von der Standfläche des Gerüstes bis zur obersten, vom Gerüst zu bearbeitenden Fläche oder Kante gerechnet.

Werden Gerüste der Höhe nach abschnittsweise auf- oder abgebaut, wird die Höhe von der Standfläche des Gerüstes bis 2 m über den jeweils obersten Gerüstbelag, jedoch nicht höher als bis zur obersten vom Gerüst zu bearbeitenden Fläche oder Kante gerechnet.

Bei der Abrechnung nach Raummaß im Freien werden Aufmaßlänge und -breite durch die Außenkanten der Belagebenen bestimmt, soweit die Ausmaße der Gerüste durch ihre Zweckbestimmung bedingt sind. Die Höhe wird von der Standfläche der Gerüste bis zur obersten, vom Gerüst zu bearbeitenden Fläche oder Kante gerechnet.

5.1.3 Bei Traggerüsten werden die Aufmaßlänge und -breite sinngemäß nach Abschnitt 5.1.2 gerechnet; als Belagfläche gelten in diesen Fällen auch Schalungsflächen.

Bei Traggerüsten für Brücken werden die Aufmaßbreite zwischen den Außenkanten des Überbaus und die Aufmaßlänge als lichtes Maß zwischen den Widerlagern ohne Abzug von Zwischenpfeilern und Stützen gerechnet.

Die Höhe wird von der Standfläche des Gerüstes bis zur Oberkante der Trägerlage gerechnet.

5.1.4 Werden Gerüste ganz oder abschnittsweise vor dem vereinbarten Tag genutzt, so wird die Gebrauchsüberlassung für das Gerüst oder die benutzten Abschnitte vom 1. Tag der Benutzung gerechnet.

Die Gebrauchsüberlassung endet mit der Freigabe durch den Auftraggeber zum Abbau, jedoch frühestens 3 Werktage nach Zugehen der Mitteilung über die Freigabe.

5.1.5 Bei Arbeits- und Schutzgerüsten rechnet die Dauer der Gebrauchsüberlassung je angefangene Woche.

5.1.6 Bei Traggerüsten werden die Dauer der Gebrauchsüberlassung sowie der zu vereinbarende Zeitraum der Vorhaltung während des Auf- und Abbaus nach Kalendertagen gerechnet.

Alphabetisches Sachverzeichnis

a) Aufgrund des bestehenden thematischen Zusammenhangs der Sachworte in den Teilen A und B der VOB ist hier das alphabetische Sachverzeichnis vollständig — einschließlich der Verweise auf VOB A — abgedruckt (nur VOB A siehe →[Quellenangabe, Zusatzband]).

b) Das Sachverzeichnis erfaßt nur die Teile A und B der VOB. Für Teil C, Allgemeine Technische Vertragsbedingungen für Bauleistungen (ATV), erübrigt sich ein Sachverzeichnis, da diese nach abgeschlossen behandelten Leistungsbereichen aufgegliedert sind. Allen ATV liegt folgendes System zugrunde:

Abschnitt 0   Hinweise für das Aufstellen der Leistungsbeschreibung
Abschnitt 1   Geltungsbereich
Abschnitt 2   Stoffe, Bauteile
Abschnitt 3   Ausführung
Abschnitt 4   Nebenleistungen, Besondere Leistungen
Abschnitt 5   Abrechnung

c) Die Stichworte sind durch Fettdruck hervorgehoben.

d) Wiederholungen sind durch Gedankenstriche dargestellt. Steht der Gedankenstrich nicht am Anfang der Zeile, ist dies durch * gekennzeichnet.

A

Abbrucharbeiten A § 9 Nr. 12
Aberkennung der Qualifikation A § 8b Nr. 10; § 5 SKR Nr. 10
Abgabe,
* unentgeltliche – von Unterlagen A § 20 Nr. 1
* Zahlung von Steuern und – n A § 8 Nr. 5; § 5 SKR Nr. 2; § 25 Nr. 1
Abgebotsverfahren, Auf- und – A § 6 Nr. 2
Abgeltung im Preis B § 2 Nr. 1
Abgeschlossene Teile der Leistung A § 11 Nr. 2; B § 16 Nr. 4
Abgrenzung der Leistung, bei Selbstkostenerstattungsvertrag A § 5 Nr. 3
Abhilfepflicht bei unzureichenden Arbeitsmitteln B § 5 Nr. 3
Ablauf
– der Angebotsfrist A § 10 Nr. 5; § 17 Nr. 1; § 17b Nr. 6; § 8 SKR Nr. 6; § 18 Nrn. 2 u. 3; § 9 SKR
– der Bewerbungsfrist A § 17 Nr. 2; § 9 SKR Nrn. 2 u. 3
– der Zuschlagsfrist A § 19 Nr. 3; § 28 Nr. 1
Ablehnung
– des Angebots A § 27 Nr. 4
– weiterer Zahlungen B § 16 Nr. 3
Ablieferung eines Fundes B § 4 Nr. 9

Abnahme
– auf Verlangen B § 12 Nr. 1
– der Leistung A § 10 Nr. 4
– der Mängelbeseitigung B § 13 Nr. 5
– durch Benutzung B § 12 Nr. 5
– nach Mitteilung über Fertigstellung B § 12 Nr. 5
– pflicht B § 12 Nrn. 1 u. 2
– von Teilen der Leistung B § 12 Nr. 2; § 13 Nr. 4
* förmliche – B § 12 Nr. 4
* Frist für – B § 12 Nr. 4
* Gefahrübergang nach – B § 7; § 12 Nr. 6
* Gewährleistung nach – A § 13 Nr. 1
* keine – durch Abschlagszahlung B § 16 Nr. 1
* Mitteilung über Ergebnis der – B § 16 Nr. 4
* Mitwirkung von Sachverständigen bei – B § 12 Nr. 4
* Niederschrift über – B § 12 Nr. 4
* stillschweigende – B § 12 Nr. 5
* Teil- B § 12 Nr. 2; § 13 Nr. 4
* Verweigerung der – B § 12 Nr. 3
Abrechnung
– bei Stundenlohnarbeiten B § 15 Nr. 5
– bei vorzeitiger Kündigung B § 6 Nrn. 5 u. 7

605

Abrechnung

- der ausgeführten Leistungen B § 8 Nr. 2
- mit dem Dritten B § 8 Nr. 3
- nach Vertragspreisen B § 6 Nr. 5
* Aufstellung der Rechnung bei – B § 14 Nrn. 1 u. 4
* Feststellung der ausgeführten Leistungen bei – B § 12 Nr. 2
* getrennte – B § 14 Nr. 1
* prüfbare – B § 14 Nr. 1

Abrechnungsart A § 10 Nr. 4

Abrechnungsbestimmungen B § 14 Nr. 2

Abrede über Wettbewerbsbeschränkung A § 25 Nr. 1; B § 8 Nr. 4

Abschlagszahlung
- für Umsatzsteuer B § 16 Nr. 1
* Kürzung der – bei Sicherheit B § 17 Nr. 6

Abschluß des Vertrages A § 21 Nr. 4; § 28 Nr. 2

Abschrift des Leistungsverzeichnisses A § 21 Nr. 1

Absendung
- der Aufforderung zur Angebotsabgabe A § 17 Nr. 2; § 17b Nr. 2
- der Bekanntmachung A § 17a Nrn. 2 u. 3; § 17b Nr. 4; § 8 SKR Nr. 4; § 18a Nr. 2; § 18b Nr. 1; § 9 SKR Nr. 4
- der Vorinformation A § 17a Nr. 3

Abstecken von Hauptachsen, Grenzen usw. B § 3 Nr. 2

Absteckungen, Maßgeblichkeit, Überprüfungen B § 3 Nr. 3

Abwägung aller Umstände A § 13 Nr. 2

Abweichung
- der Leistung bei Pauschalsumme B § 2 Nr. 7
- en der ausgeführten Mengen B § 2 Nr. 3
- en von der Probe B § 13 Nr. 2
- en vom Vertrage B § 2 Nr. 8
- von vorgesehenen Spezifikationen A § 9 Nr. 4; § 9a; § 9b Nr. 2; § 6 SKR Nr. 2; § 30a Nr. 1; § 12 SKR Nr. 1

Änderung
- en an den Eintragungen des Bieters A § 21 Nr. 1; § 25 Nr. 1

Allgemeine

- en an den Verdingungsunterlagen A § 21 Nr. 1
- en der Angebote A § 24 Nr. 3; § 28 Nr. 2
- der Auftragsbedingungen A § 1b Nr. 2; § 1 SKR Nr. 3
- des Bauentwurfs B § 1 Nr. 3; § 2 Nr. 5
- der baulichen Anlage A § 1; § 1 SKR Nr. 1; B § 13 Nr. 7
- des Einheitspreises B § 2 Nr. 3
- der Grundlagen der Ausschreibung A § 26 Nr. 1
- der Grundlagen des Preises A § 15; B § 2 Nr. 5
- der Pauschalsumme B § 2 Nr. 3
- der Vergütung A § 15
- des Vertrages B § 14 Nr. 1
- der Vertragspreise A § 10 Nr. 4; § 15
* Ergänzungen und – der Leistungsbeschreibung A § 10 Nr. 3
* grundlegende – der Verdingungsunterlagen A § 3a Nrn. 4 u. 5; § 3b Nr. 3; § 3 SKR Nr. 3
* Preis- A § 15; § 24 Nr. 3
* technische – geringen Umfangs A § 24 Nr. 3

Änderungsvorschläge
* Änderungen von –n A § 24 Nr. 3
* Ausschluß von –n A § 25 Nr. 1
* Bekanntgabe von –n A § 22 Nrn. 3 u. 7
* Einreichung von –n A § 21 Nr. 2
* Mindestanforderungen an – A § 10 Nr. 4; § 10b Nr. 1; § 7 SKR Nr. 2; § 25b Nr. 3; § 10 SKR Nr. 4
* Verhandlungen über – A § 24 Nr. 1
* Wertung von –n A § 25 Nr. 5; § 25b Nr. 3; § 10 SKR Nr. 4
* Zulassen von –n A § 10 Nr. 5; § 10b Nr. 1; § 7 SKR Nr. 2; § 17 Nrn. 1 u. 2

Allgemeine
- Geschäftskosten B § 2 Nr. 3
- Merkmale der baulichen Anlage A § 17 Nrn. 1 u. 2
- Rechtsgrundsätze A § 28 Nr. 2
- Technische Vertragsbedingungen A § 9 Nr. 3; § 10 Nrn. 1, 3 u. 5; B § 1 Nrn. 1 u. 2; § 2 Nr. 1

606

Allgemeine

- Versicherungsbedingungen B § 13 Nr. 7
- Vertragsbedingungen A § 10 Nrn. 1 u. 2; § 13 Nr. 2; B § 1 Nr. 2

Allgemeines Unternehmerwagnis B § 15 Nr. 1

Altertumswert, Gegenstände von – usw. B § 4 Nr. 9

Amt für amtl. Veröffentlichungen der EG A § 17 Nrn. 1 u. 2; § 17a Nr. 2; § 17b Nrn. 2 u. 4; § 8 SKR Nrn. 2 u. 4; § 26a Nr. 3; § 28a Nr. 2

Amtsblatt der Europäischen Gemeinschaften A § 8b Nr. 11; § 5 SKR Nr. 11; § 17a Nrn. 2 u. 3; § 17b Nr. 1; § 8 SKR Nrn. 1 u. 2; § 28b Nr. 2; § 11 SKR Nr. 2

Amtssprachen der Gemeinschaften A § 17a Nr. 2; § 17b Nrn. 1 u. 4; § 8 SKR Nr. 4

Anforderung der Verdingungsunterlagen A § 17 Nr. 1; § 17a Nr. 5; § 17b Nr. 5 § 8 SKR Nr. 5

Anforderungen an die fertige Leistung A § 9 Nr. 11; § 6 SKR Nr. 1

Angabe

- n aus dem Vergabevermerk A § 30 Nr. 1
- der Aufhebungsgründe A § 26 Nr. 2
- n im Angebot A § 10 Nr. 5; § 7 SKR Nr. 1
* den Preis betreffende –n A § 22 Nr. 3
* empfindliche –n A § 28b Nr. 2; § 11 SKR Nr. 2
* Mengen- – und Preis- –n A § 9 Nr. 12
* Mindest- – der Bekanntmachung A § 17 Nrn. 1 u. 2
* Verweigerung von –n A § 24 Nr. 2
* Vollständigkeit der – des Bieters A § 9 Nr 12

Angebot

* Ablehnung des –s A § 27 Nr. 4; § 10 SKR Nr. 2
* Änderungen des –s A § 24 Nr. 3; § 28 Nr. 2
* Anforderungen an das – A § 25b Nr. 3; § 10 SKR Nr. 4
* auf Grund staatlicher Beihilfen A § 25b Nr. 2; § 10 SKR Nr. 2

Angebot

* Anlagen zu den –en A § 21 Nr. 3; § 22 Nr. 8
* annehmbares – A § 3a Nr. 4 u. 5; § 3b Nr. 2; § 3 SKR Nr. 3; § 25 Nr. 3; § 10 SKR Nr. 1
* Aufschrift der –e A § 10 Nr. 5
* Ausschluß von –en A § 25 Nr. 1; § 25b Nr. 2; § 10 SKR Nr. 2; § 27 Nr. 1; § 27a
* Bearbeitung der –e A § 10 Nr. 5; § 18 Nr. 1; § 18a Nr. 1; § 18b Nr. 3; § 9 SKR Nr. 3; § 20 Nr. 2
* Bindung an das – A § 19 Nr. 3
* Eingangszeiten der –e A § 22 Nr. 5
* Einreichung von –en A § 3 Nr. 1; § 3 SKR Nr. 1; § 17 Nr. 1; § 7 SKR Nr. 2; § 9 SKR Nr. 1
* Einschränkungen des –s A § 28 Nr. 2
* Endbeträge der –e A § 22 Nrn. 3 u. 6; § 23 Nr. 4
* Eröffnung der –e A § 22
* Erweiterungen der –e A § 28 Nr. 2
* Frist für Bearbeitung u. Einreichung der –e A § 17 Nr. 1; § 17a Nr. 6; § 9 SKR; § 18 Nr. 1; § 18a; § 32a
* Geheimhaltung der –e A § 22 Nr. 8
* Haupt- – A § 10 Nr. 5; § 25 Nr. 4; § 10 SKR Nr. 3
* in die engere Wahl kommende –e A § 25 Nr. 3
* Inhalt der –e A § 9 Nr. 12; § 21; § 22 Nrn. 3 u. 5
* Kennzeichnung der –e A § 22 Nrn. 1 u. 3
* Neben – A § 10 Nr. 5; § 10b Nr. 1; § 7 SKR Nr. 2; § 17 Nrn. 1 u. 2; § 21 Nr. 1; § 18a Nr. 1; § 18b Nr. 3; § 22 Nrn. 3 u. 7; § 24 Nrn. 1 u. 3; § 25 Nrn. 1 u. 5; § 25a; § 25b Nr. 3; § 10 SKR Nr. 4
* nicht berücksichtigt –e A § 27; § 27a
* nicht in die engere Wahl kommende –e A § 27 Nr. 1
* Öffnung der –e A § 18 Nr. 2; § 22 Nrn. 1 u. 3; § 24 Nr. 1
* Prüfung der –e A § 19 Nr. 2; § 20 Nr. 3; § 23; § 10 SKR Nr. 2
* rechnerische Umstimmigkeiten bei –n A § 23 Nr. 3
* Umschlag der –e A § 22 Nrn. 1 u. 5
* Verlesung der –e A § 22 Nrn. 1 u. 3

607

Angebot

* Verschluß der –e   A § 22 Nrn. 1, 3 u. 6
* Verwahrung der –e   A § 22 Nr. 8
* Wertung der –e   A § 19 Nr. 2; § 20 Nr. 3; § 25; § 25a; § 25b; § 10 SKR
* Zulassung der –e zur Eröffnung   A § 22 Nrn. 2 u. 6
* Zurückziehung von –n   A § 18 Nr. 3
* Sprache der –e   A § 17 Nr. 1; § 10a; § 10b Nr. 1; § 7 SKR Nr. 2

Angebots-
- abgabe
* Aufforderung zur –   A § 3 Nr. 1; § 3 SKR Nr. 2; § 8 Nrn. 2, 3 u. 4; § 8a Nrn. 2 u. 3; § 10 Nrn. 4 u. 5; § 10a; § 7 SKR Nrn. 1 u. 2; § 17 Nr. 1; § 17b Nr. 2; § 8 SKR Nr. 2; § 25 Nr. 2
* Zeitpunkt der –   A § 9 Nr. 12

Angebots-
- änderung   A § 24 Nr. 3
- bearbeitung   A § 18 Nr. 1; § 18a Nr. 4; § 18b Nr. 3; § 9 SKR Nr. 3; § 20 Nr. 2
- endsummen   A § 23 Nr. 4; § 22 Nrn. 3 u. 7
- frist   A § 17 Nr. 1; § 17a Nr. 6; § 17b Nr. 6; § 8 SKR Nr. 6; § 18; § 18a; § 18b Nrn. 1 u. 2; § 9 SKR; § 10 Nr. 5; § 7 SKR Nr. 2; § 32a
- preis   A § 10a; § 10b Nr. 1; § 7 SKR Nr. 2; § 25 Nr. 3
- unterlagen   A § 10 Nr. 4; § 7 SKR Nr. 2; § 20 Nr. 3; § 29 Nr. 1
- verfahren   A § 6

angemessene
- Frist zur Beseitigung   B § 2 Nr. 8
- Preise   A § 2 Nr. 1; § 24 Nr. 1; § 25 Nr. 3

angrenzende Grundstücke, Betreten oder Beschädigen   B § 10 Nr. 3

Ankündigen des Anspruchs auf besondere Vergütung   B § 2 Nr. 6

Anlagen
- zu den Angeboten   A § 21 Nr. 3; § 22 Nr. 8
* maschinelle–, Kosten   B § 15 Nr. 1
* maschinelle–, Vorhaltung   B § 15 Nr. 3

Annahme
* vorbehaltlose – der Schlußzahlung   B § 16 Nr. 3

Arbeiten

- erklärung bei verspätetem Zuschlag   A § 28 Nr. 2
- verzug des Auftraggebers, Kündigung durch den Auftragnehmer   B § 9 Nr. 1

Anordnungen des Auftraggebers   B § 2 Nr. 5; § 4 Nrn. 1 u. 3; § 13 Nr. 3

Anrufung der unmittelbar vorgesetzten Stelle   B § 18 Nr. 2

Anschlüsse
- für Energie   A § 10 Nr. 4;   B § 4 Nr. 4
- für Wasser   A § 10 Nr. 4;   B § 4 Nr. 4

Anschluß
- auftrag   A § 3a Nr. 5; § 3b Nr. 2; § 3 SKR Nr. 2
- gleise   A § 10 Nr. 4;   B § 4 Nr. 4

Anschreiben   A § 10 Nrn. 1, 4 u. 5; § 10a; § 10b Nr. 1; § 7 SKR Nr. 1

Ansprüche bei Kündigung   B § 8 Nr. 3; § 9 Nr. 3

Anspruch
- auf Berücksichtigung hindernder Umstände   B § 6 Nr. 1
- auf Mängelbeseitigung   B § 13 Nr. 5
- auf Vergütung nach Ankündigung   B § 2 Nr. 6

Antrag
- auf Teilnahme   A § 17 Nrn. 2 u. 3; § 17a Nr. 2; § 17b Nr. 2; § 8 SKR Nrn. 2 u. 9; § 18 Nr. 4; § 18a Nr. 2; § 18b Nr. 2; § 9 SKR Nr. 2; § 32a Nr. 2
- auf Auskunft   A § 17a Nr. 6; § 17b Nr. 6; § 8 SKR Nr. 6

Anwendungsverpflichtung   A § 1a; § 1b; § 1 SKR; § 12 SKR Nr. 1; § 30b

Anzahl, der Bewerber   A § 8 Nrn. 2 u. 3; § 8a; § 8b Nr. 3; § 5 SKR Nr. 3

Anzeige
- des Auftragnehmers   B § 2 Nr. 8
- des Beginns der Ausführung   B § 5 Nr. 2
- eines Fundes   B § 4 Nr. 9
- pflicht bei Behinderung nach Unterbrechung   B § 6 Nr. 1
-- bei Stundenlohnarbeiten   B § 15 Nr. 3

Arbeiten
- an einem Grundstück   B § 13 Nr. 4

Arbeiten

- im eigenen Betrieb A § 8b Nr. 4;
§ 5 SKR Nr. 4; § 25 Nr. 6; B § 4 Nr. 8
* Ausführung der – durch bestimmte
Unternehmer A § 3 Nrn. 3 u. 4; § 3a
Nr. 5; § 3b Nr. 2; § 3 SKR Nr. 3
* Beginn der – B § 3 Nr. 4
* Einstellung der – B § 16 Nr. 5; § 18 Nr. 4
* Weiterführung der – nach Auftragsentziehung B § 8 Nr. 3
* Weiterführung der – nach Unterbrechung B § 6 Nr. 3
* Wiederaufnahme der – B § 6 Nrn. 3 u. 4
* Wiederholung gleichartiger – A § 3a Nr. 5; § 3b Nr. 2; § 3 SKR Nr. 3
* zusätzliche – A § 3a Nr. 5; § 3b Nr. 2; § 3 SKR Nr. 3

Arbeitnehmer, Fürsorgepflicht des Auftragnehmers B § 4 Nr. 2

Arbeits-
- einstellung, keine – – bei Streitfällen B § 18 Nr. 4
- kräfte A § 3 Nr. 3; § 5 SKR Nr. 1; § 8 Nr. 3; B § 5 Nr. 3
- plätze A § 10 Nr. 4; B § 4 Nrn. 1 u. 4
- stelle, Ordnung auf der – – B § 4 Nr. 2
- zeit B § 15 Nr. 5

Art
- der Ausführung A § 5 Nr. 1; § 9 Nr. 5
- der Durchführung A § 24 Nr. 1
- und Umfang der Leistung A § 3 Nr. 4; § 3a Nr. 4; § 5 Nr. 1; § 9 Nr. 5; § 10 Nr. 5; § 17 Nrn. 1 u. 2; § 17b Nr. 2; § 8 SKR Nr. 2; S 30a Nr. 1
* Vertrags- A § 5; § 10 Nr. 4

Arten der Vergabe A § 3; § 3a; § 3b; § 3 SKR; § 4; § 10 Nr. 5; § 17 Nrn. 1 u. 2

Aufbewahrung
- der Angebotsunterlagen A § 22 Nrn. 1, 5 u. 8
- sfristen A § 30b Nr. 1; § 12 SKR Nr. 1
- spflichten A § 30b; § 12 SKR

Aufforderung
- zur Angebotsabgabe A § 3 Nr. 1; § 3 SKR Nr. 2; § 8 Nrn. 2 – 4; § 8a Nrn. 2 u. 3; § 10 Nrn. 4 u. 5; § 10a; § 7 SKR Nrn. 1 u. 2; § 17 Nr. 1; § 17b Nr. 2; § 8 SKR Nr. 2; § 25 Nr. 2

Auftrag

- der Unternehmer zur Teilnahme am Wettbewerb A § 8 Nr. 2; § 8a; § 17 Nr. 2; § 17a Nr. 2; § 17b Nr. 1; § 8 SKR Nr. 1
- zum Arbeitsbeginn A § 11 Nr. 1; B § 5 Nr. 2
- zur Mängelbeseitigung B § 13 Nr. 5
- zur Beschaffung von Unterlagen B § 3 Nr. 5

Auf- und Abgebotsverfahren A § 6 Nr. 2

Aufhebung
- der Ausschreibung A § 3 Nr. 4; § 26; § 26a
- des Vertrags B § 8 Nr. 1

Aufklärung
- des Angebotsinhalts A § 24; § 10 SKR Nr. 1
- über die Ermittlung der Preise A § 25 Nr. 3
- zur geforderten Leistung A § 17 Nr. 7

Auflagerung von Boden B § 10 Nr. 3

Aufmaß B § 8 Nr. 6

Aufrechterhaltung
- der allgemeinen Ordnung B § 4 Nr. 1
- des Vertrags B § 5 Nr. 4

Aufruf zum Wettbewerb A § 3b Nrn. 1 u. 2; § 3 SKR Nrn. 1 u. 3; § 4 SKR Nr. 2; § 5b Nr. 2; § 17b; § 8 SKR

Aufruhr, Verteilung der Gefahr B § 7

Aufschrift der Angebote A § 10 Nr. 5

Aufsichtsperson für Stundenlohnarbeiten B § 15 Nr. 2

Aufträge
* Erteilung der – A § 2 Nr. 2
* vergebene – A Anhang E; Anhang F/ SKR § 28a Nr. 1; § 28b Nr. 1; § 11 SKR Nr. 1

Auftrag
* Anschluß- A § 3a Nr. 5; § 3b Nr. 2; § 3 SKR Nr. 2
- auf Grund von Rahmenvereinbarungen A § 3b Nr. 2; § 3 SKR Nr. 3; § 4 SKR Nr. 1; § 5b
* Einzel – A § 5b Nr. 2; § 4 SKR Nrn. 1 u. 2
* Erhalt des ersten –s A § 3a Nr. 5; § 3b Nr. 2; § 3 SKR Nr. 3
* Entziehung des –s B § 8 Nr. 3

609

Auftrag

* Haupt- A § 3a Nr. 5; § 3b Nr. 2; § 3 SKR Nr. 3
* ohne – ausgeführte Leistungen B § 2 Nr. 8

Auftraggeber
– die ständig Bauleistungen vergeben A § 10 Nrn. 2 u. 5
* Geschäftssitz des –s A § 17 Nr. 5
* Kündigung durch den – B § 8
* Name, Anschrift des –s A § 30a Nr. 1; § 17 Nrn. 1 u. 2; Anhang A–E u. G; Anhang A/SKR-F/SKR
* Nichtzahlung durch den – B § 16 Nr. 5
* öffentliche – A § 32a Nr. 1; B § 17 Nr. 6

Auftragnehmer
* Gläubiger des –s B § 16 Nr. 6
* hinreichend bekannter – A § 14 Nr. 1
* Konkurs des –s, Kündigung B § 8 Nr. 2
* Kündigung durch den – B § 9
* Nachfristsetzung durch den – B § 16 Nr. 5
* Vergleichsverfahren des –s B § 8 Nr. 2
* Wahlrecht des –s der Art der Sicherheit B § 17 Nr. 3
* Zahlungseinstellung des –s, Kündigung B § 8 Nr. 2
* Zahlungsverzug des –s gegenüber Dritten B § 16 Nr. 6

Auftragsbedingungen, ursprüngliche A § 3a Nr. 4; § 3b Nr. 2; § 3 SKR Nr. 3; § 5b Nr. 1; § 4 SKR Nr. 1

Auftrags-
– entziehung B § 4 Nr.7; § 5 Nr. 4; § 8 Nrn. 3 u. 4
– erteilung, Bekanntmachung der – A § 28a, § 28b; § 11 SKR; Anhang E u. F/SKR
– inhalt, Verhandlung über den – A § 3a Nr. 1; § 3b Nr. 1; § 3 SKR Nr. 2
– summe (bei Sicherheit) A § 14 Nr. 2
– vergabe durch Baukonzessionär A § 32a Nr. 2; Anhang H
– wert A § 1a Nrn. 1 u. 3; § 1b Nr. 1; § 1 SKR Nr. 2; § 17a Nr. 1; § 30a Nr. 1

Aufwand
* besonderer – A § 8 Nr. 2; § 8b Nr. 3; § 5 SKR Nr. 3

ausgeführte Leistungen

* unverhältnismäßiger – A § 3 Nr. 3; B § 13 Nr. 6
* wirtschaftlich vertretbarer – B § 15 Nr. 5

Aufwendungen des Auftragnehmers, Vergütung B § 15 Nr. 1

Ausbildungsstätten A § 8 Nr. 6

Ausführung
– der Leistung, des Auftrags A § 3 Nr. 3; § 3a Nr. 5; § 3b Nr. 2; § 3 SKR Nr. 2; § 4 Nr. 1; § 7 Nr. 1; § 8 Nr. 3; § 8b Nr.3; § 5 SKR Nr. 3; § 9 Nrn. 3 u. 12; § 10 Nrn. 2 u. 5; B § 2 Nr. 6; § 4 Nrn. 2, 8 u. 9; § 6 Nr. 1
– durch bestimmte Unternehmer A § 3a Nr. 5; § 3b Nr. 2; § 3 SKR Nr. 3
– durch einen Dritten A § 1a Nr. 6; B § 8 Nr. 3
– im eigenen Betrieb A § 8b Nr. 4; § 5 SKR Nr. 4; § 25 Nr. 6; B § 4 Nr. 8
– nach Aufforderung A § 11 Nr. 1; B § 5 Nr. 2
* Beginn der – B § 5 Nrn. 1, 2 u. 4
* Behinderung der – B § 6
* Darstellung der Bau – A § 9 Nr. 12
* einheitliche – A § 4 Nr. 1
* einwandfreie – A § 25 Nr. 3
* Förderung der – B § 5 Nr. 1
* fristgemäße – B § 5 Nr. 1
* Leitung der – B § 4 Nr. 1
* Unterbrechung der – B § 6
* vertragsgemäße – der Leistung A § 7 Nr. 1; B § 4 Nr. 1
* Verzicht auf die weitere – B § 8 Nr. 3
* Vollendung der – B § 5 Nrn. 1 u. 4

Ausführungs-
– art A § 5 Nr. 1; § 9 Nr. 5
– bedingungen A § 25 Nr. 3
– frist A § 10 Nrn. 4 u. 5; § 10a Nr. 4; § 10b Nr. 1; § 7 SKR Nr. 2; § 11; § 17 Nrn. 1 u. 2; § 12 Nr. 1; § 14 Nr. 3
– fristen B § 5; § 6 Nr. 2
– ort A § 10 Nr. 5; § 17 Nrn. 1, 2 u. 5
– unterlagen B § 3; § 4 Nr. 1
– zeit A § 10 Nr. 5; § 17 Nrn. 1 u. 2

ausgeführte
– Leistungen B § 2 Nr. 2; § 6 Nr. 5; § 8 Nr. 2

ausgeführte

- Menge der Leistung B § 2 Nr. 3
- Teile der Leistung B § 7

Ausgleich
* Bemessung des –s B § 2 Nr. 7
- bei anderen Positionen oder in anderer Weise B § 2 Nr. 3
- bei Schaden Dritter B § 10 Nrn. 2–5

Aushubarbeiten A § 9 Nr. 12

Auskünfte A § 17 Nr. 7; § 17a Nr. 6; § 17b Nr. 6; § 8 SKR Nr. 6; B § 4 Nr. 1
- großen Umfangs A § 18a Nr. 1

Auskunftspflicht des Auftragnehmers B § 4 Nr. 1; § 5 Nr. 2

Ausrüstung, technische — A § 8 Nr. 3; § 5 SKR Nr. 1

Ausschließlichkeitsrechte, Schutz von –n A § 3a Nr. 5; § 3b Nr. 2; § 3 SKR Nr. 3

Ausschließungsgründe A § 8b Nr. 2; § 5 SKR Nr. 2; § 8 Nr. 5

Ausschluß
- des ordentlichen Rechtsweges A § 10 Nr. 6
- früher gestellter Forderungen B § 16 Nr. 3
- von Angeboten A § 25 Nr. 1; § 27 Nr. 1; § 27a
- von Bewerbern oder Bietern A § 8 Nr. 5; § 8b Nr. 2; § 5 SKR Nr.; § 30a Nr. 1
- von Nebenangeboten u. Änderungsvorschlägen A § 10 Nr. 5; § 10b Nr. 1; § 7 SKR Nr. 2; § 17 Nrn. 1 u. 2
- von Teilnahme am Wettbewerb A § 8 Nr. 5; § 5 SKR Nr. 2

Ausschlußfrist für Einspruch B § 18 Nr. 2

Ausschreibung
* Aufhebung der — A § 3 Nr. 4; § 26; § 26a
- des ersten Bauabschnitts A § 3a Nr. 5; § 3b Nr. 2; § 3 SKR Nr. 3
- für vergabefremde Zwecke A § 16 Nr. 2
* Bekanntmachung der Beschränkten — A § 17 Nr. 2
* Bekanntmachung der Öffentlichen — A § 17 Nr. 1
* Beschränkte — A § 3 Nrn. 1, 3 u. 4; § 3a Nr. 1; § 3b Nr. 2; § 8 Nrn. 2, 3 u. 4; § 17 Nrn. 2 u. 4; § 18 Nr. 4; § 20 Nr. 1; § 25 Nr. 2

Baustelle

* Grundsätze der — A § 16
* Öffentliche — A § 3 Nrn. 1–4; § 3a Nr. 1; § 3b Nr. 1; § 8 Nrn. 2 u. 3; § 17 Nr. 1; § 20 Nr. 1; § 25 Nr. 2

Ausschreibungsbedingungen A § 26 Nr. 1

Aussperrung B § 6 Nr. 2

Auswahl
- der Angebote der Bieter A § 25 Nr. 2
- Bewerber A § 8 Nr. 4; § 5 SKR Nr. 1; § 8 SKR Nr. 2; § 12 SKR Nr. 1

Auswahlkriterien A § 8 Nr. 3; § 8b Nr. 1; § 5 SKR Nr. 1–3

B

Bauarbeiten (siehe Arbeiten)

Bauauftrag (siehe Auftrag)

Bauausführung, Preisermittlung während der — A § 5 Nr. 3

Bauentwurf, Änderung des –s B § 1 Nr. 3; § 2 Nr. 5

Bauhilfsstoffe B § 2 Nr. 4

Baukonzessionär A § 32 Nr. 1; § 32a Nrn. 2 u. 3; Anhang H

Baukonzessionen A § 32 Nrn. 1 u. 2; § 32a Nr. 1; Anhang G

Bauleistungen (siehe auch Leistung)
* Definition der — A § 1; § 1 SKR Nr. 1
* Wert oder Tauglichkeit der — B § 13 Nr. 1

baulichen Anlage
* Abstecken der —— B § 3 Nrn. 2 u. 4
* Änderung einer —— A § 1; § 1 SKR Nr. 1
* Aufteilung einer —— A § 1a Nr. 4; § 1b Nr. 2; § 1 SKR Nr. 2; § 17 Nrn. 1 u. 2
* Beseitigung einer —— A § 1; § 1 SKR Nr. 1
* Herstellung einer —— A § 1; § 1 SKR Nr. 1
* Instandhaltung einer —— A § 1; § 1 SKR Nr. 1
* Merkmale der —— A § 17 Nrn. 1 u. 2; § 17a Nr. 1; § 17b Nr. 2; § 8 SKR Nr. 2
* Recht auf Nutzung der —— A § 32

Baurecht B § 4 Nr. 1

Baustelle
* allgemeine Ordnung auf der — B § 4 Nr 1

611

Baustelle   Belege

- einrichtungskosten B § 2 Nr. 3
- gemeinkosten B § 2 Nr. 3
- räumung B § 6 Nr. 7
* Besichtigung der – A § 18 Nr. 1; § 9 SKR Nr. 3
* Kosten der – B § 15 Nr. 1
* Verhältnisse der – A § 9 Nr. 3

Bautätigkeit, ganzjährige – A § 2 Nr. 2

Bauteile, Stoffe und/oder –
* angelieferte – – – B § 8 Nr. 3; § 16 Nr. 1
* beigestellte – – – A § 1a Nr. 1; § 1b Nr. 1; § 1 SKR Nr. 2
* eigens angefertigte und bereitgestellte – B § 16 Nr. 1
* Eigenschaft von –n – –n B § 18 Nr. 3
* vom Auftraggeber gelieferte oder vorgeschriebene – – – B § 13 Nr. 3
* Kompatibilität der – A § 9 Nr. 4; § 6 SKR Nr. 2
* unzureichende – – – B § 5 Nr. 3
* Ursprungsorte und Bezugsquellen der – A § 9 Nr. 5; § 24 Nr. 1

Bauträgervertrag A § 1a Nr. 6

Bauverfahren, Wirtschaftlichkeit des –s A § 25 Nr. 3; § 10 SKR Nr. 2

Bauvorbereitung A § 11 Nr. 1

Bauzeitplan A § 11 Nr. 2; B § 5 Nr. 1

Bedenken des Auftragnehmers B § 4 Nrn. 1 u. 3

Beeinträchtigung
- des Wettbewerbs A § 28a Nr. 1
* erhebliche – der Gebrauchsfähigkeit B § 13 Nr. 7

Beginn
- der Arbeiten B § 3 Nr. 4
- der Ausführung B § 2 Nr. 6; § 5 Nrn. 1, 2 u. 4

Beglaubigung einer Unterschrift A § 29 Nr. 2

Begründung der Entscheidungen A § 30 Nr. 1; § 30b Nr. 1; § 12 SKR Nr. 1

Begutachtung der Ausführung A § 7 Nr. 1

Behalten von Unterlagen B § 3 Nr. 6

Behinderung
- der Ausführung B § 6
- des Gesetzesvollzugs A § 28 Nr. 1

Behörden, Verträge mit – B § 18 Nr. 2

behördliche
- Bestimmungen B § 4 Nrn. 1 u. 2
- Verpflichtungen B § 4 Nr. 2

Beihilfen, staatliche A § 25b Nr. 2; § 10 SKR Nr. 2

Beiträge zur Sozialversicherung A § 8 Nr. 5; § 25 Nr. 1

Bekanntmachung
* Angabe der Nachprüfstelle in der – A § 10 Nr. 5; § 17 Nrn. 1 u. 2; § 31; § 13 SKR
- als Vorinformation A § 17a Nr. 1; Anhang A
- beabsichtigter Vergaben des Baukonzessionärs A § 32a Nr. 3; Anhang H
- beabsichtigter Vergabe einer Baukonzession A § 32; § 32a Nrn. 1 u. 2, Anhang G
- der Auftragserteilung A § 28a; § 28b; § 11 SKR; Anhänge E u. F/SKR
- des Prüfsystems A § 8b Nrn. 5 u. 11; § 5 SKR Nr. 11; § 17b Nrn. 1 u. 3; § 8 SKR Nr. 3; Anhang D/SKR
- eines Nichtoffenen Verfahrens A § 10a; § 17a Nr. 2–4; § 17b Nr. 1; § 8 SKR Nr. 1; Anhänge C u. B/SKR
- eines Offenen Verfahrens A § 17a Nrn. 2–4; § 17b Nr. 1; § 8 SKR Nr. 1; Anhänge B u. H/SKR
- eines Verhandlungsverfahrens A § 10a; § 17a Nrn. 1, 3 u. 4; § 17b Nrn. 1 u. 2; § 8 SKR Nrn. 1 u. 2; Anhänge D u. C/SKR
* Inhalt der – A § 17 Nrn. 1 u. 2; § 17a Nr. 3; § 17b Nr. 2; § 8 SKR Nrn. 2 u. 4
* regelmäßige – A § 9b Nr. 5; § 6 SKR Nr. 8; § 17b Nrn. 2 u. 3; § 8 SKR Nrn. 2 u. 3; § 18b Nr. 1; § 9 SKR Nr. 1
* Tag der Absendung der – A § 17a Nrn. 2 u. 3; § 17b Nr. 4; § 8 SKR Nr. 4; § 18a Nr. 2; § 18b Nr. 1; § 9 SKR Nr. 4
* Veröffentlichung der – A § 10b Nr. 1; § 7 SKR Nr. 2; § 17a Nr. 2; § 17b Nrn. 1 u. 4; § 8 SKR Nr. 1

Bekanntmachungsmuster A § 17a Nr. 4; § 17b Nrn. 1 u. 2; § 8 SKR Nr. 1; Anhänge A–D und A/SKR–F/SKR

Belege B § 14 Nr. 1

Bemessung
- des Ausgleichs B § 2 Nr. 7
- des Gewinns bei Selbstkostenerstattung A § 5 Nr. 3
- der Sicherheit A § 14 Nr. 2
- der Verjährungsfristen A § 13 Nr. 2; B § 13 Nr. 2

Benachrichtigung
- über Aufhebung der Ausschreibung A § 26 Nr. 2
- durch Geldinstitut von Einzahlung des Sicherheitsbetrags B § 17 Nr. 6

Benachrichtigungspflicht des Auftragnehmers bei Wiederaufnahme unterbrochener Arbeiten B § 6 Nr. 3

Benutzung
- von Anschlüssen für Wasser und Energie A § 10 Nr. 4; B § 4 Nr. 4
- von Lager- und Arbeitsplätzen A § 10 Nr. 4; B § 4 Nr. 4
- der Leistung, Abnahme B § 12 Nr. 5
- von Teilen zur Weiterführung der Arbeiten B § 12 Nr. 5
- von Unterlagen B § 3 Nr. 6
- von Zufahrtswegen und Anschlußgleisen A § 10 Nr. 4; B § 4 Nr. 4

Berechnungsart der Vergütung B § 2 Nr. 2

Berichtspflichten A § 30a; § 30b; § 12 SKR; Anhänge F u. F/SKR

Berücksichtigung
- der hindernden Umstände B § 6 Nr. 1
- der Mehr- oder Minderkosten B § 2 Nrn. 3, 5 u. 7

Berufs-
- genossenschaft A § 8 Nr. 5; § 5 SKR Nr. 2
- genossenschaftliche Verpflichtungen B § 4 Nr. 2
- gruppen der Arbeitskräfte A § 8 Nr. 3; § 5 SKR Nr. 1
- register A § 8 Nr. 3; § 5 SKR Nr. 1
- vertretungen, Vorschlag von Sachverständigen durch — — A § 7 Nrn. 1 u. 2

Beschädigung
- angrenzender Grundstücke B § 10 Nr. 3
- der Leistung B § 7

* Schutz vor — und Diebstahl B § 4 Nr. 5

Beschaffenheit
- der Leistung A § 10 Nr. 5; § 13 Nr. 1
* technische — A § 9 Nr. 9

Bescheinigungen der zuständigen Stellen A § 8 Nrn. 3 u. 5

Beschleunigtes Verfahren A § 17a Nrn. 2 u. 3

Beschleunigungspflicht bei Zahlungen B § 16 Nr. 5

Beschleunigungsvergütungen A § 10 Nr. 4; § 12 Nr. 2

Beschränkte Ausschreibung A § 3 Nrn. 1, 3 u. 4; § 3a Nr. 1; § 3b Nr. 2; § 8 Nrn. 2–4; § 17 Nr. 2; § 18 Nr. 4; § 20 Nr. 1; § 25 Nr. 2

beschränkte Zahl von Unternehmern A § 3 Nr. 1; § 3 SKR Nr. 2; § 8 Nr. 2; § 5 SKR Nr. 3

Beschränkung
- der Kündigung auf Teil der Leistung B § 8 Nr. 3
* unzulässige — des Wettbewerbs B § 8 Nr. 1

Beschreibung
- der Leistung (s. auch Leistungsbeschreibung) § 3a Nr. 4; § 9; § 9a; § 9b; § 6 SKR

Beseitigen von Leistungen B § 2 Nr. 8

Beseitigung von Mängeln A § 14 Nr. 1; B § 4 Nr. 7; § 12 Nr. 3; § 13 Nrn. 5 u. 6

Besichtigung von Baustellen A § 18 Nr. 1; § 9 SKR Nr. 3

besonderer Versicherungsschutz B § 13 Nr. 7

Bestandteile des Vertrages A § 10 Nr. 1; B § 14 Nrn. 1 u. 2

Bestimmungen, gesetzliche und behördliche — B § 4 Nrn. 1 u. 2

Betreten oder Beschädigen angrenzender Grundstücke B § 10 Nr. 3

Betrieb des Auftragnehmers B § 1 Nr. 4; § 4 Nr. 8; § 6 Nr. 2

Betriebe der öffentlichen Hand A § 8 Nr. 6

Betriebs-
- führung, wirtschaftliche — — B § 15 Nr. 1
- kosten A § 10a; § 10b Nr. 1; § 7 SKR Nr. 2

613

Betriebsstoffe

- stoffe, Lieferung der B § 2 Nr. 4

Bevollmächtigte
- der Bieter A § 22 Nrn. 1, 4–6
- Mitglieder von Bietergemeinschaften A § 21 Nr. 3

Beweismittel A § 22 Nr. 5

Bewerber
* Ausschluß von –n A § 8 Nr. 5; § 8b Nr. 2; § 5 SKR Nr. 2
* ausgeschlossene – A § 30a Nr. 1
* berücksichtigte – A § 30a Nr. 1
* Eignung der – A § 8 Nrn. 3 u. 4; § 8a Nr. 2; § 8b Nr. 1; § 5 SKR Nr. 1; § 10 Nr. 5; § 17 Nr. 1; § 25 Nr. 2
* Geheimhaltung der Namen der – A § 17 Nr. 6
* Zahl der – A § 8 Nr. 2; § 8a Nrn. 2 u. 3; § 8b Nr. 3; § 5 SKR Nr. 3

Bewerbungen, nicht berücksichtigte – A § 27; § 27a

Bewerbungs-bedingungen A § 10 Nrn. 1 u. 5; § 10a
- frist A § 17 Nr. 2; § 18 Nr. 4; § 18a Nr. 2; § 18b Nr. 2; § 9 SKR Nr. 2

Bezahlung in sich abgeschlossener Teile der Leistung B § 16 Nr. 4

Bezeichnungen
- allgemeinverständliche – A § 9 Nr. 5
- für bestimmte Erzeugnisse oder Verfahren A § 9 Nr. 5
- in den Vertragsbestandteilen B § 14 Nr. 1
- verkehrsübliche – A § 9 Nr. 4

Bezugsquellen A § 9 Nr. 5; § 24 Nr. 1

Bieter
* Auswahl der – A § 8 SKR Nrn. 2 u. 3
* ausgeschlossene – A § 27 Nr. 1; § 30a Nr. 1
* Benachrichtigung der – bei Aufhebung der Ausschreibung A § 26 Nr. 2
* Eignung der – A § 8 Nrn. 3 u. 4; § 8a Nr. 2; § 10 Nr. 5; § 17 Nr. 1
* Einzel – A § 25 Nr. 6; § 5 SKR Nr. 4
* Name der – A § 22 Nr. 3; § 30a Nr. 1
* Verhandlungen mit –n A § 24
* verschiedene – A § 10 Nr. 5; § 17 Nrn. 1 u. 2

Dritte

* Verständigung der – bei Zuschlagserteilung A § 27 Nr. 1; § 27a

Bietergemeinschaft,
* Bevollmächtigte der – A § 21 Nr. 4
* Gleichsetzung von – A § 25 Nr. 6; § 5 SKR Nr. 4
* Rechtsform der – A § 17 Nrn. 1 u. 2; § 5 SKR Nr. 4; § 8b Nr. 4

Bindefrist A § 10 Nr. 5; § 17 Nr. 1; § 19

Boden, Entnahme und Auflagerung von – B § 10 Nr. 3

Boden- und Wasserverhältnisse A § 9 Nr. 3

Bürgschaft als Sicherheit B § 17 Nrn. 2 u. 4

Bundesanzeiger A § 1b Nr. 6; § 1 SKR Nr. 7

Bundesbank, Deutsche –, Lombardsatz B § 16 Nrn. 2 u. 5

Bundesregierung A § 30b Nr. 2; § 12 SKR Nr. 2

D

Darstellung,
* allgemeine – der Bauaufgaben A § 9 Nr. 6
- der Bauausführung A § 9 Nr. 12
- der Leistung A § 9 Nr. 7

Deckung des Schadens durch Versicherung B § 13 Nr. 7

Deutsche
- Bundesbank, Lombardsatz B § 16 Nrn. 2 u. 5
- Sprache A § 10a; § 17 Nrn. 1 u. 2

Diebstahl, Schutz vor Beschädigung und – B § 4 Nr. 5

Dienstvertrag Dritter mit Auftragnehmer B § 16 Nr. 6

Diskriminierungsverbot A § 2b; § 2 SKR

Dringlichkeit A § 3 Nrn. 3 u. 4; § 3a Nr. 5; § 3b Nr. 2; § 3 SKR Nr.3; § 17a Nrn. 3 u. 6
* Fristverkürzung bei – § 11 Nr. 1; § 18 Nr. 1; § 18a Nrn. 2 u. 3

Dritte
* Abrechnung mit einem –n B § 8 Nr. 3
* Ausführung durch einen –n A § 1a Nr. 6; B § 8 Nr. 3

* Schaden eines —n B § 10 Nrn. 2, 3 u. 6
* Vergabe an — A § 32a Nr. 2
Drittschaden B § 10 Nrn. 2 u. 6
Durchführung
* Art der — A § 24 Nr. 1
— des Vertrages A § 21 Nr. 3
Durchschnittspreis A § 9 Nr. 9

E

ECU (Europäische Währungseinheit)
  A § 1a Nrn. 1, 2 u. 5; § 1b Nr. 1; § 1 SKR Nr. 2; § 17a Nr. 1
* Gegenwert des — A § 1a Nr. 5; § 1b Nr. 5; § 1 SKR Nr. 7

EG (siehe auch Europäische Gemeinschaften)
— Kommission A § 9a; § 9b Nr. 3; § 6 SKR Nr. 4; § 25 Nr. 2; § 10 SKR Nr. 2; § 28b Nr. 2; § 11 SKR Nr. 1; § 30a Nr. 1
— statistik A § 30a Nr. 2; Anhang F; § 28b Nr. 3; § 11 SKR Nr. 3

Eigenschaft von Stoffen und Bauteilen B § 18 Nr.3

Eigenschaften, vertraglich zugesicherte — B § 13 Nrn. 1, 2 u. 7

Eigentumsübertragung, Wahlrecht: — oder Sicherheit B § 16 Nr. 1

Eignung, Beurteilung der — der Bewerber/Bieter A § 8 Nrn. 3 u. 4; § 8a Nr. 2; § 8b Nr. 1; § 5 SKR Nr. 1; § 10 Nr. 5; § 17 Nr. 1; § 25 Nr. 2

Einbehalt
— von Gegenforderungen B § 16 Nr. 1
— von Geld als Sicherheit B § 17 Nrn. 2, 5–7
* Sicherheits — B § 17 Nr. 7

Eingangszeiten der Angebote A § 22 Nr. 5

einheitliche Vergabe A § 4

Einheitspreis
* Änderung des —es B § 2 Nr. 3
* Angabe des — A § 23 Nr. 3
* Erhöhung des —es B § 2 Nr. 3
— bei Mengenänderungen B § 2 Nr. 3
* Vergaben zu —en A § 5 Nr. 1
* vertragliche — B § 2 Nr. 2

Einheitspreisvertrag A § 5 Nr. 1

Einleitung
— eines neuen Vergabeverfahrens A § 26 Nr. 2
— des ersten Vergabeverfahrens A § 1a Nr. 3; § 1b Nr. 5; § 1 SKR Nr. 6

Einrede der Vorauslage B § 17 Nr. 4

Einrichtungen
— auf der Baustelle B § 8 Nr. 3
* Kosten der — B § 15 Nr. 1
* Vorhaltung von — B § 15 Nrn. 3 u. 5
— der Jugendhilfe A § 8 Nr. 6

Einschränkungen des Angebots A § 28 Nr. 2

Einsichtnahme
— in Niederschrift des Eröffnungstermins A § 22 Nr. 7
— in die Preisermittlung (Kalkulation) A § 24 Nr. 2
— in Verdingungsunterlagen A § 10 Nr. 5; § 17 Nr. 1; § 18a Nr. 4

Einspruch gegen Bescheid d. vorgesetzten Stelle B § 18 Nr. 2

Einstellung
— der Arbeiten B § 16 Nr. 5; § 18 Nr. 4
— der Zahlungen des Auftragnehmers, Kündigung B § 8 Nr. 2
— des Verhandlungsverfahrens A § 26a Nrn. 2 u. 3

Einwendungen
— und Vorbehalte bei Abnahme B § 12 Nr. 4
— gegen die Niederschrift des Eröffnungstermins A § 22 Nr. 4
— bei Stundenlohnarbeiten B § 15 Nr. 3

Einzelauftrag A § 5b Nr. 2; § 4 SKR Nrn. 1 u. 2

Einzelbieter A § 25 Nr. 6; § 5 SKR Nr. 4

Einzelfristen A § 11 Nr. 2; § 5 Nr. 1

Eis A § 10 Nr. 4

Eisbeseitigung, Schnee- und — B § 4 Nr. 5

Endbeträge der Angebote A § 22 Nrn. 3 u. 6; § 23 Nr. 4

Energie, Anschlüsse für Wasser und — A § 10 Nr. 4; B § 4 Nr. 4

Entdeckerrechte B § 4 Nr. 9

entdeckte Mängel B § 3 Nr. 3

Entfernung von Stoffen oder Bauteilen B § 4 Nr. 6
entgangener Gewinn bei Unterbrechung B § 6 Nr. 6
Entnahme von Boden usw. B § 10 Nr. 3
Entschädigung
— für Angebotsbearbeitung A § 20 Nr. 2
— für Entwürfe, Pläne, Zeichnungen usw. A § 20 Nr. 2
— für die Verdingungsunterlagen A § 10 Nr. 5; § 17 Nr. 1; § 20 Nr. 1
Entscheidungen zur Vergabe A § 30 Nr. 1; § 30b Nr. 1; § 12 SKR Nr. 1
Entwicklungszwecke, Bauvorhaben nur zu —n A § 3a Nr. 4; § 3b Nr. 2; § 3 SKR Nr. 3
Entwurfsbearbeitung A § 9 Nrn. 10–12
Entziehung
— des Auftrags B § 4 Nr. 7; § 5 Nr. 4; § 8 Nrn. 3 u. 4
— von Leistungen B § 12 Nr. 2
Ereignis, unvorhergesehenes A § 3a Nr. 5; § 3b Nr. 2; § 3 SKR Nr. 3
Erfüllung
— der gesetzlichen usw. Verpflichtungen B § 4 Nr. 2
* für die — d. Vertrages notwendige Leistungen B § 2 Nr. 8
* ordnungsgemäße — des Vertrages B § 3 Nr. 3
Erfüllungsgehilfe, Haftung für Verschulden des —n B § 10 Nrn. 1 u. 5; § 13 Nr. 7
Ergänzungen
— u. Änderungen in der Leistungsbeschreibung A § 10 Nr. 3
— des Vertrages B § 14 Nr. 1
Ergebnisse von Güteprüfungen B § 4 Nr. 1
Erhöhung
— des Einheitspreises B § 2 Nr. 3
— der Mengen B § 2 Nr. 3
Erklärung der Zuschlagserteilung A § 28 Nr. 1
Erklärungen, unzutreffende — A § 8 Nr. 5; § 5 SKR Nr. 2
Erlaubnisse, öffentlich-rechtliche Genehmigungen und — B § 4 Nr. 1
Erneuerung von gelieferten Waren A § 3a Nr. 5

Eröffnung der Angebote A § 22 Nrn. 1, 2 u. 5
Eröffnungstermin
* Ablauf der Angebotsfrist mit — A § 18 Nr. 2
* Beginn der Zuschlagsfrist mit — A § 19 Nr. 1
* Niederschrift über — A § 22 Nr. 4; § 23 Nr. 4
* Ort und Zeit des —s A § 10 Nr. 5; § 17 Nr. 1
* Vorlage von Angeboten zum — A § 23 Nr. 1
* zum — zugelassene Personen A § 10 Nr. 5; § 17 Nr. 1; § 22 Nr. 1
Ersatz einer Sicherheit durch eine andere B § 17 Nr. 3
Erschwerung, ungerechtfertige — B § 4 Nr. 1
Ersparungen des Auftragnehmers bei Kündigung durch den Auftraggeber B § 8 Nr. 1
Ertragsberechnungen A § 16 Nr. 2
Erweiterungen
— des Angebots A § 28 Nr. 2
— von Lieferungen A § 3a Nr. 5
Europäische Gemeinschaften A § 17a Nrn. 1 u. 2; § 17b Nr. 1; § 8 SKR Nr. 1; § 28b Nr. 1; § 11 SKR Nr. 2 B § 17 Nr. 2
* Amt für amtliche Veröffentlichungen der —n — A § 17 Nrn. 1 u. 2; § 17a Nrn. 1 u. 2; § 17b Nrn. 2 u. 4; § 8 SKR Nrn. 2 u. 4; § 26a Nr. 3; § 28a Nr. 2
* Amtssprachen der —n — A § 17b Nr. 4; § 8 SKR Nr. 4

F
Fachgebiete
* Vergabe nach —n A § 4 Nr. 3
* Gliederung in — A § 8b Nr. 9; § 5 SKR Nr. 9
Fachkunde A § 8 Nrn. 3 u. 4; § 8b Nr. 1; § 5 SKR Nr. 1; § 17 Nr. 2; § 25 Nrn. 1 u. 2
Fachlose A § 4 Nr. 3
Fachzeitschriften, Veröffentlichung in — A § 17 Nrn. 1 u. 2; § 17a Nrn. 1 u. 2

Fahrlässigkeit

Fahrlässigkeit, grobe – B § 6 Nr. 6; § 10 Nr. 5; § 13 Nr. 7
Fehlen einer vertraglich zugesicherten Eigenschaft B § 13 Nr. 7
Fehler der Leistung B § 13 Nr. 1
Fernschreiben
* Übermittlung der Bekanntmachung per – A § 17a Nr. 2; § 17b Nr. 4; § 8 SKR Nr. 4
* Teilnahmeantrag per – A § 17 Nr. 3; § 8 SKR Nr. 9
fernschriftliche Zurückziehung von Angeboten A § 18 Nr. 4
Fertigstellung
– der Leistung B § 12 Nrn. 1 u. 5; § 14 Nr. 3
– der Verdingungsunterlagen vor Ausschreibung A § 16 Nr. 1
Festhalten an der Pauschalsumme B § 2 Nr. 7
Festlegung
– der Leistung A § 3 Nr. 4
* urkundliche – des Vertrages A § 28 Nr. 1
Feststellung
– in sich abgeschlossener Teile der Leistung B § 16 Nr. 4
– der ausgeführten Leistungen B § 9 Nr. 3; § 14 Nr. 2
* Entziehung der Leistung der Prüfung und – B § 12 Nr. 2
– der Schlußrechnung B § 16 Nr. 3
Feuerungsanlagen, vom Feuer berührte Teile von – B § 13 Nr. 4
Förderung
– der Ausführung B § 5 Nr. 1
– der ganzjährigen Bautätigkeit A § 2 Nr. 3
förmliche Abnahme B § 12 Nr. 4
Forschungszwecke, Bauvorhaben nur zu – A § 3a Nr. 4; § 3b Nr. 2; § 3 SKR Nr. 3
Fortbildungsstätten A § 8 Nr. 6
Fortsetzung der Bauarbeiten A § 3a Nr. 5; § 3b Nr. 2; § 3 SKR Nr. 3
Frachten B § 15 Nrn. 3 u. 5
Frachtkosten B § 15 Nr. 1
Freihändige Vergabe A § 3 Nr. 1; § 3a Nr. 1; § 3b Nr. 1

Frist/Fristen

* Ausschluß von Angeboten bei – A § 25 Nr. 2
* Entschädigung für Angebotsbearbeitung bei – A § 20 Nr. 2
* Prüfung der Angebote bei – A § 23 Nr. 3
* Verwahrung der Angebote bei – A § 22 Nr. 8
* Wahl der Teilnehmer bei – A § 8 Nrn. 2 u. 4
* Wertung von Angeboten bei – A § 25 Nr. 7
* Zulässigkeit der – A § 3 Nr. 4
* Zuschlagsfrist bei – A § 19 Nr. 4

Frist/Fristen
* Angebots- A § 10 Nr. 5; § 7 SKR Nr. 2; § 17 Nr. 1; § 17a Nr. 6; § 17b Nr. 6; § 8 SKR Nr. 6; § 18; § 18a; § 18b; § 9 SKR; § 32a Nr. 2
* angemessene – zur Beseitigung B § 2 Nr. 8; § 4 Nr. 7
* angemessene – zur Vertragserfüllung B § 5 Nr. 4; § 9 Nr. 2
* Aufbewahrungs- A § 30b Nr. 1; § 12 SKR Nr. 1
* Ausführungs- A § 10 Nr. 4; § 10a Nr. 4; § 10b Nr. 1; § 7 SKR Nr. 2; § 11; § 17 Nrn. 1 u. 2; B § 5 Nr. 3; § 6 Nr. 3; § 12 Nr. 1; § 14 Nr. 3
* Bewerbungs- A § 17 Nr. 2; § 18 Nr. 4; § 18a Nr. 2; § 18b; § 9 SKR
* Binde– A § 10 Nr. 5; § 17 Nr. 1; § 19
* Einzel– A § 11 Nr. 2; B § 5 Nr. 1
– der Aufforderung zum Ausführungsbeginn A § 11 Nr. 1
– der Auskunftserteilung zu Vergabeunterlagen A § 17 Nr. 6; § 8 SKR Nr. 6
– der Bekanntmachung der Auftragserteilung A § 28a Nr. 2
– der Einladung zur Abnahme B § 12 Nr. 4
– der Zusendung der Vergabeunterlagen A § 17 Nr. 5; § 8 SKR Nr. 5
– für Abnahme nach Mitteilung über Fertigstellung B § 12 Nr. 5
– für Beginn der Ausführung B § 5 Nr. 2
– für Eingang der Bewerbungen für Baukonzessionen A § 32a Nrn. 1 u. 2

617

Frist/Fristen

- für Einreichung der Schlußrechnung B § 14 Nrn. 3 u. 4
- für Einreichung von Teilnahmeanträgen A § 18 Nr. 4; § 18a Nr. 2; § 18b Nr. 2; § 9 SKR Nr. 2
- für Entscheidung zur Qualifikation A § 8b Nr. 7; § 5 SKR Nr. 7
- für Herausgabe von Entwürfen usw. A § 27 Nr. 4
- für Kündigung bei Verzug des Auftraggebers B § 9 Nr. 2
- für Kündigung bei wettbewerbsbeschränkender Abrede B § 8 Nr. 4
- für Mitteilung der Gründe der Nichtberücksichtigung A § 27 Nr. 2
- für Veröffentlichung der Bekanntmachung A § 17b Nr. 4; § 8 SKR Nr. 4; § 9 SKR Nr. 2
- zur Erklärung des Auftragnehmers zu Forderungen Dritter B § 16 Nr. 6
- zur Geltendmachung von Vorbehalten B § 12 Nr. 5
- zur Mängelbeseitigung B § 4 Nr. 7; § 13 Nr. 5
* verbindliche – B § 5 Nr. 1
* Verjährungs – A § 13 Nr. 2; B § 13 Nrn. 4, 5 u. 7
* Vertrags – A § 11 Nr. 2; § 12; B § 5 Nr. 1
* vorgeschriebene – A § 3a Nr. 5; § 3b Nr. 2; § 3 SKR Nr. 3
* zumutbare – A § 11 Nr. 1
* Zuschlags – A § 10 Nr. 5; § 17 Nr. 1; § 19; § 28 Nr. 1

Frist-
- ablauf, fruchtloser B § 8 Nr. 3; § 9 Nr. 2
- verkürzung bei Vorinformation A § 18a Nr. 1; § 18b Nr. 1; § 9 SKR Nr. 1
- verlängerung für Ausführungsfrist B § 6 Nrn. 2 u. 4
- bei Auskünften großen Umfangs A § 18a Nr. 1; § 18b Nr. 3; § 9 SKR Nr. 3

Fuhr-
- kosten B § 15 Nr. 1
- leistungen B § 15 Nrn. 3 u. 5

Fund B § 4 Nr. 9

gemeinschaftsrechtliche

G
ganzjährige Bautätigkeit A § 2 Nr. 2
Gebrauch, gewöhnlicher oder nach dem Vertrag vorausgesetzter – B § 13 Nr. 1
Gebrauchsfähigkeit, erhebliche Beeinträchtigung der – B § 13 Nr. 7
Gefahr
- im Verzuge B § 4 Nr. 1
* Hinweis auf –, Haftung B § 10 Nr. 2
* Übergang der – bei Abnahme B § 12 Nr. 6
* Verteilung der – A § 10 Nr. 4; B § 7
Gegenforderungen, Einbehalt von – B § 16 Nr. 1
Gegenleistung für die Bauarbeiten A § 32
Gegenwert der Europäischen Währungseinheit (ECU) A § 1a Nr. 5; § 1b Nr. 6; § 1 SKR Nr. 7
Gehaltskosten, Lohn- u. – der Baustelle B § 15 Nr. 1
Gehaltsnebenkosten A § 10 Nr. 4; B § 15 Nr. 1
Geheimhaltung
* aus Gründen der – A § 3 Nrn. 3 u. 4
- der Angebote A § 22 Nr. 8
- der Namen der Bewerber A § 17 Nr. 6
- der Verhandlungsergebnisse A § 24 Nr. 1
Gelände
* Grenzen des –s B § 3 Nr. 2
- aufnahmen, Maßgeblichkeit, Überprüfung B § 3 Nr. 3
- oberfläche, Zustand der –– B § 3 Nr. 4
Geld
* Einbehalt von – als Sicherheit B § 17 Nrn. 2 u. 6
- institut für Hinterlegung B § 17 Nr. 5
* Hinterlegung von – als Sicherheit B § 17 Nrn. 2 u. 5
Gemeinkosten A § 5 Nr. 3; B § 15 Nr. 1
gemeinsame Feststellungen, für die Abrechnung notwendige – B § 14 Nr. 2
gemeinschaftsrechtliche technische Spezifikationen A § 9 Nr. 4; § 9a; § 9b Nrn. 1 u. 2; § 6 SKR Nrn. 1–5; § 17a

gemeinschaftsrechtliche   Gleise

Nr. 3; § 30 Nr. 1; § 30a Nr. 1; § 30b Nr. 1; § 12 SKR Nr. 1; Anhang TS Pkt. 1.5, 2.1–2.3
Genehmigung des Urhebers B § 3 Nr. 6
Genehmigungen, öffentlich-rechtliche – B § 4 Nr. 1
Geräte
* Kosten der – B § 15 Nr. 1
* unzureichende – B § 5 Nr. 3
* Vorhaltung der – A § 5 Nr. 3; B § 15 Nrn. 3 u. 5
Gerichtsstand A § 10 Nr. 4; B § 18 Nr. 1
Gerüste B § 5 Nr. 3; § 8 Nr. 3
Gesamtauftragswert A § 1a Nrn. 1 u. 3; § 1b Nrn. 1 u. 5; § 1 SKR Nr. 2; § 3a Nr. 5; § 3b Nr. 2; § 3 SKR Nr. 3; § 17a Nr. 1; § 17b Nr. 2; § 8 SKR Nr. 2
* Zeitpunkt für die Schätzung des –es A § 1a Nr. 3; § 1b Nr. 5; § 1 SKR Nr. 6
Gesamtbetrag einer Ordnungszahl (Position) A § 23 Nr. 3
Geschäfts-
– führung ohne Auftrag B § 2 Nr. 8
– geheimnisse B § 4 Nr. 1
– interesse öffentlicher oder privater Unternehmer A § 28a Nr. 1
– kosten, allgemeine B § 2 Nr. 3
– sitz des Auftraggebers A § 17 Nr. 5
gesetzliche
– Bestimmungen B § 4 Nrn. 1 u. 2; § 10 Nr. 2
– Haftpflicht, Versicherung B § 10 Nr. 2; § 13 Nr. 7
– Sozialversicherung A § 8 Nr. 5
– Verjährungsfristen B § 13 Nr. 7
– Verpflichtungen gegenüber Arbeitnehmern B § 4 Nr. 2
– Vertreter, Haftung für Verschulden B § 10 Nrn. 1 u. 5
Gesetzesvollzug, Behinderung des –es A § 28a Nr. 1
Gewähr des Auftragnehmers B § 13 Nr. 1
Gewährleistung
* Anspruch auf Schadenersatz bei – B § 13 Nr. 7
* besondere Vereinbarungen über – A § 10 Nr. 4; B § 13 Nr. 4
* Einschränkung der – B § 13 Nr. 3

– anerkannter Regeln der Technik B § 13 Nr. 1
– bei Arbeiten an einem Grundstück B § 13 Nr. 4
– bei gewöhnlichem Gebrauch B § 13 Nr. 1
– bei Holzerkrankungen B § 13 Nr. 4
– bei Leistungen nach Probe B § 13 Nr. 2
– bei Mängelbeseitigung B § 13 Nrn. 5 u. 6
– der Tauglichkeit und des Werts der Leistung B § 13 Nr. 1
– für Bauwerke B § 13 Nr. 4
– für Feuerungsanlagen B § 13 Nr. 4
– über Abnahme hinaus A § 13 Nr. 1
* Minderung der Vergütung bei – B § 13 Nr. 6
* Sicherstellung der – B § 17 Nr. 1
* Verjährungsfrist bei – A § 13 Nr. 2; B § 13 Nr. 4
Gewerberecht B § 4 Nr. 1
Gewerbezweige A § 4 Nr. 3
gewerbliche
– Schutzrechte, Verletzung B § 10 Nr. 4
– Unternehmer A § 8 Nr. 6
– Verkehrssitte A § 9 Nr. 8; B § 2 Nrn. 1 u. 9; § 3 Nr. 5
gewerbsmäßig A § 8 Nr. 2
Gewinn
* Bemessung des –s bei Selbstkostenerstattungsvertrag A § 5 Nr. 3
* entgangener – B § 6 Nr. 6
– erzielung A § 3b Nr. 2; § 3 SKR Nr. 3
* Zuschläge für Gemeinkosten und – B § 15 Nr. 1
gewöhnlicher Gebrauch der Bauleistung B § 13 Nr. 1
Gläubiger des Auftragnehmers B § 16 Nr. 6
Gleichartige Bauleistungen A § 3a Nr. 5; § 3b Nr. 2; § 3 SKR Nr. 3
Gleichbehandlung der Bewerber A § 8 Nr. 1; § 5 SKR Nr. 6
Gleichwertigkeit der Leistung A § 21 Nr. 2; § 6 SKR Nr. 7
Gleise, Anschluß – A § 10 Nr. 4

619

Grenzen des Geländes B § 3 Nr. 2
grobe Fahrlässigkeit B § 6 Nr. 6; § 10 Nr. 5; § 13 Nr. 7
Gründe
– der Ausnahme für die Anwendung gemeinsch.-rechtl. Spezifikationen A § 9a; § 9b Nr. 3; § 6 SKR Nr. 4; § 17a Nr. 3; § 30a Nr. 1; § 30b Nr. 1; § 12 SKR Nr. 1
– für die Ablehnung der Bewerber oder Bieter A § 8 Nr. 5; § 5 SKR Nr. 2; § 30a Nr. 1
– für die Auswahl der Bewerber oder Bieter A § 30a Nr. 1; § 30b Nr. 1; § 12 SKR Nr. 1
– für die Nichtberücksichtigung von Bewerbungen A § 27a Nr. 2
– für die Wahl des Verhandlungsverfahrens A § 30a Nr. 1
– schwerwiegende zur Aufhebung der Ausschreibung A § 26 Nr. 1
* Mitteilung der – für Nichtqualifizierung A § 8b Nr. 8; § 5 SKR Nr. 8

Grundlagen
– des Preises, Änderung der ––– B § 2 Nr. 5
– der Preisermittlung A § 17 Nr. 7; B § 2 Nr. 6

Grundsätze
– der Ausschreibung A § 16
– der Vergabe A § 2

Grundstück
* Arbeiten an einem – B § 13 Nr. 4
* Fund auf einem – B § 4 Nr. 9

Grundwasser A § 10 Nr. 4 B § 4 Nr. 5
Güte der gelieferten Stoffe und Bauteile B § 4 Nr. 3
Güteprüfungen, Ergebnisse von – B § 4 Nr. 1
Guthaben, unbestrittenes – B § 16 Nr. 3

H

Haftpflicht, Versicherung der gesetzlichen – B § 10 Nr. 2; § 13 Nr. 7
Haftpflichtbestimmungen B § 10 Nr. 2
Haftung
* Einschränkung oder Erweiterung der – B § 13 Nr. 7

– des Auftragnehmers bei Abschlagszahlungen B § 16 Nr. 1
– für hindernde Umstände B § 6 Nr. 6
– für Schäden aus eigenmächtiger Abweichung vom Vertrag B § 2 Nr. 8
– für Schäden durch vertragswidrige Leistung B § 4 Nr. 7
– der Vertragsparteien A § 10 Nr. 4; B § 10

Haftungsausgleich B § 10 Nr. 2
Handwerkszweige A § 4 Nr. 3
Hauptachsen, Abstecken der – B § 3 Nr. 2
– angebot, A § 10 Nr. 5; § 10b Nr. 1; § 7 SKR Nr. 2; § 25 Nr. 4; § 10 SKR Nr. 3
– auftrag, A § 3a Nr. 5; § 3b Nr. 2; § 3 SKR Nr. 3

Herausgabe von Entwürfen, Ausarbeitungen, Mustern und Proben A § 27 Nr. 4
Herstellung der baulichen Anlage A § 1; § 1 SKR Nr. 1 B § 13 Nr. 7
hindernde Umstände B § 6 Nrn. 1, 3 u. 6
Hinterlegung von Geld als Sicherheit B § 17 Nrn. 2 u. 5
Hinweis
– auf Ausschlußfrist für Einspruch B § 18 Nr. 2
– auf Gefahr, Haftung B § 10 Nr. 2
– auf geleistete Zahlung B § 16 Nr. 3

Hochwasser A § 10 Nr. 4
Höhe der Entschädigung für Unterlagenübersendung A § 17 Nr. 1; A § 20 Nr. 1
Höhenfestpunkte B § 3 Nr. 2
höhere Gewalt B § 6 Nr. 2; § 7
Holzerkrankungen B § 13 Nr. 4

I

Inhalt
– der Angebote A § 21; § 22 Nr. 3
– des Auftrags A § 3a Nr. 1; § 3b Nr. 1; § 3 SKR Nr. 2
– des Vergabevermerks A § 30 Nr. 1
– des Vertrags A § 29 Nr. 1

inländische Veröffentlichungen A § 17a Nr. 2; § 17b Nr. 4; § 8 SKR Nr. 4
Inland B § 13 Nr. 7

innerstaatliche Norm

innerstaatliche Norm A § 9 Nr. 4; § 6 SKR Nr. 1; Anhang TS Nr. 2.3
Instandhaltung der baulichen Anlage A § 1; § 1 SKR Nr. 1; B § 13 Nr. 7
internationale Normen Anhang TS Nr. 2.3
Interesse, öffentliches – A § 28a Nr. 1

J

Jahreszeit A § 11 Nr. 1; B § 6 Nr. 4
Justizvollzugsanstalten A § 8 Nr. 6

K

Kalendertage A § 17a Nrn. 5 u. 6; § 17b Nrn. 5 u. 8; § 8 SKR Nrn. 5 u. 6; § 18 Nr. 1; § 18a Nrn. 1 u. 2; § 18b Nrn. 1 u. 2; § 9 SKR Nrn. 1 u. 2; § 19 Nr. 2; § 27 Nrn. 2 u. 4; § 28a Nr. 2; § 32a Nrn. 1 u. 2
Kalkulation, Einsichtnahme in die – A § 24 Nr. 1
Kennzeichnung der Schlußzahlung B § 16 Nr. 3
Kompatibilität der Anlagen A § 9 Nr. 4; § 6 SKR Nr. 2
Konkurs des Auftragnehmers, Kündigung B § 8 Nr. 2
Konkursverfahren A § 8 Nr. 5; § 5 SKR Nr. 2; § 25 Nr. 1
Kosten,
* Allgemeine Geschäfts– B § 2 Nr. 3
* Baustelleneinrichtungs– B § 2 Nr. 3
* Baustellengemein– B § 2 Nr. 3
* Bauunterhaltungs– A § 10a
* Fracht–, Fuhr– u. Lade– B § 15 Nr. 1
* Gemein– A § 5 Nr. 3; B § 15 Nr. 1
– der Aufstellung der Schlußrechnung durch den Auftraggeber B § 14 Nr. 4
– der Baustellenberäumung B § 6 Nr. 7
– der Bekanntmachung A § 17b Nrn. 1 u. 4; § 17a Nr. 2; § 8 SKR Nr. 1
– der Einrichtungen, Geräte usw. B § 15 Nr. 1
– der Mängelbeseitigung B § 13 Nr. 5
– der Materialpüfung B § 18 Nr. 3
– für Nachprüfung techn. Berechnungen B § 2 Nr. 9

Leistung

* keine – für Sachverständige A § 7 Nr. 2
* Lohn– A § 5 Nr. 2; B § 15 Nr. 1
* Lohnneben– A § 10 Nr. 4; B § 15 Nr. 1
* Mehr– oder Minder– B § 2 Nrn. 3, 5 u. 7
* Selbst– A § 5 Nr. 3; § 20 Nr. 1; B § 2 Nr. 2
* Sonder– B § 15 Nrn. 1, 3 u. 5
* Stoff– der Baustelle B § 15 Nr. 1
* Vergütung von – A § 5 Nr. 3
Kostenersparnis bei vorzeitiger Kündigung B § 8 Nr. 1
Kreditinstitut, Bürgschaft durch – B § 17 Nr. 2
Kreditversicherer, Bürgschaft durch – B § 17 Nr. 2
Krieg, Verteilung der Gefahr B § 7
Kündigung
– Beschränkung der – auf Teil der Leistung B § 8 Nr. 3
– durch den Auftraggeber B § 8
– durch den Auftragnehmer B § 9
– bei Behinderung und Unterbrechung der Ausführung B § 6 Nr. 7
* Schriftform der – B § 8 Nr. 5
Kunstwert, Gegenstände von – B § 4 Nr. 9

L

Lade-
– kosten B § 15 Nr. 1
– leistungen B § 15 Nrn. 3 u. 5
Lager- und Arbeitsplätze A § 10 Nr. 4; B § 4 Nr. 4
Lagerräume, Zutritt zu den –n B § 4 Nr. 1
Lagerung von Stoffen und Bauteilen B § 4 Nr. 1
Leistung
* Abnahme der – B § 12
* Abrechnung der – bei Unterbrechung der Ausführung B § 6 Nr. 5
* Abrechnung der – bei Kündigung durch den Auftraggeber B § 8 Nr. 3
* Abrechnung der – bei Kündigung durch den Auftragnehmer B § 9 Nr. 3
* ähnliche – A § 9 Nr. 7

Leistung

* Art und Umfang der – A § 3 Nr. 4; § 3a Nr. 4; § 5 Nr. 1; § 9 Nr. 5; § 10 Nr. 5; § 17 Nrn. 1 u. 2; § 17b Nr. 2; § 8 SKR Nr. 2; § 30a Nr. 1
* Aufgliederung der – A § 9 Nr. 9
* Aufklärungen über die geforderte – A § 17 Nr. 7
* Aufmaß und Abnahme der – B § 8 Nr. 6
* Ausführung der – A § 3 Nr. 3; § 4 Nr. 1; § 7 Nr. 1; § 8 Nrn. 2 u. 3; § 9 Nr. 12; § 10 Nrn. 2 u. 5; B § 4 Nrn, 1, 2, 3, 8 u. 9; § 6 Nr. 1
* Ausführung der – im eigenen Betrieb des Auftragnehmers B § 4 Nr. 8
* Ausführungspflicht des Auftragnehmers zur – B § 4 Nr. 2
* ausgeführte – B § 2 Nrn. 2 u. 7; § 6 Nr. 5; § 8 Nrn. 2 u. 6
* Beanspruchung der – A § 9 Nr. 3
* Beanstandung der – A § 14 Nr. 3
* Beschädigung oder Zerstörung der – B § 7
* Beschaffenheit der – A § 10 Nr. 5
* Beschreibung der – A § 3a Nr. 4; § 9; § 9a; § 9b; § 6 SKR
* betriebsfremde – B § 1 Nr. 4
* Dringlichkeit der – A § 3a Nr. 5; § 3b Nr. 2; § 3 SKR Nr. 3
* Eigenart der – A § 3 Nrn. 2 u. 4; § 10 Nr. 2; § 13 Nr. 2
* Entwurf für die – und Bauausführung (Leistungsprogramm) A § 9 Nr. 10
* für die Erfüllung des Vertrags notwendige – B § 2 Nr. 8
* Gleichwertigkeit der – A § 21 Nr. 2; § 6 SKR Nr. 7
* gleichartige – A § 3a Nr. 5; § 3b Nr. 2; § 3 SKR Nr. 3; § 9 Nr. 8
* im Hauptauftrag beschriebene – A § 3a Nr. 5; § 3b Nr. 2; § 3 SKR Nr. 3
* im Vertrag nicht vorgesehene – B § 2 Nr. 6
* in sich abgeschlossene Teile der – A § 11 Nr. 2; B § 12 Nr. 2; § 16 Nr. 4
– anderer Unternehmer B § 4 Nr. 3
– Dritter A § 1a Nr. 6; B § 4 Nr. 8
– nach Probe B § 13 Nr. 2
– ohne Auftrag B § 2 Nr. 8

Leistungsbeschreibung

* mangelhafte oder vertragswidrige – B § 4 Nr. 7
* Mängel der – A § 14 Nr. 1
* Menge der – B § 2 Nr. 3
* nachträglich anerkannte – B § 2 Nr. 8
* Nachweis der – B § 16 Nr. 1
* nicht im Vertrag enthaltene – A § 3a Nr. 5; § 3b Nr. 2; § 3 SKR Nr. 3
* nicht vereinbarte – B § 1 Nr. 4
* noch nicht veränderter Teil der – B § 8 Nr. 3
* Teile der – A § 9 Nr. 12; § 11 Nr. 2; B § 2 Nr. 7; § 6 Nr. 5; § 7; § 8 Nr. 2; § 12 Nr. 2; § 16 Nr. 3
* Übernahme von –en durch den Auftraggeber B § 2 Nr. 4
* Umfang der – A § 3 Nr. 4; § 3a Nr. 4; § 5; § 10 Nr. 5; § 17 Nr. 1; § 30a Nr. 1
* ungleichartige –en A § 9 Nr. 9
* unter einem Einheitspreis erfaßte – B § 2 Nr. 3
* Vergabe der – an Nachunternehmer A § 10 Nrn. 4 u. 5; § 7 SKR Nr. 3
* Vergütung der – A § 3a Nr. 5; B § 2 Nr. 7
* Vergütung nach – A § 5 Nr. 1
* Vergütung zusätzlicher – B § 2 Nrn. 6 u. 8
* vertragliche – B § 1 Nr. 4; § 2 Nrn. 1 u. 6; § 4 Nrn. 1 u. 2; § 8 Nr. 3
* vertraglich vorgesehene – B § 2 Nr. 7
* vertragsgemäße Ausführung der – A § 7 Nr. 1; B § 4 Nr. 1; § 17 Nr. 1
* vertragsgemäße – A § 14 Nr. 1; B § 4 Nr. 1; § 16 Nr. 1
* zeichnerische Darstellung der – oder durch Probestücke A § 9 Nr. 7
* zusätzliche – A § 3a Nr. 5; § 3b Nr. 2; § 3 SKR Nr. 3; B § 1 Nr. 4; § 2 Nrn. 6 u. 8; § 6
* Zweck der fertigen – A § 9 Nr. 11

Leistungsbeschreibung (s. auch Beschreibung der Leistung) A § 9; § 9a; § 9b; § 6 SKR; B § 1 Nr. 2; § 2 Nr. 1; § 13 Nr. 2

* Änderungen in der – A § 10 Nr. 3
* Allgemeines zur – A § 9 Nrn. 1–5
* Entschädigung für – A § 20 Nr. 1

Leistungsbeschreibung

* Ergänzungen in der – A § 10 Nr. 3
– als Bestandteil der Vergabeunterlagen A § 17 Nr. 5
– mit Leistungsprogramm A § 9 Nrn. 10–12
– mit Leistungsverzeichnis A § 9 Nrn. 6–9
* in – eingesetzte Preise A § 6 Nr. 1

Leistungsfähigkeit A § 3 Nr. 3; § 8 Nrn. 3–5; § 8b Nr. 1; § 5 SKR Nr. 1; § 17 Nr. 2; § 24 Nr. 1; § 25 Nrn. 1 u. 2
* unzutreffende Erklärungen über – A § 8 Nr. 5; § 8b Nr. 1; § 5 SKR Nr. 1; § 25 Nr. 1

Leistungspflicht B § 1 Nr. 4; § 4 Nr. 1
* verstärkte – des Auftragnehmers B § 6 Nr. 3

Leistungsprogramm A § 9 Nrn. 10–12; § 24 Nr. 3
* Leistungsbeschreibung mit – A § 9 Nrn. 10–12

Leistungsstörungen B § 6
* Anzeigepflichten bei – B § 6 Nrn. 1 u. 3
* Kündigung des Vertrags bei – B § 6 Nr. 7
* Leistungsabrechnung bei – B § 6 Nrn. 5 u. 6
* Schadensersatzpflicht bei – B § 6 Nr. 6
* Schriftform der Anzeige bei – B § 6 Nr. 1
* Verlängerung der Ausführungsfristen bei – B § 6 Nrn. 2 u. 4

Leistungsvertrag A § 5 Nrn. 1 u. 3

Leistungsverzeichnis
* Abschrift oder Kurzfassung des –ses A § 21 Nr. 1
* in Teilleistungen gegliedertes – A § 9 Nr. 6
* Leistungsbeschreibung mit – A § 9 Nrn. 6–9
* Muster- A § 9 Nr. 11
* Verbindlichkeit der Urschrift des –ses A § 21 Nr. 1
* vom Auftraggeber verfaßter Wortlaut des –ses A § 21 Nr. 1

Leitung
– der Ausführung B § 4 Nrn. 1 u. 2

Mängel

– und Aufsicht A § 8 Nr. 3

Lieferleistungen A § 1b Nr. 3; § 1 SKR Nr. 4

Lieferung/Lieferungen
* Erweiterung von – A § 3a Nr.5
– von Bauhilfs- und Betriebsstoffen B § 2 Nr. 4
– von Stoffen und Bauteilen A § 17a Nr. 1
* nicht zur Ausführung erforderliche – A § 1b Nr. 3; § 1 SKR Nr. 4
* Überwiegen der – A § 1a Nr. 2
* Verantwortlichkeit für – B § 4 Nr. 3
* Zur Leistung gehörige – A § 4 Nr. 1

Liquidation A § 8 Nr. 5; § 5 SKR Nr. 2; § 25 Nr. 1

Löhne, Vergütung der – A § 5 Nr. 3

Lohnkosten A § 5 Nr. 2

Lohn- und Gehaltskosten der Baustelle B § 15 Nr. 1

Lohn- und Gehaltsnebenkosten A § 10 Nr. 4; B § 15 Nr. 1

Lombardsatz der Deutschen Bundesbank B § 16 Nrn. 2 u. 5

Lose,
* Fach – A § 4 Nr. 3
* Teilung in – A § 4 Nrn. 2 u. 3; § 10 Nr. 5; § 17 Nrn. 1 u. 2
* Vergabe nach –n A § 1a Nr. 1; § 1b Nr. 1; § 1 SKR Nr. 2; § 4 Nrn. 2 u. 3; § 17 Nrn. 1 u. 2

M

Mängel
* bekannte –; Vorbehalte bei Abnahme B § 12 Nrn. 4 u. 5
* Beseitigung von –n A § 14 Nr. 1
* entdeckte oder vermutete – B § 3 Nr. 3
* Rechtsbehelfe des Auftraggebers B § 13
* wesentliche – bei der Abnahme B § 12 Nr. 3
* zu befürchtende – B § 4 Nr. 3; § 13 Nr. 3
* zu erwartende – A § 13 Nrn. 1 u. 2; § 14 Nr. 1

623

Mängel-
- beseitigung B § 4 Nr. 7; § 13 Nrn. 5 u. 6
- ursachen A § 13 Nr. 2

Mangel B § 4 Nr. 7; § 13 Nrn. 3 u. 7

mangelhafte Leistungen, Beseitigung B § 4 Nr. 7

Markennamen A § 9 Nr. 5; § 6 SKR Nr. 5

maschinelle Anlagen B § 15 Nrn. 1, 3 u. 5

Maschinen B § 15 Nrn. 1, 3 u. 5

Materialprüfung, Kosten der − B § 18 Nr. 3

Materialprüfungsstelle B § 18 Nr. 3

materialtechnische Untersuchung B § 18 Nr. 3

Mehrkosten B § 4 Nr. 1; § 8 Nr. 3

Mehr- oder Minderkosten B § 2 Nrn. 3, 5 u. 7

Meinungsverschiedenheiten
- über Eigenschaften B § 18 Nr. 3
- bei Verträgen mit Behörden B § 18 Nr. 2

Melde- und Berichtspflichten A § 30a; § 30b Nr. 2; § 12 SKR Nr. 2, Anhang F; F/SKR

Menge
- der tatsächlich ausgeführten Leistung B § 2 Nr. 3
- der Teilleistung B § 2 Nr. 3

Mengen-
- abweichungen B § 2 Nr. 3
- angaben A § 9 Nrn. 11 u. 12
- ansatz, Überschreitung des −es B § 2 Nr. 3

Minderkosten, Mehr- oder − B § 2 Nrn. 3, 5 u. 7

Minderung der Vergütung B § 13 Nr. 6

Mitteilungspflicht der für die Prozeßvertretung des Auftraggebers zuständigen Stellen B § 18 Nr. 1

Mitwirkung von Sachverständigen A § 7

Muster und Proben A § 21 Nr. 1; § 22 Nr. 3; § 27 Nr. 4

Musterleistungsverzeichnis A § 9 Nr. 11

mutmaßlicher Wille des Auftraggebers B § 2 Nr. 8

N

Nachfrist bei Zahlungsverzug des Auftraggebers B § 16 Nr. 5; § 17 Nr. 6

Nachprüfung
- behaupteter Verstöße A § 10 Nr. 5; § 31; § 13 SKR
- von Berechnungen B § 2 Nr. 9; § 3 Nr. 5

Nachprüfungsstelle, Angabe der − A § 17 Nrn. 1 u. 2; § 31; § 13 SKR; Anhänge A−E, G u. H; A/SKR−C/SKR u. E/SKR

nachträglich anerkannte Leistungen B § 2 Nr. 8

Nachtrag zur Niederschrift über Eröffnungstermin A § 22 Nrn. 5, 6 u. 7

Nachunternehmer A § 10 Nrn. 4 u. 5; § 7 SKR Nr. 3; B § 4 Nr. 8

Nachunternehmerleistungen A § 30a Nr. 1

Nachweis
- des Tages der Absendung der Bekanntmachung A § 17a Nr. 2; § 17b Nr. 4; § 8 SKR Nr. 4
- des Nichtvorliegens von Ausschlußgründen A § 8 Nr. 5; § 25 Nr. 2
- der Fachkunde usw. A § 8 Nr. 3; § 8b Nr. 6; § 5 SKR Nr. 1
- der Gleichwertigkeit der Leistung A § 21 Nr. 2; § 6 SKR Nr. 7
- der Leistung B § 14 Nr. 1; § 16 Nr. 1
- der Mängelursachen A § 13 Nr. 2
- der Eignung der Bieter A § 8 Nr. 3; § 8b Nrn. 1 u. 6; § 5 SKR Nrn. 1 u. 6; § 17 Nr. 1
- eines geringeren Schadens A § 11 Nr. 4
* mit dem Teilnahmeantrag verlangte −e A § 17 Nr. 2
* Verzicht auf − A § 30 Nr. 2

Name
- des Auftraggebers A § 17 Nrn. 1 u. 2; § 30a Nr. 1, Anhänge A−E u. G.; A/SKR−F/SKR
- des Auftragnehmers A § 27 Nr. 2; § 30a Nr. 1; Anhang E
- der Bewerber oder Bieter A § 22 Nrn. 3 u. 6; § 30a Nr. 1
* Geheimhaltung der −−− A § 17 Nr. 6

Nebenangebote
* Änderung von – A § 24 Nr. 3
* Einreichung von – A § 21 Nr. 3; § 22 Nrn. 3 u. 7; § 24 Nr. 1
* Mindestanforderung an – A § 10 Nr. 4; § 10b Nr. 1; § 7 SKR Nr. 2; § 25b Nr. 3; § 10 SKR Nr. 4
* Nichtzulassung von –n A § 17 Nrn. 1 u. 2; § 10 Nr. 5; § 10b Nr. 1; § 7 SKR Nr. 2
– ohne Hauptangebote A § 10 Nr. 5
* Wertung von –n A § 25 Nrn. 1 u. 5; § 25a Nr. 1; § 25b Nr. 3; § 10 SKR Nr. 4

Nebenkosten, Lohn- u. Gehalts- A § 10 Nr. 4; B § 15 Nr. 1

Nichtberücksichtigte Bewerbungen A § 27; § 27a

Nichterfüllung, Schadenersatz wegen – B § 8 Nr. 3

Nichterteilung des Zuschlags A § 25 Nr. 3

Nichtoffenes Verfahren A § 3a Nr. 1; § 3b Nr. 1; § 3 SKR Nr. 2
* Angebotsfrist beim –– A § 18a Nr. 2; § 18b Nr. 2; § 9 SKR Nr. 2
* Aufhebung eines –– A § 26a Nrn. 1 u. 3
* Bekanntmachung des –– A § 17a Nrn. 3 u. 4; § 17b Nr. 1; § 8 SKR Nr. 1, Anhang C u. B/SKR
* Bewerber beim –– A § 8a Nr. 2; § 8b Nr. 1; § 8 SKR Nr. 3
* Bewerbungsfrist beim –– A § 18a Nr. 2; § 18b Nr. 2; § 9 SKR Nr. 2
* Versand der Unterlagen beim –– A § 17b Nr. 7; § 8 SKR Nr. 8
* Zulässigkeit des –– A § 3a Nrn. 3–5

Nichtzahlung bei Fälligkeit B § 16 Nr. 5

Niederschrift
– über Abnahmeverhandlung bei förmlicher Abnahme B § 12 Nr. 4
– über Eröffnungstermin A § 22 Nrn. 4–7; § 23 Nr. 4
– über Zustand im Baubereich B § 3 Nr. 4

Nutzungsdauer A § 10a; § 10b Nr. 1; § 7 SKR Nr. 2

Normen
* europäische – A § 6 SKR Nr. 1; § 9b Nr. 1; § 9 Nr. 4, Anhang TS Nrn. 1.3 u. 2

* innerstaatliche – A § 9 Nr. 4; § 6 SKR Nr. 1, Anhang TS Nr. 2.3

O

öffentliche
– Ausschreibung A § 3 Nrn. 1, 3 u. 4; § 3a Nr. 1; § 3b Nr. 1; § 8 Nrn. 2 u. 3; § 17 Nr. 1; § 20 Nr. 1; § 25 Nr. 2
– Bekanntmachung A § 17a Nr. 2
– Hand, Betriebe der –n – A § 8 Nr. 6
– Vergabebekanntmachung A § 3a Nrn. 1, 4 u. 5

öffentlich-rechtliche Genehmigung und Erlaubnisse B § 4 Nr. 1

öffentlicher Auftraggeber A § 32a Nr. 1 B § 17 Nr. 6
– Unternehmer A § 28a Nr. 1
– Teilnahmewettbewerb A § 3 Nrn. 1 u. 3; § 3a Nr. 1; § 3b Nr. 1; § 8 Nr. 3; § 17 Nrn. 2 u. 4; § 18 Nr. 4

öffentliches Interesse A § 28a Nr. 1

Öffnung der Angebote A § 18 Nr. 2; § 22 Nrn. 1–3 u. 5; § 23 Nr. 1; § 24 Nr. 1; § 25 Nr. 1

Offenlassung von Mengenangaben A § 9 Nr. 11

Offenes Verfahren A § 3a Nr. 1; § 3b Nr. 1; § 3 SKR Nr. 2
* Angebotsfrist beim –– A § 18a Nr. 1; § 18b Nr. 1; § 9 SKR Nr. 1
* Anwendung des –– A § 3a Nr. 2
* Aufhebung eines –– A § 26a Nrn. 1 u. 3
* Bekanntmachung des –– A § 17a Nrn. 2 u. 4; § 17b Nr. 1
* Bewerber beim –– A § 8a Nr. 1
* Versand der Unterlagen beim –– A § 17a Nr. 5; § 17b Nr. 5

ordentlicher Rechtsweg, Ausschluß A § 10 Nr. 6

Ordnung
– allgemeine – auf der Baustelle B § 4 Nr. 1
– auf der Arbeitsstelle B § 4 Nr. 2

ordnungsgemäße Vertragserfüllung B § 3 Nr. 3

Ordnungszahl (Position) A § 9 Nr. 9; § 21 Nr. 1; § 23 Nr. 3; B § 3

Originalsprache, verbindliche — A § 17a Nr. 2; § 17b Nr. 4; § 8 SKR Nr. 4

Ort
- Ausführungs— A § 10 Nr. 5; § 17 Nrn. 1, 2 u. 5
- des Eröffnungstermins A § 10 Nr. 5; § 17 Nr. 1

Ortsbesichtigung, Erstellung von Angeboten nach — A § 10 Nr. 5; § 18a Nr. 4

ortsübliche Vergütung B § 15 Nr. 1

P

Patente A § 9 Nr. 5; § 6 SKR Nr. 5
Patentschutz A § 3 Nr. 4
Pauschalsumme B § 2 Nrn. 2, 3 u. 7
* Vergabe für— A § 5 Nr. 1; § 23 Nr. 3

Pauschalvertrag A § 5 Nr. 1
Personal für Leitung und Aufsicht A § 8 Nr. 3; § 5 SKR Nr. 1
Personen, zum Eröffnungstermin zugelassene — A § 17 Nr. 1; § 22 Nr. 1
Planungsleistungen A § 17 Nrn. 1 u. 2
Polier B § 15 Nr. 2
Position (Ordnungszahl) A § 9 Nr. 9; § 21 Nr. 1; § 23 Nr. 3; B § 3
Prämien (Beschleunigungsvergütungen) A § 10 Nr. 4; § 12 Nr. 2
Präqualifikationsverfahren A § 8b Nrn. 5–10; § 5 SKR Nr. 5
Prämienzuschläge, tarifmäßige Versicherungs— B § 13 Nr. 7

Preis/Preise
* Änderung der Grundlagen des —es B § 2 Nr. 5
* Änderung der Vertrags— A § 10 Nr. 4
* Angebots— A § 10a; § 10b Nr. 1; § 7 SKR Nr. 2; § 25 Nr. 3
* Angemessenheit der — A § 2 Nr. 1; § 24 Nr. 1; § 25 Nr. 3
* Berechnung der — A § 9 Nrn. 1 u. 3
* Beurteilung der — A § 7 Nr. 1
* den — betreffende Angaben A § 22 Nr. 3
* geforderte — A § 7 Nr. 1
* in Leistungsbeschreibungen eingesetzte — A § 6 Nr. 1
- änderungen A § 15; § 24 Nr. 3

- angaben A § 9 Nr. 12
- bildung A § 9 Nr. 9
* vereinbarte — A § 5b Nr. 1; § 4 SKR Nr. 1; B § 2 Nr. 1
* vertragliche Einheits— B § 2 Nr. 2
* Vertrags— A § 10 Nr. 4; B § 6 Nr. 5
* Wirkung der Gewährleistung auf — A § 13 Nr. 2

Preisermittlung
* Einsichtnahme in die — A § 24 Nr. 1
* einwandfreie — A § 3a Nr. 4; § 5 Nr. 3; § 9 Nr. 3
* für die — wesentliche Unterlagen A § 17 Nr. 5
* Grundlagen der — A § 15; § 17 Nr. 7; B § 2 Nrn. 6 u. 7
- zwecks Vereinbarung einer festen Vergütung A § 3a Nr. 4
* Unterlagen über die — A § 25 Nr. 3

Private Unternehmer A § 28a Nr. 1
Probe, Leistungen nach — B § 13 Nr. 2
Proben A § 9 Nr. 7; § 21 Nr. 1; § 22 Nr. 3; § 27 Nr. 4
Probestücke. Darstellung der Leistung durch — A § 9 Nr. 5

prüfbare
- Abrechnung B § 14 Nr. 1
- Aufstellung B § 16 Nr. 1
- Rechnung B § 8 Nr. 6; § 14 Nr. 4; § 16 Nr. 3

Prüfsystem A § 8b Nrn. 5 u. 11; § 5 SKR Nrn. 5 u. 11; § 8 SKR Nr. 3; § 17b Nr. 3

Prüfung
* Entziehung der — und Feststellung B § 12 Nr. 2
- der Angebote A § 19 Nr. 2; § 20 Nr. 3; § 23; § 10 SKR Nr. 2
- der Eignung der Bewerber A § 8 Nr. 4; § 8a Nr. 2; § 8b Nr. 5; § 5 SKR Nr. 5; § 10 Nr. 5; § 25 Nr. 2
- der Schlußrechnung B § 16 Nr. 3
- von Stoffen und Bauteilen B § 18 Nr. 3

Prüfungskriterien A § 8b Nr. 6; § 5 SKR Nr. 6

Prüfungsverfahren, allgemein gültige B § 18 Nr. 3

Q

Qualifikation
* Aberkennung der – A § 8b Nr. 10; § 5 SKR Nr. 10
* Entscheidung zur – A § 8b Nrn. 7 u. 8; § 5 SKR Nrn. 7 u. 8
- sregeln A § 8b Nr. 5; § 5 SKR Nr. 5
- sstufen A § 8b Nr. 5; § 5 SKR Nr. 5

Qualifizierungssystem einer anderen Einrichtung A § 8b Nr. 5; § 5 SKR Nr. 5

R

Rahmenvereinbarung A § 3b Nr. 2; § 3 SKR Nr. 3; § 5b; § 4 SKR
* Wert der – A § 1b Nr. 4; § 1 SKR Nr. 5

Rechnung (s. auch Schlußrechnung)
* Prüfbarkeit B § 14 Nr. 1
* prüfbare – B § 8 Nr. 6; § 14 Nr. 4; § 16 Nr. 3

Rechnungen, Stundenlohn B § 15 Nr. 4

Recht auf Nutzung der baulichen Anlagen A § 32 Nr. 1

rechtsverbindliche Unterschrift A § 21 Nr. 1; § 25 Nr. 1

Rechtsweg, Ausschluß des ordentlichen –s A § 10 Nr. 6

regelmäßig wiederkehrende Unterhaltungsarbeiten A § 6 Nr. 2

regelmäßige Bekanntmachung A § 9b Nr. 5; § 6 SKR Nr. 8; § 17b Nrn. 2 u. 3; § 8 SKR Nrn. 2 u. 3; § 18b Nr. 1; § 9 SKR Nr. 1, Anhang E/SKR

Regeln
* anerkannte – der Technik B § 4 Nr. 2; § 13 Nrn. 1 u. 7
* Qualifizierungs- A § 8b Nrn. 5 u. 6; § 5 SKR Nr. 5

Rentabilität, Bauvorhaben die nicht die – zum Ziel haben A § 3a Nr. 4

Rückgabe der Sicherheit A § 14 Nr. 2; B § 17 Nr. 8

S

sachdienliche zusätzliche Auskünfte A § 17 Nr. 7

Sachverständige, Mitwirkung von –n A § 7; § 23 Nr. 2; B § 12 Nr. 4

Sammelposition (Ordnungszahl) A § 9 Nr. 9

Schaden
* Bewahrung vor – A § 14 Nr. 2
- an der baulichen Anlage B § 13 Nr. 7
- eines Dritten B § 10 Nr. 2
- Verzugs- A § 11 Nr. 4; B § 16 Nr. 5

Schadenersatz
- bei Aufrechterhaltung des Vertrags B § 5 Nr. 4
- bei Beschädigung oder Zerstörung B § 7
- bei mangelhaften Leistungen B § 4 Nr. 7; § 13 Nr. 7
- bei Nichterfüllung B § 8 Nrn. 2 u. 3
- bei Unterbrechung der Ausführung B § 6 Nr. 6
- bei Deckung durch Versicherung B § 13 Nr. 7
- bei vertragswidrigen Leistungen B § 4 Nr. 7
- gegenüber einem Dritten B § 10 Nr. 3

Schäden
* Haftung für – B § 2 Nr. 8
* Verteilung der Gefahr bei – A § 10 Nr. 4; B § 7 Nr. 1

Schlußrechnung B § 14 Nr. 3; § 16 Nr. 3
* Aufstellung der – durch den Auftraggeber B § 14 Nr. 4

Schlußzahlung B § 16 Nr. 3

Schnee A § 10 Nr. 4; B § 4 Nr. 5

Schriftform
- der Abnahmeverhandlung B § 12 Nr. 4
- der Anzeige bei Behinderung B § 6 Nr. 1
- des Bescheides der vorgesetzten Stelle B § 18 Nr. 2
- des Einspruchs gegen Bescheid der vorgesetzten Stelle B § 18 Nr. 2
- der Mitteilung über Fertigstellung der Leistung zwecks Abnahme B § 12 Nr. 5
- der Kündigung B § 6 Nr. 7; § 8 Nrn. 5 u. 6; § 9 Nr. 2
- der Zustimmung zur Weitervergabe von Leistungen B § 4 Nr. 8
- für Verlangen der Mängelbeseitigung B § 13 Nr. 5

Schriftform

- für Einwendungen bei Stundenlohnarbeiten B § 15 Nr. 3
- für Ablehnung weiterer Zahlungen B § 16 Nr. 3

schriftliche
- Aufklärung über die Ermittlung der Preise A § 25 Nr. 3
- Mitteilung von Bedenken B § 4 Nr. 3
- Niederlegung von Verhandlungsergebnissen A § 24 Nr. 1
- Zurückziehung von Angeboten A § 18 Nr. 3

Schuldnerverzug des Auftraggebers B § 9 Nr. 1

Schutz
- der Bauleistung vor Beschädigung und Diebstahl B § 4 Nr. 5
- der Vertraulichkeit A § 2b; § 2 SKR
- von Ausschließlichkeitsrechten A § 3a Nr. 5; § 3b Nr. 2; § 3 SKR Nr. 3
- vor Winterschäden u. Grundwasser B § 4 Nr. 5

Schutzniveau A § 21 Nr. 2

Schutzrechte, Verletzung gewerblicher – B § 10 Nr. 4

Schwellenwert A § 1a Nrn. 1, 2 u. 4; § 1b Nrn. 1–3; § 1 SKR Nr. 3; § 3a Nr. 5; § 30b Nr. 2; § 12 SKR Nr. 2

schwerwiegende Gründe für Aufhebung der Ausschreibung A § 26 Nr. 1

Schwierigkeiten, unverhältnismäßige, technische, bei Gebrauch, Betrieb oder Wartung A § 3a Nr. 5

Selbstkosten A § 5 Nr. 3; § 20 Nr. 1; B § 2 Nr. 2

Selbstkostenerstattungsvertrag A § 5 Nr. 3

Sicherheit
* Arten der – B § 17 Nrn. 2 u. 3
* geforderte – A § 10 Nr. 5; § 17 Nrn. 1 u. 2
* Ersatz einer – durch eine andere B § 17 Nr. 3
* Höhe der – A § 10 Nr. 5; § 14 Nr. 2
* Rückgabe der – A § 14 Nrn. 2 u. 3; B § 17 Nr. 8
- für die Erfüllung der vertraglichen Pflichten A § 8 Nr. 4; § 14 Nr. 2; § 25 Nr. 2

Statistik

* Wahl der – B § 17 Nr. 3
* Zweck der – B § 17 Nr. 1

Sicherheitseinbehalt B § 17 Nr. 7

Sicherheitsleistung
* Arten der – B § 17 Nr. 2
* Frist für – B § 17 Nr. 7
* Höhe der – A § 10 Nr. 5; § 17 Nrn. 1 u. 2
- bei Abschlagszahlungen B § 16 Nr. 1
- bei Vorauszahlungen B § 16 Nr. 2
- durch Bürgschaft B § 17 Nrn. 2 u. 4
- durch Einbehalt von Geld B § 17 Nrn. 2 u. 6
- durch Hinterlegung B § 17 Nrn. 2 u. 5
* Verzicht auf – A § 14 Nr. 1

Sicherstellung des echten Wettbewerbs A § 8a Nr. 2

Sitz, Geschäfts- des Auftraggebers A § 17 Nr. 5

Skontoabzüge B § 16 Nr. 5

Sonderkosten B § 15 Nrn. 1, 3 u. 5

Sozialkassenbeiträge B § 15 Nr. 1

Sozialversicherung, Beiträge zur gesetzlichen – A § 8 Nr. 5; § 5 SKR Nr. 2

Sperrkonto für Hinterlegung B § 17 Nr. 5 u. 6

Spezifikation
* einzelstaatliche – Anhang TS Nrn. 2.1 u. 2.2
* gemeinsame – Anhang TS Nrn. 1.5–2
* gemeinschaftsrechtliche – A § 9 Nr. 4; § 9a; § 9b Nrn. 1–3; § 6 SKR Nrn. 2–4; § 17a Nr. 3; § 30a Nr. 1; § 30b Nr. 1; § 12 SKR Nr. 1
* technische – A § 9b Nrn. 5 u. 6; § 6 SKR Nrn. 7 u. 8; Anhang TS Nrn. 1.1, 1.2, 2.1–2.3

Sprache
* Amts – A § 17a Nr. 2; § 17b Nr. 4; § 8 SKR Nr. 4
* deutsche – A § 10a; § 10b Nr. 1; § 7 SKR Nr. 2
* Original – A § 17a Nr. 2; § 17b Nr. 4; § 7 SKR Nr. 4
- der Angebote A § 17 Nrn. 1 u. 2

statische Berechnungen A § 9 Nr. 7; § 20 Nr. 2

Statistik, EG – – A § 30a Nr. 2

Stelle zur Nachprüfung

Stelle zur Nachprüfung von Vergabeverstößen A § 10 Nr. 5; § 17 Nrn. 1 u. 2; § 31; Anhänge A–E, G u. H
Steuern, Zahlung von – und Abgaben A § 8 Nr. 5; § 5 SKR Nr. 2; § 25 Nr. 1
Stoffe (s. auch Bauteile)
* Vergütung der – A § 5 Nr. 3 B § 15 Nrn. 3 u. 5
Stoffkosten der Baustelle B § 15 Nr. 1
Strafe, Vertrags– A § 10 Nr. 4; § 12; B § 8 Nr. 7; § 11; § 12 Nrn. 4 u. 5
Straßen, Zustand der – B § 3 Nr. 4
Straßenverkehrsrecht B § 4 Nr. 1
Streik B § 6 Nr. 2
Streitfälle. keine Arbeitseinstellung bei – n B § 18 Nr. 4
Streitigkeiten A § 10 Nr. 6; B § 18
Stundenlohn A § 5 Nr. 2
Stundenlohnarbeiten
* Anzeigepflicht bei – B § 15 Nr. 3
* Beaufsichtigung von – B § 15 Nr. 2
* Vereinbarung über – A § 10 Nr. 4
* Vergütung von – A § 7 Nr. 1; B § 2 Nr. 10
Stundenlohn-
– leistungen B § 15 Nr. 5
– rechnungen B § 15 Nr. 4
– sätze B § 2 Nr. 2
– vertrag A § 5 Nr. 2
– zettel B § 15 Nrn. 3 u. 5
– zuschläge A § 7 Nr. 1
Sturmfluten A § 10 Nr. 4

T

Tag der Absendung der
– Aufforderung zur Angebotsabgabe A § 17 Nr. 2
– der Bekanntmachung A § 17a Nrn. 2 u. 3; § 17b Nr. 4; § 8 SKR Nr. 2; § 18a Nrn. 1 u. 2; § 18b Nr. 1; § 9 SKR Nr. 2
– der Vorinformation A § 17a Nr. 3
– von Teilnahmeanträgen A § 18 Nr. 2
Tage
* Kalender– A § 17a Nrn. 5 u. 6; § 17b Nrn. 5 u. 6; § 8 SKR Nrn. 5 u. 6; § 18 Nr. 6; § 18a Nrn. 1 u. 2; § 18b Nr. 1; § 9 SKR Nrn. 1 u. 2; § 19 Nr. 2; § 27

Teilnahmeanträge

Nrn. 2 u. 4; § 28a Nr. 2; § 32a Nrn. 1 u. 2
* Werk– B § 11 Nr. 3; § 16 Nr. 1
Tageszeitungen A § 17 Nrn. 1 u. 2; § 17a Nrn. 1 u. 2
tatsächlich
– ausgeführte Leistungen B § 2 Nr. 2
– ausgeführte Menge der Leistung B § 2 Nr. 3
– ausgeführte Menge der Teilleistung B § 2 Nr. 3
Tauglichkeit
* Wert und – der Bauleistung B § 13 Nr. 1
– des Bürgen B § 17 Nr. 4
Technik, anerkannte Regeln der – B § 4 Nr. 2; § 13 Nrn. 1 u. 7
Teilabnahme B § 12 Nr. 2; § 13 Nr. 4; § 16 Nr. 4
Teile der Leistung A § 9 Nr. 12; § 11 Nr. 2; B § 2 Nr. 7; § 6 Nr. 5; § 7; § 8 Nr. 2; § 12 Nr. 2
* Keine Abnahme von –n – – durch Abschlagszahlung B § 16 Nr. 1
* in sich abgeschlossene – – –; Abnahme B § 12 Nr. 2; § 16 Nr. 4
– der vertraglichen Leistung B § 4 Nr. 1; § 8 Nr. 3
Teilleistung
* Fristen für –en A § 11 Nr. 2
* noch nicht bestimmbare – A § 9 Nr. 12
* im Einheitspreis erfaßte – B § 2 Nr. 3
* in – gegliedertes Leistungsverzeichnis A § 9 Nr. 6
* technisch und wirtschaftlich einheitliche – A § 5 Nr. 1
Teilnahme am Wettbewerb A § 8 Nr. 5; § 17 Nr. 2; § 17a Nr. 2
Teilnahmeanträge
* Einreichung von –n A § 3 Nr. 1; § 17a Nr. 2
* Frist für die Einsendung von –n § 17 Nr. 2; § 18 Nr. 3; § 18a Nr. 2; § 18b Nr. 2; § 9 SKR Nr. 2
* mit den –n zu liefernde Nachweise A § 8 Nr. 3; § 8a Nr. 3; § 17 Nr. 2
* Übermittlung von –n A § 17 Nr. 3; § 8 SKR Nr. 9

629

Teilnahmewettbewerb, öffentlicher –
A § 3 Nrn. 1 u. 3; § 3a Nr. 1; § 3b Nr. 1;
§ 8 Nr. 3; § 17 Nr. 2; § 17a Nr. 2; § 18
Nr. 4
Teilnehmer am Wettbewerb A § 8; § 8a;
§ 8b; § 5 SKR
Telegrammübermittlung
– der Bekanntmachung A § 17a Nr. 2
– des Teilnehmeantrages A § 17 Nr. 3;
§ 8 SKR Nr. 9
telegrafische Zurückziehung von
Angeboten A § 18 Nr. 3
Trennung von Leistungen vom Hauptauftrag A § 3 Nr. 4; § 3 SKR Nr. 3

U

Übergabe von Zeichnungen und Unterlagen A § 11 Nr. 3
Übermittlung
– der Vergabeunterlagen A § 17 Nr. 4
– von Anträgen auf Teilnahme A § 17 Nr. 3; § 8 SKR Nr. 9
– von Bekanntmachungen A § 17a Nr. 1; § 17b Nr. 4; § 8 SKR Nr. 4
Übernahme von Leistungen durch Auftraggeber B § 2 Nr. 4
Überschreitung
– des Mengenansatzes B § 2 Nr. 3
– von Vertragsfristen A § 12 Nr. 1
Überwachung der vertragsmäßigen Ausführung B § 4 Nr. 1
Umsatz des Unternehmers A § 8 Nr. 3; § 5 SKR Nr. 1
Umsatzsteuer
* Abschlagszahlung für – B § 16 Nr. 1
* Vergütung der – B § 2 Nr. 3; § 15 Nr. 1
* Wert ohne – A § 1a Nrn. 1 u. 2; § 1b Nr. 1; § 1 SKR Nr. 2
Umschlag der Angebote, Aufbewahrung A § 22 Nrn. 1 u. 5
Umstände
* für den Auftragnehmer unabwendbare – B § 6 Nr. 2; § 7
* hindernde – B § 6 Nrn. 1, 3 u. 6
* unabwendbare – B § 6 Nr. 2; § 7
* vom Auftraggeber zu vertretende – B § 6 Nr. 2

unangemessen niedriger Angebotspreis A § 25 Nr. 3
unberechtigte Anordnung des Auftraggebers B § 4 Nr. 1
unbestrittenes Guthaben B § 16 Nr. 3
Unfall-
– gefahren, Sicherung gegen – B § 4 Nr. 3
– verhütungsvorschriften B § 15 Nr. 2
ungerechtfertigte Erschwerung B § 4 Nr. 1
ungewöhnliches Wagnis A § 9 Nr. 2
Unmöglichkeit der Mängelbeseitigung B § 13 Nr. 6
Unterbrechung der Ausführung B § 6
Unterhaltungsarbeiten, regelmäßig wiederkehrende – A § 6 Nr. 2
Unterhaltungskosten als Wertungskriterien A § 10a
Unterlagen (s. auch Vergabe-, Verdingungs-)
* Abgabe von – A § 20 Nr. 1
* Angebots– A § 10 Nr. 4; § 7 SKR Nr. 2; § 20 Nr. 3; § 29 Nr. 1
* Aufbewahrung von – A § 30b Nr. 1; § 12 SKR Nr. 1
* Behalten von – B § 3 Nr. 6
* Beschaffung von – für Angebotsbearbeitung A § 18 Nr. 1
* für die Preisermittlung wesentliche – A § 17 Nr. 5
* für die Ausführung B § 3 Nr. 6
* über die Preisermittlung A § 25 Nr. 3
* Vergütung für Beschaffung von – B § 2 Nr. 9
* vertrauliche Behandlung von – B § 4 Nr. 1
* Verzicht auf Vorlage von – A § 30 Nr. 2
* Vorlage von – B § 3 Nrn. 5 u. 6; § 4 Nr. 1
* zusätzliche – A § 17a Nr. 5; § 18a Nr. 1
Unternehmer
* Aufforderung der – zum Teilnahmewettbewerb A § 17a Nr. 2
* Aufforderung der – zur Angebotsabgabe A § 3 Nr. 1; § 3 SKR Nr. 2

Unternehmer

* Auswahl der – beim Verhandlungsverfahren A § 3a Nr. 1; § 3b Nr. 2; § 3 SKR Nr. 2
* Interessen öffentlicher oder privater – A § 28a Nr. 1
* Prüfung der – A § 2b Nr. 2; § 2 SKR Nr. 2
* Verhandlungen mit – A § 3a Nr. 1, § 3b Nr. 1; § 3 SKR Nr. 1
* Zusammenwirken mehrerer – B § 4 Nr. 1

Unternehmerwagnis, allgemeines – § 15 Nr. 1

Unterrichtung der Bieter nach Aufhebung der Ausschreibung A § 26 Nr. 2

Unterschreitung des Mengenansatzes B § 2 Nr. 3

Unterschrift
* Beglaubigung einer – A § 29 Nr. 2
* rechtsverbindliche – A § 21 Nr. 1; § 25 Nr. 1

Untersuchung, materialtechnische – B § 18 Nr. 3

Untrennbarkeit von Leistungen A § 3 Nr. 4; § 3a Nr. 5; § 3b Nr. 2; § 3 SKR Nr. 2

Unvereinbarkeit technische A § 3a Nr. 5

unverzügliche Anzeige des Auftragnehmers B § 2 Nr. 8
– Vorlage der Rechnung B § 8 Nr. 6
– Rückgabe der Stundenlohnzettel B § 15 Nr. 3
– Wiederaufnahme der Arbeiten B § 6 Nr. 3

unzureichende Arbeitskräfte, Geräte usw. B § 5 Nr. 3

unzutreffende Erklärungen A § 8 Nr. 5; § 5 SKR Nr. 2

unzweckmäßige Anordnungen des Auftraggebers B § 4 Nr. 1

Urheber, Genehmigung des –s B § 3 Nr. 6

Urkunde
* besondere – für Schiedsvertrag A § 10 Nr. 6
* Vertrags- A § 29

urkundliche Festlegung des Vertrages A § 28 Nr. 2

Vereinbarung

ursprüngliche
– Auftragsbedingungen A § 3a Nrn. 4 u. 5; § 3b Nr. 2; § 3 SKR Nr. 3
–r Auftragnehmer A § 3a Nr. 5; § 3b Nr. 2; § 3 SKR Nr. 2

Ursprungsorte A § 9 Nr. 5; § 24 Nr. 1

Urschrift des Leistungsverzeichnisses A § 21 Nr. 1

V

Veräußerung von Stoffen und Bauteilen B § 4 Nr. 6

Verantwortung
– des Auftraggebers B § 4 Nr. 3
– des Auftragnehmers B § 4 Nr. 2

Verbrauch von Stoffen B § 15 Nrn. 3 u. 5

Verdingungsordnung für Bauleistungen bei Weitervergabe B § 4 Nr. 8

Verdingungsunterlagen
* Änderungen an den – A § 21 Nr. 1
* Änderung der – A § 3a Nr. 4; § 26 Nr. 1
* Angabe der Nachprüfungsstelle in den – A § 31
* Angaben in den – A § 9 Nrn. 4 u. 12; § 6 SKR Nr. 1; § 10 Nrn. 1 u. 5; § 7 SKR Nr. 1
* Anschreiben zu den – A § 10 Nrn. 1 u. 5; § 7 SKR Nrn. 1 u. 2
* Fertigstellung der – vor Ausschreibung A § 16 Nr. 1
* Versendung der – A § 10 Nr. 5; § 7 SKR Nr. 2
* Vorbereitung der – A § 7 Nr. 1

vereinbart
* nicht –e Leistungen B § 1 Nr. 4
–e Preise B § 2 Nr. 1
–er Zweck B § 3 Nr. 6

Vereinbarung
– von Sicherheitsleistung A § 14; B § 17 Nr. 1
– der Abrechnung von Stundenlohnarbeiten B § 15 Nr. 1
– von Stundenlohnarbeiten B § 2 Nr. 10
– besonderen Versicherungsschutzes B § 13 Nr. 7
– zur Nutzung von Angebotsunterlagen A § 20 Nr. 3

631

Verfahren (s. auch Vergabeverfahren)
* Angebots – A § 6
* Auf- und Abgebots – A § 6 Nr. 2
* beschleunigtes – A § 17a Nrn. 2 u. 3
* bestimmte – A § 9 Nr. 5; § 6 SKR Nr. 5
* förmliches – A § 3 Nr. 1
* Konkurs – A § 8 Nr. 5; § 5 SKR Nr. 2
* nicht offenes – A § 3a Nrn. 1 u. 3–5; § 3b Nrn. 1 u. 2; § 3 SKR Nr. 2; § 8a Nr. 2; § 10a; § 17a Nrn. 3 u. 4; § 17b Nr. 7; § 8 SKR Nr. 8; § 18a Nr. 2; § 18b Nr. 2; § 9 SKR Nr. 2; § 26a Nrn. 1 u. 2
* offenes – A § 3a Nrn. 1, 2, 4 u. 5; § 3b Nrn. 1 u. 2; § 3 SKR Nr. 2; § 8a Nr. 1; § 17a Nrn. 1 u. 5; § 17b Nrn. 1 u. 5; § 8 SKR Nr. 5; § 18a Nr. 1; § 18b Nr. 1; § 9 SKR Nr. 1; § 26a Nrn. 1 u. 3
* Präqualifikations – A § 8b Nr. 5; § 5 SKR Nr. 5
* schiedsrichterliches – A § 10 Nr. 6
* Stufen des –s A § 30 Nr. 1
– mit vorherigem Aufruf A § 3b Nr. 2; § 3 SKR Nrn. 1 u. 3
– ohne vorherigen Aufruf A § 3b Nr. 2; § 3 SKR Nr. 3
* Vergleichs – A § 8 Nr. 5; § 5 SKR Nr. 2; B § 8 Nr. 2
* Verhandlungs – A § 3a Nrn. 1, 3 u. 5; § 3b Nrn. 1 u. 2; § 3 SKR Nrn. 2 u. 3; § 8a Nrn. 3 u. 4; § 8b Nr. 1; § 10a; § 17b Nrn. 2 u. 7; § 8 SKR Nrn. 2 u. 8; § 18a Nr. 3; § 18b Nr. 2; § 9 SKR Nr. 2; § 26a Nr. 2; § 27a; § 30a Nr. 1
* vorgeschriebenes – A § 3 Nr. 1
* Wahl des –s A § 3 Nrn. 2–4; § 3a Nrn. 2–5; § 3b Nr. 5; § 3 SKR Nr. 1

Verfehlungen A § 8 Nr. 5; § 5 SKR Nr. 2

Vergabe
* Arten der – A § 3; § 3a; § 3b; § 3 SKR; § 4; § 10 Nr. 5; § 17 Nrn. 1 u. 2
* einheitliche – A § 4 Nr. 1
* Freihändige – A § 3 Nrn. 1 u. 4; § 3a Nr. 1; § 3b Nr. 1; § 8 Nrn. 2 u. 4; § 19 Nr. 4; § 20 Nr. 2; § 22 Nr. 8; § 23 Nr. 3; § 25 Nrn. 2 u. 7
* Grundsätze der – A § 2
* neue – A § 26 Nr. 2; § 27 Nr. 3
– an Dritte A § 1a Nr. 6; § 32a Nr. 3

– für Pauschalsumme A § 5 Nr. 1; § 23 Nr. 3
– nach Losen A § 1a Nr. 1; § 1b Nr. 1; § 1 SKR Nr. 2; § 4 Nrn. 2 u. 3; § 10 Nr. 5; § 17 Nrn. 1 u. 2
– von Baukonzessionen A § 32 Nr. 2; § 32a Nr. 1
– von zusätzlichen Leistungen A § 3a Nr. 5; § 3b Nr. 2; § 3 SKR Nr. 3
* Vorbereitung der – A § 7 Nr. 1
* Weiter – A § 10 Nr. 4; B § 4 Nr. 8
* Zusammen – A § 4 Nr. 3

Vergabebekanntmachung
* Öffentliche – A § 3a Nrn. 1, 4 u. 5
* Verhandlungsverfahren mit – A § 8a Nr. 3; § 17a Nr. 2; § 18a Nr. 3; § 26a Nr. 2; § 27a

Vergabebestimmungen, Verstöße gegen – A § 10 Nr. 5; § 17 Nrn. 1 u. 2; § 31; § 13 SKR

Vergabefremde Zwecke A § 16 Nr. 2

Vergabeprüfstelle A § 10 Nr. 5; § 17 Nrn. 1 u. 2; § 31; § 13 SKR

Vergabestatistik A § 30a Nr. 2

Vergabestelle A § 17 Nrn. 1 u. 2

Vergabeunterlagen A § 9a; § 10 Nr. 1; § 10a; § 10b; § 7 SKR; § 17a Nr. 5; § 17b Nr. 5; § 8 SKR Nr. 5

Vergabevermerk A § 9a; § 30 Nrn. 1 u. 2; § 30a Nr. 1

Vergabeverfahren
* Einleitung des ersten –s A § 1a Nr. 3; § 1b Nr. 5; § 1 SKR Nr. 6
* Einleitung eines neuen –s nach Aufhebung A § 26 Nr. 2
* gewähltes – A § 17 Nrn. 1 u. 2; § 26 Nr. 2

Vergleichsverfahren A § 8 Nr. 5; § 5 SKR Nr. 2; B § 8 Nr. 2

Vergütung A § 3 Nr. 4; § 5 Nrn. 1 u. 3; § 15; B § 2; § 4 Nr. 9; § 6 Nrn. 5 u. 7; § 8 Nrn. 1 u. 3; § 13 Nr. 6; § 15 Nrn. 1 u. 5
* Änderung der – A § 15
* angemessene – für Geräte, Gerüste, Stoffe und Bauteile B § 8 Nr. 3
* besondere – B § 2 Nr. 6
* feste – A § 3a Nr. 4

Vergütung

* geschätzte – A § 3a Nr. 5
* Minderung der – B § 13 Nr. 6
* ortsübliche – B § 15 Nr. 1
- der Kosten der Baustellenräumung B § 6 Nr. 7
- der Leistung B § 2 Nr. 7
- der Löhne, Stoffe, Gerätevorhaltung usw. A § 5 Nr. 3
- nach Leistung A § 5 Nr. 1
- nachträglich anerkannter Leistungen B § 2 Nr. 8
- von Mehrkosten B § 2 Nr. 6; § 4 Nr. 9
- von Stundenlohnarbeiten B § 2 Nr. 10; § 15 Nrn. 1 u. 5

Vergütungspflicht des Auftraggebers bei Kündigung B § 8 Nr. 1

Verhältnisse, außergewöhnliche – B § 13 Nr. 7

Verhandlung
- über den Auftragsinhalt A § 3a Nr. 1; § 3b Nr. 1; § 3 SKR Nr. 2
- mit Bietern A § 24

Verhandlungsergebnisse, Geheimhaltung A § 24 Nr. 1

Verhandlungsleiter A § 18 Nr. 2; § 22 Nrn. 2–4; § 23 Nr. 1; § 25 Nr. 1

Verhandlungsverfahren A § 3a Nr. 1; § 3b Nr. 1; § 3 SKR Nrn. 2 u. 3
* Angebotsfrist beim – A § 18a Nrn. 2 u. 3; § 18b Nr. 2; § 9 SKR Nr. 2
* Bekanntmachung des –s A § 10a; § 17a Nr. 4; § 17b Nr. 2; § 8 SKR Nr. 2
* Bewerber beim – A § 8a Nrn. 3–5; § 8b Nr. 1; § 5 SKR Nr. 1
* Bewerbungsfrist beim – A § 18a Nrn. 2 u. 3; § 18b Nr. 2; § 9 SKR Nr. 2
* Einstellung des –s A § 26a Nrn. 2 u. 3
* nicht berücksichtigte Bewerbungen beim – A § 27a
- nach öffentlicher Vergabebekanntmachung A § 3a Nr. 4; § 8a Nr.3; § 18a Nr. 3; § 26a Nrn. 2 u. 3; § 27a
- ohne öffentliche Vergabebekanntmachung A § 3a Nr. 5
* Versand der Unterlagen beim – A § 17b Nr. 7; § 8 SKR Nr. 8
* Wahl des –s A § 30a Nr. 1
* Zulässigkeit des – A § 3a Nrn. 4 u. 5

Veröffentlichung

Verjährung des Anspruchs auf Beseitigung gerügter Mängel B § 13 Nr. 5

Verjährungsfristen
* Bemessung der – A § 13 Nr. 2
* gesetzliche – B § 13 Nr. 7
- für Gewährleistung B § 13 Nrn. 4 u. 5

Verkehrssitte, gewerbliche – A § 3 Nr. 5; § 9 Nr. 8; B § 2 Nrn. 1 u. 9

Verkürzung
- der Angebotsfrist bei Vorinformation/ regelmäßiger Bekanntmachung A § 18a Nrn. 1 u. 2; § 18b Nr. 1; § 9 SKR Nr. 1
- der Bewerbungsfrist bei Dringlichkeit A § 18a Nr. 2; § 18b Nr. 2; § 9 SKR Nr. 2

Verlängerung
- der Angebotsfristen A § 18a Nrn. 1 u. 4; § 18b Nr. 3; § 9 SKR Nr. 3
- der Ausführungsfristen B § 6 Nrn. 2 u. 4

Verlangen
* auf – B § 2 Nrn. 7 u. 8; § 3 Nr. 6
* auf besonderes – B § 3 Nr. 5
- auf Rückgabe von Entwürfen, usw. A § 27 Nr. 4
- auf Mitteilung der Gründe für die Nichtberücksichtigung des Angebots A § 27 Nr. 2
- der EG-Kommission A § 30a Nr. 1; § 30b Nr. 1; § 12 SKR Nr. 1
- des Bieters auf Mitteilung des Namens des Auftragnehmers A § 27 Nr. 2
- nach Richtigstellung der Schlußrechnung B § 16 Nr. 3

Verlegen und Anbringen A § 1a Nr. 2

Verlesung der Angebote A § 22 Nrn. 1 u. 3

Vermerk über die Vergabe A § 30 Nrn. 1 u. 2; § 30a Nr. 1

vermutete Mängel B § 3 Nr. 3

Veröffentlichung
* inländische –en A § 17a Nr. 2; § 17b Nr. 4; § 8 SKR Nr. 4
* Kosten der – A § 17a Nr. 2; § 17b Nr. 1; § 8 SKR Nr. 1
* Tag der – A § 17a Nr. 3
* Verbot der – A § 22 Nr. 7

633

Veröffentlichung

- einer Bekanntmachung A § 10b Nr. 1;
  § 7 SKR Nr. 2; § 17 Nr. 1; § 17a Nr. 2;
  § 17b Nr. 1; § 8 SKR Nr. 1
- einer Bekanntmachung über Bestehen
  eines Prüfsystems A § 17b Nrn. 1 u. 3;
  § 8 SKR Nrn. 1 u. 3
- einer regelmäßigen Bekanntmachung
  A § 17b Nr. 1; § 8 SKR Nrn. 1 u. 2
- im Amtblatt A § 8b Nr. 11; § 5 SKR
  Nr. 11; § 17a Nr. 2; § 17b Nr. 4; § 28b
  Nrn. 2 u. 3; § 11 SKR Nrn. 2 u. 3
- in Tageszeitungen u. a. A § 17 Nrn. 1
  u. 2; § 17a Nrn. 1 u. 2

Veröffentlichungsblätter, amtliche –
A § 17 Nrn. 1 u. 2; § 17a Nrn. 1 u. 2

Verrechnungssätze A § 7 Nr. 1

Verschluß der Angebote A § 22 Nrn. 1, 3 u. 6

Verschulden
- des Auftragnehmers B § 13 Nr. 7
* Haftung für – B § 10 Nr. 1

Versicherer B § 13 Nr. 7

Versicherung der gesetzlichen
Haftpflicht B § 10 Nr. 2; § 13 Nr. 7

Versicherungsaufsichtsbehörde B § 13 Nr. 7

Versicherungsbedingungen, Allgemeine –
B § 13 Nr. 7

Versicherungsschutz, besonderer –
B § 13 Nr. 7

verspätete Zuschlagserteilung A § 28 Nr. 2

Versperrung von Wegen und Wasserläufen B § 10 Nr. 3

Verstöße gegen Vergabebestimmungen
A § 10 Nr. 5; § 17 Nrn. 1 u. 2; § 31;
§ 13 SKR

Verstoß gegen anerkannte Regeln der
Technik B § 13 Nr. 7

Versuchszwecke, Bauvorhaben nur zu
–n A § 3a Nr. 4; § 3b Nr. 2; § 3 SKR Nr. 3

Verteilung der Gefahr A § 10 Nr. 4; B § 7

Verträge, Meinungsverschiedenheiten bei
–n mit Behörden B § 18 Nr. 2

Vertrag A § 3a Nr. 5; § 10 Nr. 1; § 21 Nr. 3;
§ 28 Nr. 2; B § 1 Nr. 2; § 5 Nr. 4; § 8;
§ 9; § 14 Nr. 1
* Abschluß des –s A § 21 Nr. 3; § 28 Nr. 2

Vertragsbedingungen

* Änderungen des –s B § 14 Nr. 1
* Aufrechterhaltung des –s B § 5 Nr. 4
* Bestandteile des –es A § 10 Nr. 1;
  B § 14 Nrn. 1 u. 2
* dem – zugrunde liegender Entwurf
  A § 3a Nr. 5
* Einheitspreis – A § 5 Nr. 1
* Ergänzungen des –s B § 14 Nr. 1
* Kündigung des –s durch Auftraggeber
  B § 8
* Kündigung des –s durch Auftragnehmer B § 9
* Leistungs– A § 5 Nr. 1
* Pauschal– A § 5 Nr. 1
* Selbstkostenerstattungs- A § 5 Nr. 3
* Streitigkeiten aus dem – A § 10 Nr. 5
* Stundenlohn– A § 5 Nr. 2
- mit Dritten A § 1a Nr. 6
* Widersprüche im – B § 1 Nr. 2

vertraglich
–e Einheitspreise B § 2 Nr. 2
–e Leistung B § 1 Nr. 4; § 2 Nrn. 1 u. 6;
§ 4 Nrn. 1 u. 2; § 8 Nr. 3
–e Vereinbarungen B § 15 Nr. 1
- zugesicherte Eigenschaften B § 13
  Nrn. 1 u. 7

Vertrags-
- art A § 10 Nr. 4
- bestandteile A § 10 Nr. 1; B § 14 Nr. 1
- erfüllung, ordnungsgemäße – B § 3 Nr. 3
- fristen A § 11 Nr. 2; § 12; B § 5 Nr. 1
- gemäße Ausführung der Leistung
  A § 7 Nr. 1; § 13 Nr. 1; § 14 Nr. 1; B § 4
  Nr. 1; § 16 Nr. 1; § 17 Nr. 1
- inhalt A § 29 Nr. 1
- preis A § 10 Nr. 4; B § 6 Nr. 5; § 9 Nr. 3
- strafe A § 10 Nr. 4; § 12 Nr. 1; B § 8
  Nr. 7; § 11; § 12 Nrn. 4 u. 5
- Urkunde, Ausfertigung der – A § 29 Nr. 2
- widrige Leistungen B § 4 Nr. 7; § 13 Nr. 5

Vertragsbedingungen
* Allgemeine – A § 10 Nrn. 1 u. 2; § 13 Nr. 2

- * Allgemeine Technische – A § 10 Nrn. 1, 3 u. 5; § 9 Nr. 3; B § 1 Nrn. 1 u. 2; § 2 Nr. 1
- * Besondere – A § 10 Nr. 2 u. 4
- * Technische – A § 9 Nr. 8; B § 2 Nr. 9; § 3 Nr. 5; § 14 Nr. 2
- * Zusätzliche – A § 10 Nrn. 1, 2 u. 4; B § 1 Nr. 2; § 2 Nr. 1
- * Zusätzliche Technische – A § 10 Nrn. 1, 3 u. 4; B § 1 Nr. 2; § 2 Nr. 1

Vertraulichkeit, Schutz der – A § 2b; § 2 SKR

Vertreten von hindernden Umständen B § 6 Nrn. 6 u. 7

Vertreter
- * bevollmächtigte – A § 21 Nr. 4
- * gesetzlicher –; Haftung für Verschulden B § 10 Nrn. 1 u. 5
- des Auftragnehmers zur Leitung der Ausführung B § 4 Nr. 1

Vervielfältigung von Unterlagen A § 17 Nr. 5; § 20 Nr. 1; B § 3 Nr. 6

Verwahrgeldkonto bei öffentlichen Auftraggebern B § 17 Nr. 6

Verwaltungen im Wettbewerb mit gewerblichen Unternehmern A § 8 Nr. 6

Verweigerung
- der Abnahme B § 12 Nr. 3
- von Aufklärungen und Angaben A § 24 Nr. 2
- der Mängelbeseitigung B § 13 Nr. 6

Verzeichnis der Unternehmer A § 8b Nr. 9; § 5 SKR Nr. 9

Verzicht
- auf Vorlage von Unterlagen und Nachweisen A § 30 Nr. 2
- auf weitere Ausführung B § 8 Nr. 3
- auf Einrede der Vorausklage B § 17 Nr. 4
- auf Sicherheitsleistung A § 14 Nr. 1

Verzinsung von Vorauszahlungen B § 16 Nr. 2

Verzögerung der Ausführung B § 5 Nr. 4

Verzug B § 5 Nr. 4; § 8 Nr. 7; § 9 Nr. 1; § 11 Nr. 2

Verzugsschaden B § 16 Nr. 5
- * Pauschalierung des – A § 11 Nr. 4

Vollendung der Ausführung B § 5 Nrn. 1 u. 4

Vollständigkeit der Angaben des Bieters A § 9 Nr. 12

Vorarbeiten der Bewerber A § 8 Nr. 2; § 9 Nr. 1

Vorausklage, Einrede der – B § 17 Nr. 4

Vorauszahlungen, Anrechnung von – B § 16 Nr. 2

Vorbehalt .
- * Frist zur Geltendmachung von –en B § 12 Nr. 5
- der Vertragsstrafe bei Abnahme B § 11 Nr. 4; § 12 Nr. 4
- wegen bekannter Mängel B § 12 Nr. 4

vorbehaltlose Annahme der Schlußzahlung B § 16 Nr. 3

Vorfluter, Zustand der – B § 3 Nr. 4

Vorflutleitungen, Zustand der – B § 3 Nr. 4

vorgeschriebenes Verfahren bei Ausschreibung A § 3 Nr. 1; § 3 SKR Nr. 2

Vorhaltung von Einrichtungen usw. B § 15 Nrn. 3 u. 5

Vorinformation
- * Bekanntmachung der – A § 17a Nr. 1, Anhang A
- * Verkürzung der Angebotsfrist bei – A § 18a Nrn. 1 u. 2

Vorleistung, Beschaffenheit der – B § 13 Nr. 3

Vorsatz B § 6 Nr. 6; § 10 Nr. 5; § 13 Nr. 7

Vorschriften, technische A § 9b Nr. 4; § 6 SKR Nr. 6

W

Wagnis
- * allgemeines Unternehmer – B § 15 Nr. 1
- * ungewöhnliches – A § 9 Nr. 2

Wahlrecht
- des Auftraggebers, Eigentum oder Sicherheit B § 16 Nr. 1
- des Auftragnehmers der Art der Sicherheit B § 17 Nr. 3

Warenzeichen A § 9 Nr. 5

Wasser-
- anschlüsse A § 10 Nr. 4; B § 4 Nr. 4

- haltungsarbeiten A § 9 Nr. 12
* Hoch- und Grund— A § 10 Nr. 4
- läufe, Versperrung von ——n B § 10 Nr. 3
- recht B § 4 Nr. 1
- verhältnisse, Boden— und —— A § 9 Nr. 5

Wechsel
- des Unternehmers A § 3a Nr. 5
- unter den Bewerbern A § 8 Nr. 2

Wege
* Versperrung von —n B § 10 Nr. 3
* Zufahrts- A § 10 Nr. 4; B § 4 Nr. 4

Weiterführung der Arbeiten nach Auftragsentziehung B § 8 Nr. 3
——— nach Unterbrechung B § 6 Nr. 3

Weitervergabe an Nachunternehmer A § 10 Nrn. 4 u. 5; § 7 SKR Nr. 3; B § 4 Nr. 8

Werkstätten, Zutritt zu den — B § 4 Nr. 1

werktägliche Listen (Stundenlohnzettel) B § 15 Nr. 3

Werktage B § 11 Nr. 3; § 16 Nr. 1

Werkvertrag Dritter mit Auftragnehmer B § 16 Nr. 6

Werkzeichnungen B § 4 Nr. 1

Wert
* Gesamtauftrags — A § 1a Nr. 1; § 1b Nr. 1; § 1 SKR Nr. 2, § 17b Nr. 2; § 8 SKR Nr. 2
- der beigestellten Stoffe A § 1a Nr. 1; § 1b Nr. 1; § 1 SKR Nr. 2
- der Leistungen A § 3 Nr. 3; B § 16 Nr. 1
- der Rahmenvereinbarung A § 1b Nr. 4; § 1 SKR Nr. 5
- der zu liefernden Stoffe A § 17a
- des Auftrags A § 30a Nr. 1
- und Tauglichkeit der Leistung B § 13 Nr. 1

Wertung
- der Angebote A § 19 Nr. 2; § 20 Nr. 3; § 25; § 25a; § 25b; § 10 SKR
- von Änderungsvorschlägen und Nebenangeboten A § 25 Nrn. 1 u. 5; § 25b Nr. 3; § 10 SKR Nr. 4

Wertungskriterien, maßgebende — A § 25 Nrn. 3–5; § 25a; § 25b Nr. 1; § 10 SKR Nr. 1; § 10a; § 10b Nr. 1

Wettbewerb,
* Anträge auf Teilnahme am — A § 17 Nr. 2; § 17a Nr. 2
* Aufruf zum — A § 3b Nrn. 1 u. 2; § 3 SKR Nrn. 1 u. 3; § 5b Nr. 2; § 4 SKR Nr. 2; § 17b; § 8 SKR
* Ausschluß von Teilnahme am — A § 8 Nrn. 5 u. 6; § 5 SKR Nr. 2
* Einschränkung des —s A § 5b Nr. 3; § 4 SKR Nr. 3
* Leistungsprogramm i. V. mit — A § 9 Nrn. 10 u. 11
* Öffentliche Teilnahme am — A § 3 Nrn. 1 u. 3; § 3a Nrn. 1–3; § 3b Nr. 1; § 3 SKR Nr. 1; § 17 Nrn. 2 u. 4; § 18 Nr. 4
* Teilnehmer am — A § 8; § 8a; § 8b; § 5 SKR
* ungesunde Begleiterscheinungen des —s A § 2 Nr. 1
- bei Rahmenvereinbarungen A § 5b Nr. 3; § 4 SKR Nr. 3

wettbewerbsbeeinträchtigende Angaben i. d. Bekanntmachung A § 28a Nr. 1

wettbewerbsbeschränkende Verhaltensweisen A § 2 Nr. 1; § 25 Nr. 1

Wettbewerbsbeschränkung, Abrede über — A § 5b Nr. 3; § 4 SKR Nr. 3; B § 8 Nr. 4

Widersprüche im Vertrag B § 1 Nr. 2

Wiederaufnahme der Arbeiten nach Unterbrechung B § 6 Nrn. 3 u. 4

Wiederholung gleichartiger Bauleistungen A § 3a Nr. 5; § 3b Nr. 2; § 3 SKR Nr. 3

wiederkehrende Unterhaltungsarbeiten A § 6 Nr. 2

Wille, mutmaßlicher — des Auftraggebers B § 2 Nr. 8

Wind A § 10 Nr. 4

Winterschäden, Schutz vor — B § 4 Nr. 5

wirtschaftlich
- vertretbarer Aufwand B § 15 Nr. 5
- und technisch einheitliche Teilleistungen A § 5 Nr. 1

wirtschaftliche
- Betriebsführung B § 15 Nr. 1
- Leistungsfähigkeit A § 24 Nr. 1
- Mittel, ausreichende A § 25 Nr. 2

Wirtschaftlichkeit
- als Wertungskriterium A § 10a
- des Bauverfahrens A § 25 Nr. 3; § 10 SKR

Wirtschaftsführung, sparsame — A § 25 Nr. 3

wissenschaftlicher Wert, Gegenstände von —m — B § 4 Nr. 9

Witterungseinflüsse B § 6 Nr. 2

wöchentliche Listen (Stundenlohnzettel) B § 15 Nr. 3

Wohnort der Bieter A § 22 Nr. 3

Wortangaben beim Einheitspreis A § 23 Nr. 3

Z

Zahl
* Ordnungs — A § 9 Nr. 9
- der Änderungsvorschläge und Nebenangebote A § 22 Nr. 6
- der aufgeforderten Bewerber A § 8 Nr. 2; § 8a Nrn. 2 u. 3; § 8b Nr. 3; § 5 SKR Nr. 3
- der beschäftigten Arbeitskräfte A § 8 Nr. 3; § 5 SKR Nr. 1
- der aufgeforderten Unternehmer A § 3 SKR Nr. 2

Zahlung
* Abschlags — B § 16 Nr. 1; § 17 Nr. 6
* Beschleunigungspflicht bei — B § 16 Nr. 5
* Schluß — B § 16 Nr. 3
* Voraus — A § 10 Nr. 4; B § 16 Nr. 2
- an Gläubiger des Auftragnehmers B § 8 Nr. 2
- von Steuern und Abgaben A § 8 Nr. 5; § 5 SKR Nr. 2
- von Stundenlohnrechnungen B § 15 Nr. 4

Zahlungs-
- bedingungen A § 17 Nrn. 1 u. 2
- einstellung des Auftragnehmers B § 8 Nr. 2
- verzug des Auftraggebers B § 9 Nr. 1
- verzug des Auftragnehmers B § 16 Nr. 6

Zeichnungen A § 9 Nr. 7; § 11 Nr. 3; § 20 Nr. 2; B § 2 Nr. 9; § 3 Nr. 5; § 14 Nr. 1

* Vergütung von — B § 2 Nr. 9
* Vorlage von — B § 3 Nr. 5

Zeit
* Ausführungs— A § 10 Nr. 5; § 17 Nrn. 1 u. 2
* nach — bemessene Vertragsstrafe B § 8 Nr. 7

Zerstörung der Leistung B § 7

Ziffernangaben bei Einheitspreis A § 23 Nr. 3

Zinsen bei hinterlegtem Geld B § 17 Nr. 5

Zinssatz bei Vorauszahlungen B § 16 Nr. 2

Zufahrtswege A § 10 Nr. 4; B § 4 Nr. 4

zugesicherte Eigenschaften B § 13 Nrn. 1, 2 u. 7

Zumutbarkeit am Festhalten an Pauschalsumme B § 2 Nr. 7

Zurückziehung von Angeboten A § 18 Nr. 3

zusätzliche
- Auskünfte A § 17 Nr. 7; § 8 SKR Nrn. 5 u. 6
- Bestimmungen aufgrund der BKR A § 1a
- Bestimmungen aufgrund der SKR A § 1b; § 1 SKR
- Leistungen A § 3a Nr. 5; § 3b Nr. 2; § 3 SKR Nr. 3
- Unterlagen A § 17 Nr. 1; § 17a Nr. 5; § 18a Nr. 1; § 30 Nr. 2
- Vertragsbedingungen A § 10 Nrn. 1, 2 u. 4; B § 1 Nr. 2; § 2 Nr. 1

Zusammenwirken mehrerer Unternehmer B § 4 Nr. 1

Zuschlag
* den — erteilende Stelle A § 10 Nr. 5; § 17 Nr. 1
* Prämien — B § 13 Nr. 7
* Stundenlohn — A § 7 Nr. 1
- für Gemeinkosten und Gewinn B § 15 Nr. 1

Zuschlags-
- erteilung A § 21 Nr. 3; § 24 Nr. 1; § 25 Nr. 3; § 27 Nr. 1; § 28; § 30a Nr. 1
- frist A § 10 Nr. 5; § 17 Nr. 1; § 19; § 28 Nr. 1
- schreiben A § 29 Nr. 1

637

Zustimmung
- des Auftragnehmers zur Ausführung nicht vereinbarter, anderer Leistung B § 1 Nr. 4
- der Bieter zur anderweitigen Verwendung ihrer Angebote und Ausarbeitungen A § 27 Nr. 3

Zutrittsrecht zu Arbeitsplätzen usw. B § 4 Nr. 1

Zuverlässigkeit der Bewerber oder Bieter A § 3 Nr. 3; § 8 Nrn. 4 u. 5; § 8b Nr. 1; § 5 SKR Nr. 1; § 17 Nr. 2; § 25 Nrn. 1 u. 2

Zuwiderlaufen, dem öffentlichen Interesse
- A § 28a Nr. 1

Zweck
- der fertigen Leistung A § 9 Nrn. 3 u. 11
- des Bauwerks A § 17 Nrn. 1 u. 2; § 8 SKR Nr. 2
- * vereinbarter – B § 3 Nr. 6

Zweifel an der Eignung des Bieters A § 8 Nr. 4; § 25 Nr. 2; § 10 SKR Nr. 2

Für Notizen

Für Notizen

Für Notizen

Für Notizen

Für Notizen

Für Notizen